Glasbau 2022

Glasbau 2022

Bernhard Weller, Silke Tasche (Hrsg.)

Herausgeber:
Bernhard Weller, Silke Tasche

Wissenschaftliche Redaktion:
Alina Joachim, Katharina Lohr

Technische Universität Dresden
Institut für Baukonstruktion
August-Bebel-Straße 30
D-01219 Dresden

Titelbild:
Moynihan Train Hall (Foto © Field Condition)

Bibliografische Information der Deutschen Nationalbibliothek
Die Deutsche Nationalbibliothek verzeichnet diese Publikation in der Deutschen Nationalbibliografie; detaillierte bibliografische Daten sind im Internet über http://dnb.d-nb.de abrufbar.

Umschlaggestaltung Petra Franke, Ernst & Sohn GmbH, Berlin
Satz Olaf Mangold Text & Typo, Stuttgart
Herstellung pp030 – Produktionsbüro Heike Praetor, Berlin
Druck und Bindung CPI books GmbH, Leck

Printed in the Federal Republic of Germany.
Gedruckt auf säurefreiem Papier.

Print ISBN 978-3-433-03383-8

Glasbau 2022 Seminare
28.04.2022
10.11.2022

KLEBTECH Symposium
29.09.2022

Glasbau 2023 Tagung
16. und 17.03.2023

Vorwort

Das Glasbau 2022 Jahrbuch berichtet in einunddreißig Beiträgen namhafter Autoren über aktuelle Entwicklungen im konstruktiven Glasbau und in der Fassadentechnik. Die stetige Weiterentwicklung von Glasprodukten und Verbindungstechniken zeigt eindrucksvoll den Fortschritt und die herausragenden Möglichkeiten der Gegenwart.

Der Teil „Bauten und Projekte" beschreibt anschaulich hochinteressante nationale und internationale Projekte von der Planung bis zur Umsetzung. Der konstruktive Glasbau im Neubau bis zur sensiblen Sanierung im denkmalgeschützten Bereich zeigt die faszinierende architektonische und technische Bandbreite im Einsatz von Glas.

Der Teil „Bemessung und Konstruktion" erläutert zuerst den aktuellen Stand der Glasbaunormung. Im Weiteren wird insbesondere die Prüfung vom Material bis hin zur Fassade unter verschiedenen Beanspruchungen erläutert und bewertet. Neue Erkenntnisse zu punktgestützten Verglasungen werden vorgestellt und diskutiert.

Der Teil „Forschung und Entwicklung" berichtet über die Weiterentwicklung struktureller Klebungen von der Kennwertermittlung bis zu neuen Produktideen. Aktuelle Untersuchungen zum Materialverhalten polymerer Zwischenschichten sowie zum Einfluss auf das Bruchverhalten von Verbundsicherheitsglas werden thematisiert.

Die Rubrik „Bauprodukte und Bauarten" erläutert anschaulich, wie geklebte Konstruktionen eine nachhaltige Glasarchitektur bei höchster Energieeffizienz ermöglichen können. Vor dem Hintergrund von Resilienz und Kreislauffähigkeit wird die Bedeutung von Kompatibilität und Interoperabilität innovativer Fassaden diskutiert.

Ein großes Dankeschön gilt den Autoren, die ihr Wissen und ihre Erfahrung mit viel Engagement formulieren. Vielen Dank sagen wir den Mitgliedern des Wissenschaftlichen Beirats für wertvolle Anregungen und Hinweise. Großer Dank gilt Frau Stürmer und Frau Rechlin im Verlag Ernst & Sohn für die immer angenehme Zusammenarbeit.

Abschließender Dank gebührt schließlich den Mitgliedern des Bundesverbandes Flachglas e. V. für die nachhaltige und gezielte Förderung der Forschung und Entwicklung im Glasbau. Der Bundesverband Flachglas e. V. hat die Herstellung des vorliegenden Glasbau 2022 Jahrbuches in entscheidendem Umfang unterstützt.

Prof. Dr.-Ing. Bernhard Weller
Dr.-Ing. Silke Tasche

Dresden, März 2022

Herausgeber
Prof. Dr.-Ing. Bernhard Weller, Technische Universität Dresden
Dr.-Ing. Silke Tasche, Technische Universität Dresden

Wissenschaftliche Redaktion
Dr.-Ing. Katharina Lohr, Technische Universität Dresden
Dipl.-Ing. Alina Joachim, Technische Universität Dresden

Inhaltsverzeichnis

Bemessung und Konstruktion

Forschung und Entwicklung

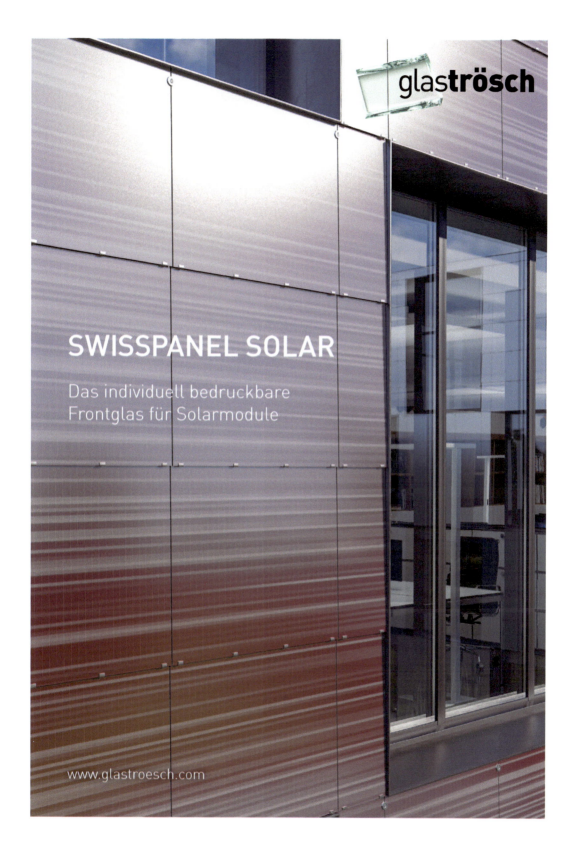

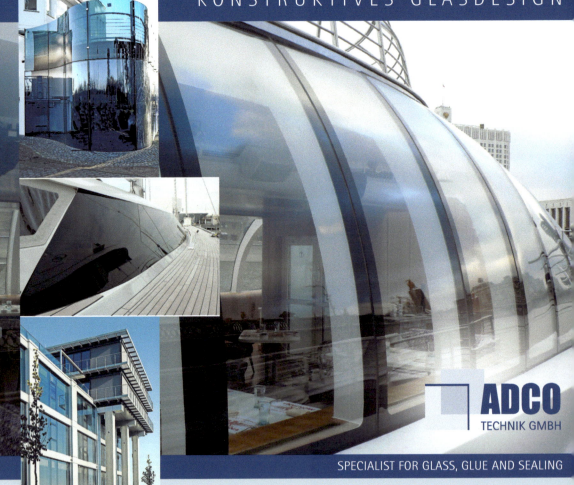

Glasstrukturen in der Stadt – Essay zur Arbeit mit dem transparenten Werkstoff

Christoph Paech[1], *Michael Stein*[1], *Knut Stockhusen*[1]

[1]*schlaich bergermann partner (sbp), Schwabstraße 43, 70197 Stuttgart, Deutschland; c.paech@sbp.de; m.stein@sbp.de; k.stockhusen@sbp.de*

Abstract

Eine moderne Stadt wird lebenswerter, wenn Erscheinung, Funktionalität, Qualität und Nachhaltigkeit der gebauten Umgebung überzeugen. Dieser Essay stellt weltweit realisierte, besonders filigrane und einzigartige Strukturen mit und aus Glas vor. Projekte wie die Bahnhofsüberdachung der Moynihan Train Hall in New York City oder die U-Bahn Haltestelle Elbbrücken in Hamburg, die besonderen Fassaden des Apple Stores in Brooklyn sowie die des Nordstrom Flagship Stores in Manhattan, bis hin zum einladenden, eleganten Vordach des Hospitals Israelita Albert Einstein in São Paulo stehen stellvertretend für eine besondere Form der strukturellen Schönheit.

Glass structures in the city – an essay on working with the transparent material. A modern city is perceived to be livable when the quality and sustainability of the built environment are compelling. This essay presents delicate and unique glass structures and buildings that positively shape urban space worldwide. Projects discussed span from the skylights of the Moynihan Train Hall in New York City and the Elbbrücken U-Bahn station in Hamburg to the specialized facades of the Apple store in Brooklyn and the Nordstrom flagship store in Manhattan to the inviting, elegant canopy of the Israelita Albert Einstein Hospital in São Paulo. All are fully realized examples where the implementation of glass highlights the beauty of structures.

Schlagwörter: *Glas, Glasstrukturen, Nachhaltigkeit, urbaner Raum, Schalenstruktur*

Keywords: *glass, glass structures, sustainability, urban environment, shell structure*

Glasbau 2022. Herausgegeben von Bernhard Weller, Silke Tasche.

1 Einleitung

Weltweit hält der Trend an: immer mehr Menschen ziehen auf der Suche nach Glück, Arbeit und in der Hoffnung auf eine Verbesserung ihrer Lebensbedingungen in die Städte. Großstädte und Metropolregionen wachsen zu neuen Mega-Cities heran. Folglich steigen mit den Einwohnerzahlen auch die Anforderungen und Erwartungen an die erbaute, urbane Umwelt als Lebensraum. Diese hat größten Einfluss auf das Wohlbefinden derjenigen, die darin leben. Denn eine moderne Stadt muss mehr bieten als Gebäude und Infrastruktur. Qualität und Nachhaltigkeit stehen deshalb zunehmend im Fokus. Beide Punkte wirken sich positiv auf die Attraktivität und den Lebensstandard eines Quartiers oder einer ganzen Stadt aus. Das gilt auch für die gebauten Strukturen, die das Erscheinungsbild und die Lebensqualität nachhaltig beeinflussen.

Seit jeher erfreut sich Glas in der Architektur großer Beliebtheit. Vor allem die Vielseitigkeit, Transparenz, das Spiel mit Licht und die Langlebigkeit sprechen für den Werkstoff. Während es aufgrund des eigentlich spröden Materialverhaltens überwiegend als Element zur vertikalen Fassadenverkleidung eingesetzt wurde – meist in Kombination mit tragender Unterkonstruktion – haben sich Technik und Fertigungsmöglichkeiten inzwischen weiterentwickelt. In den vergangenen Jahren entstanden vermehrt neue, intelligente Konzepte für Strukturen aus Glas. Diese Evolution ermöglicht Projekte mit und aus Glas noch eleganter und transparenter zu gestalten. Fünf solche bemerkenswerten Beispiele aus Großstädten werden hier vorgestellt.

2 Projekte

2.1 Moynihan Train Hall in New York City

Mit der Eröffnung der Moynihan Train Hall am Neujahrstag des Jahres 2021 wurde ein spektakulärer Erweiterungsbau der Penn Station in New York City der Öffentlichkeit zugänglich gemacht. Die neue Ankunftshalle ist das Ergebnis einer Umnutzung des denkmalgeschützten James A. Farley Postgebäudes, das 1913 von McKim, Mead & White entworfen wurde und direkt gegenüber des bestehenden Penn-Bahnhofkomplexes liegt (Bild 1). Skidmore, Owings and Merrill (SOM) gestalteten die Umnutzung, bei der schlaich bergermann partner das innovative Design der gläsernen Innenhofüberdachungen plante. Diese wurden als optimiertes und effizientes Struktursystem entwickelt, um den Materialaufwand der Konstruktion auf das Mindeste zu begrenzen und große Teile der historischen Tragstruktur zu nutzen.

Die gläsernen Überdachungen erstrecken sich über zwei benachbarte Innenhöfe: beide sind rechteckig geformt mit Abmessungen von 59 m × 19 m für den Mittelblock und 70 m × 48 m für die Haupthalle. Für den Mittelblock wurde eine einzelne Schale in der Form eines modifizierten Halbzylinders gewählt (Bild 2). An beiden Enden des Rechtecks beginnt die Krümmung sehr flach und nimmt zur Mitte hin stetig zu. Die größere Haupthalle gliedert sich in ein System aus vier Schalen, die von den historischen, dreiecksförmigen Stahlträgern getragen werden (Bild 3). An den Scheitelpunkten der gläsernen Schalenstruktur erreichen sie eine Höhe von 28 m über der Bahnhofshalle. Unterstützt durch die Geometrie des Bestands nimmt die Höhe der Schale zur Dachmitte hin stark zu und erzeugt so einen Eindruck von Leichtigkeit und Groß-

Bild 1 Moynihan Train Hall (rechts im Bild) und Penn Station (© L. B. Simpson/A. Fedor, SOM)

zügigkeit. Darüber hinaus ermöglichen die Oberlichter eine natürliche Tageslichtbeleuchtung in den Hallen, wodurch der Gesamtenergieverbrauch der Bahnhofshalle reduziert wird.

Eine einfache Überdachung aus Stahlträgern und großen Glasscheiben hätte ausgereicht, um das 108 Jahre alte Postamt in eine helle Fahrgasthalle zu verwandeln. Aber angesichts der Prominenz des Projekts wurden für einen der größten Bahnhöfe in der westlichen Hemisphäre höhere Maßstäbe gesetzt. Gebogene Schalenkonstruktionen, zusammengesetzt aus einem formgebenden Stahlgitter, dessen Öffnungen mit Glas bedeckt sind, schaffen die gebotene Erhabenheit mit minimalen Konstruktionsmassen.

Unter gleichmäßiger Belastung stehen Schalen in einem reinen, biegefreien Druckzustand, weshalb das Stahlgitter nur ein Minimum an Material erfordert. Gleichzeitig stellen diese filigranen Konstruktionen einige der größten bautechnischen Herausforderungen in Bezug auf Formoptimierung und Knickstabilität dar. Sowohl die globale Geometrie als auch die Einzelelemente müssen sorgfältig und durchdacht geplant werden, damit die Struktur alle Lastkombinationen sicher abtragen kann und keine globalen oder lokalen Beulinstabilitäten auftreten.

Um einen effizienten, biegefreien Lastabtrag zu ermöglichen, ist es erforderlich, Schalen mit einer bestimmten Mindestkrümmung zu entwerfen. Im Fall der Moynihan-Oberlichter wurde dieses Kriterium konsequent in der Dimensionierung der Strukturelemente umgesetzt. An den Rändern, in Bereichen mit geringer Krümmung, besitzen die Stahlelemente eine größere Bauhöhe, um den unvermeidlichen Biegemomenten zu widerstehen. In der Mitte der Schalenstruktur, wo die Krümmung größer ist, ist die Bauhöhe der Stäbe viel geringer, da sie die Last nur auf Druck tragen. Außerdem ist die

Bild 2 Mittelblock-Überdachung (© S. Hollinger, schlaich bergermann partner)

Bild 3 Überdachung der Haupthalle (© S. Hollinger, schlaich bergermann partner)

Gitterstruktur der Schale an den flachen Enden der Struktur deutlich engmaschiger, da hier durch abrutschenden Schnee deutlich höhere Lasten erwartet werden. Dies reduziert die Beanspruchung des einzelnen Elements in diesen Bereichen und steht im Kontrast zu der großen und offenen Anordnung in den gekrümmten Mittelsektoren. So entstehen wunderbare Licht- und Schatteneffekte, Ausblicke in den freien Himmel und Zonen, die vor direkten Einblicken aus den öffentlich zugänglichen Hallenbereichen geschützt werden.

Die Stahlelemente sind aus schlanken T-Profilen mit 20 mm Blechdicke und einer Tiefe von 100 mm bis 330 mm aufgebaut. Der Flansch ist mit 90 mm × 10 mm konstant gehalten. Während die Elemente in Richtung der starken Achse eine hohe Steifigkeit aufweisen, sind sie in Bezug auf die Durchbiegung um die schwache Achse außerordentlich weich. Daher werden zur Aussteifung der Fläche und zur Sicherstellung des Tragverhaltens einer echten Schale Diagonalseile eingeführt (Bild 4). Sie verlaufen durchgängig an der Oberseite der Platten direkt unterhalb der Glaseindeckung und sind an jedem Knotenpunkt mit Klemmscheiben an der Stahlkonstruktion befestigt.

Der Krümmungsgrad der Schalen unterscheidet sich in Längs- und Querrichtung erheblich. Die geringe Krümmung in Längsrichtung erfordert die Einführung von Versteifungen, die typischerweise für zylindrische Strukturen notwendig sind, um eine globale Aussteifung der Schalenfläche zu gewährleisten. Um die visuelle Wirkung dieser Aussteifungen zu begrenzen, sind sie in einer vorgespannten radial verlaufenden Seilkonfiguration (Bild 4) ausgeführt, die auch den horizontalen Schub der Struktur in Querrichtung kurzschließt.

Die Isolierglaseinheiten bestehen typischerweise aus einer 8 mm starken, voll vorgespannten Glasschicht, einem 16 mm Scheibenzwischenraum und einer Verbundglasschicht aus 2 × 6 mm teilvorgespanntem Glas. Der Zwischenraum ist mit Argon gefüllt und die Glasscheiben haben zusätzlich zu einer Low-E-Beschichtung eine Keramikbedruckung, die 40% der Oberfläche abdeckt, Diese Massnahmen führten zu einem Solargewinn (Solar Heat Gain Coefficient (SHGC)) von 0,30, der akzeptable Bedingungen in der Wartehalle sicherstellt.

Bild 4 Radial verlaufende Seilkonfiguration zur Aussteifung (© schlaich bergermann partner)

Wie alle knickgefährdeten Konstruktionen sind auch Schalen gegenüber Unzulänglichkeiten empfindlich und erfordern eine sorgfältige Planung der Fertigungs- und Montageabläufe, die von der ausführenden Baufirma eng koordiniert wurde. In einer Fertigungsstätte in Deutschland wurde die architektonische und statische Qualität in einer Reihe von Mock-Ups getestet und nachgewiesen. Anschließend wurde das Stahlgitter in Modulen auf Präzisionsvorrichtungen vorgefertigt und nach New York geliefert. In dieser Zeit wurde die Baustelle mit umfangreichen Gerüstkonstruktionen ausgestattet, um die vorgefertigten Elemente mit hoher Genauigkeit zu positionieren, bevor sie im Anschluss zusammengeschweißt wurden.

Ohne die Diagonalseile war die Konstruktion nach dem Schweißen noch nicht selbsttragend. Erst die Installation und das Vorspannen der Auskreuzungen ermöglichten dies. Im letzten Schritt wurde das Gerüst entfernt und die Glasscheiben montiert. Der gesamte Montageprozess wurde von geometrischen Vermessungen und stichprobenartigen Überprüfungen der Seilvorspannung während vorbestimmten Bauabschnitten begleitet, um sicherzustellen, dass Form und Schnittgrößen innerhalb des vorhergesagten Bereichs lagen.

Die filigranen Glasschalen der Moynihan Train Station zeigen, wie historische Bauelemente und moderne Architektur mithilfe fortgeschrittener Ingenieurlösungen sinnvoll kombiniert werden können. Dies spart auf der einen Seite Ressourcen durch Bauen im Bestand, auf der anderen Seite ermöglicht es auch, den historischen Kontext des Bauwerks zu erhalten und widerzuspiegeln.

2.2 U-Bahn Haltestelle Elbbrücken in Hamburg

Der Nahverkehrsknotenpunkt der U- und S-Bahn an den Elbbrücken ist ein wichtiges Infrastrukturprojekt für den Anschluss der östlichen HafenCity an die Innenstadt Hamburgs (Bild 5). Beide Haltepunkte bestehen aus einer verglasten Stahlbogenkonstruktion in Form einer Halbschale – die eine bogenförmig, die andere gedrungener. Ein Skywalk in Form einer gläsernen Brücke verbindet die Haltepunkte auf direktem Weg und erlaubt den Fahrgästen einen wettergeschützten Wechsel zwischen U- und S-Bahn.

Der Doppelhaltepunkt stellt für die südlich der Elbe lebenden Pendler eine attraktive Umsteigemöglichkeit auf dem Weg ins Stadtzentrum dar. Sowohl das größere Dach der U-Bahnstation als auch das Dach der S-Bahnstation (Bild 6) und die Verbindungsbrücke wurden gemeinsam von schlaich bergermann partner und den Architekten von Gerkan, Marg und Partner entworfen und geplant. Daher wirkt das Ensemble mit seinen zwei Dachkonstruktion wie aus einem Guss, ohne sich dabei gegenseitig zu imitieren.

Die Geometrie der Stahl-Glas-Konstruktion ist eine moderne Interpretation der in direkter Nachbarschaft befindlichen denkmalgeschützten Elbbrücken, die den Ort gestalterisch und nachhaltig prägen. Um die markante Stahlstruktur auch von weit hin erlebbar zu gestalten, wurde die Verglasung nach innen abgehängt, sodass beide Dächer optisch auf die Elbbrücken eingehen. An den Stirnseiten kragen beide Dächer spitz aus und bilden so einen markanten und dynamischen Abschluss.

Das Dachtragwerk der größeren U-Bahn Haltestelle in Form einer Halbtonne besteht aus 16 vollständigen Stahlbögen und 20 stählernen Teilbögen, die im Abstand von 8 m zueinander gekreuzt angeordnet sind. Hieraus ergibt sich die den Entwurf prägende

Bild 5 S-Bahn- und U-Bahn-Station Elbbrücken (© M. Bredt, Bredt Fotografie)

Rautenstruktur. Die Grundfläche des Daches beträgt 135 × 33 m. Im Querschnitt entspricht das System einem beidseitig gelenkig gelagerten Bogen mit einem Stich von 15,5 m. An den beiden Enden der Halbtonne werden die durch die Teilbögen entstehenden Kräfte durch Randträger abgefangen, die am Scheitel der Halbtonne spitz zusammenlaufen. Diese Randträger werden als Hohlkästen ausgebildet, während die restlichen Dachträger einen offenen I-Querschnitt aufweisen. Um ein einheitliches Erscheinungsbild zu erzeugen, ist die Breite aller Hauptträger mit 350 mm konstant.

Bild 6 S-Bahnhaltestelle Elbbrücken (© M. Bredt, Bredt Fotografie)

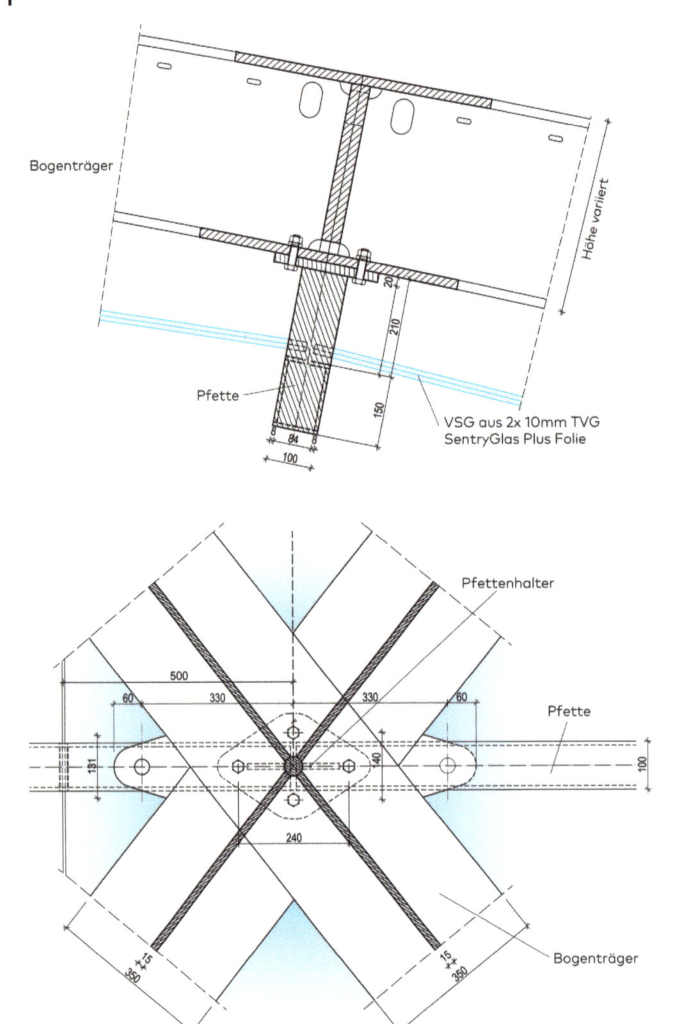

Bild 7 Bogenträger und Pfette (© schlaich bergermann partner)

Die Höhe der Profile variiert hingegen entlang des Bogens ihrer Beanspruchung und steigt von 350 mm bis auf 600 mm an. Dabei wiederholt sich die Geometrie der einzelnen Träger entlang des Daches. An den beiden offenen Enden kragt dieses mehr als 20 m aus (Bild 7). Die Spitzen beider Enden sind mit Zugstangen verbunden, die am First über die gesamte Länge des Daches verlaufen und dadurch die Verformungen an den äußeren Punkten deutlich reduzieren.

Die Flanschbleche der diagonal verlaufenden Bogenträger liegen in einer abwickelbaren, zylindrischen Ebene, die durch eine Korbbogenkonstruktion aufgespannt wird. Aufgrund der Geometrieentwicklung konnten alle Flanschbleche aus geraden Flachstählen mit einfacher Krümmung hergestellt werden, wodurch sich der Fertigungsaufwand minimiert. Auch die gering verwundenen Stegflächen konnten aus ebenen Blechen hergestellt werden. Die abschnittsweise kreisförmige Innenkante des Stegbleches ergibt sich durch den entsprechenden Krümmungsradius der Spirallinie.

Bild 8 Auskragendes Dach (© M. Bredt, Bredt Fotografie)

Das gesamte Dach ist zwängungsfrei gelagert, dazu sind die 26 Fußpunkte der Dach- und Randträger über längs verschiebliche Radialgelenklager auf Auflagerkonsolen gelagert. Diese ermöglichen nicht nur Verschiebungen in Längsrichtung, sondern auch die Rotation um alle Achsen. Jeweils der mittlere der 13 Fußpunkte je Seite ist längs fixiert, wodurch sich das Dach unter Temperatureinwirkung von der Mitte ausgehend ausdehnen kann.

Als Schutz vor Witterungseinflüssen dient die innenliegende gläserne Hülle aus einachsig über 2,5 m spannendem Verbundsicherheitsglas. Zur Sicherung der Resttragfähigkeit dieser weit gespannten Scheiben sind direkt unterhalb jeder Scheibe zwei 6 mm starke Edelstahlseile angeordnet. Für die Glasscheiben war eine Zustimmung im Einzelfall erforderlich. Die linienförmigen Auflager der Glasscheiben werden durch längsverlaufende Pfetten realisiert, die ca. 200 mm von der Hauptstruktur nach innen versetzt angeordnet sind. Die Pfetten überwinden als Durchlaufträger eine maximale Spannweite von 8 m, mit Außenabmessungen von konstant 100 × 150 mm. Der Abstand der Pfetten zum Haupttragwerk bietet ausreichend Raum zur Reinigung und Wartung der Glasscheiben.

2.3 Fassade eines Apple Stores in Brooklyn

Gläserne Strukturen zeichnen sich zum einen durch innovative Details aus, zum anderen stechen sie hervor, wenn sie keine sichtbare Struktur besitzen. Für einen neuen Apple Store in Brooklyn, New York City arbeitete schlaich bergermann partner mit der Roschmann Group und Foster + Partners zusammen. Entstanden ist eine selbsttra-

Bild 9 Apple Store at Brooklyn Academy of Music South (© schlaich bergermann partner)

gende Glasfassade mit einer maximalen Höhe von 10 m an der Südseite und 7,5 m an der Ost- und Westseite, bei der auf visuell störende Tragelemente verzichtet wurde, um eine maximale Transparenz zu erzielen.

Die Glaswand des Apple Stores ist an der Ost- und Westseite 28,5 m lang und in Glasscheiben mit einer Breite von 3 m unterteilt. Weder ein Seilnetz, eine Unterkonstruktion, noch gebogenes Glas, sondern allein die Transparenz des Werkstoffs dank der kaum vorhandenen Strukturelemente prägen die Fassade. Eingepasst ist die dreiseitige Einhausung in den Boden eines neuen Wohnhochhauses (Bild 9).

An den Fußpunkten sind die Glasscheiben eingespannt. Am oberen Ende sind sie lediglich horizontal gehalten, um die Verformungen in Feldmitte infolge von Wind auf ein akzeptables Maß zu reduzieren. Gleichzeitig werden so Zwangskräfte minimiert. Die Einspannung am Fußpunkt erfolgt über eine biegesteife Fuß-Sockel-Verbindung mithilfe eines Edelstahlschuhs. Der Edelstahlschuh ist zweigeteilt: der innere Edelstahlwinkel ist fest in der Betonplatte des Gebäudes verankert. Die äußere, 12 mm dicke Klemmplatte des Schuhs wird mithilfe von Schrauben durch die Glasscheiben an den inneren Stahlwinkel verschraubt. Das Eigengewicht der Scheiben wird über eine Verklotzung in den Schuh abgetragen. Für einen vollflächigen Kontakt und um lokale Spannungsspitzen zu vermeiden, wurde die Fuge zwischen Glas und dem Edelstahlschuh vollflächig mit Mörtel ausgefüllt.

Am oberen Ende werden die Glasscheiben über eine Edelstahlklemmleiste an einem Stahlträger des Gebäudes horizontal gehalten. Entlang der vertikalen Seiten und an den Ecken der Fassade sind die Glasscheiben nur mit Silikon aneinandergestoßen. Die Herausforderung bestand darin, die Konstruktion mit möglichst wenig sichtbaren Bauteilen so transparent wie möglich erscheinen zu lassen. Aus diesem Grund musste der Glasaufbau substanziell genug sein, um den ihm auferlegten Lasten zu widerstehen. Diese Anforderungen resultierten in einem 95,5 mm dicken Scheibenaufbau. Die Isolierglasscheibe besteht dabei aus 5 × 12 mm Verbundsicherheitsglas (ESG) + 16 mm Scheibenzwischenraum (SZR) + 2 × 6 mm Verbundsicherheitsglas (TVG). Für die erforderliche Verbundwirkung bei erhöhter Temperatur wurde ein Ionoplast Interlayer verwendet. Um eine grünliche Tönung des relativ dicken Glaspaketes zu vermeiden und eine maximale Transparenz sicherzustellen, wurde eisenarmes Glas (low iron) für die einzelnen Schichten verwendet.

Der Entwurf enthielt wichtige und gut durchdachte Details, einschließlich Silikon, Fugenmörtel, Setzklötze und Glaszwischenlagen. Ein beschleunigter Bauzeitenplan sowie die Einhausung der Gebäudestruktur erschwerten das Projekt und forderten eine gute Koordination aller Baubeteiligten. Doch trotz der Herausforderungen gelang es dem Team, eine transparente, selbsttragende Glasfassade zu schaffen, die inzwischen zu einer Ikone in dem Stadtviertel von Brooklyn geworden ist.

2.4 Nordstrom Flagship Store in New York City

Das in Zusammenarbeit von James Carpenter Design Associates und schlaich bergermann partner entwickelte Domizil des New Yorker Einzelhandels-Flagship Stores Nordstrom im Central Park Tower ist auf der Seite der 57th und 58th Street mit einer dynamischen Wellenprofil-Isolierfassade verkleidet (Bild 10).

Auf der Seite der 57. Straße ist die Struktur 45 m breit und 38 m hoch, auf der Seite der 58. Straße 53 m breit und 18 m hoch. Die maximale Stärke der Glasscheiben beträgt 50 mm. Jedes 4,5 m hohe Paneel ist um eine vertikale Achse entweder S-förmig oder C-förmig mit einem minimalen Biegeradius von 430 mm gebogen. Aufgrund dieser

Bild 10 Fassade des Nordstrom Flagship Store in New York City (© Nic Lehoux architectural photography)

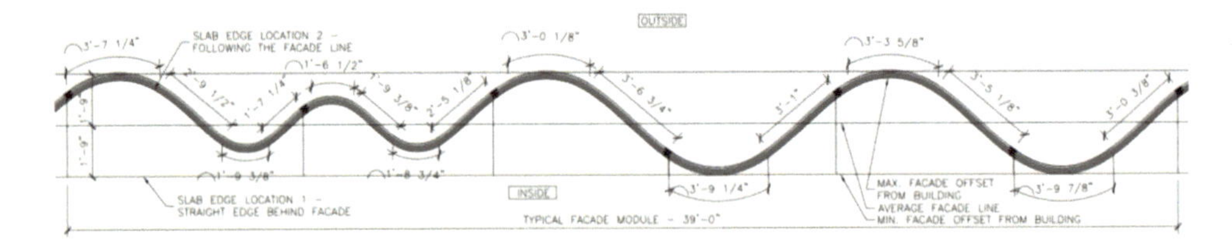

Bild 11 Ausschnitt vom Querschnitt der wellenförmigen Glasfassade des Nordstrom Flagship Stores (© schlaich bergermann partner)

engen Radien ist eine teilvorgespannte Isolierverglasung erforderlich, die aus einem 2 × 8 mm + SZR + 2 × 8 mm-Aufbau besteht. Durch die einachsige Krümmung der einzelnen Segmente können diese Windlasten effizient über das Schalentragverhalten mit geringen Verformungen abtragen werden. Die im Grundriss gekrümmten Glaselemente sind am oberen und am unteren Rand kontinuierlich auf einem wellenförmig gekrümmten Riegelprofil horizontal gelagert und dort über eine strukturelle Silikonverbindung befestigt (Bild 11). Das Eigengewicht wird lediglich an der unteren Lagerung über eine Verklotzung abgetragen.

Zur Abdichtung gegen Witterungseinflüsse und zum Ausgleich von unterschiedlichen Durchbiegungen und Toleranzen in der Vertikalfuge zwischen den Elementen

Bild 12 Gewellte Glaspaneele an der Fassade des Nordstrom Flagship Stores (© Nic Lehoux architectural photography)

wird in jeder Vertikalfuge ein Aluminiumpfosten angebracht, der aus zwei parallelen L-förmigen Profilen besteht, die durch Silikon mit dem Glas verbunden werden. Die schlanken Pfosten bringen den wellenartigen Charakter der Fassade von innen aus allen Blickwinkeln voll zur Geltung (Bild 12).

An der 57. Straße wird die wellenförmige Gebäudefassade durch drei zusätzliche Ebenen ergänzt, um Lüftungsanlagen zu verbergen. Diese Elemente sind an den Ecken mit offenen Fugen entlang der Horizontalen und Vertikalen versehen, um die erforderliche Luftströmung zu ermöglichen.

2.5 Vordach des Hospitals Israelita Albert Einstein in Sao Paolo

Für den neuen Eingangsbereich des Albert-Einstein-Krankenhauses in São Paulo entstand ein moderner, großzügiger Glasvorbau (Bild 13). Der Anbau ist Teil einer umfassenden Sanierung und Erweiterung des Gebäudekomplexes und bildet den neuen, repräsentativen Haupteingang.

Das Glasdach wurde als Freiform entwickelt, die sich harmonisch an das bestehende Gebäude und den Eingang des Auditoriums anpasst und dabei gleichzeitig das Vordach des alten Eingangsbereichs integriert (Bild 14). Getragen wird das Dach von neun Fußpunkten sowie durch zwei V-förmig ausgebildete Stützen, die sich optisch an die bestehenden Stützen des Auditoriums anpassen. Für den Entwurf war es besonders wichtig, eine Kollision mit den vorhandenen Tragelementen zu verhindern, woraus sich

Bild 13 Überdachter Eingangsbereich des Hospital Israelita Albert Einstein (© M. Sayeg, schlaich bergermann partner)

Bild 14 Vordach Hospital Israelita Albert Einstein (© M. Sayeg, schlaich bergermann partner)

eingeschränkte, zulässige Toleranzen ergaben. An den Knotenpunkten der Schale laufen jeweils sechs Stäbe zusammen, die durch Stahlbleche voneinander getrennt und an einen zentralen massiven Stahlzylinder geschweißt sind. Die dreieckigen Glaspaneele bestehen aus grünlich schimmerndem Verbundglas. Das Projekt wurde im Design & Build-Prozess realisiert. Eine enge Zusammenarbeit und Beratung von der ersten konstruktiven Entwurfsphase, während der Fertigung und Montage, bis hin zur Fertigstellung war erforderlich und führte mit diesem Pilotprojekt der brasilianischen Stahlbaufirma zu einer wundervollen Referenz im südamerikanischen Markt.

3 Zusammenfassung

Gebäude und ihre Fassaden sind der wesentliche Bestandteil unserer gebauten Umwelt und prägen dauerhaft das Erscheinungsbild und die Lebensqualität einer Stadt. Für zunehmend mehr Menschen in den Städten wird sie außerdem zur täglich erlebten Umwelt.

Die Bauten sollten demzufolge wirtschaftlich und sinnvoll gestaltet werden, mit dem Ziel wachsender Nachhaltigkeit und Dauerhaftigkeit. Dennoch sollte das Erscheinungsbild auch ästhetisch ansprechend und keineswegs nur auf die Funktionalität beschränkt sein.

Die Fähigkeit, entsprechende Gebäudestrukturen so zu entwickeln und geometrisch zu optimieren, dass sie strukturell und konstruktiv effizienter sind und über eine längere Zeitspanne bestehen, leistet einen wichtigen Beitrag zur urbanen, nachhaltigen Ästhetik und zur Baukultur.

4 Literatur

[1] Stein, M.; Draper, P.; Hellyer, R. (2018) City of Glass: Recent Advancements in Glass Structures in New York City in: *Structural Engineering International,* 29, pp. 1–11.

[2] Stein, M. (2019) Evolving Infrastructure – Light and Transparent in: *IABSE Congress: The Eveloving Metropolis,* New York, NY, USA, pp. 750–756.

[3] Paech, C.; Göppert, K. (2018) *Qwalala – Monumentale Skulptur aus verklebten Glasblöcken,* ce/papers, 2: pp. 1–12.

[4] Göppert, K.; Paech, C. (2014) Mahnmal in Madrid/Memorial in Madrid, *best of Detail: Glas/Glass,* München: DETAIL, S. 28–32.

[5] Keil, A.; Paech, C. (2012) Elegant glass structures – smart concepts with unique appearance in: *Engineered Transparency,* Berlin: Ernst & Sohn.

[6] Schlaich, J.; Schober, H.; Helbig, T. (2001) Eine verglaste Netzschale: Dach und Skulptur – DG Bank am Pariser Platz in Berlin in: *Bautechnik,* 78, S. 457–463.

[7] Plieninger, S.; Niebling, S. (2019) Neue Nachbarschaft für die historischen Freihafenelbbrücken – die U-Bahn Haltestelle Elbbrücken in: *Bundesingenieurkammer (HRSG): Ingenieurbaukunst 2020 – Made in Germany,* Berlin: Ernst & Sohn.

One Vanderbilt – Ganzglas-Aussichtsboxen für New York

Felix Schmitt[1], Jonas Hilcken[1], Stefan Zimmermann[1]

[1] *Josef Gartner GmbH, Beethovenstrasse 5c, 97080 Würzburg, Deutschland; f.schmitt@permasteelisagroup.com; j.hilcken@permasteelisagroup.com; s.zimmermann@permasteelisagroup.com*

Abstract

In direkter Nachbarschaft zum Grand Central Terminal wurde im Jahr 2020 der neue Wolkenkratzer One Vanderbilt mit einer Höhe von 427 m fertiggestellt. Es ist damit das derzeit vierthöchste Gebäude in New York. Das „SUMMIT One Vanderbilt" wurde im Herbst 2021 für die Öffentlichkeit eröffnet und bietet neben einem Außendeck zwei in einer Höhe von 305 m aus der Fassade herausragende Ganzglas-Aussichtsboxen. Um eine größtmögliche Transparenz und einen ungestörten Blick auf Manhattan zu erreichen, wurden zur Befestigung der Gläser strukturelle Verklebungen und spezielle Zapfenverbindungen aus Glas verwendet. Der Artikel beschreibt sowohl die Entwicklung der neuartigen Glasverbindungen, als auch das Design sowie die Fertigung und Montage dieser außergewöhnlichen Konstruktion.

One Vanderbilt – All-glass observation boxes for New York. In the direct vicinity of Grand Central Terminal, the new skyscraper One Vanderbilt was completed in 2020 with a height of 427 m. It is currently the fourth tallest building in New York. The "SUMMIT One Vanderbilt" was opened to the public in autumn 2021 and, in addition to an outdoor deck, offers two all-glass observation boxes protruding from the facade at a height of 305 m. To achieve maximum transparency and an unobstructed view over Manhattan, structural bonding and special mortise-and-tenon joints of glass were used to secure the glass. This article describes the development of the innovative glass connections, as well as the design, fabrication and installation of this extraordinary structure.

Schlagwörter: *Ganzglaskonstruktion, Glasbox, Glas-Verbindung, Kleben*

Keywords: *glass structure, glass box, glass connection, structural glazing*

Glasbau 2022. Herausgegeben von Bernhard Weller, Silke Tasche.

1 One Vanderbilt – Einführung

New York erlebt seit einigen Jahren einen großen Bauboom, der die Skyline der Stadt ständig verändert. Einer der jüngsten Wolkenkratzer ist das One Vanderbilt (Bild 1) [1]. Mit einer Höhe von 427 m reiht sich das neue höchste Bürogebäude von Midtown auf den vierten Platz in New York ein, hinter dem One World Trade, Central Park Tower und 11 West 57th Street. Die Eigentümer SL Green Realty mit dem Miteigentümer Hines beauftragten die renommierten Architekten „Kohn Pedersen Fox" für die Planung des Gebäudes und „Snohetta" für die Innengestaltung. Das Gebäude ist Teil einer Umgestaltung rund um das Grand Central Terminal, das nun direkt mit One Vanderbilt unterirdisch verbunden ist. Nach dem Abriss umstehender Gebäude wurde im Januar 2017 mit dem Bau begonnen und am 14.9.2020 erfolgte die offizielle Eröffnung. Neben den Bürogeschossen befinden sich im unteren Teil des Gebäudes Einzelhandelsflächen und Restaurants. Im oberen Bereich der Spitze wurden mehrere Stockwerke für die Öffentlichkeit gestaltet. Das so genannte „SUMMIT" – in einer Höhe von 311 m – ist nach dem 30 Hudson Yard (335 m) [2] das zweite Außendeck in New York. Die beiden Innenobservatorien von One World Trade Center (381 m) und Empire State Building (320 m) befinden sich noch höher.

Als Attraktionen verfügt das „SUMMIT" über zwei gläserne Außenaufzüge, die bis zu einer Höhe von 370 m fahren. Ein Stockwerk unterhalb des „SUMMIT's" gibt es auf 305 m Höhe einen weiteren Bereich für Besucher mit zwei aus dem Gebäude herausragenden Ganzglasboxen (s. g. Levitation). Die Eröffnung fand am 21.10.2021 statt.

Bild 1 One Vanderbilt (© Josef Gartner GmbH)

Permasteelisa North America war für die Entwicklung, Konstruktion, Fertigung und Montage der Außenfassade des Turms zuständig und holte sich für die zwei Glasboxen die Josef Gartner GmbH aus der Permasteelisa-Gruppe zur Unterstützung, die für die Planung, Fertigung und Lieferung verantwortlich waren.

2 Entwurfsphase

Beim Entwurf der Glasboxen stand die Maßgabe der größtmöglichen Transparenz im Vordergrund. Als Randbedingung war lediglich die Größe festgelegt. Zur Entscheidungsfindung über die Ausführung der zwei Glasboxen standen Gartner als Entwurfszeitraum nur ca. 2 Monate ab Mai 2019 zur Verfügung, da die Montage bereits in der ersten Jahreshälfte 2020 durchgeführt werden sollte. Dabei wurden von allen Beteiligten, wie Bauherren, Architekten, Fassadenberater, Tragwerksplaner, verschiedene Varianten von Einbaustandorten im 58. Stockwerk und Ausführungsarten geprüft. Von Gartner wurden konstruktiv und statisch verschiedenste Ausführungsmöglichkeiten entwickelt und untersucht:

- Positionen der Glasboxen unter Berücksichtigung der Windlaststudie durch RWDI mit Windlasten zwischen 55 psf und 100 psf,
- Anordnung von Stahlrahmen in verschiedenen Positionen,
- Lagerung der Stahlrahmen an der Primärstruktur,
- Anbindung und Durchdringung der Boxen an die angrenzenden Fassaden,
- Lagerung der Gläser gehängt oder gestellt,
- Vertikale und horizontale Glasaufteilung,
- Punktgehaltene und geklebte Verglasungen.

Weitere statische Untersuchungen wurden zu möglichen Glasaufteilungen der Frontseite vorgenommen (Bild 2):

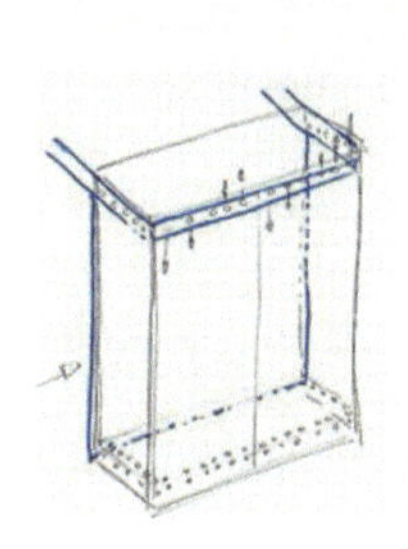
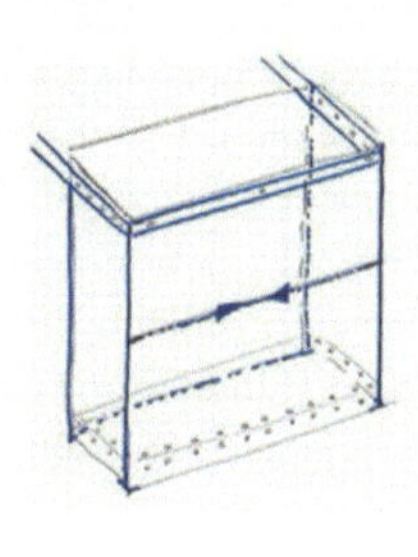
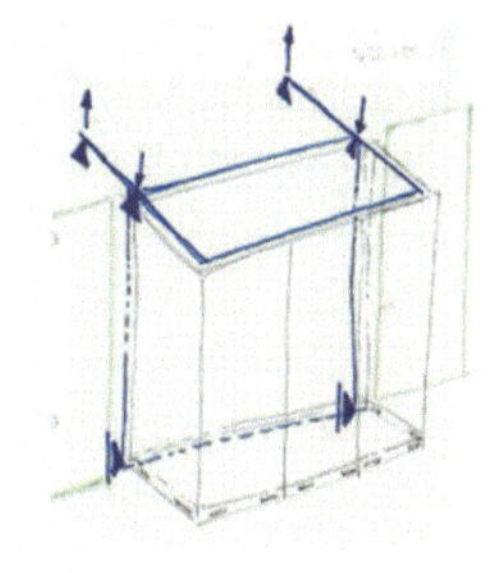

Bild 2 Untersuchte mögliche Aufteilungen der Frontgläser (© Josef Gartner GmbH)

Es stellte sich schließlich ein gehängtes System mit einem auskragenden Stahlrahmen sowie zweigeteilter Verglasung mit vertikaler Fuge als statisch bestes und zugleich transparentestes System dar. Ein ausschlaggebender Punkt für die Gebrauchstauglichkeit des Gesamtsystems ergab sich aus den möglichen Verformungen der Stahlunterkonstruktion. Diese Verformungen sind für das Engineering der Gläser mitentscheidend (Bild 3).

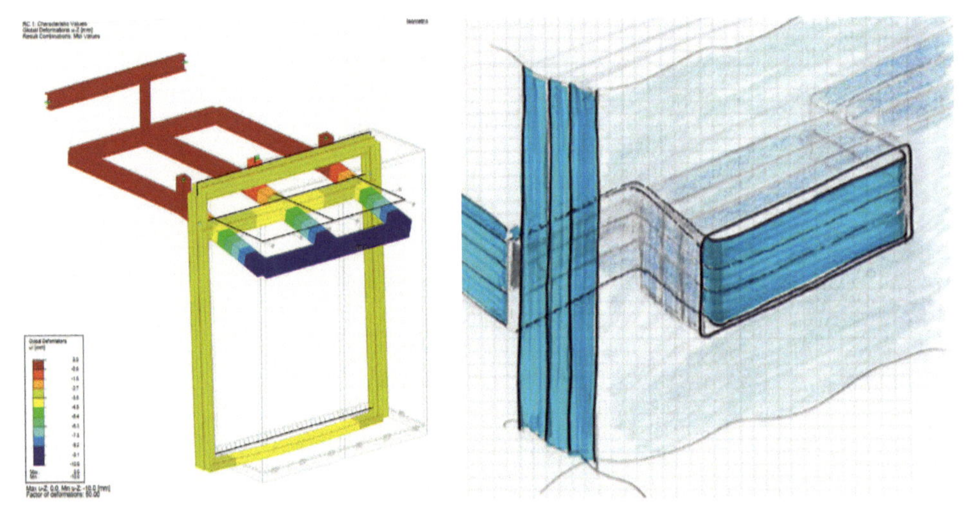

Bild 3 Vertikale Verformung des Stahltragwerks (© Josef Gartner GmbH)

Bild 4 Vorschlag Gartner Glasverbindung (© Josef Gartner GmbH)

Die Tragfähigkeit der Gesamtkonstruktion wurde sowohl durch statische Berechnungen, als auch durch 1:1-Versuche nachgewiesen, bei welchen ein Teil- oder Komplettausfall einzelner Scheiben simuliert wurde.

Für die Möglichkeit, dass durch herunterfallende Gegenstände die Bodenglasscheibe brechen kann, wurde das bereits von Gartner beim „Skywalk" in Kanada [3] erprobte System mit einer obersten Verschleißglasschicht vorgeschlagen.

Im Mai 2019 konnte Gartner bereits ein „Sketchbook" mit Ergebnissen der Voruntersuchungen vorlegen, zusammen mit einem eigenen Vorschlag für eine möglichst transparente Gestaltung der Glaskonstruktion durch eine neue Glas-/Glasverbindung (Bild 4). Ziel dieser Zapfen-Loch-Verbindung aus Glas für die Bodengläser ist es, die traditionellen Punkthalterkonstruktionen aus Edelstahl zu vermeiden und durch homogenere Glasverbindungen im Sichtbereich zu ersetzen. Punkthalterkonstruktionen aus Edelstahl wurden schon vielfach ausgeführt, unter anderem auch bei den Glasboxen im Willis-Tower in Chicago [4]. Damit sollte den Wünschen von KPF nach einer Reduzierung der Stahlstruktur, der Vermeidung von sichtbaren Stahlelementen und der Reduzierung von Fugengrößen möglichst entgegengekommen werden.

Nach eingehenden Diskussionen wurden die Entscheidungen für die Ausführung durch Gartner getroffen und zur Ausführung freigegeben.

3 Konstruktion und Testdurchführung

Mit der Entscheidung zur Gestaltung der zwei nebeneinanderliegenden Glasboxen konnte die Ausführungsstatik durchgeführt werden. Dabei sind neben den Lasten aus Wind, Schnee, Live Load auch Erdbebenlasten und die Verformungen aus dem Gebäude zu berücksichtigen. All diese Lasten führten zu einem statischen Modell bei dessen Dimensionierung die Gebrauchstauglichkeit ein mitentscheidender Faktor ist.

3.1 System

Die gesamte Konstruktion von jeweils einer Glasbox wird als ein in sich geschlossenes System dargestellt, die im Gebäude an drei Rückverankerungen am Primärstahl aufgehängt ist. Die Bewegungen des Gebäudes in den jeweiligen Stockwerken werden zu den Boxen umlaufend durch Bewegungsfugen aufgenommen und geben dadurch keine weiteren Lasten in die Glaskonstruktion ab. Für die horizontale Gebäudeverschiebung zwischen den Stockwerken sind ±15 mm als Schiebepunkte berücksichtigt. Die Tragweise der Gläser funktioniert dadurch, dass alle vertikalen Fassadengläser am oberen Stahlrahmen durch Punkthalter aufgehängt werden (drei Punkte für die Frontscheiben und ein Punkt für die Seitenscheiben). Die Dachglasscheibe liegt auf den oberen Glaskanten der Seitenscheiben auf. Das Bodenglas liegt auf der Seite des Gebäudes auf dem Stahlrahmen auf. Auf den drei restlichen Seiten liegt das Glas über die neue Zapfenlösung in Durchdringungen der Seitenscheiben auf. Für die Stabilisierung dieser Glaskonstruktion müssen alle Glaskanten und Glasfugen mit „Structural Silicone" (Dowsil 993) verklebt werden. Die Dimensionierung des Silikons erfolgt unter Beachtung der auftretenden Kräfte und Verformungen und gibt die Breite der Fugen vor.

Um das Bodenglas vor Bruch durch z.B. herabfallende Gegenstände zu sichern, ist die Glasoberfläche durch eine zusätzliche Verschleißglasschicht geschützt. Da diese nur durch eine Folie vom Bodenglas getrennt ist, kann ein Glasaustausch bei möglichem Bruch ohne Einfluss auf die Tragfähigkeit der Glasbox erfolgen. Das System ist weiterhin so ausgelegt, dass jedes Seitenglas ohne statische Beeinträchtigung ausgetauscht werden kann. Eine große Herausforderung ergab sich bei Planung der Glasboxen aus der Höhe des Einbauortes. Durch die Notwendigkeit, die Gläser bei Montagevorgängen oder für Glasreinigungen von außen zu erreichen, sind verschiedene Lösungen notwendig. Bei der Montage der Glasboxen konnte noch der Montagekran des Gebäudes genutzt werden. Direkt nach dieser Montage wurde dieser Kran demontiert und steht nun nicht mehr zur Verfügung. Deswegen war eine spezielle Entwicklung der Gebäudereinigungsgeräte für die Glasboxen notwendig. Mithilfe von Teleskopstangen kann die Wartungs- und Reinigungsplattform für das Gebäude im Bereich der Glasboxen ausgefahren und unter den Glasboxen wieder eingefahren werden.

3.2 Abmessungen

Jede der zwei Boxen ist 5,3 m hoch und 3,7 m breit. Das Bodenglas ist 1,55 m breit.

Aufbau der Frontgläser:
- 4 × 12 mm ESG mit jeweils 1,52 mm SGP
- Antireflex-Beschichtung Planibel Clearsight auf #1 und #8

Aufbau der Bodengläser:
- 5 × 12 mm TVG mit jeweils 1,52 mm SGP
- Siebdruck auf #9
- Verschleißglas: 6 mm ESG mit Zwischenfolie

Aufbau der Dachgläser:
- 3 × 12 mm TVG mit jeweils 1,52 mm SGP
- Antireflex-Beschichtung Planibel Clearsight auf #1 und #8

- Als Schneefang sind gekantete Edelstahlbleche mit „Structural Silicone“ am Glasrand aufgeklebt.

Die Glasherstellung und Verklebung auf Edelstahlprofile erfolgte durch die Fa. Eckelt und die Bemessung und Lieferung des Silikons erfolgte zusammen mit der Fa. Dow.

3.3 Zapfenlösung

Die neue Zapfenlösung (Bild 9) wurde mit den Berechnungen der Seitengläser und der Bodenscheibe nachgewiesen und bemessen. Die Größe der Durchdringung von 127 mm × 66 mm ergab sich aus der Klotzungslänge von 100 mm und der Eintauchtiefe der drei mittleren Bodengläser von 39 mm. Außerdem ist eine umlaufende Auflagerhöhe und Verklebungsbreite von 13,7 mm zu berücksichtigen. Die maximalen Spannungen treten bei den Seitenscheiben im Bereich der Bohrungen und der Glasausschnitte (Bild 5) auf; beim Bodenglas sind die Spannungen in Scheibenmitte für gewöhnliche Lastfälle in der Scheibenmitte größer als an den Zapfen (Bilder 6 und 7).

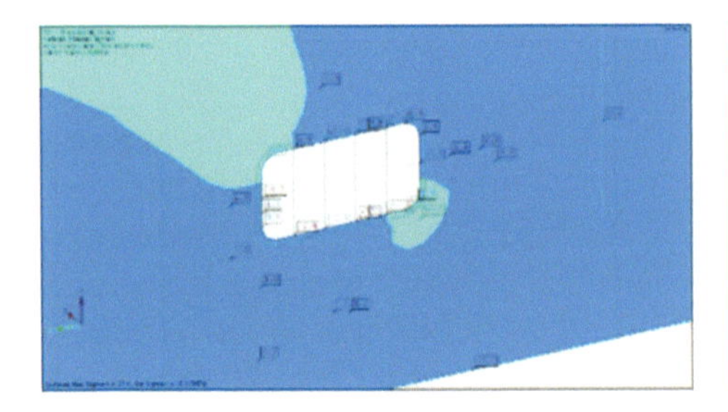

Bild 5 Max. Spannungen im Bereich des Lochs (9 MPa) (© Josef Gartner GmbH)

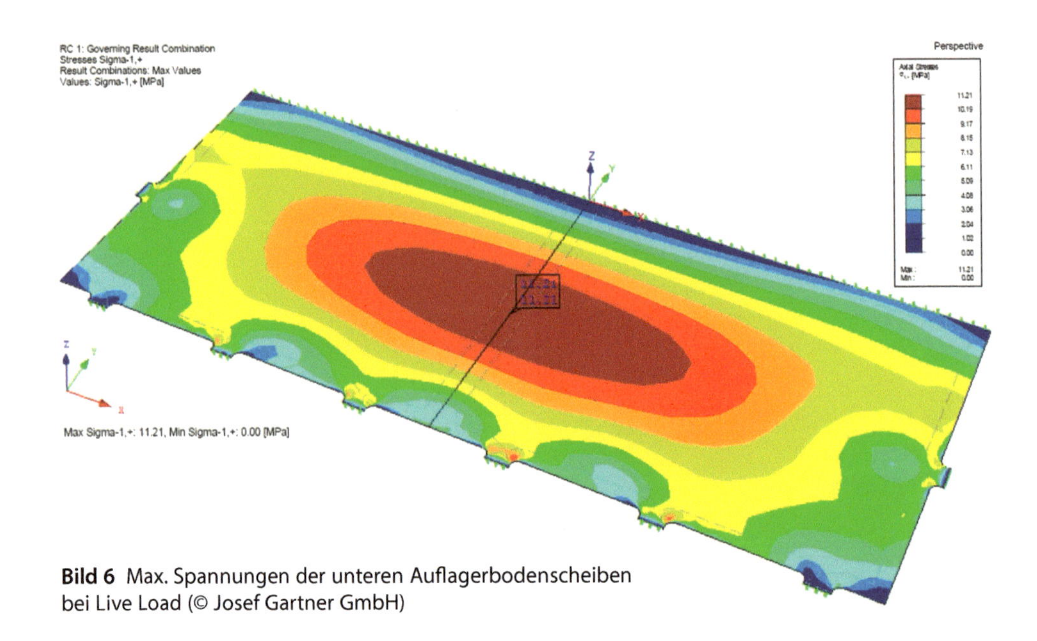

Bild 6 Max. Spannungen der unteren Auflagerbodenscheiben bei Live Load (© Josef Gartner GmbH)

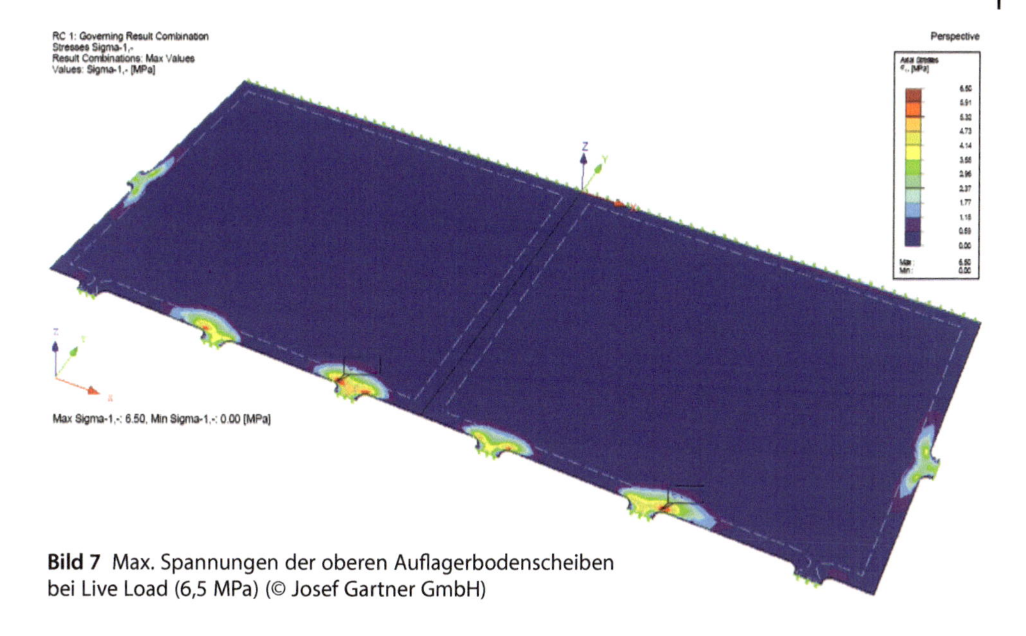

Bild 7 Max. Spannungen der oberen Auflagerbodenscheiben bei Live Load (6,5 MPa) (© Josef Gartner GmbH)

3.4 Test

Zur Absicherung der statischen Berechnungen wurde vom Bauherren SL Green eine Testdurchführung beauftragt, die den Aufbau einer kompletten Glasbox in Originalgröße (Bild 8) beinhaltete. Dieser Testaufbau ermöglichte es, auch die Methodik der Montage zu simulieren und zu optimieren. Unter Zeitdruck konnte das PMU bis Anfang Dezember 2019 im Werk der Josef Gartner GmbH in Gundelfingen errichtet und

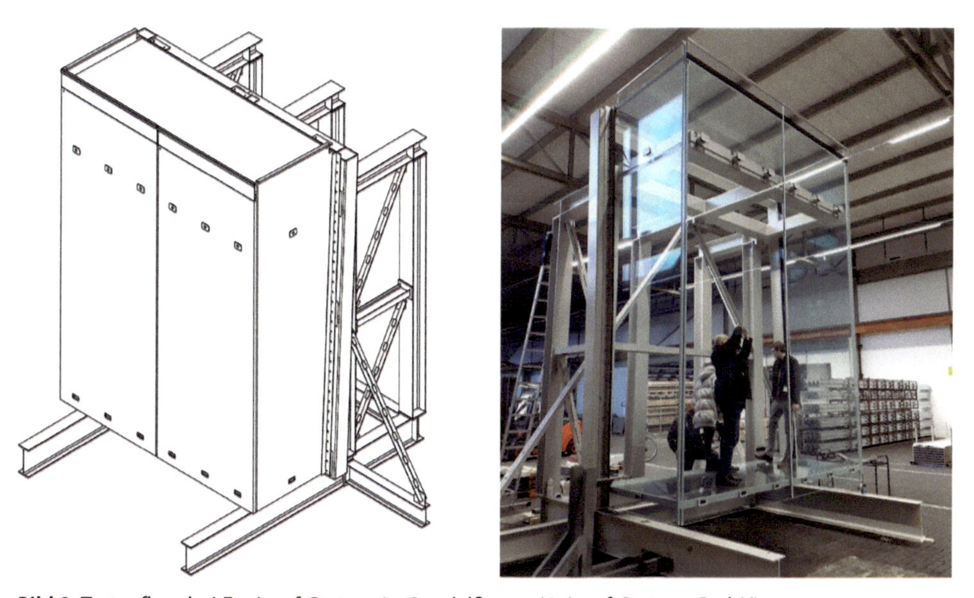

Bild 8 Testaufbau bei Fa. Josef Gartner in Gundelfingen (© Josef Gartner GmbH)

Bild 9 Zapfenlösung beim Testaufbau (© Josef Gartner GmbH)

in Folge über mehrere Wochen die Tests durchgeführt werden. Mit den Versuchen wurde die ausreichende Trag-, Stoßtrag- und Resttragfähigkeit nachgewiesen:

- Die kritischen Elemente der Glasboxen wurden mit mindestens der doppelten Bemessungslast belastet, ohne zu versagen. Selbst, wenn die Schwankungen der Glasfestigkeit berücksichtigt werden, besitzt die Gesamtkonstruktion (Glaskonstruktion, Stahlkonstruktion, strukturelle Verglasung) eine ausreichende Tragfähigkeit, um der gesamten Bemessungslast (Verkehrslast, Windlast, Eigenlast) standzuhalten.
- Bei den Versuchen wurden verschiedene Versagensszenarien untersucht – einschließlich der unwahrscheinlichen Szenarien eines Totalausfalls einer Frontverglasung und eines Totalausfalls der Bodenverglasung. In keinem der Tests versagte die Verglasung oder kam es zu weiteren Brüchen. Somit konnte festgestellt werden, dass die Resttragfähigkeit der Konstruktion mehr als ausreichend ist.
- An den horizontalen und vertikalen Verglasungen wurden verschiedene Stoßtragfähigkeitstests (weicher und harter Stoß) durchgeführt. In allen Tests wurden die höchsten Klassen nach CWCT TN 66 [5] und TN 76 [6] bestanden. Dies zeigt, dass die Verglasung einen sehr guten Widerstand gegen Stöße bietet.

4 Fertigung und Montage

Unmittelbar nach der Durchführung der erfolgreichen Tests wurde mit der Fertigung aller Teile gestartet. Um die Anzahl von strukturellen Verklebungen auf der Baustelle zu verringern, wurden Edelstahlprofile im nicht sichtbaren Bereich bereits beim Glashersteller passgenau verklebt. Auf der Baustelle war dadurch nur noch eine Verschraubung an die Stahltragkonstruktion notwendig.

Für die Montage war es wichtig, eine exakte Reihenfolge vorzugeben. Notwendige Montagehilfsmittel wurden neu entwickelt und mitgeliefert. Um die Verformungen der Stahlkonstruktion aus dem Eigengewicht auszugleichen, wurde das Eigengewicht der Verglasung beim Einbau durch Gewichte simuliert. Die Gewichte wurden außerdem

Bild 10 Montagezustände (© Josef Gartner GmbH)

dazu genutzt, die Tragfähigkeit des Stahlrahmens sowie der Anschlüsse zu demonstrieren (Bild 10). Mit zunehmendem Montagefortschritt wurde dann ein planmäßiger Rückbau der Gewichte vorgenommen. Durch die genaue Fertigung und Qualitätssicherung passten alle Glasteile exakt an ihre Positionen und auch das Einfahren der Frontgläser in die Zapfen funktionierte wie geplant reibungslos.

5 Fazit

Bei der Planung von rausragenden Glasboxen in großen Höhen (Bild 11) sind eine Vielzahl von Vorüberlegungen und Untersuchungen/Berechnungen notwendig, um eine tragfähige und gebrauchstaugliche Struktur zu erhalten. Die mutigen Entscheidungen in den Details für ein möglichst transparentes Erscheinungsbild werden hoffentlich durch eine hohe Anzahl von zufriedenen Besuchern belohnt, denen im Gebäude noch eine weitere große Breite an Attraktionen in schwindelnder Höhe geboten wird. Sei es auf der Außenterrasse, in den Aufzügen oder durch die Blicke vom Gebäudeinneren heraus auf die umliegenden Wolkenkratzer in New York (Bild 12). Unter *www.summitov.com* [3] kann man sich als Tourist weiter informieren.

Bild 11 Fertig gestellte Spitze von „One Vanderbilt“ von außen mit Glasboxen, Außendeck und verglaste Aufzüge (© Josef Gartner GmbH)

Bild 12 Aussichten durch die Glasboxen auf New York mit Hudson Yards „Edge“ im Hintergrund (© Josef Gartner GmbH)

6 Literatur

[1] One Vanderbilt (2021) [online] www.onevanderbilt.com

[2] Stein, M.; Cassery, E. (2021) Die Glasstrukturen der Aussichtsplattform „Edge“ in: Weller, B.; Tasche, S. [Hrsg.] *Glasbau 2021*, S. 49–59, Ernst & Sohn, Berlin.

[3] Schmitt, F.; Zimmermann, S.; Brown, S. (2015) Glacier Skywalk–Aussichtsbrücke mit Glasboden in: Weller, B.; Tasche, S. [Hrsg.] *Glasbau 2015*, S. 91–100, Ernst & Sohn, Berlin.

[4] McDonnell, T.; Thompson, D. (2010) Structural glass observation boxes (Willis Tower ledge) in: *Challenging Glass Conference Proceedings*, Vol. 2.

[5] CWCT TN 66 (2010) *Technical Note 66: Safety and Fragility of Overhead Glazing: Guidance on Specification*, Centre for Window and Cladding Technology.

[6] CWCT TN 67 (2010) *Technical Note 67: Safety and Fragility of Overhead Glazing: Testing and Assessment*, Centre for Window and Cladding Technology, 2010.

East End Gateway: Eine antiklastische Seilfassade mit doppelt gebogenem Glas

Mike Junghanns[1], Peter Eckardt[1], Martien Teich[1]

[1] *seele GmbH, Gutenbergstraße 19, 86368 Gersthofen, Deutschland; mike.junghanns@seele.com; peter.eckardt@seele.com; martien.teich@seele.com*

Abstract

Zum Jahreswechsel eröffnete am 31.12.2020 das sogenannte „East End Gateway" als neuer Eingang zur Penn Station an der 33rd Street/7th Avenue in New York. Das Design der Architekturbüros SOM, Skanska und AECOM sah für das ca. 12 m hohe Vordach eine komplexe Konstruktion, bestehend aus ca. 105 t architektonischem Stahlbau und einer antiklastischen Seilnetzfassade, vor. Diese besteht aus gegeneinander verspannten Quer- und Längsseilen aus Edelstahl und 139 doppelt gebogenen Glasscheiben. Jedes Laminat ist dabei ein Unikat, denn die Scheiben sind unterschiedlich groß, und die SGP-Interlayer sind mit unterschiedlichen Punkterastern bedruckt. Als primäre Tragstruktur plante seele einen 14,6 m hohen, A-förmigen Stahlrahmen. Zentrale Herausforderung des Projekts war die komplexe Geometrie, die in allen Projektphasen – von Design und Statik bis hin zur Montage – anspruchsvolle Lösungen erforderte. Um eine reibungslose Montage zu ermöglichen, kam ein von seele eigens entwickeltes, cloudbasiertes Monitoring-Konzept zum Einsatz.

East End Gateway in New York: Creation of an anticlastic cable net facade with double curved glass panes. Just in time for the New Year, the so-called "East End Gateway" opened on 31 December 2020 as a new entrance to Penn Station on 33rd Street/7th Avenue in New York. The design by the architects of SOM, Skanska and AECOM previewed a complex construction for the 12 m tall canopy, comprising approx. 105 t architectural steelwork and an anticlastic cable net facade. The facade consists of stainless steel cross and longitudinal cables braced against each other as well as 139 double curved glass panes. Each glass laminate is unique, as the SGP interlayers are printed with varying dot patterns. As a primary steel structure, seele planned a 14.6 m tall A-shaped steel frame. The central challenge of the project was the complex geometry, which placed special requirements on all project phases, from design and structural engineering until the installation. In order to enable a smooth installation process, seele implemented a self-developed, cloud-based monitoring system.

Schlagwörter: *Seilfassade, architektonischer Stahlbau, doppelt gebogenes Glas*

Keywords: *cable net facade, architectural steelwork, double curved glass*

Glasbau 2022. Herausgegeben von Bernhard Weller, Silke Tasche.

1 Einleitung

Eine imposante, gegensinnig gekrümmte Seilfassade bildet den neuen Eingang der Penn Station an der 33rd Street in New York. Das Design für das geneigte Stahl-Glas-Vordach mit einer Fläche von 277 qm stammt von Skanska und den Architekturbüros AECOM und SOM. Mit Konstruktion, Fertigung und Montage wurde Fassadenspezialist seele beauftragt: Heute führt das sogenannte East End Gateway, ein 12 m hohes „A", Passanten und Passagiere über Rolltreppen zu den unterirdisch liegenden Bahnsteigen. Die filigrane Seilnetzfassade ist mit modernster Monitoring-Technik ausgestattet und setzt in ihrer Ausführung einen architektonischen Akzent an einem der größten Bahnhöfe der USA.

Zu normalen Zeiten besuchen täglich 650 000 Personen den Knotenpunkt am berühmten Madison Square Garden. Um die Personenströme zu entzerren, beauftragte Bauherr MTA C&D (Metropolitan Transportation Authority Construction & Development) zusammen mit Vornado Realty Trust den Bau eines neuen, großzügigen Haupteingangs. Die filigran wirkende Konstruktion aus Stahlrahmen und Edelstahlseilen erzeugt die Optik einer entmaterialisierten Glashülle, deren lichtdurchflutete Atmosphäre Passanten zu den Bahnsteigen begleitet.

In der Öffnung zum Untergeschoss setzt sich das Design fort: 60 doppelt gebogene und linienförmig verlaufende Paneele aus Schwarzstahl, die an einer Unterkonstruktion abgehängt sind, bilden die Verkleidung der ovalen Öffnung. Durch deren trichterförmig anmutende Form wird ein fließender Übergang nach oben zum Vordach geschaffen, woraus sich eine scheinbar unendliche Perspektive ergibt. Aufsteigenden Reisenden eröffnet sich zudem eine freie Sicht durch das Glasdach auf das Empire State Building.

1.1 Höchste Präzision für 105 Tonnen Stahl

Die von seele konstruierte Seilfassade besteht aus einem Stahlrahmen mit einem Seilnetz aus gegeneinander verspannten Quer- und Längsseilen aus Edelstahl. Als primäre Tragstruktur plante der Fassadenspezialist einen 14,6 m hohen, A-förmigen Stahlrahmen. Den Bodenanschluss formt der sogenannte „Horseshoe", ein hufeisenförmiger Randträger mit einer Länge von ca. 30 m und einer Breite von 13 m. Die komplette Stahlkonstruktion besteht aus fünf geschweißten Kastenträgern, einem Querträger und der sogenannten „Crown" – ein massives Werkstück aus einem 400 mm dicken Blech, das oben auf der Struktur aufgesetzt wurde. An die „Crown" sind sowohl Seilbefestigungen für die Fassade als auch die Spannaufnahmen angebracht.

Insgesamt 105 t Stahl wurden für die Rahmenkonstruktion bearbeitet. Der komplette Stahlbau liegt frei und ist ständigen Witterungseinflüssen ausgesetzt. Daher erforderten Oberflächen und Schweißnähte eine hochpräzise Bearbeitung und die Erfüllung der amerikanischen AESS 4 Anforderungen. Eine weitere Herausforderung stellten die schwer zugänglichen Einläufe für die Edelstahlseile dar: Zahlreiche bauseitige Einbauten zur Wasserführung oder Beleuchtungstechnik mussten integriert und deren Anschlüsse beim Stahlbau berücksichtigt werden.

Um die im Design vorgesehene Neigung des Eingangs zu erzielen, wurde der A-förmige Rahmen überhöht gefertigt und neigt sich durch die Seilspannung in den geforderten 45°-Winkel und damit auf die Gesamthöhe von 12 m. Dafür wurden die Längsseile sehr hoch vorgespannt, um eine entsprechende Vorspannung auch in den Querseilen zu erreichen. Um eine reibungslose Montage in New York zu ermöglichen, wurde die komplette Stahl-Konstruktion für eine Vorprüfung bei seele in Tschechien komplett aufgebaut, getestet und im Anschluss nach New York zur finalen Montage durch seele und Skanska USA Civil NE verschifft.

1.2 Digitales Fassaden-Monitoring

Ausgeklügelt ist auch das von seele entwickelte Monitoring-Konzept. Die geforderte Seilkraftmessung setzte seele als cloudbasierte Lösung um. Verschiedene Faktoren, wie geringe Abstände zwischen den Seilknoten sowie die schwere Zugänglichkeit an der stark frequentierten Penn Station, machten eine konventionelle Seilkraftmessung bei diesem Projekt nahezu unmöglich. Bei der Montage sammelten versteckt angebrachte Messstellen Daten zur Vorspannung der Längs- und Querseile. So blieben aufwendige Messungen vor Ort erspart und könnten auch in Zukunft bei Bedarf durchgeführt werden.

seele entwickelte zur übersichtlichen Überwachung des Vorspannungszustandes ein Dashboard, welches über einen personalisierten Zugang über das Internet von überall auf der Welt aus aufgerufen werden konnte.

Das System wurde genutzt, um vor Ort auf der Baustelle in New York City die Vorspannkräfte in den Seilen zu visualisieren und die vorgegebene Seilspannung einzubringen. Während der Montage konnte zudem der Spannvorgang durch das Engineering in Deutschland überwacht werden.

Das Monitoring-Konzept könnte theoretisch für eine langfristige Dokumentation des Spannungszustandes im Seilnetz genutzt werden, um die Einflüsse extremer Wetterereignisse, mechanischer Einwirkungen und anderer Faktoren über die Nutzungsdauer des Gebäudes zu überwachen. Die Einbindung lokaler Wetterdaten und die Synchronisation mit den aufgezeichneten Seilkräften, würde eine tiefergehende Interpretation der Messdaten erlauben.

Zur Umsetzung der Messung fanden speziell für das Projekt angefertigte Kraftaufnehmer im Auflagerdetail der Seilfittinge Verwendung. Die Messdatenaufbereitung und Einspeisung ins Internet fand direkt durch Messverstärker, Kleinsteuerungen und Router am Objekt statt.

2 Verglaste Hülle des Skylights

2.1 Architektonische Vorgaben

Die Außenkontur bzw. -fläche der gesamten Konstruktion war seitens der Architekten fest vorgegeben (Bild 1). Die Glasgeometrie, also die Abmessungen der Scheiben und somit die Anzahl der Längs- und Querseile, wurde im Rahmen der Designplanung in enger Abstimmung mit dem Kunden im Vergleich zum ursprünglichen Konzept leicht modifiziert.

Alle Glasscheiben werden in den Ecken mittels runder Klemmteller gelagert, wobei ein Teller die Ecken von vier Scheiben fasst. Die Klemmteller haben zudem die Funktion der Seilklemmen, d. h. Längs- und Querseile miteinander zu verbinden.

Bild 1 Rendering (© AECOM/SOM)

2.2 Seilnetz

Das Seilnetz wurde als antiklastische Struktur geplant. Dabei bilden die Längsseile eine konkave Fläche und die Querseile eine gegenläufige konvexe Fläche. Die Querseile wurden über die Längsseile geführt, wobei die querverlaufenden Seile ihre Vorspannkraft rein durch das Vorspannen der Seile in Längsrichtung erhalten. In den Randbereichen und vor allem im vorderen, wenig geneigten Bereich des „Hufeisens" verlaufen die Seile sehr flach. Dies hat zur Folge, dass dort die Querseile eine deutlich geringere Vorspannung erhalten als in anderen Bereichen. Zugleich treten an diesen Stellen die höchsten Schneelasten auf.

Das Lastfallszenario sah vor, dass kein Seil ausfallen durfte und die Zugkraft niemals gegen Null geht. Dies stellte sicher, das eine ausreichende Steifigkeit der Netzstruktur zur sicheren Befestigung der Glasscheiben gegeben ist. Somit waren sehr hohe Kräfte von bis zu 400 kN in den Längsseilen erforderlich. Die Form des Seilnetzes reagiert sehr stark auf Änderungen der Seilkräfte. Die Geometrie und somit die umhüllende Fläche wurden also durch die Vorspannung bestimmt und beeinflusst, was das exakte Einstellen der Seilkräfte unerlässlich machte.

2.3 Glas

Die Maschengröße des Seilnetzes gibt die Abmessungen der Glasscheiben vor (Bild 2). Diese variieren über die Höhe der Struktur stark. So misst die größte Scheibe unten im fast horizontalen Bereich 2,2 m × 2,6 m und die schmalste Scheibe, im geneigten Bereich oben an der sogenannten „Crown", ca. 0,3 m × 1,8 m.

Die Krümmungsradien in Querrichtung betragen dabei zwischen 1,3 m und 9,1 m, wobei diese über die Länge der Scheiben nicht konstant verlaufen (ähnlich Kegelausschnitt). In Längsrichtung sind die Krümmungsradien deutlich größer.

Die Fugenbreite zwischen den Scheiben wurde mit 30 mm festgelegt, um die Glasklotzungselemente zum Abtrag der Eigengewichtslasten in Scheibenebene zwischen den Scheiben platzieren zu können. Gleichzeitig wurden dadurch Zwängungen und Lastumlagerungen bei Bewegungen im Seilnetz vermieden.

Die antiklastische Form der Skylighthülle erforderte den Einsatz von warm gebogenen Gläsern. Zudem war eine punktförmige Bedruckung für den Vogel- und Sonnenschutz gefordert.

Form und Performance bestimmten die Glasart: Floatglas zu verwenden, kam aus statischen Gründen nicht in Frage, da die Biegezugfestigkeit gering ist und stark von der Lastdauer abhängt. Aufgrund der zweiachsig gegenläufigen Krümmung der Glasscheiben war es zu diesem Zeitpunkt nicht möglich, thermisch vorgespanntes Glas herzustellen. Das sogenannte ESG-/TVG-Biegen biegt und härtet in einem Fertigungsschritt.

Deshalb fiel die Wahl auf ein gravitationsgebogenes und im weiteren Bearbeitungsschritt chemisch vorgespanntes Glas (CVG) der Firma sunglass industry aus dem italienischen Villafanca Padovana. Mit diesem Fertigungsprozess weist das Glas eine Biegezugfestigkeit von mindestens 150 MPa gemäß EN 12337-1 auf und besitzt somit eine höhere Festigkeit als ESG mit 120 MPa. Gleichzeitig entspricht das Bruchbild von CVG eher dem von nicht vorgespanntem Glas, welches sich als Verbundsicherheitsglas positiv auf die Resttragfähigkeit im Bruchfall auswirkt. Bei diesem Verfahren sollte auf die Dicke der Einzelscheiben geachtet werden. Bei diesem Projekt wurde das Glas auf 8 mm begrenzt, um einen optimalen Biegeprozess sicherzustellen. Um dennoch mit dünnen Einzelglasscheiben einen dauerhaft ausreichend steifen und tragfähigen Glasaufbau zu erzielen, kam nur ein Mehrfachlaminat mit der SentryGlas (SGP) Zwi-

Bild 2 Beginn der Glasmontage in New York (© seele)

Bild 3 Glasmontage in New York (© seele)

schenschicht in Frage. Dieser Interlayer gewährleistet einen dauerhaften und steifen Schubverbund. Das Punktmuster konnte schließlich durch eine Bedruckung des SGP-Interlayers erzielt werden.

Schließlich wurde folgender Aufbau gewählt: Vierfachlaminate aus chemisch vorgespanntem Glas (CVG) mit SentryGlas Interlayer (SGP): 6 mm CVG/8 mm CVG/8 mm CVG/6 mm CVG mit 1,52 mm SGP.

Die Glasscheiben sind in den Ecken mittels kreisrunder Klemmteller gehalten (Bild 3). Seilklemme und Glashalter bilden eine Einheit. Um Toleranzen ausgleichen zu können, wurden die Glashalter höhenverstellbar ausgebildet.

2.4 Nachweiskonzept

In den USA ist für die Bemessung von Glas im Hochbau das Konzept mit zulässigen Spannungen, „Allowable Stress Design" (ASD), üblich. Die zulässigen Spannungen sind im ASTM E1300 [1] geregelt, allerdings nicht für CVG. Daher musste ein Konzept entwickelt und mit der Bauaufsicht abgestimmt werden. Verwendet wurde ein chemisch vorgespanntes Glas in Anlehnung an EN 12337-1 mit einer Zugfestigkeit von mindestens 150 MPa. Gewählt wurde ein Sicherheitsfaktor von 3, sodass sich eine zulässige Spannung von 50 MPa für alle Lasteinwirkungsdauern ergibt.

Ein Nachteil von CVG im Vergleich zu TVG oder ESG, bei dem die Vorspanntiefe im Millimeterbereich liegt, ist die geringe Eindringtiefe der Vorspannung von nur ca. 30 bis 50 μm. Beschädigungen, wie Abplatzer und tiefe Kratzer, setzen somit die Biegezugfestigkeit signifikant herab. Die oberste zugängliche und bewitterte, 6 mm starke Scheibe des Laminats wurde deshalb als Schutzschicht angesehen und bei der statischen Bemessung im Grenzzustand der Tragfähigkeit nicht angesetzt.

Der Teil-Schubverbund durch den SG-Interlayer wurde bei der Bemessung je nach Lastfall, Lasteinwirkungsdauer und zu erwartender Temperatur angesetzt. Untersu-

Bild 4 Prüfung der Tragfähigkeit – Lagerung der Glasscheibe im Vorversuch (© seele)

chungen und CFD-Analysen zur Temperaturentwicklung im Sommer bei Sonneneinstrahlung stellten sicher, dass ein gewisser Verbund (Schubmodul ca. 1–2 MPa) auch für Dauerlasten wirkt.

Neben den rein rechnerischen Analysen wurden auch ausführliche 1:1-Tests zur Tragfähigkeit und Resttragfähigkeit durchgeführt, wie z. B. Versuche nach der in UK gängigen CWCT TN 66/TN 67 [2], [3]. Der geplante Glasaufbau wurde zunächst als Flachglas in der punktförmigen Lagerung unter konservativen Prüfbedingungen und ohne den Einsatz der Silikonabdichtung getestet (Bild 4).

Im zweiten Schritt wurden Probekörper der größten Projektscheibe mit der geringsten Neigung (hergestellt im Originalverfahren) und der antiklastischen Krümmung unter Bedingungen, die näher an der Realität liegen, durchgeführt.

Die Versuche konnten die aus der Prüfnorm CWCT TN66/TN67 gestellten Anforderungen an die Resttragfähigkeit erfüllen und bilden eine sinnvolle Ergänzung der Sicherheitsbetrachtungen aus den statischen Berechnungen.

3 Frontfassade

Die Frontfassade über dem Eingang besteht aus vier horizontal spannenden, ebenen VSG-Scheiben. Da diese nicht gebogen sind, kam ein 3 mm × 12 mm TVG-Laminat zum Einsatz, wobei auch hier SentryGlas als Interlayer verwendet wurde.

Damit sich die unterschiedlich weit spannenden Scheiben unter Windlasten zusammen verformen, wurden die horizontalen Fugen mit statisch tragendem Silikon verklebt.

4 Stahlbau

4.1 Vorgespannte Schraubstöße

Die Schraubstöße des überhöht gefertigten Stahlbaus wurden durch Bolzen verschiedener Durchmesser realisiert. Dabei wurden die folgenden Bolzenverbindungen mit Nenndurchmessern von M56 bis M72 in Durchgangs- und Sacklochbohrungen vorgesehen.

Da die Vorspannkräfte der Schraubverbindungen neben der Tragfähigkeit in der Praxis eine wichtige Rolle für die Vermeidung aufklaffender Fugen im Stahlbau stellen, wurden Verfahrensprüfungen an den Schraubstoßtypen, unter Verwendung des originalen Montagewerkzeugs, durchgeführt. Dadurch werden exakt definierte Vorspannzustände in die Verbindung eingestellt.

Der nach dem Vorspannen auftretende Vorspannverlust durch die Nachgiebigkeit der Stirnplatten und Setzungserscheinungen wurde versuchstechnisch für jeden Stoßtyp ermittelt und durch Erhöhung der Vorspannkräfte kompensiert. Beim Versuch wurden Messungen mit Dehnmessstreifen an Originalbolzen durchgeführt.

4.2 Erprobung des Vorspannkonzeptes

Die Vorspannung des Seilnetzes stellte besondere Herausforderungen vom Engineering bis zur Montage. Aus diesem Grund fand zunächst ein Probeaufbau des strukturellen Stahlbaus bei seele in Pilsen statt (Bild 5), in welchem das geplante Vorspannkonzept erprobt wurde und noch notwendige Anpassungen umgesetzt werden konnten, bevor der Stahl unter starkem Termindruck in New York montiert werden musste.

Bild 5 Probeaufbau bei seele Pilsen zur Bestätigung der Geometrie und der Seilvorspannungen (© GONO - Petr Nový)

Grundsätzlich wurden zunächst die Längs- und anschließend die Querseile des Projekts in den Auflagern fixiert. Die vorhergesagten Sollmaße der 25 mm dicken Querseile wurden voreingestellt.

Die Vorspannungseinstellung erfolgte ausschließlich über das Spannen der Längsseile, deren Seilenden in der Krone mittels Hydraulikzylindern gespannt werden konnten.

Nach der Einstellung der Sollmaße der Querseile wurde das Seilnetz aus der Montageposition über die Längsseile zunächst weggesteuert, angehoben und ab einem Wert von ca. 40 % des Vorspannwegs auf ein kraftgesteuertes Spannverfahren umgestellt. Dabei wurden während des Spannvorganges die Seilkräfte aller Längs- und Querseile überwacht und notwendige Anpassungen vorgenommen, um Verzerrungen des Seilnetzes zu vermeiden und Seilkräfte gemäß den statischen Berechnungen einzustellen.

Eine 3D-Vermessung wichtiger Referenzpunkte des Stahlbaus sowie Knotenpunkte auf dem Seilnetz erlaubte einen Vergleich der erreichten Ist-Maße mit den Soll-Maßen des Designs. Um die Gläser mit den geplanten Geometrien montieren zu können, war es erforderlich, dass die geometrischen Abweichungen des Seilnetzes in einem definierten Spektrum liegen. Durch Anpassungen der Querseilspannungen konnte eine ideale Geometrie des Seilnetzes erreicht werden. Anschließend wurde der Stahlbau zurückgebaut, final beschichtet und in die USA verschifft.

5 Montage

Die Montage auf engstem Raum (Bild 6), mitten in Manhattan, erforderte eine geschickte Koordination der Installationsphasen. So erfolgte die Anlieferung der einzelnen Bauteile just-in-time. Innerhalb von drei Wochen montierte seele den massiven Stahlbau. Im Anschluss wurden die einzelnen Seile angebracht, mit Adapterstücken verlängert und anschließend gespannt, um den Rahmen in die finale Form zu bringen.

Bild 6 Die Baustelle nach Fertigstellung der Verglasung in New York (© seele)

Bild 7 Der fertiggestellte Eingang zur Penn Station an der 33rd Street (© Field Condition)

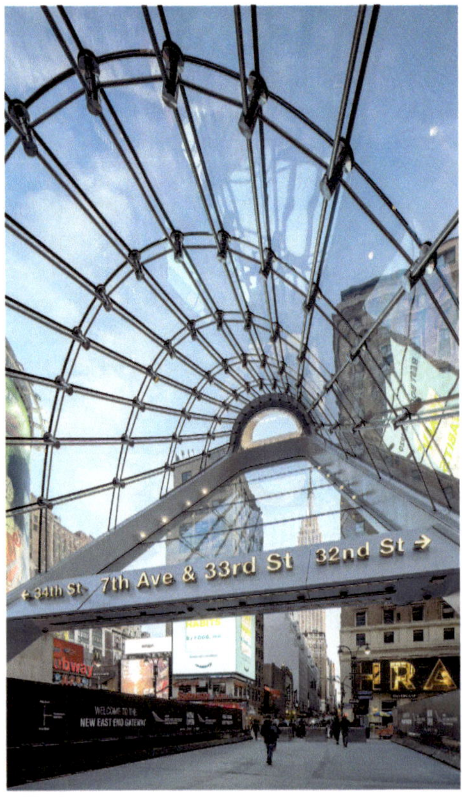

Bild 8 Blick von innen auf die komplexe Seilkonstruktion und im Hintergrund das Empire State Building (© seele)

Danach folgte die Verglasung. Fast 140 doppelt gebogene Gläser wurden von Europa nach New York auf die Baustelle transportiert und mit Spezialhalterungen im Seilnetz befestigt. Jedes Laminat ist dabei ein Unikat. Im November 2020 hieß es dann „All in!“, als die letzte Glasscheibe im Seiltragwerk montiert wurde (Bilder 7 und 8).

6 Literatur

[1] ASTM E1300-16 (2016) *Standard Practice for Determining Load Resistance of Glass in Buildings.*

[2] CWCT Technical Note (2010) *TN66 Safety and fragility of overhead glazing: guidance on specification.*

[3] CWCT Technical Note (2010) *TN67 Safety and fragility of overhead glazing: testing and assessment.*

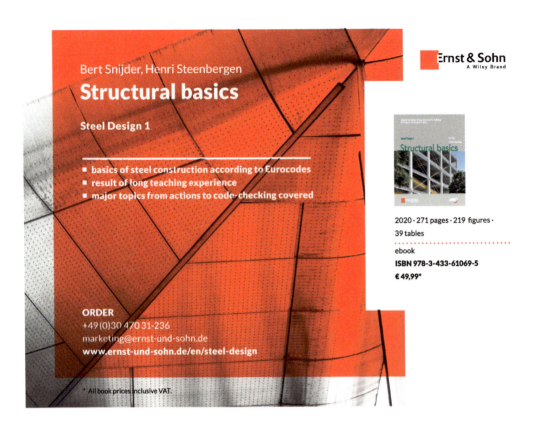

Komplexe Glaskonstruktionen im Projekt Morland Mixité Capitale in Paris

Thiemo Fildhuth[1], Matthias Oppe[1], Pascal Damon[1], Jeremy Crossley[2]

[1] *knippershelbig GmbH, Tübinger Straße 12–16, 70178 Stuttgart; Deutschland; t.fildhuth@knippershelbig.com; m.oppe@knippershelbig.com; p.damon@knippershelbig.com*
[2] *Frener & Reifer France S.A.S., 6 Cité Paradis, 75010 Paris, Frankreich; crossley@frener-reifer.com*

Abstract

Im Zuge des Umbaus der ehemaligen Präfektur von Paris am Boulevard Morland wird im 15. und 16. Obergeschoss ein vollständig verglaster, öffentlicher Bereich mit Gastronomie und einer kaleidoskopartigen Kunstinstallation (Arch. D. Chipperfield/Studio Other Spaces) neu geschaffen. Die Fassaden im 16. Obergeschoss bestehen aus zweiseitig horizontal gelagertem, Structural-Glazing-verklebtem Isolierglas mit variabler keramischer Bedruckung und reflektierender Beschichtung. Darüber sind die „Kaleidoskope" eingehängt, deren spiegelnde Glasschotten die Grenze zwischen innen und außen aufheben. Jedes der 32 Kaleidoskopmodule wird nach oben durch ein bombiertes Isolierglas abgeschlossen. Der vorliegende Beitrag behandelt die detaillierte Umsetzung dieser Glaskonstruktionen.

Complex glass construction within the project Morland Mixité Capitale in Paris. The renovation and conversion of the former prefecture of the city of Paris at the Boulevard Morland (Arch.: D. Chipperfield) comprises the construction of a new two-storey, fully glazed, public space on top of the existing building. Intended for gastronomical use, it comprises a kaleidoscope-like glass art installation designed by Studio Other Spaces. The envelope of the 16th floor consists of two-side supported, large SG-bonded IGUs with variable ceramic frit and reflective mirror-coating. The ceiling above is assembled from "kaleidoscope"-modules comprising suspended mirror-glass sheets that confusingly blur the boundaries between inside and the outside. Each of the 32 kaleidoscope-boxes is covered by a double-curved insulating glass unit. The present contribution deciphers the complex construction design and realization process of these glass structures.

Schlagwörter: *Morland Mixité Capitale, doppelt gekrümmtes Isolierglas, Kaleidoskop, Structural-Glazing, ATEx*

Keywords: *Morland Mixité Capitale, double-curved insulating glass, kaleidoscope, Structural Glazing, ATEx*

Glasbau 2022. Herausgegeben von Bernhard Weller, Silke Tasche.

1 Einleitung

1.1 Projektbeschreibung

Aktuell wird die ehemalige Präfektur der Stadt Paris im vierten Arrondissement gemäß dem Entwurf von Chipperfield Architects renoviert, umgebaut und mit neuen Gebäuden zur Seine und zum Boulevard Morland hin erweitert (Bild 1). Der aus einem zentralen Hochhaus mit 16 Stockwerken und flankierenden Gebäuden bestehende, öffentliche Komplex wird nach Fertigstellung einen Mix aus Büros (9200 qm), 200 Wohnungen (15 400 qm), Geschäften (Nahversorgung, 1500 qm), 3000 qm Dachgärten für Urban Farming, ein Hotel, eine Herberge und Gastronomie (15 000 qm), Fitnessbereiche sowie einen Kindergarten und Kulturnutzungen enthalten [1].

Der vorliegende Beitrag behandelt die gläserne Gebäudehülle im neu errichteten 15. und 16. Obergeschoss (OG) auf dem Hochhaus, welcher öffentlich zugängliche, gastronomische Nutzungen anbieten wird. Der künstlerische Entwurf der beiden Panoramageschosse von Studio Other Spaces nutzt dabei die Eigenschaften von Glas von maximaler Transparenz bis hin zu Spiegeleffekten aus, um ein spezifisches Raumerlebnis zu schaffen.

Im 15. OG entstehen an den Längsseiten pfostenlose Glasfassaden mit einer umlaufenden Spiegeldecke, welche die Umgebung nach innen spiegelt. Die Fassade im 16. OG ist als pfostenlose Structural-Glazing (SG)-Verglasung ausgeführt und weist außen

Bild 1 Südansicht des Bauzustandes von der Seine aus im April 2021 (© Frener & Reifer)

eine nach oben hin zunehmende Verspiegelung auf, wodurch ein Effekt der Entmaterialisierung zum Himmel erreicht wird. „Kaleidoskope" aus spiegelnden Glaskästen mit gewölbten Glasoberlichtern werden längs im Dach über dem 16. OG installiert (Bild 2, Bild 3), um von innen den Anschein eines transparenten Dachs zu erzielen.

Die Weiterentwicklung und notwendige Anpassung des ursprünglich ausgeschriebenen Projektes (PRO) in der Ausführungsphase (EXE) stellten hohe Anforderungen an den Fassadenbauer (Frener & Reifer) und dessen Ingenieurteam (u. a. knippershelbig).

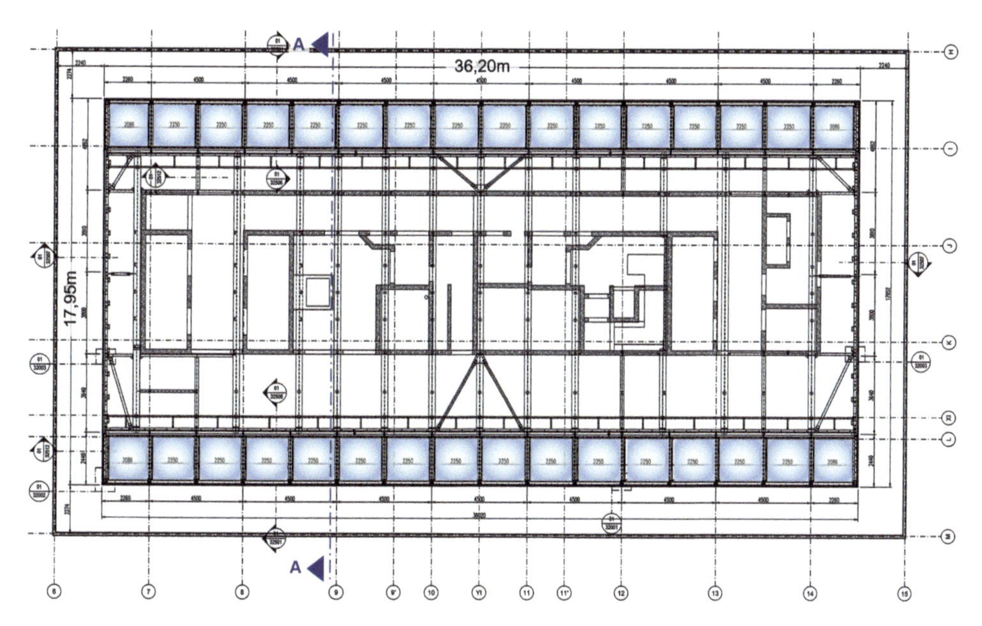

Bild 2 Grundriss 16. Obergeschoss, Horizontalschnitt auf Höhe der Stahlkonstruktion (© Frener & Reifer)

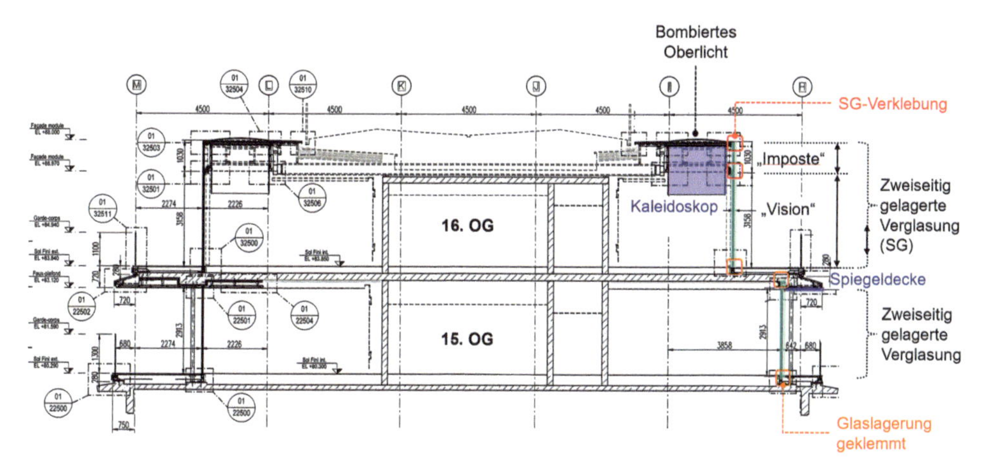

Bild 3 Schnitt A-A, 15./ 16. Obergeschoss, Angabe relevanter Bauteile (© Frener & Reifer/knippershelbig)

1.2 Fassade im 15. Obergeschoss

Bei der Fassade im 15. OG handelt es sich um eine mit zwei Unterbrechungen umlaufende, 2,87 m hohe, zweiseitig unten und oben linienförmig gelagerte Isolierverglasung mit maximalen Glasbreiten von 4,50 m und verklebten Ganzglasecken. Der Glasaufbau ist in Tabelle 1 in Abschnitt 1.3 angegeben. Das auskragende Vordach über der umlaufenden Terrasse vor der hochtransparenten, reflektionsarmen Fassade ist vollständig mit Spiegelelementen (max. 1497 mm × 2978 mm) verkleidet, die entsprechend dem künstlerischen Konzept die Umgebung des Gebäudes einspiegeln (Bild 4). Hierzu waren äußerst geringe Fugentoleranzen und eine maximale Ebenheit der Spiegel notwendig, was durch die gerasterte, einstellbare linienförmige Unterkonstruktion ermöglicht wird. Die Spiegeldecke wird jenseits der Glasfassade innen um ein Feld weitergeführt, um eine Kontinuität der Spiegelung bis in den Innenraum hinein zu erzeugen.

Bild 4 Ganzglasecke mit Spiegeldecke im 15. Obergeschoss, Bauzustand (© Frener & Reifer)

1.3 Fassade im 16. Obergeschoss

Die Fassade im 16. OG wird an primäre Stahl-Kragträger, welche im Abstand von 2,25 m liegen und über eine Distanz von ca. 2,40 m auskragen, angeschlossen. Sie besteht ebenfalls aus zweiseitig oben und unten linear gelagertem Isolierglas. Der untere Teil der Verglasung (Vision, vgl. Bild 3) besteht aus 3,16 m hohen und bis zu 4,5 m breiten Glaselementen mit einem nach oben zunehmenden Grad an Verspiegelung (ipachrome) und Aufbau gemäß Tabelle 1. Der untere Glasrand ist mechanisch mit einer Klemmleiste gehalten, während der obere Rand über einen SG-verklebten Blechstreifen aus nichtrostendem Stahl mit aufgeschweißten Bolzen an feldweise spannende, horizontale T-Profile anschließt (Bild 5). Um die differentiellen vertikalen Verformungen zwischen der Betondecke unter dem 16. OG und den Stahl-Kragträgern darüber

Tabelle 1 Übersicht der Fassadenverglasung im 15. und 16. Obergeschoss

Geschoss	Glastyp	Aufbau außen	Aufbau innen
15	Laufende Fassade	12.10 mm Float (low-iron) 0,76 mm PVB	10.10 mm Float (low-iron) 0,76 mm Akustik-PVB Low-e-Beschichtung #5
16	Unterer Teil: Vision	10.10 mm TVG (low-iron) 0,89 mm SGP Ipachrome 0 %–100 % auf #2 Sonnenschutzbeschichtung #4	12.12 mm TVG (low-iron) 1,52 mm Akustik-PVB
	Oberer Teil: Imposte	8.8 mm Float (low-iron) 0,89 mm SGP Ipachrome 100 % auf #2 Sonnenschutzbeschichtung #4	10.10 mm Float (clear) 1,52 mm Akustik-PVB
	Kaleidoskop	–	6 mm Float (low-iron) 1,52 mm EVA-Interlayer 10 mm TVG Spiegelbeschichtung Miralite Revolution/Mirox, #2
	Bombiertes Oberlicht	10.8 mm thermisch doppelt gekrümmtes Float (low-iron) 1,52 mm PVB	6.6 mm TVG (low-iron) 0,76 mm Akustik-PVB Wärme-/Sonnenschutz-beschichtung auf Pos. #5

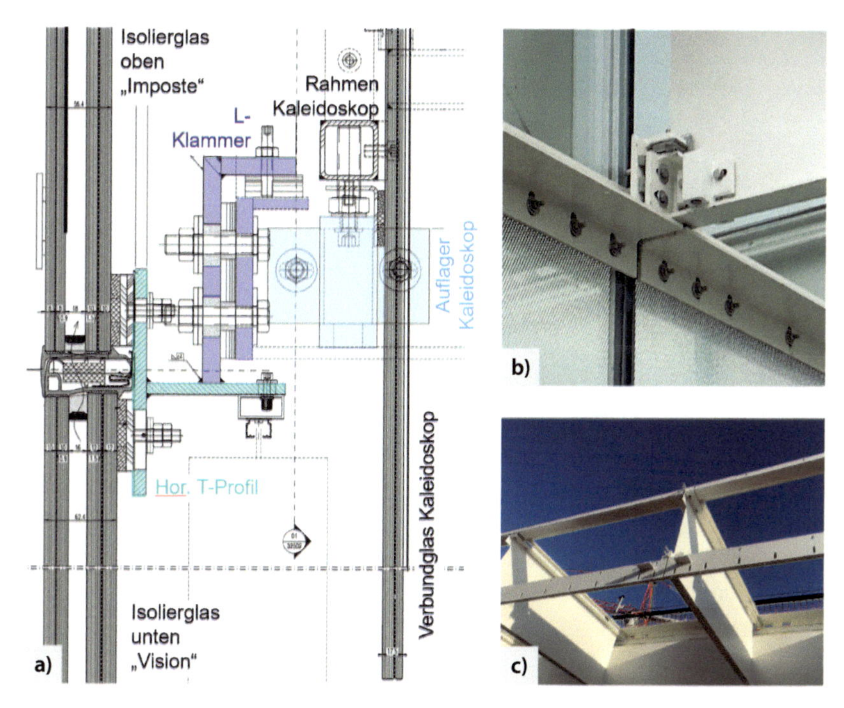

Bild 5 a) Schnitt durch das Anschlussdetail; b) Aufnahmen des Anschlussdetails von innen und c) von außen während der Montage (© knippershelbig/Frener & Reifer)

Bild 6 Fertigung der Imposte-Verglasung mit aufgeklebten Anschlussblechen (© Frener & Reifer)

von bis zu 23 mm (Gesamtbetrag) aufnehmen zu können, sind übergroße Langlöcher zum Anschluss der Schrauben der SG-verklebten Blechstreifen auf den Gläsern vorgesehen (Bild 5). Im Abstand von 2,25 m werden die T-Profile über eine L-förmige Klammer, deren horizontale und vertikale Schraubanschlüsse die Aufnahme aller baulichen Toleranzen ermöglichen, von den Stahl-Kragträgern des Primärtragwerks abgehängt. Die Horizontallasten aus der Verglasung werden über die T-Profile und die Klammer in diese Primärkonstruktion eingetragen (Bild 5).

Außerdem tragen auch die nur etwa 1 m hohen, bis zu 4,5 m breiten, 100 % verspiegelten oberen Isolierverglasungen (Imposte, siehe Bild 3) ihre vertikalen Lasten über Konsolbleche in die T-Profile ein. Ein Teil der Horizontallasten der Imposte-Ver-

Bild 7 Außenansicht der fertig montierten SG-Fassade im 16. Obergeschoss (© Frener & Reifer)

glasung wird über SG-verklebte Blechstreifen mit aufgeschweißten Schrauben (Bild 6) ebenfalls in die T-Profile eingetragen, der andere Teil in den oberen Anschluss, ebenfalls mit SG-Verklebung.

Da die obere Imposte-Verglasung den vertikalen Verformungen der Stahl-Kragträger folgt, die untere Vision-Fassade hingegen nur jenen der sie stützenden Stahlbetondecke über dem 15. OG, muss die horizontale Fuge dazwischen die Verformungsdifferenzen aufnehmen und dennoch die nötige Dichtigkeit bewahren. Dies wird über zwei speziell entwickelte, extrudierte Silikonprofile mit überlappenden Dichtlippen (Bild 5) und einer Dichtbahn erreicht.

Durch die SG-Verklebung, die schmalen silikonversiegelten vertikalen Stoßfugen und die nach oben zunehmende Verspiegelung der vertikalen Hülle im 16. OG verschmilzt die im Vision-Bereich noch hochtransparente Fassade nach oben hin mit dem Himmel (Bild 7).

1.4 Kaleidoskope und Oberlichter

Die Kaleidoskope bestehen aus je vier verspiegelten Verbundgläsern, die in einen nahezu quadratischen, geschweißten Vierendeel-Stahlrahmen eingehängt sind (Bild 8, Bild 9 sowie Bild 17 in Abschnitt 2.3). Aus montagetechnischen Gründen werden zwei der Untergurte der Stahlrahmen erst nach Einbringung der ersten beiden Gläser angeschraubt. Die mit EVA laminierten Verbundgläser aus TVG und Floatglas (Aufbau

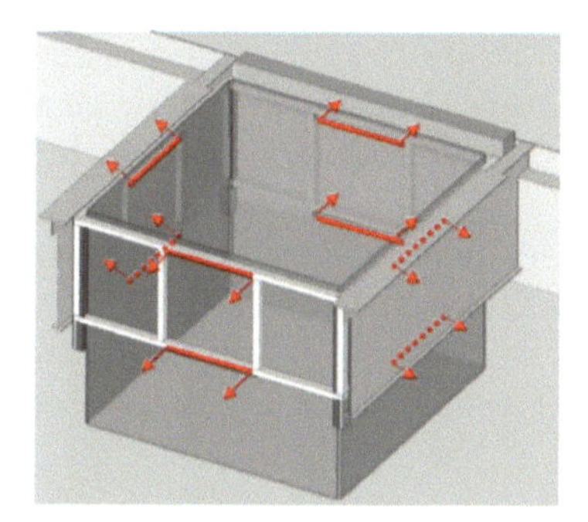

Horizontaler Lastabtrag

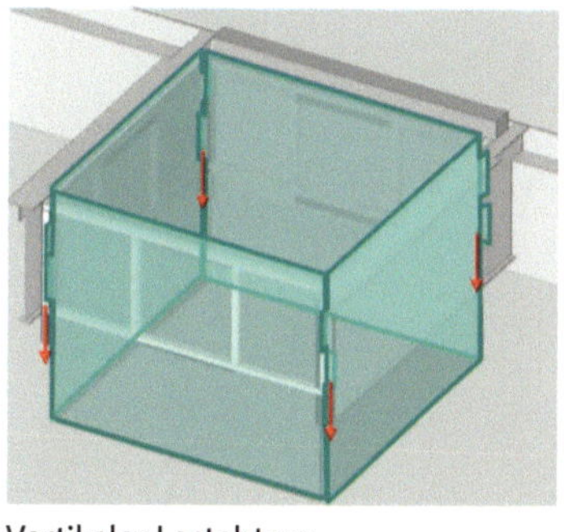

Vertikaler Lastabtrag

Untersicht Kaleidoskop: rechts ohne montiertes Verbundglas

Bild 8 Lastabtrag der Kaleidoskope und Einbausituation (© Frener & Reifer/knippershelbig)

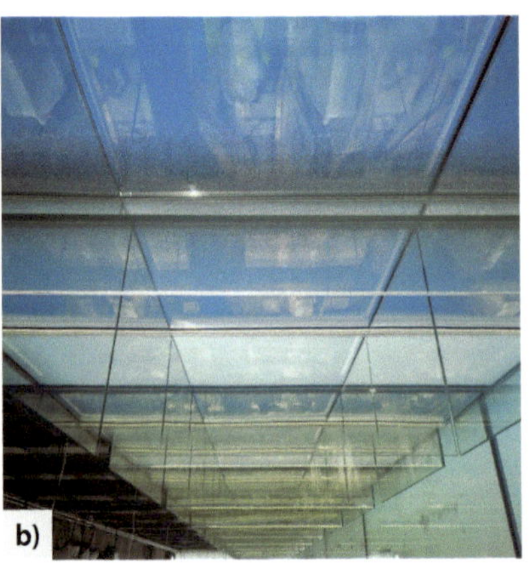

Bild 9 a) In die Stahl-Kragträger eingehängte Kaleidoskopgläser und b) transparente Wirkung der fertigen Kaleidoskope in der Untersicht (© Frener & Reifer)

siehe Tabelle 1) besitzen zwei überstehende „Ohren“ (Bild 15), über welche das Glas in den Stahlrahmen eingehängt wird und die zum vertikalen Lastabtrag (Bild 8) dienen. Horizontale Lasten, insbesondere aus der nach unten auskragenden Fläche, werden über mit dem Glas verklebte L-Profile in den Stahlrahmen geleitet (Bild 8). Die Stahlrahmen der Kaleidoskope werden auf je vier kleine Konsolen an den Kragträgern der Primärkonstruktion aufgelegt und in der Höhe eingestellt (Bild 8, vgl. auch Bild 5). Nach Abschluss der Montage aller Kaleidoskopgläser ist die darüberliegende Primärstahlkonstruktion nahezu nicht mehr sichtbar, da die Spiegeleffekte der Kaleidoskope eine Illusion fast völliger Transparenz des Daches erzeugen (Bild 9b). Am oberen Ende der Gläser befinden sich LED-Leisten, siehe Bild 9a.

Die Kaleidoskope werden nach oben durch Oberlichter aus bombiertem Isolierglas mit planer Untersicht (Bild 10) abgedeckt (Aufbau: siehe Tabelle 1). Die 2,07 m × 2,07 m großen Oberlichtelemente liegen auf den primären Stahl-Kragträgern linear auf und werden mit Eindrehhaltern in ihrer Lage und gegen Sog gehalten (Bild 11).

Bild 10 a) Auflager der Oberlichter und b) fertige Eindeckung mit bombierten Isoliergläsern (© Frener & Reifer)

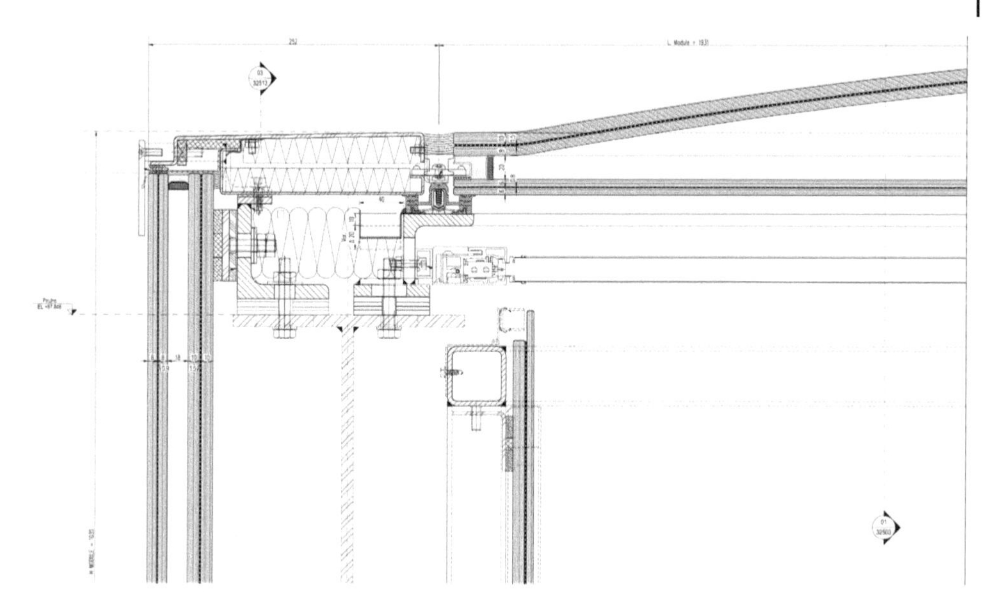

Bild 11 Schnitt durch die Oberkante und das bombierte Oberlicht, 16. Obergeschoss (© Frener & Reifer)

1.5 Zustimmungsverfahren

Da ein Teil der verwendeten Bauteile, Konstruktionen und Bauweisen nicht von den gültigen Normen und Richtlinien in Frankreich abgedeckt ist, waren bauaufsichtliche Zustimmungsverfahren, sogenannte ATEx (Appréciation technique d'expérimentation), erforderlich [2]. Dabei handelt es sich um eine Evaluierung und eventuelle Genehmigung eines experimentellen baulichen Lösungsvorschlages durch ein Expertenkomitee auf Basis eines Dossiers mit den erforderlichen Nachweisen und Versuchen, welches durch den Antragsteller vorzulegen ist. Bewertet werden die Machbarkeit, Sicherheit, Risiken und die Eignung des Antragsgegenstandes im Rahmen der bestehenden Reglementierungen. Drei Typen von ATEx werden unterschieden: a) Für ein Produkt oder ein Verfahren zur Anwendung allgemein für verschiedene Bauvorhaben, b) die Anwendung einer Konstruktionsweise/-technik für eine genau bekannte Anwendung in nur einem Bauvorhaben oder c) eine experimentelle Anwendung einer oder mehrerer bereits erfolgreicher ATEx vom Typ b) in einem neuen Zusammenhang. Das Verfahren folgt einem administrativ-zeitlich festgelegten Ablauf, welcher am Beispiel des Projektes Morland in Bild 12 mit den einzelnen Akteuren wiedergegeben ist.

Im vorliegenden Projekt wurden zwei ATEx gefordert für Bauweisen und Konstruktionen, die von der Normung abweichen und zudem eine hohe Komplexität aufweisen:

- ATEx 01: SG-Fassade 16. OG mit Dehnfuge zwischen unterer/oberer Verglasung
- ATEx 02: Bombiertes Isolierglas des Oberlichts, Spiegelkästen der Kaleidoskope

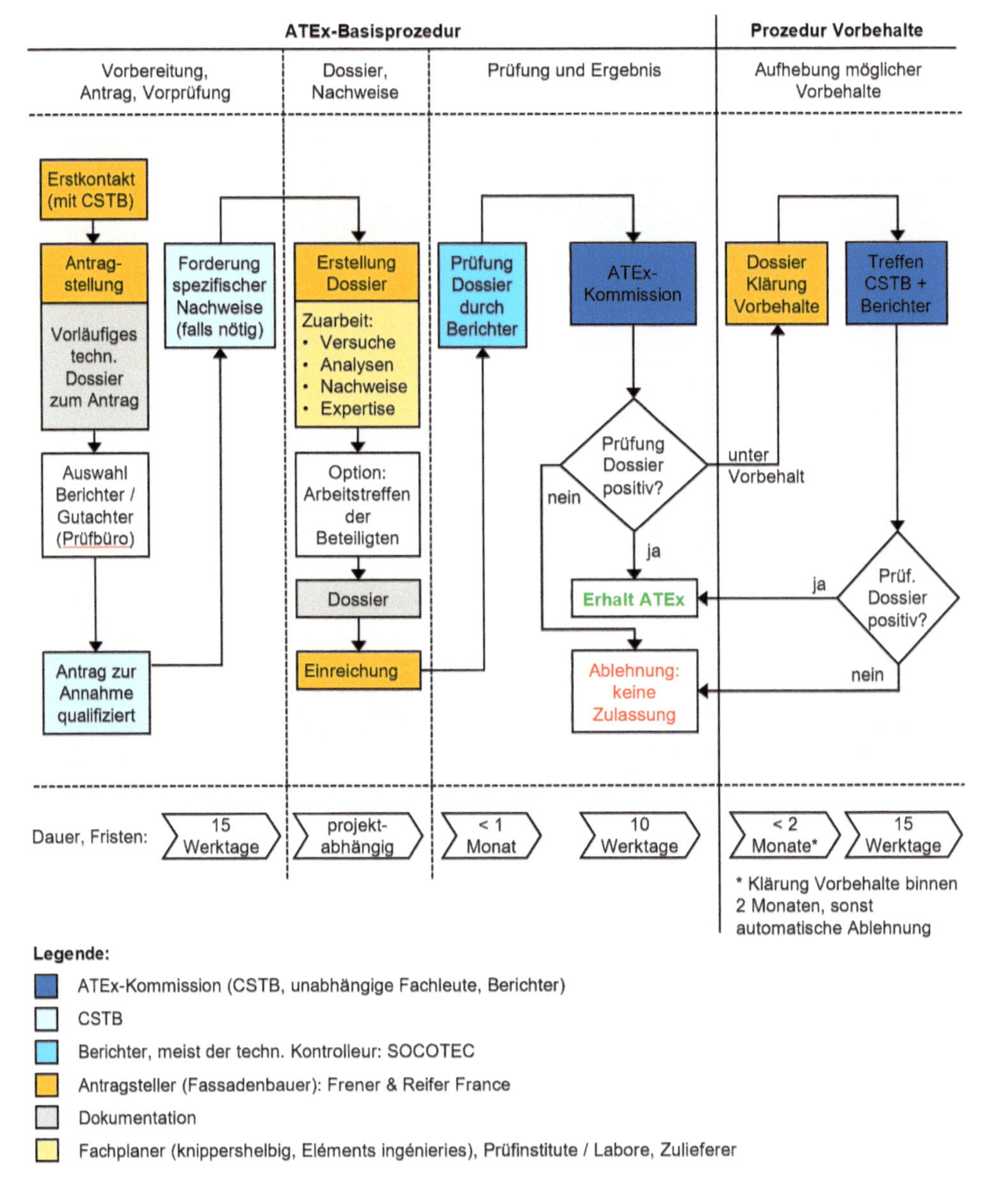

Bild 12 Ablauf und Phasen eines ATEx-Verfahrens, schematische Darstellung (© knippershelbig)

Die beiden technischen Beurteilungen werden in Abschnitt 3 näher beschrieben. Tabelle 2 definiert die Abweichungen von der Reglementierung, die die beiden ATEx notwendig machte.

Die Nachweise für die beiden ATEx werden im Abschnitt 3 beschrieben.

Tabelle 2 Übersicht der ATEx und der Begründung für deren Notwendigkeit (Abweichung von der Reglementierung/Norm)

N° ATEx	Geschoss	Bauteil	Abweichung von der Reglementierung
01	16	SG-Fassade	– Rein horizontale SG-Verklebung der Verglasung kombiniert mit vertikalen Stoßfugen Glas an Glas – Kontakt Spiegelbeschichtung (ipachrome) und Sentry-Glas®-Interlayer (SGP) – Dichtigkeit der Fugen aufgrund Verformungen und Toleranzen der Stahl-Primärkonstruktion, insbesondere bei der horizontalen Stoßfuge zwischen Vision- und Imposte-Verglasung – Beanspruchung des Randverbundes der großen, besonders steifen Isolierverglasung – Betrieb, Wartung und Glaswechsel der Fassade
02	16	Bombierte Oberlicht-verglasung	– Isolierglas aus thermisch doppelt gekrümmtem VSG oben (außen), ebenes VSG unten (innen) – Variable Luftschichtdicke – Erhöhte Beanspruchung des Randverbunds – Sogsicherung mit Eindrehhaltern
		Vertikale verspiegelte Gläser der Kaleidoskope	Hängende Gläser (VSG mit EVA): – Eigengewichtsabtrag mittels überstehender „Glasohren" und daran angeklebter Vertikal-U-Profile – Horizontallastabtrag über angeklebte Winkel

2 Design, Bemessung

2.1 Structural-Glazing-Fassaden

Die laufenden, zweiseitig gelagerten SG-Fassadenelemente wurden über FE-Analysen (SJ Mepla) der einzelnen Isoliergläser gemäß DTU 39 [3], Cahier 3574_V2 [4] und Cahier 3488_V2 [5] und den Angaben der Zulassung von VSG mit SGP nach [6] nachgewiesen. Die Auslegung der strukturellen Silikonverklebung erfolgte zunächst analog zur ETAG 002-1 [7] und zum Cahier 3488_V2 [5], zusätzlich wurde aber aufgrund der hohen Komplexität der Anschlüsse und der auftretenden Gebäudeverformungen auch ein FE-Modell (Sofistik) des maßgeblichen Feldes mit den beiden übereinanderliegenden Vision- und Imposte-Verglasungen, deren Verklebung und allen Randbedingungen erstellt. Ein ähnliches Modell wurde auch für die Ganzglasecken angewendet, bei denen die besondere Herausforderung in der unterschiedlichen Verformung der Stahlbetondecke, auf welcher die Eckverglasung mittels Klötzen auflagert, liegt. Die insbesondere bei den Imposte-Isoliergläsern hohen Beanspruchungen des Randverbundes wurden über eine Kombination der Berechnungsmethoden für Isolierglas, Klimalasten und Randverbund gemäß Cahier 3488_V2 [5], Feldmeier [8] und [9] und NF EN 16612 [10] nachgewiesen.

Der bereits in 1.3 beschriebene Anschluss der Vision- und Imposte-Gläser wurde zur Aufnahme der hohen Toleranzen, zum Lastabtrag und zur Herstellung der Montierbarkeit von knippershelbig und Frener & Reifer im Vergleich zur ausgeschriebenen

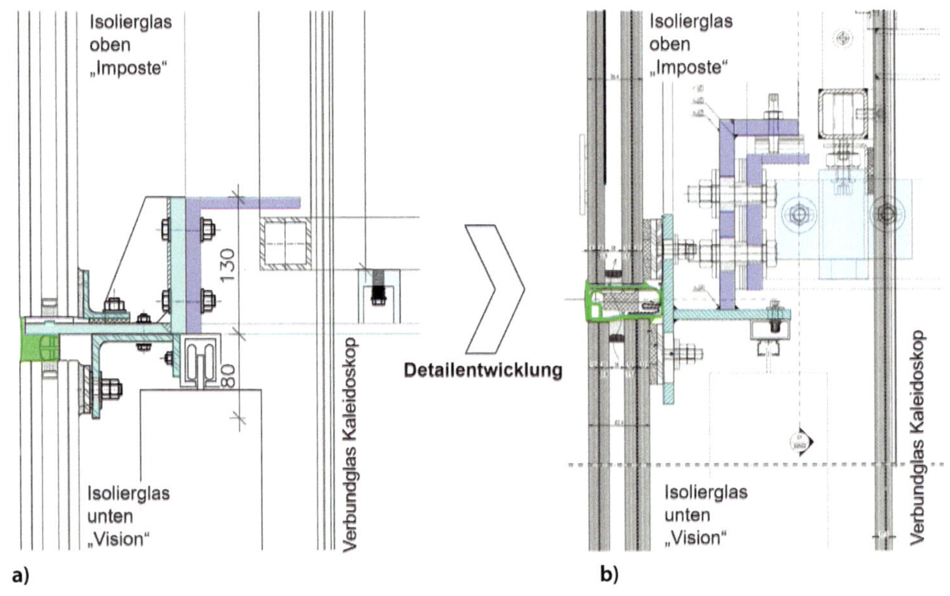

Bild 13 Entwicklung der Konstruktion des Anschlusses/der Bewegungsfuge Vision/Imposte von a) der Planung in der Phase PRO zu b) der Ausführungsplanung in der Phase EXE (© knippershelbig)

Konstruktion aus der Phase PRO (Bild 13a) in der Ausführungsplanung EXE (Bild 13b) überwiegend neu entwickelt und war auch Bestandteil des ATEx 01.

2.2 Bombiertes Oberlicht

Die Besonderheit beim Nachweis der bombierten Oberlichter liegt in der doppelt gekrümmten, geometrisch bedingt sehr steifen oberen (äußeren) VSG-Verglasung in Kombination mit der planen, wenig steifen Innenverglasung, ebenfalls aus VSG, wodurch die Dicke der Luftschicht zwischen den Gläsern variiert. Äußere Einwirkungen werden weitgehend über das bombierte VSG abgetragen. Die Klimalast hingegen, welche unter anderem mit der Methode von Neugebauer [11] ermittelt wurde, führt zu Beanspruchungen in beiden VSG, insbesondere dem planen Innenglas, und dem Randverbund. Es wurden die Angaben zu charakteristischen Bruchspannungen von thermisch gebogenem Glas nach BF-Merkblatt 009 [12] eingesetzt. Für die Nachweise wurde von knippershelbig ein FE-Modell mit Volumenelementen in ANSYS verwendet (Bild 14), wobei neben den Gläsern der Randverbund und die Lagerung (linear/Eindrehhalter) abgebildet wurden.

2.3 Kaleidoskope

Für die Nachweise der Verbundgläser der Kaleidoskope wurde ein FE-Modell (SJ Mepla) inklusive der geklebten Anschlüsse (Bild 15) verwendet. Im Modell wie auch in der Ausführung sind die horizontalen Verklebungen der L-Winkel mit strukturellem Silikon zum horizontalen Lastübertrag in je zwei Einzelbänder aufgelöst (Bild 15, Bild 17).

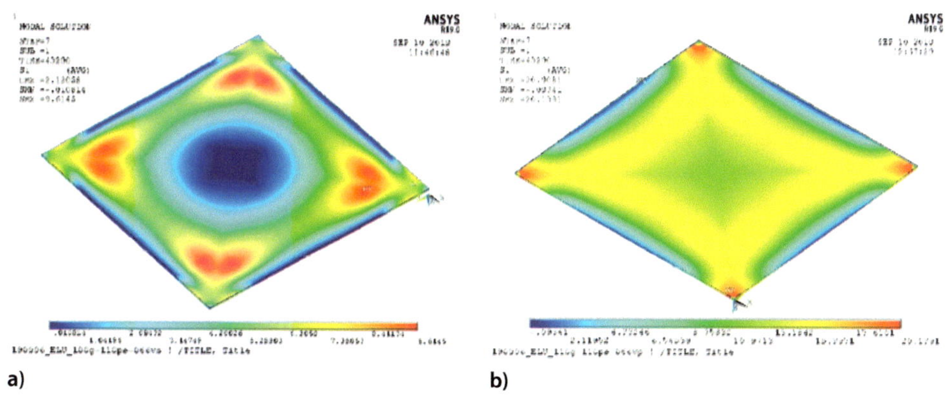

a) **b)**

Bild 14 Erste Hauptspannungen σ_{11} a) im bombierten Außenglas an Pos. #1 und b) im planen Innenglas Pos. #8 (© knippershelbig)

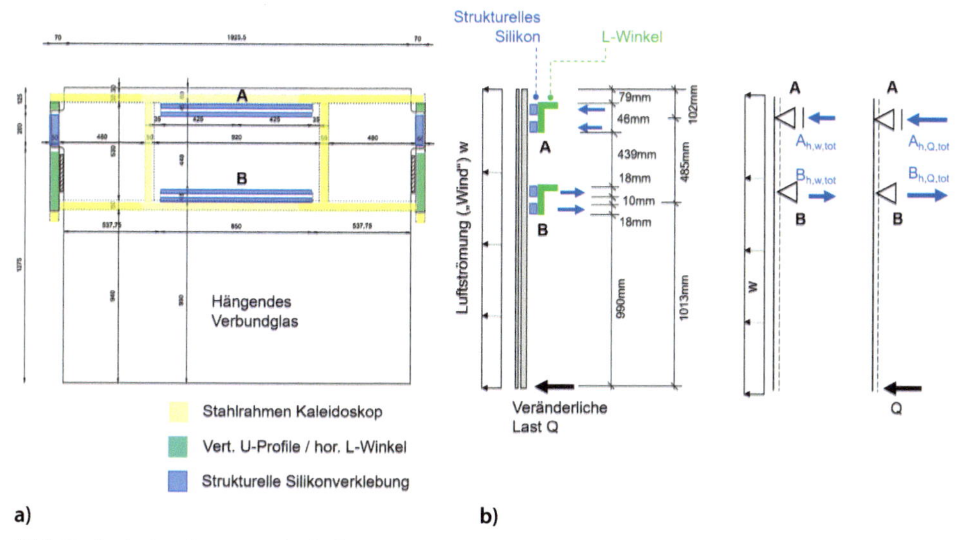

a) **b)**

Bild 15 Statisches System Kaleidoskop-Glas; a) Ansicht des Glases mit Verklebungen der L-Winkel und an den „Ohren"; b) horizontaler Lastabtrag über die verklebten Winkel (© knippershelbig)

Die überstehenden Glasteile („Ohren") sind in U-Profile eingeklebt und unten in das dort geschlossene U-Profil eingeklotzt. Über diese Profile werden Vertikallasten vom Glas in die Stahlrahmen der Kaleidoskope geführt (Bild 17).

Auch die Kaleidoskope mussten gegenüber der ausgeschriebenen Lösung (Bild 16a) für die Machbarkeit und Umsetzung verändert werden (Bild 16b). Dabei wurde der Stahlrahmen vierendeelartig vereinfacht, die Gläser erhielten horizontal SG-angeklebte Winkel zum horizontalen Lastabtrag und die ursprünglich zahlreichen Auflagerpunkte wurden zur Toleranzaufnahme auf vier an den Eckpunkten reduziert.

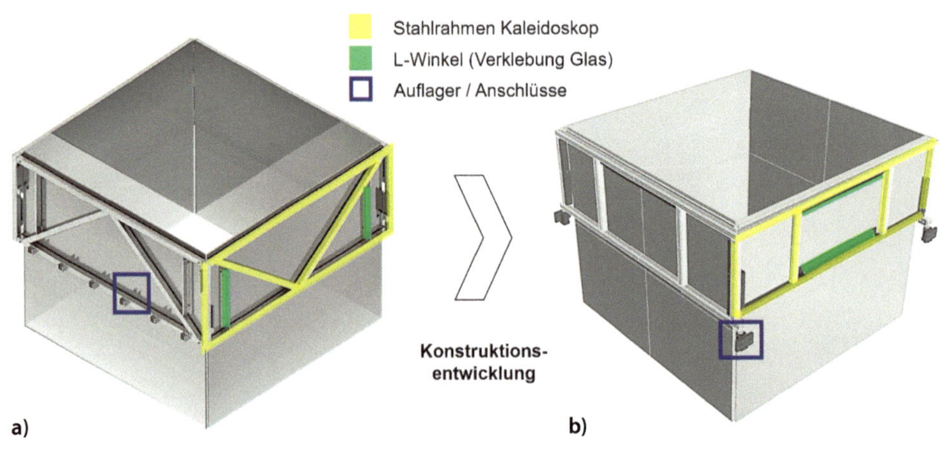

Bild 16 Entwicklung der Konstruktion der Kaleidoskope von a) der Phase PRO (vor der Ausschreibung) zur b) Ausführungsplanung EXE (© knippershelbig)

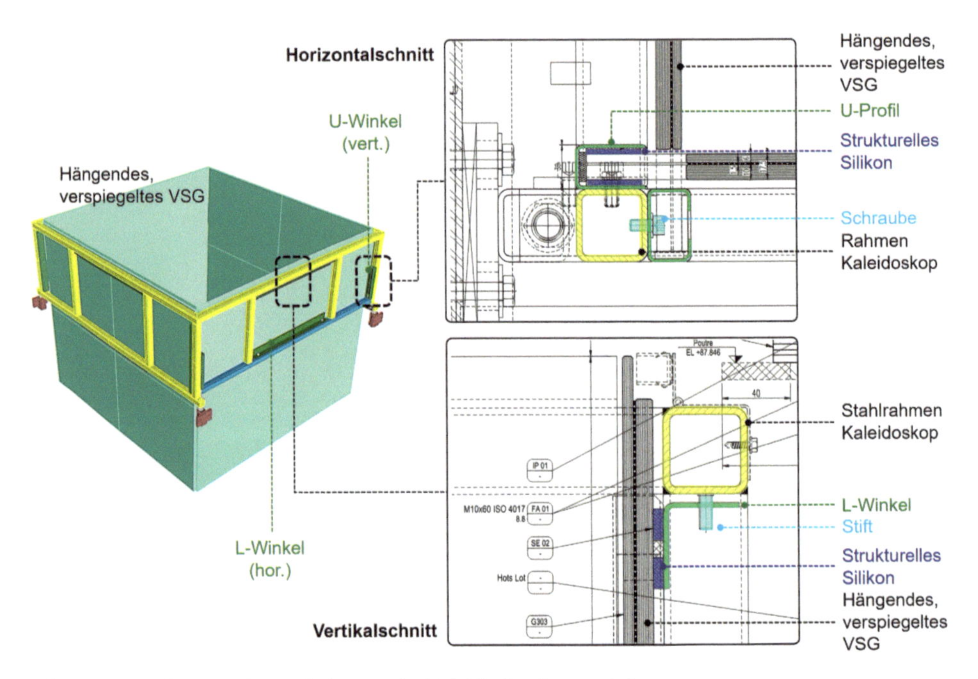

Bild 17 Perspektive und Detailschnitte der Kaleidoskopkonstruktion
(© Frener & Reifer/knippershelbig)

3 Nachweise im Rahmen der Zustimmungsverfahren

3.1 Structural-Glazing-Fassaden/Bewegungsfuge im 16. Obergeschoss

Neben den statischen Nachweisen und der Ausführungs-/Werkplanung wurden im Rahmen des ATEx 01 [13] unter anderem folgende Nachweise verlangt:

- Thermische Studie zur Temperaturentwicklung des Isolierglases
- Materialkompatibilität (chemische Verträglichkeit)
- Nachweise zur Aufnahmefähigkeit der Gebäudeverformungen in der Fassade
- Dichtigkeitsnachweise und Entwässerung
- Leistungsnachweise: Dauerhaftigkeit der Isoliergläser, Nachweis eines geringen Feuchtepenetrationsindex ($i \leq 0{,}1$)
- CEKAL-Label (Zertifizierung Isolierglashersteller)
- Maßnahmen zur Sogsicherung
- Qualitätssicherungsplan (PAQ)
- Geometerkontrollplan
- Nachweis, dass alle Glasbauteile geltenden Reglementen entsprechen
- Wartungsplan
- Montagemethodologie
- Brandschutznachweise
- Technische Daten aller Materialien.

Insbesondere die Nachweise zur Dichtigkeit der Horizontalfuge mit großer Verformungsaufnahme zwischen den Vision- und Imposte-Verglasungen waren dabei Teile einer Vorbehaltsprozedur (vgl. Bild 13).

3.2 Bombierte Oberlichter

Der ATEx-Antrag 02 [14] erforderte neben den Plänen und dem Standsicherheitsnachweis inklusive Bemessung des Randverbunds mitsamt Eindrehhaltern folgende Nachweise:

- Thermische Studie zur Temperaturentwicklung im bombierten Isolierglas
- Materialkompatibilität (chemische Verträglichkeit)
- Dichtigkeitsnachweise und Entwässerung der Füllelemente zwischen den Oberlichtern
- Leistungsnachweise: Dauerhaftigkeit der Isoliergläser, Nachweis eines geringen Feuchtepenetrationsindex ($i \leq 0{,}1$)
- CEKAL-Label (Zertifizierung Isolierglashersteller)
- Qualitätssicherungsplan (PAQ)
- Geometerkontrollplan
- Nachweis, dass alle Glasbauteile geltenden Reglementen entsprechen
- Wartungsplan
- Montagemethodologie
- Technische Daten aller Materialien.

Eine statische Vergleichssimulation der bombierten Oberlichter durch das CSTB [15] bestätigte die Analyseergebnisse aus der Modellierung für den Standsicherheitsnachweis der Ausführungsplanung.

3.3 Kaleidoskope

Sinngemäß gelten für die Spiegelboxen der Kaleidoskope die gemäß [14] hierüber aufgelisteten Nachweise. Hinzu kamen folgende Themen:

- Versuchstechnischer Nachweis der Standsicherheit der Gläser und ihrer Anschlüsse/Verklebungen unter horizontalen Einwirkungen und Eigengewicht (Bild 18a),
- Nachweis der Standsicherheit durch Versuche bei einer gebrochenen Glasschicht,
- Resttragfähigkeitsnachweis des vollständig gebrochenen Verbundglases (Bild 18b).

Bild 18 a) Versuch am intakten Glas für Wind und Eigengewicht; b) Resttragfähigkeitsversuch (© Istituto Giordano [16])

4 Umsetzung auf der Baustelle

Die Umsetzung im Bestand brachte insbesondere aufgrund des unklaren Verformungsverhaltens des Gebäudes an sich wie auch der neuen Primärtragwerkskonstruktion im 15./16. OG durch Dritte Herausforderungen mit sich, von denen zwei beispielhaft hierunter aufgeführt sind.

Eine besondere Herausforderung bei der Bemessung stellt die Aufnahme der möglichen horizontalen und vertikalen Verformungen aus dem Bestand und dem Stahlbau des 16. Geschosses in den SG-Fassaden respektive den Ganzglasecken dar. Um die Glasbauteile der Fassade im 16. OG montieren zu können, ohne die spätere Funktion der Anschlüsse mit Toleranzen und Beweglichkeiten zur Aufnahme von Gebäudeverformungen zu kompromittieren, wurde die Stahl-Kragarmkonstruktion mit Gewichten vorverformt (Bild 19). Im Laufe der Montage der Gebäudehülle wurden diese Gewichte nach und nach gemäß dem durch den Geometer überwachten Verformungsverhalten verringert beziehungsweise entfernt.

Bild 19 Gewichte zum Einstellen der korrekten (Vor-)Verformung zur Montage der Fassade (© Frener & Reifer)

Bild 20 Einheben der Spiegelgläser der Kaleidoskope; a) Rückseite mit aufgeklebten Winkeln (Horizontalkraftabtrag); b) spiegelnde Vorderseite (Sichtseite). Die seitlich angebrachten Metallprofile dienen dem Vertikallastabtrag. (© Frener & Reifer)

Der Entwurf [17] sah ursprünglich vor, die Kaleidoskop-Stahlskelette mitsamt Glasscheiben am Stück einzuheben und im Falle einer Beschädigung auch wieder als Ganzes herausheben zu können. Dies erwies sich in der Umsetzung jedoch als nicht ausführbar, weshalb zunächst das vorgefertigte Stahlrahmenskelett montiert wurde und danach die hängenden Glasscheiben einzeln von unten mit einer Arbeitsbühne eingehoben wurden (Bild 20). Dieses Prozedere verursachte einen deutlichen Mehraufwand. Die hohen Toleranzanforderungen an die Verbindungen zwischen Kaleidoskoprahmen und Stahl-Primärtragwerk beziehungsanweise an die Montage der Rahmen waren dabei stets zu berücksichtigen.

Das künstlerisch-architektonische Projekt zeigt anhand der Effekte von Transparenz, Spiegelung und optischer Entmaterialisierung die faszinierenden Möglichkeiten beim Einsatz von Glas und Glasprodukten. Es zeigt außerdem die hohe Bedeutung einer sorgfältigen Ausführungsplanung, Produktion und baulichen Umsetzung global wie im Detail auf. Gerade beim Entwurf und der Ausführung von Ganzglaskonstruktionen im Bestand sind von vornherein die möglichen Toleranzen und vielfältigen Randbedingungen im Detail wie auch bei der Zeit- und Kostenplanung zu berücksichtigen. Landesabhängig sind die normativen, administrativen Anforderungen und die nötigen Zulassungen von Anbeginn an einzubeziehen. Die Glaskonstruktionen bei Morland Mixité Capitale zeigen beispielhaft, wie sich Sonderkonstruktionen mithilfe von ATEx-Zustimmungsprozeduren stimmig und ansprechend umsetzen lassen.

5 Projektbeteiligte

Bauherr:	Société Parisienne du Nouvel Arsenal, Paris
Entwickler, Vermarktung:	EMERIGE SAS, Paris
Architekt (Konzeption):	David Chipperfield Architects GmbH, Berlin
Künstlerischer Entwurf:	Studio Other Spaces GmbH /Olafur Eliasson
Architekten (Ausführung):	BRS Architectes-Ingénieurs SARL, Paris
Architekten (Bauleitung):	CALQ SAS, Paris
Ingenieure (Ausführung EXE):	knippershelbig GmbH, Stuttgart
Fassadenbau, Glasbau:	Frener & Reifer France SAS, Paris
Ingenieurbüro (Konzeption):	Bollinger + Grohmann SARL, Paris
Generalunternehmer:	Bouygues Bâtiment IDF SAS, Paris
Bureau de Contrôle (Prüfer):	SOCOTEC Gestion SAS, Paris
Stahlbau:	Waltefaugle SAS, Dampierre-sur-Salon

6 Literatur

[1] EMERIGE (2021) [online] https://www.groupe-emerige.com/nos-realisations/grands-projets/morland-mixite-capitale-paris-4e/morland-mixite-capitale-un-projet-unique-et-pluriel-pour-tout-un-quartier/

[2] CSTB (2021) [online] https://evaluation.cstb.fr/fr/appreciation-technique-expertise-atex/

[3] NF DTU 39 (parties 1–5) /NF P78-201 (2012) *Travaux de miroiterie vitrerie*, Paris.

[4] Cahier 3574_V2 du CSTB (2012) *Vitrages extérieurs attachés (VEA) faisant l'objet d'un avis Technique*, Marne-la-Vallée.

[5] Cahier 3488_V2 du CSTB (2011) *Vitrages extérieurs collés*, Marne-la-Vallée.

[6] CSTB Document Technique d'Application DTA 6/15-2253 (2015) *Vitrage feuilleté avec SentryGlas®*, Marne la Vallée.

[7] ETAG 002-1 (2012) *Guideline for European Technical Approval for Structural Sealant Glazing Kits*, Part 1: Supported and unsupported systems, EOTA.

[8] Feldmeier, F. (2006) Klimabelastung und Lastverteilung bei Mehrscheiben-Isolierglas in: *Stahlbau 75*, Vol. 6, Berlin: Ernst & Sohn, S. 467–478. https://doi.org/10.1002/stab.200610050

[9] Feldmeier, F. (2003) Insulating Units Exposed to Wind and Weather – Load Sharing and Internal Loads in: *Proceedings Glass Processing Days*, Tampere, S. 633–636.

[10] NF EN 16612 (2019) *Verre dans la construction – Détermination par calcul de la résistance des vitrages aux charges latérales*, Paris. (Deutsche Fassung: *Glas im Bauwesen –* Bestimmung des Belastungswiderstandes von Glasscheiben durch Berechnung).

[11] Neugebauer, J. (2010) The Influence of the Edge Sealing in Curved Insulated Glass in: Bos, F.; Louter, C.; Veer, F. [Hrsg.] *Challenging Glass 2 Conference Proceedings*, Delft, S. 575–584.

[12] BF – Bundesverband Flachglas e.V. (2017) *Leitfaden für thermisch gebogenes Glas im Bauwesen*. BF--Merkblatt 009/2011 – Änderungsindex 1 – März 2017, Troisdorf.

[13] Frener & Reifer France SAS (2020) *Demande d'Appréciation Technique d'Expérimentation (ATEx)*, Dossier Technique, ATEx n° 01 – MMC, Paris.

[14] Frener & Reifer France SAS (2020) *Demande d'Appréciation Technique d'Expérimentation (ATEx)*, Dossier Technique, ATEx n° 02 – MMC, Paris.

[15] CSTB, div. FaCeT (2020) Rapport d'étude DEIS/Facet-20-653, *Vérification d'un vitrage isolant bombé à clameaux*, Marne-la-Vallée.

[16] Istituto Giordano (2012) Rapport d'essai n° 370216. *Résistance selon l'annexe B du Cahier CSTB 3574_V2:2012 du vitrage feuilleté dénommé* « GLA1000 » et « GLA 1001 », Bellaria-Igea Marina.

[17] De Rycke, K.; Nguyen, J.-R.; Jégorel, J. (2020) Morland Mixité Capitale: Glas als unendlich reflektierendes Objekt in: Weller, B.; Tasche, S. [Hrsg.] *Glasbau 2020*, Berlin: Ernst & Sohn, S. 3–23.

Hyperkubisches Glas – Dalís »Vidriera Hipercúbica« neu interpretiert

Martino Peña Fernández-Serrano[1], *Katja Wirfler*[2], *Sebastián Andrés López*[2], *Henrik Reißaus*[2], *Thorsten Weimar*[2]

[1] *Universidad Politécnica de Cartagena, Departamento de Arquitectura y Tecnología de la Edificación, 30202 Cartagena, Spanien; martin.pena@uptc.es*

[2] *Universität Siegen, Lehrstuhl für Tragkonstruktion, 57068 Siegen, Deutschland; wirfler@architektur.uni-siegen.de; andres-lopez@architektur.uni-siegen.de; reissaus@architektur.uni-siegen.de; weimar@architektur.uni-siegen.de*

Abstract

Das »Vidriera Hipercubica« ist als kinetisches Artefakt entwickelt, das eine Änderung des Zustands durch Faltung beziehungsweise Entfaltung ermöglicht. Das Konzept basiert auf dem Entwurf des spanischen Architekten Emilio Pérez Piñero für Salvador Dalí aus dem Jahr 1971 für einen kinetischen Raumabschluss zwischen ehemaligem Bühnen- und Zuschauerbereich des alten Theaters von Figueras, das zum Theater-Museum Dalí umgebaut werden soll. Mit der Integration der Bewegung als vierte Dimension in der Architektur thematisiert das »Vidriera Hipercúbica« einen Ansatz in der Kunst des 20. Jahrhunderts analog zu der Zeit in der Physik. Gemeinsam mit Studierenden im Masterstudiengang Architektur an der Universität Siegen wird das Prinzip der originalen Konstruktion analysiert und mit digitalen Fertigungstechniken in die heutige Zeit als hyperkubisches Glas transferiert.

Hypercubic Glass – Dalís »Vidriera Hipercúbica« new interpreted. The »Vidriera Hipercúbica« is developed as a kinetic artefact that can change its state through folding and unfolding and is, thus, permanently in motion. The concept is based on the design by the Spanish architect Emilio Pérez Piñero for Salvador Dalí from 1971 for a kinetic room closure between the former stage and the audience area of the old theatre in Figueras, which is to be reformed into the Dalí Theatre-Museum. With the integration of movement as the 4th dimension in architecture, the »Vidriera Hipercúbica« thematises an approach in 20th century art, analogous to the time in physics. Together with students of the Master's course of architecture at Universität Siegen, the design principle of the original construction is analysed and translated into the present by using digital production techniques.

Schlagwörter: *hyperkubisches Glas, 3D-Druck, bewegliches Tragwerk, faltbares Glas, Studierendenseminar*

Keywords: *hypercubic glass, 3d printing, moveable structure, folding glazing, student seminar*

Glasbau 2022. Herausgegeben von Bernhard Weller, Silke Tasche.

1 Einleitung

Im Rahmen des Wahlmoduls »Bewegliche Tragwerke«, das am Lehrstuhl für Tragkonstruktion der Universität Siegen regelmäßig im Sommersemester für Studierende des Masterstudiengangs Architektur angeboten wird, steht seit 2020 Dalís »Vidriera Hipercúbica« im Mittelpunkt der Betrachtung. Das kinetische Artefakt ist eines der letzten Entwürfe des spanischen Architekten Emilio Pérez Piñero. Auftraggeber und Unterstützer der bewegten Rauminstallation ist der spanische Surrealist Salvador Dalí. Aus der Zusammenarbeit von Künstler und Architekt ist eine ideelle Synthese von Kunst und Technik entstanden, die neben der architekturhistorischen Bedeutung auch konstruktiv von besonderem Interesse für Studierende der Architektur ist. Innerhalb der Struktur agiert Architektur im Spannungsfeld zwischen Kunst und Wissenschaft. Entsprechend vielfältig sind die zu erlernenden Kompetenzen, die zum Teil auf gegensätzlichen Denkmodellen beruhen. Eine besondere Herausforderung in der Lehre stellt daher die Verbindung kreativer Fähigkeiten mit technischem Fachwissen dar. Das Konstruieren selbst ist ein schöpferischer Akt auf der Grundlage technischen Wissens und eignet sich dazu in besonderem Maße.

Pérez Piñeros »Vidriera Hipercúbica« ist allerdings bisher nicht realisiert. Dies könnte unter anderem mit dem frühen Tod des Architekten zusammenhängen, der 1972 mit nur 36 Jahren durch einen Autounfall stirbt. Die ehemalige Bühnenöffnung mit einer lichten Breite von 10,35 m und einer Höhe von 14,80 m, für die die bewegte Rauminstallation gedacht ist, wird letztlich mit einer konventionellen Verglasung geschlossen. Es existiert allerdings ein Modell im Maßstab 1:3, mit dem der Architekt seinem Auftraggeber das Konstruktionsprinzip demonstrierte. Heute befindet es sich im Theater-Museum Dalí von Figueras. Darüber hinaus liefern zwei Patente des Architekten weitere Informationen über die angewendeten Konstruktionsprinzipien und -details, sowie zwei Dissertationen, die die Konstruktionen Pérez Piñeros betrachten. Dennoch ist die Dokumentation nicht vollständig und zum Teil widersprüchlich [1, 2, 3, 4].

Mit dem Ziel, die 50 Jahre alte Erfindung auf das Potenzial für die heutige Zeit hin zu untersuchen, arbeiten Studierende des Masterstudiengangs Architektur zusammen mit Architekten und Bauingenieuren des Lehrstuhls für Tragkonstruktion an der Universität Siegen in einem wechselseitigen Prozess aus Analyse, Modellbau und rechnergestützten Simulationen an einer aktuellen Interpretation des »Vidriera Hipercúbica« als hyperkubisches Glas.

2 Historischer Hintergrund

2.1 Architekt Emilio Pérez Piñero

Emilio Pérez Piñero beginnt seine Karriere mit internationaler Bekanntheit schon als Student, als er 1961 in London den von der Union Internationale des Architectes (UIA) ausgeschriebenen Wettbewerb zu einem mobilen Theater gewinnt. Félix Candela und Richard Buckminster Fuller sind Teil der Jury. Ein Jahr später schließt Pérez Piñero sein Studium der Architektur ab. Einen großen Teil seiner experimentellen Konstruktionen entwickelt er in der Kleinstadt Calasparra im Südosten von Spanien, weit abgelegen von den internationalen Forschungszentren.

Mit dem nach Mexiko ausgewanderten spanischen Architekten Félix Candela verbindet ihn eine enge Freundschaft und professionelle Zusammenarbeit. Durch ihn gelingt Pérez Piñero 1962 die Veröffentlichung seines ersten Projekts »Expandable Space Framing« in der amerikanischen Zeitschrift »Progressive Architecture« [5]. Gemeinsam entwerfen beide Architekten mehrere Projekte, wie das Gewächshaus für die NASA, das auf dem Mond angesiedelt werden soll, oder die als Antarctic I und II bekannten Projekte, die von der amerikanischen Marine in Auftrag gegeben werden, um die Antarktis mit transportablen Prototypen besiedeln zu können [6]. Ein Autounfall auf der Rückfahrt von Figueras beendet 1972 abrupt die kreative Schaffensphase des außergewöhnlichen Konstrukteurs und Architekten. Im selben Jahr wird er von der UIA mit dem Auguste-Perret-Preis post mortem ausgezeichnet.

2.2 Auftrag von Salvador Dalí

Im Jahr 1969 beauftragt Salvador Dalí den Architekten Pérez Piñero zunächst mit einem Entwurf einer gläsernen Kuppel für die ehemalige Bühne des alten Stadttheaters von Figueras. Auf Initiative Dalís und unterstützt vom Bürgermeister beschließt das spanische Kabinett den Wiederaufbau und den Umbau der Ruine hin zum Theater-Museum Dalí mit dem Ziel, Dalís Werke dauerhaft und repräsentativ in dessen Geburtsstadt auszustellen. Pérez Piñero entwickelt eine geodätische Kuppel, die bis heute zur Zeichenhaftigkeit des Theater-Museums Dalí beiträgt.

Im Oktober 1971 folgt ein weiterer Auftrag für den Entwurf eines faltbaren Systems aus Glastafeln, das als beweglicher Raumabschluss zwischen der ehemaligen Bühne und dem geplanten Innenhof des Museums fungieren soll, den ehemaligen Zuschauertribünen. Die einzelnen Glastafeln will Dalí bemalen, sodass im komplett entfalteten Zustand das Motiv der »Santísima Trinidad« zu erkennen ist. Durch einen mechanischen Antrieb soll sich die Konstruktion kompakt zusammenfalten beziehungsweise zu einer gläsernen Bildfläche entfalten und durch den sich ändernden Zustand die ursprüngliche Kommunikation zwischen ehemaligem Bühnen- und Zuschauerbereich neu interpretieren.

Pérez Piñero entwickelt eine faltbare Glaskonstruktion, bestehend aus einer retikulären dreidimensionalen Metallstruktur als Unterkonstruktion und einem pantografischen System zur Artikulation der Faltbewegung der Glastafeln. Bild 1 zeigt das damals entstandene Modell im Maßstab 1 : 3, das sich bis heute als Ausstellungsstück im Theater-Museum Dalí befindet.

Pérez Piñero nutzt für die Unterkonstruktion ein Konstruktionsprinzip, das sich der Architekt schon im Jahr 1961 durch das amerikanische Patentamt schützen ließ. In seinem ersten Patent [1] erläutert er die faltbaren Systeme, die der Konstruktion seiner Prototypen, wie beispielsweise dem »Mobilen Theater«, zugrunde liegen. In [2] entwickelt Pérez Piñero die Faltung der Tafeln. Es wird offiziell erst 1975, drei Jahre nach dem Tod des Architekten, von Consuelo Belda Aroca als seine legale Vertreterin eingereicht. Auf Grundlage der beiden Patente lassen sich die Konstruktionsprinzipien von Pérez Piñero in Hinblick auf das »Vidriera Hipercúbica« erklären.

Dalí selbst bezeichnet die Installation als »Vidriera Hipercúbica« und bezieht sich dabei auf die vierte Dimension, die in der ersten Hälfte des 20. Jahrhunderts viele Künstler inspiriert. In der Installation repräsentiert die Bewegung und damit auch die Zeit, in der die Bewegung stattfindet, diese vierte Dimension. Durch eine Automatisie-

Bild 1 Dalí (links) und Pérez Piñero (rechts) vor dem Prototyp des »Vidriera Hipercúbica« im Maßstab 1:3 vor dem Eiffelturm in Paris (© Ausschnitt aus dem Titelbild der Zeitschrift »Arquitectura«, 1972)

rung soll sich das »Vidriera Hipercúbica« permanent öffnen und schließen, wodurch verschiedene architektonische Zustände entstehen, die die Beziehung von Innen- zu Außenraum verändern. Diese letzte Arbeit von Pérez Piñero ist von besonderer Bedeutung, da die Idee einen Schlusspunkt in der Entwicklung seiner faltbaren Strukturen darstellt, die 1961 beginnt. Zum einen führt die vollständige Automatisierung zu einem sich tatsächlich bewegenden Artefakt und zum anderen verbinden sich im Projekt des »Vidriera Hipercúbica« zwei grundsätzlich unterschiedliche Typologien von Faltungen, die dadurch die symbiotische Verbindung von Tragstruktur und Verkleidung, von Haut und Skelett im übertragenen Sinn ermöglichen.

3 Prozess der Reinterpretation

3.1 Beschreibung der Konstruktion

Die Grundstruktur des Haupttragwerks besteht aus einer dreidimensionalen retikulären Struktur, die sich orthogonal in drei Richtungen bewegt. Die Grundlage der Struktur ist in [1] beschrieben und setzt sich aus einzelnen Grundmodulen zusammen. Ein Grundmodul besteht aus vier Stäben, die über einen zentralen Knoten in den Stabmitten verbunden sind. Das gesamte Modulvolumen kann in einen Würfel eingeschrieben werden. Mehrere gekoppelte Grundmodule bilden für das »Vidriera Hipercúbica« dadurch eine ebene Fläche. In der zusammengesetzten Struktur ist jeder Stab an drei Punkten gelenkig gelagert, jeweils ein Punkt befindet sich an den Stabenden und ein dritter in Stabmitte. Der Prozess der Entfaltung wird durch Druckstäbe an der gewünschten Stelle gestoppt.

Das System der faltbaren Glastafeln beschreibt [2]. Es setzt sich aus mehreren Glastafelpaaren zusammen, die sich in der Mitte in horizontaler Richtung nach außen bei Bewegung falten lassen und einem pantografischen System, das diese Glastafelpaare an den äußeren Seiten gelenkig aufnimmt und die Faltung der Glastafel in vertikaler Richtung ermöglicht. Das pantografische System wird auf das dreidimensionale retikuläre Grundmodul aufgesetzt.

Beide Patente [1] und [2] sind unabhängig voneinander zu lesen und beschränken sich nicht auf das »Vidriera Hipercúbica«, sondern beschreiben Konstruktionsmechanismen, die miteinander kombiniert werden können. Zu der Ausrichtung der beschriebenen Konstruktionen gibt es keine eindeutigen Aussagen. Die Zeichnungen zu [1] zeigen horizontal ausgerichtete Beispiele, die Zeichnungen in [2] deuten auf eine vertikale Ausrichtung hin. Auch zu dem Kreuz, an dem das »Vidriera Hipercúbica«, hängen soll und das auch im Prototyp in Bild 1 zu sehen ist, finden sich in den Patenten keine Hinweise. Hierzu existieren im Anhang von [3] Skizzen von Pérez Piñero, die die Konstruktion des Kreuzes, den Antrieb als Mechanismus einer Kugelumlaufspindel sowie die Automatisierung durch einen Motor beschreiben.

3.2 Arbeitsmodell der ersten Phase

In einem ersten Teil des Studierendenseminars werden die Geometrien und der Mechanismus der beiden Systeme in einem Arbeitsmodell im Maßstab 1:2 im Sommersemester 2020, dargestellt in Bild 2, überprüft. Die Stäbe der dreidimensionalen retikulären Struktur bestehen aus runden Hohlprofilen aus Polyvinylchlorid (PVC) und die Knotenpunkte aus einer Kombination aus Abschnitten eines Systemprofils aus Aluminium sowie in Abhängigkeit der Anforderung aus einem dreidimensional gedruckten Aufsatz aus Polylactid (PLA). In einem Laserschneidverfahren werden die einzelnen Bauteile

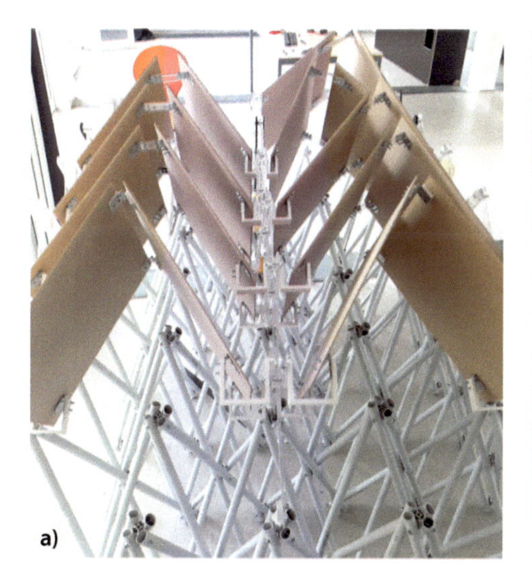

Bild 2 a) Halboffener und b) offener Zustand des ersten Arbeitsmodells zum hyperkubischen Glas in horizontaler Lage mit Auflagerung auf den unteren Knoten (© Universität Siegen, Lehrstuhl für Tragkonstruktion)

des pantografischen Systems aus Holzwerkstoffplatten zugeschnitten. Dabei erfolgt eine möglichst vereinfachte Ausführung der Geometrie für die Scheren. Die Abstandhalter für die Glashalterungen sowie die Verbindungselemente, mit denen das pantografische System an die dreidimensionale retikuläre Struktur angeschlossen wird, sind im Schmelzschicht-Verfahren, Fused Deposition Modeling (FDM), gedruckt. Nach der Herstellung beider Systeme und der Überprüfung der jeweiligen Faltmechanismen werden die Systeme an den dafür vorgesehenen Stellen miteinander gekoppelt. Die Struktur lässt sich kompakt zu einem Würfel zusammenfalten und bildet in maximal entfaltetem Zustand eine ebene Fläche. Dadurch wird die tatsächliche Funktion des Mechanismus nachgewiesen. Das Arbeitsmodell konzentriert sich dabei auf das Konstruktionsprinzip der Faltung.

4 Material- und Tragwerkuntersuchungen

4.1 Allgemein

Das hyperkubische Glas als verschiebliches und faltbares System besteht aus angetriebenen Lagerknoten, einem Stabwerk als Unterkonstruktion und einem pantografischen System mit Glastafeln als Oberkonstruktion. Ziel der Material- und Tragwerksuntersuchung ist es, mit einer linear-elastischen Bemessung des Stabwerks eine vereinfachte globale Berechnung durchzuführen, um die Materialien auszuwählen und die Querschnitte zu dimensionieren. Die Ergebnisse dieser globalen Berechnung fließen in die lokale Berechnung der dreidimensional gedruckten Knoten, des pantografischen Systems und der einzelnen Verbindungspunkte, insbesondere der Auflagerung der Glastafeln, ein.

4.2 Analyse der Unterkonstruktion

Die Untersuchung des Stabwerks erfolgt dabei im vollkommen entfalteten Zustand in drei Schritten, bei denen die Ergebnisse in einem kontinuierlichen Prozess fortlaufend berechnet, analysiert und ausgewertet werden, um eine Entscheidung hinsichtlich Lage, Material und Lageranzahl zu treffen. Das Stabwerk wird mit der Finite-Elemente-Methode (FEM) im Programm RFEM 5.25 von Dlubal Software GmbH [7] berechnet. Die Ermittlung der passenden Querschnitte erfolgt unter Berücksichtigung der Nachweise im Grenzzustand der Tragfähigkeit (GZT) und im Grenzzustand der Gebrauchstauglichkeit (GZG). Eine Ersatzflächenlast für die Eigenlast sowie eine zusätzlich orthogonal zur Glastafelebene wirkende Nutzlast beanspruchen das Tragwerk. Das Grundmodul besteht aus Balkenstäben, die im mittleren Knoten zwar verbunden, aber in der Modellierung realitätsnah über Scherengelenke gekoppelt sind. Entsprechend verbleiben Normal- und Querkräfte im Stab, die Biegemomente M_y und M_z sind hingegen übertragbar. Torsionsmomente M_T treten nicht auf. Der Druckstab wird durch einen Teleskopstab an den vertikalen Kanten des Grundmoduls abgebildet. Das pantografische System leitet in einer zug- und druckfesten Verbindung die Kräfte in das Stabwerk ein. Zwischen den Pantografen sind Knoten mit einem Abstandhalter eingebaut, die über einen nichtlinearen Druckkontakt ebenfalls Lasten in die Unterkonstruktion einleiten können. Bild 3 zeigt den grundsätzlichen Aufbau des numerischen

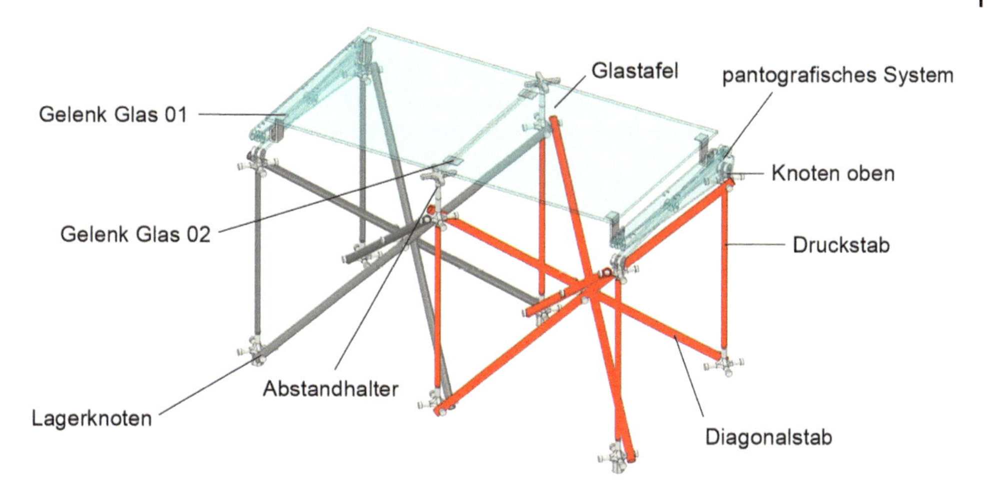

Bild 3 Kopplung zweier Grundmodule (grau und rot) mit Bezeichnung der wesentlichen Elemente des hyperkubischen Glases (© Universität Siegen, Lehrstuhl für Tragkonstruktion)

Modells anhand der Koppelung zweier Grundmodule in grau und rot sowie die Nennung wesentlicher Elemente.

Der erste Schritt der Bemessung beinhaltet die Untersuchung zur Lage und Anzahl der Lagerknoten sowie der Ausrichtung des Gesamtsystems bei Auswertung der Stabkräfte und Verformungen zur Bestimmung der Querschnitte für das Stabwerk. Bereits in [8] ist beschrieben, dass eine Lagerung über die Diagonale sich günstig auf die Verformung auswirkt. Dieser Ansatz wird nicht nur bei einer vertikalen Variante, sondern auch bei einer horizontalen Ausrichtung weiterverfolgt. Bild 4 zeigt den Unterschied zwischen einer Kreuz- oder Diagonallagerung sowie zwischen einer vertikalen oder

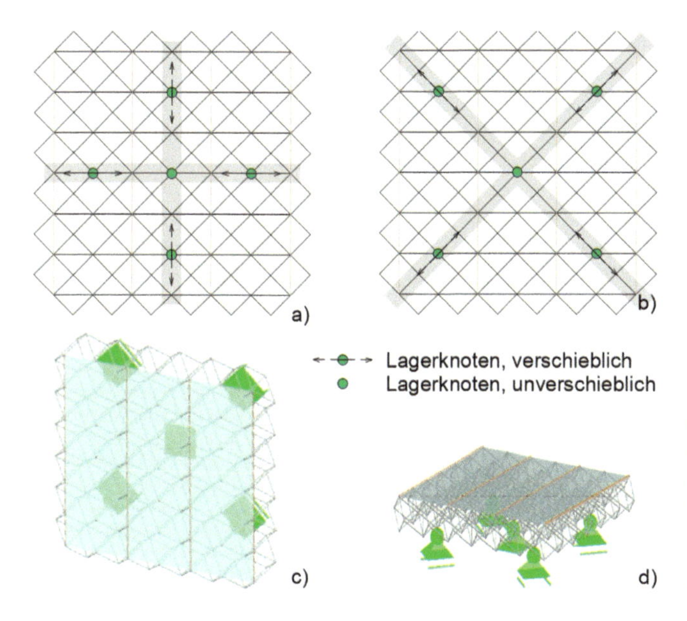

Bild 4 Lage der Lagerung und der Ausrichtung.
a) Kreuzlagerung; b) Diagonallagerung; c) vertikale Lage und d) horizontale Lage
(© Universität Siegen, Lehrstuhl für Tragkonstruktion)

horizontalen Ausrichtung. Während bei der vertikalen Ausrichtung eine Verschiebung durch die Eigenlast vor allem parallel zur Glastafelebene auftritt, ist die Verformung der horizontalen Ausrichtung senkrecht dazu und führt zu reduzierten Stabkräften. Abweichend von der ursprünglichen Idee des »Vidriera Hipercúbica« wird deshalb im weiteren Verlauf der Betrachtungen das hyperkubische Glas in horizontaler Lage betrachtet. Dadurch ist die Lasteinleitung klar orthogonal zur Glastafelebene definiert und der Kraftfluss im Stabwerk eindeutig.

Grundsätzlich bieten sich für das Stabwerk die Materialien Stahl [9] oder Aluminium [10] an. Neben den Materialkennwerten fließen auch Aspekte für eine nachträgliche Bearbeitung sowie die geometrischen Randbedingungen des pantografischen Systems in die Auswahl mit ein. Es steht Aluminium EN-AW 6060 T6 zur Verfügung, das gute Festigkeitswerte, eine ausreichende Korrosionsbeständigkeit sowie eine hohe Oberflächenqualität bietet. Als Stahl wird Baustahl S235 gewählt. Im Vergleich beider Materialien ist die Streckgrenze von Aluminium um etwa 40% geringer und es treten bedingt durch den niedrigeren Elastizitätsmodul höhere Verformungen auf. Eine geringere Eigenlast der Konstruktion ergibt sich durch eine um den Faktor 3 geringere Dichte von Aluminium im Vergleich zu Stahl. Mit dem Ziel von möglichst schlanken Querschnitten erfolgt die Auswahl zunächst unter Berücksichtigung der in Tabelle 1 angegebenen Materialkennwerte. Die im ersten Schritt durchgeführten Berechnungen ergeben für die horizontale Ausführung in Stahl geringere Schnittgrößen und Auslastungen. Somit ist entweder ein schlankerer Querschnitt oder ein Materialwechsel von Stahl zu Aluminium möglich.

Der zweite Schritt beinhaltet die Analyse unterschiedlicher Möglichkeiten zur Optimierung im Bereich von Art und Anzahl der Lagerung sowie der Querschnitte in Abhängigkeit der Schnittgrößen und der Verformungen. Dabei erfolgt die Berechnung mit Aluminium EN-AW 6060 T6 und führt bei horizontaler Lagerung zu einer Erhöhung der Verformung um den Faktor 3,0 bei Kreuzlagerung und um den Faktor 2,5 bei Diagonallagerung. Die Stabkräfte bleiben annähernd gleich und die Nachweise im Grenzzustand der Tragfähigkeit sowie im Grenzzustand der Gebrauchstauglichkeit sind weiterhin erfüllt. Eine Erhöhung der Anzahl der Auflagerpunkte um weitere verschiebliche Auflager zwischen den in Bild 4 gezeigten Lagerknoten von fünf auf neun oder eine Optimierung des Querschnitts beeinflussen sowohl die Schnittgrößen als auch die Verformungen. Eine größere Anzahl der Lagerknoten reduziert die Auslastung der einzelnen Elemente. Analog ergeben sich erhöhte konstruktive Anforderungen

Tabelle 1 Materialkennwerte von Baustahl und Aluminium

Kennwert	**Baustahl S 235**	**Aluminium EN-AW 6060 (ET, EP, ER/B) T6**
Norm	DIN EN 1993-1-1 [9]	DIN EN 1999-1-1 [10]
Dichte	7,85 g/cm^3	2,70 g/cm^3
Elastizitätsmodul	210 000 MPa	70 000 MPa
Querdehnzahl	0,300	0,296
Streckgrenze	235 MPa	140 MPa

resultierend aus geometrischen Randbedingungen und der Einhaltung der Beweglichkeit. Eine Reduzierung der Querschnitte für die Stäbe der Unterkonstruktion ist unter Einhaltung der Nachweise im Grenzzustand der Tragfähigkeit und im Grenzzustand der Gebrauchstauglichkeit möglich, führt allerdings bei der Bemessung der Knotenpunkte zu statischen und geometrischen Nachteilen. Als Konsequenz aus dem iterativen Optimierungsprozess, bei dem eine erhöhte Lageranzahl oder kleinere Querschnitte auf die Knotenmodellierung einen erheblichen Einfluss ausüben, ergeben sich Mindestquerschnitte für das Stabwerk. Das Stabwerk des hyperkubischen Glases soll daher aus Aluminium EN-AW 6060 T6 mit fünf Lagerknoten in einer Diagonallagerung ausgeführt werden. Es ergibt sich für die Diagonalstäbe des Grundmoduls der Querschnitt RO 20 × 2. Der Druckstab als Teleskopstab wird aus einem Stab RD 10 und einer Führungshülse RO 14 × 1 hergestellt.

Anschließend erfolgt die abschließende Berechnung des numerischen Modells mit dem definierten Material und den ausgewählten Querschnitten für die Stäbe sowie den angepassten Lasten in der globalen Berechnung. Dabei zeigen die Ergebnisse im Vergleich zur anfangs betrachteten vertikalen Lage wesentlich geringere Auslastungen.

4.3 Analyse der Knotenpunkte

Die Knotenpunkte des Stabwerkes im hyperkubischen Glas bilden die zentralen Elemente der Konstruktion. Einerseits sollen die Lasten effektiv weiter- und abgeleitet werden, andererseits müssen die Knoten eine ausreichende Bewegung für die Faltung und Entfaltung sicherstellen. Als Knotenpunkte bieten sich verschiedene Lösungen aus dem Stahl-, Beton- oder Holzbau, beispielsweise in Anlehnung an [1] und [11], an. Die filigrane Tragstruktur des Stabwerks ist allerdings nicht auf Lösungen mit massiven Knoten ausgelegt. Zusätzlich bieten Standardbauteile nicht immer die am Kraftfluss orientierte optimale Lösung. Vor diesem Hintergrund werden unterschiedliche Knotentypen entworfen und untersucht, deren Herstellung in einem dreidimensionalen Druckverfahren möglich ist.

Ausgehend vom ersten Entwurf der Knoten werden über eine Berechnung mit dem Programm Ansys Workbench 2020 R2 [12] die im Modell vorliegenden fünf unterschiedlichen Knotentypen als dreidimensionale Volumenkörper modelliert, mit den Beanspruchungen aus der globalen Berechnung belastet und in einem iterativen Optimierungsprozess zwischen globaler und lokaler Berechnung hinsichtlich Topologie und Geometrie angepasst. Die Entwicklung erfolgt dabei individuell in Abhängigkeit der Funktion und der Anforderung während der Lastabtragung. Grundsätzlich ist die Geometrie entsprechend des Kraftflusses in den jeweiligen Faltungszuständen modelliert und anschließend überlagert sowie mit konstruktiven Randbedingungen aus der Geometrie angepasst. Um ein Einschneiden der scharfkantigen Bohrung des Aluminiumstabes in den Kunststoffknoten zu verhindern, sind die Bohrlochbereiche innen und außen entgratet. Eine mit dem Tragbolzen des Knotens nachträglich aufgesetzte Kappe verhindert das Abrutschen des Stabes vom Knoten während des Faltungsvorgangs und somit ein Versagen des Gesamtsystems. Die Entwicklung der Geometrie ist in Bild 5 beispielhaft an dem Knoten mit Anschluss zum pantografischen System dargestellt. Ausgehend vom Knoten des ersten Arbeitsmodells, der noch aus mehreren Bauteilen besteht und lediglich einen gedruckten Aufsatz aufweist, erfolgt die Entwicklung zu einem dreidimensional gedruckten, homogenen Knoten. Mit Unterstützung der nume-

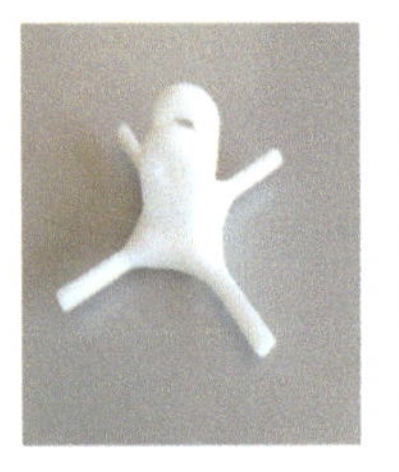
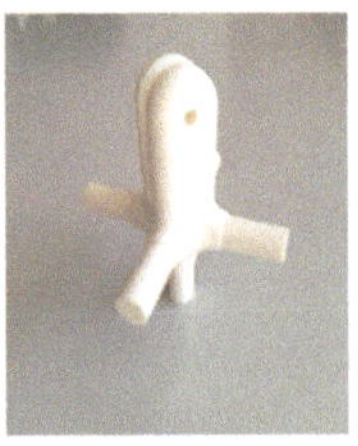

Bild 5 Entwicklung des Knotens mit Anschluss zum pantografischen System. Knoten des ersten Arbeitsmodells bestehend aus mehreren Komponenten bis hin zum Knoten des zweiten Arbeitsmodells (© Universität Siegen, Lehrstuhl für Tragkonstruktion)

rischen Berechnungen entwickelt sich die Knotengeometrie in einem iterativen Prozess zwischen globaler und lokaler Berechnung unter Berücksichtigung geometrischer und konstruktiver Randbedingungen weiter bis zur aktuellen Knotengeometrie.

5 Arbeitsmodell der zweiten Phase

Mit den Studierenden des Masterstudiengangs Architektur wird im Wahlmodul »Bewegliche Tragwerke« am Lehrstuhl für Tragkonstruktion der Universität Siegen das in Bild 6 als Visualisierung dargestellte hyperkubische Glas in den Abmessungen von 1500 mm auf 1500 mm auf 500 mm im Sommersemester 2021 als Prototyp unter Berücksichtigung der beschriebenen Stabquerschnitte und Knotenpunkte aus der Material- und Tragwerksanalyse realisiert, vorhandene Detaillösungen gemeinsam diskutiert sowie verbesserte Lösungswege entwickelt. Die Idee des hyperkubischen Glases findet mit innovativen Materialien und Herstellungsverfahren eine neue Anwendung. Das Stabwerk mit runden Hohlprofilen besteht aus Aluminium und im selektiven Laser-

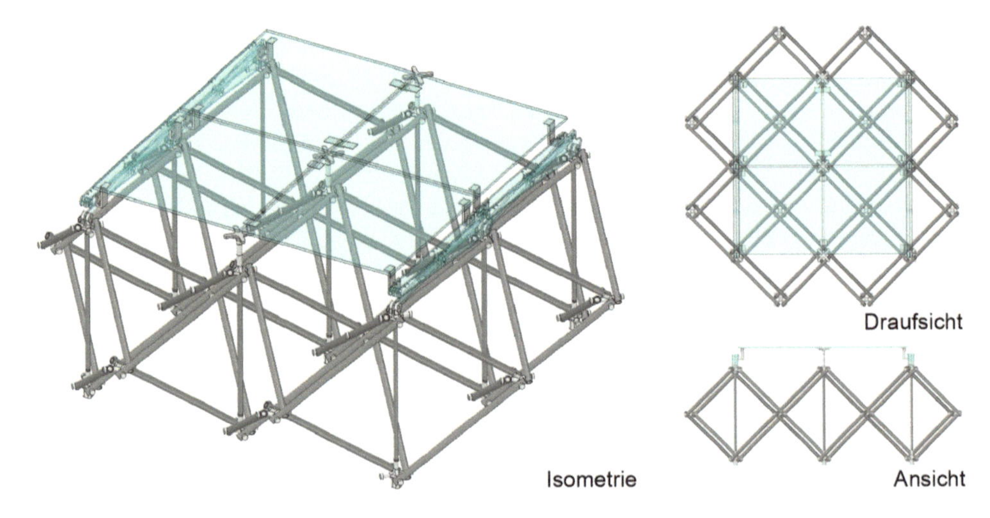

Bild 6 Dreidimensionale Visualisierung zum zweiten Arbeitsmodell (maßstabslos) (© Universität Siegen, Lehrstuhl für Tragkonstruktion)

sintern-Verfahren, Selective Laser Sintering (SLS), dreidimensional gedruckten Knoten aus PA2200 (PA12) [13]. Für die Stäbe des pantografischen Systems ist der duktile und transparente Kunststoff Polycarbonat vorgesehen und die Glastafeln werden aus einer neuartigen Glas-Kunststoff-Verbundtafel [14] hergestellt.

6 Zusammenfassung und Ausblick

In Zusammenarbeit des Künstlers Salvador Dalí und des Architekten Emilio Pérez Piñero entsteht die Idee des einzigartigen Artefakts »Vidriera Hipercúbica« als bewegliche Raumabtrennung im Theater-Museum Dalí in Figueres. Das gemeinsame Projekt wird durch den frühen Tod Pérez Piñeros nicht realisiert. Lediglich ein Prototyp im Maßstab 1:3 ist im Theater-Museum Dalí ausgestellt. Am Lehrstuhl für Tragkonstruktion der Universität Siegen entsteht im Wahlmodul »Bewegliche Tragwerke« des Masterstudiengangs Architektur eine Reinterpretation des »Vidriera Hipercúbica« als hyperkubisches Glas. Studierende erfahren den Zusammenhang von Kunst, Architektur, Konstruktion sowie Technik und erleben die gemeinsame Arbeit von Architekten und Ingenieuren an der Realisierung eines zweiten Arbeitsmodells. Zusammen wird das Modell gebaut, Detaillösungen entwickelt und auf Plausibilität und Machbarkeit geprüft. Das Stabwerk des hyperkubischen Glases besteht aus filigranen Stäben aus Aluminium, die über dreidimensional gedruckte Knoten aus PA2200 (PA12) miteinander verbunden sind. Für das pantografische System wird das Polycarbonat auf Maß geschnitten und über Scharniere an Glas-Kunststoff-Verbundtafeln geklebt, um die Faltung sicher zu stellen. Hierbei gilt ein besonderer Dank an KRD Engineering & Service GmbH aus Bardowick für die Bereitstellung der Glas-Kunststoff-Verbundtafeln. Im nächsten Schritt wird der Prototyp für eine Ausstellung realisiert und in Bezug auf die Faltung und Entfaltung analysiert. Die Beweglichkeit der Lagerpunkte soll maschinell über einen eigens entwickelten Antrieb realisiert werden und steht in der nächsten Phase im Mittelpunkt.

7 Literatur

[1] Pérez Piñero, E. (1965) *Three dimensional reticular structure*, United States Patent No. 3185162, eingetragen 25.05.1965.

[2] Pérez Piñero, E. (1976) *System of articulated planes*, United States Patent No. 3975872, eingetragen 25.08.1976.

[3] Puertas del Río, L. (1989) *Estructuras espaciales desmontables y desplegables. Estudio de la obra del arquitecto Emilio Pérez Piñero* [Dissertation]. Escuela Técnica Superior de Arquitectura – ETSAM (UPM).

[4] Peña Fernandez-Serrano, M. (2016) *Energetic Artefacts – From Fuller to Piñero (1961–1972)* [Dissertation]. Escuela Técnica Superior de Arquitectura – ETSAM (UPM).

[5] Pérez Piñero, E. (1962) Expandable Space Framing in: *Progressive Architecture No. 6*, 1962, S. 154–155.

[6] Pérez Almagro, C. (2013) *Estudio y normalización de la colección museográfica y del archivo de la Fundación Emilio Pérez Piñero* [Dissertation]. Universidad de Murcia.

[7] Dlubal GmbH (2019) *RFEM 5-Benutzer-Handbuch*, Dlubal Software GmbH.

[8] Peña, M.; Wirfler, K.; Andrés López, S.; Reißaus, H.; Weimar, T. (2021) Reinterpretation of Dalí's »Vidriera Hipercubica« designed by Pérez Piñero in 1971 in: Louter, C.; Schneider, J.; Tasche, S.; Weller, B. [Hrsg.] *Engineered Transparency 2021,* Berlin: Ernst & Sohn.

[9] DIN EN 1993-1-1 (2010) *Eurocode 3: Bemessung und Konstruktion von Stahlbauten – Teil 1-1: Allgemeine Bemessungsregeln und Regeln für den Hochbau. (EN 1993-1-1:2010),* Berlin: Beuth.

[10] DIN EN 1999-1-1 (2014) *Eurocode 9: Bemessung und Konstruktion von Aluminiumtragwerken – Teil 1-1: Allgemeine Bemessungsregeln. (EN 1999-1-1:2014),* Berlin: Beuth.

[11] Martínez Gadea, V. (2012) *Vicente Martínez Gadea, Arquitectura 1985–2011.* Spanien.

[12] Ansys Workbench. CADFEM GmbH. Ansys Workbench 2020, Release 2.

[13] PA2200 (PA12) (2020) *Datenblatt* PROTOTEC GmbH & Co. KG.

[14] Neeroglas (Standard) (2020) *Datenblatt* KRD Engineering & Service GmbH.

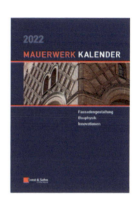

Neue Nationalgalerie Berlin – Instandsetzung der Fassade

Jürgen Einck[1], Jochen Schindel[2]

[1] *Drees & Sommer SE, Habsburgerring 2, 50674 Köln, Deutschland; juergen.einck@dreso.com*
[2] *Drees & Sommer SE, Obere Waldplätze 11, 70569 Stuttgart; Deutschland; jochen.schindel@dreso.com*

Abstract

Die Neue Nationalgalerie in Berlin entstand von 1965 bis 1968 nach den Plänen des Architekten Ludwig Mies van der Rohe. Nach fast 50-jähriger Nutzung musste die denkmalgeschützte Architekturikone saniert werden. Mit der Planung dieser anspruchsvollen Sanierungsmaßnahme wurde 2012 das Büro David Chipperfield Architects beauftragt. Die Bestandsfassade wies keine Möglichkeit zur Aufnahme thermischer Dehnungen auf, was in der Vergangenheit zu Zwängungen und Verwerfungen der Konstruktion und häufig zu Glasbrüchen der übergroßen Scheiben führte. Bei der fassadentechnischen Sanierungsplanung mussten die konstruktiven Restriktionen behoben werden; das Ganze denkmalgerecht, wie das Ergebnis zur Wiedereröffnung des Mies-Baus seit April 2021 beweist.

Neue Nationalgalerie Berlin – Restoration of the facade. The „Neue Nationalgalerie" in Berlin was built from 1965 to 1968 according to the plans of the architect Ludwig Mies van der Rohe. After almost 50 years of use, the listed architectural icon had to be renovated. In 2012, David Chipperfield Architects was commissioned to plan this ambitious renovation project. The existing facade had no possibility of absorbing thermal expansions, which in the past led to constraints and distortions of the construction and often to glass breaks of the oversized panes. In the facade renovation planning, the structural restrictions had to be removed; the whole thing is in accordance with monument regulations, as the result for the reopening of the Mies building since April 2021 proves.

Schlagwörter: *Fassadentechnik, Instandsetzung, Sanierung, Denkmal, Spezialgläser, Überformate*

Keywords: *facade-technology, restoration, renovation, monument, special glasses, oversized formats*

Glasbau 2022. Herausgegeben von Bernhard Weller, Silke Tasche.

1 Instandsetzung der Neuen Nationalgalerie (NNG) Berlin

50 Jahre nach Eröffnung der Neuen Nationalgalerie wurde der Bau von Ludwig Mies van der Rohe saniert. Das Museum für die Kunst des 20. Jahrhunderts wurde im Januar 2015 geschlossen und nach der denkmalgerechten Sanierung im April 2021 (Bild 1) wieder eröffnet. Die Sanierung, die durch das BBR nach Plänen der Architekten David Chipperfield Architects umgesetzt wurde, hat gezeigt, dass sich Ludwig Mies van der Rohe zumindest in manchen Details über die seinerzeit bereits gültigen anerkannten Regeln der Technik, auch zugunsten seiner strukturellen Idee und seines ästhetischen Konzepts, hinweggesetzt hat.

Für die Kuratoren klassischer Kunst ist die Ikone bis heute eine Herausforderung hinsichtlich Tageslicht und Klimatisierung. Die Ausstellungsmacher mussten über die Jahrzehnte lernen, mit den Gegebenheiten des Hauses umzugehen und speziell auf den Raum ausgerichtete Ausstellungen zu konzipieren. Die Schwierigkeiten liegen auf der Hand. Der fantastische Ausstellungsraum im Erdgeschoss wird allseitig von einer Glasfassade gefasst. Die auf Ansicht und Abwicklungsästhetik getrimmte Fassadenkonstruktion war selbst für den Stand der Technik von damals ein Rückschritt. Dennoch setzte Ludwig Mies van der Rohe seine Idee eines perfekten Baus konsequent durch. Diese Idee wurde in höchstmöglichem Maß auch bei der Sanierung respektiert. Unter dem Leitsatz „So viel Mies wie möglich“, wurde seit Mitte 2012 das Konzept der Grundinstandsetzung entwickelt. Die Planungen zur Restrukturierung der Nutzung und der Anpassung des Hauses an einen modernen Museumsstandard wurden dabei unter Beachtung der Grenzen und Möglichkeiten des Gebäudes vorgenommen. Eingriffe und Veränderungen beschränken sich dabei immer auf ein minimal erforderliches Maß.

Die Pfosten-Riegel-Konstruktion der Glasfassade wurde aus geschweißten und verschraubten Vollstahl-Profilen (Bild 2) gefertigt. Der thermisch nicht getrennten Stahl-

Bild 1 Neue Nationalgalerie 1968, Ansicht Potsdamer Straße (© Staatliche Museen zu Berlin, Nationalgalerie, Reinhard Friedrich)

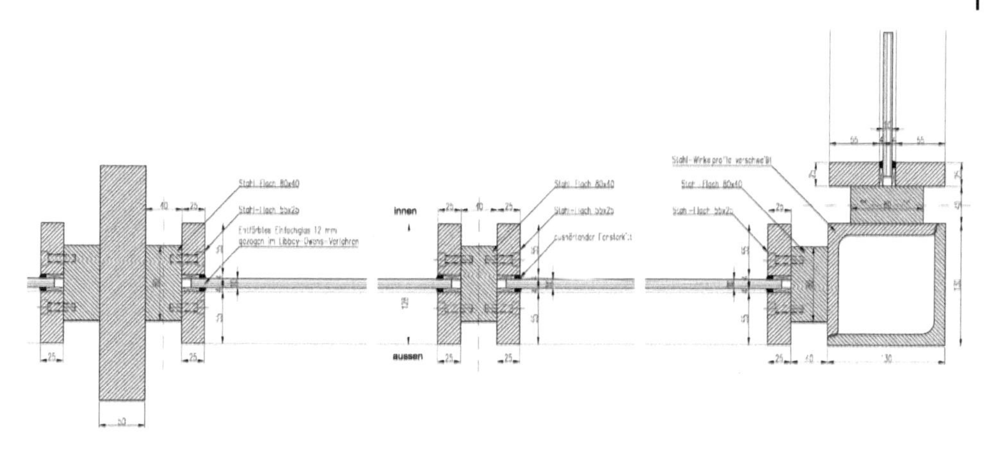

Bild 2 Horizontalschnitt Regel-Fassade im Bestand mit Ecksituation (© Drees & Sommer)

konstruktion mit Einfach-Verglasungen konnte mit 5,8 W/m^{2}K nur ein maximal ungünstiger *U*-Wert bescheinigt werden. Dies verursachte stark und häufig anfallendes Kondensat sowie infolgedessen auch Korrosion auf den Stahlprofilen sowie in Spalten, Fugen und Falzen, da diese nicht luft- und dampfdicht geplant und konstruiert waren.

> *„Im Prinzip hat die Ausstellunghalle schon in den ersten Jahren, ja schon in der Planung, den Ausstellungsanforderungen nicht standgehalten“,*

so Daniel Wendler, Projektleiter Chipperfield Architects. Das aber war bereits Ludwig Mies van der Rohe klar, der anlässlich der Grundsteinlegung im Jahr 1965 einräumte, dass die Präsentation der Ausstellungen nicht einfach werden würde.

> *„Aber es bieten sich großartige Möglichkeiten für neue Herangehensweisen“,*

sagte er damals. [1]

2 Fassadenplaner für Fassadentechnik – ein „Muss“

Für die Sanierungsplanung der Neuen Nationalgalerie in Berlin hatte die Bauherrenvertretung, das Bundesamt für Bauwesen und Raumordnung (BBR), mit David Chipperfield Architects ein international renommiertes Architekturbüro beauftragt. Zur fachtechnischen Unterstützung und Bearbeitung wurden durch das BBR außerdem die Fassadenexperten von Drees & Sommer in das Planungsteam eingebunden.

Die Fachingenieurleistungen für Fassadentechnik gehören nicht zum üblichen Leistungsbild eines Architekten. Vielmehr beinhaltet die Fassadentechnik ergänzende und fachtechnisch vertiefende Beratungs- und Planungsleistungen während der einzelnen Planungsphasen, welche hinsichtlich der Konzeption sowie der technisch-konstruktiven Planung einer Fassade über die definierten Leistungen der Objektplanung hinausgehen; dies erst recht bei den Anforderungen an eine denkmalgerechte Revitalisierung. Die Beratungs- und Planungsleistungen eines Fassadenplaners erfolgen auf Basis anerkannter Grundlagen und Regelwerke wie dem AHO Heft Nr. 28 [2] und der VDI-Richtlinie 6203 [3].

3 Bestandsfassade der Neue Nationalgalerie – fassadentechnische Herausforderungen und deren Lösungen

Ein wesentliches Gestaltungsmerkmal der Neuen Nationalgalerie ist die Auflösung der Grenze zwischen Innen und Außen mit größtmöglicher Transparenz durch großflächige Verglasungen und minimalistisch anmutenden Fassaden-Stahlprofilen. Nachfolgend werden einige wesentliche Problem- und Fragenstellungen zu der Sanierung der Bestandsfassade beleuchtet und die dazu entwickelten Problemlösungen und deren Umsetzung erläutert.

3.1 Stahl-Fassade – allgemeine konstruktionsbedingte Restriktionen

3.1.1 Aufnahme von Dehnungen

Ausgangslage – Problemanalyse/-stellung

Die Bestandfassaden wiesen über eine Länge von ca. 50 m entlang der Hallenfassade und über ca. 90 m an der Skulpturenhoffassade keinerlei Möglichkeit zur Aufnahme von thermischer Dehnung, sogenannter Dilatation, auf (Bild 2). Dies führte in der Vergangenheit zu Zwängungen und Verwerfungen in der Konstruktion mit der wiederkehrenden Folge von Glasbruch.

Sanierungslösung

Jeder dritte Fassadenpfosten (Bild 3) wurde nun so modifiziert, dass Dehnungen ausreichend aufgenommen werden können, während die übrigen Pfosten renoviert wurden. Dies konnte jedoch nur mit einer Neukonstruktion der Dehnpfosten bewerkstelligt werden, wobei sich diese optisch nicht von den übrigen Bestandspfosten unterscheiden dürfen.

Die neuen Dehnpfosten sind komplexe maschinenbauartige Bauteile. Bewegungen werden im verdeckten Konstruktionsbereich nicht sichtbar aufgenommen, gleichzeitig sind diese luft- und dampfdicht ausgebildet. Die komplexe Geometrie der Pfostenhälften wird mit einer 3D-CNC-Fräse jeweils aus einem Stück gefräst und gebohrt.

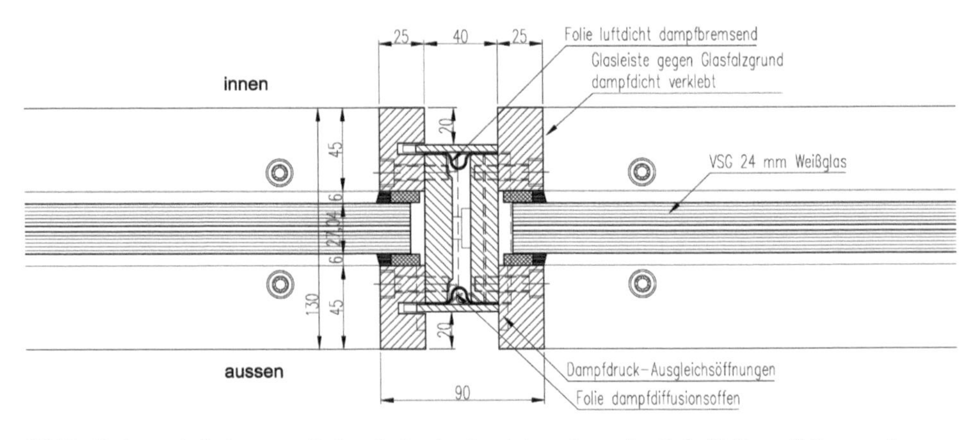

Bild 3 Horizontalschnitt neuer Dehnpfosten im Bereich geringer Bautiefe (© Drees & Sommer)

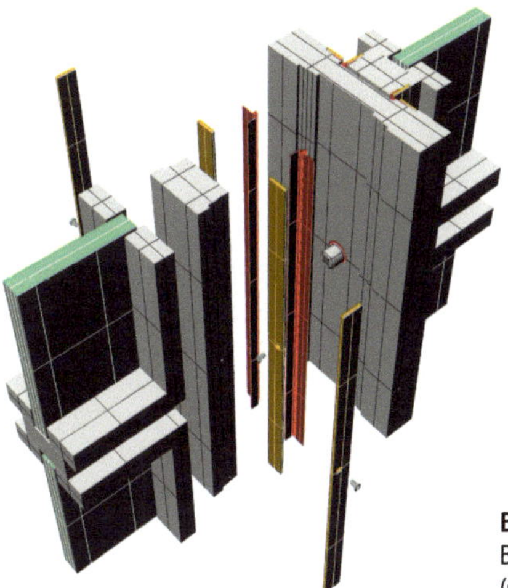

Bild 4 Horizontalschnitt neuer Dehnpfosten im Bereich großer Bautiefe mit verdeckten Druckfedern (© Drees & Sommer)

3.1.2 Starre Verbindung Fassadeneckpfosten an das Stahl-Dachtragwerk

Ausgangslage – Problemanalyse/-stellung

Die Fassadeneckpfosten im Bestand waren mit dem Stahl-Dachtragwerk in der Weise gekoppelt, dass nur eine vertikale Gleitfähigkeit des Fassadenkopfpunktes gegeben war. Horizontale Bewegungen des Daches aus thermischer Dehnung und Wind bewirkten daher Zwängungen und Verformungen in den Fassadenfeldern mit der Folge von Knackgeräuschen und Glasbrüchen, sodass am Ende nur noch drei der übergroßen Original-Scheiben übriggeblieben waren.

Sanierungslösung

Die Eckpfosten wurden vom Dachtragwerk entkoppelt, damit Dachbewegungen nun elastisch mit Biegung/Verwerfung der Fassaden-Eckfelder ähnlich einer Blattfeder re-

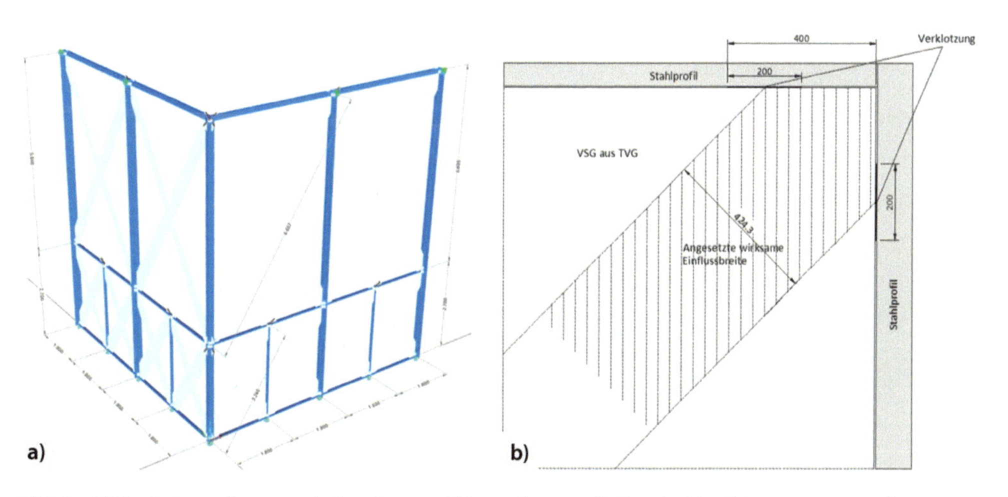

Bild 5 a) Prinzipdarstellung statisches System Eckverglasung als Druckstäbe; b) angesetzte wirksame Einflussbreite (© Drees & Sommer)

versibel aufgenommen werden können. Zusätzlich sind heute je Fassadenseite jeweils zwei zur Ecke benachbarte Verglasungsfelder (Bild 5) als statisch aussteifende Scheiben ertüchtigt, um den vom Dach entkoppelten Pfosten zu stabilisieren.

3.1.3 Hoher Kondensatanfall und hohe Heizwärmeverluste

Ausgangslage – Problemanalyse/-stellung

Die Stahl-Fassadenprofile des Bestandes waren nicht thermisch getrennt und verursachten über die Heizperioden raumseitig einen hohen Kondensatanfall und hohe Heizwärmeverluste.

Sanierungslösung

In einer Machbarkeitsstudie wurden Lösungen mit thermisch getrennten Profilen zur Aufnahme von 2-Scheiben-Isolierverglasungen untersucht, welche jedoch aufgrund eines beinahe vollständigen Verlustes der Bestands-Fassadenmaterialien sowie erheblichen optischen Veränderungen abzulehnen waren (breitere Fassadenprofile und Verdopplung der Glasreflexion). Die Bestandsprofile wurden daher so weit wie möglich (siehe auch 3.1.1) erhalten und saniert, auch wenn damit das Kondensatproblem und die hohen Heizwärmeverluste nicht gelöst werden konnten. Hier gilt das Motto „Denkmalschutz geht vor Wärmeschutz".

3.1.4 Bestandsfassade ohne Luft- und Dampfdichtigkeit

Ausgangslage – Problemanalyse/-stellung

Die Bestandsfassade wies keinerlei Luft- und Dampfdichtigkeit auf, weshalb bedingt durch Wind sowie durch die Lüftungsanlage große Mengen warmer (feuchter) Raumluft durch Spalte der Fassadenkonstruktion hindurchzogen. Während der Heizperiode konnten so infolge von Taupunktunterschreitungen auch hohe Mengen an Kondensat in verborgenen Hohlräumen, wie z. B. in den Glasfalzen, den Bauanschlüssen usw. der Stahlfassade ausfallen. Dies führte in der Vergangenheit zu erheblicher Korrosion mit teils mehreren Millimetern Substanzverlust.

Sanierungslösung

Glasfalze, Profilfügungen und Bauanschlüsse werden verdeckt liegend, optisch nicht wahrnehmbar und dennoch wartungsfähig, raumseitig luft- und dampfdicht abgedichtet. Kondensat kann somit nur noch an kontrollierbaren Innen-Oberflächen an-

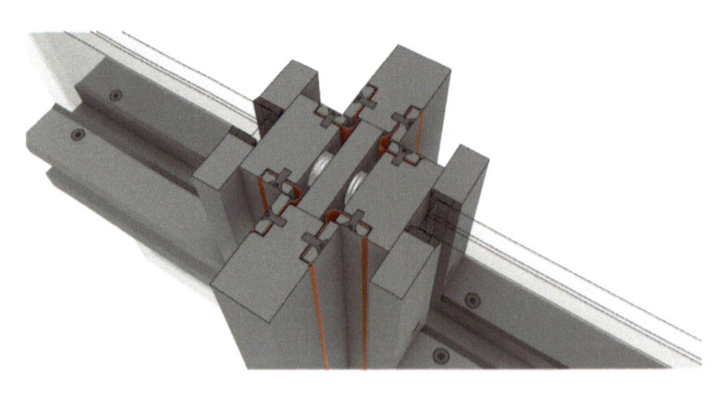

Bild 6 Isometrische Prinzipdarstellung des Profilsystems inklusive Dichtungsverläufe (© Drees & Sommer)

fallen. Die Maßnahmen reichen vom Einsatz elastischer Verklebungen, verdeckter Folieneinsätze bis hin zu speziell gefertigten Dichtungsformstücken (Bild 6).

3.2 Stahl-Fassade – sanierungsbedingte Problemstellungen

3.2.1 Pfosten-Mittelteil ist nicht mehr auf die Mittellage stabilisiert

Ausgangslage – Problemanalyse/-stellung

Bei den neu hergestellten Dehnpfosten der Hallenfassade sind im Gegensatz zur früheren Bauart die seitlichen Stahlquerschnitte, die den Glasfalzgrund bilden (sogenannte Rahmenprofile), nicht mehr fest mit dem hauptsächlich statisch wirksamen großen Pfosten-Mittelteil verbunden, sondern gegeneinander gleitfähig gelagert, um horizontale Längendehnungen aufnehmen zu können. Der Pfosten-Mittelteil ist damit nicht mehr auf die Mittellage zwischen den seitlich gleitfähig anschließenden Querschnitten stabilisiert und würde sich jeweils auf eine Seite gegen ein Rahmenprofil anlegen.

Sanierungslösung

Zwischen seitlichen gleitfähig anschließenden sogenannten Rahmenprofilen und dem Pfosten-Mittelteil werden verdeckt liegend starke Druckfedern eingesetzt, die den Mittelteil elastisch dehnfähig immer auf Mittelage zwischen den seitlichen Rahmenprofilen halten (Bild 4).

3.2.2 Zwischenriegel im Bestand aus „unberuhigt vergossenen Stahl"

Ausgangslage – Problemanalyse/-stellung

Die Zwischenriegel der Hallenfassade sind aus einem „unberuhigt vergossenen Stahl" gefertigt. Dies führte zu unterschiedlichen und damit inhomogenen Werkstoffeigenschaften (sogenannte Seigerung) und stellt damit eine Eignung zum Schweißen in Frage, denn zwischen Riegel und neuen Dehnpfosten ist eine Schweißverbindung herzustellen.

Sanierungslösung

Diese unbestimmten Stähle wurden metallurgisch mit zahlreichen Methoden umfangreich untersucht, um Maßnahmen zu ermitteln, welche für eine Schweißbarkeit erforderlich sind. Nach ersten Ergebnissen können die Stähle durch einen definierten Glühprozess in eine schweißbare Form umgewandelt werden. Das heißt, die Riegel-Enden, die gegen die neu einzusetzenden Dehnpfosten zu verschweißen sind, müssen vor Ort stundenweise definiert unter Einhaltung einer vorgegebenen Temperatur geglüht werden.

3.2.3 Kaltverformte Rechteck-Stahlprofile

Ausgangslage – Problemanalyse/-stellung

Die Bestand-Glasleisten, die nach Möglichkeit weiterverwendet werden sollten, stellten sich als kaltverformte Rechteck-Stahlprofile heraus mit einer über die Oberfläche hinweg eingeprägten Druckspannung. Beim Abfräsen der Leisten auf ein schmaleres Maß (für die Aufnahme der dickeren neuen Verglasungen) wird die allseitig eingeprägte Spannung einseitig abgetragen, sodass sich die Profile enorm bogenförmig verziehen.

Sanierungslösung

Die verzogenen Leistenprofile mussten mechanisch kalt nachgerichtet werden.

3.2.4 Diverse Stahlprofile aus zusammengesetzten Stahlprofil-Querschnitten

Ausgangslage – Problemanalyse/-stellung
Diverse Stahlprofile bestehen wider Erwarten aus zusammengesetzten Stahlprofil-Querschnitten, deren Schweißungen nicht durchgehend und teilweise durch Korrosion bereits stark angegriffen sind. Die Querschnitte haben sich beispielsweise am Eckpfosten auch mit Wasser gefüllt, wodurch auch Hohlraumkorrosion entstanden ist.

Sanierungslösung
Die Querschnitte waren trotz erheblicher Korrosion noch ausreichend tragfähig. Es wurden daher diverse fehlende Schweißungen nachgesetzt. Die korrodierten Hohlräume wurden mit Rostumwandlung behandelt und hohlraumversiegelt und die Oberfläche der Fußpunktriegel wurden spritzverzinkt. Korrosionsverluste auf Sichtflächen und in Glasfalzen wurden gespachtelt.

3.3 Sonderthemen bei den Verglasungen

3.3.1 Glas-Überformate in XXL-Abmessungen zur damaligen Planungszeit

Ausgangslage – Problemanalyse/-stellung
Zur damaligen Planungszeit war noch gezogenes Glas bis zu 3,6 m Breite erhältlich (Libbey-Owens-Verfahren) und dies legt den Gedanken nahe, dass Mies van der Rohe bei der Skalierung seines zuvor schon zweimal in kleineren Dimensionierungen verwendeten Entwurfes für die NNG so weit als möglich an eben diese damaligen Glasherstellgrenzen ging. Noch während der Bauzeit wurden weltweit die letzten Ziehwannen dieses Formates außer Betrieb genommen, sodass fortan nur noch Floatglas mit deren international einheitlicher max. Glasbandbreite von 3,21 m produziert wurde. Es war daher nur noch eine Erstausrüstung der Verglasungen im Originalformat von einem französischen Hersteller mit ausreichend großen, gezogenen Gläsern zu bekommen. Spätere Ersatzverglasungen mussten bereits zweigeteilt aus Floatglas mit mittiger silikonversiegelter Glas-Stoßfuge hergestellt werden, was eine nur noch 3-seitige Lagerung der Verglasung bedeutete.

Sanierungslösung
Erst mit dem chinesischen Hersteller JinJing waren zu Beginn der Sanierungsplanung wieder ausreichende Glasgrößen erhältlich (bis 4 × 18 m als Floatglas), die seither über den chinesischen Glasveredler NorthGlass auch zu ESG, TVG und VSG transformiert werden können.

Im Juni 2018 (erst während der schon angelaufenen Sanierung) wurde außerdem veröffentlicht, dass die deutsche Firma SEDAK (Tochter der Fa. Seele) ab September 2018 veredelte Glasformate bis max. 3,51 × 20 m liefern kann.

In der NNG benötigte Maximalformate:
- Oberlichtscheiben der EG-Hallenfassade: bis ca. 3,44 × 5,4 m (zukünftig auch von SEDAK lieferbar, sofern optisch zu den eingebauten chinesischen Scheiben passend),
- Scheiben der UG-Skulpturenhoffassade: bis ca. 3,54 × 3,85 m (bis auf Weiteres nur von JinJing/NorthGlass lieferbar).

Bild 7 Besichtigung Musterverglasung mittig, links und rechts „alte" Austauschverglasungen, mittig geteilt mit Stoßfuge (© Drees & Sommer)

3.3.2 Entfärbtes Weißglas

Ausgangslage – Problemanalyse/-stellung

Das Bestandsglas war als ein entfärbtes Weißglas ohne grünstichige Tönung ausgelegt. Das Entfärben erfolgte mittels Oxidzugaben (früher als sogenannte „Glasmacherseife bekannt"), da man einen Farbstich sprichwörtlich weg „wäscht". Denn mit einer Rosatönung als Komplementär kann ein Grünstich neutralisiert werden. Allerdings verbleibt damit auch ein zwar farbneutraler, aber dennoch transmissionsreduzierender Graustich, denn der Oxidanteil wurde ja schließlich erhöht. Eine ähnlich gezielte Entfärbung für nur ein Projekt wäre nicht wirtschaftlich und auch nicht in den XXL-Sonderformaten zu bekommen gewesen.

Sanierungslösung

Es wurde nun, wie heute allseits üblich, Weißglas aus eisenoxidarmem Quarzsand verwendet, wobei der Eisenoxidanteil mit einer üblichen Kenngröße von < 200 ppm festgelegt wurde. Das Ergebnis ist, wie auch der Vergleich im Rahmen einer Bemusterung zeigte, deshalb noch brillanter und transparenter in der Durchsicht als dies mit den Bestandscheiben (Bild 7) je zu erzielen war.

3.3.3 Glasaufbau und Dimensionierung

Ausgangslage – Problemanalyse/-stellung

Das im Ziehverfahren hergestellte Bestandsglas mit 12 mm Dicke konnte nur sehr wenig Spannungen aufnehmen. Dadurch war es in den großen Formaten auch ohne die vielfach vorhandenen konstruktiven Zwängungen allein durch thermisch induzierte Spannungen stark bruchgefährdet. Zudem bot dieses „normal gekühlte“ Glas mit einem Bruchverhalten ähnlich Floatglas keinerlei Sicherheit hinsichtlich Einbruch oder bezüglich Personenschaden bei Glasbruch.

Sanierungslösung

Die neuen Scheiben sollen daher nicht nur thermisch vorgespannt sein, sondern auch als VSG mit mehr Widerstand gegen Einbruch und einer hohen Resttragfähigkeit für die Verkehrssicherheit ausgeführt werden, woraus sich weitere Erfordernisse und Entscheidungen wie folgt ableiteten:

- Die verfügbaren VSG-Interlayer (Folienzwischenlagen) sind gemäß den üblichen Floatglas-Abmessungen auch nicht in der übergroßen Breite verfügbar, sodass der Interlayer in Scheibenmitte gestoßen werden muss. Und da sich SentryGlas am Stoß optisch besser verschweißt als PVB-Folien fiel die Wahl darauf.
- Für ein ausreichend sicheres Handling in Herstellung, Lagerung und Transport beträgt die Mindestdicke je Einzelscheibe für die geforderten XXL-Glasabmessungen in der Herstellung mindestens 12 mm. Daher wurde der endgültige Aufbau nun ein VSG aus 2 × 12 mm TVG mit 3,04 mm SentryGlas Plus 5000 (somit 27 mm Dicke). Trotz der weit höheren Steifigkeit des SentryGlas gegenüber PVB konnte in einer Prüfung dennoch die Klassifizierung P6B für einen ausreichenden Einbruchschutz erreicht werden.
- Bei der Verwendung von SentryGlas als Interlayer ist im Weiteren darauf zu achten, dass Temperatur und Zeit im Autoklaven gemäß den Vorgaben des Lieferanten Kuraray eingehalten werden, um einen sogenannten Haze-Effekt so gering als möglich zu halten (Haze-Effekt: Mit zunehmend flachem Blickwinkel stellt sich in der Durchsicht eine milchige Eintrübung ein, die an der NNG auf ein geringstmögliches Maß zu beschränken ist). Der Haze-Effekt wurde daher schon mit der Ausschreibung auf ein technisch mögliches Mindestmaß von 1,5 % festgesetzt.
- Alternative Aufbauten als VSG mit Polycarbonat-Einlagen können nicht in den benötigten Größen hergestellt werden (der Kleber zwischen Glas und Polycarbonat kann die bei solchen Glasgrößen enormen Scherkräfte nicht aufnehmen) und zudem weisen diese Aufbauten bei flachem Blickwinkel auch farbige Interferenzen ähnlich einer „Ölpfütze“ auf, die mit Rücksicht auf die Bestandsoptik nicht akzeptiert werden können und per Bemusterung ausgeschieden.
- Anisotropien der vorgespannten TVG-Scheiben, wie heute in der Architektur oft als unerwünscht diskutiert, konnten die Lieferanten der übergroßen Scheibenformate noch nicht reduzieren. Jedoch bietet der große Dachüberstand der Halle genug Schutz vor Zenitlicht, sodass Anisotropien kaum störend in Erscheinung treten.
- Einem erweiterten Wunsch der Tageslichtplanung auf Senkung der UV-Transmission für den Schutz der Exponate bis in eine Wellenlänge von 380 nm hinunter konnte aus optischem Grund nicht nachgekommen werden (mit üblichem Museums-VSG und unbeschichteter 4-fach-PVB-Folie und auch dem hier eingesetzten SentryGlas wird maßgeblich nur bis zu einer Wellenlänge von 420 nm die Transmission reduziert). Die Reduktion bis 380 nm hätte jedoch eine Beschichtung des Interlayers er-

fordert, die sich gegenüber der Bestandsoptik merklich mit einer leicht blauvioletten Farbreflexion abgezeichnet hätte. Das konnte aus Gründen des Denkmalschutzes nicht akzeptiert werden und der Ansatz wurde daher verworfen.

3.3.4 Zu geringe Glaseinstandstiefen

Ausgangslage – Problemanalyse/-stellung

Die vorhandenen Toleranzen in der Stahlfassade (die Pfosten sind teils um mehrere Millimeter neben der theoretischen Lage und i. d. R. auch nicht lotrecht eingesetzt) zusammen mit den zulässigen Glas-Herstelltoleranzen und der vorhandenen Falzgeometrie bedingen, dass rechtwinklige Scheiben im kleinsten hineinpassenden Rechteck teils nicht mehr ausreichend Glaseinstandstiefe im Glasfalz besäßen.

Sanierungslösung

Die neuen Scheiben waren daher zu einem hohen Prozentsatz als nicht rechtwinklige Modellscheiben herzustellen, wobei deren vertikale Glaskanten dann um weniger als ein Grad vom rechten Winkel abweichen. Es wird gemutmaßt, dass bereits viele der Bestandscheiben auch in diesem Sinne als Modellscheiben ausgeführt worden waren.

4 Fazit und Danksagung

Die Gratwanderung zwischen größtmöglicher Substanzerhaltung an der Bestandsfassade der Neuen Nationalgalerie auf der einen Seite und den zwingend notwendigen Anpassungen und Erneuerungen auf der anderen Seite ist bestmöglich gelungen. Mit all den vorbeschriebenen Maßnahmen konnten die strukturellen Fehler und Schwächen der Konstruktion auf nicht sichtbare Weise und unter Wahrung eines hohen Anteils der authentischen Substanz geheilt werden, sodass der Fassaden-„Patient" vollständig genesen ist. Die Architektur- und Stilikone erstrahlt im „Alt-Neuen" Glanz (Bild 8), ganz im Sinne des Mottos „so viel Mies wie möglich".

Bild 8 Neue Nationalgalerie nach der Sanierung, Ost-Ansicht, 2021 (© BBR Marcus Ebener)

Die Autoren danken dem Bauherrn und Eigentümer, dem Bauherrnvertreter, den diversen beteiligten Behörden und Institutionen, dem Nutzer, den Architekten, den Fachplanern, der Bauleitung sowie den an der Sanierung beteiligten ausführenden Firmen für die konstruktive, engagierte und umsichtige Zusammenarbeit bei der Entwicklung und Umsetzung des denkmalgerechten Sanierungskonzeptes für die Fassade.

5 Literatur

[1] Kraft, B. (2018) *Spagat zwischen den Modernen – Instandsetzung der Neuen Nationalgalerie – Fassadensanierung im Spannungsfeld zwischen denkmalpflegerischem Erhalt und technischen wie musealen Ansprüchen*, Baden-Württemberg: DAB Deutsches Architektenblatt.

[2] AHO-Fachkommission Fassadenplanung (2017) Fachingenieurleistungen für die Fassadentechnik in: *AHO Schriftenreihe Nr. 28*, vollständig überarbeitete Auflage, Bundesanzeiger Verlag.

[3] VDI 6203:2017-05 (2017) *Fassadenplanung – Kriterien, Schwierigkeitsgrade, Bewertung*, VDI Gesellschaft Bauen und Gebäudetechnik (GBG), Fachbereich Architektur, Berlin: Beuth.

Wellenförmige Glasfassade eines Flagship-Stores in Peking

Klaas De Rycke[1], Niccolò Baldassini[1], Lin Lu[1], Daniel Pfanner[2], Marcel Reshamvala[3]

[1] BOLLINGER+GROHMANN S.A.R.L., 15 rue Eugène Varlin, 75010 Paris, Frankreich; kderycke@bollinger-grohmann.fr; nbaldassini@bollinger-grohmann.fr; llu@bollinger-grohmann.fr
[2] Frankfurt University of Applied Sciences, Nibelungenplatz 1, 60318 Frankfurt a. M., Deutschland; daniel.pfanner@fb1.fra-uas.de
[3] BOLLINGER+GROHMANN GmbH, Westhafenplatz 1, 60327 Frankfurt a. M., Deutschland; mreshamvala@bollinger-grohmann.de

Abstract

Der von RDAI Architekten entworfene Flagship-Store in Peking zeichnet sich durch seine einzigartige wellenförmige Glasfassade aus. In Zusammenarbeit mit RDAI unterstützte BOLLINGER+GROHMANN bei der technisch anspruchsvollen und komplexen Fassadenplanung. Die Isolierverglasungen der elf Meter hohen Fassade weisen einen parabolisch gekrümmten wellenförmigen Verlauf auf, sodass aufgrund der höheren Eigensteifigkeit der Scheiben auf eine typische Unterkonstruktion im Sinne lastabtragender Pfosten verzichtet werden konnte. Zudem ermöglicht die Geometrie der Verglasung einen Lastabtrag in Scheibenebene. Der optimale Kurvenverlauf der wellenförmigen Verglasung konnte durch Berechnungen ermittelt werden. Des Weiteren besticht die Verglasung durch ihre rillenförmigen Vertiefungen auf der Oberfläche, die im Zusammenspiel mit dem Kurvenverlauf von Weitem an einen Bambuswald erinnern lässt.

Undulating glass facade at a flagship store in Beijing. The flagship store in Beijing, designed by RDAI Architects, is characterized by its unique undulating glass facade. In collaboration with RDAI, BOLLINGER+GROHMANN supported with the technically demanding and complex facade design and execution. The insulating glazing of the eleven-meter-high facade has a parabolically curved undulating profile so that, due to the higher stiffness of the panes, a typical substructure in the sense of load-bearing mullions could be avoided. In addition, the geometry of the glazing allows load transfer in vertical direction. The ideal curvature of the undulating glazing was determined by mere calculations. Furthermore, for esthetical purpose but with great mechanical and production impact, the glazing has been transformed through physical engraving with CNC.

Schlagwörter: *wellenförmiges Glas, freispannendes Glas, CNC-Oberflächenbehandlung*

Keywords: *undulating glass, free spanning glass, CNC-milling in glass*

Glasbau 2022. Herausgegeben von Bernhard Weller, Silke Tasche.

1 Einleitung

Der Neubau des zweigeschossigen Flagship-Stores in der chinesischen Hauptstadt wird von einer zwar transparenten, doch unscharfen Glasfassade umhüllt. Hierdurch soll der Bezug zur belebten Außenwelt gefiltert und eine ruhige, harmonische Atmosphäre im Inneren geschaffen werden.

Die Form der Einzelscheiben erinnert an ein geschwungenes „m“ (im Folgenden m-förmig genannt). Die Unschärfe der m-förmig gebogenen Glasscheiben wird durch vertikale eingeschnittene Rillen in die Oberfläche der Außenverglasung erreicht. Das hierdurch entstehende Bild ist von Jadebambus inspiriert. Bambus ist in der chinesischen Kultur als schnellwachsende Pflanze ein Symbol für Vitalität und Wohlstand. Das architektonische Konzept basiert auf dem Anspruch, die internationale Marke den Kunden im lokalen Kontext der chinesischen Kultur zu positionieren.

Neben der imposanten Erscheinung muss die wellenförmige Glasfassade selbstredend auch alle typischen funktionalen Anforderungen wie Wasser- und Luftdichtigkeit, Wärmedämmung sowie eine hohe Einbruchssicherheit erfüllen.

BOLLINGER+GROHMANN hat das Projekt vom technischen Entwurf bis zur Bauüberwachung begleitet. Durch die Betreuung des gesamten Prozesses konnte Wissens- und Informationsverlust vermieden und eine hohe Planungsqualität erreicht werden.

Bild 1 stellt eine Außen- bzw. Innenansicht der wellenförmigen Verglasung dar.

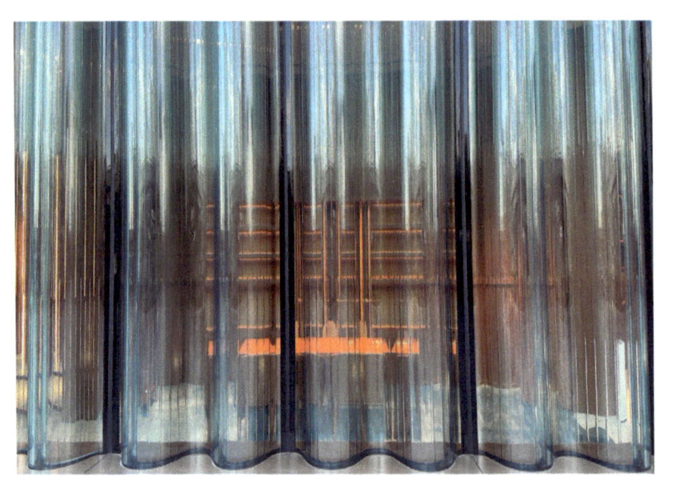

Bild 1 Ansichten der m-förmig gewellten Isolierverglasung (© AVT DESIGN)

2 Fassadenaufbau

2.1 Überblick

Übergeordnetes Ziel des Fassadenentwurfs war die maximale Transparenz der Fassade, ohne dass die Durchsicht durch opake vertikale oder horizontale Strukturelemente unterbrochen wird. Sehr früh wurde gemeinsam mit dem Entwurfsverfasser deshalb die formaktive Wirkung gekrümmter Gläser in Betracht gezogen. Im Vergleich zu

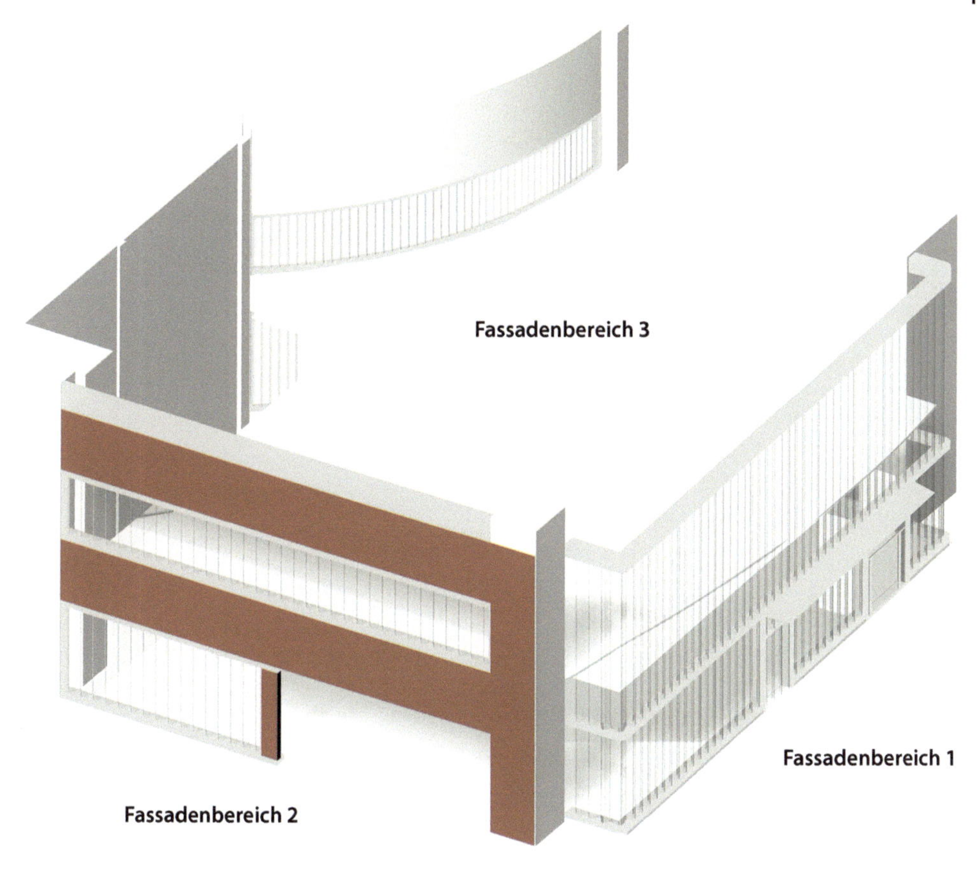

Bild 2 Übersicht der drei Fassadentypen (© B+G)

klassischen Flachgläsern weisen gewellte Scheibenformate bei gleichem Glasaufbau eine wesentlich höhere Steifigkeit bzw. Tragfähigkeit auf. Im vorliegenden Projekt wurde dieser geometrische Vorteil der gekrümmten Gläser sowohl für horizontale als auch für axiale Lasten parametrisch untersucht und optimiert, um dem Prinzip einer selbsttragenden Glasfassade möglichst nahe zu kommen.

Das Projekt beinhaltet drei Fassadentypen (siehe Bild 2), welche an die jeweiligen örtlichen Randbedingungen angepasst wurden und im Folgenden in Kürze vorgestellt werden.

Fassadentyp 1

Die am östlichen Gebäuderand liegende Hauptfassade inklusive Eingangsbereich ist durch einen durchgehenden horizontalen Riegel zwischen dem 4,0 m hohen Erdgeschoss und dem 7,0 m hohen ersten Obergeschoss unterteilt (siehe Bild 3). Die Konstruktion verzichtet auf den Einsatz von Fassadenpfosten.

Die aus den in Abschnitt 3 genauer beschriebenen gebogenen Isoliergläsern bestehende Fassade erstreckt sich über die gesamte Breite des Flagship-Stores, einschließlich der gekrümmten Eckbereiche. Die Breite der Einzelscheiben beträgt 1,10 m.

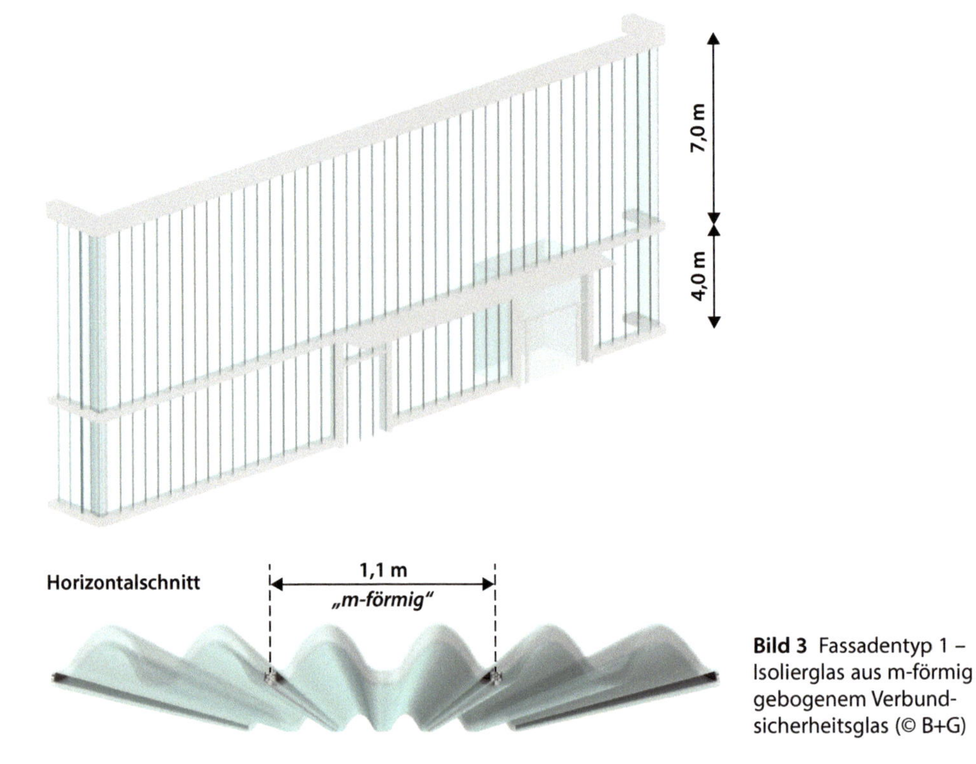

Bild 3 Fassadentyp 1 – Isolierglas aus m-förmig gebogenem Verbundsicherheitsglas (© B+G)

Fassadentyp 2

Die Südfassade besteht aus zwei voneinander unabhängigen übereinanderliegenden Glasbändern, welche die Außenhaut eines mehrschaligen Wandaufbaus bilden. Die Innenhaut besteht aus einer opaken gedämmten Wand ohne Öffnungen. Der Zwischenraum zwischen Außenverglasung und massiver Wand beträgt 100–350 mm. Die Geometrie der gekrümmten Einfachverglasung entspricht der Außenscheibe des Fassadentyps 1. Aus bauphysikalischer Sicht war eine Einfachverglasung ausreichend (siehe Bild 4), da die wärmedämmende Funktion durch die dahinterliegende Wand erbracht wird.

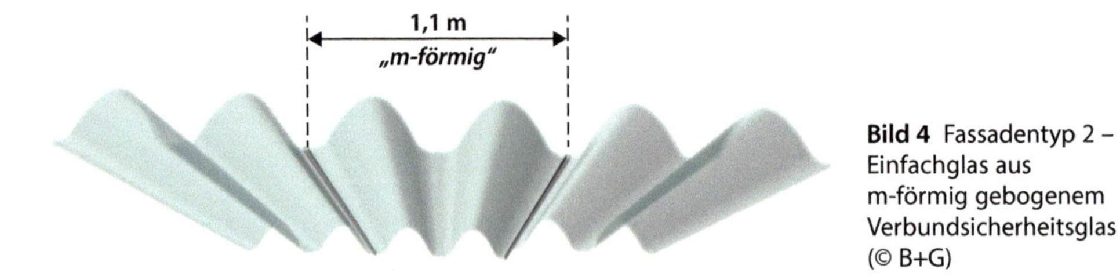

Bild 4 Fassadentyp 2 – Einfachglas aus m-förmig gebogenem Verbundsicherheitsglas (© B+G)

Fassadentyp 3

Die Innenfassade mit Blick in das Einkaufszentrum weist einen gebogenen Grundriss auf und ist in drei übereinanderliegende Ebenen unterteilt und jeweils aufgelagert. Aufgrund des gekrümmten Grundrisses besteht sie aus einer Reihe von einfach gekrümm-

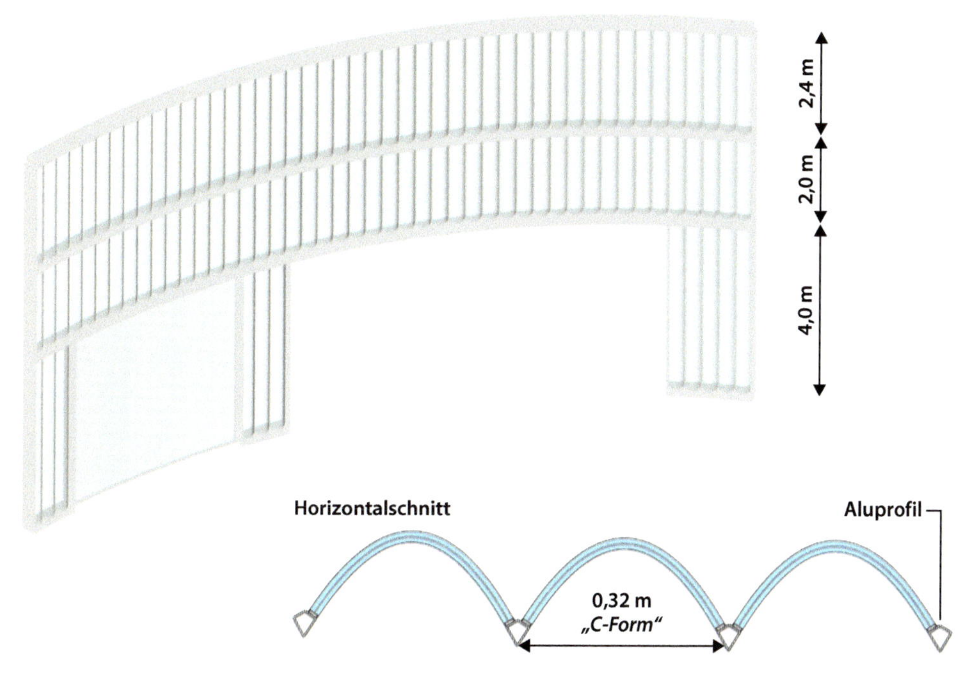

Bild 5 Fassadentyp 3 – Einfachglas aus C-förmig gebogenem Verbundsicherheitsglas (© B+G)

ten Gläsern in C-Form mit einer Breite von ca. 0,3 m. Ein stranggepresstes Aluminiumprofil bildet die Verbindung zwischen den benachbarten Gläsern. Hierdurch entsteht in der vertikalen Fuge ein spitzer Winkel (siehe Bild 5). Die aus Einfachverglasungen bestehende Innenfassade hat keine Luft- und Wasserdichtheitsfunktion.

Alle drei Fassadentypen folgen den gleichen konstruktiven Prinzipien: Die Glasscheiben sind freistehend, aktivieren ihre geometrische Steifigkeit bei horizontalen Beanspruchungen und für den Stabilitätsfall und sind nur an den oberen und unteren Kanten linienförmig gelagert. Bei allen Fassadentypen wird auf den Einsatz von Pfosten verzichtet. Die Breite der vertikalen Fugen zwischen den Gläsern beträgt ausschließlich 20 mm, sodass Transparenz und Kontinuität der Fassaden weitestgehend erhalten bleiben.

Die Fassade des Typs 1 ist aufgrund ihrer Größe, ihrer mehrwelligen parabolischen Krümmung und ihres Isolierglasaufbaus aus Verbundsicherheitsglas die repräsentativste in Bezug auf ihre technische Komplexität und wird in den folgenden Abschnitten weiter erläutert.

2.2 Statisches Konzept

Trotz der Vorteile der wellenförmigen Geometrie der Scheiben hinsichtlich Horizontallastabtrag und Stabilität bleibt Glas ein spröder Werkstoff, sodass der Hauptfokus der Planung auf einer möglichst zwängungsarmen und Spannungsspitzen vermeidenden Konstruktion lag.

Der erste Entwurf sah eine 11 m hohe, freistehende Glasfassade vor (siehe Bild 6).

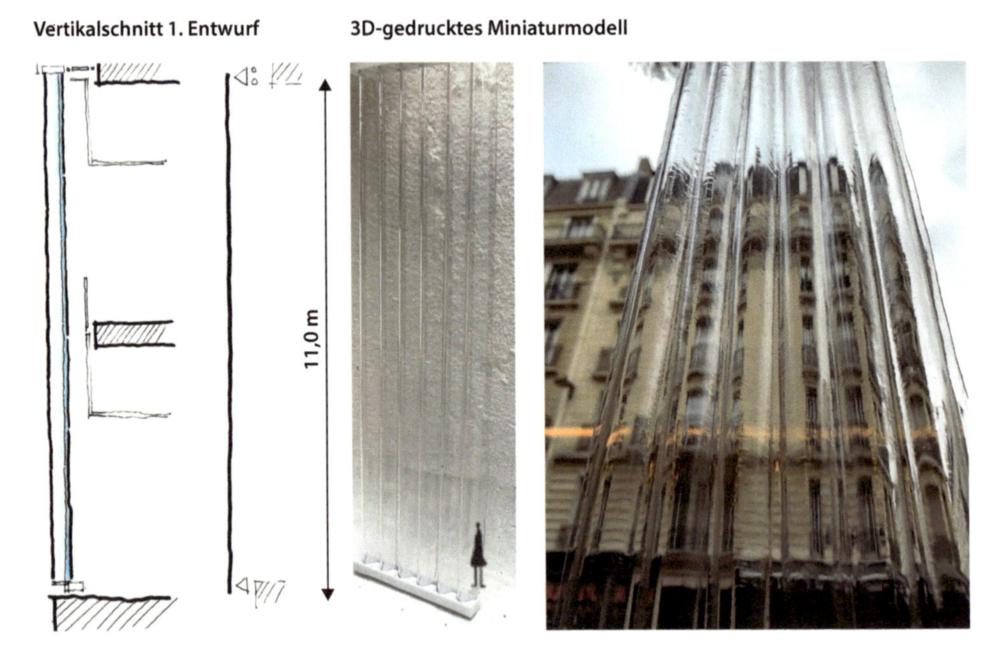

Bild 6 Erster Entwurf und 3D-gedrucktes Miniaturmodell der 11 m hohen gebogenen Scheibe (© B+G)

Wegen der notwendigen Integration eines Vordachs und Eingangstüren im Erdgeschoss wurde diese Option nicht weiterverfolgt. In ihrer endgültigen Form ist die Fassade durch einen horizontalen Riegel auf Höhe des Vordaches im Eingangsbereich in einen unteren Teil von 4,0 m und einen oberen Teil von 7,0 m Höhe geteilt.

Trotz der notwendigen Zweiteilung konnte die Idee einer selbsttragenden Fassade aufgrund des vorteilhaften Querschnittes beibehalten werden. Das Eigengewicht der oberen Glasscheibe wird vertikal direkt auf die untere Scheibe und durch diese anschließend auf die Decke abgetragen. Der in die Fassade integrierte horizontale Riegel wird nur durch Pendelstäbe gehalten, die zwar die horizontale Abstützung des Riegels gewährleisten, aber alle vertikalen Differenzbewegungen zwischen der Geschossdecke und der Fassade zulassen. Somit werden durch Gebäudebewegungen keine Kräfte in die Ganzglaskonstruktion eingeleitet (siehe Bild 7).

An der Eingangstür bieten die Pfosten des Türrahmens vertikale Auflagerungspunkte für den Zwischenriegel. Oberhalb des Türbereiches konnte das Vordach an diesen Riegel befestigt werden. Die gesamte Stahlkonstruktion des Eingangsbereiches ist statisch von der Fassade entkoppelt, sodass eine Beeinträchtigung zwischen Vordachkonstruktion und den Gläsern ausgeschlossen werden konnte (siehe Bild 8).

Zusammengefasst ist die Glasfassade selbstragend, freistehend und unabhängig von der tragenden Stahlunterkonstruktion des Eingangsbereiches mit Vordach sowie dem tragenden Massivbau, sodass Zwängungen ausgeschlossen werden können. Die Scheiben tragen sowohl ihr Eigengewicht als auch die Windbelastung ab.

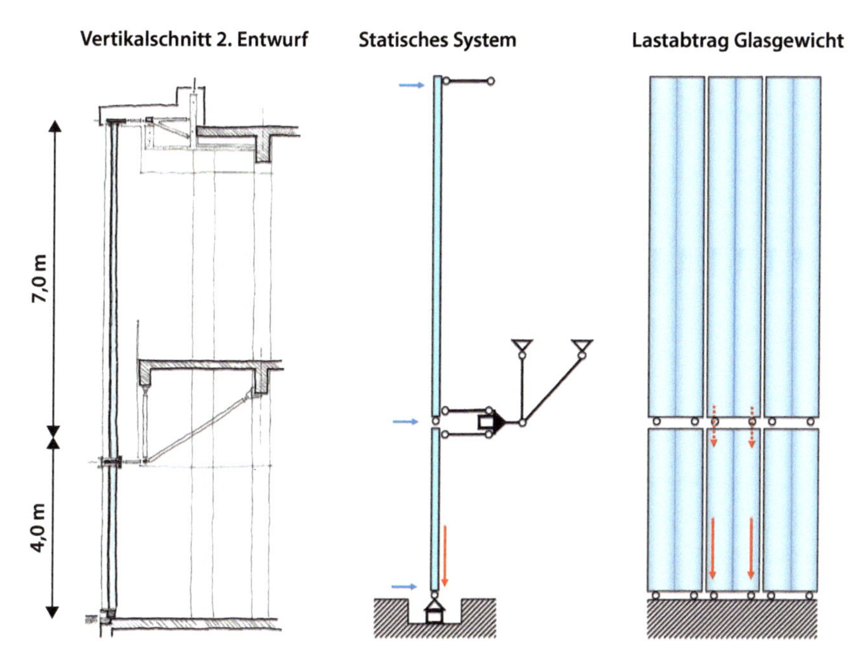

Bild 7 Entwurfsskizzen zum Tragkonzept der gebogenen Glasfassade – Regelbereich (© B+G)

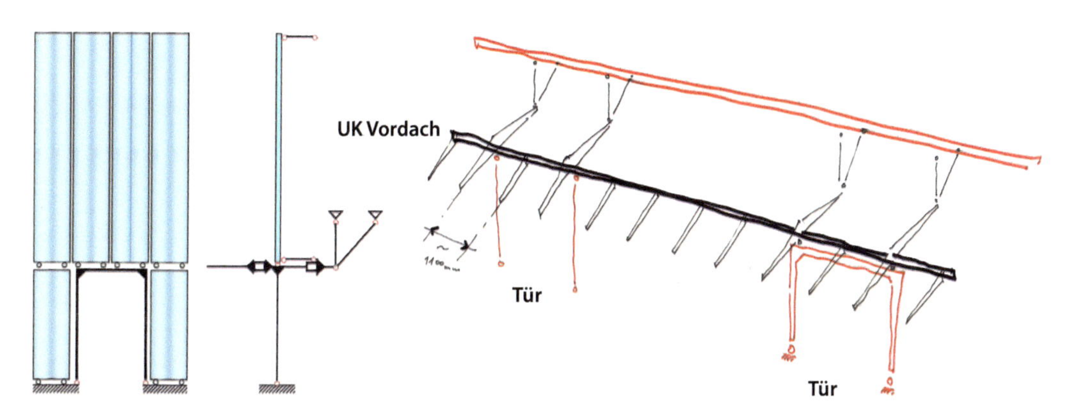

Bild 8 Entwurfsskizzen zum Tragkonzept der gebogenen Glasfassade – Türbereich (© B+G)

2.3 Konstruktionsdetails

Die Fassadenkonstruktion muss in der Lage sein, die Fertigungs- und Montagetoleranzen (erhöht bei gebogenen Scheiben dieser Bauart) sowie Gebäudebewegungen bzw. Durchbiegungen der angrenzenden Bauteile aufnehmen zu können, ohne dass hieraus resultierende Zwangskräfte in die Verglasung eingeleitet werden.

Jedes Glaselement ist an seiner oberen und unteren gebogenen Kante in einem U-Profil aus Metall eingefasst (siehe Bild 9 und 10). Diese Profile gewährleisten, dass

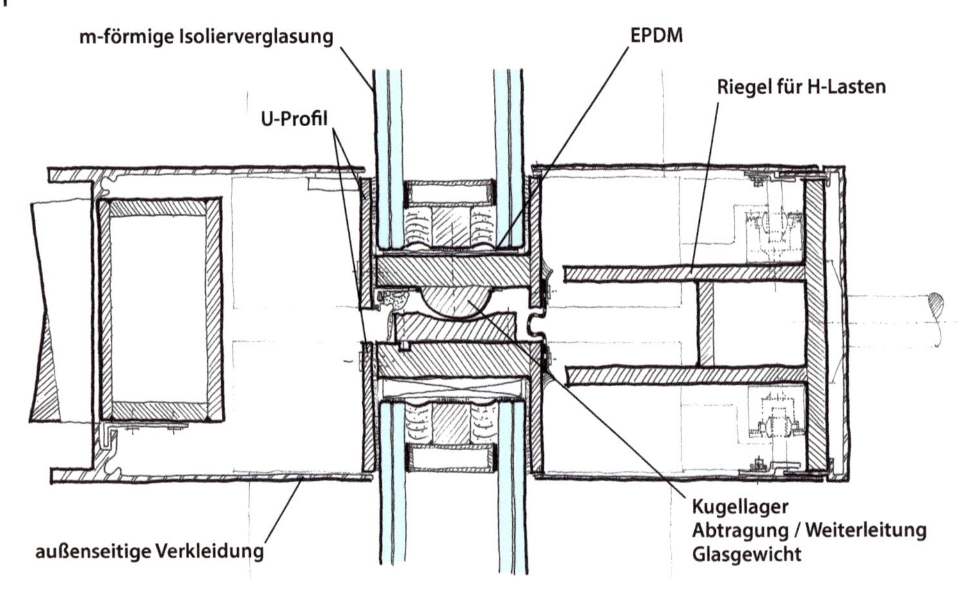

Bild 9 Detailskizze zur Schnittstelle der oberen und unteren Scheibe (Vertikalschnitt) (© B+G)

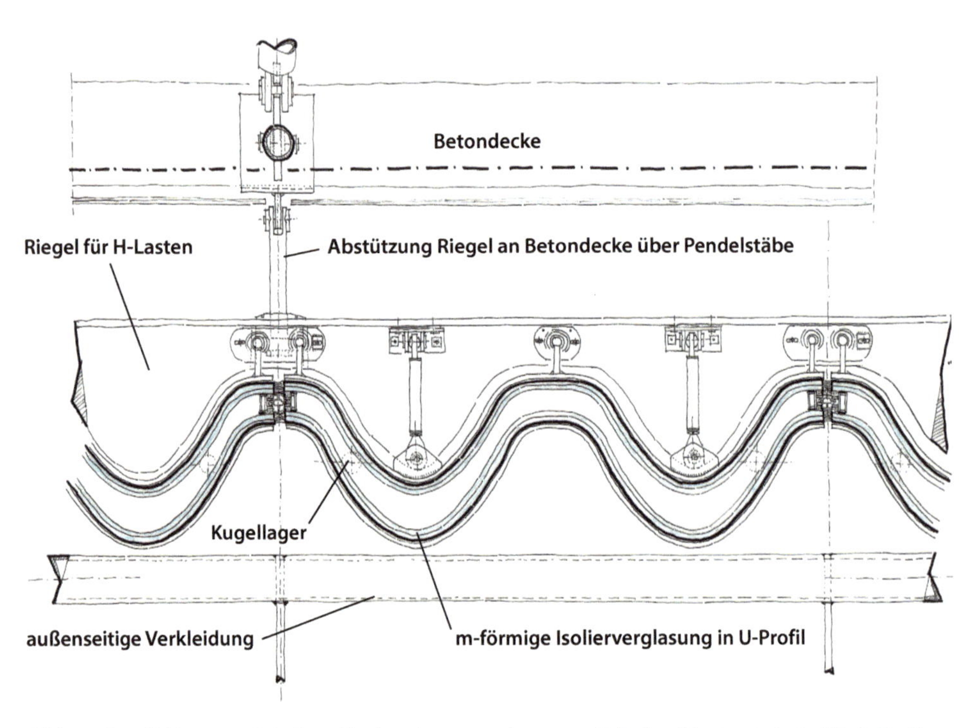

Bild 10 Detailskizze zur Schnittstelle der oberen und unteren Scheibe (Horizontalschnitt) (© B+G)

das Glas gleichmäßig unter den horizontalen Windkräften an der oberen und unteren Kante gehalten wird. Zudem sind zwischen den U-Profilen Kugellager angeordnet, welche das Eigengewicht der oberen Scheibe kontrolliert in die untere Scheibe abtragen. Diese Kugellager liegen jeweils ca. 150 mm vom Rand entfernt an der Unter- bzw. Oberseite des U-Profils. Außerdem bieten die U-Profile über Verankerungspunkte ein geeignetes Mittel zum leichteren Anheben und Transportieren der Gläser. Glas-Metallkontakt wird über eine fachgerechte EPDM-Verklotzung im unteren bzw. oberen Profil vermieden. Die Elemente mit Glasscheiben und Profilen wurden im Werk vorgefertigt.

Das Eigengewicht der oberen Scheibe wird in die darunter liegende Scheibe eingeleitet. Ein Ausfallszenario wurde dahingehend berücksichtigt, dass ausschließlich die innere oder äußere Verbundsicherheitsscheibe des unteren Elementes in der Lage sein muss, das gesamte Eigengewicht der oberen aufliegenden Scheibe sicher abzutragen.

3 Verglasung

Die gewellten m-förmigen Isolierglasscheiben sind die zentralen Elemente dieses Projekts und in ihrer Herstellung sehr anspruchsvoll. Im Folgenden wird ein Überblick über den Aufbau und die einzelnen Produktionsschritte gegeben.

3.1 Aufbau

Das Design der Glasscheibe basiert auf ca. 1,1 m breiten, m-förmig gewellten Glasmodulen. Die m-Form besteht aus zwei parabolischen Bögen, die der Fassade im Vergleich zu den üblichen kreisförmigen Biegungen eine visuelle Dynamik verleihen.

Der Verlauf der äußeren und inneren Glasschichten des Mehrscheibenisolierglases basiert auf einer Parabelfunktion mit unterschiedlichen Krümmungen, sodass der Scheibenzwischenraum eine untypische variable Dicke aufweist.

Die Geometrie der parabelförmigen Wellen wurde hinsichtlich der ausführbaren Radien, der zur Verfügung stehenden Tiefe sowie der Steifigkeit und dem daraus resultierenden Lastabtrag mittels FE-Simulationen parametrisch optimiert.

Diese beiden VSG-Einheiten mit leicht unterschiedlicher Geometrie werden nach den chinesischen Vorschriften unabhängig voneinander bemessen. Das chinesische Regelwerk sieht im Sinne der DIN 18008 vor, dass ein günstig wirkender Verbund im VSG nicht berücksichtigt werden darf. Zudem sind Glasscheiben gleicher Dicke zu verwenden, um eine gleichmäßige Lastverteilung zu erzielen. Die Untersuchungen ergaben eine erforderliche Dicke der Einzelscheiben von 10 mm. Im Zuge von Machbarkeitsuntersuchungen und direktem Austausch mit den lokalen Herstellern konnte ermöglicht werden, diesen sehr speziellen Kurvenverlauf mit engem und variablem Biegeradius in Übereinstimmung mit dem industriellen Biegeverfahren zu erreichen. Die Verbundgläser auf der Innen- und Außenseite bestehen demnach jeweils aus 2 × 10 mm Floatglas mit einer 5,32 mm PVB-Zwischenschicht. Die Dicke des Scheibenzwischenraums variiert zwischen 24–75 mm. Bild 11 stellt eine Übersicht zum Entwurf der Glasgeometrie und des Glasaufbaus dar.

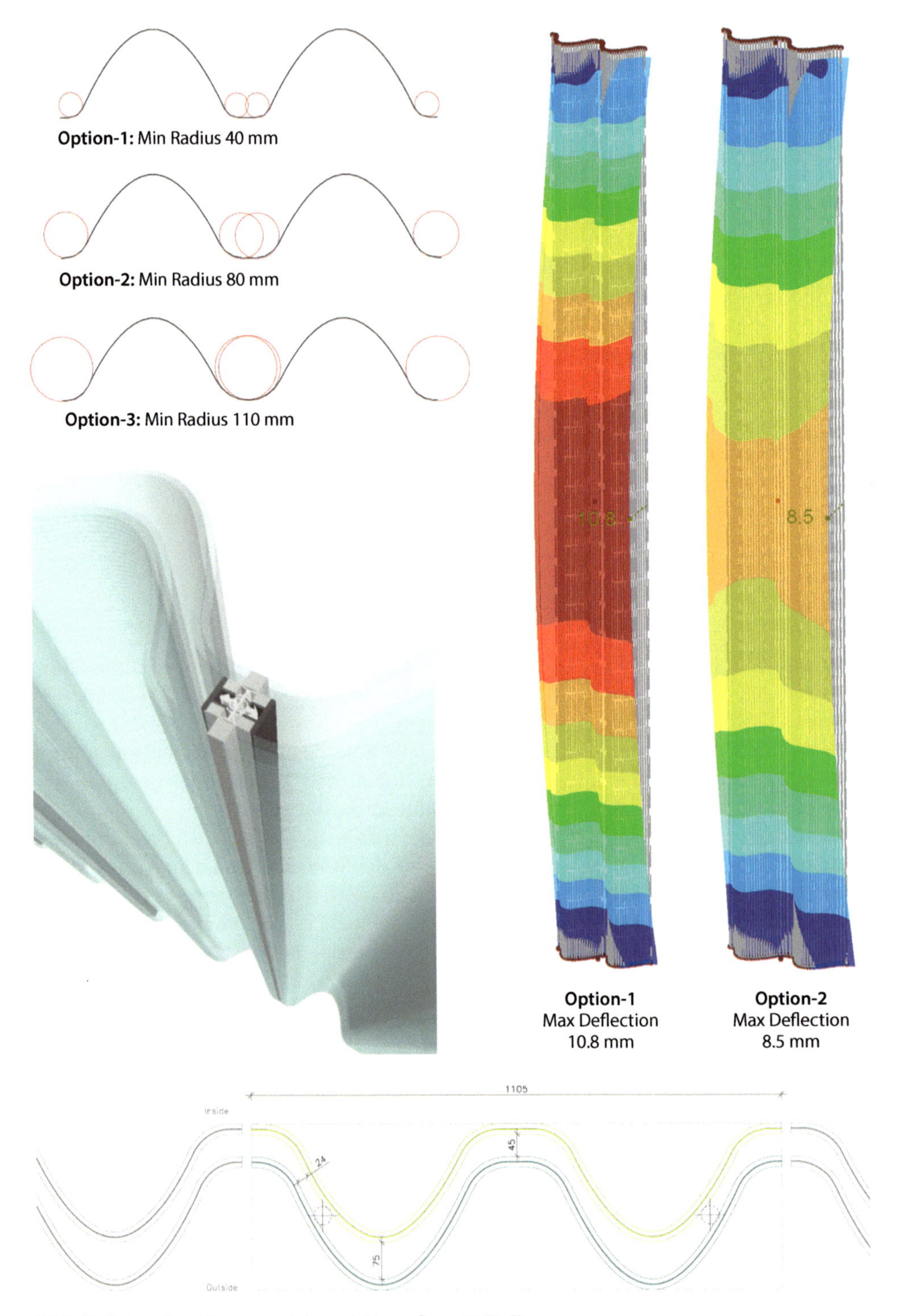

Bild 11 Entwurf zu Glasgeometrie und Glasaufbau (© B+G)

3.2 Herstellung

Das lokale Unternehmen GLASPEDIA (South Star Glass Ltd.), welches auf die Veredelung anspruchsvoller Glasformate und -formen spezialisiert ist, wurde für die Herstellung der Verglasungen in diesem Projekt beauftragt. Der Herstellungsprozess unterteilt sich prinzipiell in folgende Arbeitsschritte:

3.2.1 Vorbereiten der ebenen Scheiben und Oberflächenbehandlung

Das Basisprodukt der gebogenen Isoliergläser bildet ebenes Floatglas, welches in die erforderliche Form geschnitten und anschließend allseitig an den Kanten poliert wird. Die Notwendigkeit der polierten Kanten ergibt sich primär aus der gewünschten optischen Qualität der sichtbaren Übergänge und sekundär aus der im Vergleich zur geschnittenen Kante tendenziell höheren Kantenfestigkeit.

Es bestand der gestalterische Wunsch, dem Glas durch Oberflächenbehandlung eine tiefenwirkende Struktur zu verleihen, die der subtilen Textur von Bambus nachempfunden ist. BOLLINGER+GROHMANN schlug hierfür mehrere technische Optionen vor und testete deren Durchführbarkeit und prinzipielle ästhetische Eignung an Mustern in Originalgröße (siehe Bild 12). Letztendlich kam die Methode des linearen CNC-Fräsens des Glases auf Pos. 4 (Innenseite äußere VSG) mit anschließender Politur zum Einsatz. Die Dicke des zu bearbeitenden Glases wurde hierfür entsprechend überdimensioniert.

Bild 12 Machbarkeitsuntersuchung zur Oberflächenbehandlung an Musterscheiben;
a) Variante Digitaldruck; b) Bearbeitung mittels CNC-Fräse (© GLASPEDIA)

3.2.2 Schwerkraftbiegen des Glases in m-Form

Das Biegung des Glases wird erreicht, indem das Flachglas auf ca. 600 °C erhitzt wird und dadurch erweicht. Anschließend senkt sich das Glas durch sein Eigengewicht in eine Form und wird kontrolliert abgekühlt, wodurch thermische Eigenspannungen zwar minimiert aber nicht ausgeschlossen werden können. Aus diesem Grund ist es erforderlich, die Eigenspannung zu begrenzen und für alle Scheiben zu prüfen.

Der m-förmige Verlauf des Glases mit seinen wechselnden Krümmungen erforderte eine Art „dynamische Absenkform", welche ermöglicht, Anpassungen während des Biegeprozesses durch manuelle Kontrolle vorzunehmen (siehe Bild 13). Um die Kompatibilität der Einzelscheiben des Verbundglases zu gewährleisten, mussten die beiden

Verbundgläser paarweise übereinander gebogen werden. Hierbei wurde eine dritte dünnere Glasscheibe dazwischen gelegt, die eine PVB-Zwischenschicht simulieren sollte. Durch Anpassungen diverser Parameter in einem Trial-and-Error-Prozess wurden ein schonender Glühzyklus mit einer verlängerten Dauer von bis zu 23 Stunden definiert, um eine gleichmäßige Temperatur im Glasvolumen während des Prozesses zu gewährleisten. Die erhöhten Fertigungstoleranzen der gebogenen Einzelscheiben müssen im Laminationsprozess durch die Dicke der PVB-Zwischenschicht aufgefangen werden.

3.2.3 Laminieren der gebogenen Gläser in Verbundgläser

Die Gesamtdicke der Zwischenschicht des inneren und äußeren VSG beträgt 5,32 mm, damit die erforderlichen Fertigungstoleranzen zwischen den gebogenen Monoscheiben ausgeglichen werden können. Der Mehrschichtverbund birgt jedoch ein hohes Risiko von Lufteinschlüssen bzw. Blasenbildung zwischen den Einzelscheiben. Im Laminationsprozess wurde das Vakuumsackverfahren vorgeschaltet, bei dem der atmosphärische Druck dafür genutzt wird, die Einzelscheiben zusammenzuhalten, bevor diese im Autoklaven dauerhaft verbunden werden (siehe Bild 13). Da herkömmliche Low-E-Beschichtungen der induzierten Wärme des Biegeprozesses nicht standhalten können, wurde für das äußere Verbundglas eine PVB-Zwischenschicht verwendet, welche sowohl eine hohe Lichtdurchlässigkeit als auch Wärmeabsorptionsleistung bietet. Der Glasaufbau mit einer Zwischenschicht aus PVB entspricht der Anforderung einer P6B Sicherheitsverglasung gemäß EN 356.

3.2.4 Zusammenfügen der gebogenen Verbundgläser zu Isolierglaseinheiten

Die beiden Verbundgläser werden entlang der Kanten durch einen Randverbund strukturell zusammengehalten. Ihre vertikalen Ränder sind als warme Kante in Form eines flexiblen Abstandhaltersystems (Super Spacer) ausgeführt. Die Abstandshalter an der Ober- und Unterseite des Isolierglases in Form einer Aluminiumplatte wurden individuell nach Maß angefertigt. Hierbei variiert die Dicke des SZR zwischen 24 mm und 75 mm (siehe Bild 11). Der Scheibenzwischenraum der Isolierverglasung ist mit 95 % Argon gefüllt. Das Zusammenfügen der Isolierglaseinheit erfolgte händisch (siehe Bild 13).

Bild 13 Schwerkraftbiegung, Lamination und Zusammenbau Isolierverglasung (© GLASPEDIA)

4 Fazit

Im Fokus dieses Beitrages liegt die planerische Umsetzung dieser einzigartigen wellenförmigen Glasfassade des Entwurfverfassers. Ein weiterer essenzieller Baustein zur erfolgreichen Realisierung dieser Fassade ist die Bauausführung der chinesischen Fachfirma. Bei der Montage liegt u. a. ein besonders hoher Stellenwert bei der präzisen Positionierung der Auflager.

Die präsentierte Fassade stellt eine planerische und technische Herausforderung dar, die dank der guten Zusammenarbeit zwischen Architekt*innen, Ingenieur*innen, Fassadenbauer*innen und Glasindustrie gemeistert werden konnte. Das Endergebnis entspricht der ursprünglichen architektonischen Absicht und Vision. Aufgrund der komplexen technischen Anforderungen wurden projektspezifische Details, Fertigungstechniken und Verfahren entwickelt und hinsichtlich der Machbarkeit getestet. Die erreichte Präzision in Bezug auf Material, Herstellungsprozess und erforderliche Toleranzen haben es ermöglicht, die ästhetischen und technischen Anforderungen zu erfüllen. Das Projekt kann als Beitrag für eine zukünftige Weiterentwicklung industrieller Techniken und Verfahren zur Herstellung formaktiver und damit materialsparender Verglasungen dienen.

5 Literatur

[1] Nijsse, R.; Wenting, R. (2015) Designing and constructing corrugated glass facades in: *Journal of Facade Design and Engineering,* 2(1-2), pp. 123–132.

[2] Neugebauer, J. (2015) Applications for curved glass in buildings in: *Journal of Facade Design and Engineering,* 2(1-2), pp. 67–84.

[3] Bühlmeier, T. (2017) Approaching Hot Bent Annealed Glass in: *GPD Glass Performance Days 2017,* pp. 294–298.

[4] Vollers, K. J.; Rietbergen, D. (2007) Adjustable Mould for Annealing Freely Curved Glass Panes in: *GPD Glass Performance Days 2007,* pp. 105–107.

[5] Wurm, J. (2007) *Glass structures: Design and construction of self-supporting skins,* Switzerland: Birkhauser Verlag AG.

[6] JGJ113-2015 (2015) *Technical specification for application of architectural glass,* Technical standard of People's Republic of China.

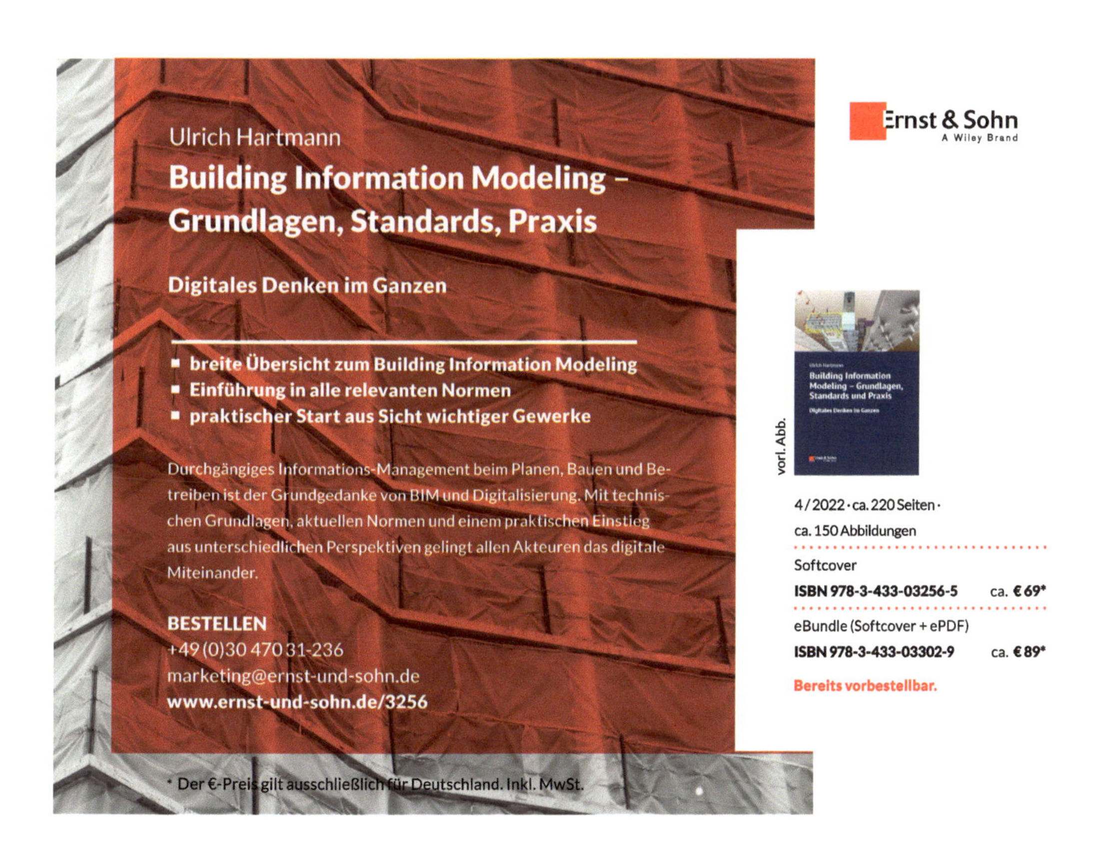
Ulrich Hartmann
Building Information Modeling – Grundlagen, Standards, Praxis
Digitales Denken im Ganzen
breite Übersicht zum Building Information Modeling
Einführung in alle relevanten Normen
praktischer Start aus Sicht wichtiger Gewerke
Durchgängiges Informations-Management beim Planen, Bauen und Betreiben ist der Grundgedanke von BIM und Digitalisierung. Mit technischen Grundlagen, aktuellen Normen und einem praktischen Einstieg aus unterschiedlichen Perspektiven gelingt allen Akteuren das digitale Miteinander.
BESTELLEN
+49 (0)30 470 31-236
marketing@ernst-und-sohn.de
www.ernst-und-sohn.de/3256
* Der €-Preis gilt ausschließlich für Deutschland. Inkl. MwSt.
Ernst & Sohn
A Wiley Brand
vorl. Abb.
4 / 2022 · ca. 220 Seiten · ca. 150 Abbildungen
Softcover
ISBN 978-3-433-03256-5 ca. € 69*
eBundle (Softcover + ePDF)
ISBN 978-3-433-03302-9 ca. € 89*
Bereits vorbestellbar.

SANCO
GLAS KANN MEHR!
SANCO steht für innovatives Architekturglas, Konstruktiven Glasbau und Design sowie Service, Nachhaltigkeit und Nähe zu den Kunden.
sanco.de
sanco-living.com

320 S Canal Street | Chicago

Alexander Wagner[1]

[1] *Lindner Stahl und Glas, Lange Länge 5, 97337 Dettelbach, Deutschland; alexander.wagner@lindner-group.com*

Abstract

Die Fassade der Lobby zeigt großformatige Verglasungen aus dreifach laminiertem TVG mit beidseitiger reflexionsdämpfender Beschichtung. Aus der Fassadenebene heraus sind die Scheiben mit 4-fach laminierten Glasschwertern aus TVG gehalten. Die Verbindungen zwischen den Fassadenverglasungen und den Glasschwertern sind über ein stirnseitig am Glasschwert angeklebtes Aluminiumprofil und rückseitig an den Fassadengläsern angeklebten Adapterrahmen mit Toggles ausgeführt. Die Schwerter wiederum sind in ihrer schwachen Achse durch die Fassadenverglasungen gestützt, um diese gegen Biegedrillknicken zu versteifen. Die Fassade muss unterschiedliche Setzungen des Untergrundes sowie seitliche Bewegungen des oberen Anbindepunktes aufnehmen. Aufgrund der Größe der einzelnen Fassadengläser ist dies eine Herausforderung, insbesondere in Hinblick auf die Eckverglasung. Ein weiterer Punkt, welcher erhöhte Aufmerksamkeit verdient, sind die recht schlanken Portalrahmen aus Edelstahl, welche aus der Ebene heraus ebenso an den Glasschwertern angebunden sind. Diese schlanken Edelstahl Rahmen müssen das Gewicht der darüber befindlichen Fassadengläser mit einer Höhe von 9 m sicher abtragen.

320 S Canal Street | Chicago. Glass fin supported facade with huge face glass panels and anti-reflective coating on both surfaces. For the Project 12.5 m long glass fins are set on the concrete floor at the base and supported against the steel beams at the top. The face glass is mounted as a single piece and also dead load supported at the base. The face glass is mounted onto the fins using a structural glazed aluminium channel at the back of the glass which is toggle fixed against an adapter frame bonded to the face of the fin. In reverse the fin is laterally supported by the face glass against LTB. The facade must accommodate differential settlements of the base structure as well as sway movements of the main frame. Due to the sizes of the individual panels, this becomes a challenging part. Especially considering the glass to glass corner. Another design issue are the slender Stainless Steel portal frames mounted at the face of the fin, supporting the still 9 m high face glass panels above.

Glasbau 2022. Herausgegeben von Bernhard Weller, Silke Tasche.

Schlagwörter: *Glasschwert, reflexionsdämpfende Beschichtung, großformatige Verglasung*

Keywords: *glass-fin, antireflective coating, large formate panes*

1 Projektbeschreibung

Lindner Stahl und Glas erhielt den Auftrag, die Fassade der Lobby des Hochhauses 320 S Canal St, Chicago zu planen und zu fertigen (Bild 1). Die transparente Fassade des Atriums wurde mit Glasschwertern und drei übereinanderliegenden, laminierten Glaspaneelen ausgeschrieben mit der zusätzlichen Anforderung, dass der vollständige Ausfall eines Glasschwertes sowie der Ausfall eines der Fassadengläser nachgewiesen werden müssen. Aufgrund dieser Anforderungen wurde von *Lindner Stahl und Glas* der Sondervorschlag mit einer durchgehenden Fassadenscheibe eingebracht und vom Kunden gewählt. Um eine möglichst hohe Transparenz zu erreichen, hat der Architekt alle Gläser als Weißglas ausgeschrieben. Zusätzlich wurde für die laminierten Fassadengläser beidseitig eine reflexionsdämpfende Beschichtung gefordert.

2 Design- und Detaillösungen

2.1 Setzungen und Gebäudebewegungen

Durch die Verwendung von Fassadenpaneelen in voller Höhe wird die Anzahl der Fugen reduziert und damit auch die Möglichkeiten der Fassade, die Gebäudebewegungen zu akkommodieren. Die Lobbyfassade steht auf einer Stahl-Beton-Verbunddecke. Die Differenzsetzungen zwischen zwei benachbarten Schwertern betragen bis zu 1/8″ (~ 3,2 mm). Eine konventionelle Klotzung in den Viertelspunkten und der Annahme einer linearen Setzung ergäben am Kopfpunkt eine seitliche Verschiebung von etwa 13 mm. Die Verschiebungen der dritten Geschoßdecke wurden mit 12 mm in horizontalen Richtungen und 25 mm in vertikaler Richtung angegeben. Beton- und Stahl-Toleranzen sind mit 25 mm in allen Richtungen zu berücksichtigen.

2.2 Glasaufbau

Die Glasschwerter sind 2 ft. (609 mm) tief und 40 ft (12192 mm) hoch. Der Aufbau besteht aus vier Scheiben 12 mm TVG, welche mit je 1,52 mm SentryGlas laminiert sind. Die Fassadengläser sind 10 ft (3048 mm) breit und 40 ft (12192 mm) hoch. Der Aufbau besteht aus 8 mm/10 mm/8 mm TVG, jeweils mit reflexionsdämpfender Beschichtung Pilkington OptiView auf Pos #1 und Pos #6 beschichtet. Die Scheiben sind mit jeweils 1,52 mm SentryGlas laminiert.

2.3 Klotzungs-Strategie

Um keine zusätzlichen seitlichen Bewegungen aufgrund der unterschiedlichen Setzungen aufnehmen zu müssen, wurde das Fassadenglas zentrisch geklotzt (Bild 2). Hierbei musste berücksichtigt werden, dass die Einzelscheibe bereits eine Gewichts-

Bild 1 Fassadenansicht der Lobby 320 S Canal St, Chicago (© Goettsch & Partner, Inc.)

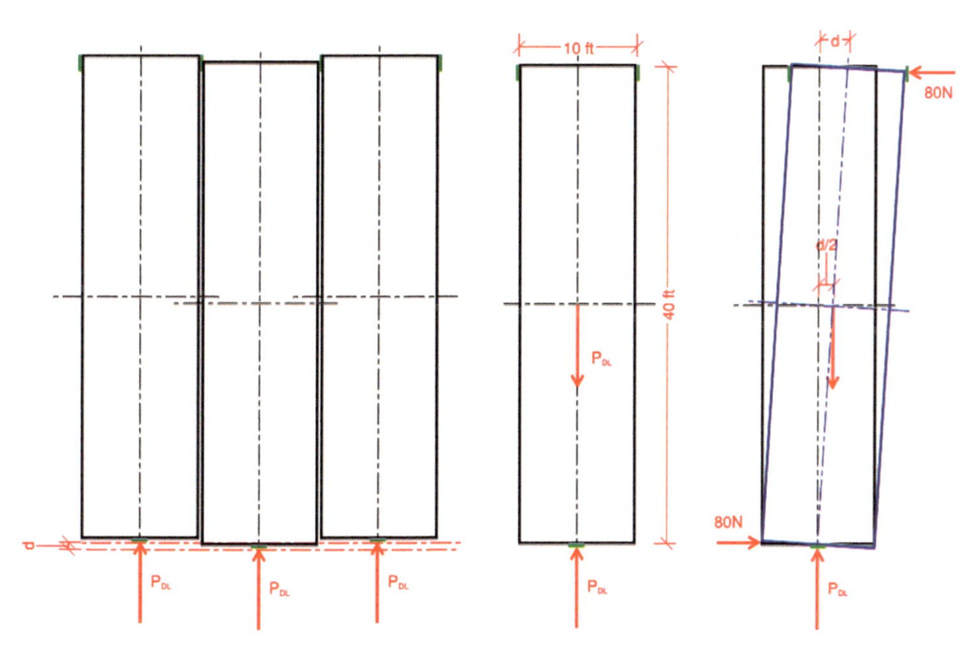

Bild 2 Aufnahme unterschiedlicher Setzungen in der Fassadenverglasung (© M. Andaloro, Werner Sobek New York)

Bild 3 Aufnahme horizontaler Relativbewegungen (© M. Andaloro, Werner Sobek New York)

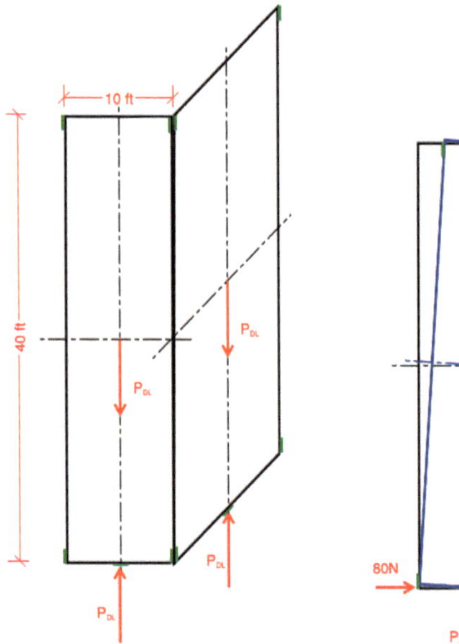

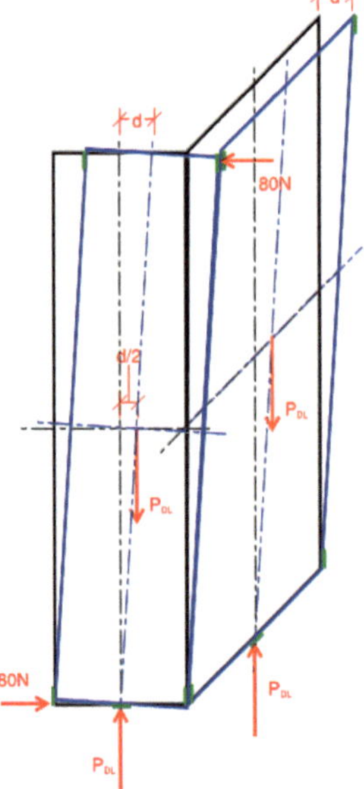

Bild 4 Bewegungsaufnahme an der Glasecke (© M. Andaloro, Werner Sobek New York)

kraft von 27,2 kN auf die Klotzung aufbringt. Ferner muss berücksichtigt werden, dass aus der Relativbewegung der dritten Geschossdecke eine Verdrehung am Auflagerpunkt erfolgt (Bild 3). Wegen der hohen Auflagerpressung und wegen der benötigten Beweglichkeit wurden textilbewehrte Elastomerlager verwendet.

Aus dieser Klotzungs-Strategie resultiert eine Differenzverformung in der vertikalen Fuge von etwa ±1,4 mm. Diese muss ebenso an der Glasecke aufgenommen werden (Bild 4).

Um die Größe des Riegels zu minimieren, kann das Oberlicht dieser Klotzungs-Strategie nicht folgen. Diese Gläser sind nahe der Rahmenecke aufgelagert, weshalb das Pfostenprofil zur Aufnahme des gesamten Eigengewichts eines Oberlichts ausgelegt sein muss.

2.4 Lagerung Glasschwert

Das Glasschwert wird beidseitig in einem Schuh gelagert. Um ausreichenden Formschluss zu erreichen, wurden Silikon Pads mithilfe von Edelstahl-Platten eingepresst. Der Schuh selbst wurde mit einem angeschweißten Stahl Pin in der Aufnahme-Konstruktion gelagert. Die untere Konsole (Bild 5a) verfügt über eine Schubknagge, welche bauseitig mit schwindarmem Vergussmörtel vergossen wurde. Abhebende Kräfte aus der Exzentrizität werden über Ankerbolzen abgetragen.

Zur Entlüftung und Kontrolle des Vergusses wurden in der Grundplatte Bohrungen vorgesehen, die durch eine Aussparung im Anschlusswinkel zugänglich sind. An der oberen Konsole (Bild 5b) müssen zusätzlich Toleranzen und vertikale Bewegungen aufgenommen werden. Deshalb erfolgt hier die Aufnahme des Schuhs in einem Langloch. Um dennoch ausreichend Torsionssteifigkeit am Auflager zu erhalten, wird der Schuh über zwei U-Profile gehalten.

Bild 5 a) Glasschwert, unteres Lager; b) Glasschwert, oberes Lager
(© F. Jack, New Hudson Facades (NHF))

2.5 Lagerung Fassadenglas

Das Fassadenglas ist entlang der unteren Kante mit zwei Edelstahlwinkeln linear gelagert. Hierbei werden alternierend im äußeren Winkel ein normales und ein übergroßes Loch vorgesehen. Der untere Winkel wird mit jedem zweiten Anker installiert. Nach dem Einsetzen der Scheibe wird der zweite Winkel über diese Anker hinweg installiert. Im Nachgang werden die zuerst installierten Anker zusätzlich mit Beilagen versehen.

Da das Glaspaneel ebenso wie das Glasschwert auf dem ortseitigen Beton gelagert ist, ergeben sich bei Windlast Differenzverformungen zwischen Schwert und Glaspaneel. Diese akkumulieren sich über die gesamte Höhe, weshalb das obere Auflager in Scheibenebene auf dem Fassadenglas aufgelagert ist und nur gegen Windlasten am

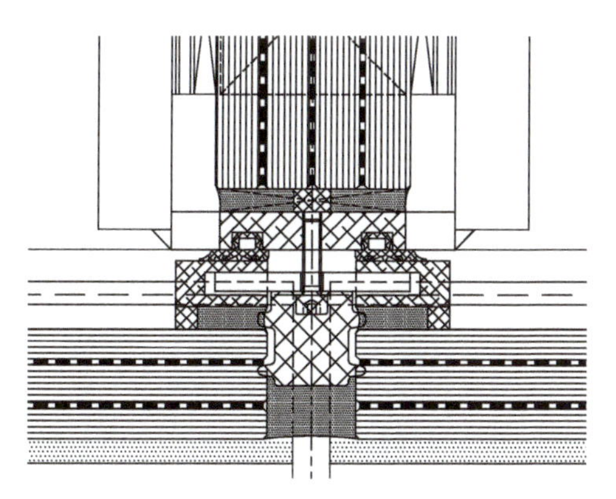

Bild 6 Aluminiumprofil strukturell mit Glasschwert verklebt (© S. Ivanov, Obsolon (Zeichnung); © R. Petrick, Lindner Steel & Glass (Foto))

Schuh angebunden ist. Die Verbindung zwischen Fassadenglas und Schwert erfolgt über ein am Fassadenglas angeklebtes Profil, welches mit lokalen Haltern (Toggles) unsichtbar in der Fuge an ein stirnseitig auf dem Glasschwert angeklebtes Halteprofil (Bild 6) befestigt ist.

Die Aluminiumprofile sind in der Länge auf rund 3 m beschränkt, um die erforderliche Stärke der Klebefuge auf 6 mm zu begrenzen. Das Fassadenglas ist im Verklebungsbereich mit einer schwarzen Bedruckung versehen, um eventuelle Unebenheiten entlang des Vorlegebandes zu maskieren.

2.6 Eckverglasung

An der Glasecke müssen die Fassadengläser jeweils als Glasschwert für die angrenzende Scheibe wirken. Um dem Rechnung zu tragen, musste der untere Auflagerkanal aus zwei Winkeln mit Schotten versehen werden. Aus Bewegungen der Decke resultieren Differenzverformungen in der Ecke. Aus diesem Grund wurde die Ecke mit zwei Edelstahlprofilen ausgeführt. An einem Glas wurde eine mit Gewindebohrungen versehene Platte verklebt, an dem anderen ein Winkel mit Langlöchern (Bild 7).

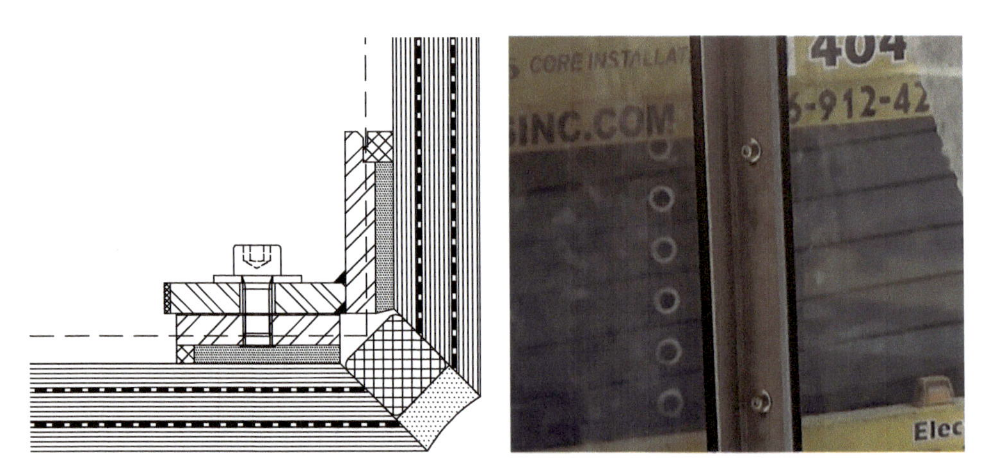

Bild 7 Eckverglasung mit Verbindungsprofil (© S. Ivanov, Obsolon (Zeichnung); © F. Jack, New Hudson Facades (Foto))

2.7 Aussteifung des Glasschwerts

Die schlanken Glasschwerter erfüllen bei freier Drillachse den Biegedrillknicknachweis nicht mit ausreichender Sicherheit. Deshalb muss das Fassadenglas zur Aussteifung herangezogen werden. Der Nachweis des Glasschwertes wurde von *Werner Sobek New York Corp.* mithilfe der Eigenwertmethode geführt (Bild 8a) und die zu übertragenden Kräfte ermittelt (Bild 8b).

Die Verbindungselemente müssen sicher Lasten senkrecht zum Glasschwert aufnehmen und in das strukturell verklebte Tragprofil ableiten. Die Installation dieser zusätzlichen Verbindungselemente muss nach dem Einbau der Fassadengläser von außen erfolgen. Um eine Kopplung der Gläser über die Länge der Fassade zu vermeiden, wurde jeweils ein Glasschwert mit einem Fassadenglas verbunden (Bild 9).

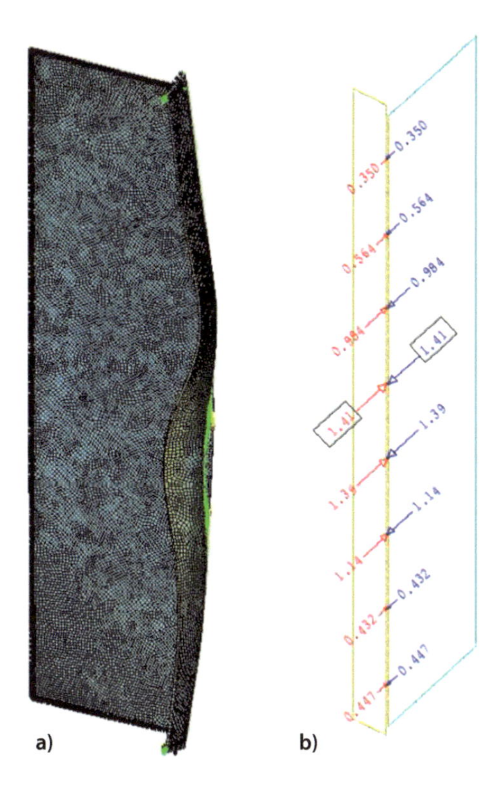

Bild 8 a) Eigenwert-Verformungsfigur und b) resultierende Kräfte in lateraler Richtung (© M. Andaloro, Werner Sobek New York)

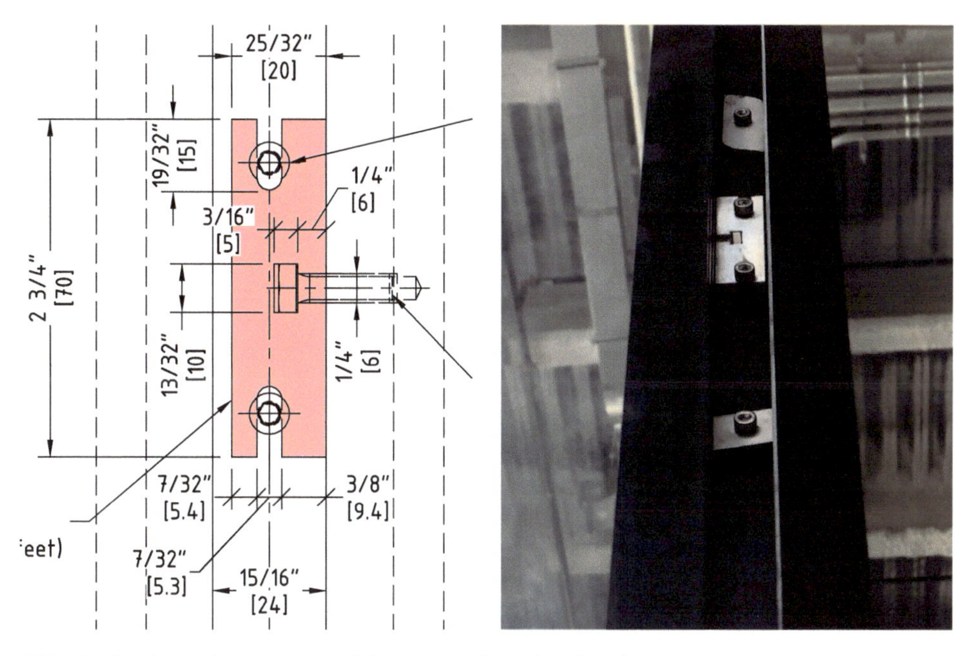

Bild 9 Verbindungselement zur seitlichen Aussteifung des Glasschwertes (© S. Ivanov, Obsolon (Zeichnung); © F. Jack, New Hudson Facades (Foto))

2.8 Portalrahmen

In den Eingangsbereichen wird das Fassadenglas auf schlanke Edelstahlrahmen aufgesetzt. Die Gläser sind konventionell geklotzt. Um die Durchbiegungen des Riegels zu minimieren, sind die Scheiben nahe der Pfosten abgestellt. Zusätzlich ist der Riegel bauseits mit strukturellem Silikon an darüber liegende Scheiben angebunden. Dazu musste der Rahmen temporär gestützt werden.

Die Pfosten sind, analog zu den Fassadengläsern, mit Toggeln an dem Glasschwert gehalten und werden in Riegelhöhe seitlich durch die angrenzenden Fassadengläser gestützt. Der Fußpunkt ist mithilfe des Auflagerwinkels für die Seitenpaneele der Eingänge eingespannt. Der Gegenwinkel wird mit aufgeschweißten Bolzen montiert.

3 Fassadenprüfung bis zum Bruch

In der Projektausschreibung wurde ein Performance Test gefordert. Dieser sollte neben den üblichen Tests auch ein Versagensszenario für ein Glasschwert simulieren. Das Fassadenglas wurde für den vollständigen Ausfall eines Glasschwertes als dreiseitig linienförmig gelagerte Platte rechnerisch nachgewiesen. Die Sehnenverkürzung der Scheibe wird hierbei durch das Nachrücken des oberen Auflagerkanals kompensiert (Bild 10).

Dennoch wurde im Teststand der Bruch eines Glasschwertes getestet. Hierbei wurde das Glasschwert sukzessiv zerstört. Der Bruch wurde initial auf den Höhen 1 m und 2 m herbeigeführt. Zum Brechen der inneren Gläser wurden die äußeren Scheiben mit einem 10 mm Diamantbohrer durchbohrt und das jeweilige Glas mit einem Körner angeschlagen (Bild 11). Nach jedem initiierten Bruch wurde das Glasschwert mit voller Windlast (+1,0 kPa/-1,6 kPa) in positiver und negativer Richtung beaufschlagt. Nach dem Bruch aller Scheiben wurde die Fassade mit der γ-fachen Windlast getestet. Bild 12a zeigt das Glasschwert nach erfolgtem Test mit vier gebrochen Scheiben.

Abschließend wurde an der oberen Bruchstelle ein vollständiger Bruch aller Scheiben an einer Stelle simuliert und wiederum die Windlast aufgebracht. Es zeigte sich kein

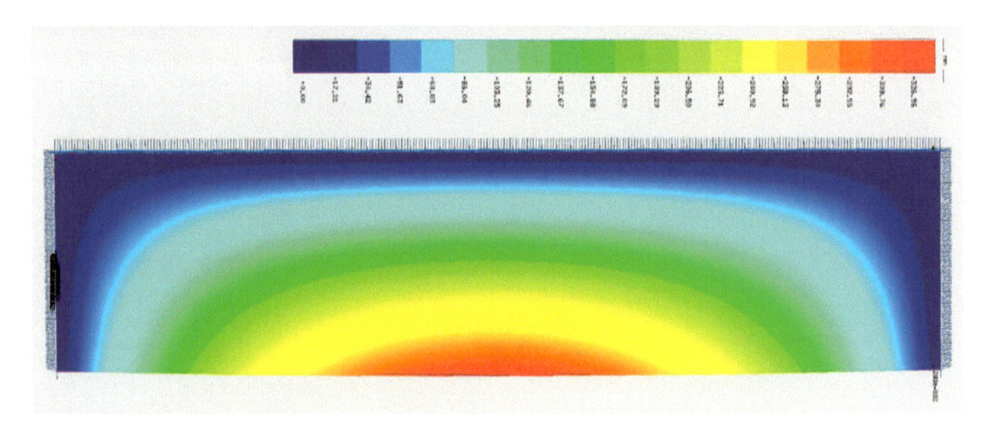

Bild 10 Verformungen bei dreiseitiger Lagerung (© A. Wagner, Lindner Steel & Glass)

wesentlicher Unterschied bei negativer Windlast. Bei einer positiven Windlast von etwa -1,1 kPa formte sich ein lokales feinkrümeliges Bruchbild bei gleichzeitig stark zunehmender Verformung (Sprung von 25 mm auf 61 mm). Eine Fortsetzung des Tests wurde vom Testlabor aus Sicherheitsgründen abgelehnt. Die verbleibende Verformung nach Entfernen der Last betrug 15 mm (Bild 12b).

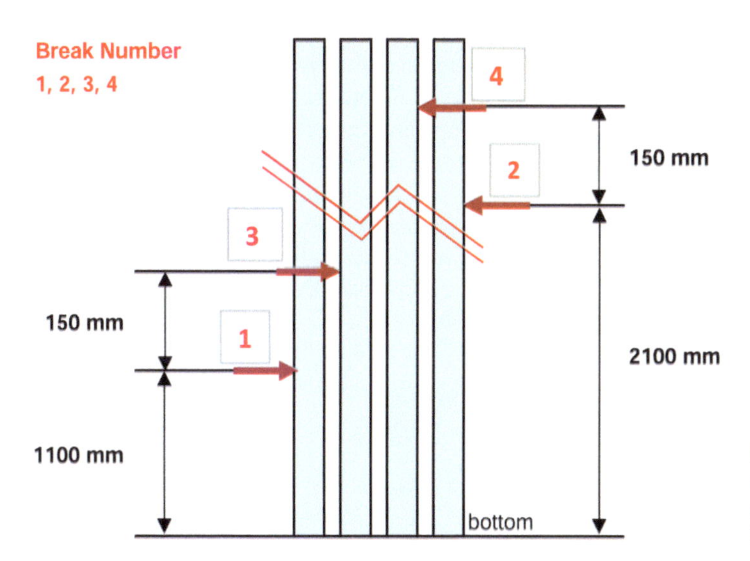

Bild 11 Reihenfolge der Glasbrüche (© R. Petrick, Lindner Steel & Glass)

Bild 12 a) Glasschwert mit allen Scheiben gebrochen; b) Glasschwert nach Abschluss des Versagensszenarios (© R. Balan, Lindner Steel & Glass)

4 Ausführung

Die Größe und das Gewicht der Scheiben stellen sowohl für den Transport (Bild 13) als auch für die Montage eine Herausforderung dar. Die Transportkisten wurden mit Inspektionsöffnungen und Sicherheitsindikatoren versehen (Bild 14).

Die Sauganlage zum Heben der Schwerter belegt 2/3 der Länge. Die Installation unterhalb der dritten Geschossdecke erschwert die Arbeiten maßgeblich (Bild 15).

Zur Erleichterung der Montage der Fassadengläser sind die Toggles bereits auf dem Glasschwert vorinstalliert, zusätzlich sind „halbe" Montage-Toggles angebracht. Die Fassadengläser sind beidseitig mit einer reflexionsdämpfenden Beschichtung versehen. Durch das hohe Gewicht der Scheiben können die Sogteller nicht mit Strümpfen versehen werden, weshalb neue Sogteller zum Einsatz kommen (Bild 16).

Während der Montage sind zwei Teams erforderlich, um die etwa 12,5 m hohen Scheiben in der Lage zu sichern. Die Installation der Fassadengläser wurde Ende Juli 2021 abgeschlossen. Zum Zeitpunkt der Verfassung dieses Beitrags sind die Eingangsbereiche in Arbeit, jedoch noch nicht fertiggestellt.

Bild 13 Transport der Fassadengläser (© F. Jack, New Hudson Facades (NHF))

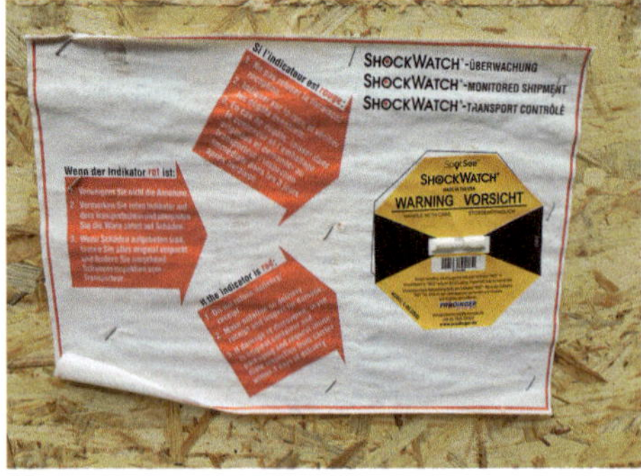

Bild 14 Sicherheitsindikatoren (© F. Jack, New Hudson Facades (NHF))

Bild 15 Installation der Glasschwerter
(© F. Jack, New Hudson Facades (NHF))

Bild 16 Einheben des ersten Fassadenglases auf der Baustelle in Chicago
(© F. Jack, New Hudson Facades (NHF))

5 Beteiligte Unternehmen

Bei dem Hochhaus-Projekt 320 S Canal Street in Chicago wurde die Firma *Lindner Stahl und Glas* von der Fassadenfirma *New Hudson Facades* beauftragt, die Fassade der Lobby zu planen und zu fertigen. Die Installation übernahm die Firma *New Hudson Facades*. Generalunternehmer für das Projekt ist *Clark Construction*. Der Kunde, ein Konsortium aus *Riverside Investment & Development* und *Convexity Properties* hat das Architekturbüro *Goettsch Partners, Inc.* mit der Planung und Bauaufsicht beauftragt. *Stutzki Engineering* war hierbei Fassadenberater für *Goettsch Partners, Inc. Lindner Stahl und Glas* beauftragte das Ingenieurbüro *Werner Sobek New York Corp.* mit der Erstellung des Standsicherheitsnachweises und der Zeichnungsprüfung. *Buro Ehring Engineering PC* in New York übernimmt die Gegenprüfung.

6 Literatur

Die Verglasung der Lobby 320 S Canal Street in Chicago ist Teil einer sehr besonderen Fassade, deren Entstehung hier im Detail beschrieben wird. Grundlegendes Wissen zum Bauen mit Glas in der Fassade vermitteln zum Beispiel:

[1] Kasper, R.; Pieplow, K.; Feldmann, M. (2016) *Beispiele zur Bemessung von Glasbauteilen nach DIN 18008.* Berlin: Ernst & Sohn.

[2] Siebert, G.; Maniatis, I. (2012) *Tragende Bauteile aus Glas – Grundlagen, Konstruktion, Bemessung, Beispiele,* 2. Auflage. Berlin: Ernst & Sohn.

[3] Schittich, C.; Staib, G.; Balkow, D.; Schuler, M.; Sobek, W. (2006) *Glasbau Atlas.* 2., überarbeitete und erweiterte Auflage. Basel: Birkhäuser.

[4] Schneider, J.; Kuntsche, J.; Schula, S.; Schneider, F.; Wörner J.-D. (2016) Glasbau – Grundlagen, Berechnung, Konstruktion. 2. Auflage. Wiesbaden: Springer Vieweg.

[5] Weller, B.; Tasche, S. (2021) Glasbau in: *Wendehorst – Bautechnische Zahlentafeln.* Herausgegeben von Ulrich Vismann. 37. Auflage. Wiesbaden: Springer Vieweg.

[6] Wurm, J. (2007) *Glas als Tragwerk. Entwurf und Konstruktion selbsttragender Hüllen.* Basel: Birkhäuser.

[7] Feldmann, M.; Kasper, R.; Langosch, K. (2012) *Glas für tragende Bauteile.* Düsseldorf: Werner Verlag.

[8] Haldimann, M.; Luible, A.; Overend, M. (2008) Structural use of Glass in: Structural Engineering Document 10 (SED10) IABSE/AIPC/IVBH.

[9] Siebert, G.; Maniatis, I. (2012) *Tragende Bauteile aus Glas – Grundlagen, Konstruktion, Bemessung, Beispiele,* 2. Auflage. Berlin: Ernst & Sohn.

Neues aus der nationalen Glasbaunormung

Geralt Siebert[1]

[1] *Universität der Bundeswehr München, Fakultät für Bauingenieurwesen und Umweltwissenschaften, Institut und Labor für Konstruktiven Ingenieurbau, Professur für Baukonstruktion und Bauphysik, Werner-Heisenberg-Weg 39, 85577 Neubiberg, Deutschland; geralt.siebert@unibw.de*

Abstract

DIN 18008-1 und -2 (2020) wurden in die Entwurfsfassung der MVV TB 2021/1 aufgenommen, nach Notifizierung und Veröffentlichung der Endfassung können die Länder sie baurechtlich einführen. Dank Fortschritts der Überarbeitung der Teile 3, 4 und 5 kann 2022 mit Veröffentlichung der DIN-Entwürfe gerechnet werden. Änderungen sind begründet in der Novellierung des Bauordnungsrechts, dem Fortschritt der Forschung sowie des Stands der Technik. Zu nennen sind beispielsweise die Aufnahme von Senkkopfhaltern mit Erweiterung des vereinfachten Berechnungsverfahrens, Überarbeitung und Ausweitung der geregelten Kategorien absturzsichernder Verglasungen mit größerer Konsistenz bezüglich der Nachweisführung. Ein neuer Anhang zur Regelung von Ganzglasanlagen ermöglicht, weit verbreitete Anwendungen aus dem Graubereich zu holen.

Update on standardization work of glass design code in Germany. DIN 18008-1 and -2 (2020) have been included in the draft version of MVV TB 2021/1; after notification and publication of the final version, the federal states can introduce them in terms of building legislation. Thanks to progress in the revision of parts 3, 4 and 5, publication of the DIN drafts can be expected in 2022. Changes are due to the revision of the building legislation, the progress of research and the state of the art. These include, for example, the inclusion of countersunk point fixings with extension of the simplified calculation procedure, revision and extension of the regulated categories of barrier glazing with greater consistency in terms of verification. A new annex on the regulation of all-glass systems enables widespread applications to be taken out of the shadows.

Schlagwörter: *Normung, DIN 18008, MVV TB*

Keywords: *Standardisation, DIN 18008, MVV TB*

Glasbau 2022. Herausgegeben von Bernhard Weller, Silke Tasche.

1 Allgemeines

1.1 Einleitung

Parallel mit der kontinuierlichen Entwicklung der Normung im Konstruktiven Glasbau sind in den letzten Jahren in dieser Veröffentlichungsreihe jeweils Beiträge mit kurzen Erläuterungen erschienen. Einen Überblick über die Teile 1 bis 5 von DIN 18008 [1], [2] in der aktuell noch eingeführten Fassung gibt der Beitrag 2013 [3], die Einbettung der unterschiedlichen Vorschriften zur Glasbemessung in das (seinerzeitige) Baurecht, den Stand deren Einführung sowie ein kurzer Überblick europäischer Aktivitäten in diesem Bereich erfolgte 2015 in [4]. Im Beitrag 2016 [5] wurde neben einem Ausblick auf die seinerzeit angedachten Änderungen von Teil 1 und 2 die Schlussfassung von Teil 6 [5] thematisiert sowie wiederum kurz die aktuelle Situation der europäischen Normung dargestellt. 2017 [7] wurde detaillierter berichtet über die damals in erster Endabstimmung befindlichen Änderungen von Teil 1 und 2, die sich aus Erfahrungen mit der praktischen Anwendung sowie dem zwischenzeitlich erfolgten technischen Fortschritt ergaben, wie Einführung eines stufenweisen Nachweises für Mehrscheiben-Isolierglas bis 2 m^2, Berücksichtigung der Glasdicke von 2 mm, Aufnahme von Definitionen und konsequente Verwendung einheitlicher Begrifflichkeiten. Die Auswirkungen vom sogenannten „EuGH-Urteil“ [8] auf die bauaufsichtlichen Regelungen mit Umbau des Bauordnungsrechts schließlich wurden 2018 [9] ausführlicher erläutert, einschließlich der in der überarbeiteten Fassung von DIN 18008 Teil 1 und 2 enthaltenen Lösungsansätze für die damit verbundene Problematik der Verwendung von Einscheiben-Sicherheitsglas (ESG) und dessen Heißlagerungstest.

Zwischenzeitlich wurde nach Veröffentlichung der Entwurfsfassung 2018 [10] und der darauffolgenden Kommentarberatungen die (zweite) Entwurfsfassung [11] 2019 in einer Einspruchssitzung diskutiert, nach abschließender Bearbeitung war eine Veröffentlichung als Endfassung (sog. Weißdruck) Ende 2019 erwartet. Im Beitrag 2020 [12] wurde die schrittweise Entwicklung je eines Abschnittes in Teil 1 (Glas mit sicherem Bruchverhalten bis Brüstungshöhe) und Teil 2 (alternative Nachweisführung für Mehrscheiben-Isolierglas mit geringerer Schadensfolge) zusammenfassend dargestellt sowie – der Vollständigkeit halber – die weiteren Änderungen – insbesondere zu bauartspezifischen Anforderungen – nochmals kurz angesprochen und abschließend kurz auf die europäische Normung geblickt. Mit der Einspruchssitzung zur zweiten Entwurfsfassung konnte die Überarbeitung der Teile 1 und 2 schließlich – bis auf redaktionelle Anpassungen – abgeschlossen werden, die Endfassung [13] ist mit Datum Mai 2020 veröffentlicht.

Neben europäischer Spiegelarbeit zur EN 16612 und dem Eurocode für Glas hat sich der zuständige DIN-Arbeitsausschuss seit Mitte 2019 der turnusgemäßen Überprüfung der Teile 3, 4 und 5 [2] gewidmet. Im Beitrag [14] wurden die angedachten Änderungen mit Erläuterung der Hintergründe dargestellt, primär gedacht um der Fachwelt Einblick in die laufende Überarbeitung zu gewähren und für Beiträge zu motivieren.

In diesem Beitrag wird zunächst die baurechtliche Einführung der bereits im Weißdruck vorliegenden überarbeiteten Teile 1 und 2 [13] beleuchtet, bevor die letzten Entwicklungen der noch laufenden Überarbeitung der Teile 3, 4 und 5 dargestellt werden.

2 DIN 18008-1 und -2 Ausgabe Mai 2020: Relevanz und baurechtliche Einführung, Ergänzungen

2.1 Allgemeines – Verbindlichkeit von DIN-Normen und baurechtliche Einführung (MVV TB)

Seit Mai 2020 liegen die Teile 1 und 2 von DIN 18008 als Weißdruck [13] vor, erste Auslegungsanfragen wurden an den Arbeitsausschuss herangetragen und beantwortet. Diese dokumentieren das offenbar vorhandene große Interesse der nationalen und internationalen Fachwelt an einer Anwendung.

Ist eine Norm als Endfassung veröffentlicht, so kann der dort festgeschriebene Stand als allgemein anerkannte Regel der Technik aufgefasst werden – bis dies gegebenenfalls durch Zeitablauf (und dabei erfolgtem Fortschritt) nicht mehr begründet ist.

Baurechtlich verbindlich werden DIN-Normen durch eine Veröffentlichung in den MVV TB [15], [16], [17] bzw. deren Umsetzung in jeweiliges Landesrecht. Darin werden neben Technischen Regeln mit Ausgabedatum in einer zusätzlichen Spalte jeweils Verweise auf weitere Maßgaben (Teil A) bzw. Bestimmungen/ Festlegungen (Teil B) gem. § 85a (2) MBO [18] aufgeführt, die im Regelfall in Anlagen genauer spezifiziert werden.

2.2 Auslegungsanfragen zu DIN 18008-1 und -2 (Mai 2020)

Ein Ziel der Normenarbeit ist, die Regelungen eindeutig zu formulieren; das Einspruchsverfahren mit öffentlichen Beratungen offenbart missverständliche Formulierungen, die dann durch redaktionelle Überarbeitung beseitigt werden sollten. Sofern Unklarheiten im Verständnis des finalen Normtextes bestehen, steht Anwendenden die Möglichkeit offen, durch Auslegungsanfragen eine Interpretation oder Erläuterung des Arbeitsausschusses zu erhalten; diese werden allgemein zugänglich auf den Webseiten des DIN veröffentlicht [19]. Im Folgenden werden kurz zwei Themenkomplexe aufgegriffen, die in der Vergangenheit zu Nachfragen geführt hatten; dabei wird – anders als bei den Auslegungsanfragen und deren knapper Beantwortung – auch auf die allgemeine Situation eingegangen.

2.2.1 Vertikalverglasungen: verwendbare Glasprodukte und Nachweis der Resttragfähigkeit

Entsprechend DIN 18008-2 [13] Abschnitt 4.1 dürfen prinzipiell alle in DIN 18008-1 [13] aufgeführten Glaserzeugnisse verwendet werden, sofern nicht für bestimmte Anwendungen in den folgenden Abschnitten Einschränkungen formuliert sind. Die Einschränkungen für Vertikalverglasungen finden sich in Abschnitt 4.3. Darin ist ausgeführt:

- Monolithische Einfachgläser aus grob brechenden Glasarten mit Oberkanten mehr als 4 m oberhalb von Verkehrsflächen müssen allseitig gelagert sein. Dabei gelten Glasscheiben in Mehrscheiben-Isolierglas (MIG) durch den Randverbund als gelagert, d. h. in MIG dürfen alle Glaserzeugnisse Verwendung finden.
- Monolithisches ESG nach harmonisierten Produktnormen darf wegen der Versagenswahrscheinlichkeit durch Spontanversagen nur eingebaut werden, wenn die Oberkante nicht mehr als 4 m über der angrenzenden Verkehrsfläche liegt.

- Soll monolithisches ESG ohne Beschränkung einer Einbauhöhe verwendet werden, sind zusätzliche Maßnahmen zur Reduzierung der Versagenswahrscheinlichkeit durch Nickelsulfid-Einschlüsse zu treffen; beispielhaft sind in Anhang C geeignete Maßnahmen informativ mitgeteilt.

Zu Verbundsicherheitsglas (VSG) finden sich keine Einschränkungen, dementsprechend kann es als Vertikalverglasung Verwendung finden – wenn die sonstigen Vorgaben der DIN 18008 [13], [2], [5], beispielsweise bezüglich Resttragfähigkeit oder gegebenenfalls Stoßsicherheit, berücksichtigt werden.

Während DIN 18008 (2010) [1] eine Lagerung an mindestens zwei gegenüberliegenden Seiten gefordert hatte, ist die Möglichkeit der Lagerung in DIN 18008 (2020) [13] ausgeweitet worden auf mindestens zwei (nicht mehr notwendig gegenüberliegend, d.h. beispielsweise L-förmig angeordnete) Seiten gelenkige beziehungsweise mindestens eine Seite eingespannte Lagerung. DIN 18008-1 [13] enthält neu Regelungen für einen versuchstechnischen Nachweis der Resttragfähigkeit, und zwar für Vertikal- wie für Horizontalverglasungen. Selbstverständlich sollte der bekannte und bislang geregelte Erfahrungsbereich weiterhin auch ohne Bauteilversuche abgedeckt sein, dementsprechend wurden diese erfahrungsgemäß ausreichend resttragfähig eingestuften Konstruktionen in einem Anhang B zusammengefasst. Dabei wurde im Zuge der Einspruchsberatungen bemerkt, dass dreiecksförmige oder kreisförmige/ runde Verglasungen keine zwei gegenüberliegenden Ränder aufweisen – allseitig gelagerte Verglasungen wurden zusätzlich als resttragsicher aufgenommen. Diese uneindeutige Formulierung in Anhang B.2 wurde durch eine Auslegungsanfrage präzisiert: Die Forderung nach mindestens zwei gegenüberliegenden gelagerten Rändern betreffen Verglasungen mit trapezförmiger (einschließlich rechteckiger) Geometrie, während Verglasungen mit davon abweichender Geometrie, wie Dreiecke oder Kreise, allseitiger Lagerung bedürfen. Für Verglasungen mit abweichenden Lagerungen ist ein Nachweis der Resttragfähigkeit durch Bauteilversuche zu erbringen.

Und die Forderung aus DIN 18008-2 [13], Anhang B.2 „Für Verbund-Sicherheitsgläser werden die Eigenschaften nach DIN 18008-1:2020-05, B.2 vorausgesetzt." bedeutet nicht, dass ausschließlich VSG Verwendung finden darf (monolithisches ESG ist bspw. ebenfalls verwendbar), sondern dass bei Erfordernis von VSG eben gewisse Anforderungen an dieses gestellt werden.

Bezüglich DIN 18008-2:2020-05, B.2 ist in MVV TB [20] eine alternative Formulierung als Ersatz des Normtextes aufgenommen.

> *An mindestens zwei gegenüberliegenden Rändern durchgehend linienförmig gelagerte Vertikalverglasungen, die den Bedingungen des Abschnitts 4.3 genügen, gelten als ausreichend resttragfähig. Die ausreichende Resttragfähigkeit der Verglasungskonstruktion darf durch Bohrungen und Ausschnitte nicht unzulässig beeinträchtigt werden. Im Zweifelsfall ist ein Versuch nach Anhang B.1 der DIN 18008-1 durchzuführen. Für Glasbrüstungen Typ B nach DIN 18008-4 und für Verglasungen aus Verbund-Sicherheitsglas mit den Eigenschaften nach DIN 18008-1:2020-05, B.2. sind Resttragfähigkeitsversuche nach Anhang B.1 der DIN 18008-1 nicht erforderlich.*

Insbesondere der letzte Satz stellt eine gegenüber dem ursprünglichen Anhang B.2 weitergehende Freistellung dar, nachdem für VSG keine Anforderungen an die Lagerung formuliert werden, sind damit auch eingespannte oder L-förmig gelagerte Verglasungen ohne weitere Nachweise der Resttragfähigkeit denkbar.

2.2.2 Niedrige Schadensfolge für MIG

Die Ermöglichung der Nachweisführung mit reduziertem Teilsicherheitsbeiwert für Mehrscheiben-Isoliergläser, bei denen eine geringe Schadensfolge erwartet werden kann, ist auf reges Interesse gestoßen und beispielsweise in [12] thematisiert. In DIN 18008-2 [13] 6.1.4 sind Konstruktionen aufgeführt, bei denen ohne weiterführende Klassifizierung von einer geringen Schadensfolge ausgegangen werden kann.

Mit dieser Formulierung wird nunmehr auch ermöglicht, dass bei Formaten über 2 m^2 bei entsprechenden Glasaufbauten, Scheibenabmessungen und in Abhängigkeit der Einbau- und Nutzungssituation eine geringe Schadensfolge festgestellt werden kann. Diese Einschätzung liegt grundsätzlich im Verantwortungsbereich der Planenden und ist mit den am Bau Beteiligten abzustimmen. Das heißt, es wäre beispielsweise auch eine Anwendung auf MIG mit einem Format von $0{,}8 \times 3{,}5 = 2{,}8 > 2{,}0\ m^2$ denkbar.

Die Antwort auf die Auslegungsanfrage bejaht auch die prinzipielle Anwendung auf absturzsichernde Verglasungen. Zum einen ist im Fall eines Glasbruchs (auch wenn dieser durch reduzierte Teilsicherheitsbeiwerte wahrscheinlicher wird) der entsprechende Bereich unmittelbar abzusperren, zum anderen können – und sollten – auch für diese Szenarien entsprechende Überlegungen zur Sicherstellung der Absturzsicherheit angestellt werden. So könnte bei Nutzung der zweiten Nachweisstufe mit Annahme von rechnerischem Glasbruch der schwächeren Einzelscheiben geprüft werden, inwieweit die verbleibende Einzelscheibe allein die geforderte Absturzsicherheit gewährleisten kann.

2.3 Status und Entwicklung der MVV TB, Stand der Umsetzung

2.3.1 Allgemeines

Die *Technischen Baubestimmungen* dienen als Konkretisierung der Anforderungen (nach sicherem Bauen) aus § 3 der MBO [18]. Als Ermächtigungsgrundlage für den Erlass von *Technischen Baubestimmungen*, in die sowohl die „Liste der Technischen Baubestimmungen" [21] wie auch die „Bauregelliste" [22] aufgingen, wurde seinerzeit bei Neufassung der MBO 2016 (vgl. dazu [9]) der § 85a neu aufgenommen. Darin wird dem Deutschen Institut für Bautechnik (DIBt) die Aufgabe zugewiesen, die *Technischen Baubestimmungen* bekannt zu machen. Um den Status einer normkonkretisierenden Verwaltungsvorschrift zu erlangen, sind strenge verfahrensmäßige Vorgaben zu erfüllen, beispielsweise sind interessierte und sachkundige Kreise zu beteiligen wie auch das Einvernehmen der obersten Bauaufsichtsbehörden ist herbeizuführen.

Dazu veröffentlicht das DIBt eine Entwurfsfassung, um den beteiligten Kreisen die Möglichkeit der Information und gegebenenfalls Stellungnahme zu geben. Anschließend werden die Stellungnahmen gemeinsam mit Gremien der Bauministerkonferenz, insbesondere FK Bautechnik, beraten und eine gegebenenfalls überarbeitete Fassung zur Notifizierung nach Brüssel übermittelt. Durch Vergleich der beiden Fassungen kann eine eventuelle Berücksichtigung von Stellungnahmen identifiziert werden, öffentliche Beratungen oder persönliche Benachrichtigungen wie im Normungsverfahren sind nicht vorgesehen. Schließlich wird die Endfassung der MVV TB als Basis für

Länderverwaltungsvorschriften Technische Baubestimmungen durch das DIBt veröffentlicht.

Um einen Eindruck zu den Zeitabläufen zu erhalten, werden beispielhaft die Termine und Fristen der letzten Fassung 2021/1 genannt: die Anhörung (Frist zur Lektüre und Einreichung von Stellungnahmen) der Entwurfsfassung MVV TB Fassung von Januar 2021 [23] lief nach der Ankündigung am 10. Februar 2021 bis zum 10. März 2021, nach Beratung der Stellungnahmen ist das überarbeitete Dokument [20] zur Notifizierung bei der EU am 17. Juni 2021 eingegangen, das Ende der Stillhaltefrist ist am 21. Dezember 2021, sodass mit einer Veröffentlichung der Endfassung 2021/1 im Januar oder Februar 2022 zu rechnen ist. Die zeitlichen Abläufe entsprechen etwa denen der beiden Vorgängerfassungen MVV TB 2020/1 [17] und 2019/1 [16].

2.3.2 Entwicklung/Fortschreibung der MVV TB, Teile A und B

Entsprechend der Entwicklungen in der Normung wie auch den Erfahrungen aus der Anwendung werden die MVV TB fortgeschrieben, wobei auch der Wunsch nach Kontinuität sowie nationale Sicherheitsanforderungen berücksichtigt werden.

Im Folgenden werden die für unterschiedliche Glaskonstruktionen sowie Konstruktionen mit Glas wie auch Ergänzungen zu Bauprodukten die wichtigsten Inhalte aus bislang veröffentlichten und eingeführten Fassungen der Teile A (*Technische Baubestimmungen, die bei der Erfüllung der Grundanforderungen an Bauwerke zu beachten sind*) und B (*Technische Baubestimmungen für Bauteile und Sonderkonstruktionen, die zusätzlich zu den in Teil A aufgeführten Technischen Baubestimmungen zu beachten sind*) verkürzt wiedergegeben.

Technische Regel DIN 18008: Ausgaben und Teile

Im Teil A *(Technische Baubestimmungen, die bei der Erfüllung der Grundanforderungen an Bauwerke zu beachten sind)* der MVV TB 2017/1 [15] und 2019/1 [16] finden sich im Abschnitt A 1.2.7 als Regelungen für Glaskonstruktionen die DIN 18008 Teile 1 bis 5 [1], [2].

In der MVV TB 2020/1 [17] wird zusätzlich Teil 6 (2018) [5], in der MVV TB 2021/1 [23], [20] werden DIN 18008-1:(2010) [1] durch die aktualisierten Teile 1 und 2 in der Fassung Mai 2020 [13] aufgeführt.

Geklebte Glaskonstruktionen in Fassaden und Dächern

Ab MVV TB 2019/1 [16] wird in einer Anlage zu Abschnitt A 1.2.7 jeweils klargestellt, dass in Ermangelung einer allgemein anerkannten Regel der Technik für die Planung, Bemessung und Ausführung von geklebten Glaskonstruktionen unter Verwendung von Bauprodukten mit einer ETA nach ETAG 002 oder EAD ein Nachweis gemäß § 16a MBO (bzw. nach Landesrecht) erforderlich ist; d. h. es muss jeweils eine allgemeine bzw. eine vorhabenbezogene Bauartgenehmigung durch das DIBt beziehungsweise die oberste Bauaufsichtsbehörde erteilt worden sein. Die in der ersten Auflage 2017/1 [15] noch formulierten Präzisierungen (DIN 18008 ist zu beachten, das Eigengewicht ist mechanisch abzutragen, bei Einbauhöhen über 8 m oder Verwendung von beschichtetem Aluminium ist zusätzlich eine mechanische Sicherung gegen Windlasten erforderlich, globaler Sicherheitsfaktor γ_{tot} = 6,0, Acrylat-Klebeband nicht durch technische Regeln abgedeckt) fehlen, dürften im Rahmen des bauordnungsrechtlichen Verfahrens jedoch sicherlich analog berücksichtigt werden.

Fenster und Außentüren

Auch zu der Planung, Bemessung und Ausführung von Glaskonstruktionen in Fenstern und Außentüren findet sich in einer Anlage zu Abschnitt A 1.2.7 der Hinweis, dass die Bestimmungen von DIN 18008 zu beachten sind.

In der ersten Auflage MVV TB 2017/1 [15] war ergänzend noch die harmonisierte Produktnorm EN 14351-1 [24] genannt, der Verweis auf DIN 18008 erfolgte dafür nicht explizit, sondern nur auf den entsprechenden Abschnitt A 1.2.7.

Vorhangfassaden

Vorhangfassaden sind in MVV TB Teil B (Sonderkonstruktionen und Bauteile) unter B 2.2.1.3 genannt, in der zugeordneten Anlage wird verwiesen auf die relevanten Bestimmungen aus Teil A, d. h. für Glas entsprechend auf DIN 18008.

In der ersten Auflage MVV TB 2017/1 [15] war zusätzlich noch in der Anlage zu A 1.2.7 ausgeführt, dass für Planung, Bemessung und Ausführung von Vorhangfassaden nach EN 13830 [25] die Bestimmungen von Abschnitt A 1.2.7 (d. h. DIN 18008) zu beachten sind.

Nichttragende innere Trennwände

Bausätze von vollständig oder teilweise verglasten Trennwänden der Kategorie IV nach ETA (nach EAD/ETAG/CUAP) sind in Teil B (Sonderkonstruktionen und Bauteile) unter B 2.2.1.7 genannt, in der zugeordneten Anlage wird auf die Bestimmungen von A 1.2.7, d. h. auf DIN 18008, verwiesen.

In der ersten Auflage MVV TB 2017/1 [15] war zusätzlich noch in der Anlage zu A 1.2.7 der Hinweis gegeben, dass für Planung, Bemessung und Ausführung von Glaskonstruktionen von nichttragenden inneren Trennwänden nach ETA 003 die Bestimmungen von Abschnitt B 2.2.1.7 zu beachten sind.

VSG

Um die Forderungen nach Resttragfähigkeit erfüllen zu können, werden in der MVV TB jeweils bauartspezifisch Anforderungen an das VSG gestellt: neben der minimalen Einstufung 2(B)2 nach DIN EN 12600 [26] ist das VSG – abhängig von der Ausgabe – verpflichtend (2017/1 [15], 2021/1 [20]) oder beispielhaft (2019/1 [16], 2020/1 [17]) aus PVB mit Reißfestigkeit ≥ 20 MPa und Bruchdehnung ≥ 250 % zu fertigen.

In MVV TB 2021/1 [23], [20] wurde diese (bereits aus BRL) bekannte Regelung als alternative Option beibehalten, auch obwohl mit DIN 18008-1 [13] Anhang B.2 inzwischen „versuchstechnische Nachweise zur Erfüllung bauartspezifischer Anforderungen“ diese in der Norm formuliert sind.

ESG

Die Problematik eines möglichen Spontanversagens von Einscheibensicherheitsglas (ESG) durch Einschlüsse von Nickelsulfid und der geeigneten Heißlagerung zur Reduzierung der Versagenswahrscheinlichkeit ist bereits vielfach thematisiert, die im Zuge der Überarbeitung von DIN 18008 in Teil 2 erfolgte Implementierung einer charmanten Lösung beispielsweise in [9] ausführlicher dargestellt. Diese Entwicklung spiegelt sich in den MVV TB wider:

MVV TB 2017/1 vom 31.08.2017 [15]
In der ersten Ausgabe MVV TB 2017/1 wurde die Verwendung von ESG nach harmonisierten Produktnormen für eine Anwendung außerhalb von MIG und über 4 m Einbauhöhe de-facto verboten, es sind konstruktive Maßnahmen zur Gefahrenabwehr im Versagensfall (Splittersicherung, Vordächer) vorzusehen.

MVV TB 2019/1 vom 15.01.2020 [16] und MVV TB 2020/1 vom 19.01.2021 [17]
Die in der Überarbeitung der DIN 18008 vom Arbeitsausschuss entwickelte Lösung von bauartspezifischen Anforderungen an ESG wurde bereits in den MVV TB ab 2019 übernommen, diese Regelungen quasi losgelöst von Diskussionen in Einspruchsverfahren und einer Veröffentlichung als Weißdruck vorzeitig angewandt.

MVV TB 2021/1, Entwurf [23] und zur Notifizierung eingereichter Entwurf [20]
In die MVV TB 2021/1 wurde die überarbeitete Fassung von DIN 18008-2:2020 [13] aufgenommen – und damit auch der gegenüber [1] neue Anhang C von Teil 2, der Maßnahmen zur Sicherstellung erforderlicher Zuverlässigkeit für einen Einsatz monolithischen ESGs über 4 m Einbauhöhe regelt. Dementsprechend können die entsprechenden Sätze in MVV TB nunmehr entfallen. Ergänzend zu den eher abstrakten Formulierungen in DIN 18008 ist in MVV TB erläutert, wie der gewünschte Zuverlässigkeitsindex zu erreichen ist: mittels Kalibrierung der Heißlagerungsöfen und Überprüfung der werkseigenen Produktionskontrolle durch geeignete Drittstellen mit entsprechender Erfahrung.

Eine mögliche baupraktische Umsetzung ist durch Verwendung von ESG-Gläsern mit dem RAL Gütezeichen 525 ESG-HF gegeben.

Nachdem Teile 3, 4, 5 noch nicht in überarbeiteter Fassung vorliegen, sind für die darin enthaltenen Verweise – insbesondere auf ESG-H – entsprechende Klarstellungen gegeben.

Freistellung der Anwendung
In Übereinstimmung mit den Bestimmungen seit der „Technischen Regeln" brauchen für Dachflächenfenster in Wohnungen und Räumen ähnlicher Nutzung mit einer Lichtfläche bis 1,6 m^2 sowie für Verglasungen von Kultur-/ Produktionsgewächshäusern die Regelungen der DIN 18008-2 [1] nicht angewendet zu werden.

In MVV TB 2021/1 [23], [20] wurde die Freistellung angepasst: es brauchen lediglich die Vorgaben von DIN 18008-2 [13] zur Verwendung von VSG nicht mehr angewendet werden für verglaste Dachausstiege bis (nur noch) 0,4 m^2 und – unverändert – für Verglasungen von Kultur-/ Produktionsgewächshäusern.

2.3.3 Fortschreibung der MVV TB Teile C

In Teil C der MVV TB sind zu finden *Technische Baubestimmungen für Bauprodukte, die nicht die CE-Kennzeichnung tragen, und für Bauarten.*

In DIN 18008 sind Prüfverfahren für verschiedene Anwendungen (absturzsichernde, begehbare, betretbare oder durchsturzsichere, resttragfähige Verglasungen) geregelt wie auch erfahrungsgemäß die Anforderungen erfüllende Konstruktionen zusammengestellt. Durch Aufnahme in Abschnitt C2 wird die Basis geschaffen, dass für letztere ÜH angegeben werden kann. Eine Aufnahme in Abschnitt C3 oder C4 ermöglicht, dass für Bauprodukte oder Bauarten, die nach genormten Prüfungen erfolgreich getestet wurden, allgemeine bauaufsichtliche Prüfzeugnisse durch anerkannte Prüfstellen erteilt werden können.

Mit Erscheinen eines Weißdrucks und Aufnahme in Teil A erfolgt jeweils auch eine Aufnahme der entsprechenden Verweise in Teil C.

2.3.4 Umsetzung in den Ländern

Um zum einen eine Vereinheitlichung der Technischen Baubestimmungen in den einzelnen Ländern zu erreichen, und zum anderen den Ländern eine schlanke Umsetzung zu ermöglichen, ist in § 85a MBO [18] vorgesehen, dass die jeweilige MVV TB als Verwaltungsvorschrift des Landes gilt, sofern keine abweichende Verwaltungsvorschrift erlassen wird. Einzig die drei Länder *Bremen, Mecklenburg-Vorpommern* und *Saarland* verzichten derzeit auf eigene *Länderverwaltungsvorschriften Technische Baubestimmungen,* sondern übernehmen die MVV TB in Form eines dynamischen Verweises auf die jeweils aktuelle vom DIBt veröffentlichte Fassung; d. h. es erfolgt hier eine verzugslose Umsetzung ohne eigenes Gesetzgebungsverfahren. Der Stand der Umsetzung der MVV TB in den anderen Ländern ist unterschiedlich, sofern keine Abweichungen von der Mustervorschrift gegeben sind, muss kein weiteres Anhörungs- und Notifizierungsverfahren durchlaufen werden. Ein Überblick über den Stand der Umsetzung ist in Bild 1 gegeben.

Es ist zu hoffen, dass die MVV TB 2021/1 möglichst zügig in Länderverwaltungsvorschriften umgesetzt werden, sodass die Praxis DIN 18008 in der überarbeiteten Fassung Mai 2020 [13] rechtssicher anwenden kann.

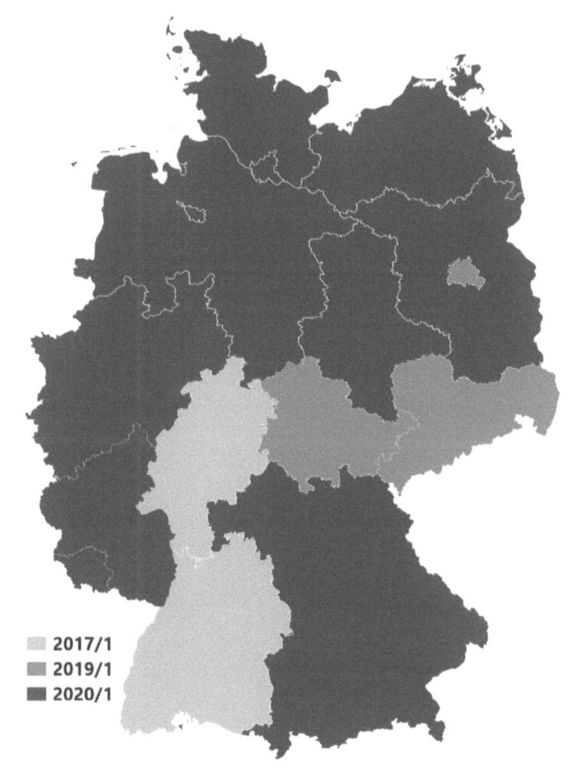

Bild 1 Stand der Umsetzung der MVV TB in den einzelnen Ländern zum 4.11.2021

2.4 Allgemeine Bauartgenehmigung für MIG

Mit Datum 13. September 2021 ist die allgemeine Bauartgenehmigung [27] vom DIBt erteilt worden. Darin wird zunächst festgelegt, dass für Planung, Bemessung und Ausführung von linienförmig gelagerten, ebenen Mehrscheiben-Isolierverglasungen (MIG) die DIN 18008-1 und -2 [13] in der Ausgabe Mai 2020 anwendbar sind; dies gilt mit Erteilung des Bescheides – d. h. quasi sofort – und zwar unabhängig vom Fortgang der Aktualisierung oder Einführung der MVV TB [23] oder der jeweiligen Länderverwaltungsvorschriften Technische Baubestimmungen. Die Bauartgenehmigung ist allgemein anwendbar, die bei anderen Bauartgenehmigungen quasi als „Kopierschutz" übliche Formulierung von speziellen Randbedingungen oder Anwendungsbedingungen, die in der Regel beim DIBt hinterlegt werden und nur dem Antragsteller bekannt sind, ist hier nicht erfolgt. Neben der vorzeitigen Umsetzung der aktualisierten Regelungen für MIG sind darüber hinaus gegenüber DIN 18008-1 [13] für die Bemessung von MIG abweichende Werte für den Modifikationsbeiwert k_{mod} zur Berechnung des Widerstandes angegeben, vgl. Tabelle 1. Damit können wirtschaftlichere Glasaufbauten ausgeführt werden. Als weiteren Schritt zur Unterstützung der Baupraxis ist zukünftig die Erarbeitung einer Typenstatik auf Basis dieser Allgemeinen Bauartgenehmigung (ABaG) geplant.

Diese „neuen" Zahlenwerte für k_{mod} stimmen zum Teil mit den Werten aus TS 19100-1 [28], dem Vorläuferdokument für den *Eurocode für Glas*, überein; darin sind auch zugeordnete Zeitspannen für die jeweiligen Einwirkungen angegeben. Ein k_{mod} von 0,43 entspricht einer Einwirkungsdauer von drei bis vier Wochen, 0,58 entspricht 8 Stunden Lasteinwirkungsdauer. Eine Anpassung bzw. Angleichung der Werte ist sicherlich sinnvoll, ursprünglich vorgebrachte Argumente durch weniger und gerundete Zahlen die Nachweisführung für eine Handrechnung zugänglicher zu machen, können gegenüber einer Konsistenz zu europäischen Regelungen als nachrangig eingeschätzt werden. Die in europäischen Regelungen EN 16612 [29] und TS 19100-1 [28] vorgeschlagenen abweichenden Kombinationsbeiwerte werden in der zukünftigen Spiegelarbeit zu diskutieren sein.

Tabelle 1 Modifikationsbeiwert k_{mod} nach DIN und ABaG

Einwirkungsdauer	Beispiele	k_{mod} nach DIN [13]	k_{mod} nach ABaG [27]	k_{mod} nach TS [28]
Ständig	Eigengewicht, Ortshöhendifferenz	0,25	0,29	0,29
Mittel	Schnee	0,40	0,43	0,43
	Änderung des meteorologischen Luftdruckes	0,40	0,43	0,58
	Temperaturänderung	0,40	0,58	0,58
Kurz	Wind, Nutzlast	0,70	0,70	0,69 ... 0,89

3 Teil 3 und Teil 4 und Teil 5

3.1 Allgemeines

Gegenüber den im Beitrag [14] dargestellten Überarbeitungen ergaben sich – neben der Textarbeit einschließlich Anpassen der Struktur der einzelnen Normteile – einige zusätzliche Aspekte, auf die im Folgenden kurz eingegangen wird, auf eine Wiederholung der im letztjährigen Beitrag dargestellten Inhalte soll jedoch verzichtet werden. Ein Abschluss der Beratungen zur Überarbeitung der Teile 3, 4 und 5 ist nach einer Vielzahl von zwischenzeitlich erfolgten digitalen Sitzungen absehbar, mit der Veröffentlichung einer Entwurfsfassung ist 2022 zu rechnen.

3.2 Senkkopfhalter in konusförmigen Bohrungen

Basierend auf [30] konnte das in Teil 3, Anhang C enthaltene vereinfachte Verfahren für den Nachweis der Tragfähigkeit und der Gebrauchstauglichkeit von punktgestützten Verglasungen erweitert werden. Dies ist insbesondere wegen der gegenüber Tellerhaltern mit zylindrischen Bohrungen erheblich aufwendiger zu modellierenden Senkkopfhalter in konusförmigen Bohrungen ein wichtiger Beitrag für die Akzeptanz dieser Bauweise. Auch ohne spezielle Software und langjährige Erfahrungen mit der komplexen Modellierung können mit entsprechenden Grundkenntnissen auf der sicheren Seite liegende Ergebnisse erzielt werden.

3.3 Ganzglasanlagen

Ein Projektteam innerhalb des Arbeitsausschusses hat für vertikale Ganzglasanlagen spezielle Regelungen erarbeitet, die in einem neuen Anhang zusammengefasst werden. Das in DIN 18008 bereits an mehreren Stellen angewandte Konzept der abgestuften Sicherheitsniveaus soll eine Bemessung mit reduzierten Sicherheitsbeiwerten ermöglichen, sofern eine geringe Schadensfolge festgestellt werden kann. Geeignete konstruktive Maßnahmen oder Wahl der Glasprodukte soll dabei eine ausreichende Redundanz auch im Fall des Ausfalls einer beliebigen Glasscheibe gewährleisten. Ergänzend werden konstruktive und anwendungsspezifische Randbedingungen angegeben, bei deren Einhaltung ein weiterer Nachweis entbehrlich ist. Gliederung und Formulierungen sind final anzupassen, um mögliche Irritationen hinsichtlich existierender Produktnormen zu vermeiden. Es ist damit zu rechnen, dass der neue Anhang für die Baupraxis eine willkommene Hilfestellung bieten wird.

3.4 Klassifizierung und Nachweisführung absturzsichernder Verglasungen

Eine übersichtliche Darstellung der Nachweisführung absturzsichernder Verglasungen in Form eines Flussdiagramms mit Berücksichtigung der unterschiedlichen Kategorien und Bemessungsszenarien ist innerhalb des Arbeitsausschusses in der Endabstimmung und dient als Basis für Formulierungen. Auf eine Wiedergabe wird vor endgültigem Abschluss der Diskussionen verzichtet.

Die angedachte Erweiterung der Tabellen bereits nachgewiesener Konstruktionen auf Basis bestehender Prüfzeugnisse bedarf intensiver Prüfung der Randbedingungen, um eine Verallgemeinerung von Sonderfällen zu vermeiden, insofern kann vor Abschluss der Diskussionen auch diesbezüglich leider kein Vorabzug erfolgen.

4 Zusammenfassung und Ausblick

Mit der bauaufsichtlichen Einführung der überarbeiteten DIN 18008, Teile 1 und 2 [13] kann kurzfristig gerechnet werden – zumindest in den Ländern mit dynamischen Verweisen auf die jeweils aktuelle MVV TB, ansonsten sind formal die Gesetzgebungsverfahren abzuwarten. Die Überarbeitung der Teile 3, 4 und 5 sind weit fortgeschritten, sodass mit einer Veröffentlichung von Entwurfsfassungen für eine Stellungnahme durch die Fachwelt im Lauf des Jahres 2022 gerechnet werden kann. Dann wird auch die nationale Spiegelarbeit zur Vorbereitung einer zukünftig anstehenden Einführung des Eurocode für Glas aufgenommen. Die vorbereitend veröffentlichten „Technische Spezifikationen" TS 19100-1, -2, -3 sind für eine probeweise Anwendung veröffentlicht – wobei dabei selbstverständlich bauaufsichtliche Randbedingungen zu beachten wären.

5 Literatur

[1] DIN 18008 (2010) *Glas im Bauwesen – Bemessungs- und Konstruktionsregeln* –Teil 1: Begriffe und allgemeine Grundlagen, Dezember 2010; Teil 2: Linienförmig gelagerte Verglasungen, Dezember 2010; Teil 2 Berichtigung 1. April 2011, Berlin: Beuth.

[2] DIN 18008 (2013) *Glas im Bauwesen – Bemessungs- und Konstruktionsregeln* – Teil 3: Punktförmig gelagerte Verglasungen, Juli 2013; Teil 4: Zusatzanforderungen an absturzsichernde Verglasungen, Juli 2013; Teil 5: Zusatzanforderungen an begehbare Verglasungen, Juli 2013, Berlin: Beuth.

[3] Siebert, G. (2013) DIN 18008 Teile 1–5: Neuerungen gegenüber eingeführten Regelungen in: *Glasbau 2013*, Berlin: Ernst & Sohn.

[4] Siebert, G. (2015) Aktueller Stand der Glasnormung in: Weller, B.; Tasche, S. [Hrsg.] *Glasbau 2015*, Berlin: Ernst & Sohn.

[5] Siebert, G. (2016) Aktueller Stand der Glasnormung in: Weller, B.; Tasche, S. [Hrsg.] *Glasbau 2016*, Berlin: Ernst & Sohn.

[6] DIN 18008 (2018) *Glas im Bauwesen – Bemessungs- und Konstruktionsregeln* Teil 6: Zusatzanforderungen an zu Instandhaltungsmaßnahmen betretbare Verglasungen und an durchsturzsichere Verglasungen, Februar 2018, Berlin: Beuth.

[7] Siebert, G. (2017) DIN 18008 – Neuerungen durch Überarbeitung Teil 1 und 2 in: Weller, B.; Tasche, S. [Hrsg.] *Glasbau 2017*, Berlin: Ernst & Sohn.

[8] Urteil des europäischen Gerichtshofs (Zehnte Kammer) in der Rechtssache C-100/13 „Vertragsverletzung eines Mitgliedstaats – Freier Warenverkehr – Regelung eines Mitgliedstaats, nach der bestimmte Bauprodukte, die mit der Konformitätskennzeichnung ‚CE' versehen sind, zusätzlichen nationalen Normen entsprechen müssen – Bauregellisten" vom 16. Oktober 2014.

[9] Siebert, G. (2018) Neue bauaufsichtliche Regelungen – und wie die Normung darauf reagiert in: Weller, B.; Tasche, S. [Hrsg.] *Glasbau 2018,* Berlin: Ernst & Sohn.

[10] E DIN 18008 (2018) *Glas im Bauwesen – Bemessungs- und Konstruktionsregeln –* Teil 1: Begriffe und allgemeine Grundlagen; Teil 2: Linienförmig gelagerte Verglasungen, Entwurfsfassung 2018-05.

[11] E DIN 18008 (2019) *Glas im Bauwesen – Bemessungs- und Konstruktionsregeln –* Teil 1: Begriffe und allgemeine Grundlagen; Teil 2: Linienförmig gelagerte Verglasungen, Entwurfsfassung 2019-06.

[12] Siebert, G. (2020) Möglichkeiten und Verantwortung durch überarbeitete Teile 1 und 2 der DIN 18008, in: Weller, B.; Tasche, S. [Hrsg.] *Glasbau 2020,* Berlin: Ernst & Sohn.

[13] DIN 18008 (2020) *Glas im Bauwesen – Bemessungs- und Konstruktionsregeln –* Teil 1: Begriffe und allgemeine Grundlagen. Mai 2020; Teil 2: Linienförmig gelagerte Verglasungen, Mai 2020, Berlin: Beuth.

[14] Siebert, G. (2021) Nationale Glasbaunormung – Überarbeitung von DIN 1808 Teil 3, 4 und 5 in: Weller, B.; Tasche, S. [Hrsg.] *Glasbau 2021*, Berlin: Ernst & Sohn.

[15] *Muster-Verwaltungsvorschrift Technische Baubestimmungen* (MVV TB), Ausgabe 2017/1, veröffentlicht als DIBt Amtliche Mitteilungen (Ausgabe vom 31.08.2017 mit Druckfehlerkorrektur vom 11.12.2017).

[16] *Muster-Verwaltungsvorschrift Technische Baubestimmungen* (MVV TB), Ausgabe 2019/1; veröffentlicht als DIBt Amtliche Mitteilungen (Ausgabe: 15.01.2020 mit Druckfehlerberichtigung vom 7.08.2020).

[17] *Muster-Verwaltungsvorschrift Technische Baubestimmungen* (MVV TB), Ausgabe 2020/1; veröffentlicht als DIBt Amtliche Mitteilungen (Ausgabe: 19.01.2021).

[18] Musterbauordnung – MBO – Fassung November 2002 (zuletzt geändert durch Beschluss der Bauministerkonferenz vom 13.05.2016 bzw. 27.09.2019).

[19] Online (2021) https://www.din.de/de/mitwirken/normenausschuesse/nabau/auslegungen-zu-din-normen-des-nabau-68630.

[20] Änderungen der Muster-Verwaltungsvorschrift Technische Baubestimmungen (MVV TB), Ausgabe 2021/1; veröffentlicht als Entwurf 17.06.2021 unter https://ec.europa.eu/growth/tools-databases/tris/index.cfm/de/search/?trisaction=search.detail&year=2021&num=348.

[21] *Muster-Liste der Technischen Baubestimmungen* – Fassung Juni 2015.

[22] *Bauregelliste A, Bauregelliste B und Liste C,* Ausgabe 2015/2, veröffentlicht in den DIBt Mitteilungen vom 06.10.2015, aufgehoben mit Wirkung zum 1. April 2019.

[23] Änderungen der Muster-Verwaltungsvorschrift Technische Baubestimmungen (MVV TB), Ausgabe 2021/1; veröffentlicht als Entwurf (Januar 2021) von DIBt.

[24] DIN EN 14351-1 (2016) Fenster und Türen – Produktnorm, Leistungseigenschaften – Teil 1: Fenster und Außentüren. Dezember 2016, Berlin: Beuth.

[25] DIN EN 13830 (2003) Vorhangfassaden – Produktnorm, Fassungen Juli 2015 und November 2020 nicht in hEN-Liste, Berlin: Beuth.

[26] DIN EN 12600 (2003) Glas im Bauwesen – Pendelschlagversuch – Verfahren für die Stoßprüfung und Klassifizierung von Flachglas. April 2003, Berlin: Beuth.

[27] DIBt: Allgemeine Bauartgenehmigung Z-70.3-267, Linienförmig gelagerte Verglasungen aus Mehrscheiben-Isolierglas. 13.09.2021, gültig bis 13.09.2026.

[28] FprCEN/TS 19100-1 (2021) Design of glass structures – Part 1: Basis of design and materials. April 2021.

[29] DIN EN 16612 (2019) Glas im Bauwesen – Bestimmung des Belastungswiderstandes von Glasscheiben durch Berechnung. Dezember 2019, Berlin: Beuth.

[30] Lama, P. (2021) *Ein Beitrag zur Berechnung punktgestützter Verglasungen mit Senkkopfhaltern* [Dissertation] Universität Duisburg, Essen.

Glas als Druckelement | Eine nachhaltige Lösung

Alireza Fadai[1], Lukas Weißenböck[1], Daniel Stephan[1]

[1] *Technische Universität Wien, Forschungsbereich Tragwerksplanung und Ingenieurholzbau, Karlsplatz 13/E259-2, 1040 Wien, Österreich; fadai@iti.tuwien.ac.at; e1526090@student.tuwien.ac.at; daniel.stephan@tuwien.ac.at*

Abstract

Im Rahmen der aktuellen Forschungsprojekte befassen sich die Autoren mit der ressourceneffizienten Optimierung von Tragelementen im mehrgeschossigen Hochbau. Die nachhaltige Architektur reagiert auf den umweltpolitischen Wandel und beschäftigt sich vermehrt mit den Baustoffen Holz, Stahl und Glas. In dem Beitrag soll die Signifikanz von Glas als Tragstruktur verdeutlicht werden. Anhand einer durchgeführten Studie für entwickelte Glas-Hybridelemente konnten ein effizienter Einsatz ermittelt und eine materialgerechte Anwendung ermöglicht werden. Zur Verdeutlichung werden außerdem einige innovative Projekte und Forschungsarbeiten zu druckbeanspruchtem Glas vorgestellt. Mit einer ökologischen Bewertung und Gegenüberstellung der Stützelemente mit den konventionellen Ausführungen in Stahl-, Stahlbeton- und Holzbauweise wird das Potenzial solcher Konstruktionen weiter belegt.

Glass as a compression member | A sustainable solution. As a part of the current research projects, the authors deal with the resource-efficient optimization of load-bearing elements in multi-story building construction. Sustainable architecture reacts to changes in environmental policy and deals increasingly with the building materials timber, steel and glass. The aim of the paper is to clarify the significance of glass as a supporting structure. On the basis of a study carried out for developed glass hybrid elements, an efficient use was determined and an application appropriate to the material made possible. Some innovative projects and research work on pressure-stressed glass are also presented. With an ecological assessment and comparison of the supporting elements with the conventional designs in steel, reinforced concrete and timber construction, the potential of such structures is further proven.

Schlagwörter: *Glas, Druckglied, hybride Bauweise, Nachhaltigkeit*

Keywords: *glass, compression member, hybrid construction, sustainability*

Glasbau 2022. Herausgegeben von Bernhard Weller, Silke Tasche.

1 Einleitung

Der Klimawandel ist die zentrale Herausforderung des 21. Jahrhunderts. Folglich wird die Minimierung des einhergehenden Ressourcenverbrauchs weltweit angestrebt. Der Bausektor ist global für etwa 40–50 % des Rohstoffverbrauchs und 30 % der CO_2-Emissionen verantwortlich [1]. Maßnahmen zur Verbesserung der Ressourceneffizienz in diesem Sektor sind unter allen Umständen erforderlich. Daher muss bereits in der Entwurfsphase auf einen verantwortungsvollen Einsatz der Materialien geachtet werden, um eine ressourcenschonende Bauphase und in der Rückbauphase Materialtrennbarkeit sowie Recycling zu ermöglichen. Die über den gesamten Lebenszyklus verwendeten Materialien und Komponenten setzen neue Maßstäbe für die Bewertung von Nachhaltigkeit. Das Ziel, CO_2-Emissionen und Treibhausgase zu reduzieren bedeutet, dass Gebäude neben dem Einsatz erneuerbarer Ressourcen auch mit ökologischen Materialien umgehen müssen.

Im Hochbau geht der Trend deutlich dazu, die Transparenz eines Gebäudes zu maximieren. Dies geschieht vor allem durch die Verkleinerung von lastabtragenden Bauteilen aus Holz oder Beton und Stahl. Eine etwas andere Herangehensweise wird durch den konstruktiven Glasbau ermöglicht. Um die Transparenz entsprechend zu steigern, müssen die konstruktiven Elemente nicht zwingend auf ein Minimum verkleinert werden, da die Bauteile selbst über eine entsprechende Transparenz verfügen. Durch den Einsatz von lastabtragenden Bauteilen aus Glas bieten sich eine Vielzahl an neuen Möglichkeiten, die aus optischer aber auch aus technischer Sicht in den nächsten Jahren durchaus an Relevanz gewinnen können.

2 Einsatzmöglichkeiten von druckbeanspruchtem Glas

Die Ergebnisse der bereits abgeschlossenen Forschungsprojekte verdeutlichen, dass Glas nicht mehr ausschließlich für die Bildung der Gebäudehülle eingesetzt werden kann. Es kam bereits zu einer Vielzahl an Anwendungen, bei denen Glas einen signifikanten Teil der primären Tragstruktur darstellt.

Es sind besonders durchdachte Details notwendig, um eine materialgerechte Krafteinleitung zu ermöglichen und ungewollte Zwängungen und Spannungen, die ein spontanes Versagen des Glases bewirken könnten, zu verhindern. Sind diese durchaus komplexen Problemstellungen gelöst, so ist es möglich, besonders transparente und vor allem optisch ansprechende Bauteile und Bauwerke mit dem Werkstoff Glas zu entwerfen. Im Folgenden werden einige innovative Projekte und Forschungsarbeiten der letzten Jahre vorgestellt, bei denen druckbeanspruchtes Glas bereits zur erfolgreichen Anwendung kam.

2.1 Aussteifende Holz-Glas-Verbundelemente

Im Rahmen vorangegangener Forschungsprojekte [2, 3] wurden am Forschungsbereich „Tragwerksplanung und Ingenieurholzbau" (ITI) der Technischen Universität Wien (TU Wien) die Forschungsschwerpunkte „Verbundkonstruktionen mit HolzGlas" sowie

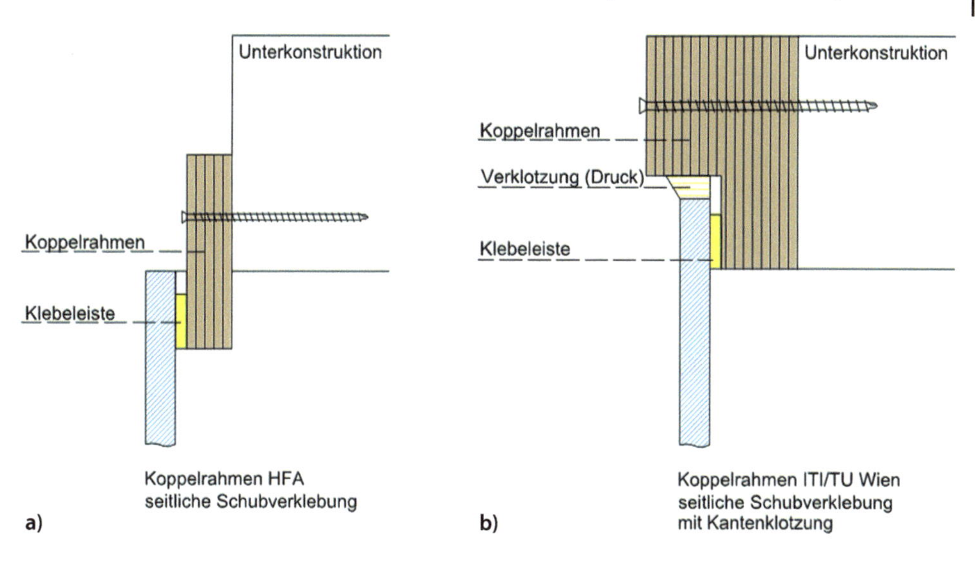

Bild 1 Koppelrahmen a) HFA und b) ITI/TU Wien (© A. Fadai, Technische Universität Wien)

„Verbundkonstruktionen mit Glas als lastabtragendes Element" detailliert behandelt und die dabei vorhandenen Einsatzmöglichkeiten und -potenziale aufgezeigt.

Basierend auf den Forschungsprojekten der Holzforschung Austria (HFA) mit der alleinigen Schubverklebung (siehe Bild 1a und [4]) wurden in dem abgeschlossenen Forschungsprojekt „Holz-Glas-Verbundkonstruktionen (HGV): Berechnung und Bemessungskonzept" vom Forschungsbereich ITI der TU Wien Lösungen zur Verbesserung der Horizontalkraftabtragung entwickelt und dafür die Berechnungs- und Bemessungsgrundlagen erarbeitet [5, 6]. Dazu wurden L-förmige Leisten aus Birkenfurniersperrholz eingesetzt, deren Flachseite mit einem 2-Komponenten-Silikon umlaufend auf die Glasscheibe aufgeklebt wurde. In den Ecken wurde über eine kurze Strecke die Stirnseite der Scheibe gegen die L-Leiste mittels eines Flüssigklotzes mit Epoxydmaterial schlupffrei abgestützt. Um eine Übertragung von Zugkräften über den Flüssigklotz zu vermeiden, wurde eine Klebewirkung durch eine Zwischenlage verhindert (siehe Bild 1b und das Patent AT 511 373 B1; veröffentlicht am: 15.05.2013).

Bei den entsprechenden 1:1-Versuchen konnten die Horizontalkräfte unter Einhaltung der vorgegebenen Kopfverschiebung um ca. das 10-fache gegenüber den Versuchen mit der alleinigen Schubverklebung gesteigert werden. Die Versagensursache war schließlich ein Ausbeulen der 8 mm dicken Floatglasscheibe unter Druck in Diagonalrichtung.

So konnte ein Verbundsystem entwickelt werden, das zwei Baustoffe – Holz und Glas – dazu nutzt, die Gebäudeaussteifung zu übernehmen und gleichzeitig eine wetterfeste Gebäudehülle zu bilden. Mit diesem System kann das Potenzial von Holz und Glas optimal genutzt werden, indem das Glas zur Ableitung der Druckkräfte herangezogen wird [7, 8]. Es muss nur darauf geachtet werden, dass ausschließlich Druckkräfte auf das Glas wirken (Bild 2).

Bild 2 Grundidee der materialübergreifenden Kombination (© A. Fadai, Technische Universität Wien)

2.2 Holz-Glas-Stahl-Fachwerkträger

Marinitsch hat im Zuge seiner Diplomarbeit [9] ein System erarbeitet, mit dem mittlere Spannweiten von 6 m bzw. 8 m durch einen Holz-Glas-Stahl-Träger überbrückt werden können. Er griff dazu das Prinzip eines einfachen Fachwerkträgers mit nach außen abfallenden Druckdiagonalen auf und ersetzte diese Diagonalen durch Glasscheiben (Bild 3).

Durch die hohe Druckfestigkeit des Glases können die auftretenden Kräfte problemlos aufgenommen werden. Einen hohen Stellenwert bei der Entwicklung dieses Systems hatte die Bedingung, dass der Austausch der Glasscheiben im Versagensfall so möglich ist, dass die Nutzung des Gebäudes nicht gänzlich eingeschränkt werden muss.

Bei der Modellierung wird die Glasscheibe durch zwei sich kreuzende Druckstäbe mit Ersatzsteifigkeit und Ersatzmasse ersetzt. Da Glas eine relativ geringe Zugfestig-

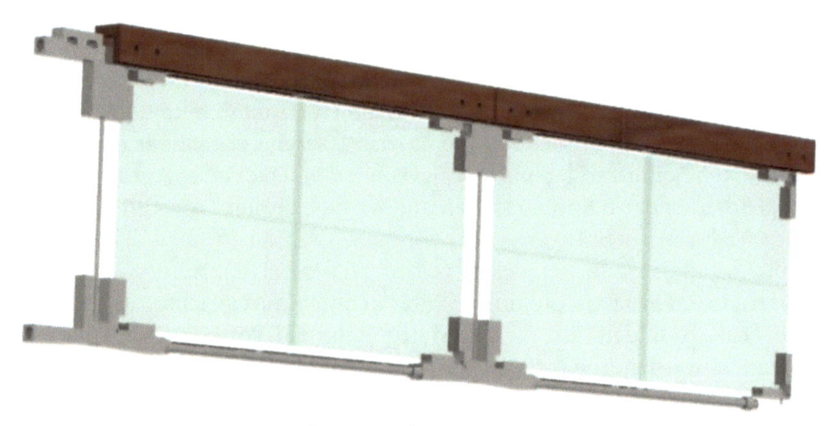

Bild 3 Prinzip des Holz-Glas-Stahl-Fachwerkträgers nach [9] (© S. Marinitsch, Technische Universität Wien)

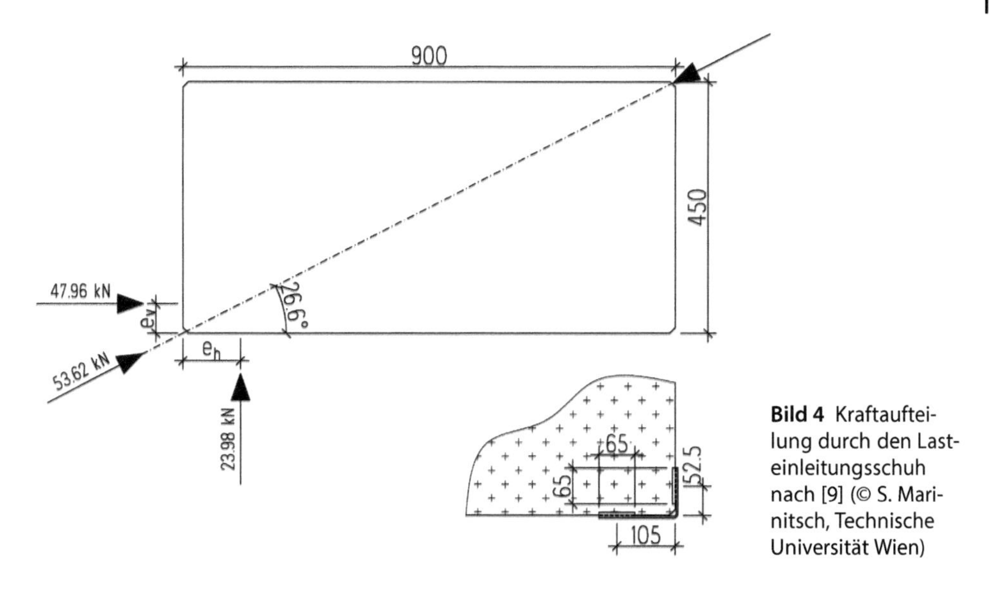

Bild 4 Kraftaufteilung durch den Lasteinleitungsschuh nach [9] (© S. Marinitsch, Technische Universität Wien)

keit aufweist, muss außerdem festgelegt werden, dass diese Stäbe bei Zugbeanspruchung ausfallen. Obergurt- und Untergurt-Stäbe wurden des Weiteren als durchgehende Stabzüge und die vertikalen Zugpfosten als Fachwerksstäbe definiert. Die Diagonalkraft muss hierfür in eine horizontale und eine vertikale Komponente geteilt werden, da sie so vom Lasteinleitungsschuh auf die Glasscheibe übertragen werden (siehe Bild 4). Bei den Berechnungen wurden Vorverformungen nach der 1. Eigenform berücksichtigt.

3 Glasstützen

In [10] wurde die Anwendung von druckbeanspruchtem Glas im mehrgeschossigen Bürobau, in der Form von lastabtragenden Verbundsicherheitsglas-Stützen untersucht und entsprechende Optimierungsschritte durchgeführt. Dies geschieht anhand von zahlreichen numerischen Berechnungen mittels einer Finite-Elemente-Software.

Die untersuchten Modelle wurden durch vorhandene Versuchsergebnisse kalibriert und schließlich für den Einsatz bei Bürobauten mit mehreren Geschossen optimiert.

Aus den erlangten Erkenntnissen wurden optimierte Querschnitte modelliert und Bemessungstabellen erstellt. Anschließend wurde mithilfe der errechneten Werte die Anwendbarkeit der untersuchten Glasstützen bei einem mehrgeschossigen Bürogebäude untersucht.

Es konnte gezeigt werden, dass durch die Verwendung von Mehrfachlaminaten, die mit einer speziellen Zwischenfolie mit hohem Schubmodul verbunden werden, die Anwendung von Verbundsicherheitsglas (VSG)-Stützen im mehrgeschossigen Bürobau durchaus realisierbar ist. In einem weiteren Schritt erfolgen erste Analysen an einer Holz-Glas-Verbund-Stütze. Auch hier werden die wesentlichen Einflussparameter untersucht und Überlegungen zur Lagerung und Lasteinleitung angestellt.

3.1 Verbundsicherheitsglas-Stützen

Glasstützen aus Verbundsicherheitsglas sind aus mehreren Gründen für den Praxiseinsatz interessant. Erstens ist durch den Verbund von mehreren Scheiben eine wesentlich höhere Dicke erzielbar, auch mit üblichen Scheibendicken. Somit kann eine geringere Schlankheit erreicht werden, die sich positiv auf die Stabilitätsgefährdung auswirkt. Zweitens können die außenliegenden Scheiben als Schutzschichten, die statisch nicht berücksichtigt werden, für die innenliegenden Scheiben herangezogen werden. Zwar sind die Schutzschichten im Verbund durch die Zwischenschicht aus PVB oder ähnlichem Material auch am Lastabtrag beteiligt, jedoch geht im Falle der Beschädigung einer der Deckschichten nicht die gesamte Tragwirkung verloren. Die Wahl der Zwischenschicht hat hierbei einen wesentlichen Einfluss auf die Farbgebung der Stütze und natürlich auf die Verbundeigenschaften. Zu Verbundsicherheitsglas-Stützen liegen jedoch noch weniger Erkenntnisse als zu monolithischen Glasstützen vor [11, 12, 13].

3.1.1 Vergleich mit Versuchen

In [12] wurden Knickversuche an VSG-Scheiben mit unterschiedlichen Knicklängen und Scheibenaufbauten durchgeführt. Die Versuche erfolgten unter variierenden Prüfgeschwindigkeiten und Temperaturen, um das viskoelastische Materialverhalten der PVB-Folie zu untersuchen. Diese wurden in [10] mit der FE-Software nachgestellt und die Ergebnisse der Berechnungen in Tabelle 1 zusammengefasst.

In den numerischen Ergebnissen wird aber ersichtlich, dass die Annahme eines rein elastischen Materialverhaltens, bei festgelegter Belastungsdauer und Temperaturverhältnissen der Zwischenschicht, zu durchaus akzeptablen Ergebnissen führt und die Bruchlast mit einer ausreichenden Genauigkeit vorausgesagt werden kann. Es stellt sich jedoch die Frage, ob diese Modellierung auch auf deutlich größere Scheibenhöhen einfach übertragbar ist. In den Untersuchungen in [12] besitzt die größte Scheibe eine Knicklänge bzw. Höhe von 1000 mm. Vor der Anwendung auf raumhohe Stützen sind also auf jeden Fall entsprechende Versuche durchzuführen.

Tabelle 1 Vergleich der Versuche aus [12] mit FE-Berechnungen

Nr.	Höhe mm	Breite mm	Scheibenaufbau mm	G_f N/mm²	e_0 mm	$N_{cr,\,Versuch}$ kN	$N_{cr,\,FEM}$ kN	Abweichung %
1	750	250	5/10/5	10,5	0,15	151,8	155,54	2,41
2	750	250	5/10/5	1,7	0,28	64,7	66,07	2,07
3	750	250	5/10/5	2,1	0,27	70,0	72,43	3,35
4	750	250	8/8/8	1,5	0,80	72,8	75,86	0,08
5	750	250	8/8/8	5,9	0,57	152,1	156,26	2,66
6	750	250	8/8/8	2,5	0,51	95,0	96,01	1,05
7	1000	250	8/8/8	6,7	0,13	125,8	130,18	3,36
8	1000	250	8/8/8	1,6	0,44	58,0	58,50	0,86
9	1000	250	8/8/8	0,5	0,50	32,8	33,17	1,13

3.1.2 Vergleich mit vorhandenen numerischen Berechnungen

Neben den experimentellen Versuchen wurden in [12] auch numerische Berechnungen an Glasstützen vorgenommen. Diese konnten mit dem Modellierungsansatz, der auch schon in 3.1.1 verwendet wurde, sehr genau wiedergegeben werden (siehe Tabelle 2).

Tabelle 2 Vergleich der numerischen Berechnungen aus [12] mit nachgestellten FE-Berechnungen

Höhe mm	Breite mm	Scheibenaufbau mm	G_f N/mm²	$N_{cr, FEM\text{-}Langosch}$ kN	$N_{cr, FEM}$ kN	Abweichung %
2000	250	10/10/10	0	10,74	10,73	–0,09
2000	250	10/10/10	1	42,40	42,03	–0,88
2000	250	10/10/10	10	101,58	101,18	–0,40
2000	250	10/10/10	∞	124,90	124,77	–0,10

Der grundlegende Modellierungsansatz konnte somit als geeignet eingestuft werden und wird in der nachfolgenden Parameterstudie und der Untersuchung der sonstigen Querschnittsformen weiterverwendet.

3.2 Holz-Glas-Verbund-Stütze

Das Knickverhalten und die auftretenden Spannungen durch die angenommenen Vorverformungen stellen die entscheidenden Problemstellungen bei der einfachen VSG-Stütze dar.

Die Tragfähigkeit von Glasstützen kann durch die Kombination mit Holzwerkstoffen verbessert werden. Die Holzprofile dienen als Bewehrung und Kantenschutz für den spröden Baustoff Glas und leiten zusammen mit einer entsprechenden Verklebung Kräfte in das Glas ein und aus und beteiligen dadurch Glasbauteile an Tragaufgaben (Bild 5).

Da es sich bei Glas um ein sprödes Material handelt, hat die Verbindung mit dem Holzquerschnitt über einen Klebstoff zu erfolgen, der entsprechend flexibel ist, um Spannungskonzentrationen im Glas zu vermeiden. Bei ähnlichen Anwendungsfällen wurden bisher Acrylat- oder Silikonklebstoffe erfolgreich verwendet. Durch die seitliche Stabilisation der Glasscheiben durch die Furnierschichtholzbalken stellen das Knickproblem und die durch die Biegung auftretende Spannung nicht mehr das beschränkende Problem dar. Der Werkstoff Glas kann seinen Stärken entsprechend sinnvoll eingesetzt werden und seine hohe Druckfestigkeit ausspielen. In [10] konnte grundsätzlich gezeigt werden, dass die Kombination dieser eigentlich sehr unterschiedlichen Werkstoffe durchaus zweckmäßig sein kann, nicht zuletzt auch aus optischen Gründen. Einen großen Vorteil dieser Hybridquerschnitte stellt die mögliche Gewichtsersparnis dar. Holz besitzt nämlich sehr hohe Festigkeiten, bezogen auf sein geringes Eigengewicht. Querschnitte, die nur aus Verbundsicherheitsglas bestehen, wie sie im vorhergehenden Kapitel untersucht wurden, weisen ab einer bestimmten Scheibenanzahl hingegen ein hohes Gewicht auf.

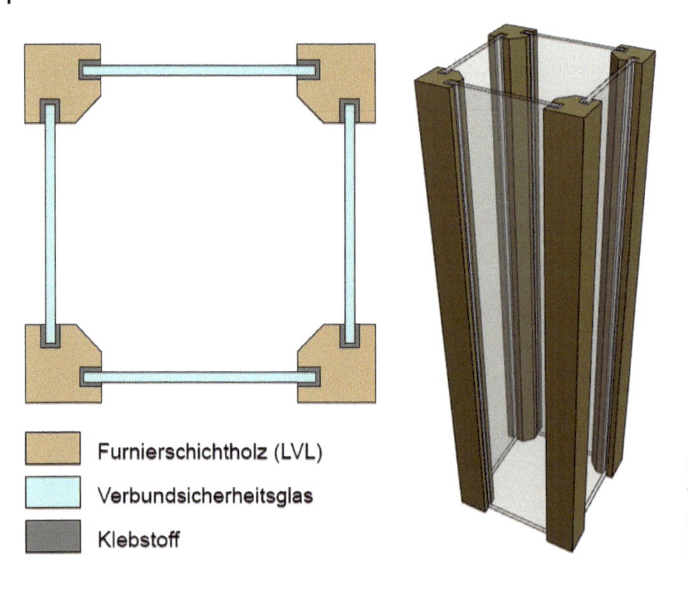

Bild 5 Prinzip der untersuchten HGV-Stütze (© L. Weißenböck, Technische Universität Wien) [10]

Es wurden Machbarkeitsstudien an den HGV-Stützen mit einer Höhe von drei Metern durchgeführt, um erste Vergleiche mit den üblichen Hochbaustützen zu erhalten. Mit einer Druckfestigkeit parallel zur Faserrichtung $f_{c,0,d}$ von 20,0 N/mm^2 für Furnierschichtholz (LVL – laminated veneer lumber) konnte bei den FE-Simulationen eine Belastung von ca. 950 kN erreicht werden. Mit Außenmaßen von 390 × 390 mm fällt die Stütze zwar um einiges massiver als bei den üblichen Baustoffen aus, die Eigenlast hält sich mit ca. 2,13 kN bzw. 213 kg aber in Grenzen. Für diese Stütze sind im Gegen-

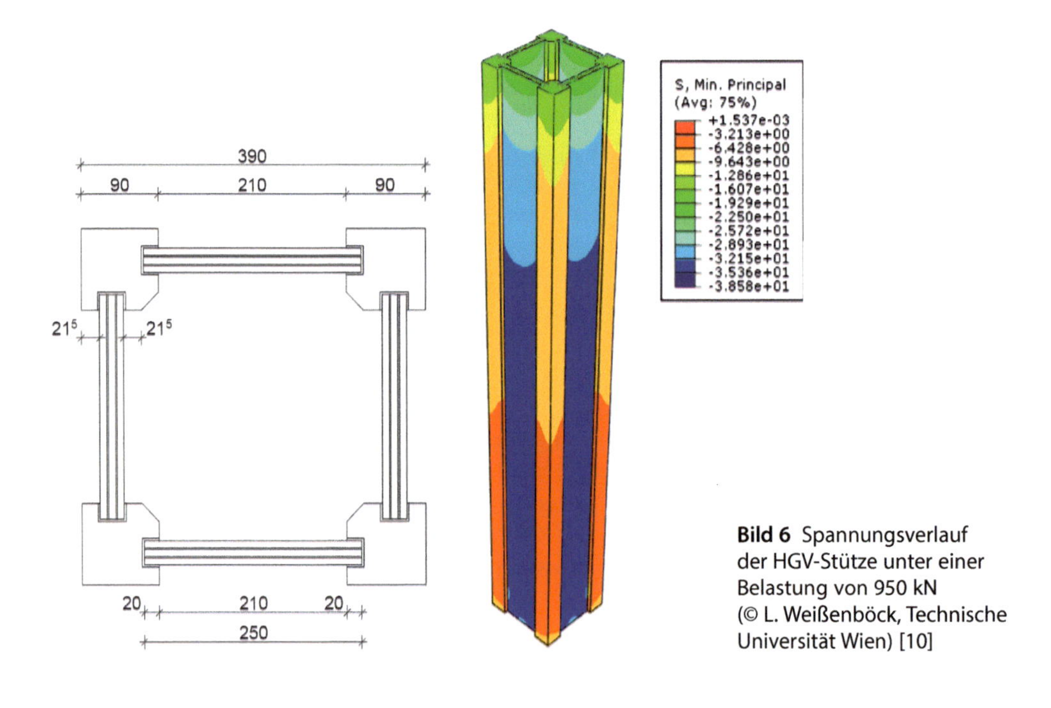

Bild 6 Spannungsverlauf der HGV-Stütze unter einer Belastung von 950 kN (© L. Weißenböck, Technische Universität Wien) [10]

satz zur reinen VSG-Stütze nur 3-fach Laminate aus 8 mm dickem Einscheibensicherheitsglas (ESG) erforderlich, was die Herstellung vereinfachen und die Kosten in Grenzen halten würde. Im Glas sind zwar bereits verhältnismäßig hohe Druckspannungen vorhanden (siehe Bild 6), diese stellen hier aber durch die hohe Druckfestigkeit von ESG kein Problem dar. Das Versagen der Balken aus Furnierschichtholz stellt also das maßgebende Versagenskriterium bei der untersuchten HGV-Stütze dar.

4 Bewertung der Ressourceneffizienz im mehrgeschossigen Hochbau

4.1 Vergleich der Stützen

Um die VSG-Stützen mit Stützen aus den gewöhnlich im Bürobau verwendeten Baustoffen zu vergleichen, wurden gleichwertige Querschnitte ermittelt, die dieselbe Last abtragen können (siehe Bild 7). Dabei wurde eine Stützenhöhe von drei Metern und eine Lagerung gemäß Eulerfall 2 angenommen, weshalb auch die Knicklänge drei Metern entspricht.

Es ist klar ersichtlich, dass der gewählte Glasquerschnitt den üblichen Materialien hinsichtlich der Tragfähigkeit um nichts nachsteht (Tabelle 3). Grundsätzlich wäre der Werkstoff Glas auf Grund seiner hohen Druckfestigkeit sehr gut für den Einsatz als Stütze geeignet. Auch bezüglich des Eigengewichts schneidet die VSG-Stütze im Vergleich gut ab. Mit ca. 178 kg ist sie nur halb so schwer wie eine gleichwertige Betonstütze und nur unwesentlich schwerer als eine Stahlstütze vom Typ HEA 200. Trotz der größten Dimensionen weist der Vollholzquerschnitt aufgrund der geringen Wichte bei verhältnismäßig hohen Festigkeiten mit Abstand das geringste Gewicht auf.

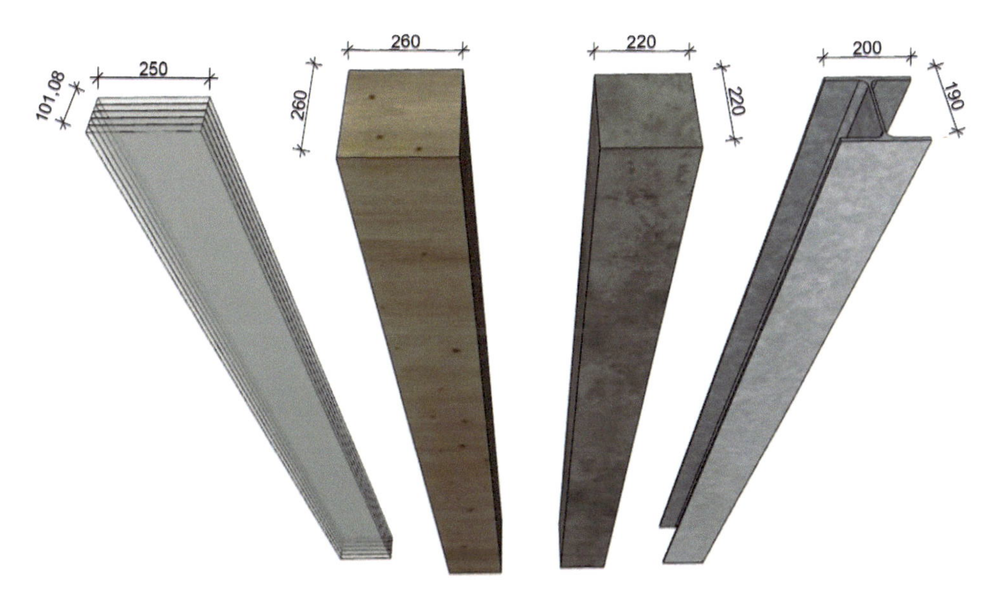

Bild 7 Benötigte Querschnittsabmessungen in Abhängigkeit des Baustoffes (© L. Weißenböck, Technische Universität Wien) [10]

Tabelle 3 Vergleich der benötigten Stützenquerschnitte für die Abtragung von 715 kN [10]

Baustoff	Materialgüte	Dimension mm	Wichte kN/m³	Eigenlast kN
VSG	ESG + SentryGlas	250 × 101,08	25,0	1,78
Vollholz	C24	260 × 260	4,2	0,85
Stahlbeton	C25/30	220 × 220	25,0	3,63
Stahl	S235	HEA 200	78,5	1,27

Eine wesentliche Schwierigkeit bei der Herstellung der Stützen aus Verbundsicherheitsglas ist die Einschränkung der Herstellungsdicke von 19 mm bzw. 25 mm der einzelnen ESG-Scheiben. Die üblichen (annähernd) quadratischen Querschnittsformen bei Stützen aus Holz und Stahlbeton sind somit nur durch die Herstellung von Mehrfachlaminaten, welche wiederum sehr kostspielig sein können, erzielbar.

Im Kapitel 3.2 wurden erste Untersuchungen an hybriden Holz-Glas-Verbundstützen mithilfe von FE-Simulationen vorgenommen. In den durchgeführten Berechnungen konnte mit dem Querschnitt gemäß Bild 6 bei einer Stützenhöhe von drei Metern eine maximale Belastung von etwa 950 kN erreicht werden. Sollten diese Werte durch experimentelle Versuche belegt werden können, so stellt die Kombination von Holz und Glas im Bereich der lastabtragenden Stütze eine attraktive Alternative zu den gebräuchlichen Stützenarten dar.

4.2 Ökologische Bewertung

Basierend auf den Berechnungen und den in Bild 7 dargestellten Varianten wird die ökologische Simulation und Bilanzierung aus der Umwelt-Produktdeklaration für Bauprodukte nach ÖNORM EN 15804 [14] abgeleitet. Dabei werden die Lebenszyklusphasen „Herstellung" (A1 bis A3) „Nutzung/Ersatz" (B1 bis B7) sowie „Entsorgung" (C1 bis C4) und „Recyclingpotenzial" (D) in einem Betrachtungszeitraum von 50 Jahren berücksichtigt (siehe Bild 8).

Alle für diese Simulation relevanten Parameter basieren auf der standardisierten Datenbank für ökologische Bewertungen von Gebäuden des Deutschen Bundesministeriums des Inneren, für Bau und Heimat und der Plattform OEKOBAUDAT [15]. Die technische Umsetzung der Simulationen erfolgt mithilfe eigens erstellter Entwurfsroutinen.

Die Berechnungen für die Umweltwirkungen des Primärenergiebedarfs und des Treibhauspotenzials (Bild 8) zeigen deutliche Unterschiede der Varianten. Sowohl die VSG- als auch die HGV-Stütze zeigen beim PEIne (nicht erneuerbarer Primärenergiebedarf) und beim GWP (Treibhauspotenzial) die höchsten Werte, beim PEIe (erneuerbarer Primärenergiebedarf) liegen sie im gleichen Bereich wie die Vollholz-Stütze.

Zum besseren Vergleich werden zusätzlich zu den Varianten in Bild 7 auch eine HGV-Stütze und eine ESG-Stütze (Einscheibensicherheitsglas) mit denselben Anforderungen mitbilanziert.

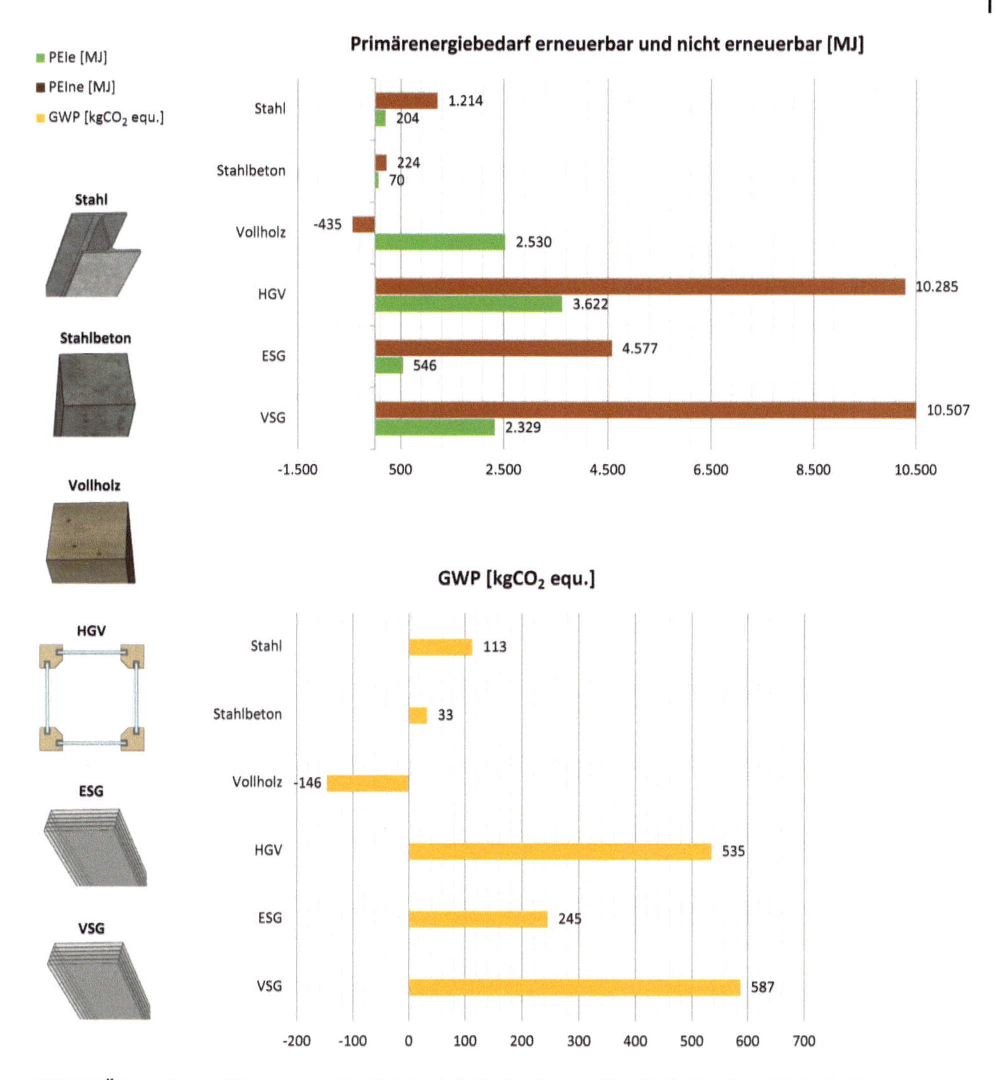

Bild 8 Ökologische Bilanzierung in Abhängigkeit des Baustoffes (© D. Stephan, Technische Universität Wien)

Durch den Vergleich mit der ESG-Stütze wird deutlich, wie hoch die Auswirkungen der Zwischenfolien des Verbundsicherheitsglases im Gegensatz zum monolithischen Glas ohne Zwischenfolien im gesamten Lebenszyklus sind. Durch die Einbringung von Furnierschichtholz in der HGV-Stütze fallen die Umweltwirkungen niedriger als bei der VSG-Stütze aus.

Infolgedessen wird noch im genaueren anhand der VSG-Stütze untersucht, was weitere Gründe für die höheren Umweltwirkungen im Lebenszyklus sind (siehe Bild 9).

Bei dem Vergleich der Umweltwirkungen in den verschiedenen Lebenszyklusphasen wird klar ersichtlich, dass sich in der Herstellungsphase mehr als 95 % der gesamten Umweltwirkungen des Verbundsicherheitsglases niederschlagen. Dies ist vorrangig auf den Stromverbrauch beim Prozess des Härtens der Sicherheitsgläser und des Herstel-

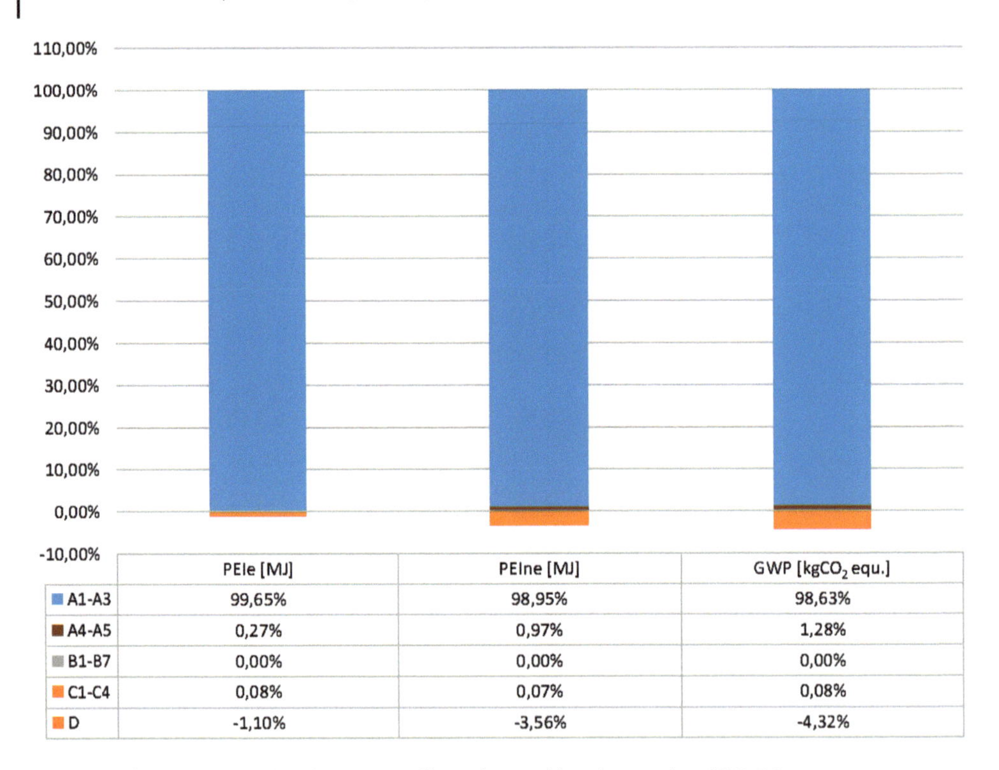

	PEle [MJ]	PElne [MJ]	GWP [kgCO$_2$ equ.]
A1-A3	99,65%	98,95%	98,63%
A4-A5	0,27%	0,97%	1,28%
B1-B7	0,00%	0,00%	0,00%
C1-C4	0,08%	0,07%	0,08%
D	-1,10%	-3,56%	-4,32%

Bild 9 Einfluss der Umweltwirkungen in allen Lebenszyklusphasen einer VSG-Stütze (© D. Stephan, Technische Universität Wien)

lungsprozesses der Zwischenfolien zurückzuführen. Insbesondere die Glasherstellung verursacht etwa 50 % des GWP. Dies ist auf den Energieeinsatz bei der Schmelze und die zugehörigen Emissionen zurückzuführen. Emissionen aus der Produktion lassen sich durch die Vorketten in der Strombereitstellung erklären.

Wie man bei der direkten ökologischen Gegenüberstellung der verschiedenen Varianten sieht, liegt bei der Herstellung von VSG- oder HGV-Stützen großes Optimierungspotenzial. Gerade im Herstellungsprozess der Sicherheitsgläser und der Zwischenfolien ergeben sich die meisten verursachten Umweltwirkungen der gesamten Lebenszyklusphasen. Mit der zusätzlichen Verwendung von Holz können die Umweltwirkungen weiter verbessert werden.

5 Zusammenfassung

Aus den verschiedenen Untersuchungen gehen einige Einsatzmöglichkeiten von glasbasierten Tragstrukturen deutlich hervor. Mithilfe lastabtragender Bauteile aus Glas bieten sich sowohl aus optischer als auch aus technischer Sicht durchaus eine Vielzahl an neuen Möglichkeiten, die in den nächsten Jahren an Relevanz gewinnen können.

Die Anwendung von Verbundsicherheitsglas-Stützen im mehrgeschossigen Bürobau ist eine dieser Möglichkeiten. Um ein annähernd monolithisches Tragverhalten zu erreichen, sind hierbei Mehrfachlaminate, die über einen möglichst hohen Schubverbund zwischen den Einzelscheiben verfügen, zu verwenden. Nach derzeitiger Marktlage empfiehlt es sich daher, Rahmenbedingungen von 25 °C Innenraumtemperatur und einer Belastungsdauer von 50 Jahren nicht zu überschreiten.

Eine weitere untersuchte Möglichkeit bietet sich in Form einer hybriden Holz-Glas-Verbund-Stütze an. Anhand erster Machbarkeitsstudien wird klar, wie wettbewerbsfähig solche Konstruktionen sein können. Durch den erreichten Hohlquerschnitt sind nicht Stabilitätsprobleme, sondern die auftretenden Spannungen deutlich unterhalb der errechneten Knicklast zu beachten.

Aus der ökologischen Betrachtung geht weiterhin hervor, dass es derzeit noch einige Optimierungspotenziale in der Herstellungsphase von Verbundsicherheitsglas gibt. Sowohl der Primärenergieverbrauch als auch das Treibhauspotenzial zur Herstellung von Glas und Zwischenfolien erweisen sich als vergleichsweise hoch. Dennoch ist das Potenzial dieser Konstruktionen ersichtlich, vor allem im Hinblick auf die Verwendung in Zusammenarbeit mit Holz. Durch das eingebrachte Holz können nicht nur die Umweltwirkungen gesenkt werden, sondern die HGV-Stütze als statische, optische und ökologische Alternative zukünftig interessant werden lassen.

6 Literatur

[1] Bauer, M.; Mösle, P.; Schwarz, M. (2013) *Green Building. Leitfaden für nachhaltiges Bauen*, Stuttgart: Springer-Verlag.

[2] Fadai, A. et al. (2014) *Ressourceneffiziente Konstruktionen in Holzleichtbeton-Verbundbauweise*, Bautechnik, Volume 91, Issue 10, S. 753–763. https://doi.org/10.1002/bate.201300090

[3] Fadai, A. et al. (2017) *Holz-Glas-Verbundkonstruktionen: Entwicklung und Anwendung*, Österreichische Ingenieur- und Architekten-Zeitschrift ÖIAZ, S. 45–54.

[4] Holzforschung Austria (2008) *Holz-Glas-Verbundkonstruktionen*, Weiterentwicklung und Herstellung von Holz-Glas-Verbundkonstruktionen durch statisch wirksames Verkleben von Holz und Glas zum Praxiseinsatz im Holzhausbau, Endbericht, Holzforschung Austria, Wien.

[5] Hochhauser, W. et al. (2011) *Holz-Glas-Verbundkonstruktionen: Berechnungs- und Bemessungskonzept*, Technische Universität Wien.

[6] Hochhauser, W.; Winter, W.; Kreher, K. (2011) *Holz-Glas-Verbundkonstruktionen*, State of the Art, Forschungsbericht, Studentische Arbeiten, Technische Universität Wien.

[7] Fadai, A.; Rinnhofer, M.; Winter, W. (2015) *Experimentelle Untersuchung des Langzeitverhaltens von verklebten Holz-Glas-Verbundkonstruktionen*, Stahlbau, Bd. 84, Nr. (S1), S. 339–349. https://doi.org/10.1002/stab.201590091

[8] Fadai, A.; Rinnhofer, M.; Winter, W. (2017) *Holz-Glas-Verbundkonstruktionen: Entwicklung und Anwendung*, Österreichische Ingenieur- und Architekten-Zeitschrift ÖIAZ, S. 45–54.

[9] Marinitsch, S. (2010) *Entwicklung eines Holz-Glas-Stahl-Trägers zur Überbrückung mittlerer Spannweiten* [Diplomarbeit]. Wien: Technische Universität Wien, Forschungsbereich Tragwerksplanung und Ingenieurholzbau.

[10] Weißenböck, L. (2021) *Glas als Druckelement | Anwendungsmöglichkeiten mit besonderem Augenmerk auf Glasstützen* [Diplomarbeit] Wien: Technische Universität Wien, Forschungsbereich Tragwerksplanung und Ingenieurholzbau.

[11] Luible, A. (2004) *Stabilität von Tragelementen aus Glas* [Dissertation]. Lausanne, Schweiz: EPFL.

[12] Langosch, K.; Feldmann, M. (2013) *Das Tragverhalten von Glasstützen mit Mono-und Verbundquerschnitten.* No. RWTH-CONV-144532, Aachen, Deutschland: WTH, Lehrstuhl für Stahl-und Leichtmetallbau und Institut für Stahlbau.

[13] Zhao, S.; Chen, S. (2020) Experimental investigation on the structural performance of square hollow glass columns under axial compression in: *Challenging Glass Conference Proceedings Vol. 7.*

[14] ÖNORM EN 15804 (2020) *Nachhaltigkeit von Bauwerken – Umweltproduktdeklarationen* – Grundregeln für die Produktkategorie Bauprodukte.

[15] ÖKOBAUDAT (2021) Bundesministerium des Innern, für Bau und Heimat (BMI) [Online]. Available: https://www.oekobaudat.de

Auswirkungen von Abrasion auf die Biegezugfestigkeit von Glas

Jürgen Neugebauer[1], Maria Hribernig[1]

[1] *FH Joanneum GmbH, Josef Ressel Zentrum für Dünnglastechnologie für Anwendungen im Bauwesen, Alte Poststraße 149, 8020 Graz, Österreich; juergen.neugebauer@fh-joanneum.at; m.hribernig@hotmail.com*

Abstract

Sandpartikel, die vom Wind aufgenommen werden und an der Glasoberfläche Defekte hervorrufen können, haben je nach Größe einen Einfluss auf die Biegezugfestigkeit von Glas. Dieser Effekt wird als Abrasion bezeichnet. Die Abhängigkeit der maximalen Korngrößen von Bodenpartikeln, die der Wind aufnehmen kann, ist berechenbar und wird dargestellt. Die Einwirkung der Sandpartikel auf die Glasproben wurde nach DIN 52348: „Prüfung von Glas und Kunststoff – Verschleißprüfung – Sandriesel-Verfahren" simuliert. Für ersten optische Rückschlüsse kommt die Dunkelfeldmethode zur Anwendung. Der Einfluss auf die Biegezugfestigkeit wurde mit einem adaptierten Vierschneiden-Biegezugversuch bestimmt und die Ergebnisse der Versuchsserien gegenübergestellt.

Effects of abrasion on the flexural strength of glass. Sand particles which are picked up by the wind and can cause defects on the glass surface and have an influence on the flexural strength of glass, depending on their size. This effect is known as abrasion. The dependence of the maximum grain sizes of soil particles that the wind can absorb can be calculated and is shown. The effect of the sand particles on the glass samples was simulated according to DIN 52348: "Testing of glass and plastics – abrasion test – sand trickle method". The dark field method is used for initial optical conclusions. The influence on the flexural tensile strength was determined with an adapted four-point bending test and the results of the test series were compared.

Schlagwörter: *Abrasion, Defekte, Biegezugfestigkeit*

Keywords: *abrasion, defects, flexural strength*

Glasbau 2022. Herausgegeben von Bernhard Weller, Silke Tasche.

1 Einleitung

Für eine Bemessung von Bauteilen aus Glas sind nicht nur die üblichen Einwirkungen von außen wie z. B. Schnee und Wind von Bedeutung. Es können noch zusätzliche Faktoren, die eine Festigkeitsminderung durch Oberflächendefekte bewirken, die Dimensionierung beeinflussen. Ein Beispiel dafür ist die sogenannte Abrasion, bei der Sandpartikel die durch den Wind aufgenommen und teilweise auch über weite Strecken transportiert werden solche Defekte hervorrufen können. Der tatsächliche festigkeitsmindernde Einfluss auf Glas im Bauwesen ist vor allem von der Größe und der Härte dieser Partikel abhängig.

Somit stellt sich zuerst die Frage, welche Partikel in welcher Größe vom Wind transportiert werden können und welche Windgeschwindigkeiten dafür vorherrschen muss. Um die Art und Größe der Defekte zu analysieren wurde dieser Vorgang mit dem Sandriesel-Prüfverfahren nach DIN 52348 experimentell untersucht. Erste optische Erkenntnisse über Intensität und Verteilung wurden mittels Dunkelfeldmethode erlangt. Für die Bestimmung der Festigkeitsminderung wurden die Proben einem adaptierten Vierschneiden-Biegezugversuch unterzogen und die Ergebnisse von nichtvorgespannten Gläsern den chemisch vorgespannten Gläsern gegenübergestellt. Ziel dieser Untersuchung war, einen Zusammenhang von schädigenden Einwirkungen wie Abrasion durch äolischen Transport von Partikeln und der Festigkeit von Gläsern herzuleiten. Der Zusammenhang von Defekten in ihrer Größe kann in weiterer Folge mit dem bruchmechanisch definierten Spannungsintensitätsfaktor K_I näher analysiert werden.

2 Oberflächendefekte

2.1 Härte von Glas

Eine wichtige Kenngröße in Bezug auf den Einfluss der Abrasion an der Glasoberfläche ist die Härte, worunter der mechanische Widerstand gegen eindringende Materialien verstanden wird. Grundsätzlich gibt es dafür drei verschiedene Verfahrensmöglichkeiten:

- Eindringhärteprüfung (statische Härtemessung)
- Rückprallhärteprüfung (dynamische Härtemessung)
- Ritzhärteprüfung [1].

2.2 Entstehung von Oberflächendefekten

Im Laufe der Lebensdauer des Glases bilden sich an Glasoberflächen durch mechanische, thermische und chemische Beanspruchung Verschleißerscheinungen. Diese Effekte haben sowohl optisch als auch festigkeitsmindernde Einwirkungen auf das Glas. Es gibt eine Vielzahl von möglichen Ursachen für Oberflächendefekte von Glas. Beispielsweise treten durch die Umwelt thermische oder z. B. durch Reinigung chemische und mechanische Beanspruchungen auf. Der Ursprung von mechanischen Einwirkungen kennt viele verschiedene Ursachen, der Schaden selbst entsteht aber immer durch einen so bezeichneten „tribologischen Kontakt". Das bedeutet, dass sogenannte Gegenkörper hier die Partikeln auf den Glaskörper treffen und diesen im oberflächennahen Bereich deformieren, was sowohl mikro- also auch makroskopische Defekte hervorrufen kann. Die Folgen sind Materialabtrag, Rissbildung und somit eine Festigkeitsminderung des Glases. [2]

2.3 Arten von Defekten

Grundsätzlich wird zwischen optischen und mechanisch relevanten Defekten unterschieden. Je nachdem, ob die Form linienartig oder punktuell ist, spricht man von Kratzern oder Eindrücken.

2.3.1 Kratzer

Kratzer sind für das menschliche Auge erst ab einigen hundert Nanometern Tiefe sichtbar und ab ca. 3000 nm spürbar. Je nach Größe und Störfaktor werden sie nach [3] wie folgt unterteilt:

- Engelshaar-Kratzer
- Haarkratzer
- Schwache Kratzer
- Starke Kratzer.

2.3.2 Risse

Während Kratzer nur im Oberflächennahbereich vorkommen, dringen Risse auch tiefer in das Glas ein. Risse lassen sich ebenso aufgrund der Entstehung und des Verlaufes nach [4] kategorisieren:

- Lateralrisse
- Tiefenrisse
- Radialrisse.

3 Künstliches Herstellen von Defekten

Je nach Tiefe haben Oberflächendefekte auch eine Festigkeitsminderung zur Folge und müssen aus diesem Grund für den Bemessungsprozess im Bauwesen genauer erfasst werden. Um den Widerstand gegen Abtragung von Baustoffen vorab an diesen zu testen, haben sich verschiedene Verfahren zum künstlichen Herstellen von Defekten etabliert:

- Bearbeiten mit Schleifpapier [5]
- Sandstrahlen [6]
- Sandriesel-Prüfverfahren [6].

Im Weiteren wurde auf die abrasive Schädigung durch das Sandriesel-Prüfverfahren eingegangen.

4 Abrasion

„Abrasion entsteht, wenn die äolisch transportierten Sandpartikel auf exponierte Hindernisse treffen und diese, vergleichbar mit einem Sandstrahlgebläse, mechanisch beeinflussen. Dabei wird zwischen der Abrasion durch Aufprall und der Abrasion durch Abschleifen/Abschmirgeln unterschieden.“ [7]

4.1 Äolischer Transport

Der äolische Transport beschreibt den erodierenden Prozess von Gesteinen, welcher durch den Wind verursacht wird. Zu den bekanntesten äolischen Prozessen zählt der Sandsturm. [8]

Das Ausmaß wie ein Boden erodieren kann, lässt sich mithilfe von Modellen wie jenem nach DIN 19706: „Bodenbeschaffenheit – Ermittlung der Erosionsgefährdung von Böden durch Wind“ erörtern und wird durch folgende Faktoren beeinflusst:

Feuchtegehalt der Böden

Feuchte Böden weisen durch das enthaltende Wasser eine hohe Kohäsion auf, was das Mitreisen der einzelnen Teilchen erschwert. Hingegen je trockener der Boden ist, desto leichter werden Partikel vom Wind aufgenommen.

Menschen und Pflanzen

Durch Pflanzen, die durch ihre Wurzeln den Boden stabilisieren, oder durch das Errichten von Gebäuden, die wie Bäume Windhindernisse darstellen, wird der Abtrag von Partikeln erschwert. [9]

4.2 Transportarten

Sandpartikel werden vom Wind aufgenommen und mit ihm teilweise über weite Strecken transportiert. Wenn sie aber auf ein Hindernis treffen, können sie beim Aufprall auf eine Oberfläche Defekte erzeugen. Die Größe der auftreffenden Teilchen ist von

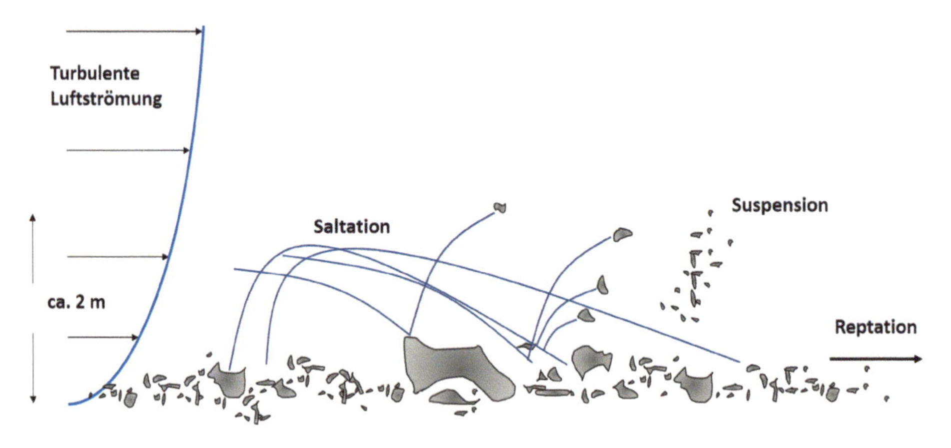

Bild 1 Arten des Transports durch Winderosion (© J. Neugebauer, FH Joanneum, [10])

der Art des Transportes, wie in Bild 1 dargestellt, abhängig. Tone und Schluffe können mittels **Suspension** bis zu mehreren Kilometern hochgewirbelt werden. Durch **Saltation**, eine hüpfende Fortbewegung, werden Fein- und Mittelsande hauptsächlich in bis zu einer Höhe von ca. zwei Metern befördert. Grobsand oder Kies wird mittels **Reptation** schleppend oder rollend weiterbewegt und hebt dabei kaum vom Boden ab. [10]

5 Berechnung der Korngröße in Abhängigkeit der Windgeschwindigkeit

Anhand der nachfolgenden Gln. (1) bis (4) kann für jede beliebige Windgeschwindigkeit die maximal transportierbare Korngröße d berechnet werden. [10]

Die Windgeschwindigkeit ist höhenabhängig und nimmt mit dem Abstand zur Erdoberfläche zu, weshalb ihr tatsächlicher Wert immer nur für eine bestimmte Höhe berechnet werden kann.

$$v_z = 5{,}75 \cdot v_s \cdot \log\left(\frac{z}{z_0}\right) \tag{1}$$

Neben der Höhe z fließt auch noch der Wert z_0, für eine sehr dünnen, oberflächennahe Luftschicht, in der keine Luftströmung auftritt, ein. Im Allgemeinen kann $z \gg z_0$ angesetzt werden. Formt man diese Gleichung um, so erhält man die Schubspannungsgeschwindigkeit v_s des Windes.

$$v_s = \frac{v_z}{5{,}75 \cdot \log\left(\frac{z}{z_0}\right)} \tag{2}$$

Damit ein Teilchen vom Wind aufgenommen werden kann, muss zumindest die kritische Schubspannungsgeschwindigkeit v_{sc} erreicht ($v_s \geq v_{sc}$) werden und kann nach Gl. (3) bestimmt werden.

$$v_{sc} = A \cdot \sqrt{\frac{D_p - D_l}{D_l} \cdot g \cdot d} \tag{3}$$

Formt man die Gl. (3) um, so erhält man die Korngröße d jener Teilchen, die bei der zu Beginn gewählten Windgeschwindigkeit transportiert werden können.

$$d = \frac{\left(\frac{v_s}{A}\right)^2}{\frac{D_p - D_l}{D_l} \cdot g} \tag{4}$$

v_z Windgeschwindigkeit in der Höhe z [km/h]
v_s Schubspannungsgeschwindigkeit des Windes [m/s]
v_{sc} kritische Schubspannungsgeschwindigkeit [m/s]
z Höhe der Windmessung [m]
z_0 Höhe ohne bzw. mit sehr geringer Luftströmung [cm]
A Konstante [-] (für Wind kann A = 0,1 angesetzt werden)
D_p Dichte des Partikels [kg/m^3]

D_l Dichte der Luft [g/m³]
g Erdbeschleunigung [m/s²]
d Korngröße der transportierten Teilchen [mm]

6 Bestimmung der Kornzusammensetzung

Die Prüfung wurde mit drei verschiedenen Kornkategorien durchgeführt, um somit Suspension, Saltation und Reptation zu simulieren. Somit wurde ein Korngemenge gesiebt und die Kornzusammensetzungen in die drei Kategorien unterteilt.

- 1 Ton und Schluff (bis 0,063 mm)
- 2 Fein- und Mittelsand (0,063 bis 0,63 mm)
- 3 Grobsand (0,63 bis 2,0 mm)

7 Sandriesel-Verfahren

Die Simulation der natürlichen Abrasion wurden in Anlehnung an das Sandriesel-Verfahren zur Verschleißprüfung nach Norm DIN 52348 [11], wie in Bild 2a dargestellt, durchgeführt.

Die Prüfeinrichtung besteht aus einem Trichter an der Oberseite, der in ein PVC-Fallrohr mit 120 mm Durchmesser mündet. Der Sand kann in diesen Trichter eingefüllt werden, wo er bis zum Öffnen der Auslaufdüse verbleibt. Das ermöglicht ein kontrollierbares nach unten Rieseln des Sandes. Am unteren Ende des Rohres in einem

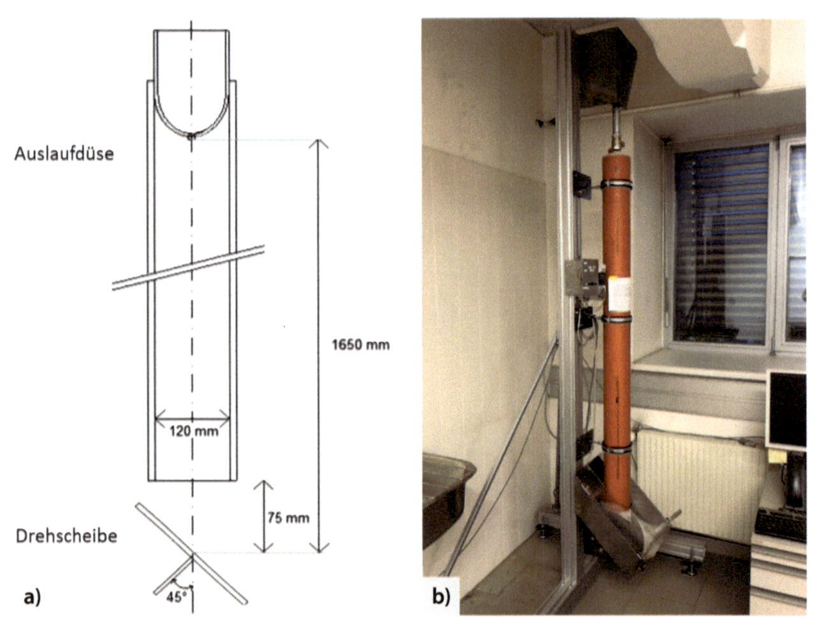

Bild 2 Sandriesel-Verfahren; a) Prüfprinzip; b) Aufbau der Prüfeinrichtung im Labor (© J. Neugebauer, FH Joanneum)

Abstand von 75 mm befindet sich, wie in Bild 2 dargestellt, eine um 45° geneigte Drehscheibe, an der die Proben befestigt werden. Diese Drehscheibe wird mit 250 U/min angetrieben, was einer Frequenz von rund 4 Hz entspricht.

8 Dunkelfeldmethode

Für die ersten optischen Analysen wurden die Oberflächendefekte mit dem Prinzip der Dunkelfeldmethode betrachtet. Ein Vergleich von Vorher und Nachher mit den unterschiedlichen Kornzusammensetzungen gibt erste Rückschlüsse auf den Schädigungsgrad.

Als Ergebnis, wie in Bild 3 beispielhaft für eine chemisch vorgespanntes Glas $d = 4$ mm dargestellt, hat sich gezeigt, dass es erst ab der Kornzusammensetzung Fein- und Mittelsand zu eindeutig optisch erkennbaren Defekten durch Abrasion gekommen ist.

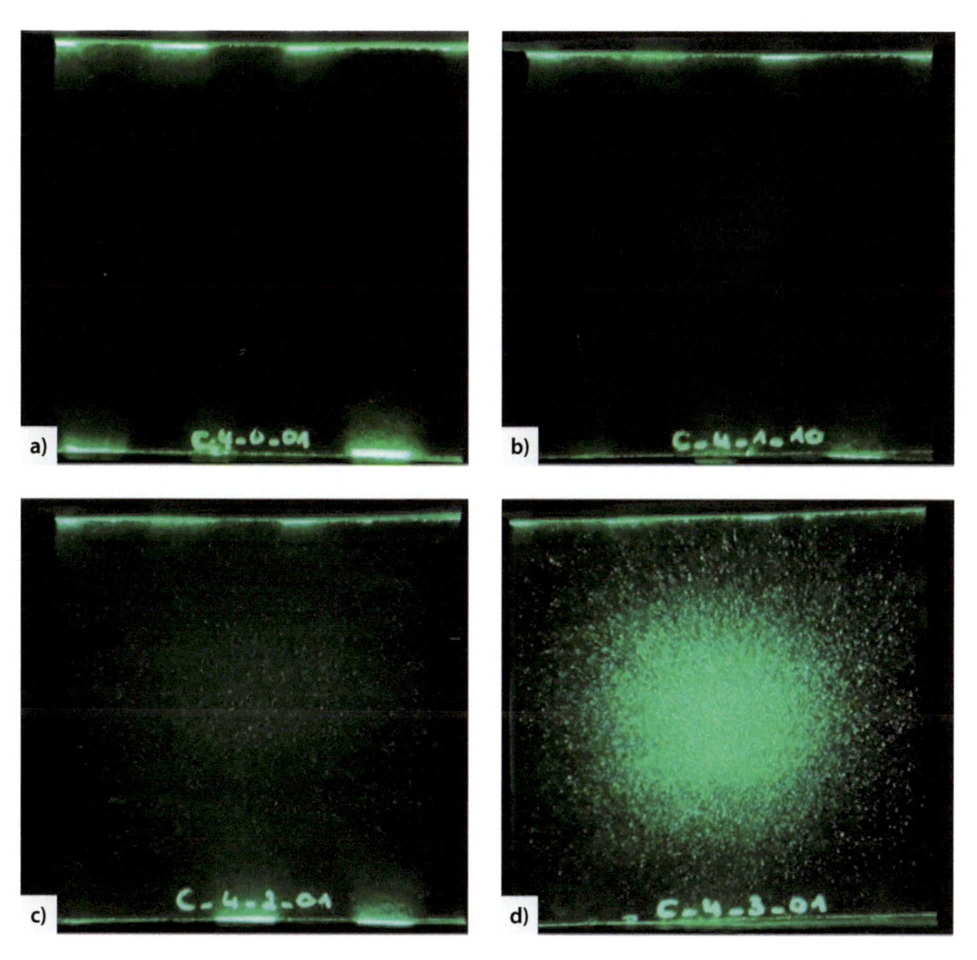

Bild 3 Vergleich der Defekte je Kornzusammensetzung mit Hilfe des Prinzips der Dunkelfeldmethode; a) ohne Schädigung; b) Ton und Schluff; c) Fein und Mittelsand; d) Grobsand (© H. Hribernig, FH Joanneum)

9 Mikroskopische Betrachtung

Signifikante Defekte, die durch das Sandriesel-Prüfverfahren hervorgerufen wurden und mittels Dunkelfeldmethode lokalisiert wurden, sind in weiterer Folge mikroskopisch genauer analysiert worden. Beispielhaft sind in Bild 4 die Oberflächen durch die Beanspruchung der Kategorien Fein- und Mittelsand sowie durch Grobsand dargestellt. Im Maßstab 260:1 sind eindeutig die Größenordnungen der Defekte zu erkennen.

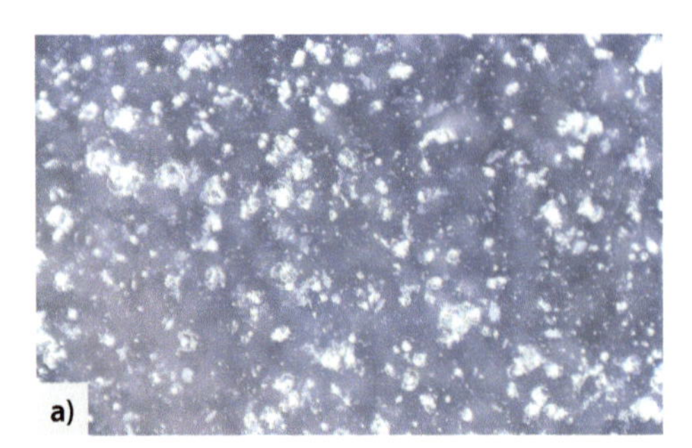

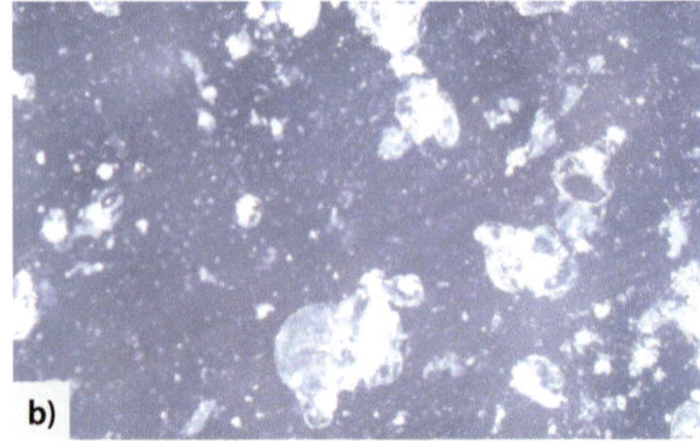

Bild 4 Oberflächendefekte je Kornzusammensetzung durch Berieselung in Aufnahmen mit dem Mikroskop (M 260:1); a) Fein und Mittelsand; b) Grobsand (© H. Hribernig, FH Joanneum)

10 Bestimmung der Biegezugfestigkeit

Die Bestimmung der Biegezugfestigkeit wurde mit einer adaptierten Vierschneiden-Biegezug-Prüfeinrichtung, wie in Bild 5 gezeigt, an Proben mit den Abmessungen von 300 × 100 mm durchgeführt. Die Prüfeinrichtung besteht aus zwei Auflagerrollen und zwei Lastrollen auf der Oberseite, wo die Last aufgebracht und bis zum Bruch des Glases gesteigert wurde. Alle Rollen aus Stahl sind frei drehbar und werden, um eine

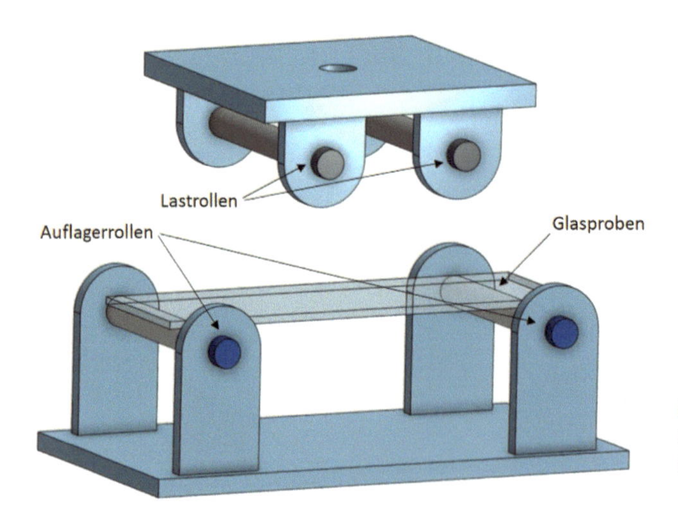

Bild 5 Prüfeinrichtung Vierschneiden-Biegezugversuch (© Ivo Blazevic, FH Joanneum)

weichere Kontaktstelle zum Glas herzustellen, mit einem Kunststoff umhüllt. Der Abstand zwischen den Lastrollen betrug 100 mm und jener zwischen den Auflagerrollen 250 mm.

11 Ergebnisse der Versuchsserien

Die Proben wurden mit folgender Nomenklatur bezeichnet:

Glasart – Glasdicke – Kornkategorie – vorlaufende Nummer

F Floatglas
C chemisch vorgespanntes Glas

d Glasdicke

0 ohne Schädigung
1 Ton und Schluff
2 Fein- und Mittelsand
3 Grobsand

11.1 Floatglas

Der Vierschneiden-Biegezugversuch hat ergeben, dass die Gläser durch das Sandriesel-Prüfverfahren eine geringere Festigkeit aufweisen. Sowohl bei den durch Grobsand als auch bei den durch Fein- und Mittelsand vorgeschädigten Proben ist die Festigkeit deutlich geringer als bei den unbeschädigten.

Die folgenden Diagramme in Bild 6 zeigen die durchschnittliche, in Anlehnung an die EN 1288-3 Prüfung von Proben bei zweiseitiger Auflagerung [12] bestimmte, Biegezugfestigkeit in [N/mm^2]. Es sind die Ergebnisse der unterschiedlichen Kornkategorien den unbeschädigten Proben gegenübergestellt. Die dargestellten Spannungen/Biegezugfestigkeiten entsprechen dem linearen Ansatz in der Norm. Durch eine nichtlineare

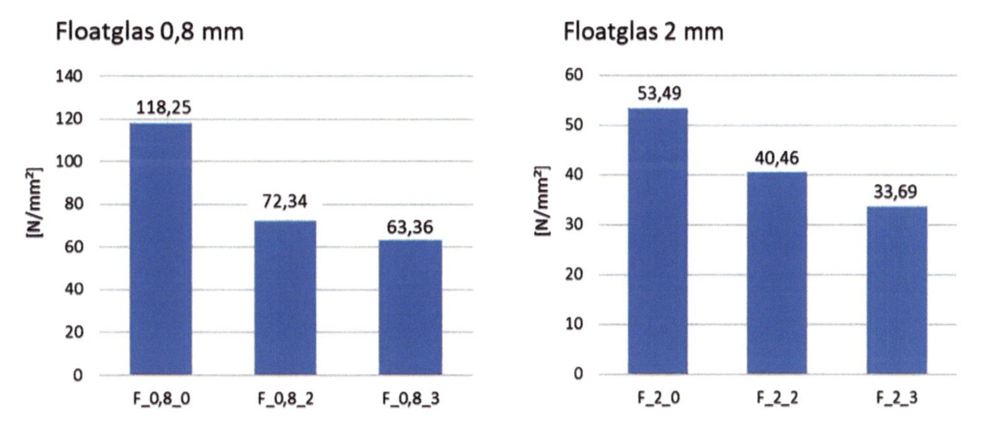

Bild 6 Prüfergebnisse des Vierschneiden-Biegezugversuchs für Floatglas (© H. Hribernig, FH Joanneum)

Betrachtung ergeben sich durch die großen Verformungen geringere Biegezugfestigkeiten. Für diesen nichtlinearen Zusammenhang, speziell bei dünnen Gläsern, sind nicht alle Finite-Elementprogramme für die Modellbildung geeignet.

11.2 Chemisch vorgespanntes Glas

Das Sandriesel-Prüfverfahren hat für chemisch vorgespanntes Glas CVG eine noch viel größere Auswirkung als beim Floatglas gezeigt.

Die folgenden Diagramme in Bild 7 zeigen die durchschnittliche, in Anlehnung an die EN 1288-3 bestimmte, Biegezugfestigkeit in [N/mm²]. Es sind die Ergebnisse der unterschiedlichen Kornkategorien den unbeschädigten Proben gegenübergestellt.

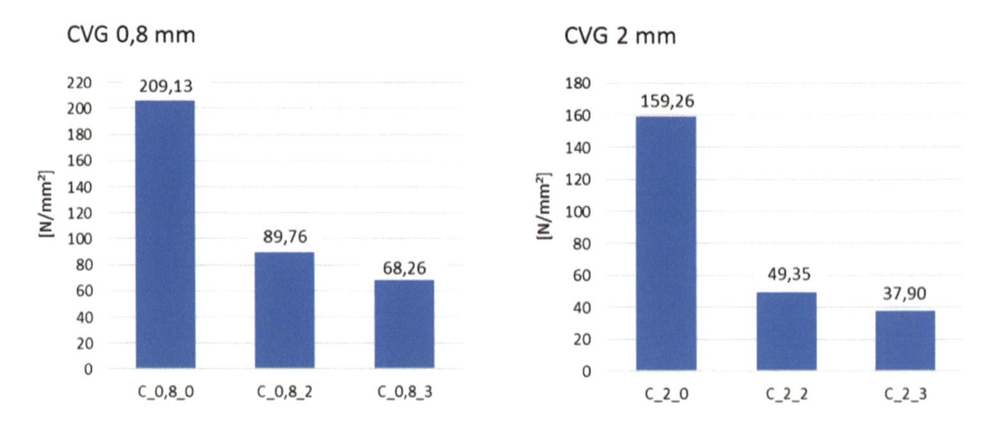

Bild 7 Prüfergebnisse des Vierschneiden-Biegezugversuchs für chemisch vorgespanntes Glas (© H. Hribernig, FH Joanneum)

12 Zusammenfassung

Auch in kontinentaleuropäischen Städten kann Wind (Starkwind) über 7 mm große Partikel aufnehmen. Wenn diese auf Glas treffen, verursachen sie sowohl optische als auch festigkeitsmindernde Defekte an der Oberfläche. Dieser Vorgang kann durch das Sandriesel-Prüfverfahren simuliert und mittels Vierschneiden-Biegezugversuch bewertet werden. Durch die Versuche konnte eine Heterogenität der verschiedenen Glasproben festgestellt werden. Die Unterschiede betreffen nicht nur unbeschädigte und beschädigte Proben, es sind auch Abstufungen in den Beschädigungsgraden nach Korngrößen erkennbar. Je größer die Partikel sind, desto größer sind auch die Defekte an der Glasoberfläche.

Beim Berieseln mit Ton und Schluff (bis 0,063 mm) sind kaum Veränderungen im Vergleich zu unbeschädigten Äquivalenten erkennbar. Bei der Anwendung von Fein- und Mittelsand (0,063 bis 0,63 mm) beträgt die Biegezugfestigkeit der Floatgläser noch ca. 74 %, bei Grobsand (0,63 bis 2,0 mm) nur noch rund 64 % der Festigkeit eines unbeschädigten Glases. Ein chemisch vorgespanntes Glas verliert durch das Sandriesel-Prüfverfahren einen großen Teil seiner Vorspannung, womit die Festigkeit prozentual gesehen noch mehr sinkt, nämlich auf ca. 40 % beziehungsweise sogar auf ca. 30 % im Vergleich zu den unbeschädigten Proben.

13 Wissenswertes

Diese Forschungsarbeit wurde in einem von der Christian Doppler Forschungsgesellschaft gefördertem Josef Ressel Zentrum für Dünnglastechnologie für Anwendungen im Bauwesen in Kooperation mit den Wirtschaftspartner SFL Engineering GmbH und Hydro Building Systems Germany GmbH durchgeführt.

14 Literatur

[1] Martens, A. (1898) *Handbuch der Materialkunde für den Maschinenbau*, Berlin: Julius Springer, S. 238 ff. (zit.n.: [2], S. 129).

[2] Schula, S. (2015) *Charakterisierung der Kratzanfälligkeit von Gläsern im Bauwesen*, Berlin: Springer Vieweg, S. 33.

[3] Wagner, E. (2012) *Glasschäden. Oberflächenbeschädigungen, Glasbrüche in Theorie und Praxis*, Stuttgart: Fraunhofer RB, S. 82–83.

[4] Schula, S. (2015) *Charakterisierung der Kratzanfälligkeit von Gläsern im Bauwesen*, Berlin: Springer Vieweg, S. 43 ff.

[5] Overend, M. (2017) Artificial ageing of glass with sand abrasion in: *Construction and Building Materials*, 142., S. 537.

[6] Schula, S. (2015) *Charakterisierung der Kratzanfälligkeit von Gläsern im Bauwesen*, Berlin: Springer Vieweg, S. 114 ff.

[7] Dikau, R. et al. (2019) *Geomorphologie*, Berlin: Springer Spektrum, S. 277.

[8] Spektrum (2021) *äolisch* [online] https://www.spektrum.de/lexikon/geographie/aeolisch/408 [Zugriff 14.03.2021].

[9] Stegger, U. (2021) *Bodenerosion durch Wind* [online] https://www.bgr.bund.de/DE/Themen/Boden/Ressourcenbewertung/Bodenerosion/Wind/Bodenerosion Wind_node.html [Zugriff 14.03.2021].

[10] Dikau, R. et al. (2019) *Geomorphologie*, Berlin: Springer Spektrum, S. 275 ff.

[11] DIN 52348 (1985) *Prüfung von Glas und Kunststoff*; Verschleißprüfung; Sandriesel-Verfahren.

[12] EN 1288-3:2000-12-01 (2000) *Glas im Bauwesen – Bestimmung der Biegefestigkeit von Glas* – Teil 3: Prüfung von Proben bei zweiseitiger Auflagerung (Vierschneiden-Verfahren), Berlin: Beuth.

Statistische Charakterisierung der Druckzonentiefe vorgespannter Gläser

Kerstin Thiele[1], *Michael Kraus*[2], *Jens Schneider*[1], *Jens Nielsen*[3]

[1] *Technische Universität Darmstadt, Institut für Statik und Konstruktion, Franziska-Braun-Straße 3, 64287 Darmstadt, Deutschland; thiele@ismd.tu-darmstadt.de; schneider@ismd.tu-darmstadt.de*
[2] *ETH Zürich, Institut für Baustatik und Konstruktion sowie Immersive Design Lab (IDL), Stefano-Franscini-Platz 5, 8093 Zürich, Schweiz; kraus@ibk.baug.ethz.ch*
[3] *Technical University of Denmark, Department of Civil Engineering Structures and Safety, Brovej, 118, 117, 2800 Kgs. Lyngby, Dänemark; jhn@byg.dtu.dk*

Abstract

Infolge variierender Produktionsbedingungen erfolgt der thermische Vorspannprozess von Gläsern nicht vollständig homogen. Daraus entstehen lokale Unterschiede in den Eigenspannungen. Um die statistischen Verteilungen von charakterisierenden Größen des Eigenspannungsprofils in thermisch vorgespanntem Flachglas zu bestimmen, wurden mehr als 100 Proben mit einem Streulicht-Polariskop (SCALP) untersucht. Die Messungen wurden an zuvor definierten Stellen in drei Richtungen an beiden Oberflächen der Probekörper durchgeführt. Dies ermöglicht die quantitative Auswertung und Kalibrierung statistischer Modelle der Druckzonentiefe sowie der Homogenität der Vorspannungsprofile.

Statistical characterization of compression zone depth in pre-stressed glasses. Due to varying production conditions, the thermal tempering process of glass is not fully homogeneous. This results in local differences in the residual stresses. In order to determine the statistical distributions of characterizing quantities of the residual stress profile in thermally toughened flat glass, more than 100 samples were examined with a scattered light polariscope (SCALP). The samples were examined at previously defined locations from both surfaces in three directions with respect to the pre-stress profiles. This allows the quantitative evaluation and calibration of statistical models of the compression zone depth and the homogeneity of the prestress profiles.

Schlagwörter: *thermisch vorgespanntes Flachglas, Druckzonentiefe, Streulicht-Polariskop, statistische Auswertung*

Keywords: *thermally tempered glass, compression zone depth, scattered light polariscope, statistical evaluation*

Glasbau 2022. Herausgegeben von Bernhard Weller, Silke Tasche.

1 Einleitung und Motivation

Glas ist ein sprödes Material, dessen Festigkeit hauptsächlich durch Mikrorisse definiert wird. Beim thermischen Vorspannen von Glas werden durch einen geeigneten Abkühlungsprozess Druckspannungen an der Oberfläche und Zugspannungen in der Glasmitte eingebracht. Die Oberflächendruckspannungen haben den Zweck, die dort befindlichen Mikrorisse zu überdrücken, sodass das Glas unter Last erst dann versagt, wenn die Druckspannung überwunden wird und der Mikroriss weiterwachsen kann.

Da der thermische Prozess nicht komplett homogen erfolgen kann, variieren die Oberflächendruckspannungen über die Fläche des Glases aber auch zwischen den Glasoberflächen. Diese Unterschiede sind Ursache der optischen Anisotropie-Effekte, die im polarisierten Licht sichtbar werden können. Dabei handelt es sich um schwarzweiße bis hin zu farblichen Mustern, die aufgrund der doppelbrechenden Eigenschaften von Glas erkennbar werden. Aktuelle Forschungsergebnisse zu optischen Anisotropie-Effekten werden in [1, 2, 3] beschrieben.

Der Verlauf der Vorspannungen über die Dicke des Glases infolge eines ideal homogenen Vorspannprozesses kann näherungsweise als Parabel beschrieben werden [4, 5]. Durch das Abkühlen der Gläser mit Luft aus Düsen während des Vorspannprozesses variieren die Spannungsverläufe über die Fläche des Glases. Bisherige Untersuchungen zu Vorspannungsprofilen sind u. a. die in [6] dargestellten Ergebnisse an den Kanten vorgespannter Gläser vor und nach dem Schleifen sowie die in [7] beschriebenen Resultate lokaler Untersuchungen der Oberflächendruckspannungen aufgrund der Abkühlung mit Düsen. Vor kurzem hat Nielsen et al. in [8] Untersuchungen zur Druckzonentiefe in thermisch vorgespanntem Glas veröffentlicht. Diese Untersuchung zeigt eine Abhängigkeit der Druckzonentiefe von der Glasdicke. Insgesamt kann aufgrund der Literaturlage festgestellt werden, dass durch die Rollen, auf denen das Glas transportiert wird, sowie durch die mögliche unterschiedliche Einstellung zwischen Ober- und Unterhitze im Ofen, Vorspannungsunterschiede zwischen den Glasoberflächen zu erwarten sind.

Um die Unterschiede der charakterisierenden Größen von Oberflächendruckspannungen beschreiben und statistisch modellieren zu können, wurden mehr als 100 Probekörper mit einem Streulicht-Polariskop (SCALP) von beiden Glasoberflächen untersucht. Dabei wurde nur thermisch vorgespanntes Flachglas untersucht. Gebogene Gläser oder chemisch vorgespanntes Glas sind nicht Gegenstand dieser Forschung.

2 Theoretische Grundlagen

2.1 Eigenspannungen im thermisch vorgespannten Flachglas

In Bild 1 ist der thermische Vorspannprozess schematisch dargestellt. Das saubere Glas wird auf eine Temperatur über dem Glasübergang erhitzt und danach zügig mit Druckluft, die aus Düsen auf das Glas trifft, abgekühlt [5]. Dafür wird es auf Rollen transportiert. Im Folgenden erhalten Werte, die der oberen Oberfläche zugeordnet werden, den Index „top“, vgl. Bild 1. Werte, die der unteren Seite des Glases mit Kontakt zu den Rollen im Vorspannprozess zugeordnet werden, erhalten den Index „bot“.

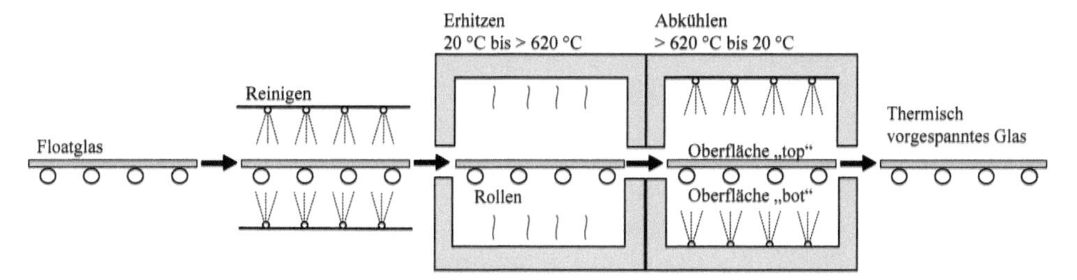

Bild 1 Schematische Darstellung des thermischen Vorspannprozesses mit Definition der oberen Glasoberfläche („top“) sowie der unteren Glasoberfläche („bot“) (© K. Thiele, ISM+D, nach [5])

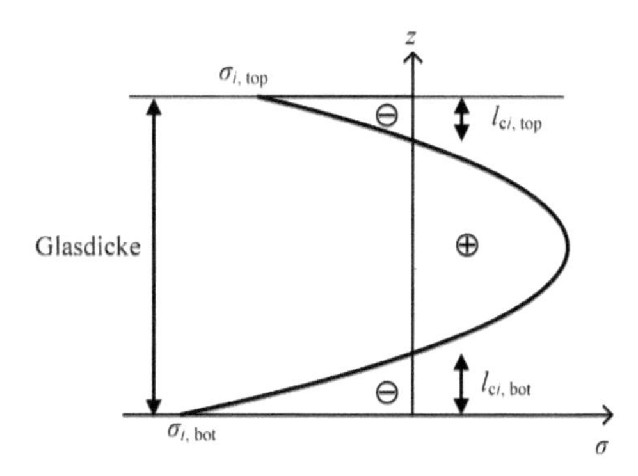

Bild 2 Schematische Darstellung der Eigenspannungsverteilung im thermisch vorgespannten Glas (© K. Thiele, ISM+D, nach [8])

Die resultierenden Eigenspannungen aus dem thermischen Vorspannprozess können gut durch eine Parabel angenähert werden [4, 5]. In Bild 2 ist eine allgemeine Darstellung der Eigenspannungen nach einem Vorspannprozess dargestellt. Darin sind $\sigma_{i,\text{top}}$ und $\sigma_{i,\text{bot}}$ die i-ten Hauptspannungen an Ober- und Unterseite des Glases. Die zu der i-ten Hauptspannung an Ober- und Unterseite zugehörigen Druckzonentiefen werden mit $l_{ci,\text{top}}$ und $l_{ci,\text{bot}}$ bezeichnet.

2.2 Streulicht-Polariskop

Für die experimentellen Untersuchungen zur Ermittlung der Vorspannungsprofile hinsichtlich Spannungshöhe und Druckzonentiefe wurde das Streulicht-Polariskop SCALP-05 der Firma Glasstress Ltd. verwendet. Eine genaue Beschreibung der Funktionsweise des Streulicht-Polariskops wird in [11] gegeben. Um dem interessierten

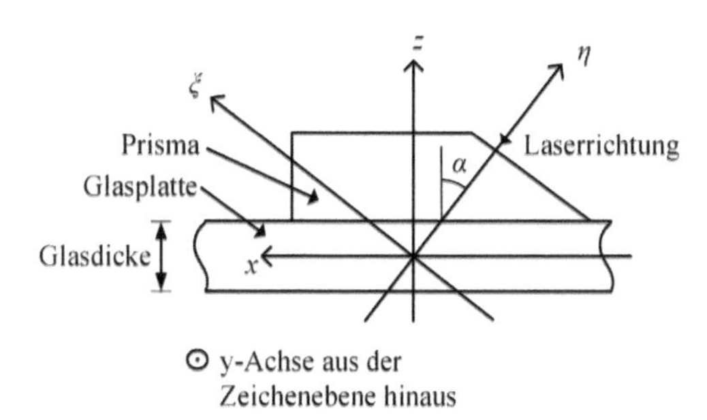

Bild 3 Schematische Darstellung des Streulicht-Polariskop (SCALP) mit Definition der Koordinatenachsen (© K. Thiele, ISM+D, nach [9])

Leser ein besseres Verständnis der Ergebnisse zu ermöglichen, wird an dieser Stelle eine kurze Einführung in das Messsystem dargestellt.

Bei der Verwendung eines Streulicht-Polariskops wird ein polarisierter Laserstrahl unter einem definierten Winkel α in den Glasprobekörper geleitet, dessen Streuung seitlich von einer Kamera aufgenommen wird, vgl. Bild 3. Die Streuung ist abhängig von den sekundären Hauptspannungen (Hauptspannungen in der Ebene senkrecht zum Laserstrahl) und der Photoelastischen Konstante C, die hier zu 2,72 TPa^{-1} angenommen wurde [9, 12]. Aus der Intensität der Streuung entlang des Laserstrahls wird die optische Verzögerung berechnet und durch eine Funktion angenähert, wobei die Spannungen im Glas dann durch Ableiten dieser Funktion ermittelt werden. Da die Eigenspannungen thermisch vorgespannter Gläser gut durch ein Polynom 2. Ordnung beschrieben werden können, ist die Regression eines Polynoms 3. Ordnung für die Messwerte der Verzögerung ein etabliertes Vorgehen. Bei dem hier verwendeten Streulicht-Polariskop SCALP-05 können allerdings auch andere Funktionen ausgewählt werden. Nach [9] liegt die Genauigkeit der Angabe der Oberflächendruckspannungen des SCALP bei 5 % für Oberflächenspannungen größer als 20 MPa.

Da beim Eintritt des Lasers in den Probekörper an der Glasoberfläche immer ein Teil des Lasers reflektiert wird, ist die Messung an dieser Stelle von Messartefakten überlagert. Die Software des Herstellers erkennt die betroffenen Messwerte automatisch und exkludiert diese aus der Kurvenanpassung. Die Werte der Spannungen an der Oberfläche resultieren dann aus einer Extrapolation der regressierten Kurve.

Unter der Voraussetzung, dass keine Spannungen in Dickenrichtung des Glases ($\sigma_z = 0$) wirken, können die Spannungen der ξy-Ebene senkrecht zum Laser, vgl. Bild 3, die den Laserstrahl beeinflussen, wie in Gl. (1) dargestellt, zusammengefasst werden.

$$\boldsymbol{\sigma}_{\xi y \eta} = \begin{pmatrix} \cos(\alpha)^2 \sigma_x & \cos(\alpha)\tau_{xy} & -\sin(\alpha)\cos(\alpha)\sigma_x \\ \cos(\alpha)\tau_{xy} & \sigma_y & -\sin(\alpha)\tau_{xy} \\ -\sin(\alpha)\cos(\alpha)\sigma_x & -\sin(\alpha)\tau_{xy} & \sin(\alpha)^2\sigma_x \end{pmatrix} \tag{1}$$

Aus Gl. (1) können die sekundären Hauptspannungen durch Hauptachsentransformation bestimmt werden. Bei der Messung von thermisch vorgespanntem Glas sind die Richtungen der Hauptspannungen unbekannt, sodass τ_{xy} einer Messung ungleich Null ist. Es müssen Messungen mindestens in drei Richtungen durchgeführt werden, um die Unbekannten σ_x, σ_y, τ_{xy} zu bestimmen.

2.3 Statistische Methoden

Im Rahmen der Untersuchungen in diesem Beitrag werden Methoden der deskriptiven und explorativen Statistik verwendet, um bisher unbekannte Zusammenhänge in den Daten der Vorspannungsprofile zu finden und hierdurch neue Hypothesen zu generieren. Diese Hypothesen werden dann im Rahmen der Anwendung von Methoden der schließenden Statistik mittels wahrscheinlichkeitstheoretischer Methoden auf ihre Gültigkeit untersucht.

Zur Beschreibung der Messdaten dienen der Mittelwert μ sowie die Varianz V. Statistische Hypothesentests bezüglich der Messdatenverteilung werden mit dem (nichtparametrischen) Kolmogorov-Smirnov-Test (KS-Test) [13, 14, 15, 16] durchgeführt. Für die numerische Umsetzung wird Matlab R2018a [18] verwendet.

Der KS-Test prüft die Nullhypothese H_0, dass zwei Zufallsvariablen von einer identischen Verteilung beschrieben werden können. Die alternative Hypothese H_1 sagt aus, dass die zwei Zufallsvariablen von unterschiedlichen Verteilungen beschrieben werden. Der KS-Test wertet dazu den absoluten Abstand der zwei empirischen Verteilungsfunktionen aus, siehe Gl. (2). Ist der Abstand klein, können beide Zufallsvariablen mit derselben Verteilungsfunktion beschrieben werden und die Nullhypothese H_0 kann als gültig betrachtet werden.

$$D = \max\left(\left|F_1(x) - F_2(x)\right|\right) \tag{2}$$

Die alternative Hypothese H_1 kann durch die Hypothese, dass die Verteilungsfunktion der Zufallsvariable 1 größer oder kleiner ist als die Verteilungsfunktion der Zufallsvariablen 2, ersetzt werden. Dazu wird nicht der absolute Abstand, sondern der tatsächliche Wert genutzt, siehe Gl. (3).

$$D = \max\left(F_1(x) - F_2(x)\right) \tag{3}$$

Die in diesem Beitrag durchgeführten Hypothesentests verwenden ein Signifikanzniveau von α_{sig} = 0,05. Die Entscheidung über die Annahme der Nullhypothese H_0 erfolgt anhand des Signifikanzwerts (p-Wert). Der p-Wert entspricht dabei dem kleinsten Signifikanzniveau, bei dem die Nullhypothese H_0 gerade noch verworfen werden kann.

Zur Modellierung der ortsabhängigen statistischen Eigenschaften der Vorspannung und einer seiner charakterisierenden Größen, der Druckzonentiefe, wird die Methode der Regression mit Gauß-Prozessen [16] aus dem Bereich des Maschinellen Lernens (ML) verwendet. Die Gauß-Prozess-Regression (GPR) ist ein nichtparametrischer, Bayes'scher Ansatz zur Regression von Daten y nach Gl. (4) bei Datensätzen mit geringem Umfang unter Berücksichtigung einer Priorverteilung für die Daten in Form von $f(x) \sim GP\left(m(x), k(x,x')\right)$.

$$y(x) \sim GP\left(m(x), k(x,x') + \delta_{ij}\sigma_n^2\right) \tag{4}$$

Dabei ist $m(x)$ die Mittelwertfunktion und $k(x,x')$ die Kovarianzfunktion zusammen mit der Annahme von homosedastisch-normalverteiltem Messfehler mit Varianz σ^2.

3 Experimentelle Untersuchungen

In Tabelle 1 sind die Eigenschaften der untersuchten Probekörper aufgelistet, wohingegen in Bild 4 die zwei untersuchten Formate dargestellt sind. Es wurden vorgespannte Flachgläser der beiden Formate von zwei Glasveredlern untersucht. Die Probekörper des Formats 1000 mm × 1000 mm in den Glasdicken 6 mm und 15 mm wurden nur von Glasveredler A bereitgestellt. Im Format 750 mm × 1500 mm wurden Probekörper mit 6 mm, 8 mm, 10 mm und 12 mm Glasdicke, sowie Kalknatron-Silikatglas (SLG) und Kalknatron-Silikatglas mit reduziertem Eisengehalt (Low Iron SLG) untersucht. An den Gläsern, die hier als Einscheibensicherheitsglas (ESG) aufgelistet sind, wurde

Tabelle 1 Übersicht der untersuchten Glasprobekörper

Glas-veredler	Glasart	ESG/TVG	Format [mm²]	Nominale Dicke [mm]	Gesamtzahl Messpunkte (Anzahl Probekörper)
A	SLG	ESG	1000 × 1000	6	63 (7)
B	SLG	ESG	750 × 1500	6	25 (5)
B	Low Iron SLG	ESG	750 × 1500	6	30 (6)
A	SLG	ESG	750 × 1500	8	15 (3)
B	SLG	ESG	750 × 1500	8	35 (7)
A	SLG	TVG	750 × 1500	8	15 (3)
B	SLG	TVG	750 × 1500	8	15 (3)
A	SLG	ESG	750 × 1500	10	15 (3)
A	SLG	TVG	750 × 1500	10	15 (3)
A	SLG	ESG	750 × 1500	12	15 (3)
B	SLG	ESG	750 × 1500	12	35 (7)
A	Low Iron SLG	ESG	750 × 1500	12	15 (3)
B	Low Iron SLG	ESG	750 × 1500	12	35 (7)
A	SLG	TVG	750 × 1500	12	15 (3)
B	SLG	TVG	750 × 1500	12	35 (7)
A	Low Iron SLG	TVG	750 × 1500	12	15 (3)
B	Low Iron SLG	TVG	750 × 1500	12	35 (7)
A	SLG	ESG	1000 × 1000	15	112 (11)

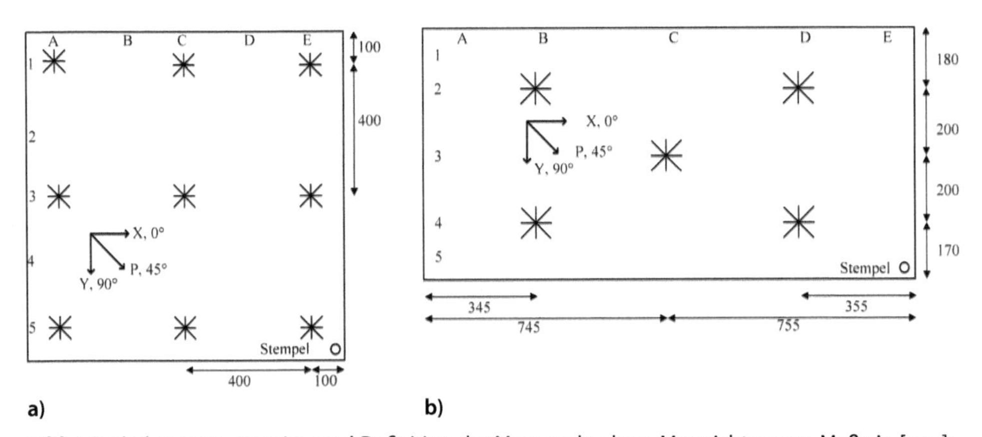

Bild 4 Probekörpergeometrien und Definition der Messpunkte bzw. Messrichtungen, Maße in [mm]; a) 1000 × 1000 mm² mit 9 Messpunkten; b) 750 × 1500 mm² mit 5 Messpunkten (© K. Thiele, ISM+D)

eine Oberflächendruckspannung zwischen 90 und 120 MPa gemessen. An Gläsern, die hier als Teilvorgespanntes Glas (TVG) aufgelistet sind, wurde eine Oberflächendruckspannung zwischen 40 und 60 MPa gemessen. Die nach ASTM C 1048-04 [19] geforderte Mindestoberflächendruckspannung für ESG von 69 MPa und die geforderte Oberflächendruckspannung für TVG zwischen 24 und 52 MPa, erfüllen diese Gläser. 20% der gemessenen Punkte an TVG liegen zwischen 50 MPa und 60 MPa und überschreiten damit den in der ASTM geforderten Bereich leicht.

Alle Gläser wurden im ähnlichen Zeitraum und zur Beurteilung der Anisotropie-Effekte hergestellt. Da der thermische Vorspannprozess von vielen Faktoren abhängt, z.B. der Jahreszeit oder der Menge Glas pro Ofenpaket, ist der vorhandene Datensatz nicht repräsentativ.

In Bild 4 sind die Messpunkte sowie die Richtungen der drei Messungen je Punkt für die beiden untersuchten Formate dargestellt. Es wurde auf einen ausreichend großen Abstand der Messpunkte zur Glaskante geachtet, um den Einfluss des unterschiedlichen Eigenspannungszustandes an der Kante zu minimieren. Insgesamt wurden im Rahmen dieser Untersuchung Messdaten an 540 Messpunkten, an denen jeweils drei Messungen an beiden Oberflächen durchgeführt wurden, erhoben.

Die Probekörper wurden vor der Messung mit Fensterreiniger gereinigt und auf eine Papierunterlage mit den Markierungen der Messpunkte gelegt. Für die Messung mit SCALP sollte die Oberfläche möglich frei von Verschmutzungen sein, sodass die Messpunkte zusätzlich mit Isopropanol gereinigt wurden. Die Messpunkte wurden dann mit permanenter Farbe markiert, sodass eine einfachere Ausrichtung des SCALPs möglich ist und möglichst derselbe Punkt auf der Rückseite für die Messung lokalisiert werden kann.

Zur Minimierung von Reflektionen an den Glasoberflächen zwischen SCALP und Probekörper, welche die Genauigkeit der Messung potentiell reduzieren, wird eine Flüssigkeit mit möglichst glasähnlichem Brechungsindex aufgebracht. Dafür wurde

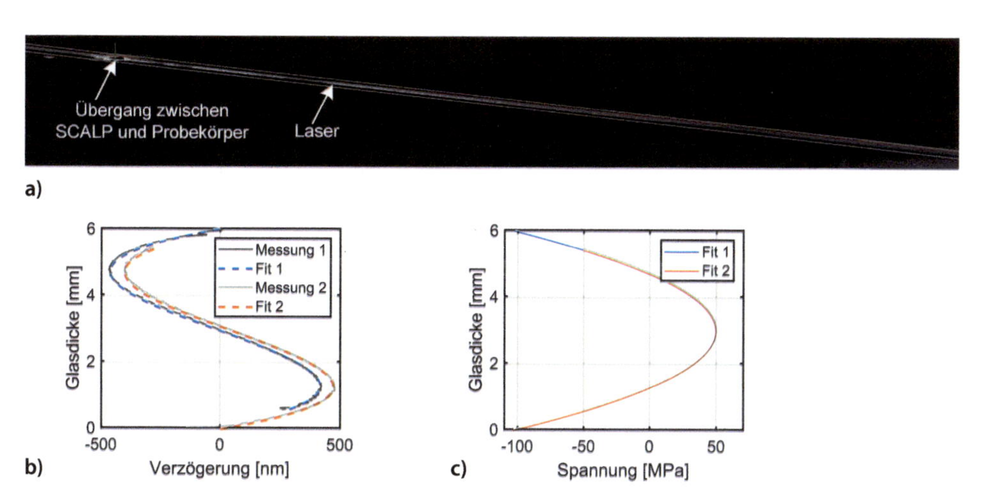

Bild 5 Darstellung einer Messung an einem Messpunkt an einem 6 mm Glas; a) Kamerabild des Lasers; b) gemessene Verzögerung für Messung 1 (Oberfläche „top") und Messung 2 (Oberfläche „bot"); c) berechnete Spannungsverläufe jeweils für die Messung 1 und 2 (© K. Thiele, ISM+D)

„Immersion Liquid Code 5095" von Cargille Laboratories mit einem Brechungsindex von 1,52 bei einer Wellenlänge von 635 nm verwendet.

Weitere Störeinflüsse auf die Messung können auch durch äußere Lichtquellen entstehen. Um diesen Effekt zu minimieren, wurde der Raum größtmöglich verdunkelt. Da die Messung mit SCALP auch sensitiv auf die Beschaffenheit der Oberfläche zur Ablage des Probekörpers reagiert, wurde darauf geachtet, dass die Papierunterlage mit den Markierungen aus dunklerem und nicht reflektierendem Papier besteht.

Bild 5 zeigt exemplarisch den Verlauf einer Messung an einem Probekörper mit 6 mm. Dabei zeigt Bild 5a das Kamerabild des SCALP. In Bild 5b ist der gemessene Verlauf der Verzögerung des Lasers für die zwei Messungen von Ober- und Unterseite und in Bild 5c die daraus abgeleiteten Spannungen dargestellt.

3.1 Vereinfachte Ermittlung der Hauptspannungen

Der Hersteller des SCALP, GlasStress Ltd., stellt ein Verfahren zur Bestimmung der Hauptspannungen und ihrer Richtungen zur Verfügung, welches eine Messung in vier Richtungen erfordert [9]. Im Rahmen des vorliegenden Beitrags wurden jedoch nur drei Richtungen vermessen und die Hauptspannungen und deren Richtungen über ein vereinfachtes Verfahren bestimmt.

Betrachtet man Gl. (1), erhält man aus jeder der drei Messungen sekundäre Hauptspannungen, die von den drei Spannungen σ_x, σ_y und τ_{xy} abhängig sind. Vereinfacht wurde hier angenommen, dass aus der Messung in x-, p- und y-Richtung direkt die Spannungen in y-, $p1$- und x-Richtung folgen. Nachdem für jede Messung die Verzögerungen einzeln kalibriert wurden und die Spannungen als Ableitung der regressierten Funktion ermittelt wurden, fand die Berechnung der Hauptspannungen wie folgt statt:

$$\tau_{xy} = \sigma_{p1} - \frac{\sigma_y - \sigma_x}{2} \tag{5}$$

$$\phi_1 = \arctan\left(\frac{2\tau_{xy}}{\sigma_y - \sigma_x}\right), \quad \phi_2 = \phi_1 + \frac{\pi}{2} \tag{6}$$

$$\sigma_1 = \frac{\sigma_y + \sigma_x}{2} + \frac{\sigma_y - \sigma_x}{2}\cos(2\phi_1) + \tau_{xy}\sin(2\phi_1) \tag{7}$$

$$\sigma_2 = \frac{\sigma_y + \sigma_x}{2} + \frac{\sigma_y - \sigma_x}{2}\cos(2\phi_2) + \tau_{xy}\sin(2\phi_2) \tag{8}$$

3.2 Ermittlung der Druckzonentiefe

Die Druckzonentiefe l_{ci} gibt die Dicke des überdrückten Bereichs des thermisch vorgespannten Glases an, siehe Bild 2. Die Bestimmung der Druckzonentiefe kann auf zwei Arten aus den Messwerten erfolgen. Bei den Messdaten der Verzögerung entspricht die Lage des Spannungswechsels von Druck zu Zug der Lage des oberflächennahen lokalen Extremums, vgl. Bild 5b. Auf diese Art kann die Druckzonentiefe relativ genau bestimmt werden, da in dieser Distanz zur Oberfläche die Messwerte sehr exakt vorliegen und kein zusätzliches Korrigieren der Messwerte infolge möglicher Störeinflüsse notwendig ist.

Im Rahmen dieses Beitrags wurden die Druckzonentiefen l_{ci} als Nulldurchgang der, wie in Abschnitt 3.1 beschrieben, ermittelten Hauptspannungen σ_{i} bestimmt, vgl. Bild 5c. Dafür muss zunächst eine Funktion anhand der Messwerte regressiert werden, deren Ableitung den Spannungsverlauf liefert. Bei der Ermittlung der Druckzonentiefe über den Wert der Spannungen ist demnach die Unsicherheit bezüglich der für die Anpassung verwendeten Funktion im Rahmen des vereinfachten Verfahrens enthalten.

Die Druckzonentiefe wird im Folgenden als auf die nominale Dicke normierter Wert angegeben. Der Unterschied der Druckzonentiefen zwischen Oberfläche „top“ und „bot“ wird mit dem Quotienten r_{lci} angeben, vgl. Gl. (9).

$$r_{lci} = \frac{l_{ci,\mathrm{top}}}{l_{ci,\mathrm{bot}}} \tag{9}$$

4 Resultate der statistischen Auswertungen

Nachfolgend werden aufgrund der gebotenen Kürze dieses Beitrags lediglich ausgewählte Resultate der Auswertungen mithilfe der in Abschnitt 2.3 genannten statistischen Methoden vorgestellt.

In den folgenden Kapiteln 4.1 bis 4.3 wird jeweils die Hypothese H_0 gegen die alternative Hypothese H_1, dass die Verteilungsfunktion der Zufallsvariablen x_1 größer ist als die Verteilungsfunktion der Zufallsvariablen x_2, getestet. Eine Widerlegung der Hypothese H_0 bedeutet für die Verteilungsfunktionen der Druckzonentiefen l_{ci}, dass die Druckzonentiefen der Zufallsvariablen x_1 statistisch signifikant dünner sind als die der Zufallsvariablen x_2. Für die Verteilungsfunktionen der Quotienten r_{lci} bedeutet dies, dass die Unterschiede zwischen den Oberflächen „top“ und „bot“ für Zufallsvariable x_1 statistisch signifikant größer sind als für Zufallsvariable x_2.

4.1 Unterschiede der Druckzonentiefe zwischen den Oberflächen

Zunächst werden Daten aller 540 Messpunkte betrachtet. In Bild 6a und b sind Verteilungsfunktionen der Druckzonentiefen zu den Hauptspannungen 1 und 2 an den beiden Oberflächen „top“ und „bot“ gegeben. Bild 6c zeigt die Verteilungen der Quotienten r_{lci}.

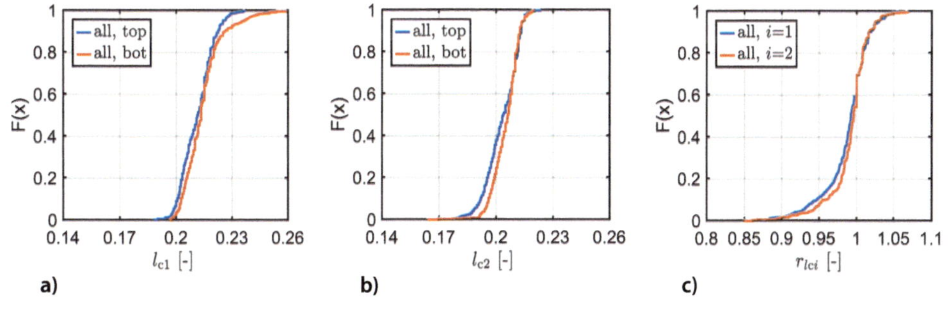

Bild 6 Verteilungsfunktionen; a) Druckzonentiefe zu Hauptspannung 1; b) Druckzonentiefe zu Hauptspannung 2; c) Verhältnis der Druckzonentiefen oben/unten (© K. Thiele, ISM+D)

Tabelle 2 Mittelwert, Standardabweichung und Definition der Zufallsvariablen sowie Signifikanzwerte p der KS-Tests. Es wurden alle Daten der 540 Messpunkte verwendet

	$l_{c1,top}$ [-]	$l_{c1,bot}$ [-]	$l_{c2,top}$ [-]	$l_{c2,bot}$ [-]	r_{lc1} [-]	r_{lc2} [-]
μ	0,211	0,214	0,203	0,205	0,988	0,991
σ	7,17 E-5	1,01 E-4	7,11 E-5	4,66 E-5	9,11 E-4	7,68 E-4
KS-Test	x_1	x_2	x_1	x_2	x_1	x_2
p	3,54 E-4		3,22 E-6		1,09 E-2	

Tabelle 2 beinhaltet die Mittelwerte, Standardabweichungen und die Definition der Zufallsvariablen x_1, x_2 sowie die Signifikanzwerte p der KS-Tests für die sechs untersuchten Verteilungen.

Sowohl aus den Mittelwerten, den KS-Test-Ergebnissen als auch Bild 6a und b zeigt sich, dass die Druckzonentiefen der Hauptspannungen 1 und 2 an der Oberfläche „top" etwas kleiner sind als an der Oberfläche „bot". Bild 6c zeigt, dass der Unterschied der Druckzonentiefen zwischen den Oberflächen für die Hauptspannungen 1 größer ist. Für Hauptspannung 1 als auch für Hauptspannung 2 weisen 60 % der Messpunkte eine geringere Druckzonentiefe an Oberfläche „top" auf als an Oberfläche „bot".

4.2 Abhängigkeit vom Hersteller

Um mögliche Unterschiede in den Daten der Probekörper von Hersteller A und Hersteller B zu detektieren, sind in Bild 7 die ausgewerteten Daten der 540 Messpunkte je Hersteller dargestellt. Tabelle 3 gibt die Mittelwerte, Standardabweichungen und die Definition der Zufallsvariablen x_1, x_2 sowie Signifikanzwerte p der KS-Tests für die zwölf untersuchten Verteilungen. Grau hinterlegte Werte markieren, dass die Hypothese H_0 beim gewählten Signifikanzlevel nicht widerlegt werden konnte.

Probekörper beider Hersteller zeigen ein ähnliches Bild. Die Druckzonentiefen an der Oberfläche „top" sind geringer als an der Oberfläche „bot". Die Verteilung der Druckzonentiefen in den untersuchten Probekörpern ist unabhängig vom Hersteller.

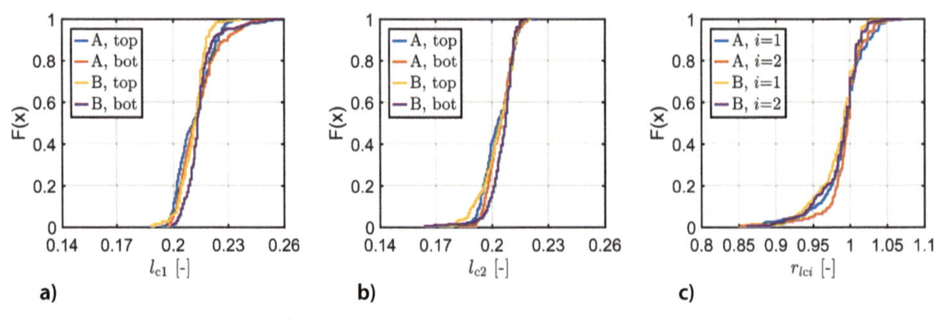

Bild 7 Verteilungsfunktionen für Hersteller A und B; a) Druckzonentiefe zu Hauptspannung 1; b) Druckzonentiefe zu Hauptspannung 2; c) Verhältnis der Druckzonentiefen oben/unten (© K. Thiele, ISM+D)

Tabelle 3 Mittelwert, Standardabweichung und Definition der Zufallsvariablen sowie Signifikanzwerte p der KS-Tests. Für Hersteller A wurden Daten an 295 Messpunkten, für Hersteller B Daten an 245 Messpunkten je Verteilung genutzt

		$l_{c1,top}$	$l_{c1,bot}$	$l_{c2,top}$	$l_{c2,bot}$	r_{lc1}	r_{lc2}
A	μ	0,211	0,214	0,203	0,204	0,991	0,994
	σ	8,87 E-5	1,20 E-4	6,41 E-5	4,59 E-5	9,98 E-4	7,04 E-4
	KS-Test	x_1	x_2	x_1	x_2	x_1	x_2
	p	5,16 E-3		1,13 E-2		2,30 E-2	
B	μ	0,211	0,215	0,203	0,206	0,985	0,987
	σ	5,14 E-5	7,85 E-5	7,98 E-5	4,68 E-5	7,90 E-4	8,22 E-4
	KS-Test	x_1	x_2	x_1	x_2	x_1	x_2
	p	3,07 E-4		4,40 E-5		1,32 E-1	

4.3 Abhängigkeit vom Vorspanngrad

Um mögliche Unterschiede zwischen den Daten der Probekörper verschiedener Glasgüten zu untersuchen, sind in Bild 8 die Verteilungsfunktionen der Messdaten bezüglich ESG und TVG dargestellt. In Tabelle 4 sind die Mittelwerte, Standardabweichungen und Signifikanzwerte p der KS-Tests zusammengefasst. Dabei sind Zellen, bei denen die Nullhypothese H_0 beim gewählten Signifikanzlevel nicht widerlegt werden konnte, grau hinterlegt. In Zeile drei und vier der Tabelle sind die Ergebnisse der KS-Tests angegeben, die für jeden der sechs untersuchten Werte die Abstände Verteilungsfunktionen von ESG und TVG prüft. Dabei ist in Zeile drei die Hypothese getestet worden, dass die Verteilungsfunktion der Zufallsvariable x_1 (ESG) größer ist als die Verteilungsfunktion der Zufallsvariable x_2 (TVG).

Bei den untersuchten Probekörpern ist ein deutlicher Unterschied der Verteilungsfunktionen der Druckzonentiefen zwischen ESG und TVG erkennbar, wobei die Vari-

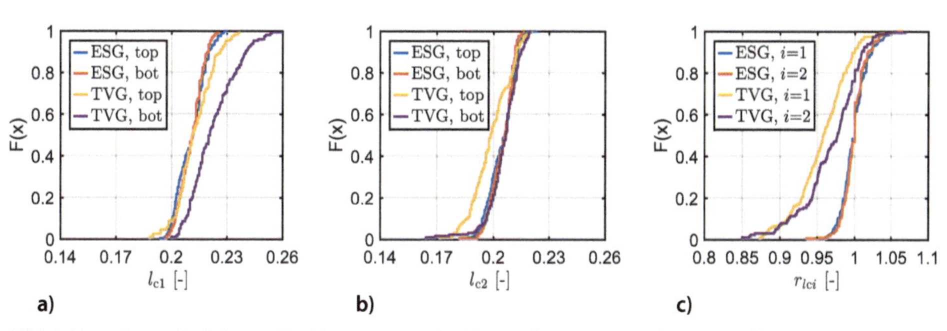

Bild 8 Verteilungsfunktionen für Vorspanngrade ESG und TVG; a) Druckzonentiefe zu Hauptspannung 1; b) Druckzonentiefe zu Hauptspannung 2; c) Verhältnis der Druckzonentiefen oben/unten (© K. Thiele, ISM+D)

Tabelle 4 Mittelwert, Standardabweichung und Definition der Zufallsvariablen sowie Signifikanzwerte p der KS-Tests. Für ESG wurden Daten von 395 Messpunkten, für TVG Daten von 145 Messpunkten je Verteilung genutzt

		$l_{c1,top}$	$l_{c1,bot}$	$l_{c2,top}$	$l_{c2,bot}$	r_{lc1}	r_{lc2}
ESG	μ	0,2108	0,2109	0,2047	0,2048	0,9994	0,9993
	σ	6,02 E-5	4,21 E-5	4,97 E-5	3,63 E-5	3,10 E-4	2,51 E-4
	KS-Test	x_1	x_2	x_1	x_2	x_1	x_2
	p	1,62 E-2		1,27 E-4		1,75 E-1	
TVG	μ	0,2128	0,2227	0,1992	0,2056	0,9567	0,9690
	σ	1,01 E-4	1,62 E-4	1,07 E-4	7,47 E-5	1,21 E-3	1,51 E-3
	KS-Test	x_1	x_2	x_1	x_2	x_1	x_2
	p	5,55 E-7		4,51 E-10		6,86 E-4	
x_1 = ESG, x_2 = TVG							
	p	2,87 E-3	2,07 E-19	7,59 E-1	2,16 E-3	1,00 E0	9,90 E-1
x_1 = TVG, x_2 = ESG							
	p	5,51 E-1	1,00 E0	2,04 E-8	6,34 E-1	7,4 E-40	4,1 E-23

anz der Daten der TVG-Probekörper größer ist als die der ESG-Probekörper. Die untersuchten TVG-Probekörper weisen für die Hauptspannung 1 eine signifikant dickere Druckzonentiefe auf als die untersuchten ESG-Probekörper.

Für Hauptspannung 2 sind die beobachteten Druckzonentiefen der Oberfläche „top" bei TVG signifikant dünner, an Oberfläche „bot" allerdings signifikant dicker als die beobachteten Druckzonentiefen bei ESG. Bild 8c sowie Tabelle 4 zeigen, dass der Unterschied r_{lci} je Messpunkt bei TVG deutlich größer ist als für ESG.

4.4 Ortsabhängigkeit der Vorspannung

Eine erste Regressionsstudie von Gauß-Prozessen für die bezogene Druckzonentiefe oben wurde für 12 mm dicke Gläser der Probekörper mit Abmaßen von 750 × 1500 mm^2 durchgeführt. Die Mittelwertfunktion ist in Bild 9 zusammen mit den Trainingsmesswerten (Punkte) dargestellt.

Die mittlere Vorspannung scheint nach Bild 9 eher konstant und wenig vom Ort abzuhängen, der Variationskoeffizient kann zu ca. 10 % errechnet werden.

Das Trainieren des Gauß-Prozesses war erfolgreich und liefert somit ein Modell für die ortsabhängige Vorhersage der bezogenen Druckzonentiefe oben inkl. Unsicherheitsquantifizierung. Im Zuge der weiteren Forschung muss nun ein Hyperparametertuning sowie die Kalibrierung weiterer Gauß-Prozesse für die verbleibenden Größen durchgeführt werden, sodass generellere Aussagen möglich werden.

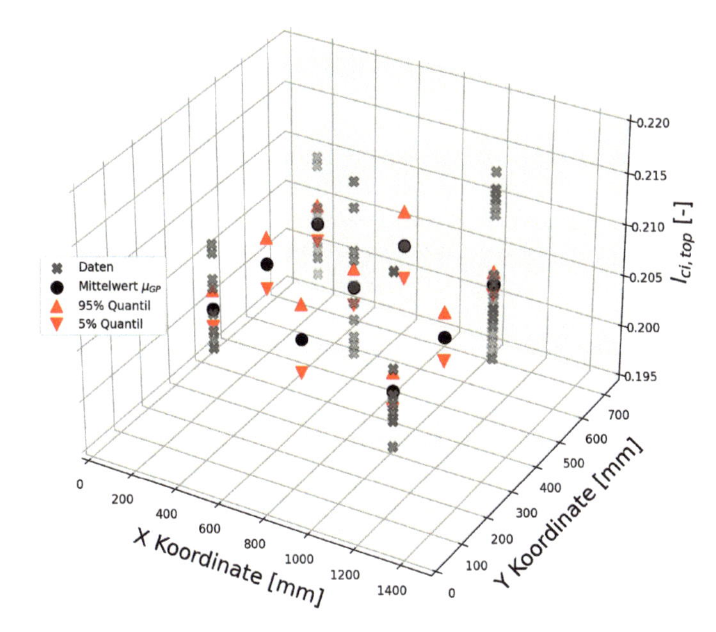

Bild 9 Mittelwertfunktion des Gauß-Prozesses und Messwerte der bezogenen Druckzonentiefe oben bei den Probekörpern mit Abmaßen von 750 × 1500 mm^2 und 12 mm Dicke (© M. Kraus, ETHZ)

5 Zusammenfassung und Ausblick

Im Rahmen dieses Beitrags wurden Daten zu charakterisierenden Größen des Eigenspannungsprofils in thermisch vorgespanntem Flachglas an mehr als 100 Proben mit einem Streulicht-Polariskop (SCALP) erhoben. Die Proben wurden an definierten Stellen von beiden Oberflächen in drei Richtungen untersucht. Aus den erhaltenen Ergebnissen wurden statistische Kenngrößen sowie statistische Verteilungen bestimmt und verschiedene Hypothesen bezüglich möglicher Unterschiede der Vorspannungsprofile zwischen Glasober- und Glasunterseite getestet. Wesentliche Erkenntnisse sind hierbei, dass die Druckzonentiefen in der Mehrheit der Daten:

- der Hauptspannungen 1 und 2 an der Oberseite „top“ etwas kleiner sind als an der Glasunterseite „bot“ und der Unterschied in der Druckzonentiefe bei Hauptspannungen 1 größer ist,
- und deren Statistik unabhängig vom Hersteller gleich ist,
- Unterschiede in den statistischen Eigenschaften der Vorspannungsprofile zwischen TVG und ESG festgestellt werden können.

Schließlich wurde ein erstes Gauß-Prozess-Regressionsmodell zur Modellierung der Ortsabhängigkeit der bezogenen Druckzonentiefe kalibriert. Im Mittel variieren, bei den hier gemessenen Probekörpern, die Druckzonentiefen konstant über die Scheibe mit einem Variationskoeffizienten von ca. 10 %. Damit liefert dieser Beitrag quantitative Einblicke und Aussagen bezüglich der Druckzonentiefe sowie zur Homogenität der Vorspannungsprofile.

Der thermische Vorspannprozess ist ein komplexer Vorgang, der von vielen Parametern abhängt, die die Druckzonentiefe sowie die Oberflächendruckspannung beeinflussen. Der vorliegende Datensatz beruht auf Probekörpern, die in einem ähnlichen Zeitraum hergestellt wurden, unterschiedliche Produktionsbedingungen sind hierin nicht enthalten.

Künftige Forschung ermöglicht das Testen weiterer Hypothesen bezüglich der Eigenschaften der Druckzonentiefe wie beispielsweise zur Abhängigkeit von der Glasdicke und weiteren Herstellungsspezifika. Insbesondere die weitere Untersuchung der lokalen Vorspanncharakterisitika mithilfe von Gauß-Prozess-Regressionsmodellen erlaubt schließlich eine genauere Kalibrierung von Teilsicherheitsbeiwerten für die Vorspannung kommender Generationen von Bemessungsnormen.

6 Danksagung

Die Ergebnisse entstanden innerhalb des vom BMWi geförderten WIPANO-Projektes „Bewertungskriterien zur Normung von Anisotropie-Effekten bei thermisch vorgespanntem Flachglas“. Die Autoren danken dem BMWi für die Förderung und den Projektpartnern für die gute Zusammenarbeit.

7 Literatur

[1] Fachverband Konstruktiver Glasbau e. V. (2019) *Merkblatt FKG 01/2019 Die visuelle Qualität von Glas im Bauwesen* – Anisotropien bei thermisch vorgespanntem Flachglas.

[2] Dix, S.; Müller, P.; Schuler, C.; Kolling S.; Schneider, J. (2021) Digital image processing methods for the evaluation of optical anisotropy effects in tempered architectural glass using photoelastic measurements in: *Glass Structures & Engineering*, Basel: Springer Nature Switzerland AG.

[3] Feldmann, M.; Kasper, R.; Di Biase, P.; Schaaf, B.; Schuler, C.; Dix S.; Illguth, M. (2017) Flächige und zerstörungsfreie Qualitätskontrolle mittels spannungsoptischer Methoden in: Weller, B.; Tasche, S. [Hrsg.] *Glasbau 2017*, Berlin: Ernst & Sohn, S. 327–338.

[4] Laufs, W. (2000) Ein Bemessungskonzept thermisch vorgespannter Gläser [Dissertation]. RWTH Aachen.

[5] Schneider, J.; Kuntsche, J.; Schula, S.; Schneider, F.; Wörner, J.-D. (2016) *Glasbau: Grundlagen, Berechnung, Konstruktion*, Berlin/Heidelberg: Springer Vieweg.

[6] Weller, B.; Lohr, K. (2018) Influence of Regrinding Depth on Edge Strength of Tempered Glass in: *Challenging Glass 6 – Conference on Architectural and Structural Applications of Glass*.

[7] Karvinen R.; Aronen, A. (2019) Influence of Cooling Jets on Stress Pattern and Anisotropy in Tempered Glass in: *GPD Glass Performance Days*.

[8] Nielsen, J. H.; Thiele, K.; Schneider, J.; Meyland, M. J. (2021) Compressive zone depth of thermally tempered glass in: *Construction and Building Materials*, Elsevier. https://doi.org/10.1016/j.conbuildmat.2021.125238

[9] GlasStress Ltd. (2021) *Scattered Light Polariscope SCALP Instruction Manual*.

[10] Aben, H.; Guillemet, C. (1993) *Photoelasticity of Glass*, Berlin/Heidelberg: Springer.

[11] Aben, H.; Anton, J.; Errapart, A. (2008) Modern Photoelasticity for Residual Stress Measurement in Glass in: *Strain*, pp. 40–48. https://doi.org/10.1111/j.1475-1305.2008.00422.x

[12] Ramakrishnan, V.; Ramesh, K. (2016) A novel method for the evaluation of stress-optic coefficient of commercial float glass in: *Measurement*, pp. 13–20.

[13] Massey, F. J. (1951) The Kolmogorov-Smirnov Test for Goodness of Fit in: *Journal of the American Statistical Association*, Elsevier, pp. 68–78. https://doi.org/10.2307/2280095

[14] Marsaglia, G.; Tsang, W.; Wang, J. (2003) Evaluating Kolmogorov's Distribution in: *Journal of Statistical Software.*

[15] Razali, N. M.; Wah, Y. B. (2011) Power comparisons of Shapiro-wilk, Kolmogorov-Smirnov, Lilliefors and Anderson-Darling tests in: *Journal of statistical modeling and analytics.*

[16] Rasmussen C. E.; Nickisch, H. (2010) Gaussian processes for machine learning (GPML) toolbox in: *The Journal of Machine Learning Research*, pp. 3011–3015.

[17] Miller, L. H. (1956) Table of Percentage Points of Kolmogorov Statistics in: *Journal of the American Statistical Association*, pp. 111–121.

[18] Mathworks (2021) [online], https://de.mathworks.com/help/index.html?s_tid=CRUX_lftnav

[19] ASTM Standard C1048-04 (2004) *Standard Specification for Heat-Treated Flat Glass – Kind HS, Kind FT Coated and Uncoated Glass.*

Analyse des Hagelwiderstandes von Gewächshaushüllen

Jürgen Neugebauer[1], Georg Peter Kneringer[1]

[1] *FH Joanneum GmbH, Josef Ressel Zentrum für Dünnglastechnologie für Anwendungen im Bauwesen, Alte Poststraße 149, 8020 Graz, Österreich; juergen.neugebauer@fh-joanneum.at; g.kneringer@gmx.at*

Abstract

Es wird aufgrund des Klimawandels in Zukunft vermehrt zu extremen Unwettersituationen, wie Sturm, Starkregenereignissen in Kombination mit Hagel, und den damit verbundenen Schäden in verschiedenen baulichen Bereichen unseres Lebens wie zum Beispiel bei Hüllen von Gewächshäusern durch Hagelschlag kommen. Aus diesem Grund ist es wichtig, sich mit den Themen beginnend von der Entstehung des Hagels bis zu den durch Hagelschlag hervorgerufenen Schäden zu beschäftigen. Durch geeignete Prüfeinrichtungen können die so genannten Hagelwiderstandsklassen im Labor ermittelt werden. Diese Bestimmung von den Hagelwiderstandsklassen wurde im Labor für unterschiedliche Hüllenmaterialien aus Kunststoff und Glas mittels geeignetem Versuchsaufbau durchgeführt.

Analysis of the hail resistance of greenhouse envelopes. Due to climate change, there will be more extreme storms in the future, such as storms, heavy rain events in combination with hail, and the associated damage in various structural areas of our life such as the envelopes of greenhouses from hail. For this reason, it is important to deal with the topics from the origin of the hail to the damage caused by hailstorms. The so-called hail resistance classes can be determined in the laboratory using suitable testing equipment. This determination of the hail resistance classes was carried out in the laboratory for different cover materials made of plastic and glass using a suitable test set-up.

Schlagwörter: *Hagelkörner, Hageleinwirkung, Hagelwiderstandsklasse*

Keywords: *ice projectiles, hail impact, hail resistance classes*

Glasbau 2022. Herausgegeben von Bernhard Weller, Silke Tasche.

1 Einleitung

Wird es in Zukunft vermehrt zu extremen Unwettersituationen, wie Sturm, Starkregenereignissen in Kombination mit Hagel, aufgrund des verbreitet diskutierten Klimawandels und den damit verbundenen Schäden in verschiedenen baulichen Bereichen unseres Lebens durch Hagelschlag kommen? Diese Frage ist jetzt schon existent und wird in Zukunft eine immer wichtigere Rolle einnehmen. Nicht nur in der klassischen Baubranche, wie bei Wohnbauten und Bauten für die Industrie, sondern auch z. B. bei Gewächshäusern in der Land- und Forstwirtschaft, müssen Bauteile und deren Funktion die immer häufiger auftretenden Belastungen in Bezug auf Unwetter möglichst schadlos überstehen. Sollten aber wider Erwarten trotzdem Schäden (besonders an der Gebäudehüllen aus Glas) auftreten, kann dies zu erheblichen Schäden am, beziehungsweise im Gebäude mit weitreichenden Folgeschäden führen.

2 Zukunft des Klimas

Betrachtet man den globalen Klimawandel und die damit verbundene und eingangs gestellte Frage, ob Unwetter in Zukunft zunehmen, muss diese leider eindeutig mit ja beantwortet werden. Dem *Intergovernmental Panel on Climate Change* (IPCC) – Bericht des Jahres 2013 kann entnommen werden, dass sich die klimatischen Veränderungen, global gesehen, unter anderem auf die nachfolgenden Parameter auswirken wird. [1]

2.1 Lufttemperatur

Durch die anthropogene Verstärkung des natürlichen Treibhauseffekts wird sich die globale Mitteltemperatur bis zum Ende dieses Jahrhunderts erhöhen. Basierend auf Abschätzungen in verschiedenen Studien, die mit globalen Klimamodellen berechnet werden, ist mit einer Zunahme der globalen Mitteltemperatur mit Werten zwischen etwa 1,5 °C und 4,5 °C zu rechnen. [1]

2.2 Niederschlag

Die Änderungen der Niederschlagsintensitäten werden in einer sich erwärmenden Welt nicht einheitlich sein. Für die hohen Breitengrade und den Äquatorialpazifik ist ein Anstieg des jährlichen Niederschlagsmittels bis Ende dieses Jahrhunderts wahrscheinlich. Hingegen werden in vielen trockenen Regionen der mittleren Breiten und Subtropen die mittleren Niederschläge wahrscheinlich abnehmen. Extreme Niederschlagsereignisse werden über den meisten Landmassen der mittleren Breiten und über feuchten, tropischen Regionen sehr wahrscheinlich intensiver und immer häufiger. [1]

2.3 Starkniederschlagereignisse

Einhergehend mit den vorhin erwähnten Parametern werden auch die Extremwettersituationen wie Starkregen, Sturm und Hagel tendenziell zunehmen. Es ist sehr wahrscheinlich, dass die Menge des Wassers in dampfförmiger Phase durch höhere Temperaturen und somit die globale spezifische Feuchtigkeit der oberflächennahen und troposphärischen Luft zugenommen hat. [1]

Zusammenfassend kann also für die Zukunft festgestellt werden, dass durch die Klimaveränderung in Zusammenhang mit den vorhin erwähnten Aspekten immer extremere Wetterereignisse auftreten werden. Essenziell wird daher auch die Widerstandsfähigkeit der Baumaterialien gegen die Einwirkung von Hagelschlag bei Unwetterereignissen sein. Nicht nur im konventionellen Wohn- oder Industriebau gewinnt dieser Aspekt immer mehr an Bedeutung.

3 Hagelkorn

3.1 Entstehung von Hagel

„Als „Hagel" bezeichnet man feste Niederschlagsteilchen, die hauptsächlich aus gefrorenem Wasser bestehen mit Durchmessern von ungefähr 5 mm und größer. Kleinere feste Hydrometeore – *Flüssige oder feste Partikel in der Atmosphäre, die zumindest teilweise aus Wasser oder Eis besteht* – werden als „Graupeln" bezeichnet." [2]

Hagelbildung steht immer im Zusammenhang mit Gewitterwolken und sehr heftigen Turbulenzen. In den sich bildenden Gewitterwolken kondensiert der Wasserdampf in der aufsteigenden Luftströmung. Je nach Temperaturbedingungen bilden sich Wassertropfen oder Eiskörner. Schwerere Partikel, wie größere Wassertropfen oder Hagelkörner, können nur in sehr starkem Aufwinden, wie in Bild 1 gezeigt, von den Luftmassen in der Schwebe gehalten oder gar aufwärts getrieben werden. Beim Aufwärtstransport der Hagelkörner lagert sich unterkühltes Wasser an (Koagulation) und gefriert zu einer Eisschicht. Ein Hagelkorn kann so bis auf über 10 cm Durchmesser wachsen. [3]

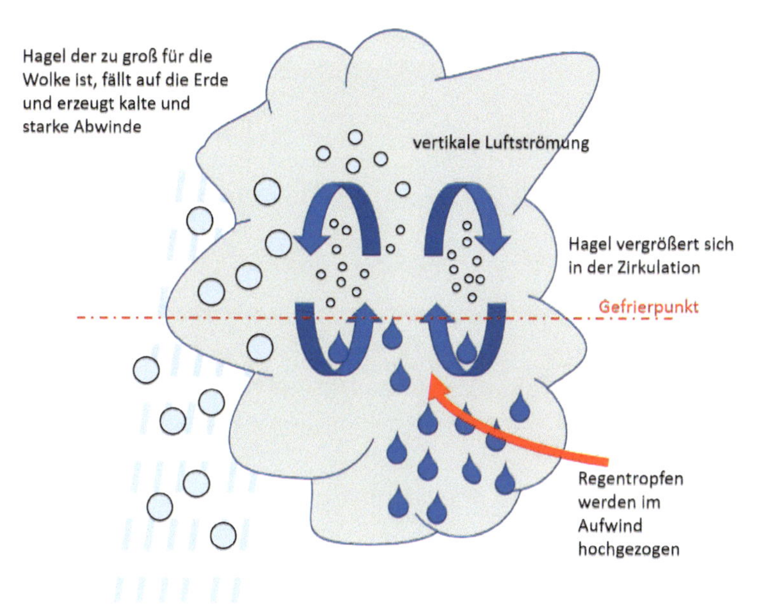

Bild 1 Entstehung eines Hagelkornes (© J. Neugebauer, FH Joanneum)

Erst wenn das Hagelkorn so groß ist, dass es nicht mehr vom Aufwind gehalten werden kann, fällt es zur Erde. Das beim Fallen schmelzende Hagelkorn trifft bei genügend Durchmesser (> 1 cm) und bei geringeren Umgebungstemperaturen in Eisform auf der Erde auf und kann bei einem Durchmesser von etwa 3 cm eine Geschwindigkeit von 90 km/h erreichen. [3]

4 Hagelzonen am Beispiel Österreich

Europaweit betrachtet gibt es in den verschiedenen Staaten sogenannte Gefahrenzonenkartierungen, wie zum Beispiel für Hochwasser. Eine einheitliche Karte, in denen die einzelnen Naturgefahren zusammengefasst sind, existiert zum jetzigen Zeitpunkt für den europäischen Raum noch nicht. Hier bietet einzig die *„European Severe Weather Database“* (ESWD) eine Übersicht über die vergangenen Ereignisse, wie etwa Starkregen, Lawinen oder Hagel. Es werden aber lediglich die Daten von punktuellen Ereignissen gesammelt und online bereitgestellt. Zum Beispiel existiert in Österreich eine umfangreiche Kartierung, in der sich alle relevanten Naturereignisse wie z. B. Hagelgefährdung, wie in Bild 2 dargestellt, in einer Onlinekarte vereinen.

Um die Auswirkungen verschiedener Naturgefahren für bestimmte Regionen besser abschätzen zu können, gibt es in Österreich eine flächendeckende Gefahren-Landkarte, Namens HORA (*Natural Hazard Overview & Risk Assessment Austria).* Dieses, für die Bevölkerung online (www.hora.gv.at) zugängliche Vorzeigemodell, ermöglicht das gezielte Abfragen von Risikoinformationen für einen bestimmten Standort bzw. eines Gebietes. [5]

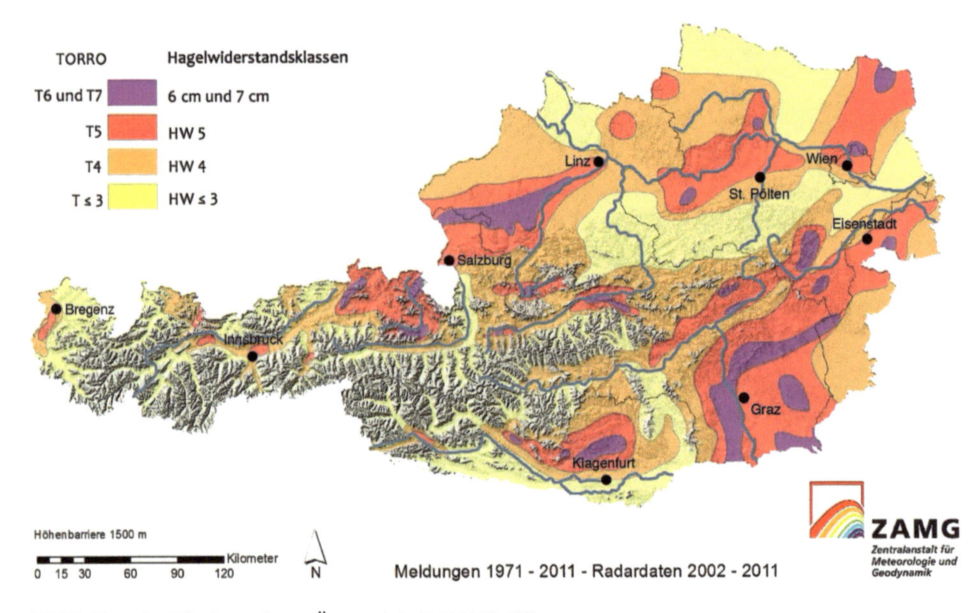

Bild 2 Hagelgefährdungskarte Österreich (© ZAMG [4])

5 TORRO Skala

*„Skala zur Erfassung der Intensität eines Tornados oder Starkwindereignissen entwickelt durch Dr. Terence Meaden von der „**TOR**nado and Storm **R**esearch **O**rganisation“ (TORRO), einer meteorologischen Organisation in Großbritannien.“*

Tabelle 1 beschreibt auf einer 11-teiligen Hagelskala [H0–H10], unter der Berücksichtigung von Wirkungsgrad, Hagelkorndurchmesser und der teilweisen geschätzten kinetischen Energie in [J/m^2], die Schadensausmaße der jeweiligen Klassen in aufsteigender Reihenfolge. [6]

Tabelle 1 Einteilung der Hagelkörner nach TORRO

Hagelskala [0–10]	Wirkungsgrad	Hagelkorndurchmesser [mm]	geschätzte kinetische Energie [J/m^2]	Schadensausmaß
TORRO 0	Eiskörner	< 5	5–25	kein Schaden
TORRO 1	Schadenspuren	5–15	>25	leichte Schäden an Pflanzen, Getreide
TORRO 2	spürbare Schadenspuren	10–20	>125	deutliche Schäden an Früchten und Bodenpflanzen
TORRO 3	erste Schäden	20–30	>275	Schäden an Glas- und Plastikkörpern
TORRO 4	schwere Schäden	25–40	>450	verbreitete Glasschäden und Schäden an Kfz-Karosserien
TORRO 5	zerstörend	30–50	>650	ausgedehnte Glasbrüche, Schäden an Ziegeldächern*
TORRO 6	zerstörend	40–60		Ziegelmauern abgeschlagen
TORRO 7	vernichtend	50–75		schwere Dachschäden**
TORRO 8	vernichtend	60–90		schwerste Schäden, auch bei Flugzeugen
TORRO 9	außergewöhnlicher Schaden	75–100		schwerste Bauwerksschäden
TORRO 10	extrem außergewöhnlicher Schaden	>100		schwerste Bauwerksschäden

* hohe Verletzungsgefahr für Menschen
** schwere Verletzungen bei Aufenthalt im Freien

5.1 Schadensbilder verursacht durch Hagel

Bild 3 zeigt sehr deutlich, welche enorme Schäden an z. B. Glashäusern, hervorgerufen durch Hagel, entstehen können.

Bild 3 Hagelschaden an einem Gewächshaus aus Glas (© https://www.hagel.at, [7])

6 Versuchsgrundlagen

Ein wesentlicher Punkt bei der Bestimmung der Hagelwiderstandsklasse ist die Ermittlung der Fallgeschwindigkeit in Abhängigkeit der Größe des Hagelkornes. Mit den folgenden Gln. (1) bis (3) kann der für die Versuchsdurchführung notwendige Zusammenhang dargestellt werden. [8]

Berechnung der kinetischen Energie:

$$E_{kin} = \frac{m_H \cdot v_A^2}{2} \tag{1}$$

Berechnung der Masse des Hagelkorns:

$$m_H = V_H \cdot \rho_{Eis} = \frac{4 \cdot \pi \cdot \left(\frac{d_H}{2}\right)^3}{3} \cdot \rho_{Eis} \tag{2}$$

Berechnung der maximalen Geschwindigkeit einer Eiskugel im freien Fall unter Berücksichtigung des Luftwiderstandes:

$$v_{max} = \sqrt{\frac{4 \cdot \rho_{Eis} \cdot d_H \cdot g}{3 \cdot \rho_{Luft} \cdot c_w}} \tag{3}$$

E_{kin} Kinetische Energie des Hagelkorns [J]
m_H Masse des Hagelkorns [kg]
v_A Aufprallgeschwindigkeit [m/s]
V_H Volumen des Hagelkorns [m^3]
ρ_{Eis} Dichte von Eis [kg/m^3]
d_H Durchmesser des Hagelkorns [m]

g Erdbeschleunigung [m/s²]
ρ_{Luft} Dichte von Luft [kg/m³]
c_W Luftwiderstandsbeiwert [-]

7 Versuchsdurchführung

Mit den zuvor beschriebenen Zusammenhängen von Größe des Hagelkornes und der Geschwindigkeit bzw. kinetischen Energie wurden die unterschiedlichen Hagelwiderstandsklassen definiert und, wie in Tabelle 2 dargestellt, für die Versuchsdurchführung entsprechend der VKF Richtlinie zusammengefasst. [8]

Das Magazin des Versuchsaufbaus, wie in Bild 4 dargestellt, wurde in Abhängig von dem Durchmesser der Eiskugeln bzw. Widerstandsklasse geladen. Der Versuchsaufbau besteht aus 4 Hagelkanonen mit Durchmesser von 20 mm bis 50 mm. Am vorderen Ende wird die Geschwindigkeit (Auftreffgeschwindigkeit) gemessen. Die Prüfkörper mit den Abmessungen 800/1000 mm wurden in einem Stahlrahmen (größere Masse) an dem drehbar gelagerten Holzrahmen montiert.

Die Bestimmung wurde mit der niedrigsten Hagelwiderstandsklasse HW 1 begonnen und je nach Widerstand bis zum Versagen gesteigert.

Tabelle 2 Zulässige Werte für die Eiskugelherstellung

Klasse	Durchmesser d_H [mm]	Masse G_{min} [g]	Masse G_{max} [g]	Richtgeschwindigkeit v_r [m/s]	Energie Klassengrenze E_{min} [J]	Energie Klassengrenze E_{max} [J]
HW 1	10	0,43	0,51	13,77	≥ 0,04	≤ 0,09
HW 2	20	3,46	4,04	19,48	≥ 0,69	≤ 1,0
HW 3	30	11,68	13,65	23,85	≥ 3,5	≤ 4,4
HW 4	40	27,70	32,35	27,54	≥ 11,1	≤ 13,2
HW 5	50	54,09	63,18	30,79	≥ 27,0	≤ 31,5

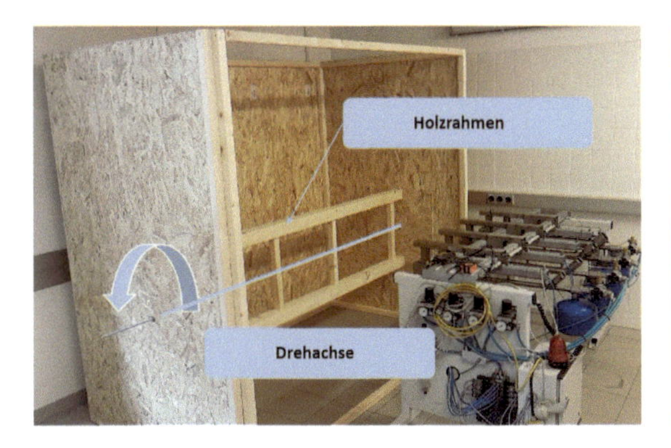

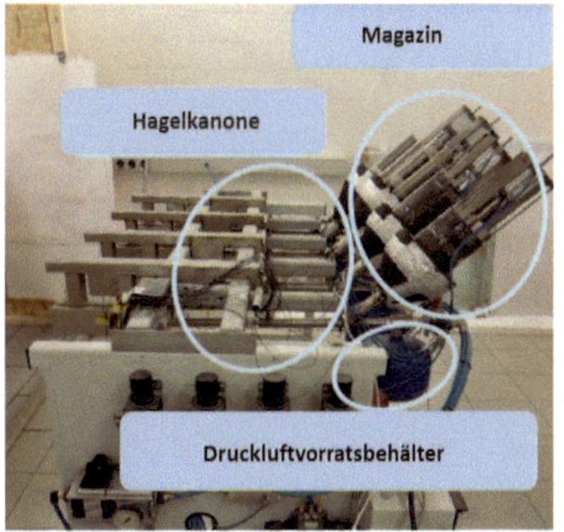

Bild 4 Aufbau des Prüfstandes für die Hagelprüfung (© G. P. Kneringer, FH Joanneum)

8 Beschreibung der zu prüfenden Materialien

In diesen Versuchsserien zur Bestimmung der Hagelwiderstandsklasse nach den VKF Prüfbestimmungen Nr. 00a Allgemeiner Teil A wurden die am meisten verwendeten Materialien, die bei den Recherchen über Gewächshäuser zu finden waren, getestet.

Glas
Die am meisten anzufindende Glasart in Glashäusern ist heutzutage das Flachglas, das nach dem Floatglasverfahren hergestellt wurde. In historischen Glashäusern findet man Glasarten, die nach dem Walzglasverfahren hergestellt wurden. In den Serien wurden chemisch vorgespannte Gläser den nicht vorgespannten Floatgläsern gegenübergestellt. Die Vorspannung wurde für diese Gläser mit dem Verfahren des Ionenaustausches von Kaliumionen und Natriumionen durchgeführt und wird als chemisches Vorspannen bezeichnet. [9]

Acrylglas
Acrylglas zählt zu den transparenten Kunststoffen und wird neben anderen Kunststoffen, wie zum Beispiel die Zwischenfolie bei VSG (Verbundsicherheitsglas), als Bauprodukt in Fassaden-, Dachanwendungen und Gewächshäusern eingesetzt bzw. kombiniert. [9]

Gewächshausfolie
Die in den Versuchen verwendete Folie ist eine Polyethylen-Folie. Dieses Material ist einer der am meisten eingesetzten Kunststoffe weltweit und wird vorwiegend in der Verpackungsindustrie, aber auch im Bauwesen eingesetzt. Ein Schwachpunkt ist die mit der Zeit fortschreitenden Versprödung, die durch Umwelteinflüsse hervorgerufen wird. [10]

Hohlkammerplatten
Bei den Versuchsreihen dieser Arbeit sind ebenso Hohlkammerplatten, oder auch Stegplatten genannt, zum Einsatz gekommen. Anwendungsgebiete dieser Platten sind hauptsächlich Überdachungen und Fassadenbekleidungen, insbesondere bei kleineren Gewächshäuschen für den privaten Gebrauch. Der Kunststoff kommt aus der Gruppe der PC's (Polycarbonate) und wird im Extrusionsverfahren, genauer Plattenextrusion, hergestellt. [10]

9 Versuchsergebnisse

9.1 Glas

Nach der zuvor beschriebenen Versuchsdurchführung wurden Floatglas und chemisch vorgespanntes Glas CVG mit den unterschiedliche Glasdicken 2, 3 und 4 mm getestet. Bei bestandener Prüfung wurde die Energieklasse erhöht und somit wurde neben dem Hagelkorndurchmesser auch die Geschwindigkeit der Projektile erhöht. In den Ergebnisdiagrammen in Bild 6, Bild 8 und Bild 10 sind die jeweiligen Hagelwiderstandsklassen, den Probekörpern zugeordnet, dargestellt.

9.1.1 Versuchsergebnisse für Floatglas

Bild 5 zeigt einen Beschuss mit einem 50 mm Eisprojektil auf ein 4 mm Floatglas, bei dem das Versagen des Glases eindeutig zu erkennen ist.

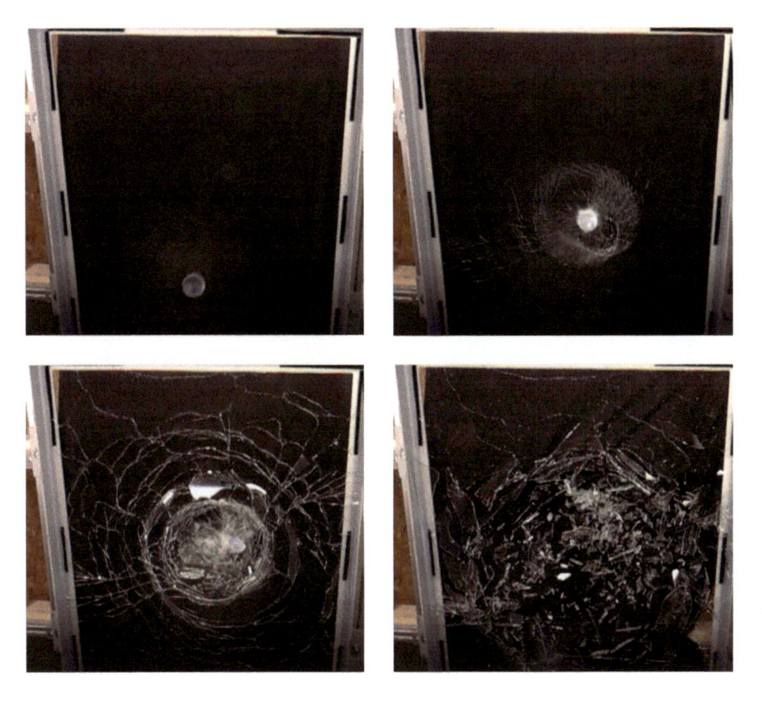

Bild 5 Bestimmung der Hagelwiderstandsklasse mit Glasbruch Floatglas (© G.P. Kneringer, FH Joanneum)

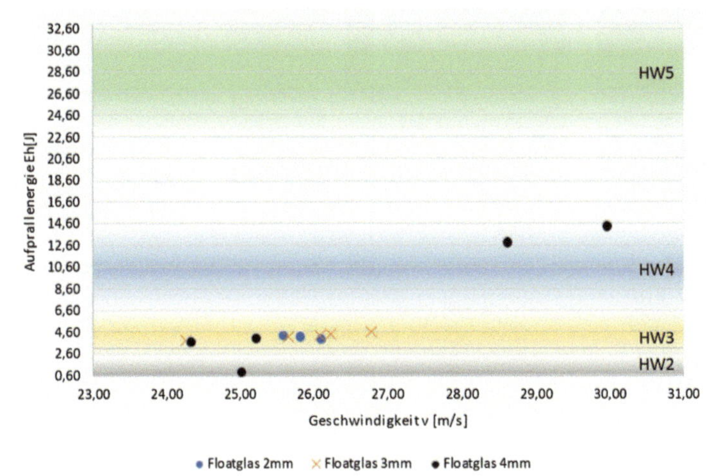

Bild 6 Hagelwiderstandsklassen für Floatglas (© G.P. Kneringer, FH Joanneum)

Das Diagramm in Bild 6 zeigt eine Gegenüberstellung der Dicken 2, 3 und 4 mm des Floatglases und die ermittelten Hagelwiderstandsklassen. Der Tabelle 2 können die den Hagelwiderstandsklassen zugehörigen Größen der Hagelkörner und die jeweilige Richtgeschwindigkeit bzw. Energieklassen entnommen werden.

9.1.2 Versuchsergebnisse für chemisch vorgespanntes Glas

Um einen Vergleich mit Floatglas zu ermöglichen, wurden die gleichen Glasdicken (2, 3 und 4 mm) chemisch vorgespannt und mit der beschriebenen Versuchsdurchführung die Hagelwiderstandsklasse bestimmt. Bild 7 zeigt einen Beschuss mit einem 50 mm Eisprojektil auf ein 4 mm chemisch vorgespanntes Glas (CVG). Das Glas besteht die Prüfung und die Eiskugel zerborstet in viele Einzelteile. Das 4 mm starke Glas konnte in die Hagelwiderstandsklasse 5 eingeordnet werden.

Das Diagramm in Bild 8 zeigt eine Gegenüberstellung der verschiedenen Dicken (2, 3 und 4 mm) des chemisch vorgespannten Glases (CVG) und die ermittelten Hagelwiderstandsklassen.

Der Tabelle 2 können die den Hagelwiderstandsklassen zugehörigen Größen der Hagelkörner und die jeweilige Richtgeschwindigkeit bzw. Energieklassen entnommen werden.

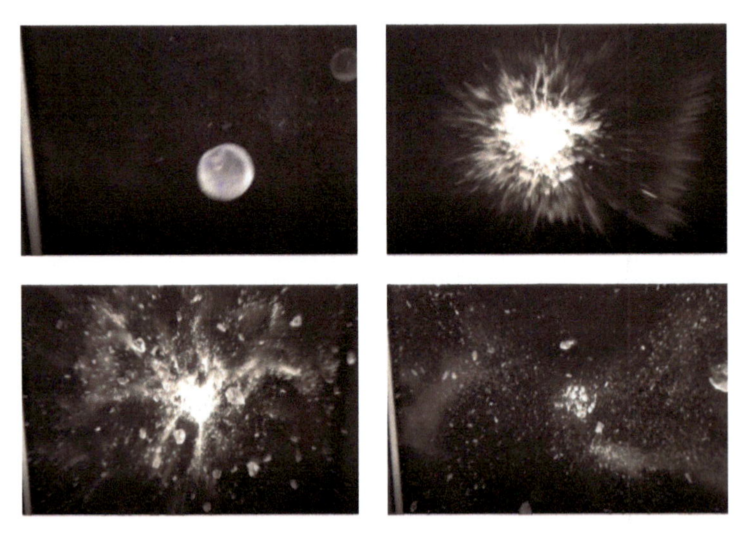

Bild 7 Bestimmung der Hagelwiderstandsklasse ohne Glasbruch CVG (© G.P. Kneringer, FH Joanneum)

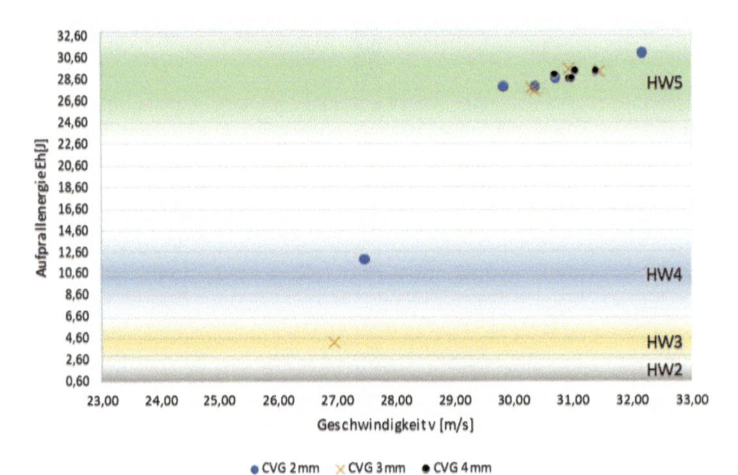

Bild 8 Hagelwiderstandsklassen für vorgespanntes Glas (CVG) (© G.P. Kneringer, FH Joanneum)

9.2 Kunststoffe

Bild 9a zeigt einen Durchschuss mit einem 40 mm Eisprojektil auf eine 0,2 mm Gewächshausfolie. Das Versagen der Folie ist eindeutig zu erkennen. Bild 9b zeigt einen Sprung nach dem Beschuss mit einem 40 mm Eisprojektil.

Das Diagramm in Bild 10 zeigt die Hagelwiderstandsklassen für Acrylglas, Gewächshausfolie und Hohlkammerplatten. Durch das sehr elastische Verhalten der Hohlkammerplatten konnten diese der Hagelwiderstandsklasse HW 5 zugeordnet werden.

Der Tabelle 2 können die den Hagelwiderstandsklassen zugehörigen Größen der Hagelkörner und die jeweilige Richtgeschwindigkeit bzw. Energieklassen entnommen werden.

Der Alterungsprozess (UV-Beständigkeit) der Kunststoffe wurde bei dieser Versuchsserie nicht berücksichtigt. Es ist aber davon auszugehen, dass durch die UV-Strahlung und andere Umwelteinflüsse eine Versprödung des Materials eintritt und die Hagelwiderstandsklassen herabgesetzt werden.

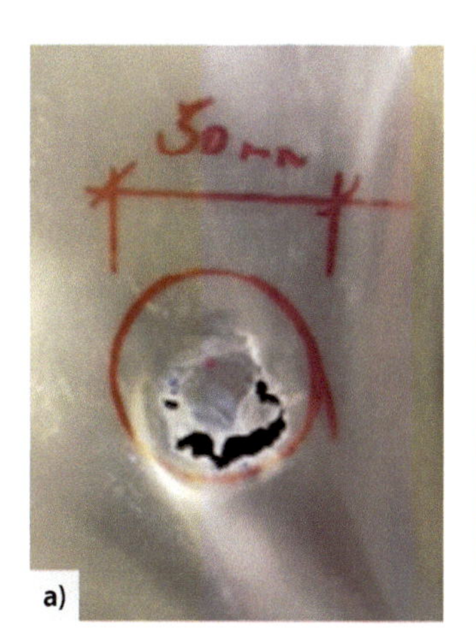

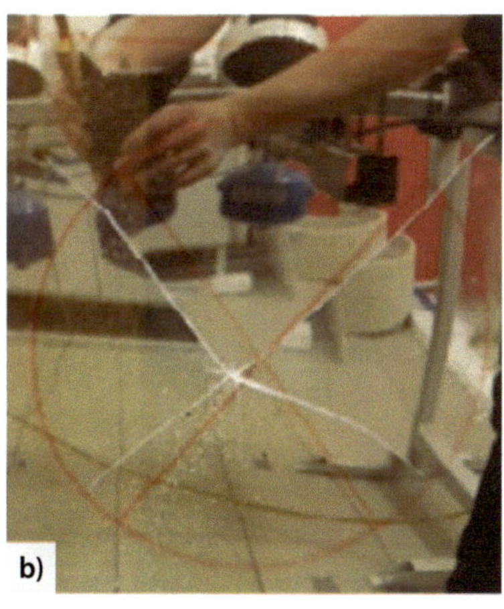

Bild 9 Bestimmung der Hagelwiderstandsklasse; a) Durchschuss der Gewächshausfolie; b) Sprung nach Beschuss (© G.P. Kneringer, FH Joanneum)

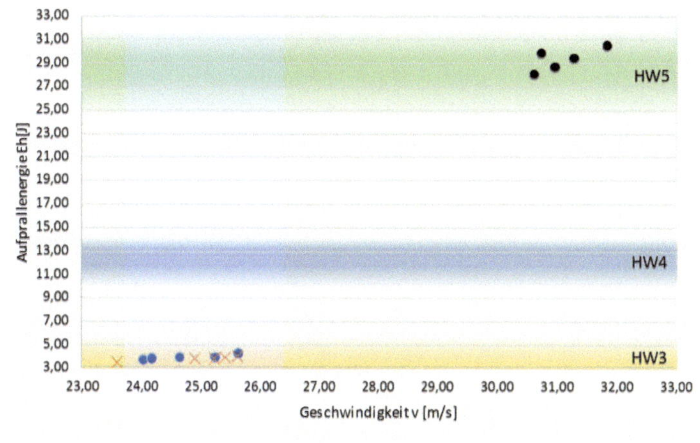

Bild 10 Hagelwiderstandsklassen für Kunststoffe (© G.P. Kneringer, FH Joanneum)

10 Zusammenfassung

In dem Zusammenhang des Klimawandels nehmen auch die Wetterextreme auf unserem Globus zu. Speziell in unseren mittleren Breitengraden kann dies vermehrt zu Unwetterereignissen in Verbindung mit Hagel führen und beträchtliche Schäden sowohl an Gebäuden als auch in der Land- und Forstwirtschaft mit sich ziehen.

Allgemein kann gesagt werden, dass die Prüfungen verschiedener Bauteile auf Hagelwiderstand folglich auch an Gewichtung gewinnen werden. Um die Widerstandsfähigkeit verschiedener Produkte auflisten zu können, bietet das Hagelregister eine gute Ausgangslage. Hier werden die unabhängig geprüften Produkte übersichtlich und vor allem frei zugänglich aufgelistet. Dies bietet eine solide Basis, um Entscheidungen in Bezug auf die Hagelschlagsicherheit fällen zu können. Sowohl die Bauindustrie als auch Landwirtschaftliche Betriebe können somit präventiv die geprüften Bauteile einsetzen.

Um bereits bestehende Gewächshäuser bezüglich des Hagelwiderstandes zu evaluieren, muss der Versuchsumfang auf thermisch vorgespannte Gläser erweitert werden.

11 Wissenswertes

Diese Forschungsarbeit wurde in einem von der Christian Doppler Forschungsgesellschaft gefördertem Josef Ressel Zentrum für Dünnglastechnologie für Anwendungen im Bauwesen in Kooperation mit den Wirtschaftspartner SFL Engineering GmbH und Hydro Building Systems Germany GmbH durchgeführt.

12 Literatur

[1] IPCC (2016) *Klimaänderung 2014: Synthesebericht* in: Pachauri R.K.; Meyer L.A. [Hrsg.] Beitrag der Arbeitsgruppen I, II und III zum Fünften Sachstandsbericht des Zwischenstaatlichen Ausschusses für Klimaänderungen (IPCC), Genf, Schweiz, Bonn: Deutsche Übersetzung durch Deutsche IPCC-Koordinierungsstelle, S. 53–64.

[2] Pachatz Gunter, C. (2005) *Analyse der Effizienz der Hagelabwehr in der Steiermark anhand von Fallbeispielen* [Dissertation]. Graz: Wegener Center Verlag, Austria. S. 7.

[3] Planat (2021) [online] https://www.planat.ch/de/wissen/hagel/entstehung-hg

[4] ZAMG Zentralanstalt für Meteorologie und Geodynamik (2021) *Hagelgefährdungskarte Österreich*, Österreich.

[5] Bundesministerium für Landwirtschaft, Regionen und Tourismus (Medieninhaber) HORA Natural Hazard Overview & Risk Assessment Austria (2021) *Hagelgefährdungskarte Österreich* [online] https://www.hora.gv.at/

[6] ZAMG – Zentralanstalt für Meteorologie und Geodynamik, Lebensministerium und VVO – Verband der Versicherungsunternehmen Österreichs [Hrsg.] (2007) *Weiterführende Information – Hagelschaden* [online] https://hora.gv.at/assets/eHORA/pdf/HORA_Hagelschaden_Weiterfuehrende-Informationen_v1.pdf

[7] Hagel (2021) [online] https://www.hagel.at/presseaussendungen/unwetter-in-oberoesterreich/

[8] Vereinigung Kantonaler Feuerversicherungen VKF [Hrsg.] (2018) *Hagelregister (HR),* VKF Prüfbestimmungen Nr. 00a Allgemeiner Teil A, Version: 01.03.2018. Bern: VKF, S. 4–5.

[9] Schneider, J. et al. (2016) *Glasbau, Grundlagen, Berechnung, Konstruktion,* 2. Auflage. Berlin/Heidelberg: Springer Vieweg.

[10] Dominighaus, H. et al. (2012) *Kunststoffe, Eigenschaften und Anwendungen.* 8. neu bearbeitete und erweiterte Auflage, Heidelberg: Springer-Verlag, S. 752.

Stefan Polónyi, Wolfgang Walochnik
Architektur und Tragwerk
Klassiker des Bauingenieurwesens
■ ein Buch das die Erfahrungen einer erfolgreichen Zusammenarbeit zwischen Architekten und Bauingenieuren widerspiegelt
■ unveränderter Nachdruck der Auflage aus 2003
Das Buch behandelt den Entwurfs- und Planungsprozeß von ausgeführten Hochbauten in der Praxis. Es ist ein Arbeitsbuch für Architekt:innen und Ingenieur:innen und Studierende beider Fachrichtun-
BESTELLEN
+49 (0)30 470 31-236
marketing@ernst-und-sohn.de
www.ernst-und-sohn.de/3369
* Der €-Preis gilt ausschließlich für Deutschland. Inkl. MwSt.
Ernst & Sohn
A Wiley Brand
prelim. fig.
11/2021 · ca. 354 Seiten ·
ca. 300 Abbildungen
Softcover
ISBN 978-3-433-03369-2 ca. € 29.90*
Bereits vorbestellbar.

trosifol@kuraray.com · www.trosifol.com
Welches ist ihr nächstes Projekt?
PLANEN SIE EIN NEUES PROJEKT MIT GLAS?
Dann haben wir die richtige Lösung. Wir sind der weltweit führende Spezialist für Glaszwischenlagen: ob strukturell und funktional, für Sicherheits-Anwendungen, Schalldämmung oder UV-Steuerung – wir beraten Sie! Weitere Informationen finden Sie unter www.trosifol.com.
kuraray
Trosifol®
SentryGlas

SOUNDLAB AI Tool – Machine Learning zur Bestimmung des bewerteten Schalldämmmaßes

Michael Drass[1], Michael Anton Kraus[1], Henrik Riedel[1], Ingo Stelzer[2]

[1] M&M Network-Ing, Lennebergstraße 40, 55124 Mainz, Deutschland; drass@mm-network-ing.com; kraus@mm-network-ing.com; riedel@mm-network-ing.com
[2] Kuraray Europe GmbH, Philip-Reis-Straße 4, 65795 Hattersheim am Main, Deutschland; ingo.stelzer@kuraray.com

Abstract

Die moderne Architektur strebt nach transparenten Gebäudehüllen und insbesondere nach nachhaltigen und bauphysikalisch adäquaten Glasfassaden. Typischerweise werden Glasfassaden entworfen, um eine Vielzahl von Zielen zu erfüllen, eines davon sind die Anforderungen an den Schallschutz. Eine zuverlässige Abschätzung der Schalldämmeigenschaften beliebiger Glasaufbauten ist aufgrund der Komplexität experimenteller Tests oder numerischer Simulationen zeitaufwendig und kostenintensiv. Daher wird in dieser Arbeit ein maschineller Lern-Ansatz zur Prädiktion der akustischen Eigenschaften beliebiger Glasaufbauten vorgestellt.

SOUNDLAB AI Tool – Machine learning for the determination of the weighted sound Insulation Value. Modern architecture strives for transparent building envelopes and, in particular, for sustainable and physically adequate glass facades. Typically, glass facades are designed to meet a variety of objectives, one of which is to satisfy sound insulation requirements. Reliable estimation of the sound insulation properties of arbitrary glass assemblies is time consuming and costly due to the complexity of experimental tests or numerical simulations. Therefore, this paper presents a machine learning approach for predicting the acoustic properties of various glass setups.

Schlagwörter: *Künstliche Intelligenz, Maschinelles Lernen, Glas, Akustik*

Keywords: *artificial intelligence, machine learning, glass, acoustics*

Glasbau 2022. Herausgegeben von Bernhard Weller, Silke Tasche.

1 Einleitung

Die moderne Architektur strebt nach transparenten Gebäudehüllen und nach innovativen, aber auch realisierbaren und baulich adäquaten Glasfassaden. In der Regel sollen Fassaden eine Vielzahl von Zielen erfüllen, wie z. B. ein anspruchsvolles ästhetisches Erscheinungsbild, hohe Witterungsbeständigkeit, schnelle Montage, hohe Transparenz sowie ökonomische und ökologische Effizienz. Schließlich geht es neben den oben genannten Zielen auch um die Einhaltung bauphysikalischer Ziele, wie z. B. die Einhaltung der bauakustischen Eigenschaften von Verglasungen. Für Verglasungen wird daher eine Bewertung der akustischen Eigenschaften und die Ermittlung des sogenannte bewerteten Schalldämmmaßes gefordert. In der Bauakustik haben sich für die Bewertung und den Vergleich verschiedener Verglasungsaufbauten Einzahlkennwerte für das Schalldämmmaß etabliert. Sie ermöglichen die Charakterisierung der Schalldämmung eines Bauteils (z. B. Verbundglas, Isolierglas etc.) ohne Berücksichtigung der Frequenzabhängigkeit, was die Verständlichkeit für den Laien deutlich erhöht und die Formulierung von technischen Anforderungen an Gläser und Verglasungen vereinfacht. Der in Europa gebräuchliche Wert wird als bewertetes Schalldämmmaß oder R_W-Wert bezeichnet und die in den USA verwendeten Werte bezeichnet man als STC und OITC-Werte, die aus Messungen des Schalldämmwertes in zertifizierten Labors durch Vergleich des Terz- bzw. Oktavbandspektrums des Schalldämmwertes mit einer in der Norm DIN EN ISO 717-1 festgelegten Referenzkurve ermittelt werden.

Die Ermittlung von Schalldämmwerten konnte bislang nur durch aufwendige numerische Analysen oder teure experimentelle Untersuchungen erfolgen. Es stellt sich daher die Frage, ob es möglich ist, mithilfe von Methoden der künstlichen Intelligenz (KI) und des maschinellen Lernens (ML) ein robustes Vorhersagewerkzeug zur Bestimmung des Schalldämmwertes für beliebige Glasaufbauten zu entwickeln. Daher wird in dieser Studie erstmals das SOUNDLAB AI Tool vorgestellt, das künstliche Intelligenz zur Vorhersage des bewerteten Schalldämmwertes für beliebige Glasaufbauten einsetzt.

Das SOUNDLAB AI Tool wurde in einem Joint Venture zwischen der M&M Network Ing UG (haftungsbeschränkt) und der Kuraray Europe GmbH entwickelt, wobei die Anforderungen darin bestanden, ein KI-basiertes Prognosetool auf Basis der von der Kuraray Europe GmbH zur Verfügung gestellten Datenbank zu entwickeln. Zusätzlich gab es eine Anforderung an die Vorhersagegenauigkeit des SOUNDLAB AI-Tools, nämlich ein Genauigkeitsintervall von ±1 dB. Die Algorithmenentwicklung und die Programmierung der kostenlosen Web-App erfolgte durch M&M Network Ing UG (haftungsbeschränkt).

2 Grundlagen der künstlichen Intelligenz und des maschinellen Lernens

In diesem Abschnitt werden die Begriffe der künstlichen Intelligenz und des maschinellen Lernens definiert, um dem Leser ein Verständnis für den grundlegenden Ansatz und die Methoden zu vermitteln, die zur Entwicklung des SOUNDLAB AI Tools verwendet wurden. Künstliche Intelligenz (KI) ist die Wissenschaft, die Computer/Computerprogramme dazu befähigt, zu lernen und Vorhersagen zu treffen, ohne explizit für diese spezielle Aufgabe programmiert zu werden [1]. KI widmet sich der Theorie und Entwicklung von Computersystemen, die in der Lage sind, Aufgaben auszuführen, für die normalerweise menschliche Intelligenz erforderlich ist, wie z. B. visuelle Wahrnehmung, Spracherkennung, Entscheidungsfindung und Sprachübersetzung. Maschinelles Lernen ist eine Unterkategorie von KI, die es ermöglicht, aus gegebenen Daten zu lernen und Korrelationen zu finden, ohne dass eine explizite Programmierung für ein bestimmtes Problem erforderlich ist. Ziel des maschinellen Lernens ist es, künstliches Wissen aus Erfahrungen zu generieren und abstrahieren. Die für den Lernprozess notwendigen Erfahrungen werden im KI-Kontext durch digitale Datenrepräsentiert, auf denen ein KI-Algorithmus trainiert wird.

Dementsprechend bauen ML-Algorithmen ein mathematisches Modell M auf, um aus Daten auf interessierende Größen (Zielgrößen) zu schließen und Vorhersagen oder Entscheidungen zu treffen, ohne explizit programmiert zu werden [2]. Eine Grundvoraussetzung ist jedoch, dass das aus den Daten gewonnene Wissen verallgemeinert und zur Lösung neuer Probleme, zur Analyse bisher unbekannter Daten oder für Vorhersagen über nicht gemessene Daten (Prädiktion) verwendet werden kann.

Beim ML können zwei verschiedene Lerntypen unterschieden werden: überwachtes und unüberwachtes Lernen [3]. In dieser Publikation wird nur das überwachte Lernen und speziell die Formulierung eines Regressionsmodells behandelt, da das vorliegende SOUNDLAB AI Tool auf dieser speziellen Form von Algorithmen basiert, vergleiche Bild 1.

Bei überwachten ML-Projekten ist es wichtig, einen Datensatz D mit n Beobachtungen zu haben, wobei der Datensatz Features bzw. Einflussvariablen x_n und Zielgrößen t_n enthalten muss. Die Variablen können kontinuierlich oder diskret sein. Während das überwachte Lernen darauf abzielt, ein Vorhersagemodell M zu entwickeln, das sowohl

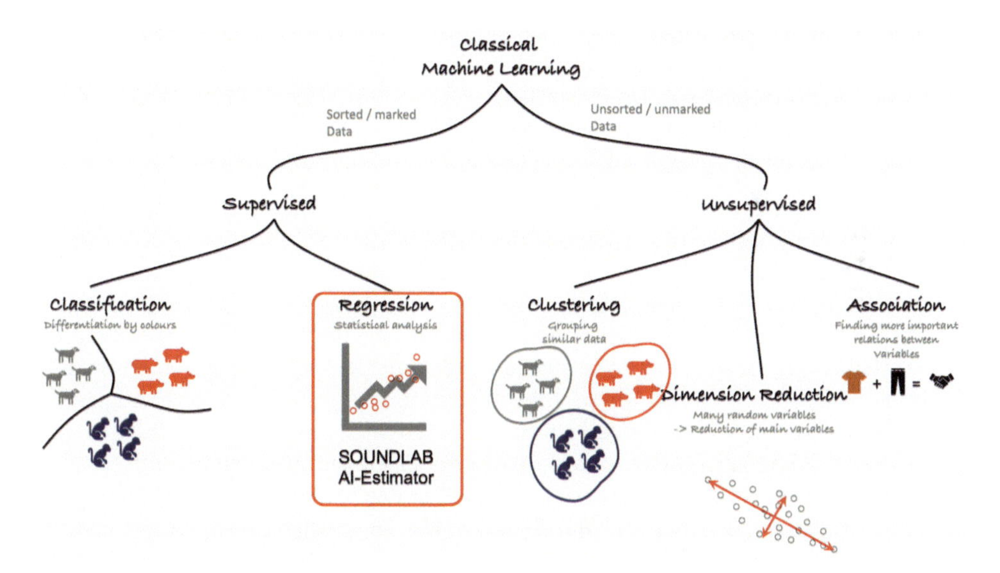

Bild 1 Überblick über die ML-Techniken mit besonderem Schwerpunkt auf überwachte Regressionsmodelle (© M. Kraus und M. Drass, [1])

auf Einfluss- als auch auf Antwortvariablen basiert, wird beim unüberwachten Lernen ein Modell trainiert, das nur auf den Merkmalen (Features) basiert (Clustering; Dimensionsreduktion). Beim überwachten Lernen wird zwischen Klassifikations- und Regressionsproblemen unterschieden. Während im ersten Fall die Antwortvariablen t_n nur diskrete Werte annehmen können, sind die Antwortvariablen t_n bei Regressionsproblemen kontinuierlich.

Bezogen auf die vorliegende Veröffentlichung, nämlich die Vorstellung des SOUNDLAB AI Tools, wurde das vorliegende Problem als überwachtes Regressionsproblem formuliert. Das Ziel der Lösung des Regressionsproblems ist die Vorhersage des bewerteten Schalldämmmaß in Abhängigkeit vom Wert eines Vektors x von Eingangsvariablen x_n. Die Eingangsvariablen x_n für das SOUNDLAB AI Tool sind beispielsweise der Glasaufbau, Glasdicken, Folientyp etc. Allgemeingesprochen ist es durch den Einsatz von Regressionsmodellen darüber hinaus möglich, nichtlineare und komplexere Abhängigkeiten zwischen den Eingangs- und Zielgrößen zu erfassen. Für weitere Informationen wird auf [4] verwiesen. Zum Einsatz von KI im Glasbau und Ingenieurwesen wird auf [1], [5], [6] verwiesen.

3 SOUNDLAB AI Tool

3.1 Entwicklung des Modells

Aufgrund der Komplexität der Aufgabe, das bewertete Schalldämmmaß über KI-Methoden vorherzusagen, wird in diesem Beitrag die Entwicklung des SOUNDLAB AI Tools vorgestellt. Die wesentlichen Aspekte eines klassischen ML-Projekts werden im Folgenden zusammengefasst:

- Datenerhebung
- Vorverarbeitung von Daten
- Definition und Extraktion von Merkmalen (Features) in den Daten
- Auswahl und Training von ML-Modellen
- Ermittlung des am besten geeigneten ML-Modells
- Übergabe des fertigen Tools an den Kunden.

Da es sich bei der Entwicklung des SOUNDLAB AI Tools um ein Regressionsmodell im Rahmen des überwachten maschinellen Lernens handelt, benötigt es eine Datenbasis von Eingangsvariablen, in diesem Fall die Variabilität der Glasaufbauten und zugehörige Zielvariablen, nämlich die Messwerte des bewerteten Schalldämmwertes (R_W, STC und OITC Werte). Ziel ist also die Vorhersage des bewerteten Schalldämmwertes (Label) für verschiedene Verglasungen (Feature-Raum bestehend aus verschiedenen Glasdicken, Glasaufbauten bestehend aus Mono-, Isolier- und Verbundgläsern, Zwischenschichttypen und -dicken sowie die Arten verschiedener Gasfüllungen und Dicken des Scheibenzwischenraums bei Isolierverglasungen), vergleiche Bild 2.

Das Training eines ML-Modells erfolgt stets über das Nutzen des zur Verfügung gestellten Datensatzes D, wobei für das Training nur ein gewisser Prozentsatz genutzt wird (Trainingsdatensatz). Bei der Validierung des ML-Modells werden die nicht für das Training verwendeten Daten (Validierungsdatensatz) verwendet, um die Fähigkeit des Algorithmus zur Verallgemeinerung zu überprüfen.

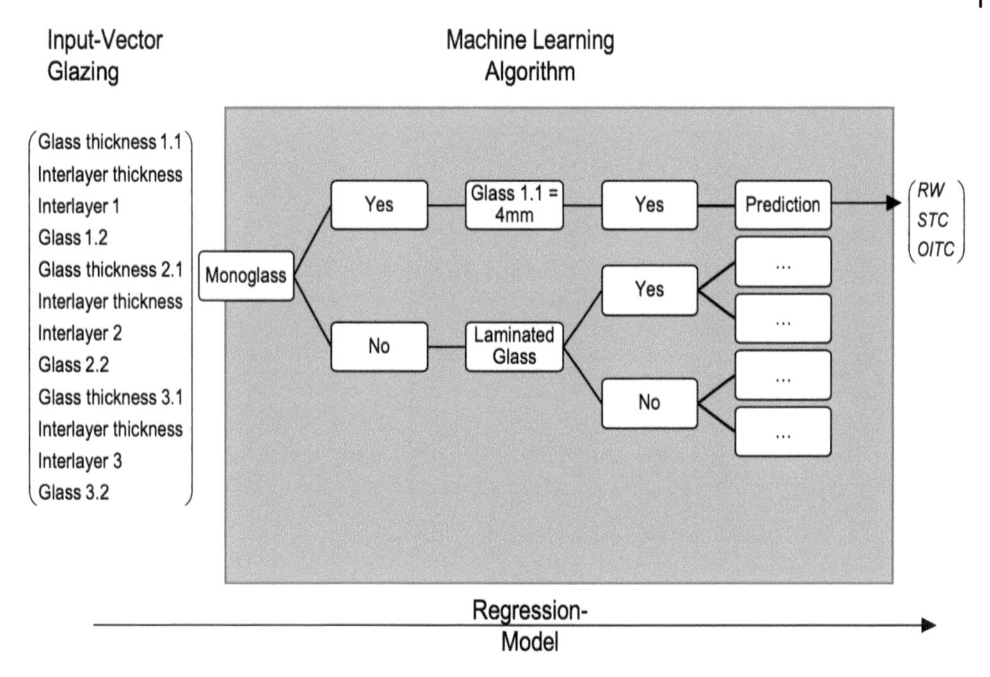

Bild 2 ML-Modell zur Vorhersage des bewerteten Schalldämmwertes für beliebige Glasaufbauten mit Darstellung der Eingangsgrößen, des Lernalgorithmus als Entscheidungsbaum und der Ausgangsgrößen (© M&M Network-Ing)

Das zugrundeliegende ML-Modell des SOUNDLAB AI Tools basiert auf komplexen Entscheidungsbäumen, sog. Random Forest Algorithmen [2], die in einer Ensemble-Strategie miteinander verknüpft wurden. Das finale ML-Modell wurde anhand der Trainingsdaten trainiert (70 % des Datensatzes) und über den Test-Datensatz validiert (übrige 30 % der Daten, die nicht für das Training verwendet worden sind), wobei die inhärenten Modellparameter über Schleifen optimiert wurden (Hyper-Tuning), um den geeignetsten Algorithmus zu identifizieren. Der genutzte experimentelle Datensatz erstreckt sich auf ca. 100 Dateneinträge, wobei dieser noch über definierte Regeln künstlich vergrößert wurde.

Um die Performance des finalen ML-Modells zu präsentieren und verifizieren, werden im Folgenden ein Fehlerplot und die kumulative Verteilungsfunktion (CDF) dargestellt. Der Fehlerplot zeigt dabei die tatsächlichen Zielwerte aus dem Datensatz im Vergleich zu den vorhergesagten Werten, die durch das vorliegende ML-Modell erzeugt wurden. Datenwissenschaftler können Regressionsmodelle anhand dieser Darstellung schnell bewerten, indem die Datenpunkte mit der 45-Grad-Linie verglichen werden. Je näher die prädiktierten Werte an der 45-Grad-Linie liegen, desto genauer ist das ML-Modell.

Aus Gründen der Übersichtlichkeit werden im Fehlerplot lediglich die Prädiktionen des Validierungsdatensatzes dargestellt. Das bedeutet, dass das angewandte ML-Modell diese Daten beim Training nicht gesehen hat. Genauer gesagt, sind in Bild 3 blaue Punkte dargestellt, die die tatsächlichen Validierungsdaten und deren Prädiktionen darstellen. Die mit y^2 bezeichnete x-Achse stellt die realen, physikalisch, experimentell

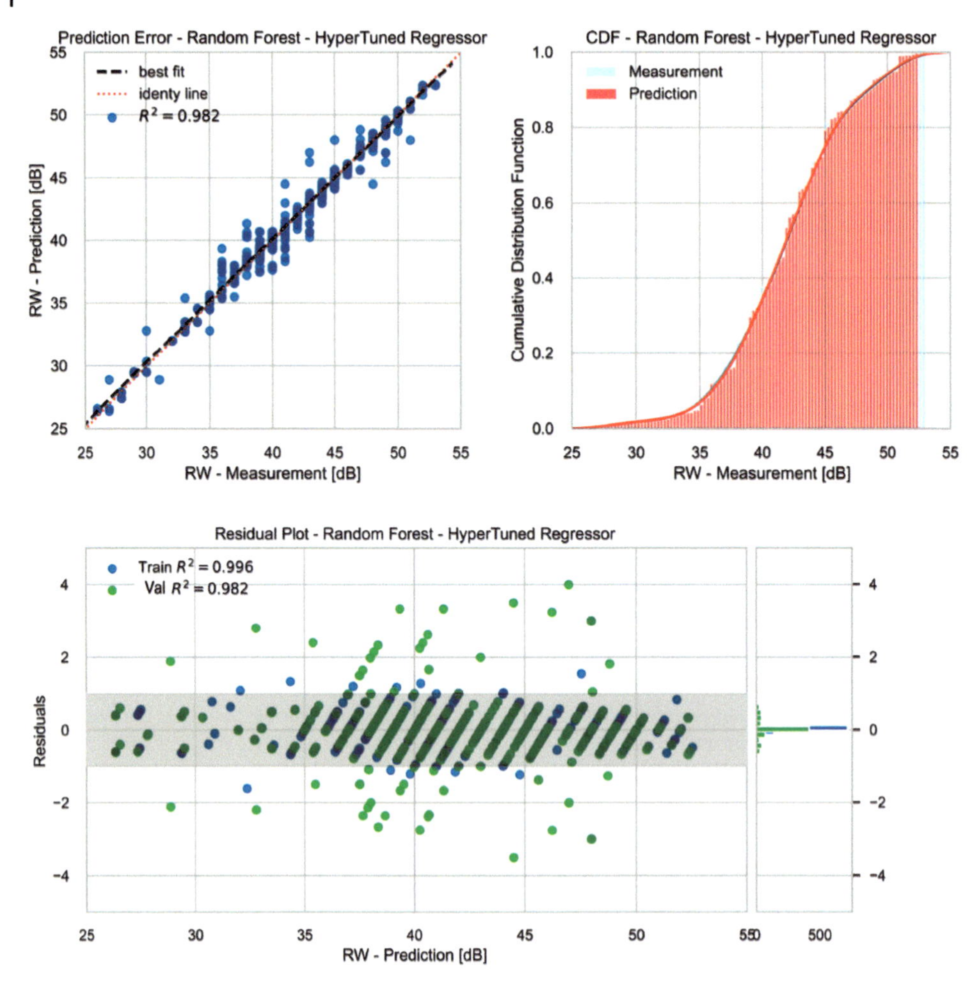

Bild 3 Fehlerplot des SOUNDLAB AI Tools mit direktem Vergleich der Messdaten mit der Annäherung durch die nur für den Validierungsdatensatz ausgewertete Best-Fit-Linie, Darstellung der kumulativen Verteilungsfunktion und Darstellung des Residuenplots für den Random-Forest-Regressor (© M&M Network-Ing)

gemessenen Werte des Schalldämmwertes dar, während die mit $\hat{y}$ bezeichnete y-Achse die durch den ML-Algorithmus vorhergesagten Werte des Schalldämmwertes beschreibt. Für den Fall, dass das Modell genau mit den Messungen übereinstimmt, ergibt sich daraus die sog. Identitätslinie, die in einem Winkel von 45 Grad verläuft. Die „Best-Fit"-Linie hingegen ist das Ergebnis unseres ML-Modells zur Approximation des bewerteten Schalldämmmaßes.

Zusätzlich zum Fehlerplot, wird in Bild 3 die kumulative Verteilungsfunktion dargestellt. Im Gegensatz zum Fehlerplot beschreibt eine kumulative Verteilungsfunktion die kumulative Wahrscheinlichkeit einer bestimmten Funktion unterhalb, oberhalb oder zwischen zwei Punkten. Wie eine Häufigkeitstabelle, die die kumulierte Häufigkeit eines Ereignisses bis zu einem bestimmten Wert zählt, verfolgt die CDF die kumulativen Wahrscheinlichkeiten bis zu einem bestimmten Schwellenwert. Neben der Ermittlung der Wahrscheinlichkeit einer Zufallsvariable unterhalb oder zwischen zwei Punkten, kann man auch die Wahrscheinlichkeit einer Zufallsverteilung oberhalb eines bestimmten Schwellenwerts ermitteln. Letzteres ist eine Technik, die als komplementäre kumulative Verteilungsfunktion bezeichnet wird und bei Hypothesentests sehr nützlich ist. Schließlich kann die CDF verwendet werden, um die Verteilung zwischen gemessenen Daten und vorhergesagten Daten zu visualisieren, wie es hier der Fall ist.

Darüber hinaus wird in der folgenden Auswertung der sog. Residuenplot dargestellt. Ein Residuenplot ist eine Grafik, die auf der vertikalen Achse die Residuen zwischen gemessenen und prädiktierten Werten und auf der horizontalen Achse die unabhängige Variable (R_W-Werte) darstellt. Eine Besonderheit dieses Plots ist die getrennte Darstellung der Residuen für Trainings- und Validierungsset sowie die Darstellung eines grauen Balkens, der die Vorgabe des Genauigkeitsintervalls von ±1 dB für das bewertete Schalldämmmaß repräsentiert. Idealerweise sollten die meisten Residuen in diesem grauen Bereich liegen, um die Anforderungen des Kunden zu erfüllen.

Betrachtet man die Genauigkeit des SOUNDLAB AI Tools, so kann eine hohe Genauigkeit entsprechend dem Fehlerplot konstatiert werden. Aus Bild 3 geht hervor, dass ein Bestimmtheitsmaß von $R^2 = 0{,}996$ für die Trainingsdaten und ein $R^2 = 0{,}982$ für die Validierungsdaten erreicht wurde. Dies zeigt, dass das vorliegende ML-Modell sehr gut für die Vorhersage von Schalldämmwerten geeignet ist. Betrachtet man die kumulative Verteilungsfunktion, so lässt sich eine sehr gute Übereinstimmung zwischen den gemessenen Daten und den vom SOUNDLAB AI Tool vorhergesagten Werten feststellen. Betrachtet man schließlich den oben beschriebenen Residuenplot, so liegen sowohl die Trainings- als auch die Validierungsdaten in den meisten Fällen im Konfidenzbereich, sodass die Kundenspezifikation erfüllt wird.

3.2 Veröffentlichung des Modells

Der letzte Schritt des gemeinsamen Projekts von M&M Network-Ing UG (haftungsbeschränkt) und Kuraray Europe GmbH war die Entwicklung einer Web-App zur kostenfreien Nutzung des SOUNDLAB AI-Tools durch die Glas-Community. Zu diesem Zweck wurde eine Web-Applikation in Python programmiert, die Flask und modwsgi für die Serverbereitstellung verwendet. Das Tool erlaubt die Eingabe beliebiger Glasaufbauten, wobei ungültige Eingaben wie negative Glasdicken oder nichtexistierende Glasdicken abgefangen werden. Ein Beispiel für die Benutzeroberfläche ist in Bild 4 dargestellt. Die Web-App besteht nur aus einer einzigen Eingabe- und Ausgabeseite, um das SOUNDLAB AI Tool so benutzerfreundlich und einfach wie möglich zu gestalten. Betrachtet man die linke Eingabeseite in Bild 4, so kann hier ein beliebiger Glasaufbau mit unterschiedlichen Dicken und Interlayern eingegeben werden. Die Glasdicken sind jedoch auf die gängigen Glasdicken 2, 3, 4, 5, 6, 8, 10, 12, 15 und 19 mm beschränkt. Als Interlayer können die Produkte Trosifol Clear/Trosifol UltraClear, Trosifol SC Monolayer, Trosifol SC Multilayer, Trosifol ExtraStiff und SentryGlas/SentryGlas XtraTM der Kuraray Europe GmbH verwendet werden. Es kann maximal ein Dreifach-Isolierglas in das Tool eingegeben werden.

Bild 4 Visualisierung der SOUNDLAB AI Tool Software: Eingabe- und Ausgabemasken (© M&M Network-Ing)

4 Schlussfolgerungen

In dieser Veröffentlichung wurde das ML-Projekt zwischen M&M Network-Ing und Kuraray Europe GmbH kurz vorgestellt. Dabei handelt es sich um ein KI-basiertes Vorhersagetool zur Prädiktion von Schalldämmwerten für beliebige Glasaufbauten. Die Idee war, das bewertete Schalldämmmaß für beliebige Verglasungen vorherzusagen, da dieser Wert nur durch sehr komplexe numerische Simulationen oder teure Experimente ermittelt werden kann.

Das vorgestellte SOUNDLAB AI Tool wurde mit strukturierten Daten in einem überwachten Lernverfahren trainiert. Die Daten wurden im Rahmen eines umfangreichen Versuchsprogramms gewonnen. Die Genauigkeit entsprechend dem Fehlerplot ist sehr gut, was durch ein Bestimmtheitsmaß von $R^2 = 0{,}996$ Wert für die Trainingsdaten und $R^2 = 0{,}982$ für die Validierungsdaten nachgewiesen werden konnte.

Das entwickelte, kostenlos zur Verfügung gestellte SOUNDLAB AI Tool ist somit geeignet, schnell, kostengünstig und effizient Vorhersagen über die akustischen Eigenschaften beliebiger Glasaufbauten zu machen, was insbesondere in frühen Projektphasen ein großer Vorteil für die planenden Architekten und Ingenieure ist. Das Software-Tool ist online, kostenlos zur Verfügung gestellt und von der Kuraray Europe GmbH auf deren Homepage für ein breites Publikum bereitgestellt. Da die Prädiktionen bislang durch kein anerkanntes Prüflabor verifiziert wurden, dient das Tool zunächst dem Planer als Hilfestellung. Künftig soll dieses Tool jedoch über Zertifizierungsstellen zertifiziert werden, damit die Prädiktionen eine rechtliche Gültigkeit besitzen.

Als Ausblick zu künftigen ML-Entwicklungen im Fassadenbereich sind generative KI's zu nennen, die das Fassadendesign übernehmen könnten, den verstärkten Einsatz von KI in der Produktionskontrolle von Verglasungen wie bspw. der Implementierung einer KI-basierten Pummeltest-Evaluation oder auch KI-basierte Maintenance-Konzepte, um Wartungen an Fassaden nicht reaktiv oder geplant durchzuführen, sondern nur dann, wenn ist notwendig ist.

5 Literatur

[1] Kraus, M. A.; Drass, M. (2020) Artificial intelligence for structural glass engineering applications – overview, case studies and future potentials in: *Glass Structures and Engineering*, Vol. 5, No. 3, S. 247–285, doi: 10.1007/s40940-020-00132-8

[2] Frochte, J. (2019) *Maschinelles Lernen: Grundlagen und Algorithmen in Python.* Carl Hanser Verlag GmbH Co KG.

[3] Goodfellow, I.; Bengio, Y.; Courville, A. (2016) *Deep learning.* MIT press.

[4] Murphy, K. P. (2012) *Machine learning: a probabilistic perspective.* MIT press.

[5] Drass, M.; Kraus, M. A.; Stelzer, I. (2021) SOUNDLAB AI-Estimator – Machine Learning for Sound Insulation Value Predictions of various Glass Structures in: *Glass Structures and Engineering*, vol. [submitted].

[6] Drass, M. et al. (2020) Semantic Segmentation with Deep Learning: Detection of Cracks at the Cut Edge of Glass (under review) in: *Glass Structures and Engineering.*

Holz-Glas-Deckenelemente | Experimentelle Untersuchungen

Werner Hochhauser[1], Katharina Holzinger[1], Alireza Fadai[2]

[1] *FH Oberösterreich, Fakultät für Technik und Angewandte Naturwissenschaften, Stelzhammerstraße 23, 4600 Wels, Österreich; werner.hochhauser@fh-wels.at, katharina.holzinger@fh-wels.at*
[2] *Technische Universität Wien, Forschungsbereich Tragwerksplanung und Ingenieurholzbau, Karlsplatz 13/E259-2, 1040 Wien, Österreich; fadai@iti.tuwien.ac.at*

Abstract

Im Rahmen des FFG-Forschungsprojektes (Nr. 875427) „Holz Glas Hybridbau | Berechnungs- und Bemessungskonzepte für geklebte, schubsteife Decken- und Dachelemente" wird auf jahrelanger Forschung im Bereich aussteifender Holz-Glas-Verbundkonstruktionen (HGV) aufgesetzt. Novum hierbei ist, dass eine kombinierte Scheiben- und Plattentragfähigkeit studiert wird. Um die Anwendbarkeit von HGV als Plattenelement zu ermöglichen, müssen Plattenbeanspruchungen über Klötze, nicht über umlaufende Schubverklebungen abgetragen werden. Die daraus resultierende unterbrochene Schubverklebung wird anhand experimenteller kleiner und mittelgroßer Proben untersucht und den Ergebnissen numerischer Methoden gegenübergestellt.

Timber-glass floor elements | Experimental analyses. The FFG research project (No. 875427) "Timber-glass hybrid composite | calculation and design concepts for glued, shear-resistant floor and roof elements" builds on years of research in the field of stiffening timber-glass hybrid composite (TGC). The novelty here is that a combined slab and plate load-bearing capacity is being studied. To enable the application of HGV as a plate element, plate stresses must be transferred via blocks, not via circumferential shear bonding. The resulting interrupted shear bonding is investigated on the basis of experimental small and medium-sized specimens and compared with the results of numerical methods. Existing analytical calculation and design concepts for HGV panels are to be extended for combined loading as a roof and floor element.

Schlagwörter: *Holz-Glas-Verbund, unterbrochene Klebefuge, experimentelle Analysen*

Keywords: *timber-glass composite, interrupted glued joint, experimental analysis*

Glasbau 2022. Herausgegeben von Bernhard Weller, Silke Tasche.

1 Grundlagen

Die Architektur strebt seit Jahren nach innovativem, modernem Glasbau. Die Ästhetik der Gebäudehülle, lichtdurchflutete Innenräume und auch bauphysikalische Aspekte in dunklen Monaten sind nur wenige Gründe, die für transparente Bauteile sprechen.

Im Vergleich zur Automobilindustrie, in der eingeklebte Gläser einen wesentlichen Beitrag zur Gesamtsteifigkeit von Fahrzeugen liefern können, wird im Bauwesen Glas primär als füllendes und hüllendes Material ohne wesentlichen Beitrag zu Lastabtragung und Aussteifungspotential eingesetzt.

Im Bereich des Fassadenbaus respektive der Wandelemente wurde der Einsatz von HGV in zahlreichen Forschungsprojekten erarbeitet, Berechnungskonzepte festgelegt und zum Teil in bauaufsichtlichen Zulassungen dokumentiert [1–5]. Der Einsatz als horizontales Aussteifungselement mit zusätzlicher Plattenbeanspruchung ist hingegen neu. So sieht die ETAG 002 als Leitlinie für die Europäische Technische Zulassung für Geklebte Glaskonstruktionen [6] nur verklebte Verglasungen in einem beliebigen Winkel zwischen der Vertikalen und 7°-Neigung zur Horizontalen vor. Die unterschiedlichen Anforderungen an die Verklebung bzw. die zusätzlichen mechanischen Sicherungen werden anhand von vier Typen für geklebte Glaskonstruktionen unterteilt. Diese sollen die Gefahr im Falle eines Klebstoffversagens reduzieren [6].

Für geklebte HGV gibt es keine normativen Regelungen. Unsicherheiten in der Berechnung und Bemessung erschweren den breiten Einsatz dieser zukunftsträchtigen Bauweise.

2 Durchlaufende und unterbrochene Klebefuge

Im Fensterbau dient die Klotzung der Lastabtragung des Eigengewichts und ist in der ÖNORM B 2227 [7] geregelt. Diese regelt auch den Abstand zwischen Glaskante und Glasfalzgrund und gibt Aufschluss über den Abstand zwischen Glasecke und Klotz. So beträgt diese in etwa eine Klotzlänge. Wird von einer fixen Verglasung mit einem Gewicht größer 100 kg ausgegangen, so ist dieser Abstand mit einer maximalen Länge von Glaskante bis Klotzmitte mit 150 mm festgelegt [7].

Ziel der laufenden Studien ist es, den Einfluss der für Plattenbeanspruchungen notwendigen Klotzung auf den unterbrochenen Schubfluss zu untersuchen [8]. Dafür wurde das Modell sowohl analytisch, numerisch als auch mittels experimenteller Methoden im Rahmen forschungsgeleiteter Lehre studiert. Gewählt wurden dafür mittelgroße Probekörper für die Abschätzung des Einflusses der unterbrochenen Klebefuge. Die Materialparameter aus den vorangegangenen experimentellen Kleinprobenversuchen wurden für die analytischen und numerischen Untersuchungen herangezogen.

Um nur Schublängsbeanspruchungen prüfen zu können, wurden keine horizontalen „Koppelleisten“ angeordnet (vgl. Bild 1). Unter Berücksichtigung der Vorgaben für die Klotzung nach ÖNORM B 2227 [7] wurden die Abmessungen wie nachfolgend dargestellt gewählt.

Für die Probekörper wurde Floatglas mit 8 mm Dicke und geschliffenen Kanten sowie Birkenfurniersperrholz verwendet. Als Klebstoff wurde das Silikon OttoColl S660 [9]

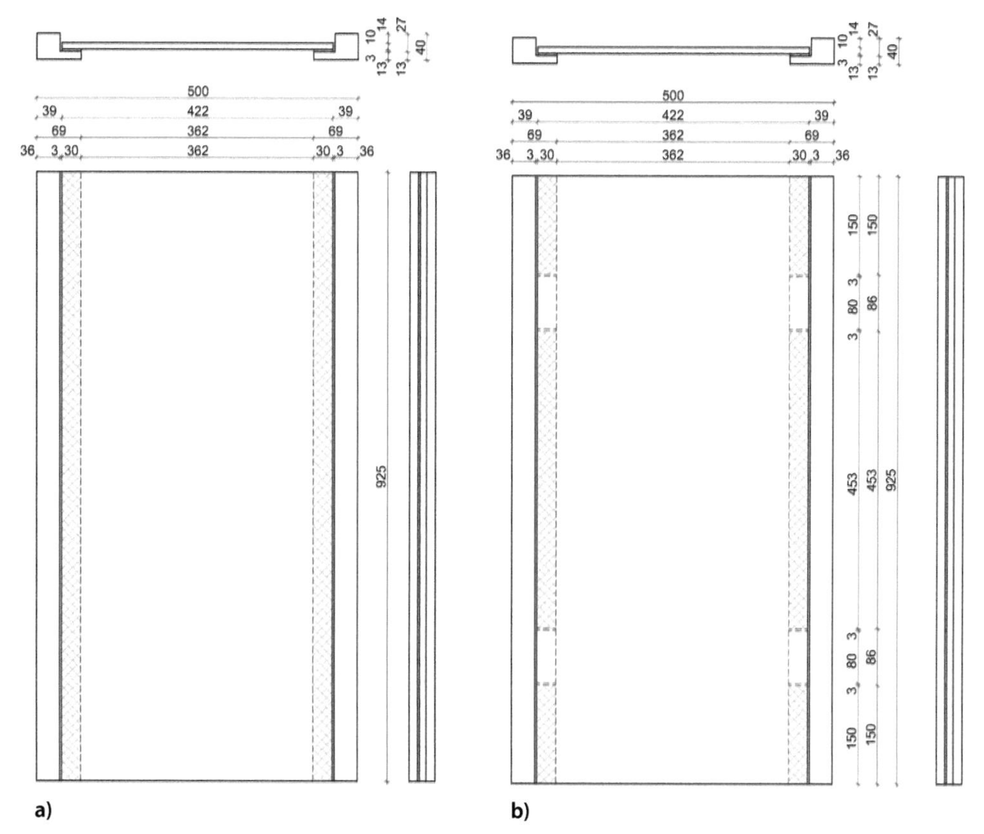

Bild 1 Schematische Darstellung der Probekörper mit a) durchlaufender und b) unterbrochener Klebefuge (© Engelhardt, FH OÖ)

eingesetzt. Nach der Verklebung wurden die Scheiben bei +20 °C und 65 % relativer Luftfeuchtigkeit bis zur Prüfung (60 Tage) gelagert. Zwischen der Klebefuge und der Klotzung wurde ein Vorlegeband mit 3 mm Dicke eingelegt, um eine 3-Flankenhaftung des Klebstoffes zu vermeiden.

2.1 Analytische Berechnung

Für die analytische Berechnung der Probekörper müssen einige Annahmen getroffen werden. Dabei wurde auf ein sehr einfaches Berechnungskonzept gesetzt. So wurde die Klebefuge als eine linear-elastische Feder angenommen. Dies erscheint gerechtfertigt, da trotz des hyperelastischen Materialverhaltens vieler Silikone bei einem HGV-Element die Verformungsmöglichkeiten sehr gering sind.

Da die Klebefuge im Vergleich zu den Substraten ein deutlich weicheres Tragverhalten aufweist, werden die Materialien Holz und Glas als starr angenommen und bleiben unberücksichtigt. Diese Vorgehensweise wurde bereits bei der Entwicklung eines analytischen Berechnungskonzepts für die Holz-Glas-Verbundscheiben nach Kreuzinger und Niedermaier gewählt [10].

Die Materialparameter des Klebstoffes wurden bereits in diesem Forschungsprojekt und in vorangegangenen Projekten (u. a. in [4]) ermittelt. So fehlen für die Berechnung einer einfachen Federgleichung noch Federkraft und Federweg. Hier wurde als Begrenzung für die Kraft eine Annahme aus den Forschungsergebnissen in [4] getroffen. Dabei wurde die Dauerschubbelastung in Längsrichtung der HGV-Elemente mit 0,04 N/mm^2 begrenzt, um sekundäres und tertiäres Kriechen der Klebefuge auszuschließen, da diese Verformungszunahmen ein erhöhtes Bruchrisiko zur Folge haben können. Der Schubmodul des Klebstoffes wurde mit 0,37 N/mm^2 ebenfalls [4] entnommen.

Für die Berechnung wurde nur eine Klebefuge betrachtet, da das System symmetrisch ist und die zweite Seite nur eine Verdopplung der Ergebnisse verursachen würde.

2.1.1 Berechnung durchlaufende Klebefuge

Im folgenden Kapitel wird der Berechnungsweg für das analytische Konzept beschrieben und durch die nachstehenden Formeln erläutert.

Begrenzt wird die Kraft durch die maximal aufnehmbare Dauerschubspannung. Als nächste Komponente ist die Federsteifigkeit aus dem Schubmodul zu bestimmen. Damit kann nach Gleichung (1) mittels einfachem Federgesetz die Verformung der Klebefuge berechnet werden.

$$u = \frac{F}{c} = \frac{\tau \cdot b \cdot l}{\frac{G \cdot b \cdot l}{d}} \tag{1}$$

mit

u zu erwartende Verformung [mm]
F aufnehmbare Kraft [N]
c Federsteifigkeit der Klebefuge [N/mm]
τ Schubspannung [N/mm^2]
b Breite der Klebefuge [mm]
l Länge der Klebefuge [mm]
G Schubmodul des Klebstoffes [N/mm^2]
d Dicke der Klebefuge [mm]

2.1.2 Berechnung unterbrochene Klebefuge

Die Berechnung der maximalen Verformung bei einer unterbrochenen Klebefuge funktioniert analog zu jener mit durchlaufender Klebefuge, jedoch wirken die einzelnen Abschnitte der Klebefuge als Federn, die parallel geschaltet sind. Die Gesamtlänge der Klebefuge wird dabei aus den einzelnen Längen addiert.

2.1.3 Ergebnisse der analytischen Berechnung

Die zur Berechnung verwendeten Werte und die damit ermittelten Ergebnisse werden in der Tabelle 1 dargestellt. Wie zu erwarten war, kann die Variante mit der unterbrochenen Klebefuge eine um 19 % geringere Kraft aufnehmen bei gleicher Verformung der Klebefuge.

Tabelle 1 Kennwerte und Ergebnisse der analytischen Berechnung

		Durchlaufende Klebefuge	**Unterbrochene Klebefuge**
l_1	[mm]	925	150
l_2	[mm]	–	453
b	[mm]	30	30
d	[mm]	3	3
τ	[N/mm²]	0,04	0,04
G	[N/mm²]	0,37	0,37
F_{max}	[N]	1110	903,6
c	[N/mm]	3422,5	2786,1
u_{max}	[mm]	0,324	0,324

2.2 Numerische Berechnungen

Die numerische Berechnung erfolgte mit einem Finite-Elemente-Programm. Für die Berechnung wurde ebenfalls nur eine Klebefuge betrachtet, deren Annahmen gleich wie für die analytische Berechnung sind. Die Eingabe erfolgt über Volumenelemente mit den entsprechenden Materialeingaben. Die Grenzfläche zwischen Klebefuge und Glasscheibe wurde als starr angenommen, um Verformungen aus der Verdrehung der Glasscheibe zu vermeiden.

Die Ergebnisse der numerischen Berechnungen decken sich mit den Verformungen der analytischen Berechnung (vgl. Tabelle 1). Es konnten keine messbaren Unterschiede aufgrund einer nichtlinearen Gleitung über die Klebefugendicke an den Endpunkten der Klebefugenabschnitte bestimmt werden.

2.3 Experimentelle Untersuchungen

Für die Probekörper wurden in Anlehnung an Bild 1 die Koppelleisten mit durchlaufender und unterbrochener Klebefuge mit der Glasscheibe verklebt. Verwendet wurde dafür der Silikon OttoColl S660. Der Klebstoff wurde mittels Handkartuschenpresse aufgebracht. Konstruktive Verklebungen mit Silikonen sollten grundsätzlich in ein definiertes Volumen zwischen Holz und Glas eingespritzt werden (vgl. [11]), um Blasenbildung zu vermeiden und aushärten zu können. Aus rheologischen Gründen – die Abmessungen der Klebefugen betrug 30 mm Breite und auf der Klebstoffeinbringungsseite 3 mm Dicke war dies jedoch nicht möglich. Der Klebstoff musste in Form von zwei Raupen aufgebracht und bestmöglich abgezogen werden, bevor die Glasscheibe aufgelegt werden konnte. Für die vorliegende Geometrie würden sich Klebebänder besser eignen. Infolge dieser sehr einfachen Aufbringung des Klebstoffs kam es teilweise zu Lufteinschlüssen in der Klebefuge. Um eine seitliche Verklebung der Koppelleiste mit Klotzung und Glasscheibe zu vermeiden, wurde diese mit einem 3 mm starken Vorlegeband versehen (siehe Bild 2). Sowohl für die durchlaufende als auch unterbrochene Klebefuge wurden jeweils fünf Probekörper hergestellt und geprüft.

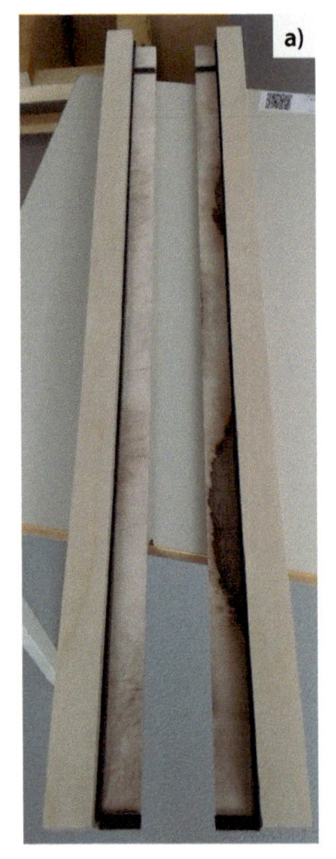

Bild 2 Koppelleiste mit Vorlegeband für die Klebefuge; a) durchlaufende Klebefuge; b) unterbrochene Klebefuge (© Holzinger, FH OÖ)

Für die Prüfung wurden die jeweils fünf Probekörper vertikal über die Koppelleisten in der Prüfmaschine fixiert. Als Kantenschutz wurde zwischen Glas und Stempel eine eingefräste Holzleiste angeordnet. Schließlich erfolgte die Lasteintragung über vertikalen Druck auf die Glasscheibe. Der jeweilige Prüfvorgang wurde abgebrochen sobald es zu keiner weiteren Kraftaufnahme kam, um eventuelle Beschädigungen der Prüfeinrichtung zu vermeiden. Die Prüfgeschwindigkeit der Kraftauftragung lag gemäß [6] bei 0,5 mm/min.

2.3.1 Ergebnisse der experimentellen Untersuchungen

Der Bruch aller Probekörper trat, wie zu erwarten, in der Verklebung ein. Es lag kohäsives Versagen der Klebefuge vor. Die Messkurven zeigen ein überwiegend konstantes lineares Materialverhalten und bestätigen damit die Annahmen einer linear-elastischen Feder als Annahme für die analytischen Berechnungen. Die Ergebnisse zeigen immer die Gesamtkraft des jeweils geprüften Elementes.

Die Bezeichnung der Probekörper erfolgte nach folgendem Schema:

- uKg X **u**nterbrochene **K**lebefuge **g**eklotzt mit fortlaufender Nummer X
- dKng X **d**urchlaufende **K**lebefuge **n**icht **g**eklotzt mit fortlaufender Nummer X.

Ergebnisse der durchlaufenden Klebefuge

Die Messkurven sind in Bild 3 dargestellt. Der Probekörper uKng 5 zeigt eine höhere Tragfähigkeit. Dieser Probekörper wird in weiterer Folge ausgeschlossen, da zwischen-

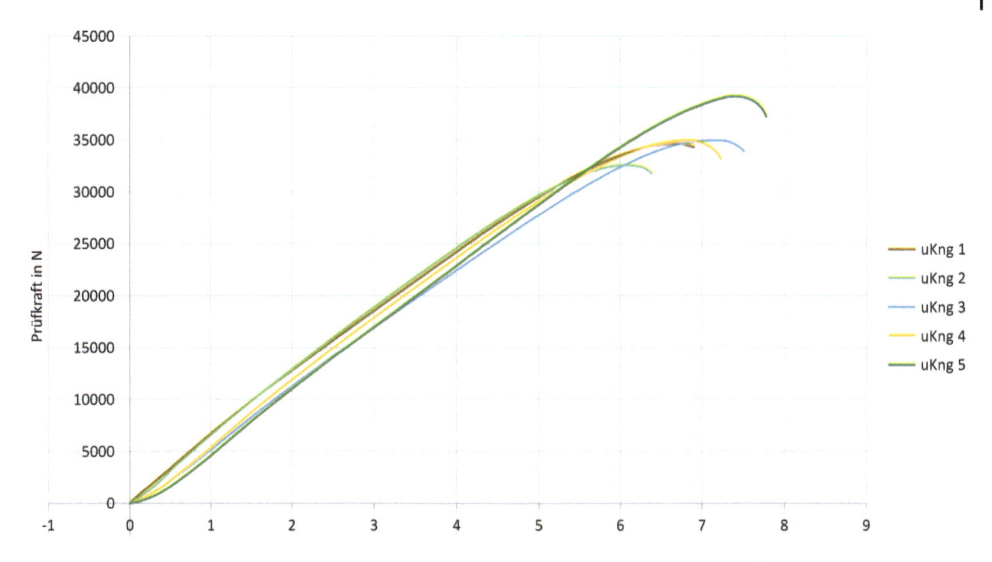

Bild 3 Messkurven Scherversuch durchlaufende Klebefuge (© Holzinger, FH OÖ)

Tabelle 2 Ergebnisse der Scherversuche für die Probekörper mit durchlaufender Klebefuge

		dKng 1	dKng 2	dKng 3	dKng 4
l	[mm]	925	925	925	925
b	[mm]	30	30	30	30
d	[mm]	3	3	3	3
A_{ges}	[mm²]	55 500	55 500	55 500	55 500
τ	[N/mm²]	0,624	0,587	0,629	0,628
G	[N/mm²]	0,271	0,275	0,251	0,260
F_{max}	[N]	34 629,0	32 552,6	34 930,2	34 863,0
u_{max}	[mm]	6,90	6,39	7,52	7,23

zeitlich eine Lagerung bei erhöhter Raumtemperatur erfolgte und deshalb nicht exakt vergleichbar ist.
Die Ergebnisse der Prüfkörper sind in der Tabelle 2 dargestellt. Für den Schubmodul G ergibt sich als 5%-Fraktile der Wert 0,24 N/mm^2.

Ergebnisse unterbrochene Klebefuge

Der Probekörper uKg 2 zeigte eine deutlich geringere Kraftaufnahme an. Eine nachfolgende Untersuchung der Klebefuge weist Fehlstellen auf, daher wurde dieser Probekörper für die nachfolgenden Berechnungen ausgeschlossen. Die Messkurven der unterbrochenen Klebefuge sind in dem Bild 4 dargestellt.

Die Ergebnisse der Prüfkörper sind in der Tabelle 3 dargestellt. Für den Schubmodul G ergibt sich als 5%-Fraktile der Wert 0,26 N/mm^2.

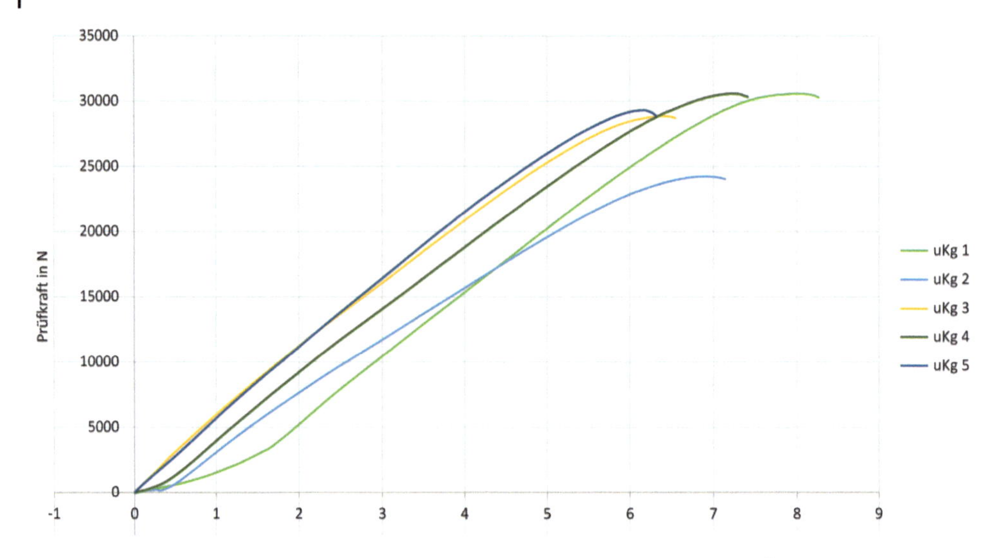

Bild 4 Messkurven Scherversuch unterbrochene Klebefuge (© Holzinger, FH OÖ)

Tabelle 3 Ergebnisse der Scherversuche für die Probekörper mit unterbrochene Klebefuge

		uKg 1	uKg 3	uKg 4	uKg 5
l	[mm]	753	753	753	753
b	[mm]	30	30	30	30
d	[mm]	3	3	3	3
A_{ges}	[mm²]	45 180	45 180	45 180	45 180
τ	[N/mm²]	0,677	0,639	0,676	0,649
G	[N/mm²]	0,318	0,293	0,274	0,308
F_{max}	[N]	30 570,8	28 868,0	30 553,0	29 301,0
u_{max}	[mm]	6,39	6,55	7,41	6,31

2.4 Vergleich der Ergebnisse

Die analytischen und numerischen Berechnungen basieren auf einem Schubmodul von 0,37 N/mm². In den Ergebnissen der experimentellen Untersuchungen ist jedoch ersichtlich, dass dieser Wert mit den mittelgroßen Probekörpern nicht erreicht werden kann. Wird im analytischen und numerischen Berechnungsmodell jedoch der Schubmodul der experimentellen Untersuchungen eingesetzt, so können die Verformungen, wie zu erwarten, verifiziert werden. Die in [4] bestimmten Materialkennwerte konnten nicht bestätigt werden. Dies lässt sich daraus begründen, dass die Aufbringung des Klebstoffs in Raupenform erfolgte und damit teilweise eine Blasenbildung einhergeht. Neuerlich sei darauf hingewiesen, dass die vorliegende Klebefugengeometrie aus rheologischen Gründen schwer qualitativ einwandfrei umgesetzt werden kann und sich Klebebänder besser hierfür eignen könnten.

3 Mitwirkende Plattenbreite

Gegenseitige Relativverschiebungen einzelner Bauteile zueinander können behindert werden, indem sie schubsteif durch Kleben, Schrauben, Nageln usw. miteinander verbunden werden. Ein steifer Schubverbund erhöht die effektive Gesamtsteifigkeit von Verbundbauteilen. Die Lastabtragung erfolgt nicht mehr über lose verbundene Einzelbauteile, sondern über den Gesamtquerschnitt. Im Bereich der Verbindungsfuge entsteht bei nicht starrem Verbund ein Schlupf, der von der Nachgiebigkeit der Schubverbindung abhängt. Dies wurde für Holz-Glas-Verbundplatten bereits in [12] studiert. Zur genaueren Untersuchung unterbrochener Klebefugen wurde dieser Ansatz erneut aufgegriffen und das Gammaverfahren nach dem Eurocode 5 Anhang B angewendet [13]. Mithilfe des Gammaverfahrens wird die Verbindung mittels eines Koeffizienten γ nach ihrer Steifigkeit beurteilt. Je besser die Verbindungseigenschaft ist, desto näher liegt der Wert für γ bei eins und entspricht damit einem vollen Verbund. Der Nachgiebigkeitsfaktor γ geht wiederum in die effektive wirksame Biegesteifigkeit ein. Ermittelt wurde die mitwirkende Plattenbreite durch den Vergleich der analytischen Berechnung mittels Gammaverfahrens mit numerischen Methoden.

Bei der Berechnung der mitwirkenden Plattenbreite nach dem Gamma-Verfahren zeigt sich, dass die Klotzung der Holz-Glas-Hybridelemente zu einer Erweichung der Verbindung führt, da sich die Verklebungslänge verkürzt.

In [12] wurde die mitwirkende Plattenbreite mit 1/10-tel der Systemstützweite ermittelt. Aufgrund der unterbrochenen Klebefuge konnte für die mitwirkende Plattenbreite mit 1/11-tel der Systemstützweite ermittelt werden. Die Position der Klotzung ist nicht relevant, da die unterbrochene Klebefuge keinen Einfluss auf den Zusammenhang zwischen Festigkeits- und Längenänderungen hat (siehe Kapitel 2). Durch die Klotzung reduziert sich jedoch die Systemsteifigkeit, daher würden weitere Klötze zu einer weiteren Verringerung der mitwirkenden Plattenbreite führen.

4 Abklingbeiwert

Als Alternative zum Silikonklebstoff OttoColl S660 wurde der in [14] vorgeschlagene Klebstoff Collano RS 8505 – ehemals Nolax C44.8505 – und das Klebeband Tesa ACX^{plus} 7074 in die Untersuchungsreihe mit aufgenommen. Das tesa ACX^{plus} 7074 ist ein Acrylatschaum-Klebeband, das für Verklebungen im Außenbereich geeignet ist. Laut Angaben des Herstellers ist der geschäumte viskoelastische Acrylatkern besonders dafür geeignet, die unterschiedlichen Dehnungen ungleicher Materialien gut auszugleichen.

Zur Feststellung des Kriechverhaltens wurden in Anlehnung an [4] Kleinproben mit einer Dauerschubbelastung von 0,04 N/mm^2 bei 55 °C und 65 % relativer Luftfeuchtigkeit für 91 Tage gelagert (siehe Bild 5).

Die Tesa-Proben versagten innerhalb von 24 Stunden und schieden damit aus der Versuchsreihe aus. Das Versagen erfolgte durch einen Adhäsionsbruch entlang des Fügeteils Holz. Die Collano-Proben (Bild 5) wurden nach der Konditionierung und Dauerschubbeanspruchung auf Schublängsbeanspruchung bis zum Bruch belastet.

Bild 5 Kleinproben Collano RS 8505 mit Dauerschubbelastung (© Holzinger, FH OÖ)

Im Rahmen des HGV-Forschungsprojekts der Technischen Universität Wien [11] wurde ein Merkblatt für Klebstoffsysteme entwickelt, welches auch neuen, bisher noch nicht hinsichtlich HGV untersuchten Klebstoffen eine Überprüfung der Anwendbarkeit für HGV ermöglichen sollte. Im Rahmen dieses Merkblatts wurde der Abklingbeiwert α_τ definiert, der gemäß Gl. 2 das Verhältnis der charakteristischen Schubtragfähigkeit nach künstlicher Alterung über 91 Tage unter Dauerschubbeanspruchung t_{def} und der charakteristischen Schubtragfähigkeit wiedergibt. Es kann abgeleitet werden, wie die Tragfähigkeit eines Klebstoffes durch Kriechen abnimmt. Durch den Grenzwert von $\alpha_\tau \geq 0{,}8$ darf der Verlust der Festigkeit nicht mehr als 20 % betragen um auch langfristig als Verbindungsmittel eingesetzt werden zu können. Erfüllt ein Klebstoff dieses Kriterium nicht, so scheidet der Klebstoff aus. Das Kriterium ist jedoch nicht als Knockout-Kriterium zu betrachten, da die Dauerschubbeanspruchung t_{def} auch geringer gewählt werden kann.

$$\alpha_\tau = \frac{\tau_{k,91+1}}{\tau_k} \geq 0{,}8 \quad (2)$$

mit

α_τ Abklingbeiwert [-]

$\tau_{k,91+1}$ 5 %-Fraktile der aufnehmbaren Schubspannung nach einer Dauerschubbeanspruchung t_{def} nach 91 + 1 Tagen bei erhöhter Temperatur (55 °C) [N/mm²]

τ_k 5 %-Fraktile der aufnehmbaren Schubspannung [N/mm²]

Die Messkurven für den Klebstoff Collano RS8505 (Nolax C44.8505) sind in dem Bild 6 und Bild 7 dargestellt. Sowohl bei den dauerschubbeanspruchten als auch bei den normalklimatisierten Probekörpern trat kohäsives Versagen im Holz ein. Die Versuchsreihe ist noch nicht abgeschlossen.

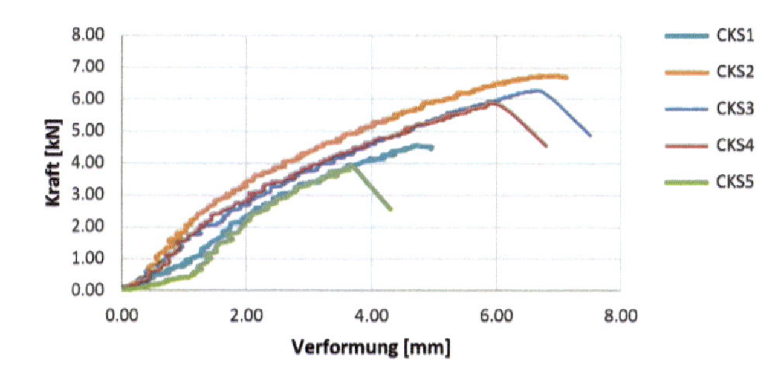

Bild 6 Ergebnisse Kleinproben nach vorheriger Dauerschubbelastung bei erhöhter Temperatur (© Holzinger, FH OÖ)

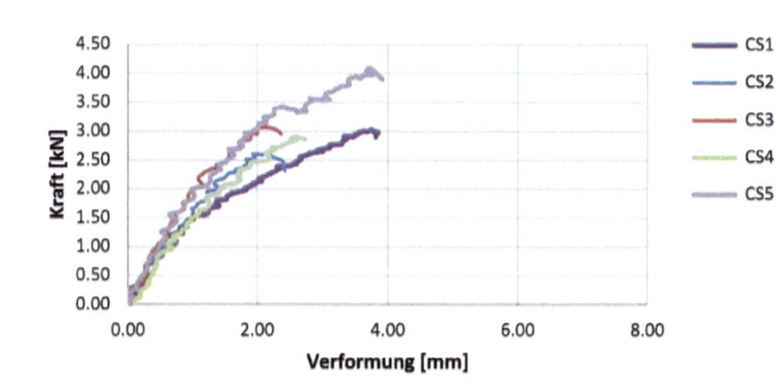

Bild 7 Ergebnisse Kleinproben ohne vorherige Dauerschubbelastung bei erhöhter Temperatur (© Holzinger, FH OÖ)

Da aufgrund des Holzversagens keine Aussage zur maximalen Tragfähigkeit des Klebstoffs getätigt werden kann, wurde entschieden, die Spannungen bei einer Verformung von 2 mm, also jener Verformung, bei der noch keine Probe versagte, zu vergleichen. Aus diesen Werten (siehe Tabelle 4) wurde der Abklingbeiwert α_τ bestimmt. Der Klebstoff Collano RS 8505 kann als geeignet eingestuft werden, da der Abklingbeiwert $\alpha_\tau = 0{,}93$ ist. Dieser Wert liegt deutlich über dem geforderten Wert von 0,8.

Tabelle 4 Werte und Ergebnisse für die Berechnung des Abklingbeiwertes α_τ

Probe	Verformung [mm]	Kraft [N]	Spannung [N/mm²]	$t_{k,91+1}$ bzw t_k [N/mm²]	Abklingbeiwert α_τ [-]
CKS 1	2,00	2315,42	1,54		
CKS 2	2,01	3287,17	2,19		
CKS 3	2,02	2684,78	1,79	1,12	
CKS 4	2,01	2809,90	1,87		
CKS 5	2,01	2170,40	1,45		0,93
CS 1	2,01	2120,23	1,41		
CS 2	2,01	2602,42	1,73		
CS 3	2,01	2966,34	1,98	1,21	
CS 4	2,03	2480,71	1,65		
CS 5	2,01	3059,41	2,04		

5 Zusammenfassung

Die Ergebnisse der Untersuchungen zur unterbrochenen Klebefuge zeigen, dass die Anwendung eines einfachen analytischen Berechnungskonzeptes gerechtfertigt ist. Für die untersuchten Anwendungsfälle nimmt die Schubtragfähigkeit linear mit der Reduktion der Klebefläche ab beziehungsweise ist die sich ergebende Abweichung vernachlässigbar klein.

Durch die verkürzte Klebefugenlänge reduziert sich die mitwirkende Plattenbreite.

Die derzeit gewonnenen Ergebnisse zum Abklingbeiwert sprechen für eine Verwendung des Klebstoffes Collano RS 8505. Die Versuchsreihen werden zum OttoColl S660 fortgeführt.

Produktionsbedingt müssen bei den vorhandenen einsetzbaren Klebstoffsystemen und der vorliegenden Klebefugengeometrie vorerst Fehlstellen in der Verklebung akzeptiert werden. Ein Klebband oder verbesserte rheologische Eigenschaften von Adhäsiven könnten Abhilfe schaffen. Im weiteren Verlauf des Forschungsprojektes wird die kombinierte Tragfähigkeit von Scheiben- und Plattenbeanspruchung für HGV ebenfalls analytisch, numerisch und experimentell untersucht. Diese Ergebnisse liegen jedoch noch nicht in ausreichendem Maße vor, um eine Aussage treffen zu können.

6 Literatur

[1] Hamm, J. (1999) *Tragverhalten von Holz und Holzwerkstoffe im statischen Verbund mit Glas*, EPFL Lausanne, Lausanne.

[2] Niedermaier, P. (2005) *Holz-Glas-Verbundkonstruktionen: Ein Beitrag zur Aussteifung von filigranen Holztragwerken* [Dissertation]. Technische Universität München.

[3] Edl, T. (2008) *Entwicklung von wandartigen verklebten Holz-Glas-Verbundelementen und Beurteilung des Tragverhaltens als Aussteifungsscheibe* [Dissertation]. Technische Universität Wien.

[4] Neubauer, G. (2011) *Entwicklung und Bemessung von statisch wirksamen Holz-Glas-Verbundkonstruktionen zum Einsatz im Fassadenbereich* [Dissertation]. Technische Universität Wien.

[5] Hochhauser, W. (2011) *Ein Beitrag zur Berechnung und Bemessung von geklebten und geklotzten Holz-Glas-Verbundscheiben* [Dissertation]. Technische Universität Wien.

[6] European Organisation for Technical Approvals. (2012) *Guidline for European technical approval for structural sealant glazing kits (SSGK).* Brüssel: EOTA.

[7] ÖNORM B 2227 (2017) *Glaserarbeiten*, Austrian Standard Institute, Wien.

[8] Engelhardt, W. (2021) *Experimentelle, analytische und numerische Studien zu aussteifenden Holz-Glas-Verbundelementen* [Bachelorarbeit]. Wels: Fachhochschule Oberösterreich.

[9] Hermann Otto GmbH (2013) *OTTOCOLL S660 – Das 2K-Silikon für Holz-Glas-Verbundelemente*, Technisches Datenblatt, Fridolfing.

[10] Kreuzinger, H.; Niedermaier, P. (2005) *Holz-Glas-Verbundkonstruktionen: Glas als Schubfeld*, Tagungsband Ingenieurholzbau; Karlsruher Tage.

[11] Hochhauser, W.; Winter, W.; Kreher, K. (2011) *Holz-Glas-Verbundkonstruktionen: State of the Art*, [Forschungsbericht]. Technische Universität Wien.

[12] Fuchs, M. (2012) *Experimentelle und theoretische Untersuchungen zu Holz-Glas-Verbundplatten* [Diplomarbeit]. Technische Universität Wien.

[13] ÖNORM EN 1995-1-1 (2019) Eurocode 5: *Bemessung und Konstruktion von Holzbauten* – Teil 1-1: Allgemeines – Allgemeine Regeln und Regeln für den Hochbau, Austrian Standards Institute, Wien.

[14] Nicklisch, F. (2016) *Ein Beitrag zum Einsatz von höherfesten Klebstoffen bei Holz-Glas-Verbundelementen* [Dissertation]. Technische Universität Dresden.

Funktionale Mock-Ups zur Absicherung von Fassaden- und Versorgungskonzepten

Michael Eberl[1], Marion Hiller[2], Herbert Sinnesbichler[1], Gunnar Grün[1], Matthias Kersken[1]

[1] *Fraunhofer-Institut für Bauphysik IBP, Fraunhoferstraße 10, 83626 Valley, Deutschland; michael.eberl@ibp.fraunhofer.de, herbert.sinnesbichler@ibp.fraunhofer.de, gunnar.grün@ibp.fraunhofer.de, matthias.kersken@ibp.fraunhofer.de*
[2] *Transsolar Energietechnik GmbH, Curiestrasse 2, 70563 Stuttgart, Deutschland, hiller@transsolar.com*

Abstract

Komplexe Fassaden übernehmen diverse Funktionen wie Wetterschutz, Belüften, Beleuchten, Energieerzeugung, etc. Die Kombination der Disziplinen kann ein einzelner Fachplaner meist nicht beherrschen. Um dieser Komplexität mit ihren Risiken zu begegnen, sind funktionale Mock-Ups sinnvoll, sodass der Bauherr Sicherheit über die Funktion der bestellten Fassade erlangt und die Inbetriebnahme der TGA erleichtert wird. In dieser Publikation wird dieser Vorteile an einer Bemusterung (Festo SE & Co. KG Esslingen) an der Versuchseinrichtung für Energetische und Raumklimatische Untersuchungen VERU des Fraunhofer IBP dargestellt. Das zweite vorgestellte Projekt (Validierung Simulationsmodell in Zusammenarbeit mit Transsolar) zeigt, dass der Vergleich von Simulationsergebnissen und Messung am funktionalen Mock-Up einen Beitrag zur Sicherheit in der simulationsgestützten Planung leistet, da projektspezifische Fehlerquellen in der Simulation, wie Eingabefehler, ungenau angenommene Randbedingungen oder Vereinfachungen in den hinterlegten Modellen aufgedeckt werden können. Die empirische Validierung führt zu einer erhöhten Genauigkeit und Zuverlässigkeit der eingesetzten Modelle.

Mockups for the validation of facade and supply concepts. Functional mockups for the facades are based on a combination of disciplines, which is usually not under the control of a single designer. Complex facades take on various functions, such as weather protection, ventilation, lighting, energy generation etc. In order to cope with the risks arising from this complexity, functional mockups are advisable for the client to gains information on the reliability of the ordered facade and for the commissioning of the building services. In this publication, these advantages are presented on a sampling (Festo SE & Co. KG Esslingen) at Fraunhofer IBP's VERU test facility for energy and indoor climate studies. The second project presented (validation simulation model in cooperation with Transsolar) shows that the comparison of simulation results against measurement on the func-

Glasbau 2022. Herausgegeben von Bernhard Weller, Silke Tasche.

tional mockup contributes to safety in simulation based planning, since project specific sources of error in the simulation such as input errors, inaccurately assumed boundary conditions or simplifications in the stored models can be revealed. The empirical validation leads to an increased accuracy and reliability of the models used.

Schlagwörter: *funktionaler Mock-Up, Fassadenprüfung, Risikoreduktion, simulationsgestützte Planung, empirische Validierung*

Keywords: *functional mockup, facade evaluation, risk assessment, simulation-based planning, empirical validation*

1 Hintergrund

Innovative Fassaden erfordern die Kombination der Technologien aus Metallbau, Glaswesen, Leichtbau, Maschinenbau, Haustechnik etc. und das bei hohen bauphysikalischen Anforderungen. Dass die unterschiedlichsten Fachdisziplinen zusammenzuführen sind, stellt sowohl Planer als auch Ausführende vor zusätzliche Herausforderungen. In den meisten Fällen werden die Ausführungen nicht von nur einem einzelnen Fachplaner oder einem ausführenden Bauunternehmen beherrscht. Trotz der Systemkomplexität und einem signifikanten Anteil dieses Gewerks an den Gesamtkosten wird auch bei hohen Objektsummen vor der Fertigung häufig keine ausreichende funktionale Qualitätskontrolle eingesetzt. Lediglich die ästhetische Bemusterung vor Ort findet regelmäßig statt. Komplexe Fassaden übernehmen diverse – eben nicht nur ästhetische – Funktionen, wie Wetterschutz Sicherstellung der Raumbehaglichkeit und Integration entsprechender anlagentechnischer Versorgungskonzepte (Belüften, Beleuchten sowie thermische und/oder elektrische Energieerzeugung). Um dieser Komplexität mit ihren Risiken (auch finanzieller Art, u.a. in Wartung und Betrieb) zu begegnen,

Bild 1 Außenansicht VERU-Gebäude mit Mock-Up-Fassade (© Fraunhofer IBP)

werden funktionale Mock-Ups benötigt, sodass der Bauherr ausreichende Sicherheit über die Funktion der bestellten Fassade erlangt. Darüber hinaus erleichtert ein vorheriger Test im Bereich der Gebäudetechnik bzw. Versorgungskonzepte die spätere Inbetriebnahme und schützt vor Überraschungen, d. h. im Idealfall wird das Gebäude in Betrieb genommen und das Zusammenspiel der einzelnen Komponenten funktioniert auf Anhieb, ohne dass im laufenden Betrieb noch große Nachbesserungen vorgenommen werden müssen. Im Rahmen der Position/Tätigkeit „Fachtechnische Begleitung von Bemusterungen und Prüfungen" sollten, im Bereich der Fachplanung, regelmäßig technische Bemusterungen anhand von funktionalen Mock-Ups implementiert werden, welche derzeit jedoch nur sehr selten für diese Zielsetzung durchgeführt werden. Mit seinen Kompetenzen und Versuchseinrichtungen ist das Fraunhofer-Institut für Bauphysik IBP in Holzkirchen in der Lage solche Bemusterungen unter Realbedingungen vorzunehmen, für welche es derzeit keine standardisierten und etablierten Testverfahren gibt. Im Folgenden werden die Möglichkeiten und die resultierenden Vorteile an zwei Beispielen eines funktionalen Fassaden-Mock-Ups an der Versuchseinrichtung für Energetische und Raumklimatische Untersuchungen VERU (Bild 1) des Fraunhofer IBP [1] dargestellt.

2 Neubau Festo SE & Co. KG in Esslingen „Automation Center" (Test- und Validierungsmessung)

Am Standort der Firmenzentrale des Unternehmens Festo SE & Co. KG in Esslingen wurde mit dem „Automation Center" ein neues Bürogebäude mit einer innovativen Fassadentechnologie, einer sogenannten „ACT Facade" (Active Cavity Transition), geplant und vor der Ausführung am realen Objekt einem Test im Rahmen eines funktionalen Mock-Ups unterzogen [2] (Bild 2).

Bild 2 Visualisierung Automation Center Festo SE & Co. KG (© Festo SE & Co. KG)

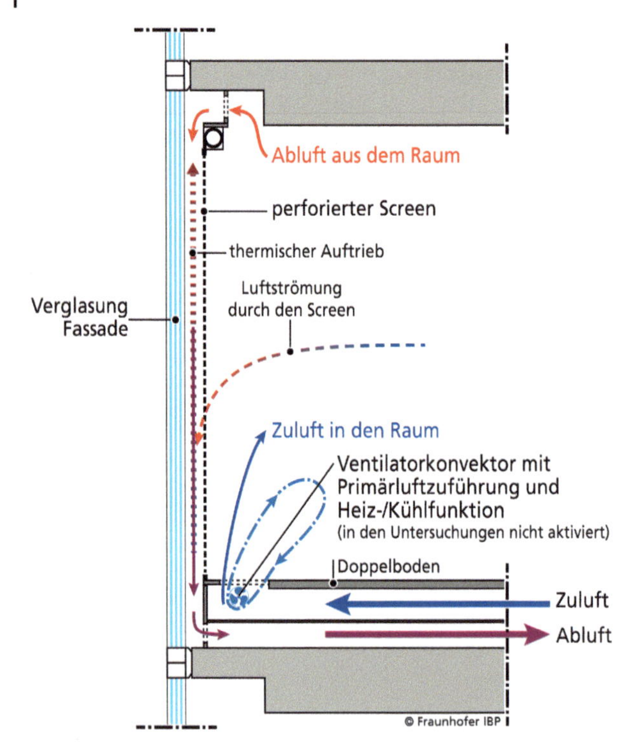

Bild 3 Schematische Darstellung der Luftführung in der ACT-Fassade (© Fraunhofer IBP)

Zur Minimierung der im Raum wirksam werdenden solaren Lasten wurde die einschalige Fassade mit vollflächiger Sonnenschutzverglasung und einem innenliegenden Blend- und Sonnenschutzscreen ausgeführt. Bei dieser Konstruktionsvariante wird die Abluft aus dem Raum über den Spalt zwischen Screen und Verglasung (Kavität), hier durch eine Absaugung im Bereich des Doppelbodens, abgeführt. Hierdurch soll ein Großteil der solar eingebrachten und am Screen bzw. der Verglasung absorbierten Wärme über den Abluftvolumenstrom unmittelbar wieder abgeführt werden, bevor sie im dahinterliegenden Büroraum wirksam werden kann (Bild 3). Die Richtung des Abluftvolumenstroms von oben nach unten war durch die Gebäudetechnik, genauer durch das Fehlen einer abgehängten Decke bei vorhandenem aufgeständertem Boden vorgegeben.

Des Weiteren sind unmittelbar vor dem Screen Ventilatorkonvektoren mit Primärluftzuführung (konstanter Zuluftvolumenstrom) und Heiz-/ Kühlfunktion in den Doppelboden integriert. Darüber hinaus beinhaltet das TGA-Konzept zusätzliche Quellluftauslässe im hinteren Bereich des Raumes und eine Flächenkühlung mittels Betonkernaktivierung (BTA). Beide Komponenten (Quellluftauslass und BTA) waren nicht Gegenstand der Untersuchungen und wurden deshalb im Versuchsraum nicht umgesetzt. Das Konzept zur Ansteuerung des innenliegenden Screens wurde vom Planungsteam basierend auf den Messergebnissen in einem nachgelagertem Planungsprozess erstellt und war ebenfalls nicht Teil der Untersuchungen. Zum Nachweis der Funktionsfähigkeit des Fassaden-/Lüftungskonzeptes wurde an der Versuchseinrichtung für energetische und raumklimatische Untersuchungen – VERU ein Versuchsraum mit einem funktionalen Mock-Up der Fassade (inkl. Lüftungskonzept) im Maß-

Bild 4 a) Außenansicht Mock-Up-Fassade; b) Innenansicht Mock-Up-Fassade bei vollständig geschlossenem Sonnenschutz-Screen und mit Temperaturmessbaum für die Komfortbewertung (© Fraunhofer IBP)

stab 1 : 1 eingerichtet und unter realen Witterungsbedingungen messtechnisch untersucht. Der Einbau erfolgte in die Südfassade des Versuchsgebäudes (Bild 4).

2.1 Methode

Die Untersuchungen am funktionalen Mock-Up adressierten die bestimmungsgemäße Funktion der ACT-Fassade inkl. dem Luft-Versorgungskonzept. Hierbei sollten folgende Fragestellungen geklärt werden:

- Wie hoch ist die Wärmeentzugsleistung der ACT-Fassade?
- Findet eine Rückströmung der erwärmten Luft aus dem Zwischenraum Screen/Verglasung in den dahinterliegenden Büroraum statt?
- Bildet sich eine homogene Kolbenströmung (von oben nach unten) zwischen Screen und Verglasung aus?
- Welche raumseitigen Oberflächentemperaturen stellen sich am Screen ein und welche Auswirkung hat dies auf das thermische Raumklima?

Bewertungen hinsichtlich des Kunstlichtbedarfs, der Tageslichtversorgung und des Blendverhaltens waren in diesem Projekt nicht Teil der Untersuchungen, können typischerweise aber in funktionalen Mock-Up-Tests mit betrachtet werden.

Untersucht wurden zwei unterschiedliche Verglasungsarten sowie neun verschiedene Screenmaterialien (Variation in Material, Beschichtung, Farbe und Perforation). Die dabei gewonnenen Messdaten waren für alle Planungsbeteiligte über einen gesicherten Zugang zum Messwerterfassungssystem Imedas™ (einer Eigenentwicklung des Fraunhofer IBP) verfügbar. Das System erfasst die Messdaten und die einzelnen Regelungsparameter. Über Webbrowser können der Zugriff auf die Datenbank, Auswerteoberflächen und Prozessvisualisierung aufgerufen werden. Weiterhin wurden dem Planungsteam Videos der durchgeführten Nebelversuche, die Thermogramme der raumseitigen Screenoberfläche und die tabellarische Zusammenfassung der Messergebnisse zur Verfügung gestellt.

2.2 Ergebnisse

Das wesentliche Ziel der Untersuchungen war die Validierung der Systemparameter der ACT-Fassade, im Zusammenspiel mit dem dahinterliegenden Raum, um die gewünschte Funktionalität – eine Reduzierung der raumseitigen Kühllast – bestmöglich sicherzustellen.

Hierzu wurde zunächst die Spaltbreite des unteren Abluftschlitzes am Doppelboden zwischen Screen und Verglasung optimiert. Ein weiterer wichtiger Parameter ist der freie Querschnitt des oberen Nachströmspaltes (zwischen Screenkasten und Betondecke), durch den die Abluft des Büroraumes in den Zwischenraum Screen/ Verglasung gesaugt wird. Ist dieser zu großzügig dimensioniert, findet eine Rückströmung der solar erwärmten Luft in den Büroraum statt, wodurch sich im Kühlfall der Energiebedarf erhöht. Im Rahmen der Messungen an unterschiedlichen Screen-Materialien zeigte sich, dass bei einer zu starken Perforation des Textilgewebes die raumseitige Abluft nicht mehr wie gewünscht über den oberen Nachströmspalt (unabhängig von dessen freiem Querschnitt) angesaugt wird. Stattdessen strömt sie bereits zu einem großen Anteil durch den unteren Bereich des Textils nach, wodurch es zu einer Rückströmung der erwärmten Luft aus dem oberen Teil der ACT-Fassade in den Büroraum kommt. Bild 5 zeigt jeweils beispielhaft den Tagesverlauf der gemessenen Lufttemperaturen im oberen Nachströmspalt (Spalt_oben_1 bis Spalt_oben_4) bei einem Textilgewebe mit einem zu hohen Perforationsgrad (Screen VI, Bild 5a; Öffnungsfaktor 4%, Material: 42% Glasfaser – 58% PVC) im Vergleich zu einem Gewebe mit einem geringerem Perforationsgrad (Screen VII, Bild 5b; Plastisol-Beschichtung/annähernd Luftdicht, Material 100% Polyester). Bei Screen VI sind dabei im Tagesverlauf deutlich ansteigende Lufttemperaturen im oberen Nachströmspalt erkennbar (teilweise über

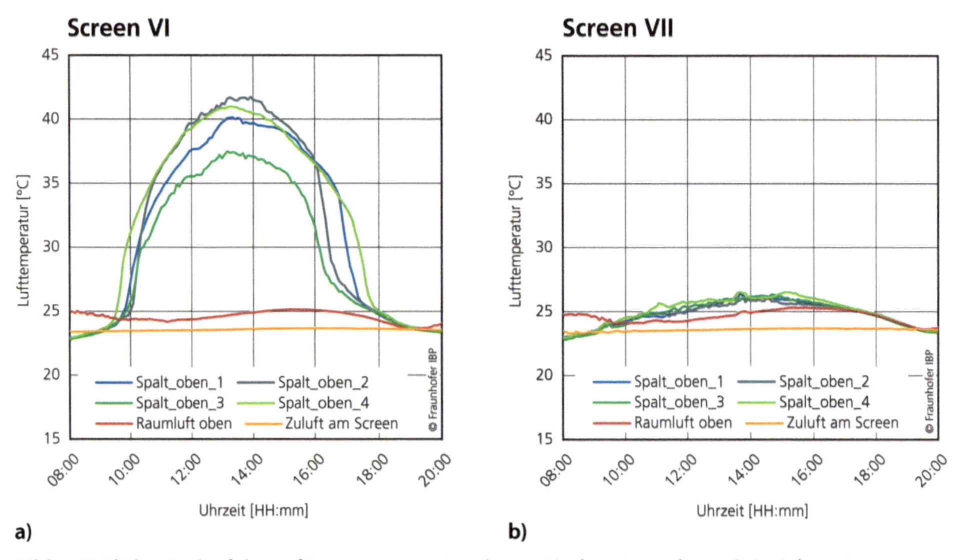

Bild 5 Zeitlicher Verlauf der Lufttemperaturen im oberen Nachströmspalt am Beispiel zweier strahlungsreicher Frühlingstage; a) Screen VI mit Rückströmung erwärmter Luft in den Raum; b) Screen VII mit funktionierender Strömung aus dem Büroraum in den Zwischenraum Screen/ Verglasung (© Fraunhofer IBP)

40 °C), was auf eine Rückströmung aus dem Zwischenraum Screen/ Verglasung in den dahinterliegenden Büroraum hinweist. Screen VII zeigt im direkten Vergleich dazu relativ konstant niedrige Temperaturen im Nachströmspalt auf (nahezu Raumlufttemperatur) und liefert damit eine funktionierende Strömung aus dem Büroraum in den Zwischenraum Screen/Verglasung. Am Versuchsaufbau wurden zudem drei unterschiedliche Tiefen der Kavität untersucht (180/100/70 mm), wobei sich unter den vorgegebenen Anforderungen an das Strömungsprofil in der Kavität (homogene Kolbenströmung von oben nach unten) und den konstruktiven Vorgaben eine Tiefe von 70 mm als zielführend erwiesen hat.

Weitere Optimierungspotenziale zeigten sich durch die Verwendung von Screen-Materialien mit einer raumseitigen low-E-Beschichtung. Hierdurch reduzierte sich die Wärmeabstrahlung des Sonnenschutzes an den Büroraum, was sich positiv auf das fassadennahe Raumklima auswirkt.

Um den raumklimatischen Einfluss der zu untersuchenden Screenmaterialien messtechnisch zu beurteilen, wurden während der Untersuchungen die Äquivalenttemperaturen an zwei Positionen (1 m und 3 m vor der Fassade) jeweils in zwei Raumrichtungen (fassadengerichtet und rückwandgerichtet) erfasst. Dabei wurde der vom Fraunhofer IBP entwickelte Äquivalenttemperatur-Sensor (DressMAN 2.0 [3]) eingesetzt. Die Äquivalenttemperatur (T_{eq}) fasst dabei die Luft- und Strahlungstemperatur sowie die Luftbewegung zu einem Indikator zusammen. Im vorliegende Versuchsaufbau deutet eine hohe Äquivalenttemperatur dabei eine hohe Strahlungstemperatur an. Diese wird durch die direkte solare Einstrahlung, die Oberflächentemperaturen der Umgebungsflächen (u. a. des Screens), deren Emissionsgrade und den Winkelfaktoren zu einer betrachteten Person (in einer bestimmten Position des Raumes) bestimmt. Bild 6 zeigt die Box-Plots der fassaden- (Messpunkt 1 m_Fassade_T_{eq}) und rückwandgerichteten (Messpunkt 1 m_Innenraum_T_{eq}) Äquivalenttemperaturen (T_{eq}) jeweils für die unterschiedlichen Screenmuster. Die Screenmuster I und IV dienten zu Testzwecken bzgl. des Perforationsgrades (Durchsicht nach außen) und wurden hinsichtlich

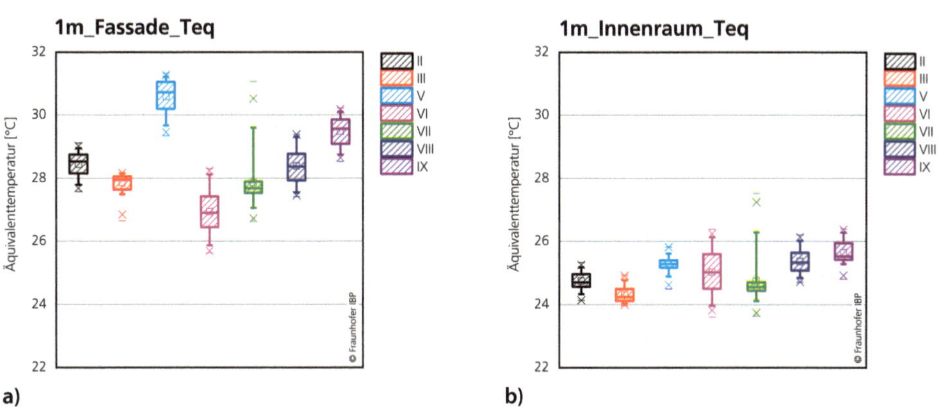

Bild 6 Box-Plot der a) fassadengerichteten und b) rückwandgerichteten Äquivalenttemperaturen für die einzelnen Screenmuster (II, III und V–IX); Auswertezeitraum zwischen 11:00 und 14:00 Uhr. In dieser Darstellung entspricht die Box dem Median und dem 25 %- und dem 75 %-Quantil, □ das arithmetische Mittel, die Whisker zeigen das 5 %- und 95 %-Quantil an, X die 1 %- und 99 %-Quantile und – das Minimum und das Maximum. (© Fraunhofer IBP)

der Äquivalenttemperatur nicht untersucht. Während die rückwandgerichteten Äquivalenttemperaturen bei allen Materialien annähernd Raumlufttemperatur aufweisen (zwischen 24 °C und 26 °C; Bild 6b), zeigen die fassadengerichteten Äquivalenttemperaturen (Bild 6a) deutliche Unterschiede zwischen den einzelnen Screenmustern.

Eine als komfortabel empfundene Umgebung zeichnet sich unter anderem, durch eine geringe Asymmetrie der thermischen Strahlung aus (siehe auch DIN EN ISO 7730 [4]). Die geringste Asymmetrie der Äquivalenttemperaturen – d. h. die geringste Temperaturdifferenz zwischen den Messpunkten 1 m_Fassade_T_{eq} und 1 m_Innenraum_ T_{eq} – wurde mit dem Screenmuster VI erreicht, bei dem aufgrund des höheren Perforationsgrades die Raumluft unmittelbar über die untere Hälfte des Screens abgesaugt wurde. Gleichzeitig strömte jedoch die im Zwischenraum Screen/Verglasung erwärmte Luft durch den oberen Nachströmspalt in den Raum zurück. Im Kühlbetrieb würde dieses Strömungsverhalten zu einer höheren Kühllast im Raum führen. Bei einer funktionierenden Strömung im Zwischenraum deutet eine geringe Äquivalenttemperaturasymmetrie auf eine reduzierte thermische Belastung der Personen durch die Wärmeabstrahlung des Screens bzw. eine Solarstrahlungstransmission durch den Screen, wie auch auf eine geringere Kühllast hin. Von den fünf Screenmustern, welche das gewünschte Strömungsbild im Zwischenraum aufwiesen, sind die Tuchmuster VII und VIII aufgrund der geringen Differenz der Äquivalenttemperatur als raumklimatisch am besten geeignet anzusehen (Bild 7). Zum Abschluss der Untersuchungen wurde die final ausgewählte Zusammensetzung (Abstände, Luftvolumenströme und Screenmaterial) im Versuchsstand eingebaut und messtechnisch bewertet. Dabei wurde das Verhalten der ACT-Fassade nochmals unter sommerlichen Bedingungen untersucht – bei Außenlufttemperaturen um 30 °C und hohem Sonnenstand (Südfassade).

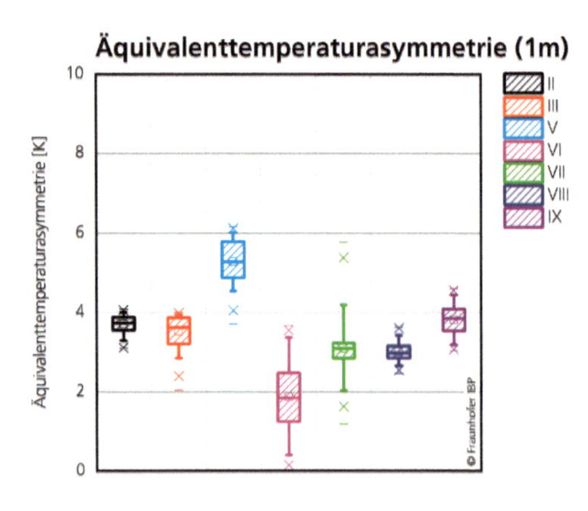

Bild 7 Box-Plot der Äquivalenttemperatur-Differenz zwischen fassaden- und rückwandgerichteter Messung für die einzelnen Screenmuster (II, III und V–IX); Auswertezeitraum zwischen 11:00 und 14:00 Uhr. In dieser Darstellung entspricht die Box dem Median und dem 25 %- und dem 75 %-Quantil, □ das arithmetische Mittel, die Whisker zeigen das 5 %- und 95 %-Quantil an, X die 1 %- und 99 %-Quantile und – das Minimum und das Maximum. (© Fraunhofer IBP)

2.3 Integraler Planungsprozess

Die Messdaten aus diesen Untersuchungen wurden dem am Bau beteiligten Planungsteam (Architekt, Fassaden- und TGA-Planer) zur Validierung ihrer Simulationsmodelle bzw. Rechenansätze zur Verfügung gestellt. Anhand der messtechnisch validierten Modelle lassen sich so zuverlässige Aussagen zur Funktion neuer, komplexer Fassadensysteme ableiten. Kostensicherheit im Aufbau, Vermeidung von kostenintensiven Nachbesserungen, Erleichterungen bei der Inbetriebnahme des Gebäudes und Sicherheit hinsichtlich der Betriebskosten sind nur einige Vorteile dieses Planungsprozesses. Darüber hinaus erhalten Bauherr und beteiligte Planer die Möglichkeit, die Fassade und den dahinterliegenden Büroraum anhand des Mock-Ups bereits im Vorfeld optisch und funktional zu begutachten. Das Gebäude und die späteren Büroräume werden so bereits im Planungsprozess überprüf- und „erlebbar". Vor allem durch diese Überprüfbarkeit des Gesamtsystems erhalten Planer und Bauherren zusätzlich technische und damit auch finanzielle Sicherheit.

3 Modellentwicklung und Validierung des komplexen Verglasungsmodells von TRNSYS

Naturgemäß ist die durch Messungen bewertbare Anzahl von Varianten (z.B. Fassaden-Aufbauten, TGA-Betriebsweisen, usw.) sowohl auf Grund der Kosten, als auch wegen der Dauer jeder einzelnen Messung begrenzt. Auch erlauben die Daten eines derartigen funktionalen Mock-Ups unter in situ Bedingungen selbst nur begrenzt Aussagen über das Verhalten des untersuchten Systems bei abweichender Betriebsweise, in anderen Klimazonen oder z.B. unter dem Einfluss einer Klimaerwärmung. Um die generierten Messergebnisse auf weitere Anwendungsfälle bzw. Randbedingungen übertragen zu können, wird in der Regel auf eine thermisch-energetische Gebäudesimulation zurückgegriffen. Aus bestehenden Abbildungen einzelner physikalischer Vorgänge wird ein repräsentatives Abbild z.B. eines Raums oder eines Gebäudes modelliert. Zur Validierung der Modelle können verschiedene Verfahren eingesetzt werden. Bei der empirischen Validierung werden mit den gemessenen Klimadaten und anderen relevanten Randbedingungen aus den Versuchen als Eingangsgrößen Modellsimulationen durchgeführt. Die so errechneten Ergebnisse, z.B. Verläufe des Energiebedarfs oder ausgewählte Temperaturen werden mit den gemessenen Werten bzw. Verläufen verglichen. Nun können die Abweichungen, die in den meisten Fällen zunächst vorhanden sind, analysiert werden und ggf. Hinweise zu Modellverbesserungen oder Eingabefehler geben.

Das Mehrzonengebäudemodell des Simulationsprogamms TRNSYS [5] beinhaltet ein Model zur Simulation komplexer Verglasungssysteme, basierend auf dem thermischen Modell der ISO 15099 ([6], [7]). Dieses Modell ist anhand verschiedener Testprozeduren validiert worden. Bei projektbezogenen Messungen während einer Fassadenbemusterung an einem funktionalen 1:1-Mock-Up beim Fraunhofer IBP wurden jedoch Abweichungen zwischen Mess- und Simulationsergebnissen festgestellt, die eine Berücksichtigung der thermischen Kapazität des Verglasungssystems nahelegten. Obwohl das Modell der ISO 15099 sehr detailliert ist, werden dort keine Wärmekapazitäten der Verglasungen berücksichtigt. Zur weiteren Analyse wurden vom Modellentwickler Transsolar gezielt weiterführende Messungen zur Modellentwicklung und Validierung an dem bestehenden funktionalem (Fassaden-)Mock-Up veranlasst.

Neben anderen wurde eine Variante untersucht, bei der die Fassade und deren Sonnenschutzsystem stark mit dem dahinterliegenden Raum bzw. dessen Lüftungstechnik interagiert. Optisch ist die Fassade vergleichbar mit der Festo-Fassade (Bild 4), sie verfügt allerdings über ein anderes Luftführungskonzept, wie in Bild 8 erkannt werden kann. Statt den Luftspalt (Kavität) zwischen der Verglasung und dem Screen

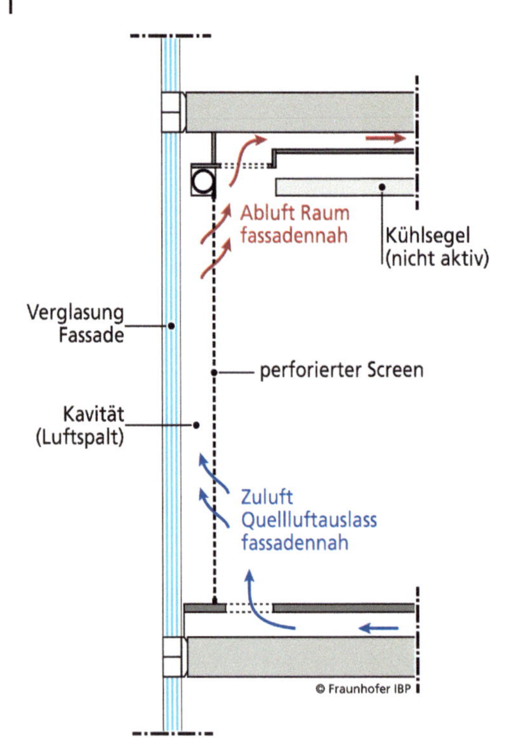

Bild 8 Luftführungskonzept der Simulationsfassade (© Fraunhofer IBP)

mithilfe der Raum-Abluft gegen den thermischen Auftrieb zu entlüften (Bild 3) wird hier der Spalt ausschließlich über natürlich Konvektion hinterlüftet. Um diese Konvektion zu ermöglichen ist das Gewebe des Screens perforiert. Die warme Luft wird dann über eine fassadennah in der Decke angeordnete Abluftöffnung dem Raum direkt entzogen.

Über mehrere Wintertage wurden die externen Klimarandbedingungen, Raumlufttemperaturen, sämtliche Oberflächentemperaturen des Fassadensystems und Temperatur der in den Raum einströmenden Luft messtechnisch erfasst. Der Raum wurde auf eine konstante Minimaltemperatur von 20 °C beheizt, der fassadennahe Zuluftauslass im Fußboden mit 105 m^3/h Frischluft mit einer Temperatur von 20 °C versorgt. Nach Abschluss der Messungen wurde in der Simulationsumgebung TRNSYS ein detailliertes Fassaden- und Raummodell von Transsolar erstellt. Erste Simulationen zeigen signifikante Abweichungen (siehe Bild 9a). In vielen Fällen ist die Vernachlässigung der Kapazität des Verglasungssystems zulässig, jedoch ist die Sonnenschutz-Verglasung der hier betrachteten Fassade mit insgesamt 62 mm, davon 29 mm Glasscheiben, relativ schwer. Diese Masse führt dazu, dass im Tagesgang signifikante Anteile der absorbierten Solarstrahlung eingespeichert werden. Wie In Bild 9a zu erkennen, entsteht einerseits ein zeitlicher Versatz zwischen Messung und Simulation und andererseits wird die Höhe der Maximaltemperaturen im Tagesgang um ca. 2 K überschätzt. Hinzu kommt, dass die kapazitätsfreie Modellierung der Fassade zu sensibel auf Schwankungen in der Solarstrahlungsintensität reagiert.

Um diesen Einfluss in den Simulationen berücksichtigen zu können, wurden die entsprechenden Formulierungen der Energiebilanz des Verglasungsmodells nach Gleichung (1) für die Vorderseite und Gleichung (2) für die Rückseite der Einzelscheiben i um einen Term für die Wärmekapazität ergänzt (rot markierte Gleichungsteile):

$$0 = -\frac{\lambda_i}{d_i}(T_{f,i} - T_{b,i}) + \frac{S_i}{2} - h_{cv,f,i}(T_{f,i} - T_{g,i-1}) + J_{b,i-1} - J_{f,i} - \frac{\kappa_i}{2\Delta t}(T_{b,i} - T_{b,i,t-1}) \qquad (1)$$

$$0 = -\frac{\lambda_i}{d_i}(T_{b,i} - T_{f,i}) + \frac{S_i}{2} - h_{cv,b,i}(T_{b,i} - T_{g,i-1}) + J_{f,i-1} - J_{b,i} - \frac{\kappa_i}{2\Delta t}(T_{f,i} - T_{f,i,t-1}) \qquad (2)$$

mit

λ Wärmeleitfähigkeit der Glasscheibe [W/(mK)]
d Dicke der Glasscheibe [m]
T Temperatur [K]
S Absorptionsrate der solaren Strahlung [W/m^2]
h_{cv} Konvektiver Wärmeübergang von der Oberfläche an ein Gas [W/(m^{2}K)]
J Radiosity [W/m^2]
κ Flächenspezifische Wärmekapazität der Glasscheibe [J/(m^{2}K)]
Δt Simulationszeitschritt [s]
i Index der betrachteten Schicht
f/b front (Vorderseite)/back (Rückseite); Oberfläche
g Gaszwischenraum
t Aktueller Zeitschritt/t–1 : Vorheriger Zeitschritt

Bild 9b zeigt den Temperaturverlauf unter Berücksichtigung der Wärmekapazitäten der Verglasungen. Es zeigt sich, dass diese Veränderung am Modell die Differenz zwischen Simulation und Messung auf ein akzeptables Maß reduziert. So beträgt z. B. die Abweichung der Maximaltemperaturen lediglich etwa 0,2 K.

Die Vernachlässigung der Kapazität der Verglasung hat nicht nur einen Einfluss auf die für den Komfort relevante Strahlungstemperatur (oder Äquivalenttemperatur) und

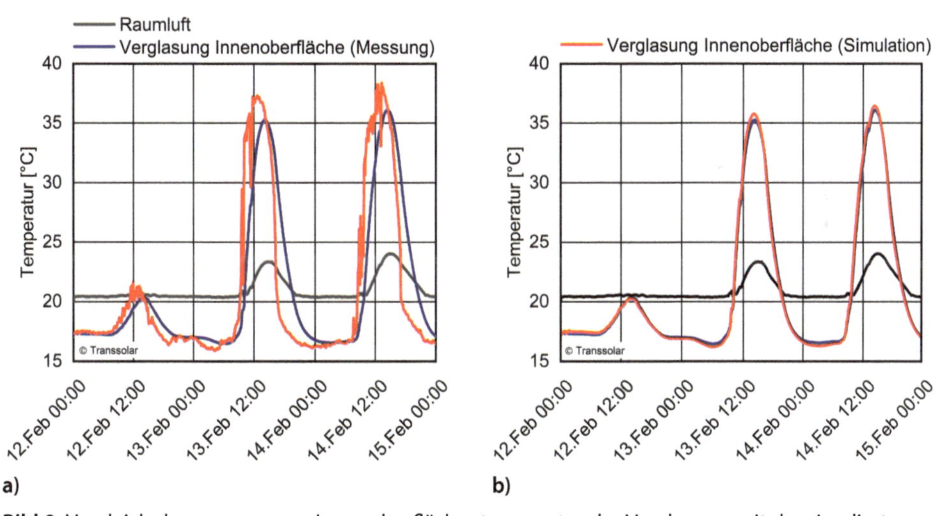

Bild 9 Vergleich der gemessenen Innenoberflächentemperatur der Verglasung mit der simulierten Innenoberflächentemperatur; a) ohne Wärmekapazität und b) mit Wärmekapazität der Verglasung (© Transsolar)

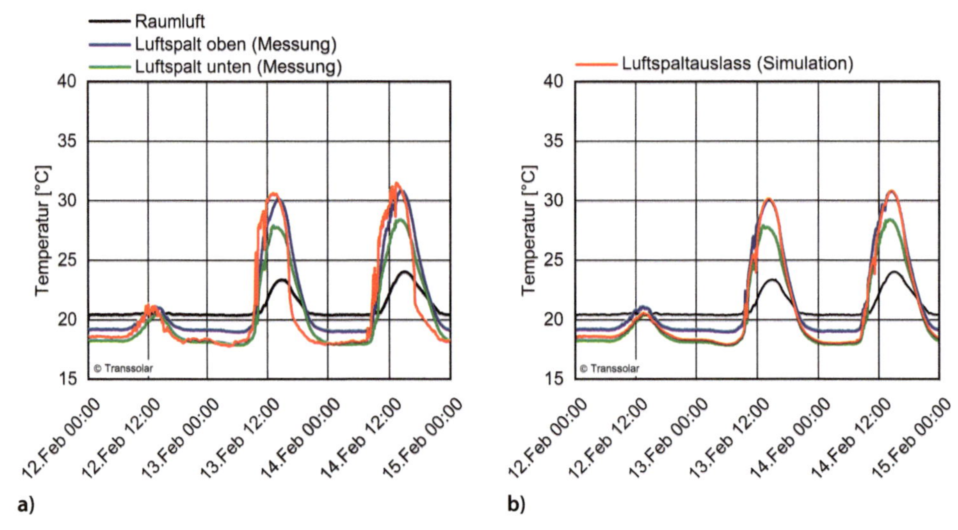

Bild 10 Vergleich der gemessenen Lufttemperaturen im unteren und oberen Bereich der Kavität mit der simulierten Luftauslasstemperatur der Kavität; a) ohne Wärmekapazität und b) mit Wärmekapazität der Verglasung (© Transsolar)

deren Symmetrie, sondern auch auf den Energieeintrag in den Raum und damit auf die Temperatur der Raumluft. Ähnlich wie der Einfluss auf die Oberflächentemperaturen wirkt sich die Berücksichtigung der Speicherkapazität der Verglasung auf die aus dem Luftspalt in den Raum gelangenden Wärmeeinträge aus. Bild 10 zeigt die simulierte Luftauslass-Temperatur von der Kavität in den Raum sowie die gemessenen Lufttemperaturen im unteren und oberen Bereich der Kavität. Bei hoher Einstrahlung ist die Lufttemperatur in der Kavität höher als die Lufttemperatur im Raum, sodass im unteren Bereich die Luft eingesaugt wird und im oberen Bereich in den Raum zurückströmt. Nachts ist die Lufttemperatur in der Kavität niedriger als die Lufttemperatur im Raum und die Strömung dreht sich um. Im oberen Bereich wird die Luft eingesaugt und im unteren Bereich strömt sie in den Raum zurück. Diese Strömungsverhalten wird in dem Modell der ISO 15099 berücksichtigt. Nachts stimmt die simulierte Luftaustrittstemperatur gut mit der im unteren Bereich gemessenen Lufttemperatur der Kavität überein. Bei hoher Einstrahlung hingegen zeigt die simulierte Luftauslasstemperatur eine gute Übereinstimmung mit der gemessenen Lufttemperatur im oberen Bereich der Kavität, vor allem wenn die Wärmekapazität der Verglasung berücksichtigt wird.

Dieses Beispiel zeigt, dass der Vergleich von Simulationsergebnissen und Messung am Mock-Up einen Beitrag zur Sicherheit in der simulationsgestützten Planung leistet, da projektspezifische Fehlerquellen in der Simulation wie Eingabefehlern, ungenau angenommene Randbedingungen oder Vereinfachungen in den hinterlegten Modellen aufgedeckt werden können. Zusätzlich führt eine Validierung von Simulationsmodellen anhand von gemessenen Vergleichsdaten zu einer erhöhten Genauigkeit und Zuverlässigkeit der Modelle.

4 Zusätzliche Planungssicherheit für den Bauherrn

Für die Zentrale der Festo SE & Co. KG wurde ein innovatives Fassadenkonzept, eine „ACT Facade“ (Active Cavity Transition), hinsichtlich des Raumklimas untersucht und bezüglich der Luftdurchlässigkeit des verwendeten Sonnenschutzmaterials und damit der Luftführung im Sonnenschutzsystem optimiert. Die Durchführungen dieser Optimierungen nachträglich am fertiggestellten Bauwerk hätte sowohl signifikante Mehrkosten als auch Verzögerungen bzw. Einschränkungen bei der Nutzbarkeit des Gebäudes bedeutet. Dieses Beispiel zeigt damit eindrucksvoll den Nutzen funktioneller Mock-Ups im Vorfeld eines realen Bauvorhabens.

An einem weiteren Fassadenkonzept wurden dargelegt, welche großen Vorteile entstehen, wenn für ein Simulationsmodell die Messdaten eines funktionalen Mock-Ups als Validierungsgrundlage zur Verfügung stehen. In dem vorgestellten Beispiel wurde dem (CFS) Fenstermodell der TRNSYS-Software die thermische Masse der Verglasungen hinzugefügt, wodurch die Ergebnisqualität signifikant verbessert werden konnte.

Da thermisch-energetische Gebäudesimulationen häufig eine der zentralen Planungsgrundlagen sind, vor allem bei komplexen Gebäuden, wird somit deutlich wie funktionelle Mock-Ups die Planungsqualität und damit die terminliche und finanzielle Sicherheit für Planer und Bauherren erhöhen.

5 Danksagung

Wir bedanken uns bei unseren Projektpartnern, der Festo SE & Co. KG und der Priedemann Holding GmbH für die gute und konstruktive Zusammenarbeit im Rahmen dieser Untersuchungen.

6 Literatur

[1] Fraunhofer-Institut für Bauphysik IBP (2021) *Technische Mockups – Fraunhofer IBP*, [Online] https://www.ibp.fraunhofer.de/de/kompetenzen/energieeffizienz-und-raumklima/evaluierung-demonstration/technische-mockups.html [Zugriff am 12.07.2021]

[2] Hiller, M.; Gut, M.; Holst, S. (2019) CFS Model Improvement based on Measured Data of a 1:1 Scale Test Mockup in: *Building Simulation Conference 2019 (Proceedings)*, Rome, pp. 4290–4297.

[3] Fraunhofer-Institut für Bauphysik IBP (2021) *DressMAN*, [Online] https://www.pruefstellen.ibp.fraunhofer.de/de/energieeffizienz-und-raumklima/dressman.html [Zugriff am 12.07.2021]

[4] DIN EN ISO 7730:2006-05 (2005) *Ergonomie der thermischen Umgebung – Analytische Bestimmung und Interpretation der thermischen Behaglichkeit durch Berechnung des PMV- und des PPD-Indexes und Kriterien der lokalen thermischen Behaglichkeit* (ISO 7730:2005).

[5] Klein, S.A. et al. (2019) *TRNSYS 18: A Transient System Simulation Program*. SEL, University of Wisconsin, Madison USA.

[6] Hiller M.; Schöttl, P. (2014) Modellierung Komplexer Verglasungssysteme in TRNSYS in: *BauSIM2014 (Proceedings),* German Building Performance Simulation Conference.

[7] ISO 15099:2003-11 (2003) *Thermal performance of windows, doors and shading devices – Detailed calculations* (ISO 15099:2003).

[8] Kersken, M. (2021) *Technisches MockUp der Fassade für einen Hochhaus-Neubau – Überprüfung von FunktIon, Behaglichkeit und Schadensfreiheit bereits vor dem Bau,* IBP-Mitteilung, Holzkirchen.

[9] DIN EN 14240:2004-04 (2004) *Lüftung von Gebäuden – Kühldecken – Prüfung und Bewertung.*

Berechnung von punktgestützten Verglasungen mit Senkkopfhaltern

Jochen Menkenhagen[1]*, Prasantha Lama*[1]

[1] *Universität Duisburg-Essen, Fakultät für Ingenieurwissenschaften, Abteilung Bauwissenschaften, Fachgebiet Baustatik und Baukonstruktion, Universitätsstraße 15, 45141 Essen, Deutschland; jochen.menkenhagen@uni-due.de; prasantha.lama@uni-due.de*

Abstract

Nach jetzigem Stand ist die Berechnung punktgestützter Verglasungen nach dem vereinfachten Verfahren der DIN 18008-3 auf zylindrische Bohrungen mit Tellerhaltern beschränkt. Flächenbündige Senkkopfhalter mit konischer Bohrung im Glas werden nicht berücksichtigt. In der Praxis wird in der Regel der Nachweis solcher Verglasungen über komplexe numerische Berechnungen oder durch Versuche erbracht. Um diese zuletzt genannten Punkte zu umgehen, wird in diesem Beitrag die Erweiterung des vereinfachten Verfahrens zur Berechnung von punktgestützten Verglasungen mit Senkkopfhaltern aufgezeigt.

Calculation of point-supported glazing with countersunk head supports. On the current status, the calculation of point-supported glazing according to the simplified method of DIN 18008-3 is limited on cylindrical bores with plate holders. Flush countersunk head supports with a conical bore in the glass are not considered. In practice, verification of such glazing is usually provided through complex numerical calculations or tests. In order to avoid these last-mentioned points, the extension of the simplified procedure for the calculation of point-supported glazing with countersunk head supports is shown in this article.

Schlagwörter: *punktgestützte Verglasungen, Senkkopfhalter, DIN 18008-3, vereinfachtes Verfahren*

Keywords: *point-supported glazing, countersunk head supports, DIN 18008-3, simplified procedure*

Glasbau 2022. Herausgegeben von Bernhard Weller, Silke Tasche.

1 Einleitung

Punkthalter können in Klemmhalter, die an Glasrändern angebracht werden und in Teller- und Senkkopfhalter, die eine Bohrung im Glas erfordern, eingeteilt werden. Die Bemessung von Klemm- und Tellerhaltern ist in der DIN 18008-3 geregelt. Senkkopfhalter sind noch von der Norm ausgeschlossen (Stand: 07/2021).

Eine „genaue" Berechnung mit Punkthaltern ist nur über die FE-Methode mit nichtlinearer Kontaktberechnung möglich. Speziell bei Verglasungen mit Senkkopfhaltern ist der Modellierungsgrad und die numerische Umsetzung aufgrund des vorhandenen Konus an der Glasbohrung komplexer als bei Teller- und Klemmhaltern. Alternativ zu den Berechnungen kann der Nachweis von punktgestützten Verglasungen über Versuche erbracht werden.

Für Tellerhalter, die durch eine zylindrische Bohrung im Glas geführt werden, ist eine Berechnung nach dem vereinfachten Verfahren des Anhangs C der Norm [1] möglich. Diesem Berechnungsgrundsatz folgend und um eine einheitliche Regelung zur Berechnung von punktgestützten Verglasungen mit konischer Bohrung im Glas zu schaffen, wird das vereinfachte Verfahren auch für Senkkopfhalter erweitert.

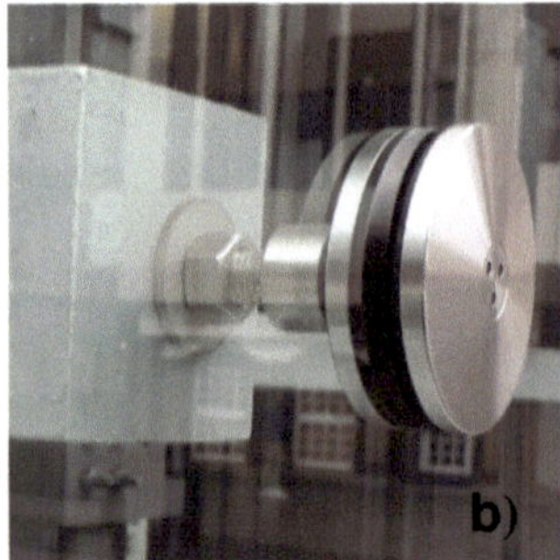

Bild 1 a) Klemmhalter; b) Tellerhalter; c) Senkkopfhalter (© P. Lama, Universität Duisburg-Essen)

2 Grundidee des vereinfachten Verfahrens

Nach der Grundidee des vereinfachten Verfahrens ergibt sich die maßgebende Hauptzugspannung am Bohrloch aus den Anteilen der lokalen und globalen Spannungskomponenten (1). Erstere werden mithilfe der Auflagerreaktionen der Glasplatte und den dimensionslosen Spannungsfaktoren gewonnen. Die globale Spannungskomponente wird an der kreisförmigen Begrenzung im lokalen Bereich von $3 \cdot d$ vom Bohrungsmittelpunkt im FE-Modell abgelesen. Für die Ermittlung der Lagerreaktionen der Glasplatte und des globalen Spannungsanteils ist die Abbildung der Glasplatte mit Schalenelementen ausreichend. Die Halter selbst können über Balkenelemente und Federn realisiert werden. Eine Anwendung des vereinfachten Verfahrens setzt bei Verglasungen mit zylindrischen Bohrungen voraus, dass zwischen Hülse und Bohrlochleibung ein Lochspiel von mindestens 1 mm vorliegt.

$$E_d = \sigma_{F_z,d} + \sigma_{F_{res},d} + \sigma_{M_{res},d} + k \cdot \sigma_{g,d} \tag{1}$$

2.1 Spannungsfaktoren von Tellerhaltern mit zylindrischer Bohrung

Die Untersuchung des Lastabtrages mit Tellerhaltern war der Forschungsgegenstand zahlreicher Wissenschaftlerinnen und Wissenschaftler. Die wesentlichen Ergebnisse zur Ableitung der Spannungsfaktoren im zylindrischen Bohrloch der Glasplatte werden nachstehend kurz wiedergegeben. Auf eine detaillierte Herleitung der Spannungsfaktoren wird auf [2, 3, 4, 5 und 6] verwiesen.

Normalkraft: Der vertikale Lastabtrag wurde mit drucksensitiven Folien zwischen der Glas- und Tellerfläche untersucht. Trotz der Verwendung von Haltern mit breiten Tellern sank das Verhältnis von lastübertragender Tellerfläche zur Verfügung stehender Fläche. Somit wurde das Modell in Bild 2 zur Ermittlung des Spannungsfaktors b_{FZ} gewählt [2].

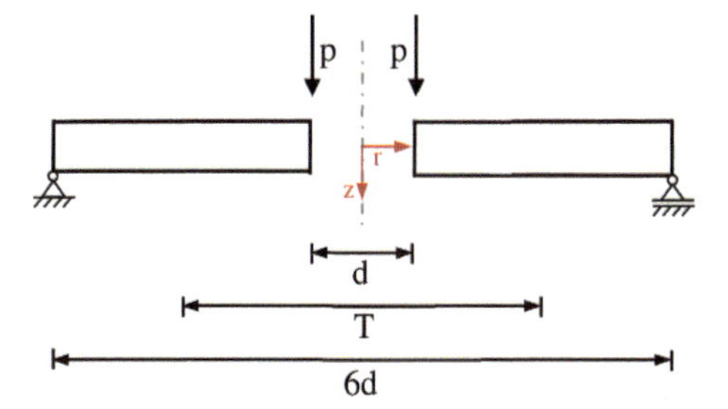

Bild 2 Modell zur Ermittlung von b_{FZ} (© AiF-Forschungsbericht 16320 N [2])

Querkraft: Der Lochleibungsdruck in der Scheibenebene entsteht bei einer Berücksichtigung des Lochspiels zwischen Hülse und Bohrung über einen Öffnungswinkel unter ±25°. Der analytische Ansatz nach [7] basiert auf [8]. FE-Vergleichsberechnungen unter Variation der Hülsensteifigkeit und Größe des Lochspiels zeigten eine gute Übereinstimmung mit dem analytischen Ansatz [2, 4].

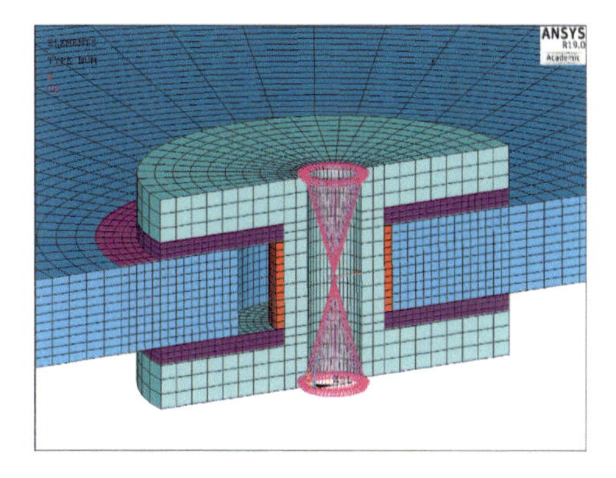

Bild 3 Modell zur Ermittlung von b_{Fxy} (© P. Lama, Universität Duisburg-Essen)

Moment: Resultierend aus dem Lochspiel zwischen Hülse und Bohrung erfolgt der Momentenabtrag über einem Kräftepaar zwischen den Tellerbreiten des Halters. Für das Modell in Bild 4 wurde die Spannungsermittlung im Glas auf Basis der Lösung nach [5] berechnet [2].

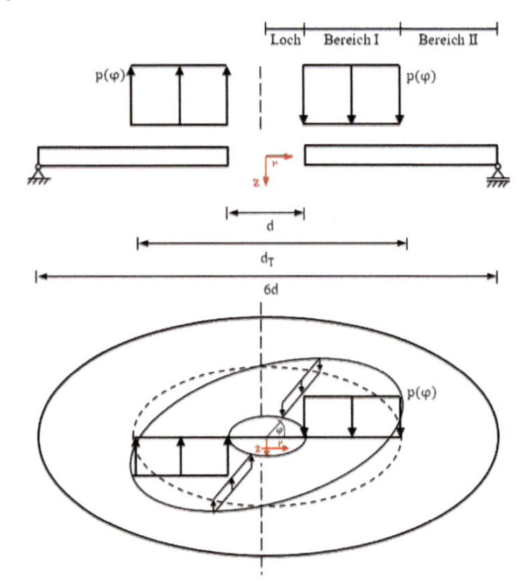

Bild 4 Modell zur Ermittlung von b_M
(© AiF-Forschungsbericht 16320 N [2])

3 Untersuchungen zur Lastübertragung mit Senkkopfhaltern an konischen Bohrungen

Die Lastübertragungsmechanismen an konischen Bohrungen mit Senkkopfhaltern werden mithilfe von Kontaktdruckspannungen zwischen Glas und Kunststoffen sowie dem Entstehungsort der Hauptzugspannung im Glas identifiziert und festgelegt. Dies geschieht an einem Kleinteilmodell (siehe Bild 5). Letzteres wird aus einem verifizierten Gesamtmodell nach [9, 10] entkoppelt. Die Kriterien zur Erfüllung eines wissenschaftlichen Untersuchungsmodells, wie die Netzgüte im Bohrungsbereich [11, 12], Implementierung der Kontaktelemente [5] sowie die allgemeinen Modellierungsregeln werden eingehalten. Weitere Erläuterungen sowie die ausführlichen Ergebnisse sind in [13] zu finden. Bei den Untersuchungen und Anwendungen in der Praxis ist der Senkwinkel

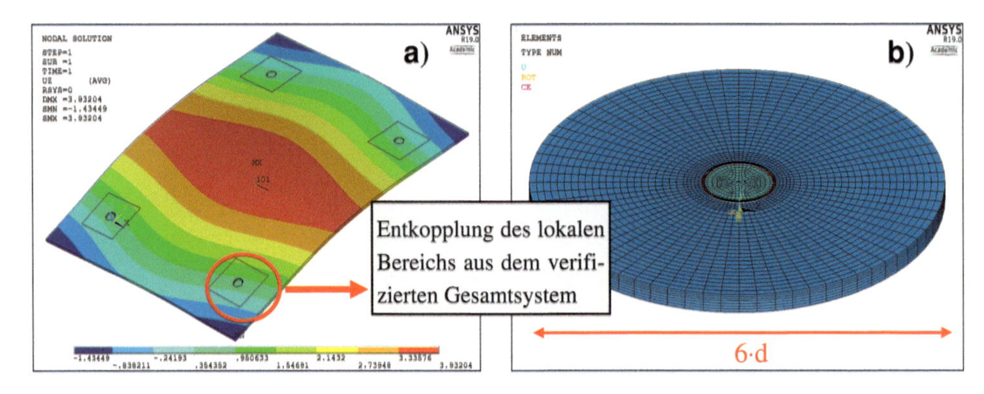

Bild 5 a) Vierpunktgestützte Glasplatte; b) Entkoppeltes Kleinteilmodell
(© P. Lama, Universität Duisburg-Essen)

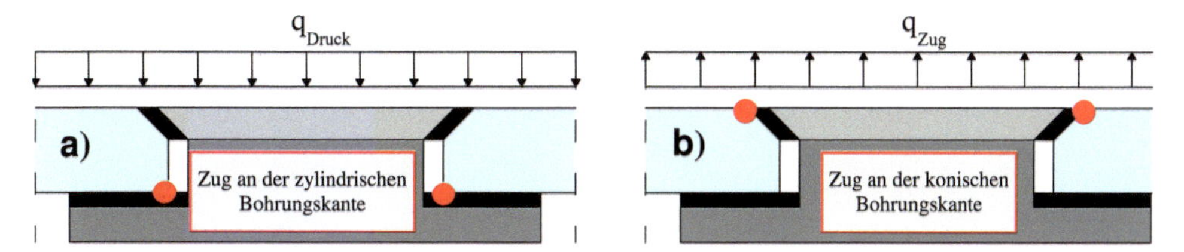

Bild 6 Belastungszustand für vertikalen Lastabtrag; a) Druck; b) Zug (© P. Lama, Universität Duisburg-Essen)

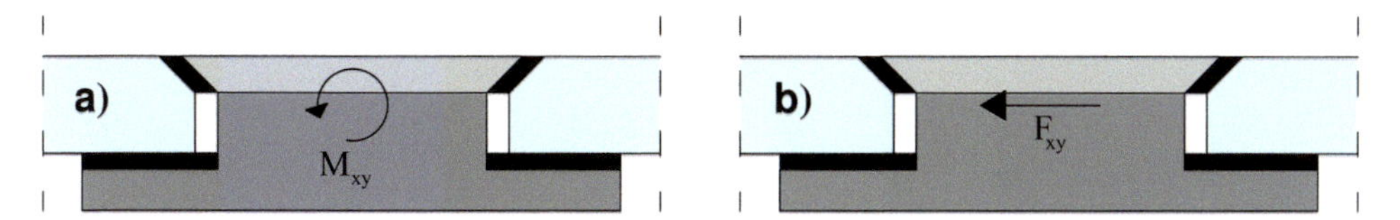

Bild 7 a) Belastungszustand für Momentenabtrag; b) Belastungszustand für Lastabtrag in Scheibenebene (© P. Lama, Universität Duisburg-Essen)

des Konus auf 90° beschränkt. Die Belastungszustände für die jeweiligen Belastungssituationen sind Bild 6 und 7 zu entnehmen.

3.1 Vertikale Lastübertragung

Für eine Druckbelastung wird der Lastabtrag maßgebend von der Hülsendicke bestimmt. Bei einer dünnen Hülse ergibt sich die maßgebende Kontaktdruckspannung am oberen Konusrand bzw. an der oberen Senkung (siehe Bild 8a). Eine Erhöhung der Hülsendicke verlagert die Kontaktdruckspannung zum Übergang zwischen Konus und zylindrischem Abschnitt. Beim letzteren Fall ergibt sich die größere Spannung im Glas an der zylindrischen Bohrungskante. Der Einfluss des E-Moduls der Hülse hat eine geringe quantitative Änderung der Zahlenwerte zur Folge. Qualitativ ändert sich der Lastabtrag hierdurch nicht.

Die Lastverteilung infolge einer Zugbelastung ist von der Steifigkeit der Zwischenschicht abhängig. Bei einer steifen Zwischenschicht kann sich die Last bis zum äußeren

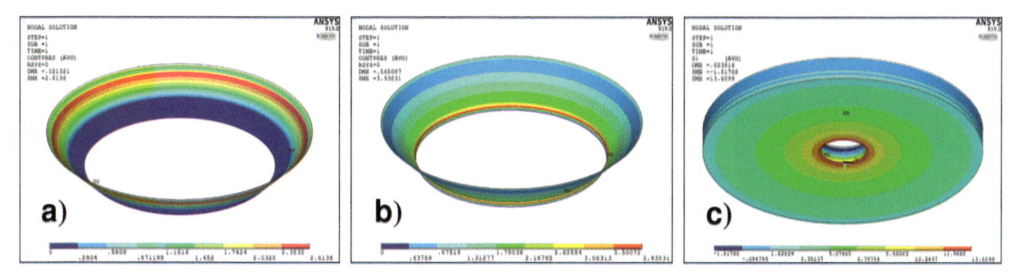

Bild 8 Kontaktdruckspannungen und Hauptzugspannung infolge der Druckbelastung für unterschiedliche Kunststoffparameter der Hülse; a) Kontaktdruck für die Hülsendicke t_H = 1 mm; b) Kontaktdruck für t_H = 5 mm; c) Hauptzugspannung (© P. Lama, Universität Duisburg-Essen)

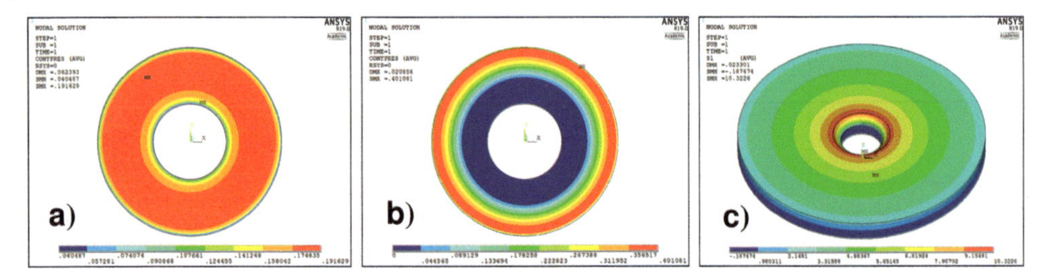

Bild 9 Kontaktdruckspannungen und Hauptzugspannung infolge der Zugbelastung für unterschiedliche Kunststoffparameter der Zwischenschicht; a) Kontaktdruck für E-Modul der Zwischenschicht $E_{ZWS} = 5$ N/mm²; b) Kontaktdruck für $E_{ZWS} = 200$ N/mm²; c) Hauptzugspannung (© P. Lama, Universität Duisburg-Essen)

Tellerrand ausbreiten (siehe Bild 9b). Im Unterschied dazu konzentriert sich die Last bei einer weichen Zwischensicht nahe der Bohrung. Für diesen Lastfall ergibt sich die Hauptzugspannung am oberen Bohrungsrand des Konus.

3.2 Lastübertragung in Scheibenebene

Der Lastübertragung in der Scheibenebene erfolgt über den Lochleibungsdruck zwischen Hülse und Bohrungsleibung. Im Gegensatz zu den Tellerhaltern ist zwischen Hülse und Bohrungsleibung kein Lochspiel vorhanden. Der Lochleibungsdruck ist zum einen vom Durchmesser der Hülse bzw. Bohrung und zum anderen von der Steifigkeit der Hülse abhängig. Je nachdem, ob der Kontakt zwischen Hülse und Bohrungsleibung über den Konus (siehe Bild 10a) oder über die gesamte Bohrungshöhe (siehe Bild 10b) stattfindet, ergeben sich unterschiedliche Lastpfade. Bei einem Kontakt lediglich über den Konus ergibt sich die maximale Kontaktdruckspannung am unteren Konusrand. Für den Fall des Kontaktes über die gesamte Bohrungshöhe, stellt sich die größte Kontaktdruckspannung am zylindrischen Abschnitt ein. Die größeren Spannwerte im Glas resultieren für den Kontakt über den Konus, da eine geringere Fläche für den Lastabtrag zur Verfügung steht. Aufgrund des vorhandenen Konus ergibt sich die maximale Hauptzugspannung an der zylindrischen Bohrungskante.

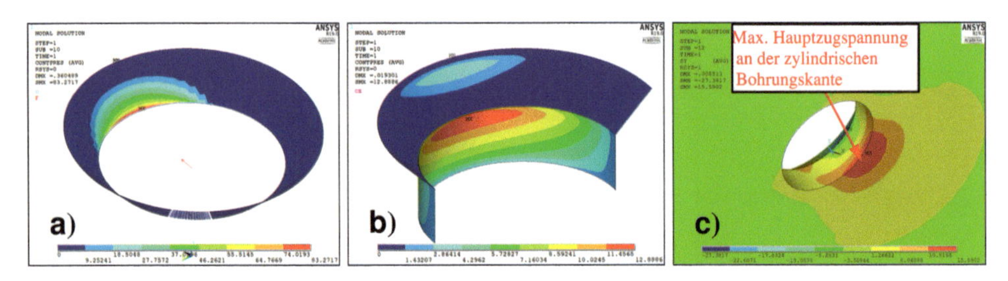

Bild 10 a) Kontaktdruckspannung beim Kontakt über den Konus; b) Kontaktdruckspannung beim Kontakt über die gesamte Bohrungshöhe; c) Hauptzugspannung an der Bohrung – Untersicht (© P. Lama, Universität Duisburg-Essen)

3.3 Momentenübertragung

Die Lastübertragung infolge einer Momentenübertragung wird von den Steifigkeiten der Kunststoffe bestimmt. Hohe Zwischenschichtsteifigkeiten führen dazu, dass der Hebelarm des Kräftepaares bis zum äußeren Tellerrand reicht (siehe Bild 11). Die Hauptzugspannung im Glas ergibt sich neben der zylindrischen Bohrungskante auch auf der Oberfläche neben dem Konus. Im Vergleich dazu teilt sich das Moment bei einer steifen Hülse mit dem Hebelarm über den Konusdurchmesser (siehe Bild 12). Die maximale Hauptzugspannung entsteht an der zylindrischen Bohrungskante.

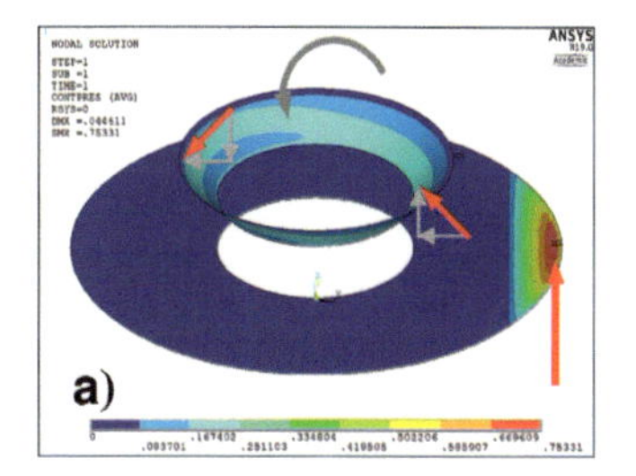

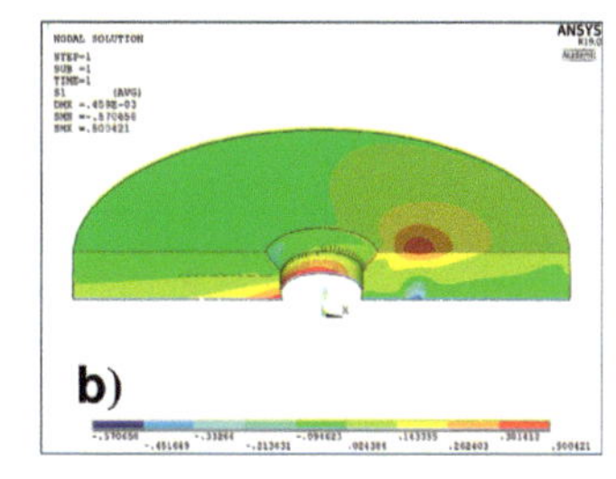

Bild 11 Für eine steife Zwischenschicht; a) Kontaktdruckspannung; b) Hauptzugspannung (© P. Lama, Universität Duisburg-Essen)

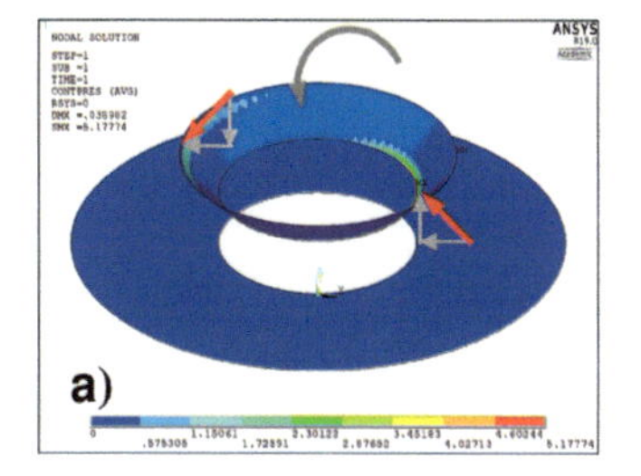

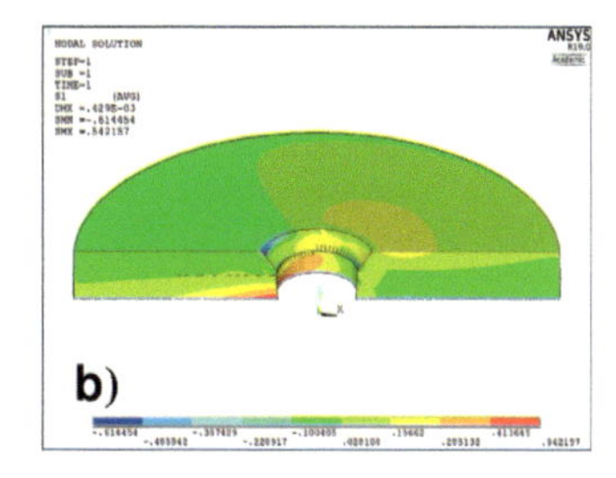

Bild 12 Für eine steife Hülse; a) Kontaktdruckspannung; b) Hauptzugspannung (© P. Lama, Universität Duisburg-Essen)

4 Ableitung der Spannungsfaktoren für konische Bohrungen

Auf Grundlage der vorangegangenen Untersuchungen werden Laststellungen zur Ermittlung der Spanungsfaktoren für konische Bohrungen abgeleitet. Die Senkungshöhe und -tiefe des Konus für einen Senkwinkel von 90° wird mit a eingeführt. Die Spannungsfaktoren werden für unterschiedliche Verhältnisse von Senkungshöhe zur Scheibendicke t bestimmt.

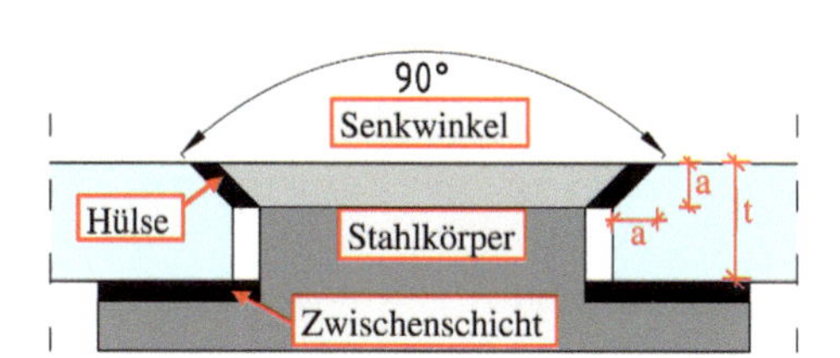

Bild 13 Modell Senkkopfhalter (© P. Lama, Universität Duisburg-Essen)

4.1 Spannungsfaktor b_{Fz}

Aus den Erkenntnissen der vertikalen Lastübertragung (siehe 3.1) werden die ungünstigsten Laststellungen in Bild 14 definiert. Für diese werden die Spannungsfaktoren neben dem Bohrungsdurchmesser d für die unterschiedlichen Verhältnisse von a/t berechnet. Die ermittelten Spanungsfaktoren in Bild 15 zeigen, dass diese sich wie Kurvenscharen verhalten. Gegenüber der reinen zylindrischen Bohrung bewirkt der Konus für Zug an der zylindrischen Bohrungskante eine Spannungserhöhung (siehe Bild 15a). Umgekehrt erzeugt der Konus für Zug an der konischen Bohrungskante eine Verringerung der Spannung (siehe Bild 15b).

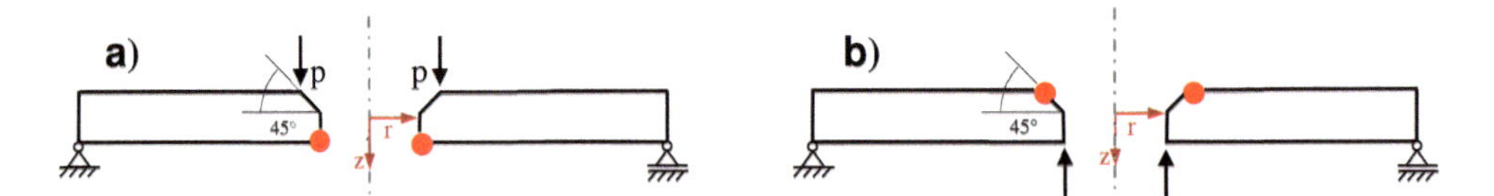

Bild 14 Laststellungen zur Ermittlung des Spannungsfaktors b_{FZ} einer konischen Bohrung; a) Zug an der zylindrischen Bohrungskante; b) Zug an der konischen Bohrungskante (© P. Lama, Universität Duisburg-Essen)

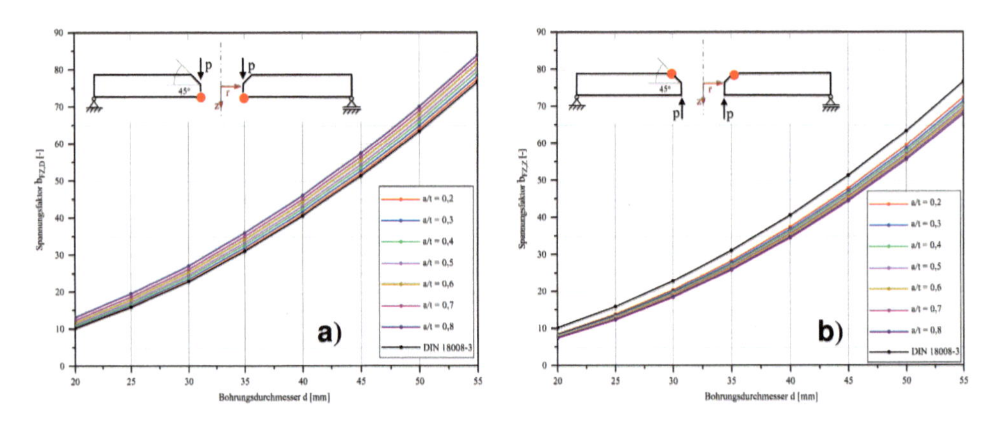

Bild 15 Spannungsfaktoren b_{FZ} für eine konische Bohrung; a) Zug an der zylindrischen Bohrungskante; b) Zug an der konischen Bohrungskante (© P. Lama, Universität Duisburg-Essen)

4.2 Spannungsfaktor b_{Fres}

Die Berechnung des Spannungsfaktors b_{Fres} erfolgt mit dem verifizierten Modell in Bild 5. Der Lastabtrag in der Scheibenebene wird über den Konus angenommen, da sich hierbei einerseits die größte Spannung im Glas ergibt. Andererseits stellt das Modell die gängige Ausführung in der Praxis dar. Die Lastausbreitung geschieht bei hohen Hülsensteifigkeiten bei einem Öffnungswinkel bis zu ±45°. Für die Ermittlung der Spannungsfaktoren wird der E-Modul der Hülse E_H nach DIN 18008-3 zu 3000 N/mm^2 gewählt. Eine weitere Erhöhung dieses Wertes löst keine zahlenmäßige Veränderung aus. Die berechneten Spannungsfaktoren b_{Fres} für die Senkbohrung in Bild 17 verdeutlichen gegenüber der reinen zylindrischen Bohrung eine deutliche Erhöhung der Faktoren.

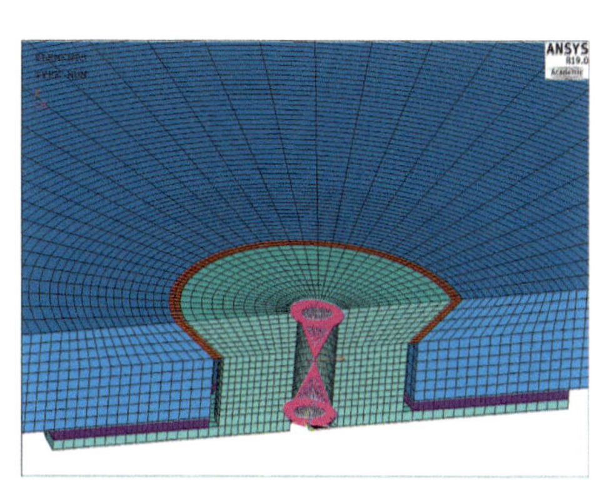

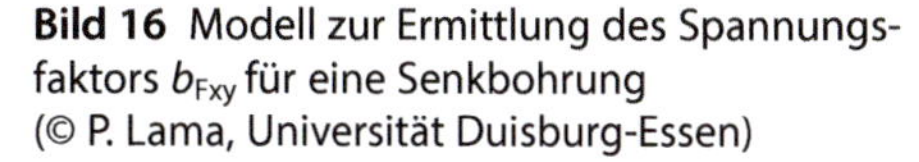

Bild 16 Modell zur Ermittlung des Spannungsfaktors b_{Fxy} für eine Senkbohrung
(© P. Lama, Universität Duisburg-Essen)

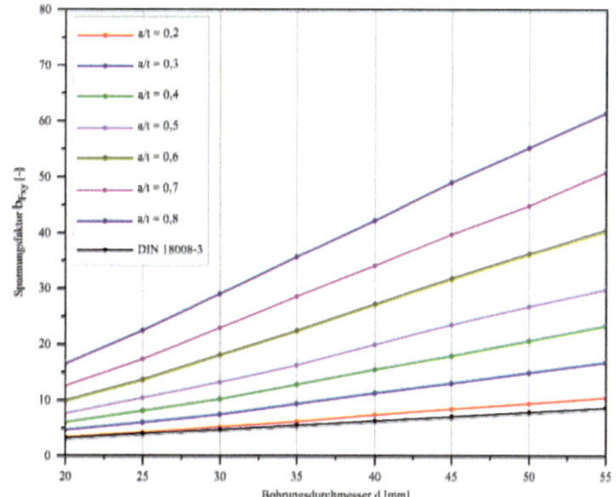

Bild 17 Spannungsfaktoren b_{Fxy} für eine konische Bohrung
(© P. Lama, Universität Duisburg-Essen)

4.3 Spannungsfaktor b_{Mres}

Aus der Konsequenz, dass bei hohen Hülsensteifigkeiten die Last vorwiegend über den Durchmesser des Konus übertragen wird und hier die größte Spannung im Glas entsteht, ergibt sich die Laststellung in Bild 19a zur Ermittlung des Spannungsfaktors b_M. Das Ergebnis aus diesem Volumenmodell wird jedoch nicht zur Ermittlung der Spannungsfaktoren verwendet, da aus den Fachliteraturen und der eigenen Nachrechnung mit Volumenelementen bekannt ist, dass die numerische Lösung von der „tatsächlichen" Lösung abweicht. Dies liegt an der unzureichenden Biegetragwirkung von Volumenelementen bei reinen Momentenbelastungen. Deshalb wird die in Bild 19b dargestellte Laststellung für eine zylindrische Bohrung eingeführt. Die Belastungsbreite ist ähnlich wie die Konusbreite. Der Faktor aus dem Verhältnis der Spannung an der konischen zu der reinen zylindrischen Bohrung berücksichtigt den Einfluss aus dem Momentenanteil. Die Auswertung der Spannungen erfolgt sowohl an der zylindrischen als auch an der konischen Bohrungskante. In Bild 18 ist ersichtlich, dass die Spannungen ab einem Verhältnis $a/t \geq 0{,}4$ an der zylindrischen Bohrungskante maßgebend werden. Unterhalb des Verhältnisses $a/t < 0{,}4$ ist der konische Bohrungsrand bedeutend.

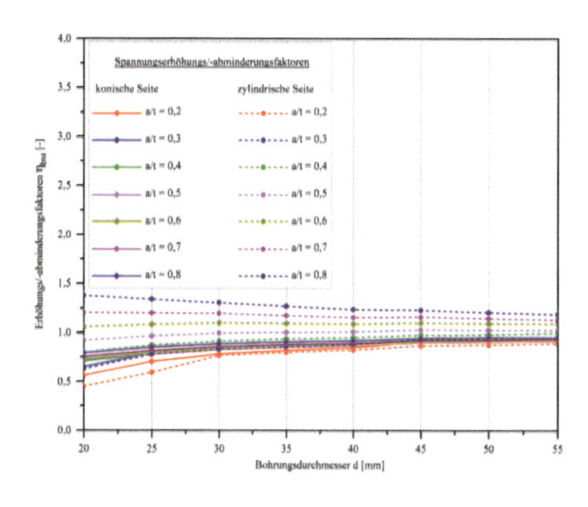

Bild 18 Erhöhungs- und Abminderungsfaktoren η_{bM} für eine konische Bohrung
(© P. Lama, Universität Duisburg-Essen)

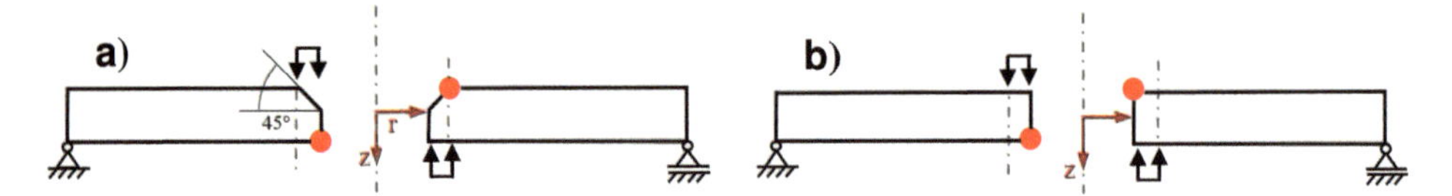

Bild 19 Laststellungen zur Ermittlung des Spannungsfaktors b_M einer konischen Bohrung; a) konische Bohrung; b) zylindrische Bohrung (© P. Lama, Universität Duisburg-Essen)

4.4 Eingliederung der Spannungsfaktoren für konische Bohrungen in das Konzept des vereinfachten Verfahrens

Die ermittelten Spannungsfaktoren für die konischen Bohrungen werden zu den bestehenden Spannungsfaktoren der zylindrischen Bohrungen in Bezug gesetzt. Die sich hieraus ergebenden Erhöhungs- und Abminderungsfaktoren η werden mithilfe einer bilinearen Funktion approximiert. Somit kann die Querschnittsschwächung am Konus für die einzelnen Belastungszustände über die Gln. (5–10) erfasst werden. Beim reinen Lastabtrag der vertikalen Belastung $F_{z,d}$ ist zwischen Zug an der zylindrischen oder konischen Bohrungskante zu unterscheiden. Im Falle einer Zugspannung an der zylindrischen Bohrungskante ist Gl. (5) zu verwenden. Für den Fall der Zugspannung an der konischen Bohrungskante ist Gl. (6) zu verwenden. Ähnlich zu den Tellerhaltern gilt auch bei den Senkkopfhaltern eine Anwendungsbeschränkung. Der Kontakt zwischen Glas und Halter ist ausschließlich über den Konus herzustellen. Das Verhältnis aus Konushöhe zur Scheibendicke reicht von 0,2 bis 0,8. Bei VSG-Gläsern muss der zylindrische Bohrungsdurchmesser der Scheiben mit der reinen zylindrischen und der konischen Bohrung identisch sein. Ein Scheibenversatz an der Bohrung bei VSG-Gläsern ist noch nicht ausreichend untersucht.

$$\sigma_{F_{z,d}} = \frac{b_{Fz}}{d^2} \cdot \frac{t_{ref}^2}{t_i^2} \cdot F_{z,d} \cdot \eta_{bFz,z,k} \tag{2}$$

$$\sigma_{F_{res,d}} = \frac{b_{Fres}}{d^2} \cdot \frac{t_{ref}}{t_i} \cdot F_{res,d} \cdot \eta_{bFres} \tag{3}$$

$$\sigma_{M_{res,d}} = \frac{b_M}{d^3} \cdot \frac{t_{ref}^2}{t_i^2} \cdot M_{res,d} \cdot \eta_{bM} \tag{4}$$

$$\eta_{bFz,z} = \left[-0{,}010 \cdot \frac{a}{t} + 0{,}002\right] \cdot d + \left[0{,}70 \cdot \frac{a}{t} + 0{,}89\right] \tag{5}$$

$$\eta_{bFz,k} = \left[0{,}0025 \cdot \frac{a}{t} + 0{,}002\right] \cdot d + \left[-0{,}24 \cdot \frac{a}{t} + 0{,}89\right] \tag{6}$$

$$\eta_{bFres:0,2 \le \frac{a}{t} \le 0,5} = \left[0{,}08 \cdot \frac{a}{t} - 0{,}014\right] \cdot d + \left[3{,}0 \cdot \frac{a}{t} + 0{,}60\right] \tag{7}$$

$$\eta_{bFres:0,5 < \frac{a}{t} \le 0,8} = \left[0{,}04 \cdot \frac{a}{t} + 0{,}02\right] \cdot d + \left[10{,}0 \cdot \frac{a}{t} - 3{,}5\right] \tag{8}$$

$$\eta_{bM:0,2\leq\frac{a}{t}\leq 0,4} = \left[-0,024\cdot\frac{a}{t}+0,015\right]\cdot d+\left[1,5\cdot\frac{a}{t}+0,15\right] \qquad (9)$$

$$\eta_{bM:0,4<\frac{a}{t}\leq 0,8} = \left[-0,024\cdot\frac{a}{t}+0,015\right]\cdot d+\left[1,8\cdot\frac{a}{t}-0,015\right] \qquad (10)$$

mit

η_{bFz} Erhöhungs- und Abminderungsfaktor für den Spannungsfaktor b_{Fz}

$\eta_{bFz,z}$ Erhöhungs- und Abminderungsfaktor für den Spannungsfaktor b_{Fz} für Zug am zylindrischen Bohrungsrand

$\eta_{bFz,k}$ Erhöhungs- und Abminderungsfaktor für den Spannungsfaktor b_{Fz} für Zug am konischen Bohrungsrand

η_{bFres} Erhöhungs- und Abminderungsfaktor für den Spannungsfaktor b_{Fres}

η_{bM} Erhöhungs- und Abminderungsfaktor für den Spannungsfaktor b_M

5 Zusammenfassung

Mithilfe von verifizierten Modellen wurden die Lastübertragungswege an einer Senkbohrung mit Senkkopfhaltern identifiziert. In Anlehnung an die zylindrischen Bohrungen wurden die Laststellungen für die einzelnen Belastungszustände festgelegt und die Spannungsfaktoren ermittelt. Für die Anwendung in der Praxis und die Eingliederung in das vereinfachte Nachweisverfahren der DIN 18008-3 wurden die ermittelten Spannungsfaktoren für die Senkbohrungen zu den bereits bestehenden Faktoren für zylindrische Bohrungen referenziert und die Querschnittsschwächung einer Senkbohrung mithilfe von Erhöhungs- und Abminderungsfaktoren η berücksichtigt. Dem Thema wurde in der Forschung bisher wenig Aufmerksamkeit gewidmet, obwohl bereits eine große Basis an Untersuchungsergebnissen zu den Haltern vorlag. Darüber hinaus ergibt sich die die Relevanz des Themas eine punktgestützte Verglasung mit Senkkopfhaltern auch vereinfacht berechnen zu können. Mit dieser erweiterten Berechnungsmöglichkeit ist die Lücke des vereinfachten Nachweises von punktgestützten Verglasungen mit Senkkopfhaltern geschlossen.

6 Literatur

[1] DIN 18008-3 (2013) *Glas im Bauwesen – Bemessungs- und Konstruktionsregeln – Teil 3: Punktförmig gelagerte Verglasungen*, DIN Deutsches Institut für Normung e.V., Beuth Verlag GmbH, Berlin.

[2] AiF-Forschungsbericht 16320 N (2012) *Standardlösungen für punktförmig gelagerte Ermittlung der Standsicherheit und Gebrauchstauglichkeit*, Technischer Bericht, Deutscher Stahlbauverband, Düsseldorf.

[3] Beyer, J. (2007) *Ein Beitrag zum Bemessungskonzept für punktgestützte Glastafeln* [Dissertation]. Fachgebiet Statik und Dynamik der Tragstrukturen, Technische Universität Darmstadt.

[4] Beyer, J.; Seel, M. (2012) *Spannungsfaktoren für die Bemessung punktgestützter Verglasungen*, Stahlbau 81, Heft 9, S. 719–727.

[5] Seel, M. (2016) *Beitrag zur Bemessung punktförmig gelagerter Verglasungen* [Dissertation]. Professur für Bauphysik und Baukonstruktion, Universität der Bundeswehr München.

[6] Seel, M.; Siebert, G. (2012) *Analytische Lösungen für Kreis- und Kreisringplatten unter symmetrischer und antimetrischer Einwirkung*, Stahlbau 81, Heft 9, S. 711–718.

[7] Techen, H. (1997) *Fügetechnik für den konstruktiven Glasbau* [Dissertation]. Technische Universität Darmstadt, Institut für Statik.

[8] Girkmann, K. (1963) *Flächentragwerke*. Band 6, Springer Verlag, Wien.

[9] AbZ Z-70.2-100 (2010) *Punktgehaltene Verglasung mit Glassline-Senkkopfhalter* PH 701, PH703, PH710, PH789, PH790, PH792, PH799, DIBt, Berlin.

[10] Brendler, S.; Schneider, S. (2004) *Bemessung von punktgelagerten Verglasungen mit verifizierten Finiten-Element-Modellen*. DIBt-Mitteilungen 6/2004, S. 196–203.

[11] Herrmann, T. (2015) *Untersuchungen von punktgestützten Verglasungen mit Senkkopfhaltern* [Dissertation]. Universität der Bundeswehr München, Professur für Bauphysik und Baukonstruktion.

[12] Siebert, B. (2004) *Beitrag zur Berechnung punktgestützter Gläser* [Dissertation]. Technische Universität München, Berichte aus dem Konstruktiven Ingenieurbau Nr. 2/04.

[13] Lama, P. (2021) *Ein Beitrag zur Berechnung punktgestützter Verglasungen mit Senkkopfhaltern* [Dissertation]. Universität Duisburg-Essen, Fachgebiet Baustatik und Baukonstruktion.

Neue Produkte mit strukturellen Silikonverklebungen

Bruno Kassnel-Henneberg[1]*, Ali Hamdan*[2]

[1] *Glas Trösch AG Isolier- und Sicherheitsglas, Industriestraße 19, 4922 Bützberg, Schweiz; b.kassnel-henneberg@glastroesch.ch*
[2] *Glas Trösch AG Isolier- und Sicherheitsglas, Industriestraße 19, 4922 Bützberg, Schweiz; a.hamdan@glastroesch.ch*

Abstract

Aufgrund des fehlenden Verständnisses zum Tragverhalten von Silikon unter Zugbeanspruchung bei behinderter Querdehnung dürfen Klebfugen nur mit einem Seitenverhältnis von 1/3 eingesetzt werden. Durch gezielte Forschung am Institut für Statik und Konstruktion der Universität Darmstadt wurde im Rahmen einer Dissertation ein generelles Materialmodell entwickelt. Glas Trösch hat diese Forschungsarbeit mit Prüfkörpern unterstützt. Durch weitere Untersuchungen im Rahmen der bauaufsichtlichen Zulassung „SWISSRAILING FLAT" wurde gezeigt, dass die Anwendbarkeit des „Nelder-Drass Materialmodells" für 2K-Silikone gegeben ist. Mit dem zusätzlich eingeführten Bemessungskonzept ist es Glas Trösch nun möglich, beliebige strukturelle Klebverbindungen zu bemessen.

New products ideas with structural silicone adhesives. Due to the lack of understanding of the load-bearing behaviour of silicone under tensile stress with constrained transverse strain, adhesive joints may only be used with an aspect ratio of 1/3. Through specific research at the Institute for Statics and Construction at the University of Darmstadt, a general material model was developed within the framework of a dissertation. Glas Trösch supported this research work with test specimens. Further investigations within the framework of the building authority approval "SWISSRAILING FLAT" showed that the applicability of the "Nelder-Drass material model" for 2k silicones is given. With the additionally introduced design concept, it is now possible for Glas Trösch to design any structural bonded joints.

Schlagwörter: *strukturelle Silikonverklebung, hydrostatischer Spannungszustand, Silikon-Dünnschichtverklebung, SWISSRAILING FLAT, Ganzglasgeländer, Silikonbemessung*

Keywords: *structural silicone, hydrostatic stress stage, silicone thin layer bonding, SWISSRAILING FLAT, full glass balustrade, silicone design*

Glasbau 2022. Herausgegeben von Bernhard Weller, Silke Tasche.

1 Einführung

Strukturelle Klebverbindungen sind ein wesentlicher Bestandteil im konstruktiven Glasbau. Praktisch alle strukturellen Verklebungen werden mit Silikonen ausgeführt. Der Grund liegt in der ausgezeichneten Dauerhaftigkeit der Silikone und deren vergleichsweise sicheren Anwendbarkeit. Strukturelle 2K-Verklebungen haben sich nun seit Jahrzehnten bestens bewährt, allerdings wurde seitens der Hersteller auf diesem Gebiet auch kein weiterer Fortschritt hinsichtlich der Festigkeit oder auch der Erweiterung der geometrischen Ausbildungen von Klebfugen erzielt. Die Regulierung durch die ETAG 002-1 gibt sehr enge Grenzen vor, in denen bisher strukturelles Silikon eingesetzt werden kann. Insbesondere das Verhältnis von Breite zur Höhe der Klebfuge dient dazu, dass unter Zugbeanspruchung eine Gestaltänderung des Silikons möglich ist, um hydrostatische Spannungszustände möglichst auszuschließen. Somit reduziert sich eine strukturelle Anwendung von Silikon bisher im Wesentlichen auf linienförmige Verklebungen, wie man es von SSG Fassaden kennt.

Es wäre jedoch in vielen Bereichen durchaus möglich, die bewährten strukturellen Silikone für weitergehende Anwendungen zu nutzen. Aus der Erfahrung in der praktischen Arbeit mit dem Material ist bekannt, dass dies möglich ist. Dies erfordert allerdings die strikten geometrischen Vorgaben der ETAG 002-1 zu verändern, bzw. das Auftreten von hydrostatischen Spannungszuständen zu ermöglichen. Dafür ist ein umfassendes Verständnis für das Tragverhalten von Silikon erforderlich, sprich ein Materialmodell welches in der Lage ist, das Materialverhalten auch unter hydrostatischen Spannungszuständen korrekt abzubilden.

Beispiele für denkbare neue Anwendungen von strukturellem Silikon sind:
- einseitige Einspannungen von Glas z.B. in Form einer Glasbrüstung (SWISSRAILING FLAT),
- Punkthalterverbindungen z.B. zur Ausbildung von Ganzglasecken,
- korrekte Bemessung von sehr breiten Randverbundverklebungen von Isolierglasscheiben, wie dies z.B. bei zylindrischen Isoliergläsern entlang der gebogenen Kante vorkommt,
- genauere Bemessung des Silikons von Isoliergläsern mit „Togglefixings“,
- lokale Anbindepunkte am Glas z.B. für Verschattungssysteme und weitere.

2 Bisherige Dünnschicht-Silikonverklebungen

Neben den gewöhnlichen strukturellen Silikonen gibt es seit geraumer Zeit einen Silikonklebstoff, der bewusst bei Dünnschichtverklebungen eingesetzt wird. Es wurde seitens eines Herstellers versucht, ein hochtransparentes strukturelles Silikon zu etablieren, welches mit der Bezeichnung TSSL (Transparent Structural Sealant) am Markt bekannt ist. Allerdings hat sich die Applikation des Materials mittels Autoklavenprozess als zu komplex erwiesen, um als generelles Produkt vergleichbar erfolgreich zu sein, wie die bisherigen strukturellen Silikonklebstoffe. Dennoch haben verschiedene Hochschulen das Material sehr genau untersucht, da die Festigkeit und auch die Dauerhaftigkeit des Materials ausgezeichnet sind.

3 Übertragung des Materialmodells von TSSL auf 2K-Silikone

Glas Trösch hat zwei wesentliche Arbeiten zum Tragverhalten des TSSL mit Probekörpern unterstützt (die Dissertationen von M. Drass [1] und M. Santarsiero [2]) und dieses Material selbst in vielen Projekten erfolgreich eingesetzt. Durch die Dissertation von M. Drass am Lehrstuhl von Prof. J. Schneider (Universität Darmstadt) wurde das Materialverhalten von TSSL besonders präzise erfasst [1]. Insbesondere das Verhalten unter hydrostatischen Spannungszuständen kann mit dem Nelder-Drass-Materialmodell ausgezeichnet beschrieben werden. Da TSSL als Silikon im Tragverhalten grundsätzlich vergleichbar zu üblichen 2K-Silikonen am Markt ist, hat Glas Trösch in Kooperation mit dem Institut für Statik und Konstruktion der Universität Darmstadt untersucht, ob das Materialmodell des TSSL auch auf die üblichen strukturellen 2K-Silikone übertragen werden kann. Mittels spezieller Prüfkörper wurden zunächst die erforderlichen Parameter für das spezifische Materialmodell von zwei am Markt üblichen Silikonen ermittelt. Zusätzlich wurde mit den Prüfkörpern die gesamten mechanischen Belastungstests der ETAG 002-1 durchgeführt, um zu zeigen, dass auch unter hohen hydrostatischen Spannungszuständen die Dauerhaftigkeit bei wiederholenden Belastungen nach den Kriterien der ETAG 002-1 sicher aufgenommen werden können.

3.1 Tragverhaltens von 2K-Silikon mit behinderter Formänderung

Für die Untersuchung des Tragverhaltens von Silikon mit hydrostatischen Spannungszustand wurden spezielle Prüfkörper verwendet, bei denen unter Zugbeanspruchung nahezu der gesamte Klebquerschnitt formänderungsbehindert ist, d.h. die Klebfuge steht unter einem stark ausgebildeten hydrostatischen Spannungszustand.

Rechts im Bild 1 ist die analytische Volumenänderung an einem Kreissegment dargestellt. Die berechnete Volumenänderung ergibt sich unter Anwendung des Nelder-Drass-Materialmodells. Gezeigt ist hier der Zustand des Prüfkörpers unter der rech-

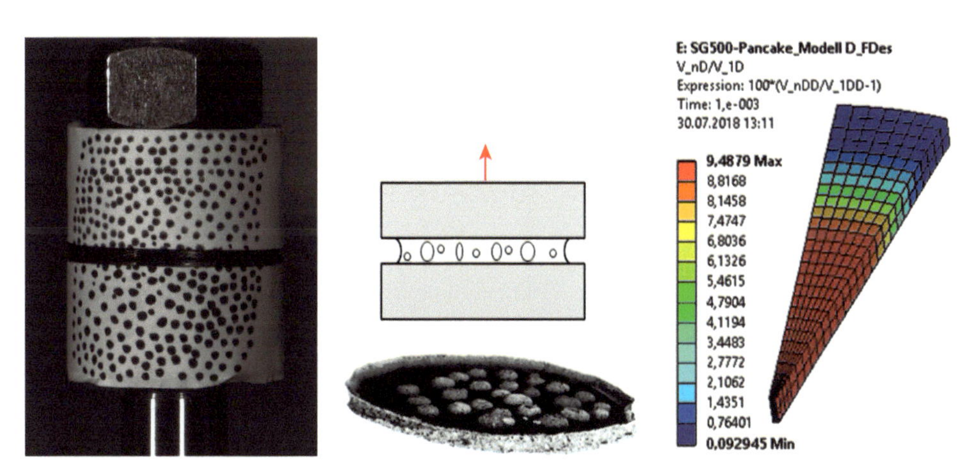

Bild 1 Pancake-Prüfkörper mit Darstellung der Volumenänderung unter hydrostatischem Spannungszustand (© M. Drass, Report-Trösch-ISMD-2018; © E. Euchler et al., Tire Technology International Annual Review)

nerischen Bruchlast welche auf der Grundlage der ausgewerteten Prüfergebnisse nach ETAG 002-1 ermittelt wurden. Die Beurteilung des Belastungsniveaus unter Zugbeanspruchung in Bereichen mit behinderter Formänderung erfolgt durch die Ermittlung der Volumenänderung die das Material unter Last erfährt.

4 Verifikation anhand weiterer Klebgeometrien

Zusätzlich zu den Pancake-Prüfkörpern wurden die Berechnungsergebnisse des Materialmodells auch anhand der üblichen H-Zug-Prüfkörper nach ETAG 002-1 berechnet. Bei diesen Prüfkörpern bildet sich nahezu kein hydrostatischer Spannungszustand aus. Auch hier zeigt sich eine hervorragende Übereinstimmung der Berechnung mit den Prüfergebnissen.

4.1 Bauteilversuch am Balustradensystem SWISSRAILING FLAT

Um die allgemeine Gültigkeit der Berechnungen nicht nur anhand von Labor-Prüfkörpern zu verifizieren, wurde in einem weiteren Bauteilversuch das Tragverhalten hinsichtlich Verformung und Festigkeit präzise dokumentiert. Dafür wurde das Balustradensystem SWISSRAILING FLAT in einer Versuchsvorrichtung eingebaut und in verschiedenen Stufen belastet. Bei der Glasbalustrade handelt es sich um eine Verbundglasscheibe die unten eingespannt als Balustrade eingebaut wird. Die Einspannung wird dabei mit einer 180 mm hohen Verklebung der Glasscheibe an einem Aluminiumprofil erzeugt.

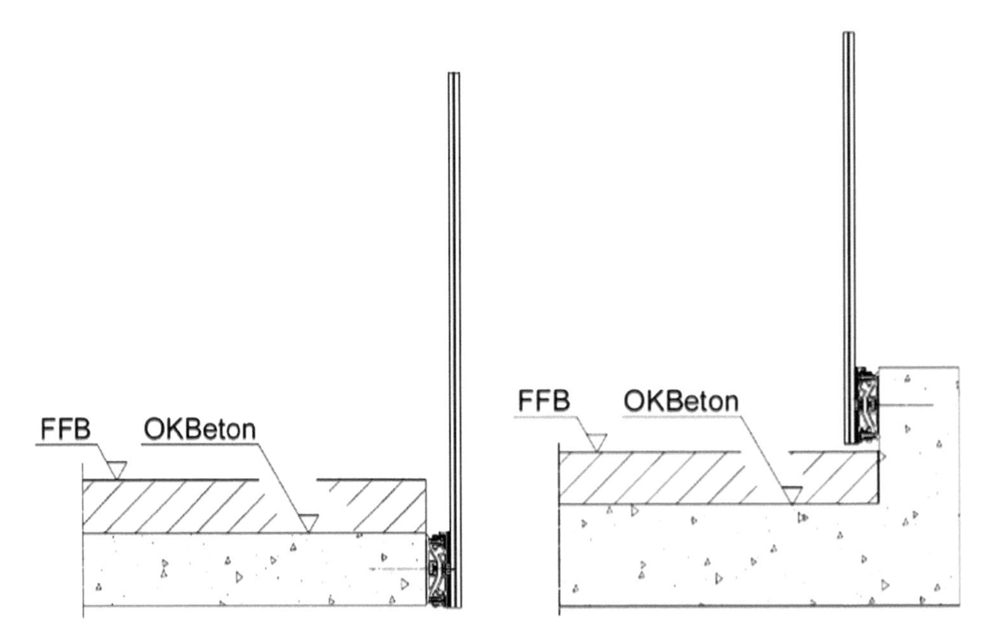

Bild 2 Mittels Silikonverklebung unten eingespannte Glasbalustrade, Darstellung möglicher Montagevarianten an einer Betonkonstruktion (© B. Kassnel-Henneberg, Glas Trösch AG Isolier- und Sicherheitsglas)

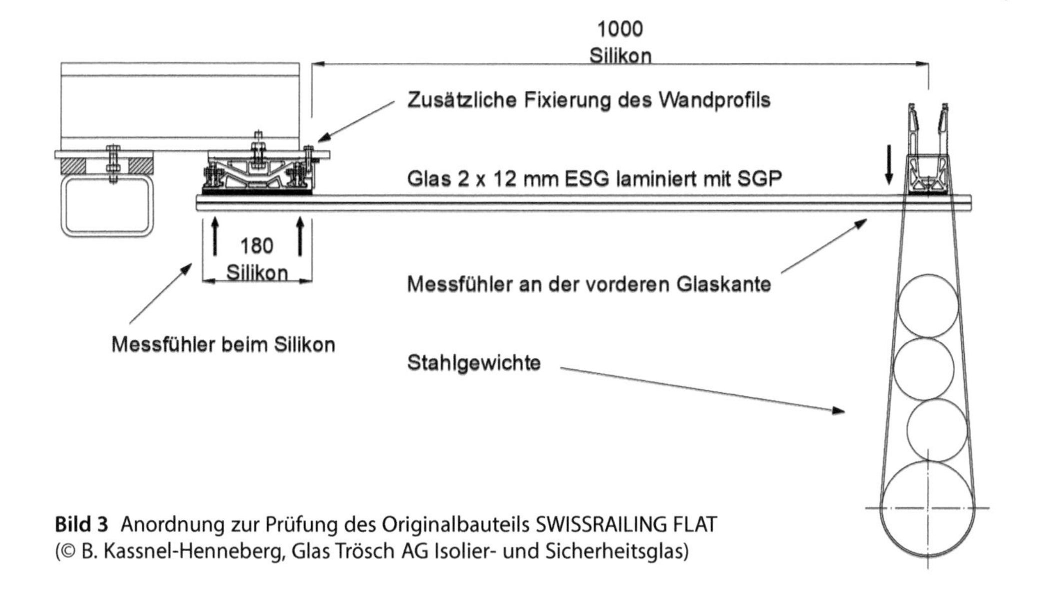

Bild 3 Anordnung zur Prüfung des Originalbauteils SWISSRAILING FLAT (© B. Kassnel-Henneberg, Glas Trösch AG Isolier- und Sicherheitsglas)

Die Glasscheibe verdeckt dabei die Klebung sowie die dahinterliegende Unterkonstruktion. Im Bild 2 sind mögliche Einbausituationen dargestellt, um die Anwendung der Glasbalustrade zu verdeutlichen. Die Silikonverklebung hat eine Höhe von 180 mm und eine Dicke von 8 mm, womit eine effektive Einspannung des Balustradenglases erfolgt. Das Silikon wird insbesondere durch das Biegemoment infolge der Holm- und Windlasten beansprucht. Aufgrund der geometrischen Verhältnisse treten in der Klebfuge bei Biegebeanspruchung hydrostatische Spannungszustände auf, die mittels des Nelder-Drass-Materialmodells berechnet werden können. Im Weiteren sind die Versuchsergebnisse und die Berechnungen dargestellt. Um die Prüfung des Originalbauteils effektiv und sicher durchführen zu können wurde eine liegende Anordnung gewählt (siehe Bild 3), d.h. die Balustradenverglasung mit Einspannung an der unteren Glaskante wurde um 90° in die horizontale gedreht. Die Scheibe hängt an der Verklebung und mit einem Hebelarm von 1,0 m kann die gewünschte Linienlast mittels Stahlgewichten aufgebracht werden.

Der Spiegel in Bild 4 unterhalb der Verklebung dient der gefahrlosen Beobachtung der Adhäsionsfläche des Silikons am Glas. Ziel war es, die Blasenbildung im Silikon infolge des hydrostatischen Spannungszustands zu erkennen. Die Breite der Verglasung ist mit 0,5 m recht schmal gewählt, um die aufzubringenden Lasten zu begrenzen. Abweichend von dem originalen Balustradensystem musste die Glasart von TVG auf ESG geändert werden, damit es beim Versuch nicht zu Glasbruch kommt. Ebenso musste die verstellbare Aluminium-Konstruktion an einigen Punkten verstärkt werden, um die enorm hohen Lasten im Versuchsablauf sicher abtragen zu können. Der Grund liegt in den wesentlich höheren Sicherheitsbeiwerten für den Silikonnachweis im Vergleich zu den Nachweisen von Aluminium und Glas und den daraus resultierenden hohen Prüflasten, für die weder das Glas noch die Aluminiumkonstruktion der Brüstungsverglasung des SWISSRAILING FLAT ausgelegt ist. In einem ersten Belastungsschritt wurde eine Linienlast von 6 kN/m an der vorderen Glaskante aufgebracht (300 kg auf 0,5 m Glasbreite). Das Eigengewicht der Glasscheibe ist nicht mit eingerech-

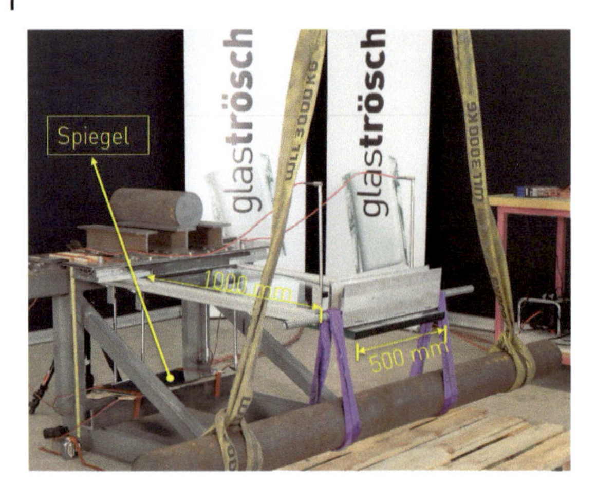

Bild 4 Prüfvorrichtung mit 6,0 kN/m Linienlast (300 kg), Belastungsdauer 1 h (© B. Kassnel-Henneberg, Glas Trösch AG Isolier- und Sicherheitsglas)

net. Die Belastung der Silikonfuge sollte möglichst analog zur Belastung der Labor-Prüfkörper erfolgen. Einflüsse infolge erhöhter Belastung durch dynamische Effekte (ruckartiges Absenken der Last durch den Hallenkran) sollten nicht stattfinden. Ebenso wurde versucht, die Belastungsgeschwindigkeit (Dauer der Lastaufbringung) möglichst an die Belastung der Labor-Prüfkörper anzupassen. Damit sollten Kriecheinflüsse möglichst ausgeschlossen werden.

Man kann am Verformungsverlauf im Bild 5 sehen, dass eine Zunahme der Verformungen über die Zeit stattfindet, was nicht verwundert, immerhin ist das Belastungs-

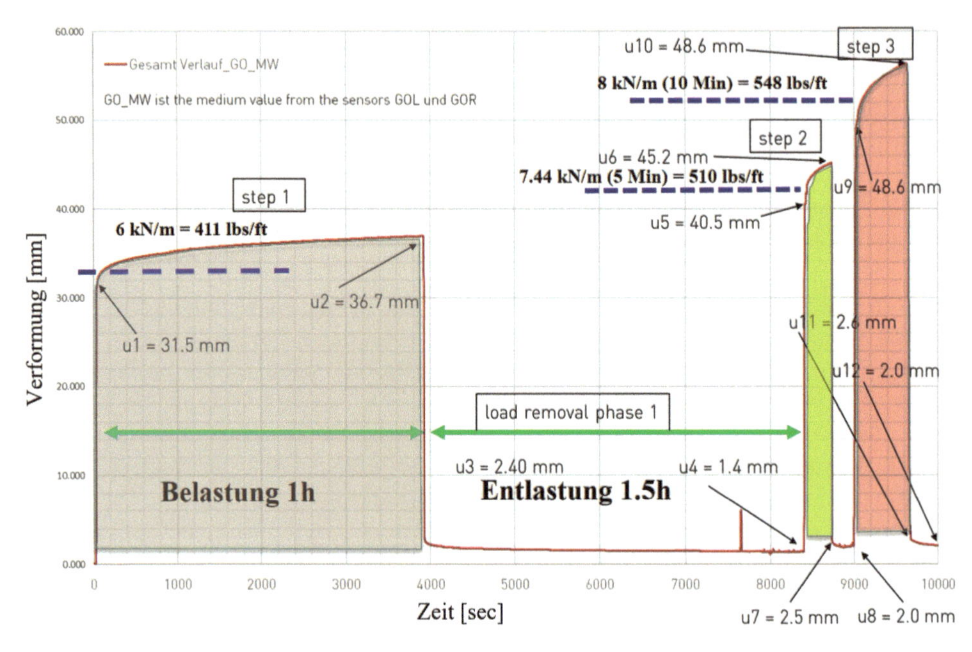

Bild 5 Verformung der vorderen Glaskante in Abhängigkeit von Last und Zeit (© B. Kassnel-Henneberg, Glas Trösch AG Isolier- und Sicherheitsglas)

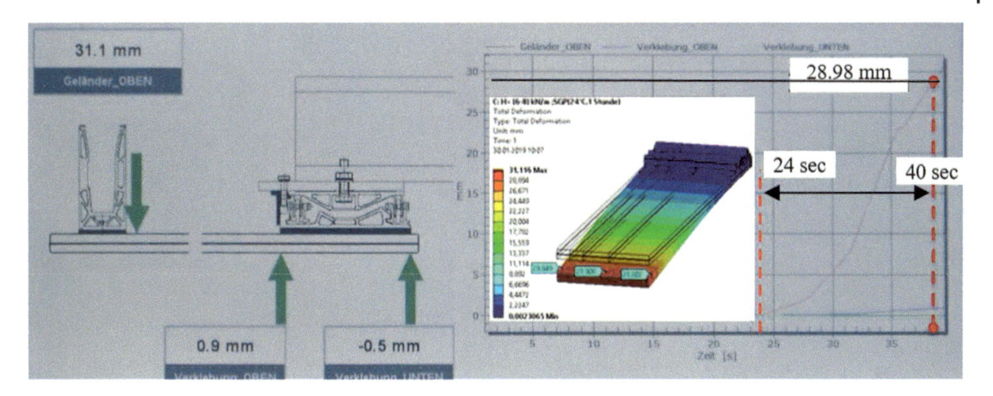

Bild 6 Gesamtverformung im Moment der initialen Lastaufbringung von 6 kN/m (© B. Kassnel-Henneberg, Glas Trösch AG Isolier- und Sicherheitsglas)

niveau bereits beim ersten Schritt ca. 75 % der Bruchlast. Die initiale Verformung der vorderen Glaskante im Versuch beträgt 29 mm. Die Berechnung weist eine Verformung von 30 mm auf (siehe Bild 6). Die Übereinstimmung ist somit sehr gut, wenn man die zusätzlichen Einflüsse aus Foliensteifigkeit und auch Glasdickentoleranzen in Betracht zieht. Wie im Bild 5 dargestellt, wurde nach dem ersten Belastungszyklus die Linienlast an der vorderen Glaskante entfernt, die Belastung aus dem Eigengewicht des Glases blieb weiterhin bestehen. Die Verformungen gehen in einem Zeitraum von 1,5 h nahezu auf den ursprünglich Ausgangswert zurück. Der Belastungsschritt mit 7,44 kN/m wurde gewählt, um sich an das rechnerische Bruchlastniveau anzunähern. Da sich das System unter Last wie berechnet verhalten hat, wurde entschieden den Belastungsschritt zeitlich zu minimieren und auf die endgültige maximale Belastung von 8,0 kN/m zu erhöhen. Dabei war es nicht geplant die Klebfuge beim Versuch zu zerstören. Vielmehr war es geplant die „Zähigkeit" von Silikonverklebungen zu demonstrieren, auch wenn die Belastungsart durch den vorliegenden ausgeprägten hydrostatischen Spannungszustand nicht den bisherigen Regelungen von ETAG 002-1 und anderen Normenvorgaben entspricht. In Bild 7 wird zusammengefasst veranschaulicht welche Belastungsniveaus die Silikonverklebung beim Bauteilversuch unter den verschiedenen Belastungsstufen erfährt.

Die Bezeichnungen F_{DES}, F_{Pcak} sind die Zugräfte der Pancake Prüfkörper. Rechts an Rand sind jeweils die rechnerisch ermittelten Volumenänderungen angegeben. Die Zuordnung der Linienlast im Bauteilversuch erfolgt über die Volumenänderung. Man kann erkennen, dass die Belastung von 8,0 kN/m bereits oberhalb des nach ETAG 002-1 definierten Bruchlastniveaus liegt. Das Ergebnis deckt sich auch mit den Beobachtungen während der Versuchsdurchführung. Wie in Bild 5 deutlich zu erkennen ist, war die Zunahme der Verformungen mit der Zeit beim letzten Belastungsschritt sehr groß und ein Versagen des Materials nur eine Frage der Zeit. Dies war auch der Grund für den Versuchsabbruch in Schritt 3 nach 10 min Belastungsdauer. Der Prüfkörper sollte nicht zerstört, sondern nur bis an die Grenze belastet werden. Nach dem Belastungsversuch wurde der Versuchsaufbau vertikal angeordnet und das Glas mit zwei Pendelschlagversuchen mit einer Fallhöhe von 900 mm gependelt. Die Silikonfuge ist also in der Lage, trotz wiederholter Beanspruchung über eine längere Einwirkungsdauer im

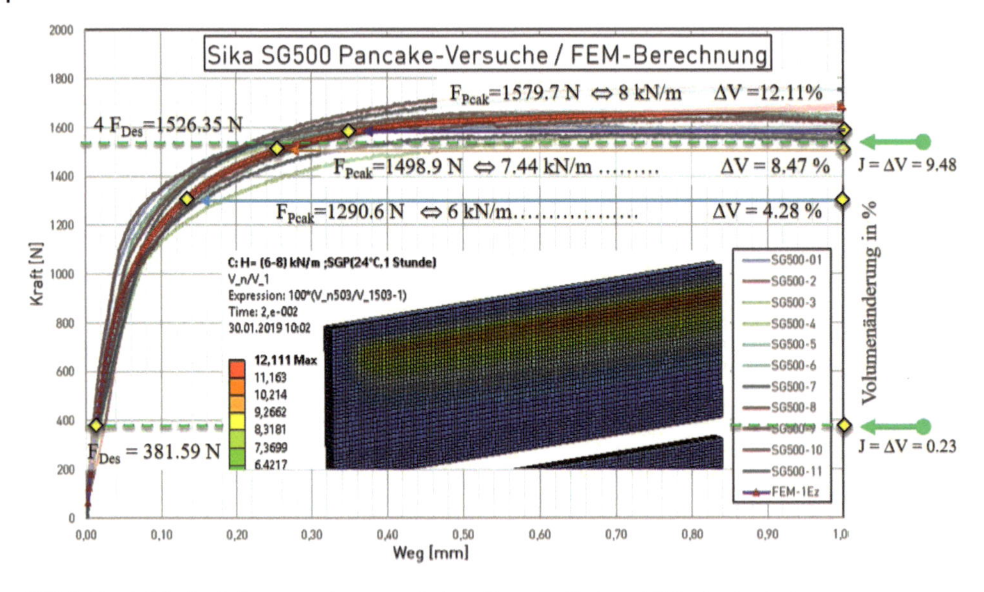

Bild 7 Vergleich des Belastungsniveaus zwischen Pancake-Test und Balustradentest (© B. Kassnel-Henneberg, Glas Trösch AG Isolier- und Sicherheitsglas)

Bereich der Bruchfestigkeit nach der Entlastung alle weiteren Bemessungsrelevante Belastungen einer Glasbalustrade ohne Einschränkung aufzunehmen.

Die Versuchsdurchführung am Originalbauteil veranschaulicht, dass die Übertragbarkeit der Laborergebnisse und des darauf basierenden Berechnungsmodells gegeben ist und allgemeine Gültigkeit besitzt. Die Anwendung des Nelder-Drass-Berechnungsmodells ist somit für beliebige Geometrien und Belastungen nachgewiesen. Insbesondere konnte durch die Durchführung der ETAG-Prüfzyklen und die Demonstration am Originalbauteil sicher nachgewiesen werden, dass die hydrostatischen Spannungszustände keinen negativen Einfluss auf das dauerhafte Tragverhalten von Silikon bewirkt. Somit war die der Grundvoraussetzungen für eine allgemeine bauaufsichtliche Zulassung des Bemessungsverfahrens in dieser konkreten Anwendung beim DIBt erfüllt.

5 Anwendungsmöglichkeiten beliebiger Geometrien struktureller 2K-Silikone

Die Anwendungsmöglichkeiten der in der oben beschriebenen Bemessung von strukturellen Klebverbindungen sind zum einen die Klebverbindungen mit Klebgeometrien jenseits der 1/3-Regelung. Unabhängig von der Geometrie kann es aber überall dort sinnvoll zur Anwendung kommen, wo das Silikon in der Gestaltänderung unter Zugbeanspruchung behindert ist und somit hydrostatische Spannungszustände auftreten.

5.1 SWISSRAILING FLAT

Das Ausgangsprodukt für die Anwendung der strukturellen Verklebung jenseits der 1/3-Grenze nach ETAG 002-1 war das oben benannte Ganzglasgeländer SWISSRAILING FLAT. Dieses Produkt wird bereits seit Jahren in der Schweiz erfolgreich eingesetzt. Die Bemessung der Verklebung erfolgte bisher mittels versuchstechnischer Prüfungen. Bei dem Versuch für das Produkt in Deutschland eine allgemeine bauaufsichtliche Zulassung zu erwirken, wurde empfohlen den Nachweis der Silikonverklebung nicht nur auf versuchstechnischer Basis zu führen. Um die Konstruktion besser zu verstehen und somit auch die hohen strukturellen Anforderungen, die durch die Verklebung zu erfüllen ist, wird nun etwas detaillierter auf das Geländersystem und dessen konstruktive Merkmale eingegangen.

Die wesentlichen optischen Gestaltungsmerkmale des Brüstungsgeländers sind:
- verdeckte Unterkonstruktion durch keramische Bedruckung des Glases,
- das Glas kann nach unten über die Fixierung hinaus auskragen,
- freie obere horizontale Glaskante poliert nach der Lamination,
- an der Verbundfolie frei hängende vordere Glasscheibe ohne zusätzliche mechanische Fixierung.

Konstruktive Merkmale:
- perfekte Einstellbarkeit der Glasscheiben durch die Klemmprofiltechnik,
- keine Zwängungen und unplanmäßige Spannungen im Silikon infolge unsachgemäßer Montage,
- ausgezeichnete Reststandsicherheit für die Holmlasten von 0,5, 0,8 und 1,0 kN/m versuchstechnisch nachgewiesen bis zu einer Glashöhe von 1,5 m oberhalb der Klebfuge.

Bild 8 Ganzglasgeländer SWISSRAILING FLAT in verschiedenen Ausführungen [5] (© Kunz Immobilien Langenthal)

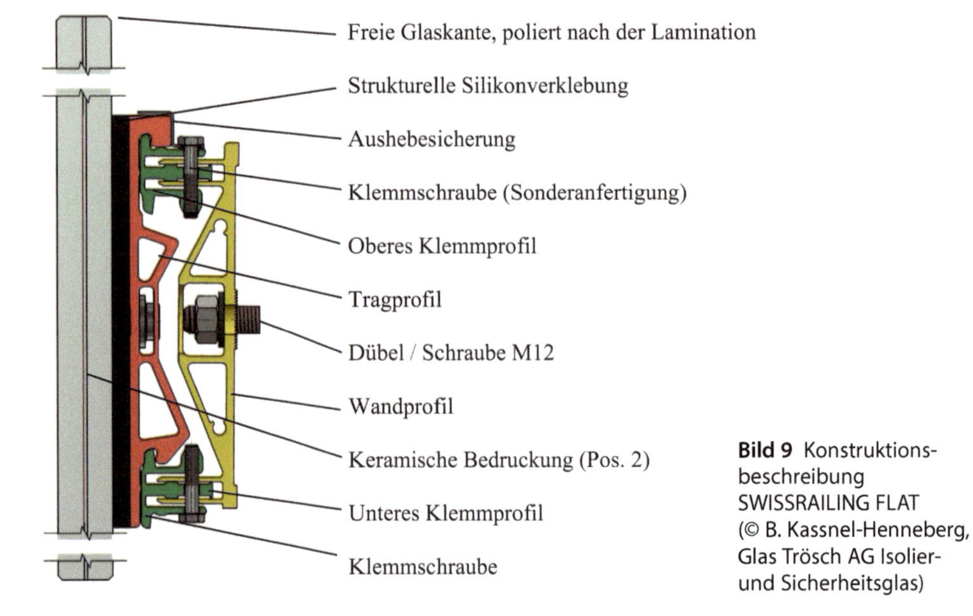

Bild 9 Konstruktionsbeschreibung SWISSRAILING FLAT (© B. Kassnel-Henneberg, Glas Trösch AG Isolier- und Sicherheitsglas)

5.2 Punktuelle Verklebungen

Punktuelle Silikonverklebungen sind mit den herkömmlichen Bemessungsmethoden nicht ausführbar. Die Festigkeit des strukturellen Silikons ist im Vergleich zu anderen Klebstoffen zwar begrenzt, es gibt aber keine Klebtechnik die einfacher anzuwenden ist und hinsichtlich der Dauerhaftigkeit bessere Eigenschaften hat. Mit dem oben beschriebenen Bemessungsverfahren lassen sich durchaus mit punktuellen Verklebungen erhebliche Lasten abtragen, sodass der Einsatz im Fassadenbau an bestimmten Stellen sinnvoll möglich ist. Als Beispiel dient, wie in Bild 10 dargestellt eine punktuelle Verklebung von Eckgläsern miteinander, sodass eine Ganzglasecke möglich wird. Die zu verklebenden Bauteile können alle im Werk geklebt werden.

Der Verglasungen mit einer Höhe von ca. 4,26 m und einer Breite von ca. 2,13 m werden an vier Punkten durch lokale Klemmhalter fixiert. Die Gläser im Eckbereich würden bei dieser Bauart eine Bohrung erfordern, um die Druck- und Soglasten abtragen zu können, da die Kragarme der Punkthalter in Fassadenrichtung jeweils sehr

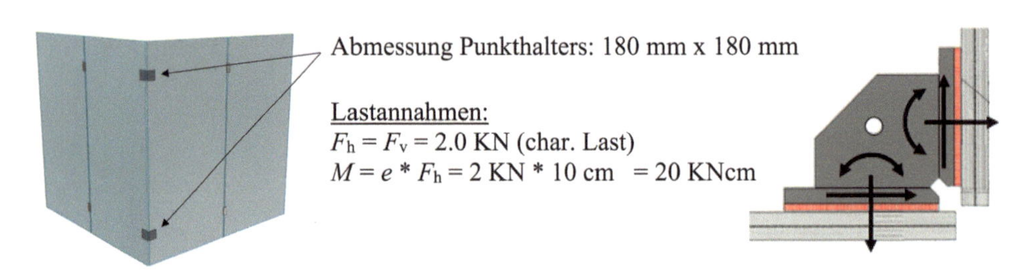

Bild 10 Prinzipskizze der beschriebenen Eckverglasung und Berechnungsannahmen (© B. Kassnel-Henneberg, Glas Trösch AG Isolier- und Sicherheitsglas)

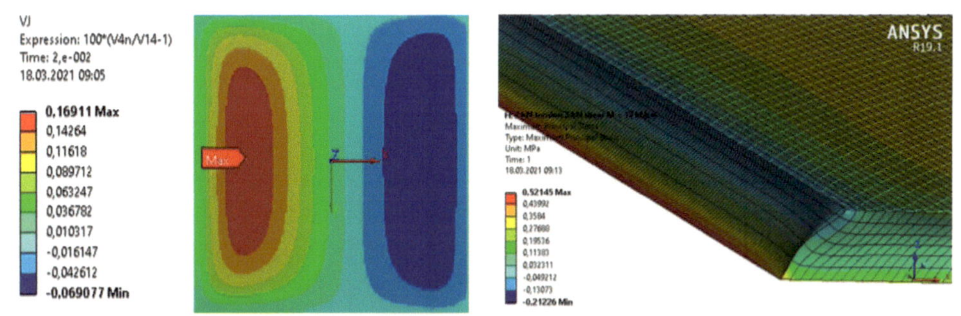

Bild 11 Berechnungsergebnisse in Form von Volumenänderung und Randspannungen (© B. Kassnel-Henneberg, Glas Trösch AG Isolier- und Sicherheitsglas)

weich sind und infolgedessen das Glas aus der Klemmhalterung rutschen würde. Eine Bohrung im Bereich der Klemmhalter bewirkt jedoch eine sehr starke Spannungserhöhung, sodass der Nachweis des Glases nicht mehr möglich ist. Mit einer Klebverbindung kann dieses Problem umgangen werden sodass der Glasaufbau unverändert auch im Eckbereich weitergeführt werden kann.

Als Ergebnis der Berechnung (siehe Bild 11) lässt sich festhalten, dass die Punktverbindung mit einer Auslastung von 83 % nachweisbar ist, wobei nicht die Volumenänderung infolge der hydrostatischen Spannung maßgebend ist, sondern die Randspannungen. Die Definition der zulässigen Volumenänderungen und der Randspannungen ist Teil des bauaufsichtlich zugelassenen „Trösch- Bemessungskonzeptes" für Silikon und wird hier im Detail nicht weiter erläutert. Das Beispiel zeigt aber deutlich, dass im Bereich von punktuellen Silikonverklebungen jenseits der 1/3 Seitenverhältnisse ein weites Anwendungsspektrum liegt, welches bisher nicht genutzt wird.

5.3 Nachweis des Silikonrandverbunds bei gebogenen Isoliergläsern

Bei Isolierverglasungen kann es in Ausnahmefällen zu einer Randverbunddimension kommen, bei der die geometrischen Verhältnisse jenseits von 1/3 liegen und somit nach ETAG nicht nachgewiesen werden können. Auch hier kann das beschriebene Materialmodell und Bemessungsmodell genutzt werden.

6 Literatur

[1] Drass, M. (2020) *Constitutive Modelling and Failure Prediction of Silicone Adhesives in Façade Design*, Springer Vieweg.

[2] Santarsiero, M. (2015) *Laminated Connections for Structural Glass Applications* [Dissertation]. Ecole Polytechnique Fédérale de Lausanne.

[3] Z-70.5-260 (2020) *Allgemeine bauaufsichtliche Zulassung /Allgemeine Bauartgenehmigung*, Ganzglasgeländersystem SWISSRAILING FLAT, Glas Trösch GmbH.

Hochtemperaturfestigkeit von geglühtem Kalk-Natronsilicatglas

Gregor Schwind[1], Philipp Rosendahl[1], Matthias Seel[2], Jens Schneider[1]

[1] *Technische Universität Darmstadt, Institut für Statik und Konstruktion ISM+D, Franziska-Braun-Straße 3, 64287 Darmstadt, Deutschland; schwind@ismd.tu-darmstadt.de; rosendahl@ismd.tu-darmstadt.de; schneider@ismd.tu-darmstadt.de*
[2] *Technische Universität Darmstadt, Zentrum für Konstruktionswerkstoffe (MPA-IfW), Grafenstraße 2, 64283 Darmstadt, Deutschland; matthias_martin.seel@tu-darmstadt.de*

Abstract

Bei der additiven Fertigung und beim thermischen Vorspannen von Glas ist dessen Festigkeit für den aufgrund des Herstell- bzw. Veredelungsprozesses relevanten Temperaturbereich nur wenig erforscht. Um die Auswirkungen unterschiedlicher Temperaturen auf die Festigkeit des Werkstoffs näher bestimmen zu können, wurde der Doppelringbiegeversuch nach EN 1288-5 mit einer Universalprüfmaschine mit Ofen an Glasplatten von Raumtemperatur bis 550 °C durchgeführt. Vor der Prüfung wurden die Proben kontrolliert vorgeschädigt, gelagert und mit Wärme behandelt. Die Ergebnisse zeigen eine Zunahme der Bruchfestigkeit mit steigender Prüftemperatur. Der kritische Spannungsintensitätsfaktor und die kritische Energiefreisetzungsrate zeigen keine Temperaturabhängigkeit.

High temperature strength of annealed soda-lime silicate glass. In additive manufacturing and thermal toughening of glass, its strength has been little researched for the temperature range relevant due to the manufacturing or refining process. In order to be able to determine the effects of different temperatures on the strength of the material in more detail, the coaxial double ring test according to EN 1288-5 was carried out on glass plates from room temperature to 550 °C using a universal testing machine with furnace. Prior to testing, the specimens were pre-damaged in a controlled manner, stored and heat treated. The results show an increase in fracture strength with increasing test temperature. The critical stress intensity factor and the critical energy release rate show no temperature dependence.

Schlagwörter: *Kalk-Natronsilicatglas, Vorschädigung, Doppelringbiegeversuch, Bruchfestigkeit, Bruchzähigkeit, Energiefreisetzungsrate*

Keywords: *soda-lime silicate glass, pre-damage, coaxial double ring test, fracture strength, critical stress intensity factor, critical energy release rate*

Glasbau 2022. Herausgegeben von Bernhard Weller, Silke Tasche.

1 Einführung

Bei der Flachglasherstellung und der Weiterverarbeitung von Glas durch die thermische Vorspannung kann es zu Glasbruch durch Abkühlung kommen [1]. Narayanaswamy [2] untersuchte die während des thermischen Vorspannens zeitlich veränderlichen Spannungen im Glas. Dort wurde gezeigt, dass beim Abkühlen Zugspannungen an den Glasoberflächen auftreten. Pourmoghaddam und Schneider [3] stellten in ihren Untersuchungen zum thermischen Vorspannen mittels Finite-Elemente-Analysen (FEA) fest, dass an der Glasoberfläche oder bei ungünstigen Ausschnittgeometrien hohe Zugspannungen entstehen, die beim Abkühlen im thermischen Vorspannprozess zum Bruch führen können. Die Kenntnis der Glasfestigkeit bei erhöhten Temperaturen spielt daher eine entscheidende Rolle bei der Steuerung des Aufheizens und Abkühlens des Glases.

Parallel entwickelt sich im Bauwesen der Trend zur additiven Fertigung mit verschiedenen Werkstoffen, wobei insbesondere das Drucken von Kalk-Natronsilicatglas eine komplexe Aufgabe darstellt. Bei der additiven Fertigung von Kalk-Natronsilicatglas wird der Werkstoff beim Abkühlen Temperaturen von ca. 1300 °C (Schmelztemperatur) bis zur Raumtemperatur ausgesetzt. Während der additiven Fertigung (z. B. auf ein Flachglas aufgedruckter Punkthalter aus Glas) können Kerben (Vorschädigungen) entstehen, welche beim Abkühlen zu erhöhten Zugspannungen im Glasgefüge und schließlich zu dessen Bruch führen können.

In der Vergangenheit wurden bereits mehrere Studien [4–10] mit unterschiedlichen Ansätzen zur Vorbehandlung der Proben, Versuchsaufbauten und auch Analysen der Ergebnisse z. B. Bruchfestigkeit, Spannungsintensitätsfaktoren und Energiefreisetzungsrate, publiziert. Bisher sind nur wenige Untersuchungen zur Biegefestigkeit von reproduzierbar vorgeschädigtem Kalk-Natronsilicatglas bei erhöhten Temperaturen mit dem Hintergrund der Bauindustrie durchgeführt worden. Für die hier vorgestellten Experimente wurde ein eigenes Verfahren zur Bestimmung der Biegefestigkeit von vorgeschädigtem Floatglas aus Kalk-Natronsilicatglas entwickelt.

2 Experimente

2.1 Prüfkörper

Für die Prüfung im Doppelringbiegeversuch wurden kreisförmige Glasproben mit einem Nenndurchmesser von 70 mm und einer Nenndicke von 4 mm und 6 mm verwendet. Diese Proben wurden aus Glasplatten mittels Diamantbohrverfahren entnommen, wobei die Kanten im Anschluss grob geschliffen wurden. Beim verwendeten Glas handelte es sich um Kalk-Natronsilicatglas gemäß EN 572-1 [11].

2.1.1 Vorschädigung

Mithilfe der Vorschädigung sollten Oberflächendefekte, wie sie bei der Flachglasherstellung selbst, beim Transport, bei der Weiterverarbeitung oder auch bei der additiven Fertigung auftreten können, berücksichtigt werden. Gleichzeitig wurden hierdurch die bereits in [12] ermittelten Ergebnisse miteinbezogen, nach denen die Verwendung einer definierten Vorschädigung die Streuung der Bruchfestigkeit der Gläser reduziert. Die

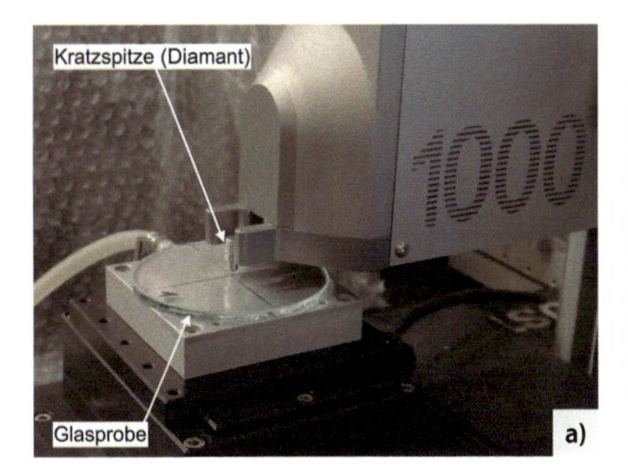

Bild 1 a) Universal Surface Tester mit Kratzspitze; b) Kratzspitze, konisch geschliffener Diamant (© G. Schwind, ISM+D)

Proben wurden auf ihrer Zinnseite in der Mitte mit einem Kratzer vorgeschädigt. Der Kratzer wurde mithilfe des Universal Surface Testers (UST, siehe Bild 1a), unter Verwendung eines konisch gefrästen Diamanten mit einem Schliffwinkel von 120° und einem Krümmungsradius von 5 µm an der Spitze (siehe Bild 1b), auf der Glasoberfläche erzeugt. Mit den in der folgenden Liste präsentierten Einstellungen wurde der künstliche Oberflächendefekt in der Glasoberfläche analog zum Vorgehen in [12] eingebracht:

- Kraft 500 mN
- Rissinitiierungsgeschwindigkeit 1 mm/s
- Kratzlänge 2 mm.

Ein auf der Glasoberfläche erzeugter Kratzer ist in Bild 2 exemplarisch in 150-facher Vergrößerung in der Draufsicht dargestellt. Die in Bild 2 präsentierte Aufnahme des Kratzers ist nach mehreren Tagen Lagerung im Labor entstanden. Mit der hier vorgestellten Vorschädigung resultiert nach der statistischen Auswertung der ermittelten Bruchspannung im Doppelringbiegeversuch ein 5 %-Quantilwert der Festigkeit von circa 45 MPa. Dieses Ergebnis entspricht dem in der EN 572-1 [11] definierten Wert der Biegefestigkeit von Floatglas ($f_{g,kk}$ = 45 MPa).

Die Proben wurden nach Einbringen des Kratzers sieben Tage lang im Normklima (23 °C und 50 % relative Feuchte) gelagert. Nach der Lagerung ließen sich kleine Abplatzungen und Glaspartikel auf der Oberfläche in unmittelbarer Umgebung zum Kratzer beobachten.

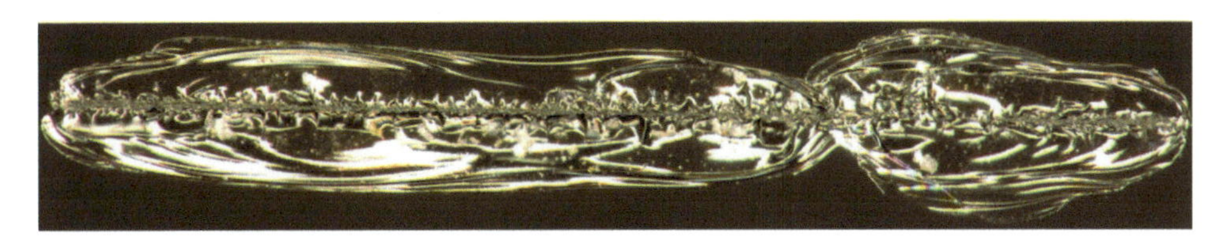

Bild 2 Vorschädigung der Glasoberfläche durch 2 mm langen Kratzer in 150-facher Vergrößerung nach mehreren Tagen (© G. Schwind, ISM+D)

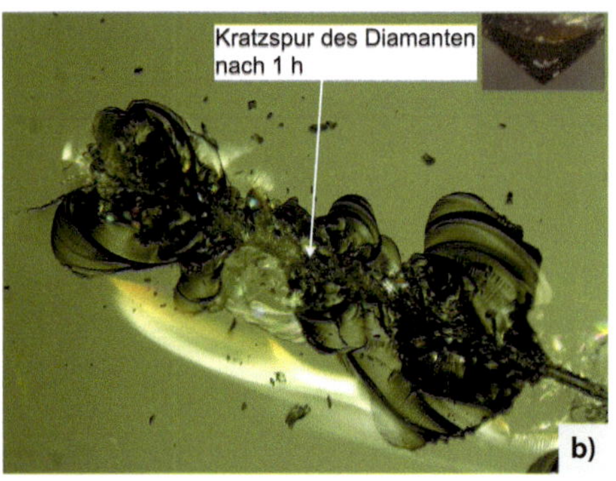

Bild 3 Kratzer auf der Glasoberfläche in 500-facher Vergrößerung zum Zeitpunkt a) kurz nach Einbringen des Kratzers b) nach 1 h (© G. Schwind, ISM+D)

Durch das in der Luft gelöste Wasser und die durch die Vorschädigung entstandenen eingeprägten Spannungen in der Werkstoffprobe [13] (siehe auch Bild 3a und 3b, photoelastische Wellen) fand das sogenannte subkritische Risswachstum während der Lagerung statt. Das subkritische Risswachstum (Spannungsrisskorrosion) bewirkt, dass sich die eingeprägten Spannungen zu einem gewissen Anteil abbauen und gleichzeitig der initiierte Tiefenriss, welcher von der Glasoberfläche ins Innere der Probe verläuft, wächst.

Die nach der Lagerung beobachteten Abplatzungen und Glaspartikel zeigten, dass eine Spannungsrisskorrosion stattgefunden hat. In Bild 3a und Bild 3b ist exemplarisch der Endpunkt eines Kratzers im zeitlichen Abstand von 1 h in 500-facher Vergrößerung dargestellt. Hierdurch wird der Prozess der Spannungsrisskorrosion verdeutlicht.

2.1.2 Wärmebehandlung

Im nächsten Vorbereitungsschritt wurden alle Glasproben in einem Strahlungsofen unter Verwendung einer Strahlungsabschirmung (Retorte) für 4 h bei ca. 200 °C wärmebehandelt, um durch die Rissinitiierung eingeprägte Spannungen im Bereich des Kratzers weiter abzubauen. Die vergleichsweise niedrige Temperatur wurde gewählt, da sich durch eine Vorstudie zur Wärmebehandlung [14] gezeigt hat, dass bei Verwendung von hohen Temperaturen eine Steigerung der Biegefestigkeit resultieren kann.

2.1.3 Doppelringbiegeversuche

Die Festigkeitsprüfung der Glasproben erfolgte im Doppelringbiegeversuch in Anlehnung an EN 1288-5 [15] an einer Universalprüfmaschine mit Ofen (siehe Bild 4a und 4b). Für den Stützring wurde der Nenndurchmesser von 60 mm und für den Lastring der Nenndurchmesser von 12 mm (siehe Bild 4b) verwendet. Der Versuchsaufbau beinhaltete zusätzlich eine Keramikstange, welche dazu verwendet wurde, die Verformung der Glasprobe in der Mitte auf der Biegezugseite aufzuzeichnen, wobei diese Messergebnisse hier nicht weiter vorgestellt werden.

Die Glasproben wurden seitlich, mit der Vorschädigung auf der Zinnseite in Richtung Stützring zeigend, in den Versuchsaufbau eingeschoben und zentriert, sodass sich die Vorschädigung innerhalb des Lastrings befand. Im Anschluss wurde eine konstante

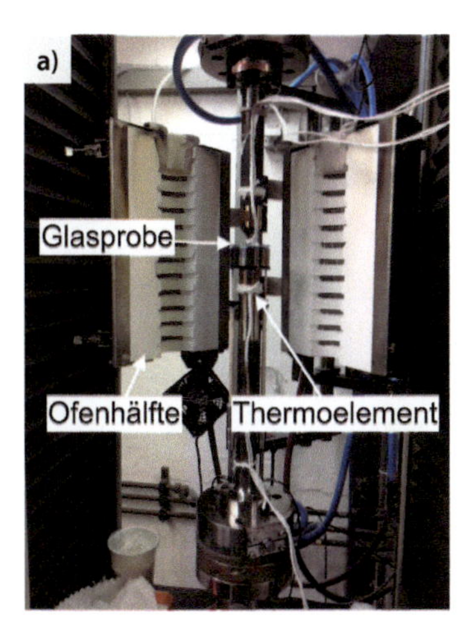

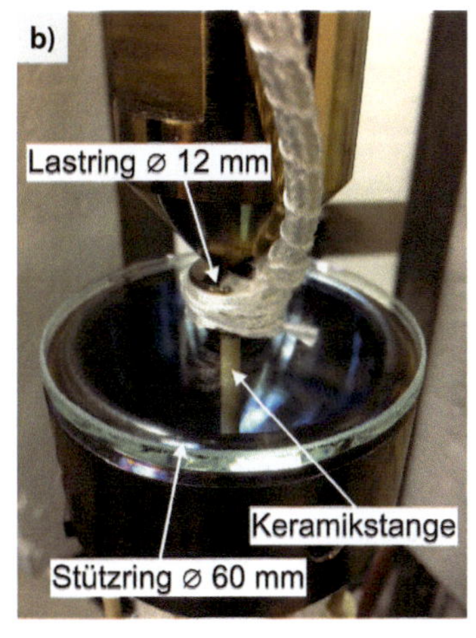

Bild 4 a) Gesamtansicht des Versuchsaufbaus und b) Detailansicht des Doppelringbiegeversuchs mit Keramikstange zur Verformungsmessung in Probenmitte (© G. Schwind, ISM+D)

Vorkraft von 15 N bis Start des Versuchs auf die Glasprobe aufgebracht, um die Probe zu fixieren. Danach wurden die Ofenhälften verschlossen, die gewünschte Prüftemperatur eingestellt und der Ofen eingeschaltet.

Die Temperatur des Versuchsaufbaus wurde an drei unterschiedlichen Stellen (unterhalb des Stützrings, am Lastring und oberhalb des Lastrings) mit Typ S Thermoelementen (siehe Bild 4a und 4b) gemessen. Nachdem der Versuchsaufbau die erforderliche Prüftemperatur erreicht hatte, wurde die Temperatur für eine halbe Stunde konstant gehalten (Durchwärmen) bevor die Festigkeitsprüfung gestartet wurde. Der Grund für das Durchwärmen lag darin, dass sich für alle Bauteile der Versuchseinrichtung der thermisch stationäre Zustand und damit die thermischen Dehnungen der Versuchseinrichtung eingestellt haben sollten. Die Glasproben wurden im Anschluss bis zum Bruch mit einer Spannungsrate von 2 MPa/s gemäß EN 1288-5 [15] belastet. Während des Versuchs wurden die Zeit, die Kraft, der Traversenweg und der Weg der Keramikstange zur späteren Versuchsauswertung aufgezeichnet.

Durch das seitliche Einschieben der Glasproben in den Versuchsaufbau ergab sich durch die Keramikstange (KST) eine zusätzliche unplanmäßige Vorschädigung (von der Außenkante der Glasprobe bis circa in die Mitte) zum bereits vorhandenen Kratzer (siehe Bild 5a und 5b). Problematisch hieran war, dass sich der Bruch der Glasproben teilweise nicht am bereits vorhandenen Kratzer (siehe Abschnitt 2.1.1) einstellte, sondern zum gewissen Anteil an der zusätzlichen Vorschädigung mittels Keramikstange. Trotz dieser unplanmäßigen Vorschädigung stellte sich der Bruch der Glasproben in den meisten Fällen innerhalb des Lastrings ein, sodass diese Prüfungen dennoch als gültig bezeichnet werden konnten.

In Tabelle 1 sind die durchgeführten Versuche dargestellt, wobei der Bruchursprung unter dem Mikroskop (vgl. Bild 5) identifiziert wurde. Als ungültig wurden alle Proben bezeichnet, deren Bruchursprung außerhalb des Lastrings lag. Insgesamt wurden 120 Versuche durchgeführt, wobei 114 Versuche als gültig und 6 als ungültig gewertet wurden.

Die Prüfserien wurden anhand der Prüftemperatur gruppiert. Je Serie wurden mindestens zehn Prüfkörper untersucht, wobei zusätzlich eine Referenzserie mit 30 Proben angelegt wurde. Die Glasproben der Referenzserie wurden auf die gleiche Art und

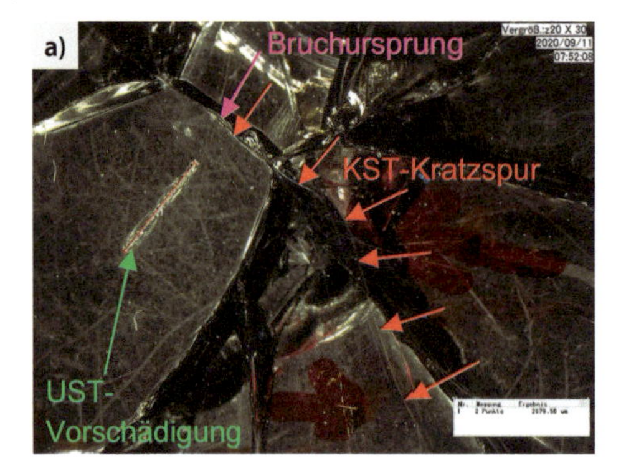

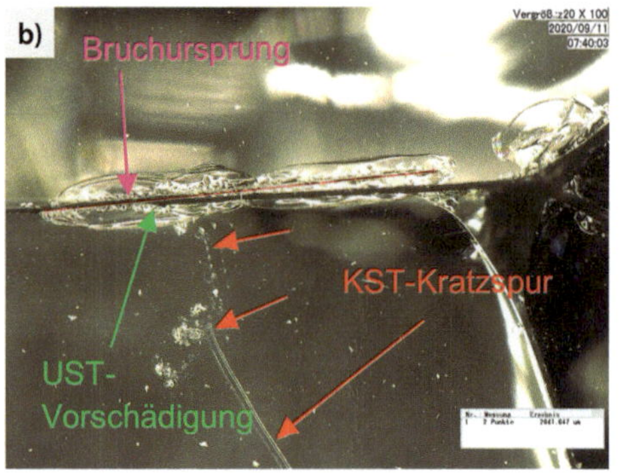

Bild 5 Aufnahmen zusammengesetzter unterschiedlicher Glasproben nach Bruch unter dem Lichtmikroskop a) 30-fache Vergrößerung und b) 100-fache Vergrößerung (© G. Schwind, ISM+D)

Tabelle 1 Übersicht zu den durchgeführten Versuchen

	Serie	Temperatur	Gültig, Versagen an Vorschädigung durch:			Ungültig:
			UST	UST + KST	KST	
Kalk-Natronsilicatglas (Kratzer) 2 MPa/s	Referenz	20	30	–	–	–
	SL_1_A	20	1	2	5	2
	SL_1_I	150	1	1	6	2
	SL_1_B	250	3	–	6	1
	SL_1_C	350	9	1	–	–
	SL_1_D	450	12	2	–	1
	SL_1_E	500	16	1	–	–
	SL_1_F	550	18	–	–	–

Weise mit einem Kratzer vorgeschädigt und gelagert, jedoch nicht mit Wärme behandelt (vgl. Abschnitt 2.1.2). Bedingt durch die Verfügbarkeit an Probekörpern mit 4 mm Nenndicke, wurde für die Referenzserie eine Nenndicke von 6 mm verwendet.

3 Ergebnisse

3.1 Bruchspannung

Mit der im Experiment gemessenen Kraft wurde über die analytische Lösung des Doppelringbiegeversuchs bei Raumtemperatur die Bruchspannung der Proben aller Serien berechnet. Es wurde dabei die Annahme getroffen, dass für alle Temperaturen ein linear elastisches Materialgesetz gelte. In [6] wurde bereits gezeigt, dass dieser Ansatz vergleichsweise konservative Ergebnisse liefert. Für die Berechnung der Bruchspannung konnte somit die analytische Beziehung aus der EN 1288-1 [16], welche in Gl. (1) dargestellt ist, verwendet werden.

$$\sigma_1 = \sigma_2 = \sigma_f = \frac{3(1+\upsilon)}{2\pi}\left[\ln\left(\frac{r_2}{r_1}\right) + \frac{1-\upsilon}{1+\upsilon}\,\frac{r_2^2 - r_1^2}{2r_3^2}\right]\frac{F}{t^2} \tag{1}$$

mit

σ_f Bruchspannung [MPa]
υ *Poisson*'sche Zahl, 0,23 gemäß EN 1288-1 [-]
F aufgezeichnete Prüfmaschinenkraft [N]
t gemessene Prüfkörperdicke [mm]
r_1 Nennwert des Lastringradius [mm]
r_2 Nennwert des Stützringradius [mm]
r_3 gemessener Prüfkörperradius [mm]

Die berechneten Bruchspannungen der Prüfserien sind in Bild 6 graphisch über der Prüftemperatur aufgetragen, wobei nur die Ergebnisse der Proben dargestellt werden, deren Bruchursprung an der planmäßigen Vorschädigung (Kratzer) lag. Wenn je Serie mehr als drei Proben am Kratzer versagten, wurden der Mittelwert und die Standardabweichung ermittelt. In Bild 6 lässt sich erkennen, dass mit steigender Prüftemperatur die Festigkeit tendenziell ebenfalls ansteigt. Werden die in Tabelle 2 dargestellten Mittelwerte betrachtet, so lässt sich feststellen, dass bei Raumtemperatur ein Mittelwert von 54,1 MPa und bei 550 °C ein Mittelwert von 66,2 MPa einstellt. Dies entspricht einer mittleren Festigkeitssteigerung von ca. 22 %. Mithilfe eines Korrelationstests nach *Pearson* wurde die Korrelation zwischen Temperatur und Bruchspannung untersucht. Als Korrelationskoeffizient ergab sich ein R-Wert von 0,56 und ein p-Wert von 3,41e-8 (Grenzwert der statistischen Signifikanz gewählt mit p = 0,05). Anhand des R-Wertes von 0,56 lässt sich eine starke positive Korrelation zwischen Prüftemperatur und Bruchfestigkeit feststellen. Der sehr niedrige p-Wert lässt die Aussage zu, dass die ermittelte Korrelation signifikant ist.

Bei Betrachtung der Variationskoeffizienten in Tabelle 2 lässt sich feststellen, dass die Streuung der Bruchspannung vergleichsweise niedrig ist [19], was das Vorgehen der hier gewählten Vorschädigung bestätigt.

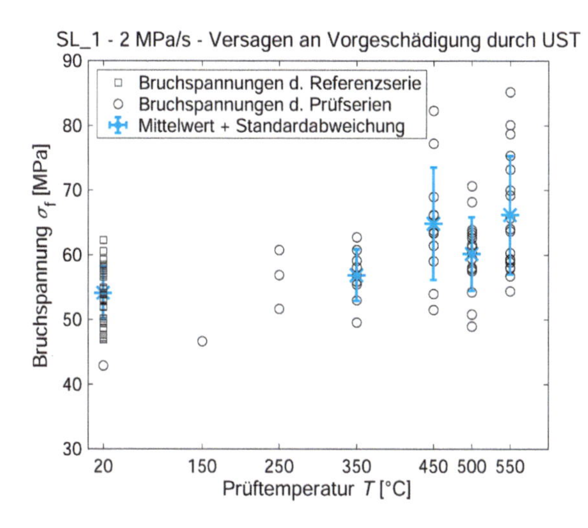

Bild 6 Bruchspannungen über Prüftemperatur (© G. Schwind, ISM+D)

Tabelle 2 Ergebnisse der Bruchspannungen aus der Prüfserie SL_1 – 2 MPa/s – Kalk-Natronsilicatglas mit 2 mm Kratzer

Temperatur [°C]	Stichproben-umfang [-]	Mittelwert [MPa]	Standard-abweichung [MPa]	Variations-koeffizient [%]
20	30	54,1	8,1	15,0
350	9	56,9	4,0	7,0
450	12	64,8	8,7	13,4
500	16	60,1	5,7	9,4
550	18	66,2	9,1	13,8

In Bild 6 lässt sich zusätzlich erkennen, dass der Mittelwert bei 450 °C leicht steigt, was sich zum momentanen Kenntnisstand noch nicht exakt erklären lässt. Eine mögliche Begründung könnte im geringen Stichprobenumfang der Prüfserien liegen.

3.2 Risstiefen

Bei der fraktographischen Bruchspiegelanalyse der Glasproben (siehe Bild 7a) wurden in Vorbereitung auf die Berechnung des kritischen Spannungsintensitätsfaktors K_{Ic} und der kritischen Energiefreisetzungsrate G_{Ic} (vergleiche Abschnitt 3.3) die Risstiefen t_c der eingebrachten Kratzer gemessen. Dafür wurden die sich am Bruchursprung einstellenden Bruchspiegel der einzelnen gebrochenen Glasproben unter dem Mikroskop begutachtet, wobei nur die Proben berücksichtigt wurden, deren Bruchursprung an der planmäßigen Vorschädigung (Kratzer) lag.

In Bild 7a ist exemplarisch ein Bruchspiegel der Serie SL_1 dargestellt, in welchem sich die *Wallner*-Linien [17] erkennen lassen. Wie sich in Bild 7a zeigt, „klammern" die *Wallner*-Linien mehrere mögliche Bruchursprünge ein, weshalb sich nicht mit absoluter Sicherheit feststellen lässt, welche Risstiefe t_c die Maßgebliche ist. Aus diesem Grund wurden, wie in Bild 7b dargestellt, mehrere Messwerte für t_c aufgezeichnet.

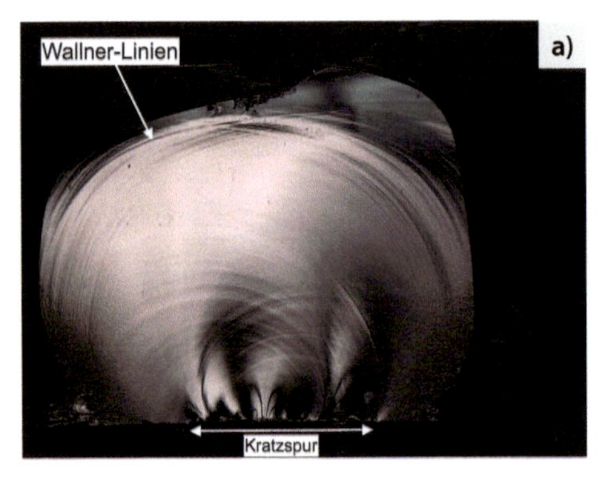

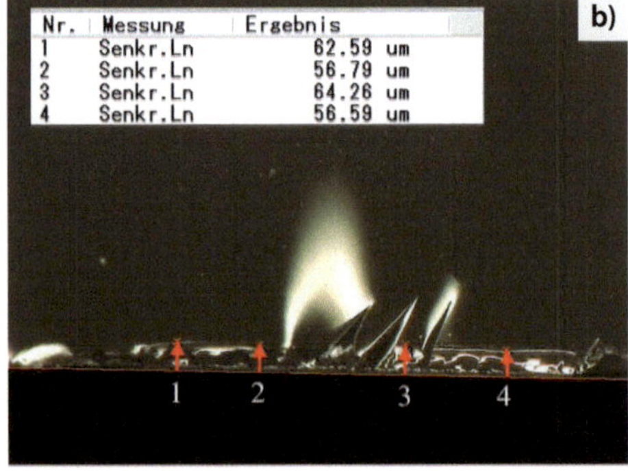

Bild 7 a) Exemplarischer Bruchspiegel der Serie SL_1 (Kratzer) in Übersicht; b) gemessene Risstiefen am Kratzer im Detail (© G. Schwind, ISM+D)

Zudem wurden für jede Probe beide Bruchspiegel begutachtet und im Anschluss der Mittelwert der gemessenen Risstiefen t_c je Probe berechnet.

In Bild 8 sind die je Probe gemittelten Risstiefen t_c, deren Mittelwert und Standardabweichung je Serie dargestellt. Zusätzlich wurde in Bild 8 die in Abschnitt 3.1 bereits angesprochene Referenzserie hinzugefügt.

In Bild 8 und anhand der in Tabelle 3 präsentierten Mittelwerte der Risstiefen lässt sich erkennen, dass die mittlere Risstiefe zwischen Raumtemperatur und 350 °C nahezu unverändert bleibt, jedoch ab 350 °C mit steigender Prüftemperatur abnimmt. Beim Vergleich der Mittelwerte von 20 °C mit 550 °C lässt sich eine mittlere Reduktion der Risstiefe von circa 30 % ermitteln. Das Sinken der mittleren Risstiefe lässt darauf schließen, dass während des Aufheizens des Prüfkörpers und des Durchwärmens eine Heilung des ursprünglich eingebrachten Kratzers stattfand, wodurch sich die erhöhten Bruchspannungen in Bild 6 erklären lassen. Zusätzlich wurde für die in Bild 8 präsentierten Daten der bereits angesprochene Korrelationstest durchgeführt. Hier ergab sich eine negative Korrelation zwischen Prüftemperatur und Risstiefe mit einem R-Wert von –0,58 und einem p-Wert von 5,43e-9. Die negative Korrelation ist somit ebenfalls signifikant.

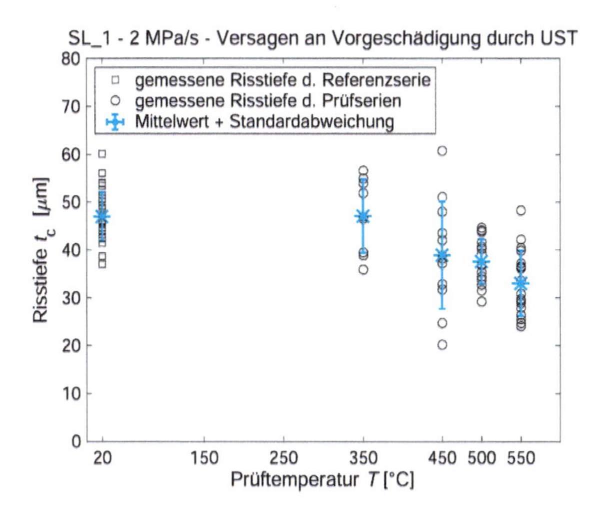

Bild 8 Risstiefen über Prüftemperatur (© G. Schwind, ISM+D)

Tabelle 3 Ergebnisse der Risstiefen aus der Prüfserie SL_1 – 2 MPa/s – Kalk-Natronsilicatglas mit 2 mm Kratzer

Temperatur [°C]	Stichproben-umfang [–]	Mittelwert [µm]	Standard-abweichung [µm]	Variations-koeffizient [%]
20	30	47	5	11
350	9	47	8	16
450	12	39	11	29
500	16	38	5	12
550	18	33	7	21

Ob parallel zur Heilung des Risses auch ein Abbau von Restspannungen infolge Rissinitiierung erfolgte, lässt sich basierend auf den bisherigen Ergebnissen nicht ableiten. Hierfür sind bereits weitere Experimente in Planung.

3.3 Kritischer Spannungsintensitätsfaktor und kritische Energiefreisetzungsrate

Wie sich über die Bruchstrukturanalyse der gültig gebrochenen Proben gezeigt hat, lag der Bruchursprung am Kratzer innerhalb des Lastrings. Dieser initiale Bruch erfolgte im bruchmechanischen Modus I. In der weiteren Auswertung der Experimente wurde daher der kritische Spannungsintensitätsfaktor (auch als Bruchzähigkeit bezeichnet) K_{Ic} und die kritische Energiefreisetzungsrate bei Bruchbeginn G_{Ic} betrachtet, um deren Temperaturabhängigkeit zu ermitteln. Zur Berechnung der beiden bruchmechanischen Kenngrößen wurden die Gleichungen aus der linearen Bruchmechanik aus [18] herangezogen. Mithilfe von Gl. (2) wurde der kritische Spannungsintensitätsfaktor K_{Ic} berechnet. Für den Geometriefaktor Y wurde von einem langen Oberflächenriss, welcher in Bild 7b betrachtet werden kann, ausgegangen.

$$K_{\mathrm{Ic}} = \sigma_{\mathrm{f}}\, Y \sqrt{\pi\, t_{\mathrm{c}}} \tag{2}$$

σ_{f} ermittelte Bruchspannung [MPa]
Y Geometriefaktor für langen Oberflächenriss $Y = 1{,}1215$ [19]
t_{c} gemessene Initialrisstiefe [µm]

Im Anschluss wurde mit dem berechneten Spannungsintensitätsfaktor K_{Ic} die Energiefreisetzungsrate nach Gl. (3) berechnet. Es wurde dabei die Annahme getroffen, dass der Elastizitätsmodul E temperaturunabhängig sei.

$$G_{\mathrm{Ic}} = \frac{K_{\mathrm{Ic}}^2}{E} \tag{3}$$

G_{Ic} kritische Energiefreisetzungsrate bei Bruchbeginn [J/m²]
K_{Ic} kritischer Spannungsintensitätsfaktor bei Bruchbeginn [$\mathrm{MPa}\sqrt{\mathrm{m}}$]
E Elastizitätsmodul $E = 70\,000$ MPa gemäß EN 572-1 [11]

In Bild 9 sind die Berechnungsergebnisse des kritischen Spannungsintensitätsfaktors und der kritischen Energiefreisetzungsrate G_{Ic} dargestellt. Anhand der beiden Mittelwertkurven und den in den Tabellen 4 und 5 präsentierten Mittelwerten, lässt sich keine nennenswerte Temperaturabhängigkeit feststellen. Der Korrelationstest liefert für den kritischen Spannungsintensitätsfaktor und für die kritische Energiefreisetzungsrate eine mittlere Korrelation von $R = 0{,}38$ mit einem p-Wert von jeweils circa 3e-4. Eine ausgeprägte Signifikanz kann bei Berücksichtigung der bisher ermittelten p-Werte, welche um etwa vier bis fünf Größenordnungen kleiner sind (vgl. Abschnitt 3.1 und 3.2) jedoch nicht festgestellt werden. Das lässt sich zusätzlich dadurch begründen, dass der Spannungsintensitätsfaktor und die Energiefreisetzungsrate von der Bruchspannung und der Risstiefe abhängen, welche jeweils eine gegenläufige Korrelation bezüglich der Temperatur vorweisen. Aufgrund der Ergebnisse des Korrelationstests, wurde für den kritischen Spannungsintensitätsfaktor und die kritische Energiefreisetzungsrate der Mittelwert über alle Prüftemperaturen berechnet. Der über die Prüfserien berechnete Mittelwert des kritischen Spannungsintensitätsfaktors beträgt $K_{\mathrm{Ic}} = 0{,}72\ \mathrm{MPa}\sqrt{\mathrm{m}}$, für die kritische Energiefreisetzungsrate G_{Ic} resultieren 7,5 J/m^2. Die hier dokumentierten Werte decken sich mit denen aus der Literatur, die sich zusammengefasst in [19] finden lassen.

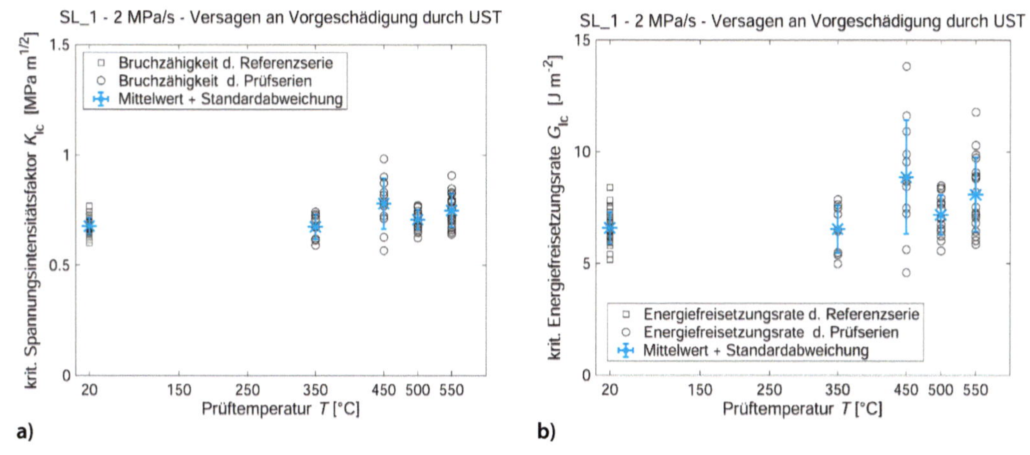

Bild 9 a) Kritischer Spannungsintensitätsfaktor K_{Ic}; b) kritische Energiefreisetzungsrate G_{Ic} über Prüftemperatur (© G. Schwind, ISM+D)

Tabelle 4 Ergebnisse des kritischen Spannungsintensitätsfaktors aus der Prüfserie SL_1 – 2 MPa/s – Kalk-Natronsilicatglas mit 2 mm Kratzer

Temperatur [°C]	**Stichproben-umfang** [–]	**Mittelwert** $[\mathrm{MPa}\sqrt{\mathrm{m}}]$	**Standard-abweichung** $[\mathrm{MPa}\sqrt{\mathrm{m}}]$	**Variations-koeffizient** [%]
20	30	0,68	0,036	5
350	9	0,68	0,056	8
450	12	0,78	0,115	15
500	16	0,71	0,044	6
550	18	0,75	0,077	10

Tabelle 5 Ergebnisse der kritischen Energiefreisetzungsrate aus der Prüfserie SL_1 – 2 MPa/s – Kalk-Natronsilicatglas mit 2 mm Kratzer, Serie SL_1_A nicht aufgeführt

Temperatur [°C]	**Stichproben-umfang** [–]	**Mittelwert** [J/m^2]	**Standard-abweichung** [J/m^2]	**Variations-koeffizient** [%]
20	30	6,6	0,7	11
350	9	6,5	1,1	16
450	12	8,9	2,5	29
500	16	7,2	0,9	12
550	18	8,1	1,7	21

4 Zusammenfassung

Die vorgestellten Versuchsergebnisse zeigen, dass mit dem hier verwendeten experimentellen Vorgehen reproduzierbare Ergebnisse hinsichtlich Risstiefe, Bruchspannung, kritischem Spannungsintensitätsfaktor und kritischer Energiefreisetzungsrate erzielt werden können. Dafür wurden definiert vorgeschädigte Glasproben aus Kalk-Natronsilicatglas im Doppelringbiegeversuch bis zum Bruch bei Temperaturen zwischen Raumtemperatur und 550 °C auf deren Zinnseite belastet. Die Auswertüng der Versuchsergebnisse zeigt einen leichten Anstieg der mittleren Festigkeit von circa 22 %, welcher sich basierend auf den gemessenen Risstiefen durch eine Heilung der Risse begründen lässt. Basierend auf diesen Ergebnissen kann es möglich sein, die additive Fertigung oder auch den thermischen Vorspannprozess hinsichtlich der Vermeidung des thermisch induzierten Bruchs zu optimieren. Zudem wurde der kritische Spannungsintensitätsfaktor und die kritische Energiefreisetzungsrate des Glases für Temperaturen von Raumtemperatur bis 550 °C ermittelt, wobei keine nennenswerte Temperaturabhängigkeit festgestellt werden konnte. Der über alle Prüftemperaturen gemittelte kritische Spannungsintensitätsfaktor konnte durch die in der Literatur dokumentierten Werte bestätigt werden.

Basierend auf den hier vorgestellten Ergebnissen ist es vermutlich möglich, auf temperaturabhängige Festigkeitsprüfungen zu verzichten und entsprechend durch eine vorgelagerte Wärmebehandlung der Glasproben und Prüfung bei Raumtemperatur vergleichbare Ergebnisse zu erhalten. Begründet wird diese These durch den temperaturunabhängigen kritischen Spannungsintensitätsfaktor. Diese These soll in weiteren Experimenten überprüft werden.

5 Literatur

[1] Rantala, M. (2015) *Heat transfer phenomena in float glass heat treatment processes* [Dissertation]. Tampere University of Technology.

[2] Narayanaswamy, O. S. (1978) Stress and structural relaxation in tempering glass in: *Journal of the American Ceramic Society* 61(3–4), S. 146–152.

[3] Pourmoghaddam, N.; Schneider, J. (2018) Finite-element analysis of the residual stresses in tempered glass plates with holes or cut-outs in: *Glass structures & engineering 3* (1), S. 17–37.

[4] Wiederhorn, S. M. (1969) Fracture surface energy of glass in: *Journal of the American Ceramic Society* 52(2), S. 99–105.

[5] Shinkai, N.; Bradt, R. C.; Rindone, G. E. (1981) Fracture toughness of fused SiO2 and float glass at elevated temperatures in: *Journal of the American Ceramic Society 64* (7), S. 426–430.

[6] Manns, P.; Brückner, R. (1983) *Biegefestigkeit von Kalk-Natron- und Borosilicatglas von Raumtemperatur bis zur Littleton-Temperatur,* Glastechn. Ber. 56, S. 155–164.

[7] Lawn, B. R.; Jakus, K.; Gonzalez, A. C. (1985) Sharp vs blunt crack hypotheses in the strength of glass: A critical study using indentation flaws in: *Journal of the American Ceramic Society* 68(1), S. 25–34.

[8] Hrma, P.; Han, W. T.; Cooper, A. R. (1988) *Thermal healing of cracks in glass.* Journal of Non-crystalline Solids 102, S. 88–94.

[9] Zaccaria, M.; Overend, M. (2016) Thermal healing of realistic flaws in glass in: *Journal of Materials in Civil Engineering 28*(2), doi: 10.1061/(ASCE)MT.1943-5533.0001421

[10] Pourmoghaddam, N.; Dittmann, S.; Schneider, J. (2018) Doppelringbiegeversuche an Glasplatten aus Kalk-Natron-Silikatglas bei erhöhten Temperaturen bis in den Transformationsbereich in: Weller, B.; Tasche, S. [Hrsg.], *Glasbau 2018*, Ernst & Sohn, Berlin, S. 185–198.

[11] EN 572-1:2016-06 (2016) *Glass in building – Basic soda-lime silicate glass products –* Part 1: Definitions and general physical and mechanical properties, EN 572-1:2012+A1:2016. Beuth, Berlin.

[12] Hilcken, J. (2015) *Zyklische Ermüdung von thermisch entspanntem und thermisch vorgespanntem Kalk-Natron-Silikatglas* [Dissertation], Springer Vieweg, Darmstadt.

[13] Schula, S. (2015) *Charakterisierung der Kratzanfälligkeit von Gläsern im Bauwesen* [Dissertation], Springer Vieweg, Darmstadt.

[14] Schwind, G.; von Blücher, F.; Drass, M. (2020) Double ring bending tests on heat pretreated soda–lime silicate glass in: *Glass Structures and Engineering* 5, S. 429–443. https://doi.org/10.1007/s40940-020-00129-3

[15] EN 1288-5:2000-08 (2000) *Glass in building – Determination of the bending strength of glass* – Part 5: Coaxial double ring test on flat specimens with small test surface areas, Beuth, Berlin.

[16] EN 1288-1:2000-09 (2000) *Glass in building – Determination of the bending strength of glass* – Part 1: Fundamentals of testing glass, Beuth, Berlin.

[17] Wallner, H. (1939) *Linienstrukturen an Bruchflächen.* Z. Physik 114, S. 368–378. https://doi.org/10.1007/BF01337002

[18] Gross, D.; Seelig, T. (2016) *Bruchmechanik.* Springer-Verlag, Berlin/Heidelberg. https://doi.org/10.1007/978-3-662-46737-4

[19] Schneider, J. et al. (2016) *Glasbau: Grundlagen, Bemessung, Konstruktion,* Springer Vieweg, Berlin/Heidelberg.

Retrofitted Building Skins – Energetische Optimierung der Gebäudehülle im Bestand

Jutta Albus[1], *Lena Rehnig*[1]

1 Technische Universität Dortmund, Fakultät Architektur und Bauingenieurwesen, Juniorprofessur Ressourceneffizientes Bauen, August-Schmidt-Straße 8, 44227 Dortmund, Deutschland; jutta.albus@tu-dortmund.de; lena.rehnig@tu-dortmund.de

Abstract

Um das Klimaziel der Bundesregierung zu erreichen, gilt die energetische Optimierung im Gebäudesektor als eine übergeordnete Aufgabe, die nicht nur die Erstellung neuer Gebäude, sondern auch die Ertüchtigung des Gebäudebestands betrifft. Gegenstand der Forschungs- und Lehrtätigkeiten des Lehrgebiets bilden Entwurfsentwicklungen, die durch innovative Gebäudehüllen und Fassadentechnologien einen nachhaltigen und ressourcenschonenden Beitrag auch für den hohen Anteil von Bestandsgebäuden leisten. Sanierungs- und Instandhaltungsmaßnahmen werden vor dem Hintergrund energetischer Optimierungsstrategien, nachhaltiger Gebäudekonzeption und ressourcenschonendem Materialeinsatz entwickelt und fokussieren dabei aktive und passive Maßnahmen. Dabei soll insbesondere der Anteil von bestehenden Büro- und Verwaltungsbauten betrachtet werden, der neben dem Wohngebäudebestand ein erhebliches Potential zur Reduzierung von CO_2-Emissionen aufzeigt.

Retrofitted Building Skins – energetic optimization of the building envelope of existing buildings. In order to adapt to the Federal Government's Climate Action Programme, energy optimization in the building sector is considered an important task that not only affects the construction of new buildings, but also the renovation of existing building stock. The research and teaching activities of the junior professorship focus on architectural design developments that follow sustainable and resource-saving parameters by implementing innovative building skins and facade technologies to improve the energetic building performance. Renovation and maintenance methods are developed against the background of energy optimization strategies, sustainable building design and resource-efficient use of materials, focusing on the implementation of active and passive measures. This paper emphasizes the proportion of existing office and administrative buildings, which, in addition to the residential building stock, have considerable potential to reduce CO_2 emissions.

Glasbau 2022. Herausgegeben von Bernhard Weller, Silke Tasche.

Schlagwörter: *Klimaschutzziele der Bundesregierung, Gebäudehülle von Bestandsgebäuden, energetische Optimierungsstrategien*

Keywords: *Federal Government's Climate Action Programme, building envelope of existing buildings, energetic optimization strategies*

1 Nachhaltige Optimierung bestehender Fassaden zur Verlängerung der Nutzungsphase von Bestandsgebäuden

Die Bundesregierung verabschiedete einen Klimaschutzplan, der bis zum Jahr 2050 eine Klimaneutralität der gesamten Gesellschaft zum Ziel hat [1]. Einen wesentlichen Beitrag obliegt dem Bauwesen (Bild 1), welches bis 2030 eine Reduktion der derzeitigen CO_2-Äquivalenten um 50 %–60 % beisteuern muss. Laut Umweltbundesamt und deren veröffentlichten CO_2-Emissionsdaten für das Jahr 2020 ist der Gebäudesektor der einzige Bereich, in dem die Klimaziele des Klimaschutzgesetzes verfehlt wurden. Statt der Zielsetzung die CO_2-Emissionen um 5 Mio. Tonnen zu senken, wurde lediglich eine Reduzierung um ca. 3 Mio. Tonnen erreicht [2].

Um das Klimaziel der Bundesregierung zu erfüllen, gilt die energetische Optimierung im Gebäudesektor als eine übergeordnete Aufgabe, die nicht nur durch die Errichtung neuer Gebäude, sondern insbesondere auch die Sanierung und energetische Verbesserung des Gebäudebestands erreicht werden kann. Mit der Einführung der EnEV am 01. Februar 2002 (seit November 2020 GEG) soll eine Steigerung des energetischen Effizienzstandards von Wohn- und Nichtwohngebäuden herbeigeführt werden. Die Maßnahmen sind bisher insbesondere auf den Neubau derer gerichtet. Der große An-

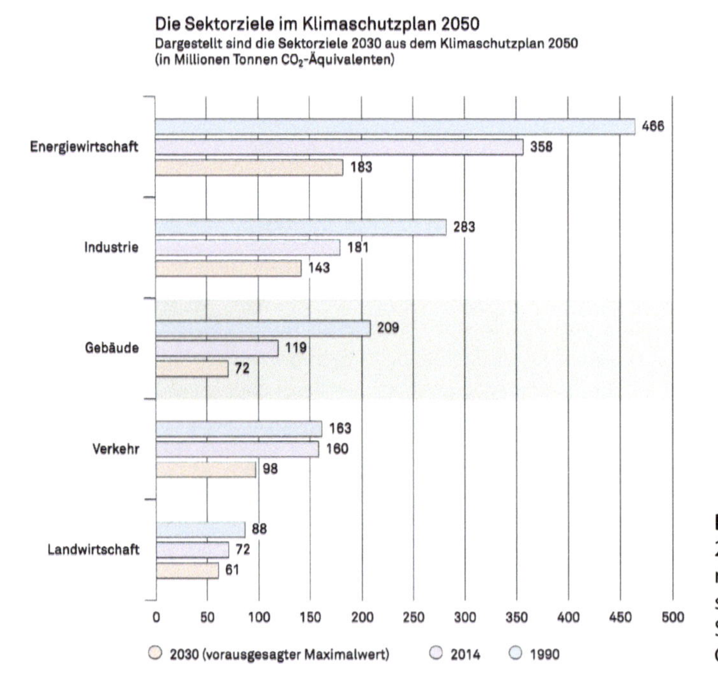

Bild 1 Klimaschutzplan 2050 (© Bundesministerium für Umwelt, Naturschutz und nukleare Sicherheit, überarbeitete Grafik)

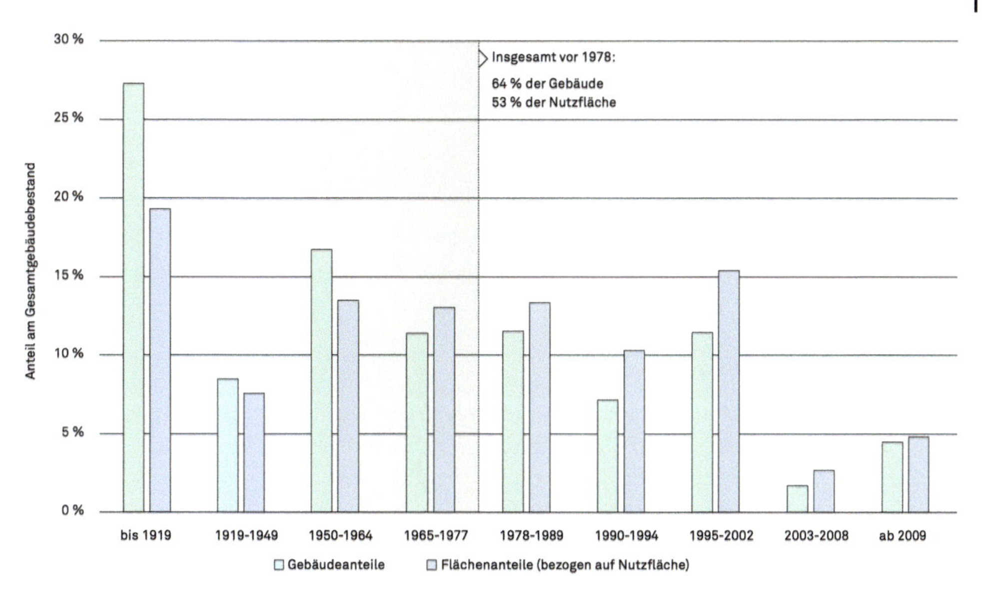

Bild 2 Anteile der Baualtersklassen von Büro- und Verwaltungsgebäuden (© dena Studie Büroimmobilien, überarbeitete Grafik)

teil des Bestands von Büro- und Verwaltungsgebäuden, der laut IW-Schätzmodell (Bild 2) ca. 64% ausmacht und eine Bausubstanz aufweist, die vor Einführung der Wärmeschutzverordnung 1978 errichtet wurde, wird dabei weitestgehend vernachlässigt [3].

Wenige, nur vereinzelt publizierte Untersuchungen beschäftigen sich mit der energetischen Sanierung von Bestandsgebäuden und verweisen auf entsprechende Einsparpotentiale in diesem Segment [4] [5]. Eine Tendenz hinsichtlich der klimatischen Ertüchtigung des Gebäudebestands ist zwar erkennbar, die Maßnahmen sind jedoch nicht weitreichend und differenziert genug, um dem großen Anteil von Gebäuden mit einer Baualtersklasse vor 1978 gerecht zu werden [6]. Der Bereich des Wohnungsbaus steht hier deutlich im Fokus der Untersuchungen.

Dies lässt sich auch daran erkennen, dass der Bürogebäudebestand deutlich jünger als der Wohngebäudebestand ist, da die Nutzungsdauer von Bürogebäuden im Vergleich zu Wohngebäuden, die bezogen auf die Wohnfläche einen Anteil der vor 1978 errichteten Gebäude von 67% aufweist geringer ist und sie häufiger durch einen kompletten Neubau ersetzt werden [3].

Eine Anpassung bisheriger Maßnahmen im Gebäudesektor zum Schutz des Klimas, die sich überwiegend auf den Neubau konzentrieren, ist unabdingbar. Ca. 50% der CO_2-Emissionen entstehen als Graue Energie (Primärenergie zur Gewinnung, Herstellung, Transport, Verarbeitung, Einbau und Entsorgung von Materialien/Bauteilen) noch bevor ein Gebäude fertiggestellt wird [7]. Um den hohen Verbrauch an Grauer Energie zu vermeiden und somit einem Großteil an entstehenden CO_2-Emissionen entgegen zu wirken, ist eine Verlängerung der Nutzungsphase im Lebenszyklus eines Gebäudes notwendig. Ist der Rückbau eines Gebäudes am Ende einer möglichst langen Nutzungsphase unumgänglich, sollten, zur Verringerung erneut produzierter Grauer Energie, Baumaterialien des Bestands recycelt und wiederverwertet werden können (Bild 3).

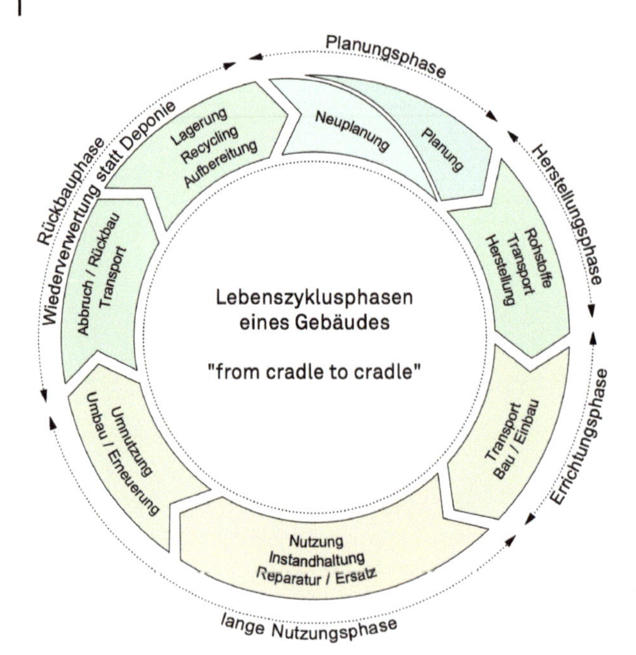

Bild 3 Nachhaltige Lebenszyklusphasen eines Gebäudes „from cradle to cradle" (© JP REB TU Dortmund)

Vor diesem Hintergrund und den aufgezeigten Untersuchungsergebnissen wird deutlich, dass die Sanierung bestehender Büro- und Verwaltungsbauten, dessen Großteil laut IW-Schätzmodell (Bild 2) ca. 64% ausmacht und vor Einführung der Wärmeschutzverordnung 1978 errichtet wurden [3], einen wesentlichen Beitrag zur Reduzierung der CO_2-Emissionen des Bausektors darstellt.

Dabei entwickelt der Bereich der Gebäudehülle für eben diese Bautypologie großes Potenzial zur Reduzierung des Energiebedarfs, wobei entsprechend einer adaptiven Außenhaut unterschiedliche Ansätze verfolgt werden. Charakterisiert werden hierbei passive Maßnahmen, die beispielsweise durch baukonstruktive und materialtechnische Veränderungen Verbesserungen herbeiführen, und aktive Maßnahmen, die appliziert innerhalb der Fassadenebene Verwendung finden und ergänzend zur Gebäudetechnik agieren. Im Sinne eines ganzheitlichen Konzepts wird hierbei eine Anpassung der Gebäudehülle mittels eines auf die lokalen klimatischen und funktionalen Anforderungen reagierenden Fassadenaufbaus forciert, der durch seine Veränderbarkeit zur Energieeinsparung beiträgt und die energetische Gesamtbilanz des Bestandsgebäudes wesentlich verbessert.

Durch integrale Planung und die intelligente Einbindung von Glas- und Fassadenanwendungen können sowohl technische und energetische Parameter, und damit das Ressourcenmanagement eines Gebäudes, nachhaltig verbessert werden und dabei gleichzeitig gestalterisch wirken. Fenster- und Glasapplikationen, wie z. B. Fassadenbegrünungen, Kollektoren, Lichtlenkungssysteme oder veränderbare Komponenten aus innovativen Materialien werden unter anderem als Regulator im Bereich der Gebäudehülle eingesetzt, um gleichermaßen energetische Einsparungen als auch Gewinne zu erzielen.

Die ganzheitliche Betrachtung und Entwicklung nachhaltiger Konzepte im Gebäudebestand ist eines der wesentlichen Schwerpunkte der Juniorprofessur für Ressourceneffizientes Bauen. Als zukünftige Architekten und Planer sollen die Studierenden dahingehend sensibilisiert werden, in einem integrativen Entwurfsansatz sowohl gestalterische, konstruktive, funktionale, technische, wirtschaftliche als auch energieeffiziente und nachhaltige Eigenschaften zu berücksichtigen und weiterzuentwickeln [8].

2 Konzepte zur energetischen Optimierung von Fassaden an einem bestehenden Bürogebäude von 1960 in Köln

Im Rahmen des Seminars „Energieeffiziente Gebäudehülle“ entwickelten Studierende Konzepte zur energetischen Optimierung einer bestehenden Fassade an einem Bürogebäude in Köln. Ziel des Seminars war eine ganzheitliche Betrachtung des bestehenden Bürogebäudes und die Entwicklung innovativer Konzepte zur Ertüchtigung der Gebäudehülle. Das zu behandelnde Gebäude ist ein vier- bis sechsgeschossiger Bestandsbau aus dem Jahr 1960 im Süden der Stadt Köln. Es handelt sich um ein Bürogebäude mit einem Café im Erdgeschoss, das von der Straße erschlossen werden kann und einer Parkzone im Untergeschoss, die rückseitig vom Innenhof zugänglich ist (Bild 4) [9].

Bild 4 Straßenseitige Ansichten des Bürobestandsgebäudes an der Ecke Severinstraße und Löwengasse in Köln (© JP REB TU Dortmund)

Bevor die Studierenden sich mit der Konzeption der Entwurfsaufgabe auseinandergesetzt haben, sollte durch eine vorgeschaltete Analysephase eine Wissensgrundlage geschaffen werden, um die Vielfältigkeit von Optimierungsansätzen für die klimatische Sanierung der Gebäudehülle aufzuzeigen und eine Varianz der Entwurfslösungen zu erreichen. Ein grundlegender Baustein ist dabei der Identifikationsgrad eines Bestandsgebäudes und damit sein Erhalt und eine Verlängerung der Lebensdauer, um die Entwicklung eines zeitgemäßen Sanierungskonzepts auch im sozial-gesellschaftlichen Kontext zu verankern. Aufgrund einer hohen Nutzerakzeptanz kann ein langer Lebenszyklus und eine nachhaltige Nutzung gewährleistet werden.

Die Entwurfsentwicklung erfolgte auf unterschiedliche Art und Weise, berücksichtigte aktuelle Herausforderungen und forcierte insbesondere Prinzipien, die zum einen das Aufheizen während der Sommermonate vermeiden und zum anderen den Gewinn solarer Energie während der Wintermonate unterstützen (Bild 5).

Die nach Süden orientierte Längsfassade, deren Kopfbau in den Straßenraum des Erdgeschosses kragt, erfordert einen hohen sommerlichen Wärmeschutz, und muss dennoch genügend Tageslicht-/Belichtungsqualität für die Büronutzung des ersten bis

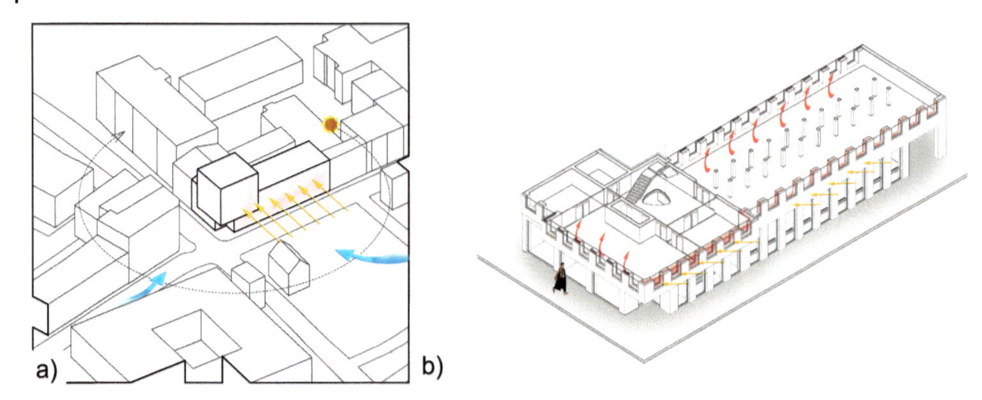

Bild 5 a) Urban-klimatische Parameter Bestandsgebäude; b) Solare Einstrahlung und energetische Erträge/Nachteile des Bestandsbaus (© Leonie Meiings, JP REB TU Dortmund)

vierten Obergeschosses gewährleisten. Eine gleichmäßige Öffnung der Fassaden durch raumhohe öffenbare Fensterflügel ermöglicht in diesem Bereich eine gute Belichtung während der Arbeitszeiten. Die Fassade des Bestandsbaus wird dafür komplett zurückgebaut und mit zusätzlichen Öffnungen versehen, damit ein gleichmäßiges Bild entsteht. Da sich das Gebäude aufgrund seiner Lage in einer möglichen Windschneise seitens des Rheins befindet, wird durch ein Ventilations- und Querlüftungskonzept eine Aufheizung der Geschossebenen vermieden und nicht nur im Fall von Klimaspitzen ein gutes Raumklima erreicht (Bild 6). Angepasst an den jeweiligen Bedarf eignet sich dafür die offene Grundrissstruktur, wobei jedoch in Betracht gezogen werden muss, dass kein zu starker Luftstrom während der Tages-/Arbeitszeiten entsteht, der die Behaglichkeit einschränkt und Lüftungsprinzipien primär zu Zeiten nach der betrieblichen Nutzung stattfinden. Zudem wäre eine (automatische) Kontrolle der Lüftungszyklen wichtig, um unnötige Wärmeverluste sowie zu hohe Luftfeuchtigkeit zu ver-

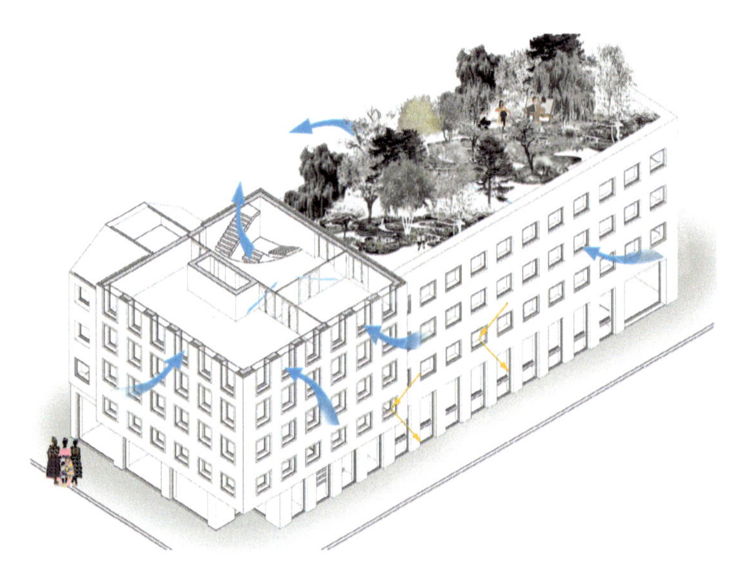

Bild 6 Ventilations- und Querlüftungskonzept zur Klimatisierung der Innenräume, Fassadenstruktur und Dachgarten (© Leonie Meiings, JP REB TU Dortmund)

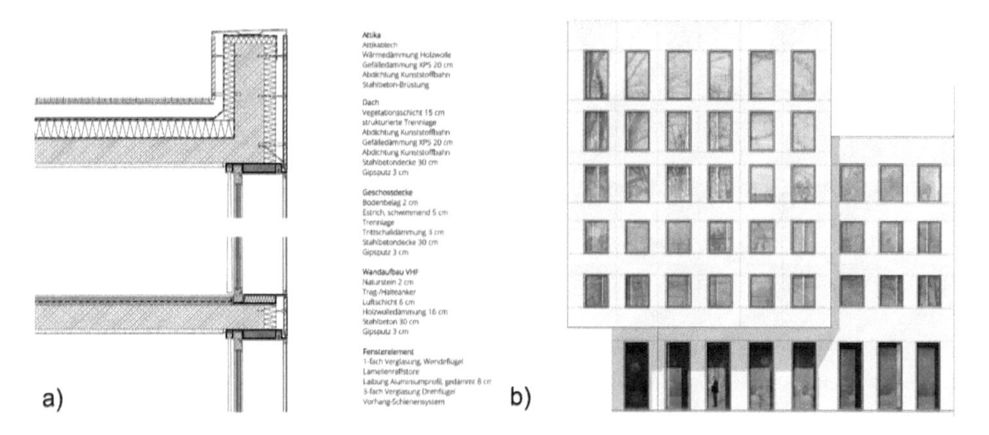

Bild 7 a) Detailschnitt der Fassade; b) Teil der südlichen Gebäudeansicht der geplanten Sanierungsmaßnahmen (© Leonie Meiings, JP REB TU Dortmund)

meiden. Ergänzend zu diesem Konzept würde ein automatisches Lüftungssystem mit Wärmerückgewinnung hinzugeschaltet, das die Außenluft filtert, die Innenluft abkühlt und diese anschließend der Innenluft wieder zuführt [10].

Die Fassaden des Kopfbaus unterscheiden sich von den Fassaden des Erdgeschosses durch eine unterschiedliche baukonstruktive Ausführung. Hier ähneln die Fensterelemente dem Typus eines Kastenfensters, und ein 3-fach-isolierverglaster Drehflügel, der tief in der Leibung sitzt, wird mit einer sonnenschutzbeschichteten Einfachscheibe kombiniert, die den äußeren Öffnungsabschluss bildet. Analog zu dem historischen Kastenfenster werden Potentiale dieser Fassadenlösung ausgeschöpft, in dem zum einen durch den Puffer eine hervorragende Dämmwirkung erzielt, und zugleich die Möglichkeit der Belüftung gegeben wird. Lamellenraffstore im SZR und ein innenseitiger Vorhang sorgen für den nötigen Sonnen- und Blendschutz (Bild 7).

Im Bereich der opaken Wandflächen wird eine mit der Verglasungsebene bündige Vorhangfassade eingesetzt. Die mittels Anker bündig montierten Natursteinplatten bilden den generellen Wandaufbau, der durch die Hinterlüftung und eine Holzwoll-Dämmschicht einen optimalen Dämmstandard ermöglicht und Transmissionswärmeverluste minimiert. Der Sockelbau wird analog der konstruktiven Logik des Kopfbaus fortgeführt, setzt aber ein außenbündiges Fenster mit integriertem Lamellenraffstore ein, sodass die Leibung als Aufenthalts- und Sitzmöglichkeit genutzt werden kann. Das Dach geht als fünfte Fassade in die Konzeption mit ein, und wirkt durch eine extensive Begrünung zur Reduzierung der CO_2-Anteile im Stadtraum.

Das ganzheitliche Konzept stellt dar, welche passiven Prinzipien vorrangig dazu beitragen können, eine energetische Ertüchtigung durch baukonstruktive, gestalterische Maßnahmen zu erreichen und gleichzeitig eine anspruchsvolle Architektursprache umzusetzen. Die Elementierbarkeit der Fassade, die einen effizienten Bauablauf und Produktionsprozess gewährleistet, verfolgt gleichzeitig die Idee eines hohen Maßes an Rezyklierbarkeit durch reversible Verbindungen, die einen Wiedereinsatz der Bauteile und deren lange Lebensdauer ermöglicht.

3 Sanierungskonzepte für die Neue Nationalgalerie in Berlin

In einem weiteren Seminar wurde, in Zusammenarbeit mit dem Lehrstuhl Tragkonstruktionen, der Umgang mit ikonografischen Bestandsgebäuden und deren heutigen energetischen und nachhaltigen Anforderungen examiniert und konzeptionell weiterentwickelt. Die Neue Nationalgalerie am Kulturforum in Berlin, welche 1968 nach dem Entwurf von Ludwig Mies van der Rohe (1886–1969) eröffnet worden ist, gilt als Ikone der modernen Architektur (Bild 8). Im Jahr 2015 begann die umfangreiche Sanierung des unter Denkmalschutz stehenden Gebäudes durch das Architekturbüro David Chipperfield Architects. Die Wiedereröffnung war am 22. August 2021 [11].

Das Seminar nimmt unter dem Motto „Mies Under Construction" und Hinzuziehung aktueller digitaler Werkzeuge die Sanierungsmaßnahmen um das Projekt zum Anlass, sich kritisch und ergebnisoffen mit der Neuen Nationalgalerie als alltäglich genutzten musealen Raum, aber auch als ikonografisches, denkmalgeschütztes Bauwerk, auseinanderzusetzen.

Mittels vorgeschalteter Untersuchungen hinsichtlich der Wechselwirkung zwischen Tragkonstruktion und Gebäudehülle sowie der damals eingesetzten Konstruktionsprinzipien sollten Optimierungspotenziale für Konstruktion und Materialität im Sinne einer nachhaltig aufgestellten und integralen Architektur erarbeitet werden, die in einem nächsten Schritt durch einen integralen Planungsansatz und der Hinzuziehung digitaler Werkzeuge zu einem optimierten Entwurfskonzept weiterentwickelt wurden. Im Fokus stand dabei die Transformation der ausgezeichneten Architektur in das heutige Jahrtausend [12]. Mithilfe eines parametrischen Modells wurde das zuvor erarbeitetet Konzept analysiert und auf die skizzierten Tragkonstruktions- und Nachhaltigkeitskriterien überprüft (Bild 9).

Die Ergebnisse des Seminars stellen unterschiedliche Herangehensweisen dar. Eine der Arbeiten setzte sich zum Ziel, den Außenraum vor der thermischen Hülle unter dem

Bild 8 Neue Nationalgalerie, Ansicht Potsdamer Straße, 1968 (© Reinhard Friedrich, Staatliche Museen zu Berlin, Nationalgalerie)

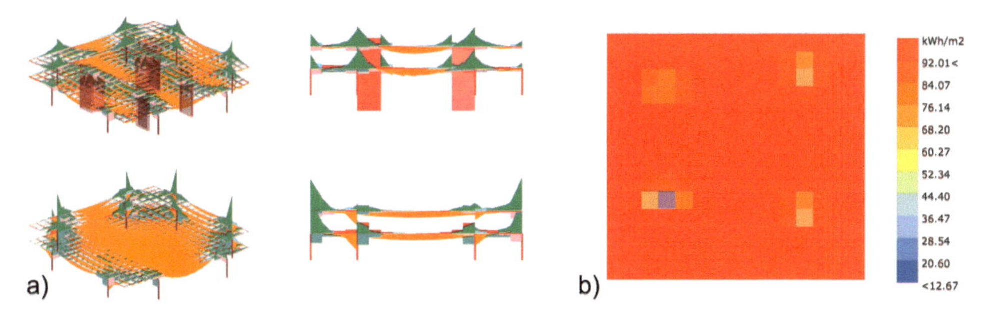

Bild 9 a) Parametrische Analyse der Tragkonstruktion; b) parametrische Analyse der solaren Einstrahlung auf die Dachfläche (© Leonie Meiings, JP REB TU Dortmund)

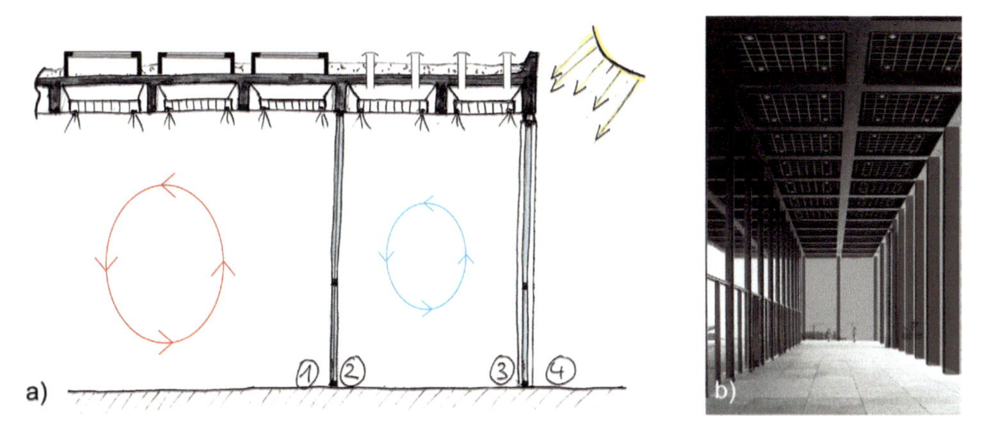

Bild 10 a) Vertikaler skizzenhafter Schnitt durch die beiden Fassadenebenen als klimatische Wärme- und Kältepuffer; b) Perspektive Sanierungsentwurf mit Blick in die neu entstandene klimatische Zwischenzone (© Thorsten Herms, JP REB TU Dortmund)

umlaufenden Dachüberstand durch eine zweite Fassade als klimatischen Wärme-/ Kältepuffer zu nutzen und zum einen ökologische und ökonomische Verbesserungen zu erreichen. Neben der Senkung der Betriebskosten und einer möglichst geringen CO_2-Bilanz war der Erhalt des fließenden Raums der Nationalgalerie ein weiterer Aspekt des Entwurfskonzepts (Bild 10).

Die filigrane Glasfassade des Bestandsgebäudes hält den heutigen Temperaturschwankungen und Witterungseinflüssen nicht mehr stand und bauphysikalische Mängel wie z. B. Glasbruch, Kondensat-Ausfall usw. machen einen Austausch der Verglasungseinheiten unumgänglich. Das Konzept entwickelt eine zweite Haut, sodass das Gebäude eine Pufferzone erhält. Hierdurch werden zum einen klimatische Verbesserungen erzielt, und durch die geöffnete Dachhaut Ventilations-/Kühlungsprinzipien im Zwischenraum integriert, um auf die unterschiedlichen tages- und jahreszeitlichen Bedarfe zu reagieren. Zum anderen wird der Lichteinfall von außen reguliert und je nach Anforderung gesteuert, wodurch zusätzlich für Verschattung vor direkter Solarstrahlung insbesondere auf der Süd- und Westseite gesorgt wird. Die neue Fassade gleicht in ihrer Gestalt durch schlanke Glasprofile der Originalkonstruktion, und er-

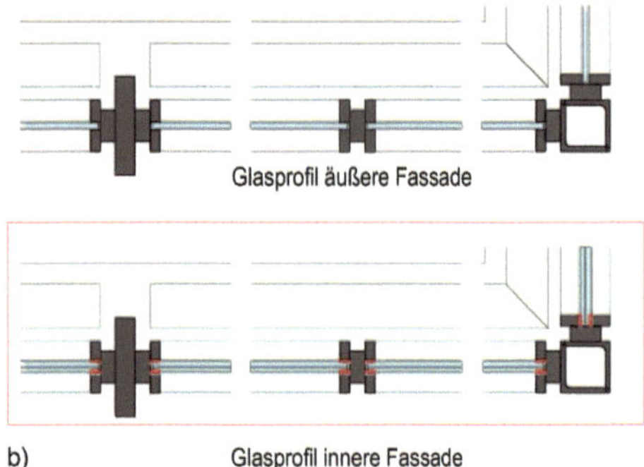

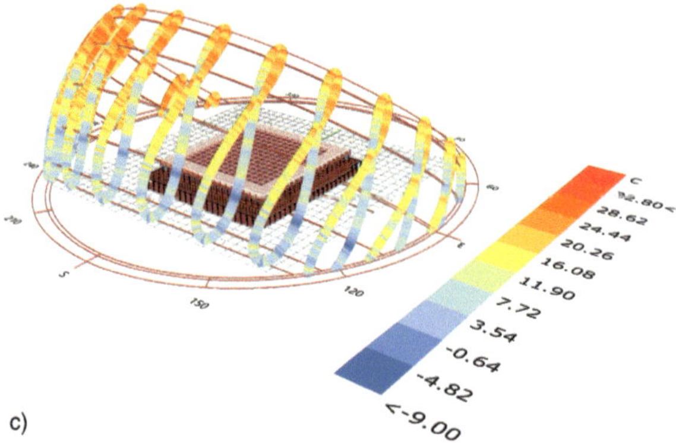

Bild 11 a) Verglasung Bestand vor Sanierung; b) Fassadenaufbau und Profilstärken Bestand und ergänzende zweite Haut; c) 3D-Modell zur Ermittlung des Sonnenverlaufs und dessen Energieausbeute (© Thorsten Herms, JP REB TU Dortmund)

weitert den Bestandsbau in einer historisch angelehnten Architektursprache (Bild 11a und Bild 11b). Die ausladende Dachfläche wird dazu genutzt, PV-Elemente so zu applizieren, dass ein optimaler Ertrag und eine Reduzierung der Betriebskosten erreicht wird. Durch eine im digitalen 3D-Modell stattfindende Ermittlung des Sonnenverlaufs über das Jahr wird die maximale Energieausbeute für die große Dachfläche berechnet und die regenerativen Energieträger entsprechend appliziert (Bild 11c). Das Konzept fokussiert die Wahrung des denkmalgeschützten Gebäudes durch minimalinvasive Maßnahmen, wobei bestehende Komponenten wie z. B. der Installationsschacht als tragkonstruktive Einheit zusätzlich ertüchtigt werden, schlanke Konstruktionselemente im Bereich der Verglasungen eingesetzt und die PV-Elemente kaum wahrnehmbar in der Dachhaut integriert werden.

Eine zweite Konzeptidee verfolgte den Gedanken, Nachhaltigkeit nicht nur im Sinne der baukonstruktiven energetischen Sanierung zu verstehen, sondern auch Nutzungsszenarien eines Gebäudes zu berücksichtigen. Die Maßnahme entwickelt vor dem Hintergrund des Wettbewerbs zur Erweiterung des Museums die Generierung von mehr Fläche, weshalb ein wesentlicher Aspekt dieses Entwurfs eine Aufstockung des Bestands inne hat (Bild 12).

Die Hülle des aufgestockten Holztragwerks und des bestehenden Stahl-Trägerrosts der ehemaligen Dachkonstruktion soll zum einen die Problematik der Transmissionswärmeverluste des bestehenden Trägerrostes lösen und zum anderen aktiv durch Photovoltaikelemente zur Energieversorgung beitragen. Die Konstruktion baut sich aus

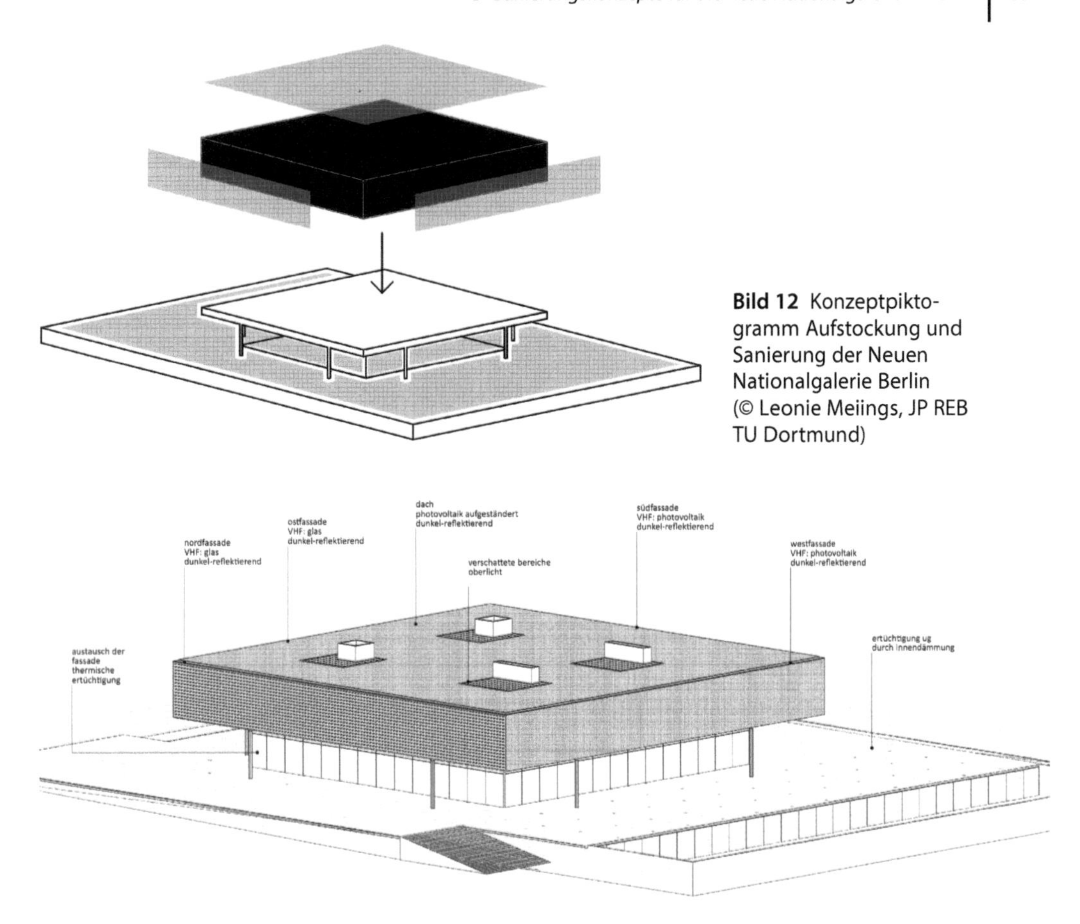

Bild 12 Konzeptpiktogramm Aufstockung und Sanierung der Neuen Nationalgalerie Berlin (© Leonie Meiings, JP REB TU Dortmund)

Bild 13 Sanierungskonzept Neue Nationalgalerie Berlin (© Leonie Meiings, JP REB TU Dortmund)

einer Holzrahmenkonstruktion als tragendes Element und aus Holzwolle-Dämmplatten zur Reduzierung der Transmissionswärmeverluste und einer vorgehängten, hinterlüfteten Fassade, die je nach Ausrichtung mit Photovoltaik-Elementen oder VSG-Glas bekleidet ist, auf. Holz und Dämmung sind natürlich-organische Baustoffe, die gut in den Wertstoffkreislauf zurückgeführt werden können. Die vorgehängte hinterlüftete Fassade ist durch reversible Verbindung mängelfrei zurückzubauen und generiert durch solare Einstrahlung Energie (Bild 13).

Um die Transmissionswärmeverluste auch über die bestehende Fassade zu reduzieren, soll die Fassade ausgetauscht werden. Das Glas soll von den Stahlprofilen getrennt und Stahl sowie Glas fachgerecht recycelt werden. Ersetzt wird die Fassade durch eine Konstruktion des Fenster-Herstellers MHB, der ein Stahlrahmenfenster mit GFK-Isolatoren im Zuge der Bauhaus Sanierung Dessau entwickelt hat, welches einen U-Wert von U_{fr} = 1,9 W/m^{2}K erreicht und gleichzeitig die schlanke Profilästhetik beibehält.

4 Fazit und Ausblick

In Anbetracht der Notwendigkeit, unser Klima für nachfolgende Generationen zu schützen und einen folgenschweren Klimawandel zu verhindern, ist der Gebäudesektor und damit Architekt*Innen und Planer*Innen dazu verpflichtet, umzudenken und eine ganzheitliche nachhaltige Betrachtung der Gebäudeentwicklung zum einen bereits von Beginn an in der Planung zu berücksichtigen und zum anderen den Gebäudebestand durch innovative Technologien und Konzepte energetisch und nachhaltig zu verbessern. Die Lehrergebnisse stellen beispielhaft dar, wie eine Verknüpfung von passiven Entwurfsprinzipien mit aktiven, regenerativen Maßnahmen zu wechselseitigen Effekten führt, die im Sinne einer ganzheitlichen Entwurfsentwicklung Verbesserungen erreicht, und auch für den Gebäudebestand langlebige und dauerhafte Ansätze implementiert werden können.

Einen entscheidenden Einfluss hat hierbei die Gebäudehülle. Ein adaptiver Fassadenaufbau verfolgt eine Anpassungsfähigkeit auf klimatische Veränderungen auch im Umgang mit dem Gebäudebestand und erreicht mittels einer bedarfsorientierten Konstruktion sowohl energetische Einsparungen als auch die Speicherung oder gewinnbringende Weiterleitung von Energie. Dadurch kann ein wesentlicher Beitrag zum Klimaschutz im Gebäudesektor auch für bestehende Nichtwohngebäude geleistet werden.

5 Literatur

[1] Bundesministerium für Umwelt, Naturschutz und nukleare Sicherheit (BMU) (2016) *Klimaschutzplan 2050*, Berlin [online]. https://www.bmu.de/fileadmin/Daten_BMU/Download_PDF/Klimaschutz/klimaschutzplan_2050_bf.pdf (Zugriff am: 05. Juli 2021)

[2] Verlagsanstalt Handwerk GmbH (2021) *Klimabilanz 2020 – Handlungsbedarf im Gebäudesektor*, Gebäudehülle – Fachmagazin für Fassade, Fenster und Glas. Düsseldorf: Verlagsanstalt Handwerk GmbH.

[3] Deutsche Energie-Agentur GmbH (dena) (2017) *Dena-STUDIE Büroimmobilien – Energetischer Zustand und Anreize zur Steigerung der Energieeffizienz*, Berlin [online]. https://www.dena.de/newsroom/publikationsdetailansicht/pub/studie-bueroimmobilien-energetischer-zustand-und-anreize-zur-steigerung-der-energieeffizienz/(Zugriff am: 05. Juli 2021)

[4] Deutsche Bundesstiftung Umwelt (dbu) (2008) *Informationsveranstaltung zur energetischen Sanierung*, Osnabrück [online]. https://www.dbu.de/123artikel28220_537.html

[5] Bundesministerium für Verkehr, Bau und Stadtentwicklung (BMVBS) (2010) *Leitfaden. Baubestand nachhaltig weiterentwickeln*, Berlin [online]. https://www.bmi.bund.de/SharedDocs/downloads/DE/publikationen/themen/bauen/leitfaden-energetischen-sanieren-gestalten.pdf?__blob=publicationFile&v=2

[6] Naturschutzbund Deutschland (NABU) (2012) *Strategie für eine wirkungsvolle Sanierung des deutschen Gebäudebestandes*, Berlin [online]. https://www.nabu.de/imperia/md/content/nabude/energie/strategie_f__r_eine_wirkungsvolle_sanierung_des_deutschen_geb__udebestandes_endg.pdf

[7] Concular UG (2021) *Zirkuläres Wirtschaften – Der ewige Kreis? Concular kennt einen Weg zur Wiedernutzung von Baustoffen!* Vortrag Virtuelle ArchitekTOUR Heinze GmbH [online]. https://vimeo.com/showcase/7324757/video/558416233 (Zugriff am: 10. Juli 2021).

[8] Albus, J. (2018) *Interaktive Fassaden und energetische Funktionen von Gläsern,* Glass Technology Live Booklet, Glasstec Düsseldorf.

[9] Albus, J.; Nowak, M.; Rehnig, L. (2020) *Adaptive Skins – Konzepte zur energetischen Optimierung von Fassaden an bestehenden Bürogebäuden,* Aufgabenstellung Wahlpflichtfach Energieeffiziente Gebäudehülle, TU Dortmund, Fakultät Architektur und Bauingenieurwesen, Juniorprofessur Ressourceneffizientes Bauen.

[10] Hegger, M.; Fuchs, M.; Stark, T.; Zeumer, M. (2007) *Energie Atlas,* München: Institut für internationale Architektur-Dokumentation GmbH & Co. KG; 1. Auflage, S. 99 ff.

[11] BerlinOnline Stadtportal (2021) *Neue Nationalgalerie* Berlin [online]. https://www.berlin.de/museum/3109113-2926344-neue-nationalgalerie.html (Zugriff am: 14. Juli 2021).

[12] Staatliche Museen zu Berlin (2021) *Wiedereröffnung der Neuen Nationalgalerie ab 22. August 2021,* Berlin [online]. https://www.smb.museum/nachrichten/detail/wiedereroeffnung-der-neuen-nationalgalerie-ab-22-august-2021/(Zugriff am: 18.10.21).

[13] Albus, J.; Hartz, C.; Rehnig, L.; Schaffer, D. (2020) *Neue Nationalgalerie Berlin.* Aufgabenstellung Wahlpflichtfach Sondergebiete des ressourceneffizienten Bauens und Bauart. TU Dortmund, Fakultät Architektur und Bauingenieurwesen, Juniorprofessur Ressourceneffizientes Bauen und Lehrstuhl Tragkonstruktionen.

Strukturelle Holz-Glas-Klebungen unter Kurz- und Langzeitbeanspruchung

Simon Fecht[1], Marvin Kaufmann[2], Till Vallée[2]

[1] STB Sabotke – Timm & Partner PartGmbB, Sonneberger Straße 15, 28329 Bremen, Deutschland; fecht@stb-ingenieure.de
[2] Fraunhofer-Institut für Fertigungstechnik und Angewandte Materialforschung IFAM, Wiener Straße 12, 28359 Bremen, Deutschland; marvin.kaufmann@ifam.fraunhofer.de; till.vallee@ifam.fraunhofer.de

Abstract

Mit den hier vorgestellten Ergebnissen an geklebten Holz-Glas-Proben aus Experimenten unter Kurz- und Langzeitbeanspruchung mit vielen Parametern (Holzsorte, Klebstoff, Temperaturen und Luftfeuchtigkeit) konnten neue Erkenntnisse gewonnen werden. Bei Zug- und Durckscherproben hat der Klebstoff den größeren Einfluss auf die Festigkeit. Die Temperatur bei 1K-PU, Silanen und Acrylaten hat bis 60 °C einen signifikanten Einfluss auf die Festigkeit, bei 2K-Epoxiden bis 80 °C keinen. In Verbundversuchen unter dauerhafter zyklischer Klimalagerung wurde deutlich, dass durch das Holzquellen Zugspannungen an der Glasaußenseite auftreten. Dies stellt eine ungünstige Belastungssituation für großflächig verklebte Glasscheiben dar, die bei Klebstoffen mit hoher Steifigkeit zu Rissen im Glas führen.

Structural wood-glass-bonds under short- and long-term loading. The results presented here on bonded wood-glass specimens from experiments under short- and long-term stress with many parameters (wood type, adhesive, temperatures, and humidity) provided new insights. In tensile and compression tests, the adhesive has the greater influence on the strength. The temperature has a significant influence on the strength of 1K PU, silanes and acrylates up to 60 °C, and none up to 80 °C for 2K epoxies. In composite tests under permanent cyclic climate storage, it became clear that tensile stresses occur on the outside of the glass due to wood swelling. This is an unfavourable load situation for glass panes bonded over a large area, which leads to cracks in the glass in the case of adhesives with high stiffness.

Schlagwörter: *Holz, Glas, Kleben, Dauerhaftigkeit*

Keywords: *wood, glass, adhesive, durability*

Glasbau 2022. Herausgegeben von Bernhard Weller, Silke Tasche.

1 Einleitung

Die Verbindung von Holz und Glas ist eine zunehmend von Architekten bevorzugte Werkstoffkombination. Insbesondere gewinnen Fassadenelemente derzeit an Bedeutung. Die Effizienz von hybriden Tragwerken hängt von der Effizienz der zum Einsatz kommenden Fügetechnik ab [1], auch für komplexe Holztragwerke [2], insbesondere für geklebte Verbindungen [3] in Kombination mit dem Werkstoff Glas [4]. Traditionell wird in Holz-Glas-Fassaden das Glas durch die Holzstruktur getragen [5], [6], wobei beide Werkstoffe dabei nicht im Verbund wirken bzw. mechanisch entkoppelt betrachtet werden, wodurch die potentielle Verbundwirkung komplett vernachlässigt wird. Weil im Holzbau sehr oft Verformungen, und nicht die Tragfähigkeit, die Dimensionen von Traggliedern bestimmen, wird seit einigen Jahren am Potential hybrider Holz-Glas-Bauteile geforscht (siehe Abs. 3.1). Hier hat sich schnell herausgestellt, dass die Werkstoffe Holz und Glas am geeignetsten über eine Klebverbindung gefügt werden [7].

Es ist nicht verwunderlich, dass aus der Schweiz, die hinsichtlich Bauvorschriften und -normen sehr liberal ist, der erste Einsatz von geklebten Holz-Glas-Strukturen gemeldet wurde [8]. Es handelte sich um Balken, bei denen die Flansche aus Holz und die Stege aus Glass bestehen, wobei die Verbindung mit einem Polyurethan-Hotmelt geklebt wurde. Auf der Grundlage von Versuchen und numerischer Simulationen, bei denen sich unter anderem die unter der rechnerischen Dauerbelastung auftretenden Kriechverformungen nach vier Wochen stabilisierten, wurden entsprechende Bauteile im Hotel Palafitte in Neuchatel/Schweiz verbaut. Holz-Glas-Strukturen sind seit Mitte der 2000er auch an der Universität Minho/Portugal Gegenstand der Forschung. [9] und [10] haben von Versuchen an geklebten Verbindungen zwischen Douglasie und Einscheibensicherheitsglas (ESG) bzw. Verbundsicherheitsglas (VSG) berichtet, bei denen Klebstoffe auf Basis von Silikon, Polyurethan, Acrylat und Epoxid verwendet wurden. An Holz-Glas-Biegeträgern mit bis zu 3,20 m Spannweite wurden deutliche Steigerungen in Steifigkeit und Traglast ermittelt. Für gleiche Probekörper wurden mit Epoxiden bis zu 3-mal höhere Traglasten erzielt als mit einem Silikonklebstoff. Die experimentellen Befunde wurden in [11] numerisch modelliert. Über ähnliche Versuche an geklebten Holz-Glas-Balken berichteten [12], [13] und [14]. Beim direkten Vergleich hat sich gezeigt, dass die Verwendung eines Acrylharzes oder Polyurethans anstelle eines Silikons die Traglasten signifikant (+75 %) steigert, bei gleichzeitiger Erhöhung der Steifigkeit. Versagen trat dabei (schrittweise) im (Float-)Glas auf, was darauf schließen lässt, dass die Verwendung von höherwertigem ESG/VSG zu noch deutlich höheren Festigkeiten mit höheren Sicherheitsniveaus geführt hätte. Der Einfluss der Klebstoffauswahl auf das Verhalten hybrider Holz-Glas-Strukturen wird bei den Holz-Glas-Rahmen von [14] untersucht. Mit Acrylharz statt Silikon wurde eine doppelt so hohe Traglast erreicht, wodurch es ermöglicht wird, 3–4 geschossige Bauten auszusteifen.

[15] berichten von analogen Prüfungen (Vollholz, Floatglas und Silikon) und versuchen das Last-Verformungsverhalten auf Grundlage des vom Eurocode 5 empfohlenen γ-Verfahrens vorherzusagen. Dabei mussten sie jedoch explizite Anpassungen an die Versuchsergebnisse durchführen, was die Allgemeingültigkeit ihres Vorgehens mindert. Darauf aufbauend haben [16] gezeigt, dass sich durch die Verwendung mechanisch höherwertiger Gläser (thermisch vorgespanntes Glas) oder höherwertiger Kleb-

stoffe (Epoxid) deutlich höhere Bruchlasten erzielt werden. Andererseits aber auch dass dadurch das Versagen immer spröder wird. Auch im deutschsprachigen Raum wurden Holz-Glas-Verbundelemente (HGV-Elemente) untersucht. Selbstaussteifende Fassadensysteme sind seit 2002 unter anderem Gegenstand der Holzforschung Austria, der TU Wien, der TU München und der FH Rosenheim [17], [18], [19]. Eingesetzt werden diese, um im Schubverbund die horizontalen Kräfte in der Fassade zu übernehmen. Auf Basis von Kleinproben und Prüfverfahren in Anlehnung an die ETAG 002-1, welche auch unter klimatischer Beanspruchung getestet wurden, untersuchte man Silikon-, Acrylat- und Polyurethanklebstoffe. Trotz besserer mechanischer Leistung werden jedoch Silikone bevorzugt. [17] begründen dies wie folgt: *„Hinsichtlich der dauerhaften Eignung unter Bedingungen, wie sie in Fassadenkonstruktionen auftreten können, sind Silikonklebstoffe zu bevorzugen – nicht zuletzt deshalb, weil das Langzeitverhalten von Silikonklebstoffen durch den jahrzehntelangen Einsatz in Structural-Glazing-Fassaden weitgehend bekannt ist"*.

Eine Diskussion über die Thematik Kleben von Holz und Glas wäre nicht vollständig ohne die Arbeiten an der TU Dresden, insbesondere von [20], [21], [22] und [23]. In [22] wird das Langzeitverhalten von geklebten Holz-Glas-Fassadenelementen untersucht und relevante Erkenntnisse zusammengefasst. Dabei wurden neben einem „konventionellen Silikon" ($E \approx 3$ MPa) auch ein silanmodifiziertes Epoxid ($E \approx 18$ MPa) sowie ein „konventionelles" 2K-Epoxid ($E \approx 1450$ MPa) verwendet. Die Autoren stellen fest, dass knapp viermal so hohe Festigkeiten mit den Epoxiden als mit den Silikonen bei signifikant geringeren Verformungen erreicht werden; vor allem aber auch, dass die Kriechverformungen bei Verwendung steiferer Klebstoffe trotz höherer Lasten deutlich geringer waren. Fast alle bisherigen Untersuchungen konzentrieren sich allerdings auf die rein statischen Lastfälle, wohingegen die mechano-sorptischen Eigenschaften, insbesondere das Quellen des Holzes unter Feuchteeinfluss, kaum berücksichtigt wurden. Durch die Favorisierung von extrem weichen Klebstoffen werden daraus resultierende Zwangsbeanspruchungen zwar stark abgemildert, da das Holz und das Glas mechanisch zu einem gewissen Maß entkoppelt sind; es führt allerdings dazu, dass die Verbundwirkung schwächer ausfällt und somit Tragfähigkeit und Steifigkeit verschenkt werden.

2 Materialien und Methoden

2.1 Substrate

Als Substrate wurden Holz- und Glaswerkstoffe verwendet. Als Holzfügeteile wurden die Nadelholzsorte Fichte (*Picea abies*) sowie die Laubholzsorten Buche (*Fagus sylvatica*) und Eiche (*Quercus robur*) genutzt, da diese typische Bauhölzer in Deutschland repräsentieren. Holz ist ein faseriger, anisotroper Werkstoff, welcher in der Regel spröde versagt. Aufgrund des natürlich gewachsenen Werkstoffs streuen die Materialparameter stärker im Vergleich zu anderen Materialien. Je nach Holzart, Güte und Werkstoff können die ansetzbaren Festigkeiten von Holz stark variieren.

Die verwendeten Glassorten sind, je nach Belastungssituation, Floatglas und thermisch vorgespanntes Einscheibensicherheitsglas (ESG). Glas verhält sich isotrop. Die Spannungs-Dehnungs-Beziehung ist linear elastisch bis zum Bruch. Im Allgemeinen kann bei Kalk-Natron-Silikat-Glas nach DIN 18008-1 von Biegezugfestigkeiten von 45 MPa und einem Elastizitätsmodul von 70 000 MPa ausgegangen werden. Der Temperaturausdehnkoeffizient beträgt etwa 9×10^{-6} K^{-1}.

2.2 Klebstoffe

Der Einfluss der mechanischen Eigenschaften der Klebstoffe auf das Verbundtragverhalten wird anhand von fünf verschiedenen Klebstoffen untersucht. Die Eigenschaften dieser Klebstoffe sind elastisch bis steif. Sie decken einen Bereich der Elastizitätsmodule von 60 MPa bis 2500 MPa ab. Bei der Auswahl stand zunächst die Eignung für die Fügeteile im Vordergrund. Dabei lag das Hauptaugenmerk auf dem Klebstofftyp. Die ausgewählten Klebstoffe sind verschiedenen Klebstoffkategorien zuzuordnen, um den Einfluss der mechanischen Eigenschaften in einem breiten Spektrum untersuchen zu können. Die verwendeten Klebstoffe sind in Tabelle 1 zusammengefasst.

Tabelle 1 Eigenschaften der ausgewählten Klebstoffe laut Datenblatt. Elastizitätsmodul E, Scherfestigkeit τ, Glasübergangstemperatur TG [*silanterminiert]

Klebstoffname	Kürzel	Basis	E [MPa]	τ [MPa]	TG [°C]
Sikaflex 265	1KPU	Polyurethan	–	4,5	–
Sikafast 5221NT	ACR	Acrylat	250	7,0	60
Collano RS 8509	STEP	Epoxidharz*	60	7,0	–
Sikapower 477R	EP	Epoxidharz	1700	28,0	65–95
Sikaforce 7818 L7	2KPU	Polyurethan	2500	20,0	45

2.3 Versuchsprogramm

In den nachfolgenden Abschnitten werden drei verschiedene Versuchstypen zur Untersuchung des Kurz- und Langzeitverbundverhaltens von Holz-Glas Klebungen vorgestellt.

2.3.1 Zugscherprüfung

Für die Zugscherversuche wurden standardisierte Prüfungen an Probekörpern in Anlehnung an DIN EN ISO 1465 durchgeführt. So können alle Klebstoffe, Fügeteile und Oberflächenvorbehandlungsmethoden anhand des Bruchbildes und der Zugscherfestigkeit miteinander verglichen werden. Die Zugscherprüfung ist auch in den holzspezifischen Normen DIN EN 205 und DIN EN 302-1 enthalten. Um die Fertigung so einfach wie möglich zu halten und die Anzahl der Fügeteile zu reduzieren, wurden in dieser Arbeit alle untersuchten Holzsorten sowie das ESG gleichzeitig als einfach überlappte Zugscherproben verwendet, siehe Bild 1.

Folglich wurden die Holzsorten Fichte, Buche und Eiche mit den fünf betrachteten Klebstoffen (1KPU, STEP, ACR, EP und 2KPU) mit dem Einscheibensicherheitsglas verklebt und geprüft. Für den Klebstoff 1KPU wurde das Glas mit einem haftvermittelnden Primer vorbehandelt, beim Klebstoff ACR wurde das Holz mit einem Epoxidharz beschichtet, um Feuchtigkeitsaufnahme zu verhindern.

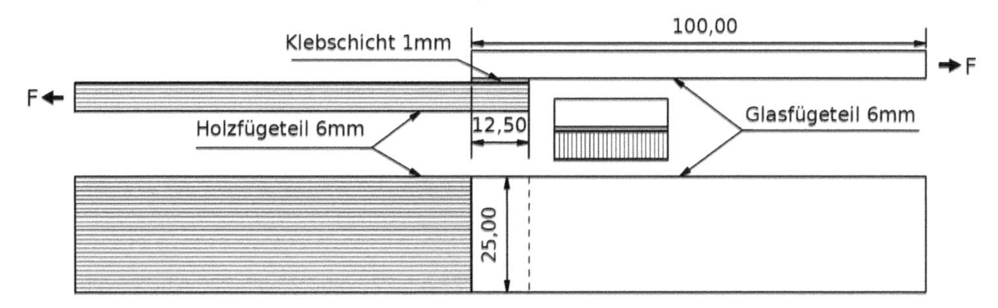

Bild 1 Geometrie der Zugscherprobekörper, Maße in [mm] (© Simon Fecht, STB Sabotke)

Zur Herstellung der Zugscherproben wurde eine Klebvorrichtung genutzt, welche die Fixierung der einzelnen Fügeteile und die Ausrichtung zueinander ermöglicht. Die Holzfügeteile wurden mit einem Pinsel entstaubt, mit einem in Isopropanol getränkten Papiertuch leicht abgewischt. Die Glasfügeteile wurden gründlich mit einem mit Methylethylketon (MEK) getränkten Tuch gereinigt. Vor dem Klebstoffaufrag wurden beide Fügeteile mindestens 15 min gelagert, damit die Lösungsmittel vollständig verdampfen.

Die Holzfügeteile wurden im Laborklima bei durchschnittlich 21 °C und 50 % rel. Luftfeuchte konditioniert. Mit jeweils drei Holzfügeteilen wurde eine Darrprobe durchgeführt. Demnach betrug die durchschnittliche Rohdichte der Proben aus Fichte 427,6 kg/m^3 bei einer Holzfeuchte von 12,3 %, bei Buche 817,6 kg/m^3 bei einer Holzfeuchte von 10,0 % und bei Eiche 714,4 kg/m^3 bei einer Holzfeuchte von 10,1 %.

Die Zugscherversuche wurden in der Universalprüfmaschine UTS der Fa. Zwick Roell zerstörend geprüft. Die Proben wurden in die Maschine eingespannt, sodass die Klebstofffuge mit geringer Exzentrizität belastet wird. Auf Seiten des Glases wurden zur Einspannung in die stählernen Spannbacken der Prüfmaschine Elastomerstücke von 2 mm Dicke zum Schutz mit eingespannt. Die Prüfgeschwindigkeit wurde vergleichbar mit einem Maschinenweg von 10 mm/min eingestellt. Während der Prüfung wurden der Maschinenweg sowie die erforderliche Kraft via Kraftmesszelle in einem Kraft-Weg Diagramm aufgezeichnet. Aus den Maximalwerten wurde im Anschluss die Zugscherfestigkeit der Klebfuge ermittelt. Dazu wurden vorab die Klebflächenbreite und -länge mit einem Messschieber gemessen.

2.3.2 Druckscherversuch

Nach der Klebstoffqualizierung mittels Zugscherversuchen wurde anhand einer eigens entwickelten Druckscherprüfung der Einfluss der mechanischen Eigenschaften der Klebstoffe auf die Verbundtragfähigkeit untersucht. Die Druckscherprüfung ist eine erweiterte Verbundprüfung, die es ermöglicht, die Verbundwirkung der Klebstoffe auf Floatglas zu testen. Die verwendeten Floatglasscheiben waren 480 × 200 mm groß und 10 mm stark. Die Glaskanten waren geschliffen. Die Holzfügeteile wurden aus verleimten Brettern zugesägt, sodass die zu prüfenden Holzwürfel keine Leimfugen enthielten.

Für den Bau der Druckscherprüfkörper wurde ebenfalls eine Vorrichtung verwendet. Die Floatglasscheiben wurden durch Abstandhalter fixiert und anschließend wie bei den Zugscherproben mit MEK gereinigt und abgelüftet. Zum Einstellen der Kleb-

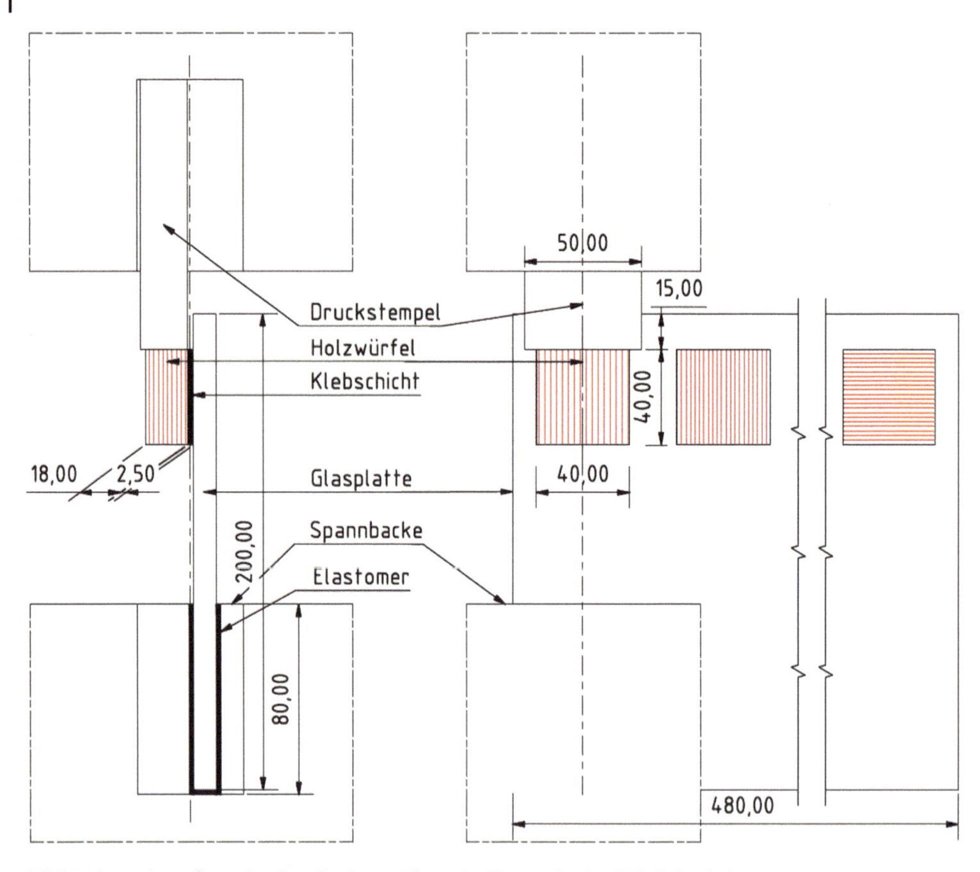

Bild 2 Versuchsaufbau der Druckscherprüfung (© Simon Fecht, STB Sabotke)

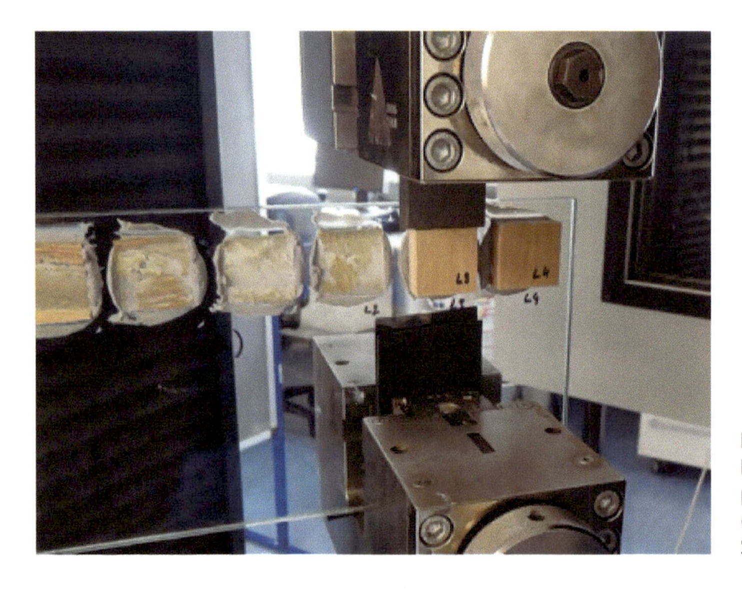

Bild 3 Mechanische Prüfung der Druckscherprobekörper (© Simon Fecht, STB Sabotke)

schichtdicke wurden die Holzstücke rückseitig mit doppelseitigem Klebeband auf einen Querträger geklebt, der durch Abstandshalter 2,5 mm über dem Glas ausgerichtet wurde. Auch die Holzwürfel wurden entstaubt und mit Isopropanol abgewischt und abgelüftet.

Die Rohdichte der Proben betrug bei Fichte durchschnittlich 456,3 kg/m^3 bei einer Holzfeuchte von 10,1 %, bei Buche 801,1 kg/m^3 bei einer Holzfeuchte von 10,0 % und bei Eiche 732,4 kg/m^3 bei einer Holzfeuchte von 11,1 %.

Um den Einfluss der mechanischen Eigenschaften des Klebstoffs und der Holzsorte auf die Verbundtragfähigkeit zu untersuchen, wurden alle fünf Klebstoffe mit den drei Holzsorten Fichte, Buche und Eiche im Druckscherversuch geprüft. Die Lasteinleitung war längs bezüglich der Holzfaserrichtung. Es wurde eine Holzwürfelgröße von 40 × 40 × 18 mm^3 verwendet.

Darüber hinaus wird der Einfluss erhöhter Temperaturen auf die geklebte Verbindung untersucht. Es wurden erhöhte Temperaturen von 60 °C und 80 °C geprüft. Hier wurde lediglich die Holzsorte Eiche untersucht. Der Versuchsaufbau ist in Bild 2 und Bild 3 dargestellt. Jeder Versuch wurde 4-mal wiederholt.

2.3.3 Dauerverbundversuch

Aus dem Stand der Technik wird deutlich, dass es nur wenige Erkenntnisse bezüglich der Langzeitbeständigkeit von geklebten Holz-Glas-Verbunden gibt. Während der Gebrauchsdauer führen wechselnde Temperaturen und wechselnde Luftfeuchte zu einer Langzeitbeanspruchung geklebter Holz-Glas-Verbunde. Die Eignung der Klebstoffe nach den Prüfungen unter Kurzzeitbeanspruchung ist dann nur bedingt aussagekräftig, da die klimatischen Änderungen Belastungen hervorrufen, die in den Kurzzeitprüfungen gar nicht entstehen.

Allgemein führt eine Erhöhung der Luftfeuchte zum Quellen und eine Verringerung zum Schwinden des Holzes. Diese Quell- und Schwindverformungen führen zu Zwangsbeanspruchungen des Holzquerschnitts und zu Rissen. Im Verbund werden auch der Klebstoff und das Glas durch die Quell- und Schwindverformungen beansprucht. Abhängig vom gewählten Klebstoff werden die Verformungen durch den Klebstoff an das Glas übertragen.

Um das Quell- und Schwindverhalten von Holz-Glas-Verbunden unter Langzeitbeanspruchung zu untersuchen, wurden Probekörper mit großflächigen Klebungen durch Feuchtigkeit und Temperatur belastet. Die Geometrie der Probekörper wird aus Bild 4 ersichtlich. Dazu wurden Dehnungsmessungen während der Auslagerung im Feuchtewechselzyklus durchgeführt. Der Wechselzyklus beschränkt sich auf die Änderung der rel. LF (20 %, 30 %, 60 % und 90 %) bei erhöhter, konstanter Temperatur von 60 °C, siehe Bild 5. Der Zyklus wird 2-mal durchlaufen was zu einer Auslagerungsdauer von insgesamt 48 Tagen führt.

Die in Eurocode 5 genannten Quell- und Schwindmaße sind radial und tangential zur Holzfaser deutlich größer als längs zur Faser. Daher wird in dieser Prüfung das Quell- und Schwindverhalten quer zur Faser (radial bzw. tangential) untersucht. Durch die Wahl von drei Klebstoffen (STEP, ACR und EP) mit unterschiedlichem *E*-Modul wird der Einfluss der Klebstoffsteifigkeit im Wechselzyklus den Klimabedingungen aus Bild 5 untersucht. In einer zweiten Serie wird der Einfluss der Holzsorte durch die Berücksichtigung von Fichten und Eichen Brettschichtholz untersucht.

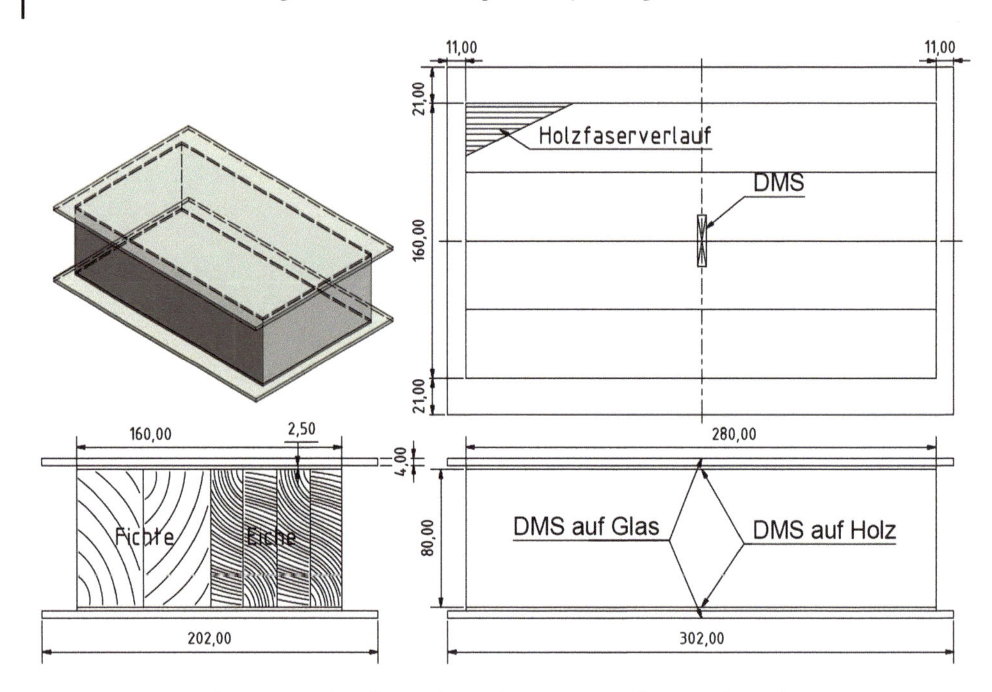

Bild 4 Geometrie des Dauerverbundversuchs (Probekörper jeweils mit Fichte oder Eiche) (© Simon Fecht, STB Sabotke)

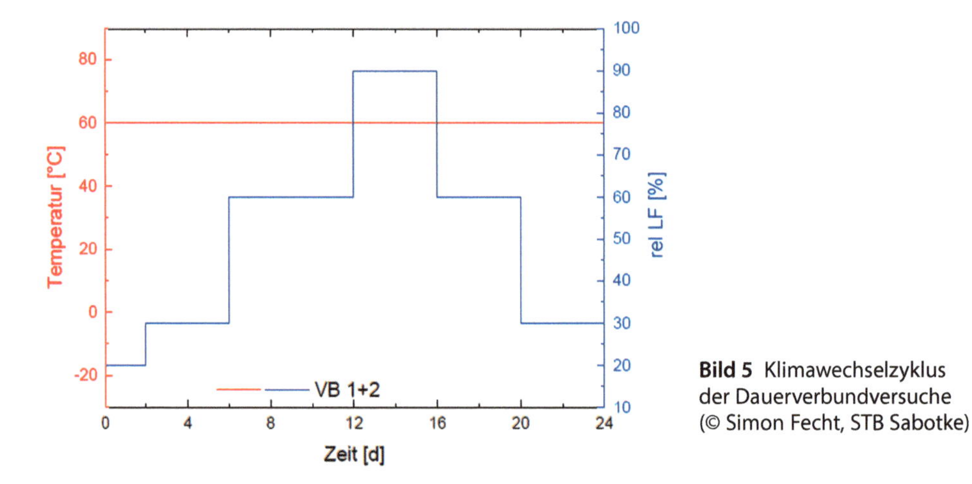

Bild 5 Klimawechselzyklus der Dauerverbundversuche (© Simon Fecht, STB Sabotke)

Die Dehnungsmessung der Verbundprüfkörper wurde mittels Dehnungsmessstreifen (DMS) des Typs PFLW-20-11-3LT für Holz und Typ FLA-5-8 für Glas der Firma Tokyo Sokki Kenkyujo Co. an zwei Stellen der Probekörper vorgenommen. Die DMS werden auf der Holzoberfläche (in der Klebfuge) und auf der äußeren Glasoberfläche (außerhalb der Klebfuge) aufgeklebt. Der Temperaturbereich der Holz-DMS reicht von –20 bis +80 °C. Laut Herstellerangaben können maximal 2 % Dehnung gemessen werden. Die Glas-DMS weisen einen Temperaturbereich –196 bis +150 °C und eine Maximal-

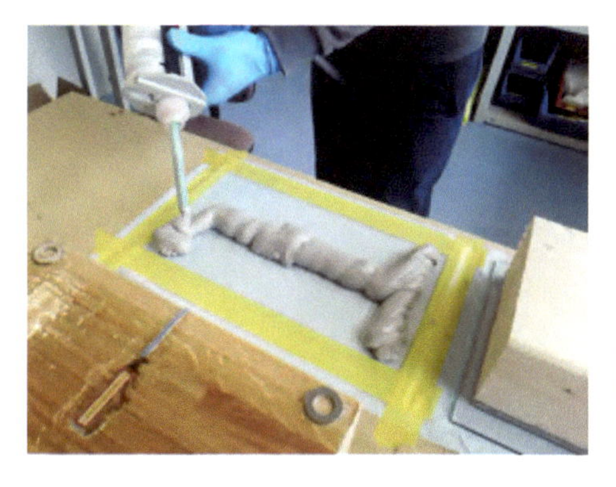

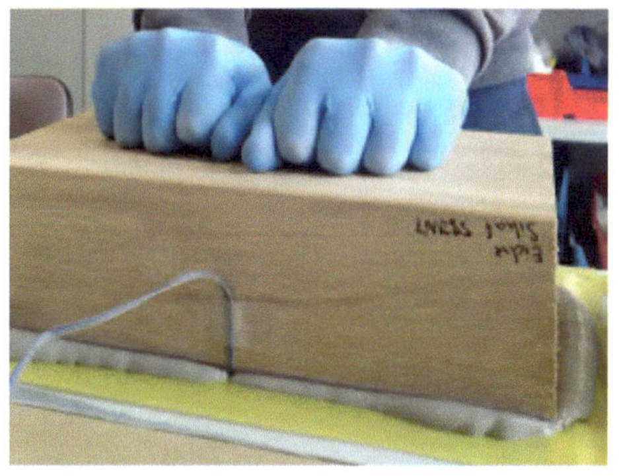

Bild 6 Herstellung der Probekörper der Dauerverbundversuche (© Simon Fecht, STB Sabotke)

dehnung von 5 % auf. Die DMS werden über eine Brückenschaltung einem Stecker des Typs ZA9105-FS1 zugeführt und mit einem Datenlogger 2890-9, jeweils Almemo der Fa. Ahlborn, aufgezeichnet. Die Kompensation der Wärmeausdehnung der DMS-Kabel wird mit einem dritten, parallel verlaufenden Kabel gewährleistet.

Zum Kleben der Verbundprüfkörper wurden zunächst die Holzoberflächen mit einem Pinsel entstaubt. Die Oberflächen der Holzprobekörper zum Verkleben mit ACR wurden wie mit einem Epoxidharz dünn beschichtet. Anschließend wurden in den Eckpunkten der Holzquerschnitte Abstandhalter mit einer Dicke von 2,5 mm mit einem Epoxidharz beidseitig aufgeklebt. Die Glasoberflächen wurden mit Methylethylketon (MEK) gereinigt und anschließend mind. 15 min abgelüftet. Anschließend wurde der Klebstoff einseitig auf die Glasscheiben aufgetragen und anschließend das Holz angepresst, siehe Bild 6.

Vor der weiteren Bearbeitung lagerten die Holzquerschnitte im Laborklima bei durchschnittlich 20 °C und 30–50 % rel. Luftfeuchte. Die Rohdichte der Proben beträgt durchschnittlich bei Fichte 444,3 kg/m^3 bei einer Holzfeuchte von 9,1 %, bei Buche 786,2 kg/m^3 bei einer Holzfeuchte von 9,8 % und bei Eiche 750,1 kg/m^3 bei einer Holzfeuchte von 10,1 %.

Die Verbundprüfkörper wurden nach der Aushärtung der Klebstoffe zur Prüfung in einer Klimakammer des Typs KH200 der Fa. Feutron ausgelagert. Mit Start der Auslagerung wurden die Messwerte der DMS genullt.

3 Ergebnisse und Diskussion

3.1 Zugscherprüfung

Die höchste Zugscherfestigkeit wurde vom dem Klebstoff EP für alle drei Holzarten erzielt. Am niedrigsten sind die Zugscherfestigkeiten beim 2KPU. Abgesehen vom 1KPU, beeinflusst die Holzsorte die Zugscherfestigkeit maßgeblich mit. Eine Zusammenfassung der Ergebnisse als Balkendiagramm für alle untersuchten Klebstoffe ist in Bild 7 gegeben. Die Balken zeigen den Mittelwert aus drei Einzelversuchen sowie die Standardabweichung. Für weitere Aussagen wurde eine Varianzanalyse (ANOVA) durchgeführt.

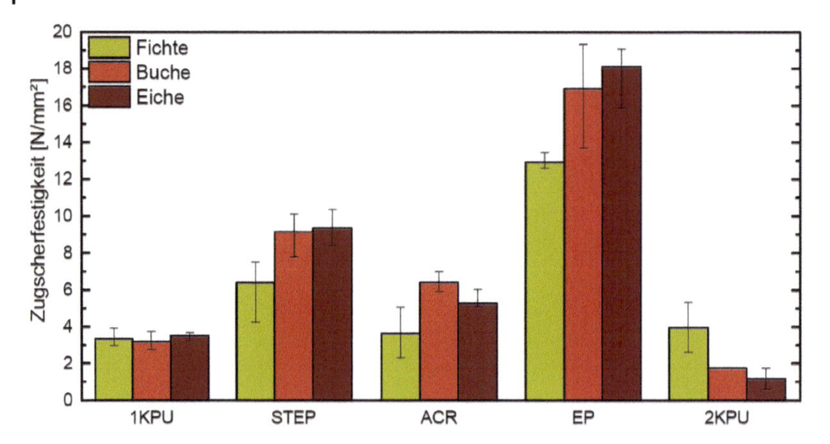

Bild 7 Zugscherfestigkeiten von Holz-Glas-Zugscherproben für alle untersuchten Klebstoffe (© Simon Fecht, STB Sabotke)

Mit der Varianzanalyse wurde untersucht, ob die untersuchten Faktoren der Holzsorte oder des Klebstoffs einen signifikanten oder nicht signifikanten Einfluss auf die Versuchsergebnisse haben. Dabei stellt sich heraus, dass die Holzsorte bei 5 von 12 Einzelvergleichen einen signifikanten Einfluss auf die Zugscherfestigkeit hat. Die Holzsorte hat beim 1KPU keinen signifikanten Einfluss auf die Scherfestigkeit gehabt. Zwischen Fichte und Eiche sowie Buche und Eiche mit der Nutzung von ACR gibt es keinen signifikanten Einfluss auf die Zugscherfestigkeit. Bei Buche und Eiche, geklebt mit STEP und EP, wurde ebenfalls kein signifikanter Einfluss auf die Zugscherfestigkeit festgestellt.

Im technischen Datenblatt des Klebstoffs STEP sind Zugscherfestigkeiten von 7 MPa auf Aluminium angegeben. Bei Fichte wird damit ein Anteil von 91 %, bei Buche 87 % und bei Eiche 131 % erreicht.

Das Bruchbild bei 1KPU ist durch adhäsives Versagen auf der Holzoberfläche geprägt, siehe Bild 8. Bei STEP und ACR ist das Bruchbild durch Mischversagen in der Grenzfläche zwischen Holz und Klebstoff geprägt (adhäsives Versagen, Holzfaserausrisse, kohäsives Versagen). Bei dem Klebstoff EP ist ein Fügeteilbruch abhängig von der Holzsorte festgestellt worden. Bei Fichte versagt das Fichtenholz, bei Buche und Eiche überwiegend das Glas.

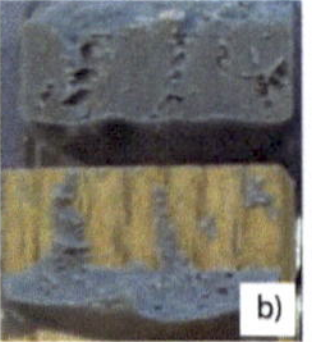

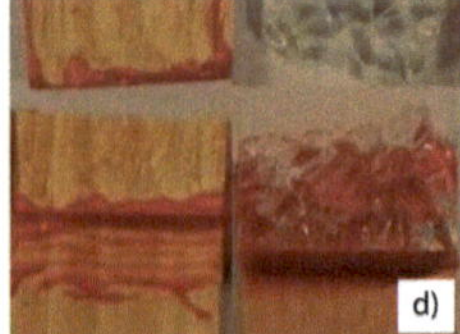

Bild 8 Auswahl von Bruchbildern, „Klebstoff/Holzart"; a) 1KPU/Fichte, b) STEP/Eiche, c) ACR/Buche, d) EP/Fichte/Buche und e) 2KPU/Eiche; oben = Glassubstrat, unten = Holzfügeteil (© Simon Fecht, STB Sabotke)

3.2 Druckscherversuche

3.2.1 Versuchsergebnisse unter Normalklima

Zunächst werden die Kraft-Verformungs-Diagramme betrachtet, um das mechanische Verhalten der Klebstoffe unter Schubbelastung zu untersuchen. Die Kraft-Verformungs-Diagramme in Bild 9 sind so skaliert, dass sich die Prüfungen mit der unterschiedlichen Lasteinleitung längs und quer zur Holzfaserrichtung direkt miteinander vergleichen lassen.

Das mechanische Verhalten der Klebstoffe EP und 2KPU längs zur Holzfaser ist annähernd linear elastisch. Im Gegensatz dazu ist das Verhalten von STEP und ACR nichtlinear, mit einem deutlichen Knick der Kraft-Verformungs-Beziehung. Bei STEP tritt früh, bei ca. 4 kN, unabhängig von der Holzsorte eine Steifigkeitsabnahme auf. Am deutlichsten zeigt sich das nichtlineare Verhalten bei ACR, bei dem ab einer Last von 9 kN bei Fichte und Buche und 11 kN bei Eiche nur noch die Verformungen zunehmen, während kaum noch Laststeigerung erfolgt (ausgeprägte Plastizität).

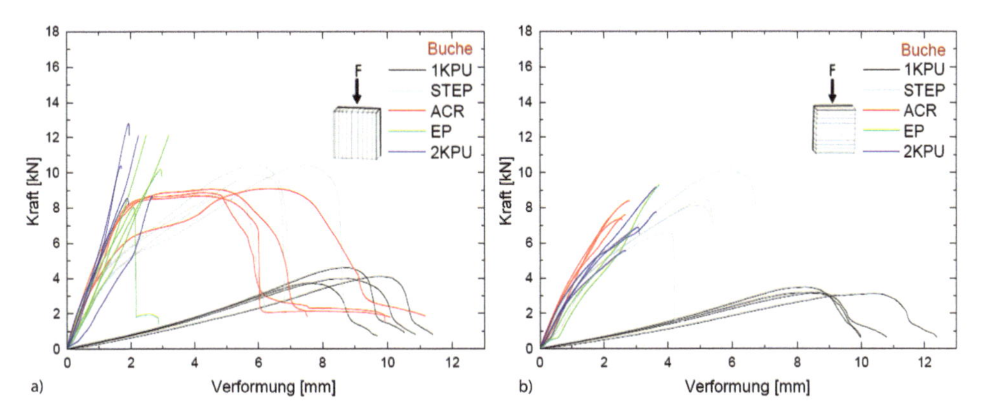

Bild 9 Exemplarisches Kraft-Verformungs-Diagramm aller Klebstoffe für das Substrat Buchenholz bei Last a) parallel und b) quer zur Holzfaser (© Simon Fecht, STB Sabotke)

In Prüfung quer zur Holzfaser ist das plastische Verhalten bei Fichte und Buche kaum zu erkennen, während bei Eiche wiederum bei STEP der Knick bei 4 kN zu erkennen ist. Auch ACR zeigt einen geringen Anteil von Verformungszunahme ab 8 kN. Der Klebstoff 1KPU zeigt ebenfalls ein annähernd lineares Verhalten, allerdings bei deutlich geringeren Lasten und größeren Verformungen. Das Verhalten ist weitgehend unabhängig von der Holzsorte und der Faserrichtung mit Kräften von 3–4 kN und Verformungen von 7–9 mm.

Die zuvor beschriebenen Ergebnisse sind als Balkendiagramm in Bild 10 mit Lastrichtung parallel zur Holzfaser, sowie in Bild 11 quer zu Faser dargestellt. Mit der Varianzanalyse (ANOVA) wurde untersucht, ob die untersuchten Faktoren der Holzsorte oder des Klebstoffs einen signifikanten Einfluss auf die Versuchsergebnisse haben. Bei längsseitiger Lastrichtung hat die Holzsorte bei 6 von 12 Einzelvergleichen einen signifikanten Einfluss auf die Druckscherfestigkeit. Die Holzsorte hat mit der Nutzung von STEP und EP (außer zwischen Fichte und Eiche) keinen signifikanten Einfluss. Zwischen Buche und Eiche mit der Nutzung von 1KPU und zwischen Fichte und Buche

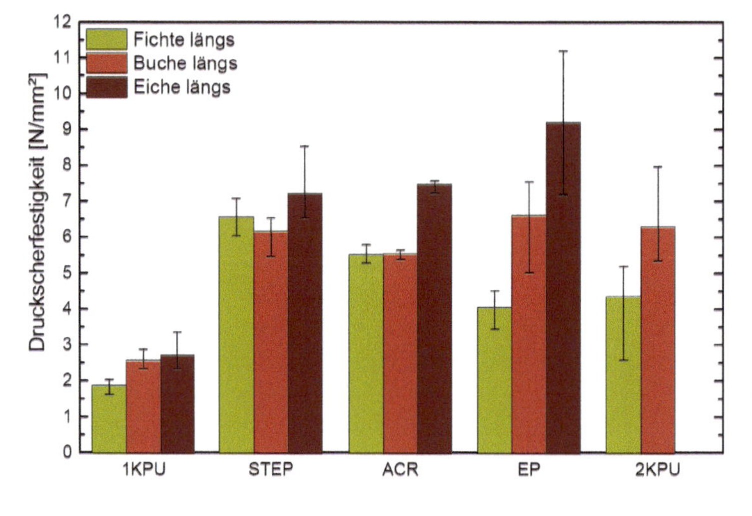

Bild 10 Druckscherfestigkeit längs zur Faser (© Simon Fecht, STB Sabotke)

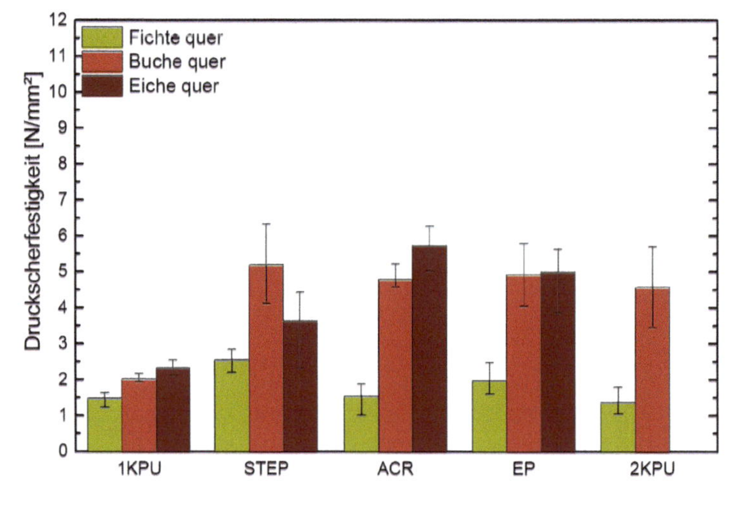

Bild 11 Druckscherfestigkeit quer zur Faser (© Simon Fecht, STB Sabotke)

mit der Nutzung von ACR gibt es keinen signifikanten Einfluss auf die Druckscherfestigkeit.

Bei Lastrichtung quer zu den Fasern hat die Holzsorte bei 9 von 12 Einzelvergleichen einen statistisch signifikanten Einfluss auf die Druckscherfestigkeit. Ausnahmen sind die Vergleiche der Holzsorten Fichte und Eiche mit STEP sowie Buche und Eiche mit EP (außer zwischen Fichte und Eiche). Hier gibt es keinen statistisch signifikanten Einfluss auf die Druckscherfestigkeit. An dieser Stelle wird nochmal darauf hingewiesen, dass die Signifikanz auf Basis einer Varianzanalyse (ANOVA, p = 0,05) beruht, und nicht auf den direkten und alleinigen Vergleich der Mittelwerte beruht.

In Versuchen längs und quer zur Faser ist das Bruchbild bei 1KPU durch adhäsives Versagen auf der Holzoberfläche mit einigen Holzfaserausrissen geprägt. Einen Auszug der aufgetretenen Bruchbilder ist in Bild 12 dargestellt. Bei STEP ist das Bruchbild durch Holzversagen und Mischversagen in der Grenzfläche zwischen Holz und Klebstoff geprägt (adhäsives Versagen, Holzfaserausrisse, kohäsives Versagen). Bei Eiche

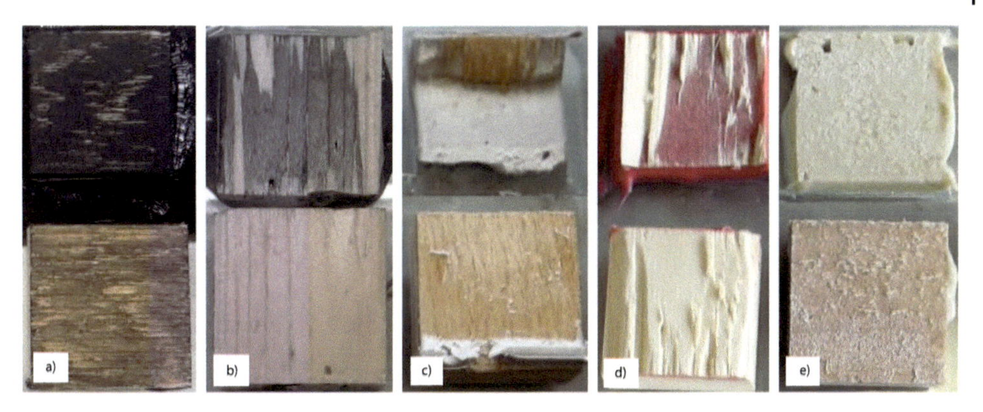

Bild 12 Auswahl von Bruchbildern, „Klebstoff/Holzart/Lastrichtung"; a) 1KPU/Eiche/quer, b) STEP/Fichte/längs, c) ACR/Eiche/längs, d) EP/Fichte/längs und e) 2KPU/Buche/quer; oben = Glassubstrat, unten = Holzfügeteil (© Simon Fecht, STB Sabotke)

trat auch Glasversagen auf. Bei ACR ist das Bruchbild auch durch Mischversagen geprägt. Glasbruch trat nicht auf, selten versagt ACR adhäsiv auf der Glasoberfläche. Bei dem Klebstoff EP ist Fügeteilbruch abhängig von der Holzsorte festgestellt worden. Bei Fichte versagt das Holz, bei Buche und Eiche überwiegend das Glas. Bei 2KPU wurde im Gegensatz zu den entsprechenden Zugscherversuchen kein adhäsives Versagen auf der Glasoberfläche beobachtet. Bei Fichte versagt das Holz, bei Buche tritt häufig adhäsives Versagen auf der Holzoberfläche auf.

3.2.2 Versuchsergebnisse unter Temperaturbeanspruchung

In Druckscherprüfungen unter Temperaturbeanspruchung wurde der Einfluss erhöhter Temperaturen von 60 °C und 80 °C im Vergleich zu den bei Raumtemperatur geprüften Proben untersucht. Der Einfluss wurde anhand des Kraft-Verformungs-Verhaltens in Bild 13 verglichen. Es zeigte sich, dass bereits bei 60 °C deutlich geringere Kräfte bei allen Klebstoffen erreicht wurden. Auch die maximale Verformung ging zurück.

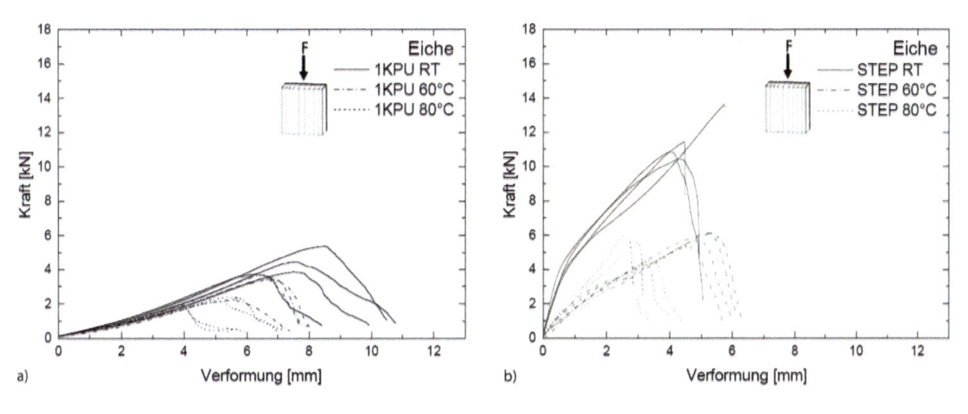

Bild 13 Exemplarisches Kraft-Verformungs-Diagramm unter erhöhten Temperaturen für Eichenholz bei Last parallel zur Holzfaser für Klebstoff; a) 1KPU und b) STEP (© Simon Fecht, STB Sabotke)

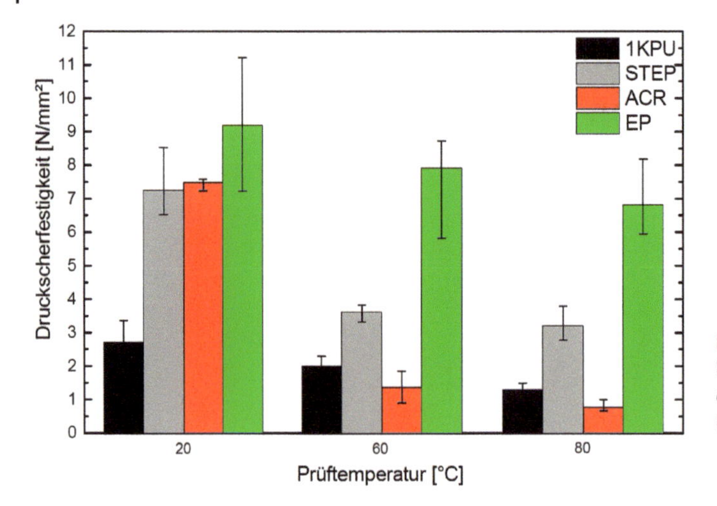

Bild 14 Druckscherfestigkeit in Abhängigkeit der Temperatur (© Simon Fecht, STB Sabotke)

Bei 1KPU sanken durch Temperatureinwirkung die Bruchverformungen von ca. 8 mm auf ca. 4 mm bei 80 °C. Gleichzeitig sank die aufnehmbare Kraft von durchschnittlich 5 kN auf 2 kN. Bei STEP sank bei 60 °C zunächst nur die Kraft von 12 kN auf 6 kN bei gleichbleibender Verformung von ca. 6 mm. Bei 80 °C nahm die Verformung um ca. 3 mm ab, während die maximale Kraft mit 6 kN gleichbleibt. Der Knick in der Last-Verformungs-Kurve bei RT war bei erhöhten Temperaturen nicht mehr vorhanden. Die Druckscherfestigkeiten aller Klebstoffe unter Temperaturlast sind in Bild 14 dargestellt.

Bei 1KPU zeigte sich im Gegensatz zum adhäsiven Bruchbild der Prüfung bei Raumtemperatur bei erhöhten Prüftemperaturen zunehmend oberflächennahes kohäsives Versagen, siehe Bild 15. Das Bruchbild des Klebstoffs STEP war ebenfalls von adhäsivem Versagen und zunehmendem kohäsiven Anteil bei höheren Temperaturen geprägt. Bei ACR änderte sich das Mischversagen in der Grenzschicht zu einem adhäsiven Versagen der Grenzschicht auf der Holzoberfläche bei 60 °C. Ähnlich ist es bei 80 °C – hier versagen allerdings auch zwei Prüfungen adhäsiv an der Glasoberfläche. Bei EP lag neben Fügeteilversagen ebenfalls auch adhäsives Versagen am Glas vor.

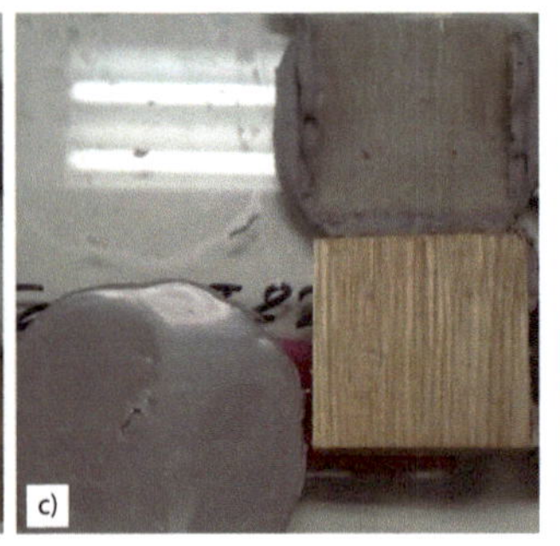

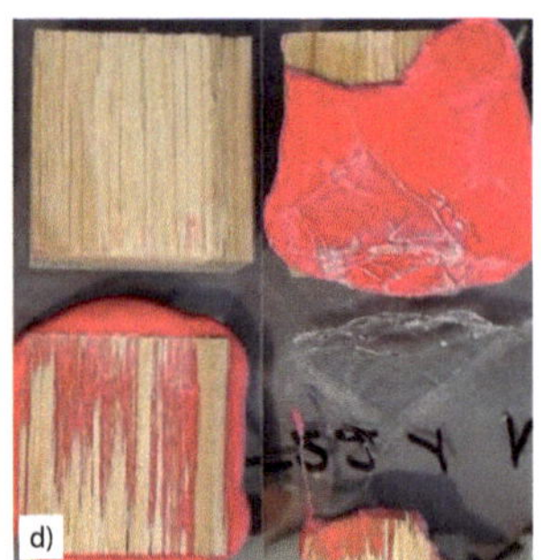

Bild 15 Auswahl von Bruchbildern nach Prüfung bei 80 °C für Eichenholz, „Klebstoffe"; a) 1KPU, b) STEP, c) ACR, d) EP (© Simon Fecht, STB Sabotke)

3.3 Dauerverbundverhalten

Die folgenden Diagramme zur Versuchsauswertung haben eine primäre Ordinate mit Darstellung der Temperatur (in °C) und der relativen Luftfeuchte (rel. LF in %) sowie eine sekundäre Ordinate mit den im Versuch gemessenen Dehnungen. Da vor Beginn der Prüfung in der Auslagerung die Aufzeichnung der DMS genullt wurde, sind sowohl positiv als auch negativ gemessene Werte verzeichnet. Positive bzw. steigende Werte sind als Quelldehnungen des Holzes zu werten, während negative bzw. sinkende Werte Schwinddehnungen des Holzes darstellen. Aus den jeweils dunkleren Kurven wurde die Dehnungsdifferenz zwischen Minimal- und Maximalwert bestimmt (Kennzeichnung über den Pfeil). Aufgrund der symmetrischen Probekörper wurde sowohl auf der linken, als auch auf der rechten Seite die gleiche Dehnungsmesskonfiguration verwendet.

Die Ergebnisse der Verbundprüfung werden nachfolgend am Beispiel des Klebstoffs STEP aufgezeigt, siehe Bild 16. Beide Holzsorten reagieren bei Start des Zyklus' zunächst mit einer Abnahme der Dehnungswerte (Schwinden). Bei einem Anstieg der rel. LF nach 6 Tagen von 30 % auf 60 % nehmen die Dehnungen wieder zu.

Bei Fichte in Bild 16a ist deutlich eine nicht-lineare Dehnungszunahme erkennbar. Die Abnahme der Dehnungen erfolgt ebenfalls nicht-linear. Innerhalb der Feuchte-

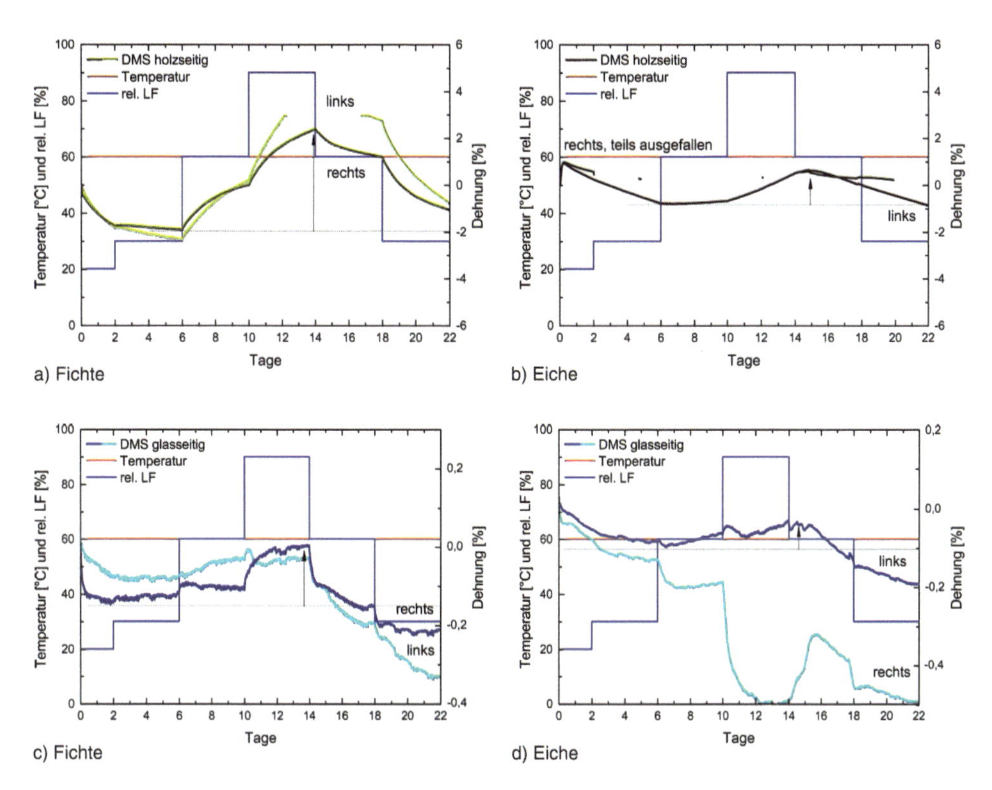

Bild 16 Verbundprüfkörper aus Fichte geklebt mit STEP, DMS-Messung; a) holzseitig und b) glasseitig – Die Probekörper wurden so in die Klimakammer gelegt, dass die Glasscheiben senkrecht standen, *rechts* und *links* bezeichnen jeweils eine Glasscheibe (© Simon Fecht, STB Sabotke)

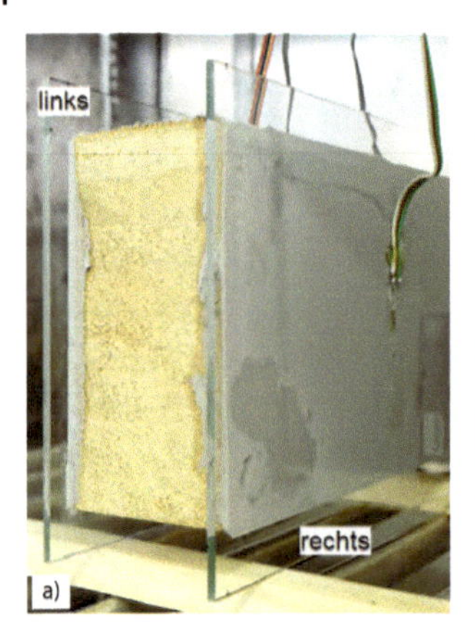

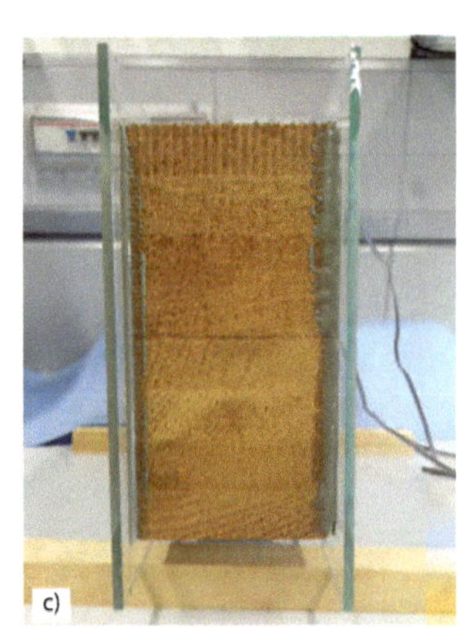

Bild 17 Auszug von Versagenstypen während und nach der Auslagerung; a) adhäsives Versagen Eiche/ACR, b) Rissbildung am Glas bei Fichte/EP, c) Rissbildung im Holz bei Eiche/STEP (© Simon Fecht, STB Sabotke)

sprünge wird kein konstanter Dehnungswert erreicht. Vergleicht man die Differenz zwischen minimal gemessener und maximal gemessener Dehnung, so zeigt Fichte Werte von ca. 4 %. Bei einer Messung der Dehnung bei Fichte ist der Ausfall der Aufzeichnung oberhalb von 3 % Dehnung – also oberhalb des Toleranzbereichs der DMS – aufgetreten. Im späteren Verlauf sind allerdings wieder schlüssige Messdaten vorhanden. Da keine Schädigungen in der Klebfuge oder am Glas ausgemacht werden konnten, ist davon auszugehen, dass der Klebstoff selbst dieses starke Quellen des Holzes ausgleichen konnte.

Bei Fichte ist die Klebung nach der Auslagerung intakt, es können keine Ablösungen, Risse oder Verfärbungen entdeckt werden. Lediglich im Holz treten im Bereich der Klebfuge der Brettlamellen äußerlich feine Risse auf, vgl. Bild 17c. Bei dem Klebstoff ACR kam es zu adhäsivem Versagen zum Glas. Beim EP ist das Glas infolge der Quelldehnungen gerissen.

4 Schlussfolgerungen

Die hier durchgeführten Experimente unter Kurz- und Langzeitbeanspruchung stellen eine umfangreiche Betrachtung vieler Parameter wie der Holzsorte, dem Klebstoff und der Prüfung bei erhöhter Temperatur und Luftfeuchtigkeit dar. Aus den experimentellen Ergebnissen können die folgende Schlüsse gezogen werden.

4.1 Zugscherversuche

Laut den Ergebnissen der Zugscherproben hat der Klebstoff den größeren Einfluss auf die Zugscherfestigkeit. Mit steifen Klebstoffen werden die höchsten Zugscherfestigkeiten erreicht. Ein direkter Zusammenhang zwischen steigender Steifigkeit und Zugscherfestigkeit ist jedoch nicht auszumachen. Der Einfluss der Holzsorte ist bei den Zugscherproben von untergeordneter Bedeutung.

4.2 Druckscherversuche unter RT

Anhand der Ergebnisse der Druckscherproben zeigt sich, dass kein direkter Zusammenhang zwischen Steifigkeit des Klebstoffs und der Tragfähigkeit der Proben herrscht. Bei gleicher Abmessung der Prüfkörper zeigen die Verbundbauteile mit semielastischen Klebstoffen ähnlich hohe Druckscherfestigkeiten wie Verbundbauteile mit steifen Klebstoffen. Parallel zur Faser ist der signifikante Einfluss der Holzsorte auf die Druckscherfestigkeit höher als der des Klebstoffs selbst.

Auch bei Belastung quer zur Faser hat die Holzsorte einen deutlich größeren Einfluss als die Klebstoffe. Für die Laubholzsorten Buche und Eiche bleibt der Einfluss der Klebstoffe erhalten, während bei dem Nadelholz Fichte durchweg niedrigere, aber untereinander vergleichbare Druckscherfestigkeiten bei allen Klebstoffen erreicht werden.

Sobald eine ausreichende Adhäsion auf der Holzoberfläche gewährleistet ist, sind die mechanischen Eigenschaften der Fügeteile die maßgebende Größe. Fichte als Nadelholz zeigt üblicherweise, wie auch in den Untersuchungen in dieser Arbeit bestätigt, geringere mechanische Eigenschaften – insbesondere geringere Festigkeiten. So wird ein signifikanter Einfluss der untersuchten Laubhölzer mit einer höheren Verbundfestigkeit belegt. Reines Holzversagen tritt in dieser Arbeit, bis auf einige Ausnahmen nur bei Verbundversuchen mit Fichte auf. Der größte Anteil an Holzversagen der Fichte tritt bei dem steifen Klebstoff EP auf. Aber auch bei den semielastischen Klebstoffen STEP und ACR versagt überwiegend das Fichtenholz.

4.3 Druckscherversuche unter Temperaturlast

In den Druckscherversuchen hat die Temperatur bei 1KPU, STEP und ACR bis 60 °C einen signifikanten Einfluss auf die Druckscherfestigkeit. Zwischen 60 °C und 80 °C wurde bei STEP und ACR kein signifikanter Einfluss berechnet. Bei EP hat die Erhöhung der Temperatur bis 80 °C keinen signifikanten Einfluss auf die Druckscherfestigkeit. Die Kraft-Verformungs-Kurven zeigen, dass das ausgeprägt plastische Verhalten bei erhöhten Temperaturen verloren geht. Die Erhöhung der Temperatur von RT auf 60 °C hat bei STEP einen signifikanten Einfluss auf die Zugfestigkeit, die Erhöhung von 60 °C auf 80 °C hat keinen signifikanten Einfluss auf die Zugfestigkeit.

4.4 Dauerverbundverhalten

Aufgrund der gemessenen Dehnungsdifferenz zwischen Glasinnenseite und Glasaußenseite wurde deutlich, dass durch das Holzquellen Biegeverformungen entstehen, die zu Zugspannungen an der Glasaußenseite führen. Dies stellt eine ungünstige Belastungssituation für großflächig verklebte Glasscheiben dar, die bei Klebstoffen mit hoher Steifigkeit zu Rissen im Glas führen. Im gewählten Klimawechselzyklus konnte einer der semielastischen Klebstoffe die Dehnungen im Glas soweit herabsetzen, dass keine Risse entstehen. Die starke Abnahme der Dehnungsdifferenz zeigt, dass zu einem Verbund verklebte Prüfkörper einen weniger starken Dehnungsverlauf aufweisen.

Das Quellen und Schwinden sollte bei der Anwendung auf Holz-Glas-Rahmen mit weichen Klebstoffen kein Problem darstellen, weil die Klebstoffe in der Lage sind, die Dehnungen zwischen Holz und Glas abzuschwächen – zumal die Breite in Querrichtung viel geringer als in Längsrichtung ist und Quellen hauptsächlich längs zu Faser relevant ist.

5 Literatur

[1] Amancio-Filho, S.; Dos Santos, J. (2009) Joining of polymers and polymer–metal hybrid structures: recent developments and trends in: *Polymer Engineering & Science*, Bd. 49, Nr. 8, pp. 1461–1476.

[2] Schober, K.-U.; Becker W.; Drass, M. (2014) High-Performance Timber Composite Joints for Spatial Round Wood Truss Structures in: *World Conference Timber Engineering*, Quebec/Canada.

[3] Vallée, T.; Grunwald C.; Fecht, S. (2012) Tragende Verbindungen im konstruktiven Holzbau – Erfahrungen und Perspektiven in: *adhäsion KLEBEN & DICHTEN*, Bd. 56, Nr. 12, pp. 16–21.

[4] Martens, K.; Caspeele R.; Belis, J. (2015) Development of composite glass beams – A review in *Engineering Structures*, Bd. 101, pp. 1–15.

[5] Hestermann U.; Rongen, L. (2015) Fassaden aus Glas in *Baukonstruktionslehre 1*, Wiesbaden, Springer Fachmedien, pp. 329–364.

[6] Schmid, J.; Niedermaier, P.; Hoeckel, C.; Schwarz, B.; Sprengler R.; Kotthoff, I. (1999) *Holz-Glas-Fassaden* Absatzförderungsfonds der deutschen Forst- und Holzwirtschaft, Bonn.

[7] Schober, K. (2005) Statisch wirksame Holz-Glas-Verbundkonstruktionen zur Aussteifung von Holzbauten in *Forschungsbericht Holzforschung Austria*, Kompetenzzentrum Holztechnologie, Wien.

[8] Kreher, K.; Natterer, J. (2004) Timber-glass-composite girders for a hotel in Switzerland in: *Structures Engineering* Int, Bd. 2, p. 149–151.

[9] Cruz P.; Pequeno, J. (2008) Timber-Glass Composite Structural Panels: Experimental Studies & Architectural Applications in: *Challenging Glass: Conference on Architectural and Structural Applications of Glass*, Delft University of Technology.

[10] Pequeno, J.; Cruz, P. (2009) Structural timber-glass linear system: characterization & architectural potentialities in: *Glass performance days*, Tampere/Finland.

[11] Cruz, P.; Pequeno, J.; Lebet, P.; Mocibob, D. (2010) Mechanical modelling of in-plane loaded glass panes in: *Challenging Glass*, Delft University of Technology.

[12] Blyberg, L.; Serrano, E. (2011) Timber/Glass adhesively bonded I-beams in: *Glass Performance Days*, Tampere/Finland.

[13] Blyberg, L. (2011) *Timber/glass adhesive bonds for structural applications* [Dissertation]. Växjö, Kalmar/Schweden: Linnaeus Universität.

[14] Blyberg, L.; Lang, M.; Lundstedt, M.; Schander, M.; Serrano, E.; Silfverhielm, M.; Stålhandske, C. (2014) *Glass, timber and adhesive joints – innovative load bearing building components* Constr Build Mater, Bd. 55, pp. 470–478.

[15] Hulimka. J.; Kozlowski. M. (2012) Mechanism of failure and post-breakage strength of hybrid timber-glass beams in: *Proceedings of the 10th international conference on new trends in statics and dynamics of buildings*, Bratislava/Slowakei.

[16] Kozlowski, M.; Serrano E. (2014) Experimental investigation on timber-glass composite I-beams in: *Challenging glass 4 & COST action TU0905 final conference*, Lausanne/Schweiz.

[17] Schober, K.; Leitl, D. (2006) Klebtechnischer Holz-Glas-Verbund übernimmt tragende Rolle im Bau in: *Adhäsion Kleben & Dichten*, Bd. 50, Nr. 12, pp. 39–42.

[18] Niedermaier, P. (2005) *Holz-Glas-Verbundkonstruktionen. Ein Beitrag zur Aussteifung von filigranen Holztragwerken,* TU München, München.

[19] Neubauer, G. (2011) *Entwicklung und Bemessung von statisch wirksamen Holz-Glas-Verbundkonstruktionen zum Einsatz im Fassadenbereich* TU Wien, Wien.

[20] Nicklisch, F.; Weller, B. (2016) Adhesive bonding of timber and glass in load-bearing façades – evaluation of the ageing behaviour in: *World Conference on Timber Engineering (WCTE 2016),* Vienna.

[21] Nicklisch, F.; Giese-Hinz, J.; Weller, B. (2016) Experimental and Numerical Study on Glass Stresses and Shear Deformation of Long Adhesive Joints in Timber-Glass Composites in: *Challenging Glass 5 – Conference on Architectural and Structural Applications of Glass,* Ghent.

[22] Nicklisch, F.; Weller, B. (2015) Kriechverhalten von Klebverbindungen am Beispiel von Holz-Glas-Verbundelementen in: Weller, B.; Tasche, S. [Hrsg.] *Glasbau 2015,* Berlin, Ernst & Sohn, pp. 407–420.

[23] Weller, B.; Aßmus, E.; Nicklisch, F. (2013) Assessment of the Suitability of Adhesives for Load-Bearing Timber-Glass Composite Elements in: *Glass Performance Days,* Tampere.

[24] Hamm, J. (2000) *Tragverhalten von Holz und Holzwerkstoffen im statischen Verbund mit Glas,* Ecole Polytechnique Fédérale de Lausanne, Lausanne/Schweiz.

[25] Kreher, K. (2004) *Tragverhalten und Bemessung von Holz-Glas-Verbundträgern unter Berücksichtigung der Eigenspannungen im Glas,* Ecole Polytechnique Fédérale de Lausanne, Lausanne/Schweiz.

[26] Cruz, P.; Pequeno, J. (2008) Timber-glass composite beams: mechanical behaviour & architectural solutions in: *Challenging glass, conference on architectural and structural applications of glass,* Delft.

[27] Premrov, M.; Zlatinek, M. (2014) *Experimental analysis of load-bearing timber-glass I-beam* Constr Unique Build Struct, Bd. 4, Nr. 19, pp. 11–20.

Museum of Fine Arts, Houston, Texas, U.S.A.
MFAH Nancy and Rich Kinder Building

EASTMAN

VANCEVA

saflex

Einfluss der Zwischenschicht auf das Bruchverhalten von Verbundsicherheitsglas

Jasmin Weis[1], *Geralt Siebert*[1]

[1] *Universität der Bundeswehr München, Institut für Konstruktiven Ingenieurbau, Werner-Heisenberg-Weg 39, 85579 Neubiberg, Deutschland; jasmin.weis@unibw.de; geralt.siebert@unibw.de*

Abstract

Ein aktuelles Forschungsthema im Bereich des konstruktiven Glasbaus ist der rechnerische Nachweis der Resttragfähigkeit von Verbundsicherheitsglas (VSG) aus Einscheibensicherheitsglas (ESG). Zur Beschreibung des Resttragverhaltens ist neben der reinen Zwischenschicht auch der Verbund sowie der Kontakt zwischen den Glasbruchstücken zu charakterisieren. Somit ist es im Fall von gebrochenem VSG aus ESG notwendig, das Bruchbild zu erfassen. Bisherige Untersuchungen fanden dahingehend an einzelnen, monolithischen ESG (Mono-Scheiben) statt. In dieser Arbeit wird der Einfluss der Zwischenschicht auf das Bruchverhalten und das dadurch bedingte Bruchbild untersucht und mithilfe modernster Messgeräte wie Zeiss Scanner, Highspeed-Kamera und CulletScanner erfasst. Schließlich kann gezeigt werden, dass sich das Bruchverhalten eines ESG als Teil von VSG eklatant von dem einer Mono-Scheibe unterscheidet.

Influence of the interlayer on the fracture behavior of laminated safety glass. A current research topic in the field of structural glass engineering is the computational design of the residual load-bearing capacity of laminated safety glass made from fully tempered glass (FTG). To describe the residual load-bearing behaviour besides the interlayer itself, the bond and the contact between the glass fragments must also be characterized. Thus, in the case of broken laminated safety glass made from FTG, it is necessary to determine the fracture pattern. Previous investigations have been carried out on mono-panes. In this work, the influence of the interlayer on the fracture behaviour and the resulting fracture pattern is investigated for the first time and recorded using state-of-the-art measuring equipment such as Zeiss scanners, high-speed camera, and cullet scanner. Finally, it can be shown that the fracture behaviour of a laminated safety glass differs from that of a mono layer.

Schlagwörter: *Verbundsicherheitsglas, Einscheibensicherheitsglas, Bruchbild*

Keywords: *laminated safety glass, toughened safety glass, fracture pattern*

Glasbau 2022. Herausgegeben von Bernhard Weller, Silke Tasche.

1 Einleitung

Das Resttragverhalten von Verbundsicherheitsglas (VSG) aus Einscheiben-Sicherheitsglas (ESG) wurde bislang primär mittels Versuchen im 1:1-Maßstab untersucht, die Einflüsse von Lagerung, klimatischen Randbedingungen (insbesondere Temperatur) oder Folienmaterial phänomenologisch und bezogen auf das Gesamtsystem betrachtet. Jüngere Forschungsarbeiten beschäftigen sich mit einer rechnerischen Simulation des Verhaltens von gebrochenem VSG aus ESG, vgl. [1] und [2]. Es zeigt sich, dass für eine zutreffende Abbildung neben Kenntnissen über die Zwischenlagenmaterialien auch Bruchverhalten und Bruchstruktur gebrochener ESG-Scheiben von Bedeutung sind. Während sich die Untersuchungen [3] mit der Bruchstruktur und möglichen Modellierung nur der Bruchkrümel beschäftigt, wird in diesem Beitrag der Einfluss der Verbundwirkung unterschiedlicher Zwischenlagenmaterialien auf Bruchverhalten und Bruchbild näher betrachtet.

2 Experimentelle Untersuchungen

2.1 Ziel der Versuche

Die Versuche sollen dazu dienen, einen möglichen Einfluss der Zwischenschicht auf das Bruchverhalten sowie das Bruchbild im Vergleich zu monolithischem Glas für unterschiedliche Zwischenlagenmaterialien zu identifizieren. Das Bruchverhalten wird diesbezüglich anhand der Rissbildung im Anfangsstadium eines Bruchereignisses beobachtet. Dazu wird der Riss durch das Anbohren einer Kante initiiert und mit Hochgeschwindigkeitsaufnahmen dokumentiert. Das Bruchbild wird durch die Anzahl und Verteilung der Bruchkrümel nach Abschluss des Rissbildes unmittelbar nach Bruch und in mehreren Zeitpunkten erfasst. Dazu dient ein CulletScanner oder es erfolgt alternativ eine manuelle Zählung.

2.2 Probekörper

Die Probekörper (PK) weisen ein Maß von 1100 mm × 360 mm [4] mit 6 mm ESG-Glas aus einer identischen Produktionscharge auf. Es werden drei unterschiedliche Zwischenschichten mit nominellen Dicken von 1,52 mm untersucht. Als vergleichendes Maß dient das Schubmodul, welches in Tabelle 1 für 3 Sekunden Lastdauer für die jeweilige Zwischenschicht angegeben ist.

Tabelle 1 Schubmodul untersuchter Zwischenschichten [5]

	Schubmodul G (3 Sekunden, 20 °C) [MPa]		
	Trosifol Clear/Ultra Clear	**Trosifol Extra Stiff**	**SentryGlas**
PK 1/PK 2	6,6	240	211

2.3 Aufbau und Ablauf der Versuche

Die Versuche werden im Labor (~20 °C, ~50 % Luftfeuchtigkeit) durchgeführt. In Bild 1 ist eine Aufnahme des Versuchsaufbaus zu sehen. Die Probekörper liegen dabei flächig auf einer Platte. Eine Hochgeschwindigkeitskamera hängt oberhalb der Probekörper und ist auf den Bereich der Rissinitiierung fokussiert. In Bild 2 (nicht maßstabsgetreu) sind der Bereich der Rissinitiierung (durch Bohrung) und der Aufnahmebereich der Hochgeschwindigkeits-Fotos skizziert. Für die Aufnahmen wird mithilfe von Spotlights Licht auf den Aufnahmebereich geworfen. Im Hintergrund von Bild 1 ist der Cullet-Scanner (Firma Soft Solution GmbH) in unmittelbarer Nähe zum Bruchversuch zu sehen.

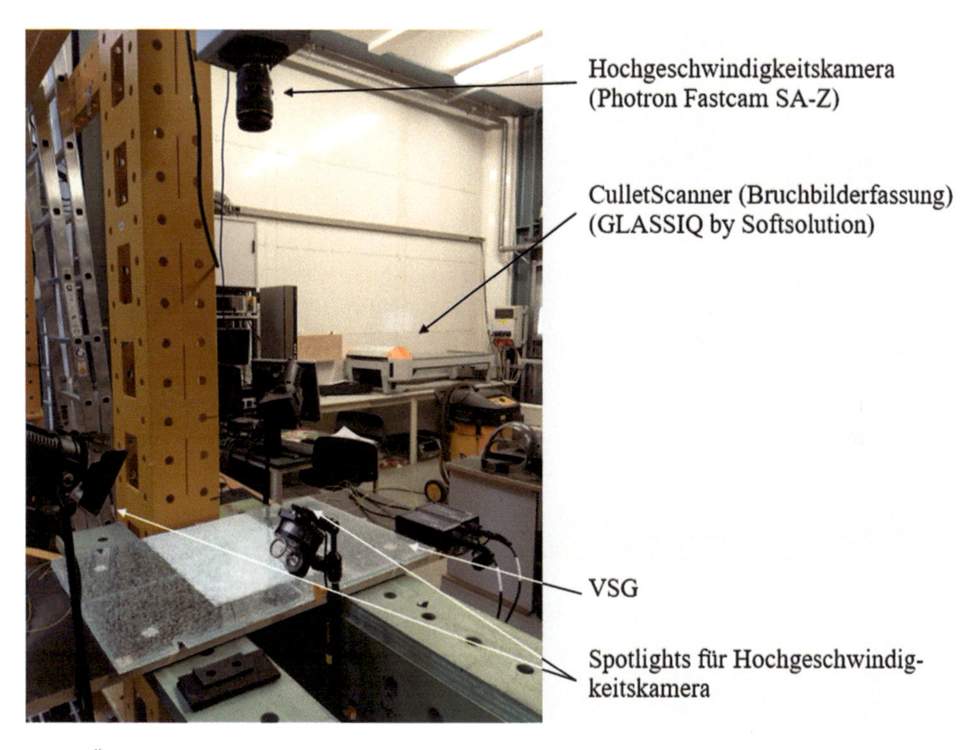

Bild 1 Überblick Versuchsaufbau (© Weis, UniBw München)

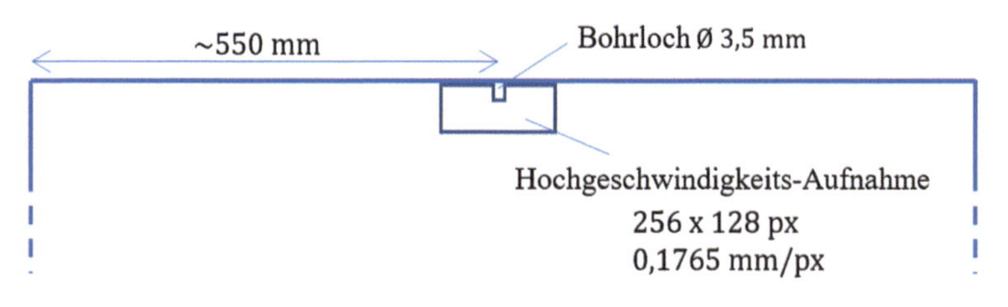

Bild 2 Skizze des Bereichs der Hochgeschwindigkeits-Aufnahme und der Bohrung (© Weis, UniBw München)

Mit Versuchsbeginn wird als Erstes die obere Scheibe durch eine gezielte Bohrung gebrochen und die Rissentwicklung mit der Kamera gefilmt. Der Bohrer hat einen Durchmesser von 3,5 mm und wird während des Bohrens mit Wasser gekühlt. Nach erfolgtem Bruch der oberen Scheibe wird dieses Bruchbild innerhalb von 3 bis 5 Minuten nach [4] mit dem CulletScanner gescannt. Das Bruchbild wird 7, 9, 12 und 15 Minuten nach dem Bruch wiederholt gescannt. Dieser Versuchsablauf wird im Folgenden mit „Bruch 1" bezeichnet. Anschließend wird der Versuch fortgesetzt, indem die noch ungebrochene Seite des Einfachglases analog gebrochen wird. Die bereits gebrochene Scheibe liegt dabei unten. Dieser Bruchvorgang wird im Folgenden als „Bruch 2" bezeichnet (beidseitig gebrochenes VSG). Hochgeschwindigkeits-Aufnahmen des Bruchs 2 können bei diesen Versuchsablauf nicht zum Vergleich herangezogen werden, da die Überlagerung der Bruchbilder beider Scheiben keine Auswertung zulässt. Aus demselben Grund entfällt die Nutzung des CulletScanners. Stattdessen werden einzelne 50 mm × 50 mm Felder auf der Scheibe gewählt, deren Anzahl an Bruchstücken manuell gezählt und die Zeit nach dem Zählen eines Feldes dokumentiert.

2.4 Rissentwicklung

Als Erstes wird die Rissentwicklung im Bereich der Rissinitiierung beobachtet, um anschließend einen Vergleich zu Beobachtungen aus [6] zu ziehen. In [6, 7] wird der Bruch einer vorgespannten Scheibe durch Bohren verursacht, um das Einbringen externer Energien zu minimieren. Sobald der überdrückte Randbereich der vorgespannten Scheibe durchbohrt ist, beziehungsweise die Druckzone mit den wirkenden Zugspannungen nicht mehr im Gleichgewicht steht, wird der Bruch allein aus den Zugspan-

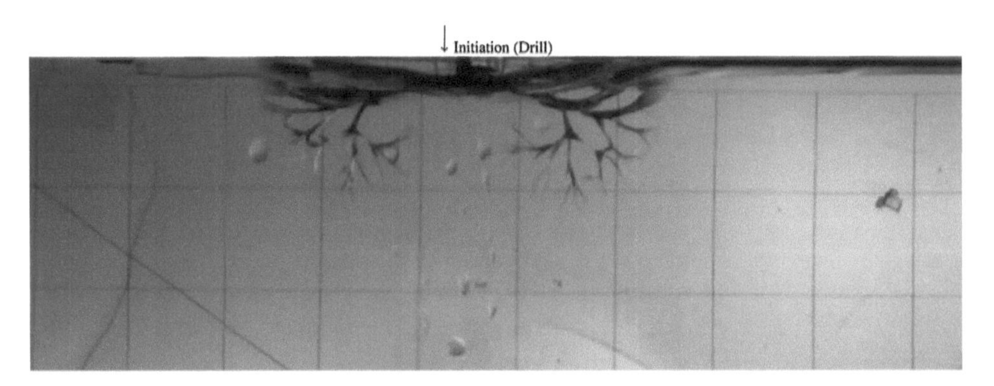

Bild 3 Entstehung "Whirl-Fragments" (© Technical University of Denmark, Department of Civil Engineering)

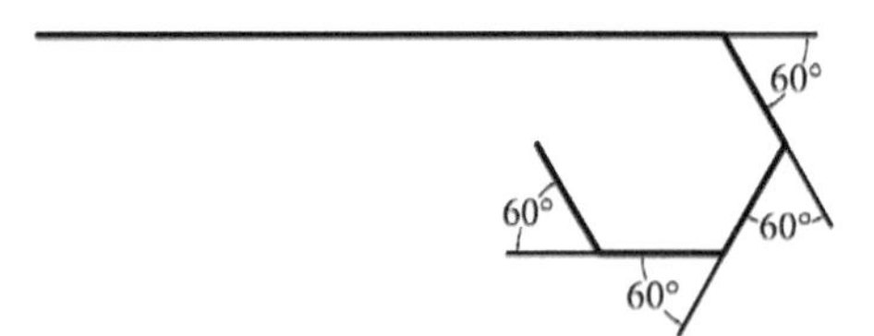

Bild 4 60°-Verzweigung (© Technical University of Denmark, Department of Civil Engineering)

nungen generiert, weswegen auch hier der Bruch durch Bohren gewählt wird. Mit dem Bruchbeginn wird in [6] zum ersten Mal die Entstehung sogenannter „Whirl-Fragments" (Bild 3) beschrieben. Gemäß der Bezeichnung ist die Bruchentwicklung wie ein Wirbel in einem bestimmten Abstand zum Bohrpunkt zu beobachten. Zusätzlich wird gezeigt, dass die Verzweigungen dieser Bruchwirbel einen Winkel von 60° aufweisen (Bild 4).

2.5 Bruchstückgröße

Ein weiterer Vergleich zwischen dem Bruchbild/-verhalten von monolithischem ESG zu ESG im Verbund erfolgt anhand der Bruchstückgröße. Dazu wird nach [8] über die Vorspannung der Scheibe die Formänderungsenergiedichte U_D ermittelt.

$$U_D = \frac{4}{5} \cdot \frac{(1-\nu)}{E} \cdot \sigma_m^2 \tag{1}$$

mit

U_D Formänderungsenergiedichte $\left[\frac{J}{m^3}\right]$

ν Querdehnzahl [–]

E Elastizitätsmodul $\left[\frac{N}{mm^2}\right]$

σ_m mittlere Vorspannung $\left[\frac{N}{mm^2}\right]$

[9] beschreibt die Funktion $U_D(x)$, die aus zahlreichen Versuchen ermittelte Korrelation zwischen der Formänderungsenergiedichte und der Bruchstückanzahl N_{50} nach [4] an Mono-ESG.

$$U_D(x = N_{50}) = 0.255x^2 + 109.28x + 5603.2 \tag{2}$$

mit

U_D Formänderungsenergiedichte $\left[\frac{J}{m^3}\right]$

N_{50} Bruchstückanzahl in einem 50 mm × 50 mm Feld [–] nach [4]

Mit der Ermittlung der Bruchstückanzahlen von gebrochenem ESG im Verbund und Einsetzen der Anzahl N_{50} in Gleichung (2) sollen die dazu korrelierenden Energiedichten einen Rückschluss auf den Einfluss der Zwischenschicht auf das Bruchbild geben.

Zusätzlich wird hier das Bruchverhalten über 5 Minuten hinaus dokumentiert. Ein Vergleich zum Verhalten bei Mono-ESG ist an dieser Stelle jedoch aufgrund fehlender Datenlage noch nicht möglich.

3 Versuchsergebnisse

3.1 Versuchskörper

Für die Versuche stehen insgesamt sechs Probekörper zur Verfügung, davon jeweils zwei Probekörper mit gleicher Zwischenschicht (drei Zwischenschichten à zwei Probekörper). Die Probekörper mit gleicher Zwischenschicht werden im Folgenden als PK1

(Versuchsreihe 1) und PK2 (Versuchsreihe 2) bezeichnet. Mithilfe des Messsystems SCALP-04 [10] wird die Vorspannung σ_{m} der ESG-Scheiben der VSG gemessen und ein Mittelwert bestimmt [11].

3.2 Rissentwicklung

3.2.1 Beobachtungen

In Bild 5 ist die Rissentwicklung bei Bruch 1 eines Probekörpers mit der Zwischenschicht Trosifol Clear repräsentativ für alle untersuchten Exemplare im Zeitraum von der Risserzeugung bis 20 µs in sieben Einzelbildern dargestellt. Mit Blick auf die Riss-

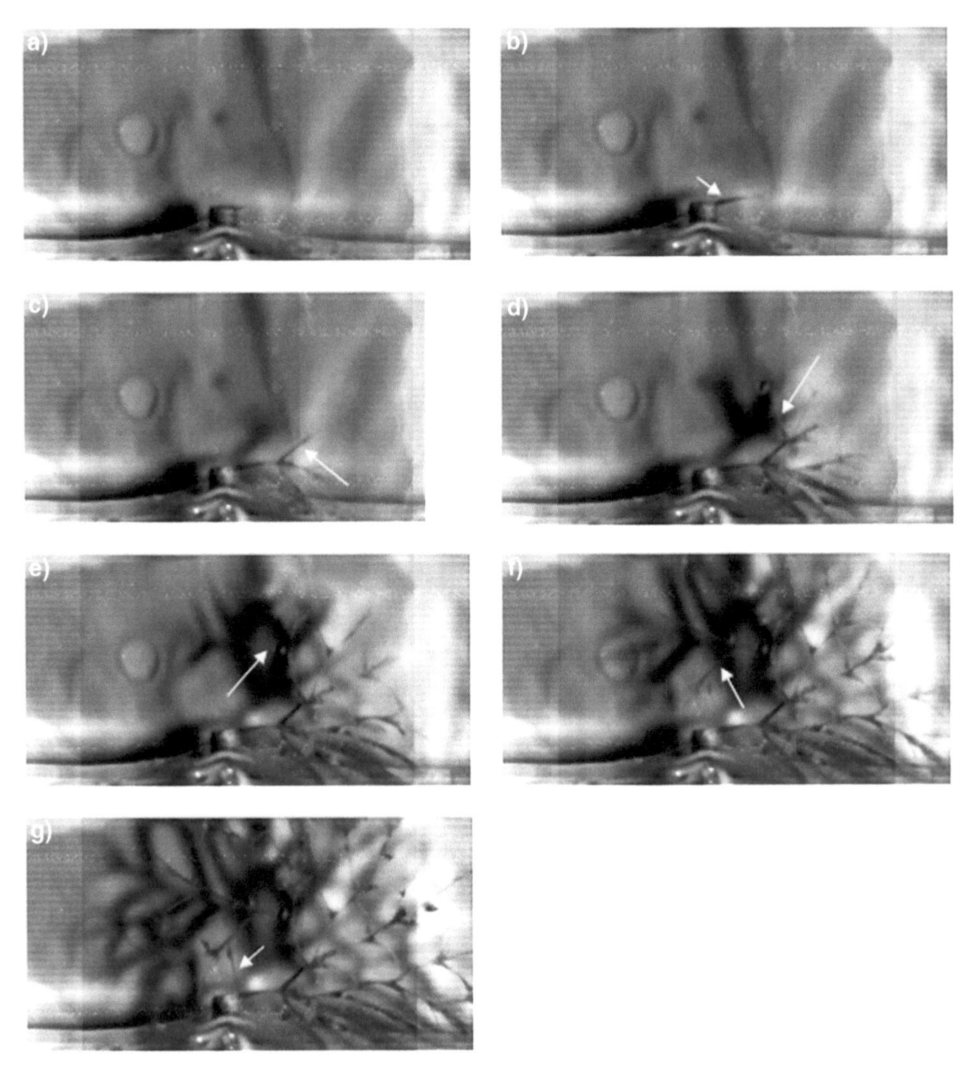

Bild 5 Entstehung des „Whirl-Fragments" an Probekörper 2 mit Zwischenschicht Trosifol Clear; a) $t = 0$ µs, b) $t = 3{,}333$ µs, c) $t = 6{,}667$ µs, d) $t = 10$ µs, e) $t = 13{,}333$ µs, f) $t = 16{,}667$ µs, g) $t = 20$ µs (© Weis, UniBw München)

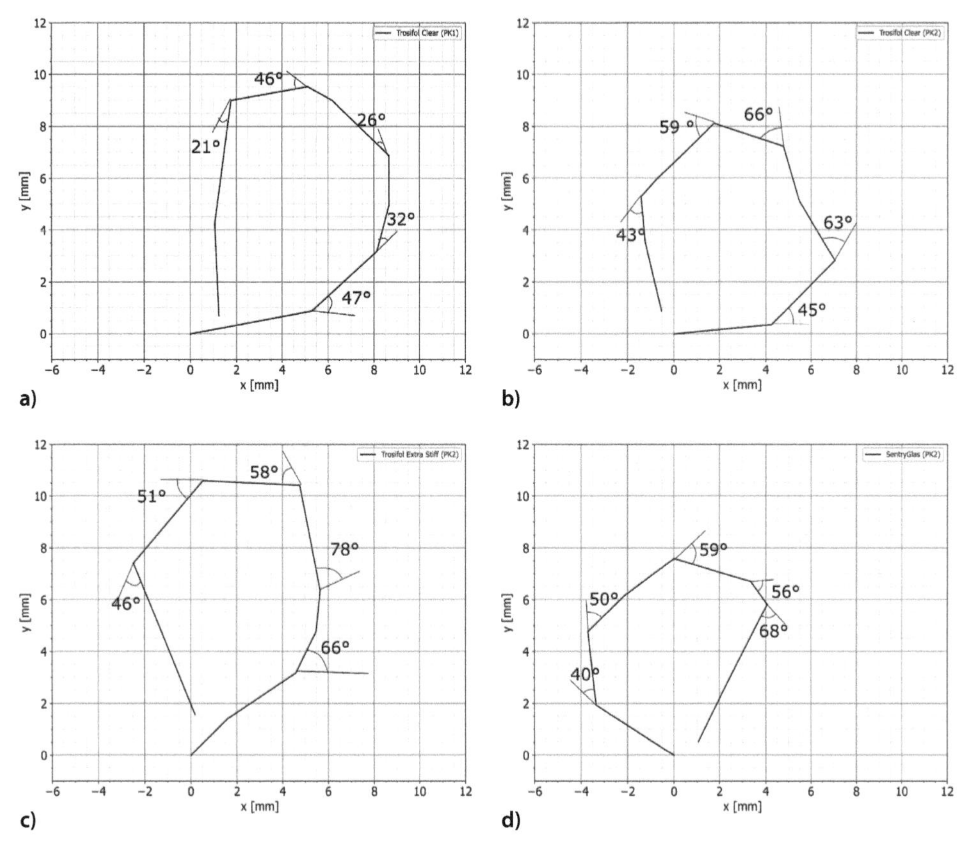

Bild 6 „Whirl-Fragmente" der Probekörper mit unterschiedlichen Zwischenschichten; a) PK1 Trosifol Clear (Ø 34°), b) PK2 Trosifol Clear (Ø 55°), c) PK2 Trosifol ExtraStiff (Ø 60°), d) PK2 SentryGlas (Ø 55°) (© Weis, UniBw München)

entwicklung ist die Entstehung des nach [6] sogenannten „Whirl-Fragments" ebenfalls zu beobachten (weiße Pfeile markieren den Rissverlauf des „Whirl-Fragments"). Der Rissursprung liegt allerdings entgegen der Beobachtung in [6] an der Spitze des Bohrers. Dies kann an allen hier untersuchten Probekörpern festgestellt werden.

Die „Whirl-Fragmente" sind in Bild 6 mit den Winkeln der Bruchgabelungen/-abzweigungen, ermittelt aus den Hochgeschwindigkeits-Aufnahmen, dargestellt. Die Aufnahmen der PK1 Trosifol ES und PK1 SentryGlas können nicht zur Auswertung herangezogen werden, da der Bruchbeginn verdeckt durch das Kühlwasser und zusätzlichem Glasstaub nicht erkennbar ist.

In Bild 7 werden die Fragmente zum Vergleich noch übereinandergelegt.

3.2.2 Schlussfolgerungen

Die Beobachtung der Rissentwicklung zeigt die Entstehung eines „Whirl-Fragments" bei allen PK. In [6] wird als Ergebnis an Untersuchungen an monolithischem einzelnen ESG ein einheitlicher Winkel von 60° ermittelt, hier zeigt sich ein abweichendes Verhalten. Der kleinste Winkel liegt bei 21° und ist bei der weichen Zwischenschicht zu finden. Den größten Winkel weist die steife Zwischenschicht mit 78° auf. Außerdem

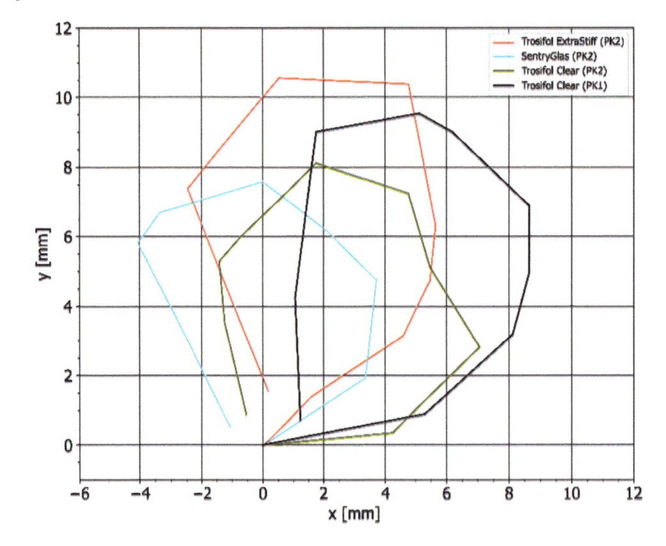

Bild 7 Geometrischer Vergleich der „Whirl-Fragmente" (© Weis, UniBw München)

fällt anhand des geometrischen Vergleichs der Fragmente auf (Bild 7), dass bei der weichen Zwischenschicht Trosifol Clear der Riss von der Spitze des Bohrers (Koordinate (0,0)) im Gegensatz zu den steifen Zwischenschichten relativ flach ansteigt.

3.3 Bruchbild/Bruchstückgröße

3.3.1 Ergebnisse

Bild 8 zeigt einen Probekörper im CulletScanner gemäß des Bruchablaufs 1.

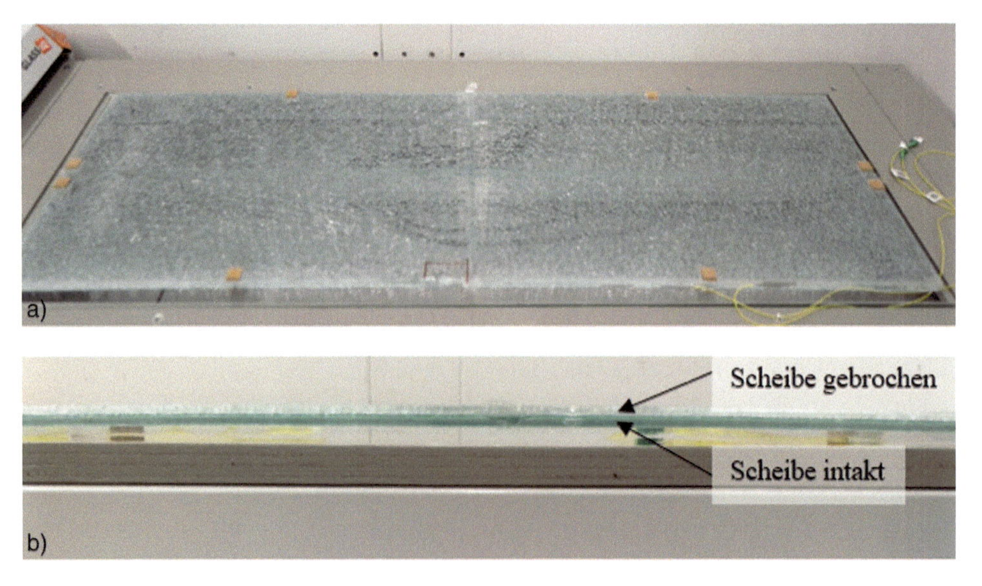

Bild 8 Probekörper nach Bruch im CulletScanner; a) Blick von oben; b) Blick von vorne (© Weis, UniBw München)

Zum Vergleich der Bruchbilder, beziehungsweise der Größe der einzelnen Bruchstücke werden bei Bruch 1 die durchschnittlichen Bruchstückanzahlen N_{50} in einem 50 mm × 50 mm Feld [4] ermittelt. Dazu wird die Dichte der Bruchstücke über den gesamten Auswertebereich einer Scheibe mithilfe des Scans ermittelt, um anschließend auf die mittlere Bruchstückanzahl N_{50} schließen zu können. In Bild 9a ist ein Beispiel für einen Auswertebereich, worüber die gemittelte Bruchstückanzahl N_{50} bei Bruch 1 gebildet wird, dargestellt. Die Anzahl der Bruchstücke in den rot markierten Bereichen wird dabei nicht miteinbezogen. Der umlaufende Rand ist nach [4] mit 2,5 cm auszuschließen. Die zwei weiteren roten Streifen, welche mittig über der Scheibe verlaufen, werden hier ausnahmsweise aufgrund von angebrachter Messtechnik für weitere Messwerte für diese Auswertung ausgenommen. Bild 9b stellt eine weitere Möglichkeit einer Auswertung im CulletScanner dar. Es zeigt manuell gewählte Felder mit deren Anzahl an Bruchstücken und soll die gleichmäßige Verteilung der Bruchstückdichte im Auswertebereich verdeutlichen. Die bei diesem Probekörper durch den CulletScanner minimal ermittelte Anzahl von 74 N_{50}-Bruchstücken nahe der Bohrung (~ mittig am unteren Scheibenrand, um circa 30° gedrehtes Feld) zeigt zudem, dass davon ausgegangen werden kann, dass durch das Bohren keine zusätzliche Energie eingetragen und das Bruchbild in diesem Bereich für die hier gewählte Auswertung nicht beeinflusst wird. Bei Bruch 2 kann kein Scan des Bruchbilds, wie bereits erwähnt, erfolgen. Für den Vergleich des Bruchbilds bei Bruch 2 zu Bruch 1 wird bei Bruch 2 der Mittelwert aus vier gewählten 50 mm × 50 mm Feldern, welche 4 bis 5 Minuten nach dem Bruch manuell ausgezählt werden, gebildet. In Tabelle 2 sind die gemittelten Bruchstückanzahlen N_{50} für die verschiedenen Zwischenschichten und die jeweiligen Probekörpern

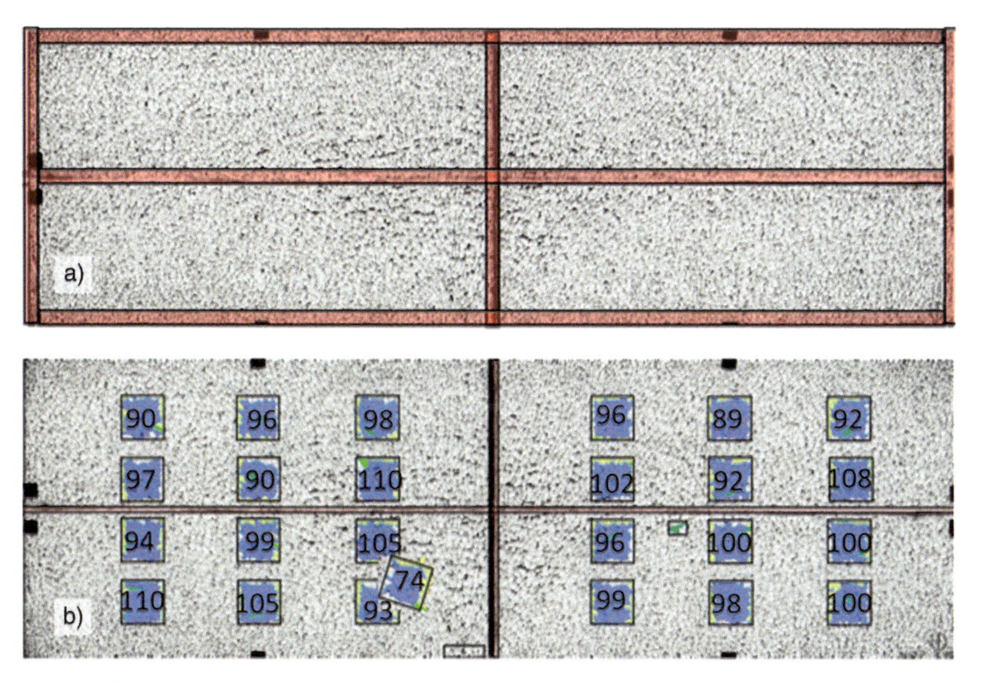

Bild 9 CulletScan VSG mit Zwischenschicht SentryGlas (PK2); a) Auswertung Bruchstücke mit Ausnahme rot markierter Bereiche; b) ausgewertete Felder 50 mm × 50 mm (© Weis, UniBw München)

Tabelle 2 Gemittelte Bruchstückanzahl N_{50}

		Bruchstückanzahl N_{50} (50 × 50 mm^2)					
Vorspannung (SCALP) $\sigma_m \left[\frac{N}{mm^2}\right]$	**Bruch**	**Trosifol Clear/Ultra Clear**		**Trosifol Extra Stiff**		**SentryGlas**	
		PK 1	**PK 2**	**PK 1**	**PK 2**	**PK 1**	**PK 2**
55	1	84	102	90	77	91	100
	2	–	100	–	110	–	123

angegeben. Es wurden dabei nur die Probekörper PK 2, also der Versuchsreihe 2, vollständig (Bruch 1 und Bruch 2) ausgezählt.

3.3.2 Auswertung

Um den Einfluss der Zwischenschichten auf das Bruchbild quantifizieren zu können, wird im Folgenden das Bruchbild von ESG in VSG dem von Mono-ESG-Scheiben gegenübergestellt.

Auswertung anhand der gemessenen Vorspannung

Mithilfe des Messsystems SCALP-04 [10] wird eine mittlere Vorspannung σ_m = 55 N/mm^2 der Probekörper ermittelt und es ergibt sich nach Gleichung (1) eine Formänderungsenergiedichte von:

$$U_D = \frac{4}{5} \cdot \frac{(1-0{,}23)}{70 \cdot 10^3 \frac{N}{mm^2}} \cdot \left(55\frac{N}{mm^2}\right)^2 = 26620\frac{J}{m^3} \tag{3}$$

Auswertung anhand gezählter Bruchstücke

Nach Gleichung (2) werden durch Einsetzen der hier ermittelten mittleren Bruchstückanzahlen die theoretischen Energiedichten der PK für Bruch 1 und Bruch 2 ermittelt (siehe Tabelle 3, Bild 10 und Bild 11).

Tabelle 3 Formänderungsenergiedichte in Abhängigkeit der Bruchstückanzahlen

		Formänderungsenergiedichte $U_D \left[\frac{J}{m^3}\right]$					
Vorspannung (SCALP) $\sigma_m \left[\frac{N}{mm^2}\right]$	**Bruch**	**Trosifol Clear/Ultra Clear**		**Trosifol Extra Stiff**		**SentryGlas**	
		PK 1	**PK 2**	**PK 1**	**PK 2**	**PK 1**	**PK 2**
55	1	16582	19403	17504	15530	17659	19081
	2	–	19081	–	20710	–	23944

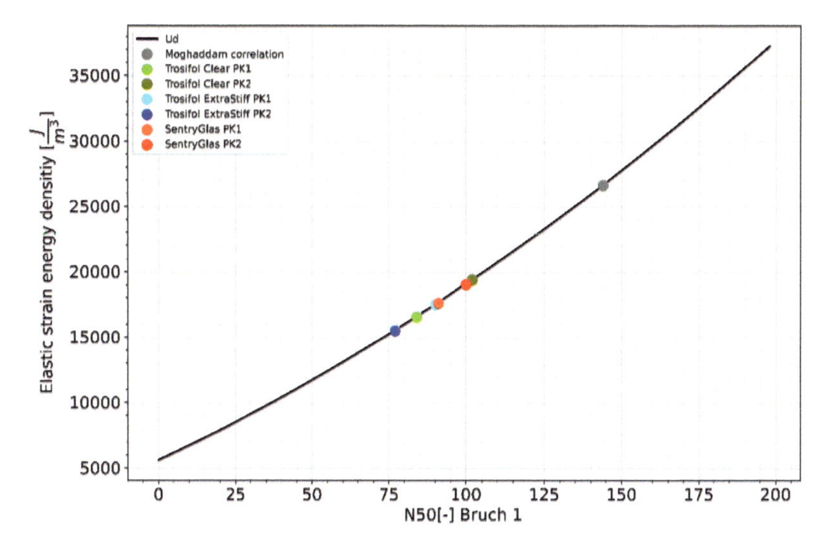

Bild 10 Formänderungsenergiedichte in Abhängigkeit der Bruchstückanzahl N_{50} (© Weis, UniBw München)

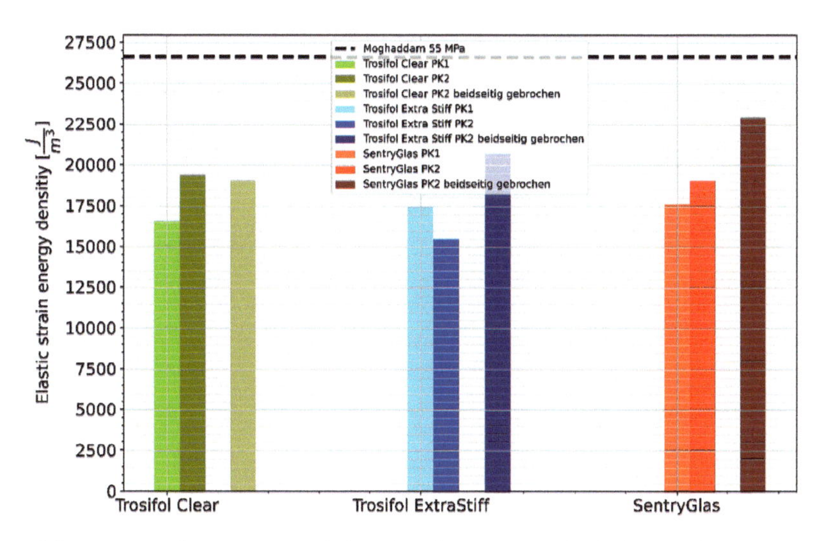

Bild 11 Formänderungsenergiedichte als Balken zum Vergleich der jeweiligen Probekörper (© Weis, UniBw München)

Auswertung der Bruchstückanzahl in Abhängigkeit der Zeit

Die Auswertung der Anzahl der Bruchstücke N_{50} in Abhängigkeit der Zeit nach dem Bruch 1 der PK2 ist in Bild 12 zu sehen. Die Anzahl der Bruchstücke y über die Zeit x wird zum Vergleich mithilfe der Gleichung $y = ax + b$ gefittet. Die Verfeinerung des Bruchbilds zeigt sich durch Teilung einzelner Fragmente durch radiale Rissverläufe.

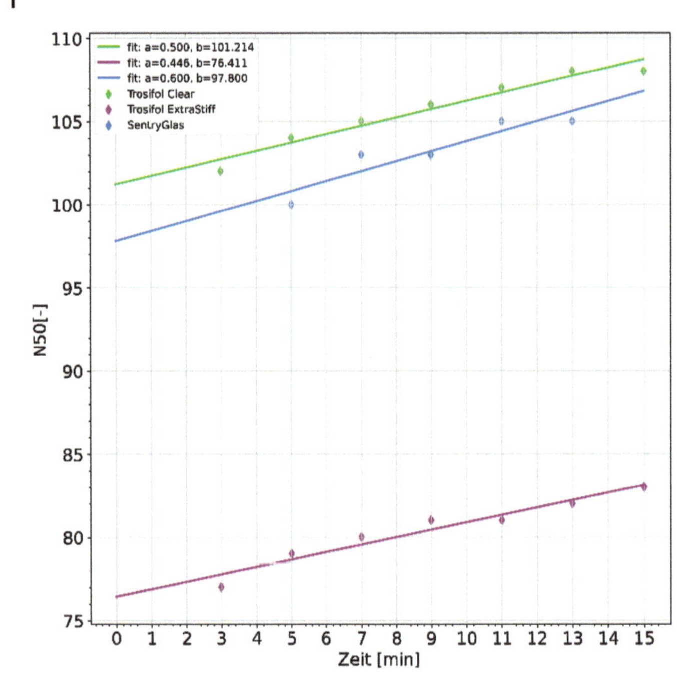

Bild 12 Gemittelte Bruchstückanzahl (N_{50}) in Abhängigkeit der Zeit (PK2, Bruch 1) (© Weis, UniBw München)

3.3.3 Schlussfolgerungen

Die Auswertung der Bruchbilder lässt die Behauptung zu, dass die nach [9] ermittelte Formänderungsenergiedichte über die Anzahl der Bruchstücke N_{50} bei ESG-Scheiben im Verbund kleiner ist, da die Bruchstückanzahl in einem 50 mm × 50 mm Feld unter der korrelierten Anzahl nach [9] liegt. Die Differenz der Energiedichten könnte daher auf den Einfluss der Zwischenschicht zurückgeführt werden. Bei Betrachtung des Bruchs 2 der PK2 fällt auf, dass die Energiedichten allgemein größer als bei Bruch 1 sind und bei den steiferen Zwischenschichten „Trosifol Extra Stiff" und „SentryGlas" höhere Dichten als bei der weichen Zwischenschicht ermittelt werden können. Die weiche Zwischenschicht „Trosifol Clear" weist bei Bruch 2 im Vergleich zu Bruch 1 beim PK2 wiederum eine ähnliche Energiedichte auf. Die Unterschiede im Bruchverhalten von einseitig und später beidseitig gebrochenem VSG mit steifer Zwischenschicht bestätigen auch erste Auswertungen der Bruchoberflächen von eingescannten Bruchstücken der zwei Scheiben eines VSG. Das feinere Bruchbild bei den Brüchen 2 und damit größerer freigewordener Bruchenergie zeigt sich in der raueren Bruchoberfläche [9]. Das unterschiedliche Bruchverhalten in Abhängigkeit der Zwischenschicht ist auch am Krümmungsverhalten der Probekörper nach dem Bruch erkennbar. Es kann visuell beobachtet werden, dass mit steigender Steifigkeit der Zwischenschicht die Krümmung des VSG zunimmt. In Betrachtung der Auswertung der Verfeinerung des Bruchbilds über die Zeit ist zu sehen, dass in einem 50 mm × 50 mm Feld alle 2 Minuten 1 Bruchstück im Mittel mehr gezählt wird, jedoch unabhängig von der Zwischenschicht zu sein scheint. Nur bei der Zwischenschicht SentryGlas ist eine größere Steigung a erkennbar. Dieses Verhalten ist noch nicht für Mono-Scheiben dokumentiert und bedarf hier weiterer Versuche zum Vergleich.

4 Zusammenfassung

Mit der Untersuchung des Einflusses der Zwischenschicht auf das Bruchbild und verhalten von VSG lassen sich weitere Erkenntnisse für den Nachweis der Resttragfähigkeit ableiten. Die Generierung eines Bruchbilds für FE Berechnungen, wie in [9] vorgestellt wird, könnte weiter ausgearbeitet werden. Für eine Validierung der Ergebnisse müssen jedoch noch weitere Versuche mit VSG mit unterschiedlichen Zwischenschichten erfolgen. Die Versuche können zudem noch auf teilvorgespanntes Glas (TVG) ausgeweitet werden. Eine weitere Erkenntnis ist, dass die Messung der Vorspannung der Scheiben mittels SCALP [10] vor dem Verbund erfolgen sollte. Somit können potentielle Unsicherheiten aus der Messung im Verbund, aufgrund der Grenzschicht zwischen Glas und Folie, sowie einer eventuell bei der Herstellung von VSG zusätzlich eingebrachten Spannung ausgeschlossen werden. Auf Grund des geringen Stichprobenumfangs lässt sich an dieser Stelle lediglich ein qualitativer Einfluss der Zwischenschicht auf das Bruchbild und die Rissentwicklung ableiten. Eine Aussage wie groß der Einfluss ist kann noch nicht getroffen werden.

5 Literatur

[1] Botz, M.; Kraus, M.; Siebert, G. (2019) Untersuchungen zur thermomechanischen Modellierung der Resttragfähigkeit von Verbundglas in: Weller, B.; Tasche, S. [Hrsg.] *Glasbau 2019*. S. 203–214, Ernst & Sohn, Berlin.

[2] Botz, M. (2020) *Beitrag zur versuchstechnischen und numerischen Beschreibung von Verbundglas mit PVB-Zwischenschicht im intakten und gebrochenen Zustand* [Dissertation]. Universität der Bundeswehr München.

[3] Pauli, A.; Kraus, M. A.; Siebert, G. (2021) Experimental and numerical investigations on glass fragments: shear-frame testing and calibration of Mohr–Coulomb plasticity model in: *Glass Structures & Engineering* 6, H. 1, S. 65–87. https://doi.org/10.1007/s40940-020-00143-5

[4] DIN EN 12150-1 (August 2019) *Kalknatron-Einscheiben-Sicherheitsglas – Teil 1: Definition und Beschreibung*. Beuth, Berlin.

[5] kuraray (2021) *Product portfolio: Architectural Glazing*.

[6] Nielsen, J. H.; Olesen, J. F.; Stang, H. (2009) The Fracture Process of Tempered Soda-Lime-Silica Glass in: *Experimental Mechanics* 49, H. 6, S. 855–870. https://doi.org/10.1007/s11340-008-9200-y

[7] Barsom, J. M. (1968) Fracture of Tempered Glass in: *Journal of the American Ceramic Society* 51, H. 2, S. 75–78. https://doi.org/10.1111/j.1151-2916.1968.tb11840.x

[8] Nielsen, J. H. (2017) Remaining stress-state and strain-energy in tempered glass fragments in: *Glass Structures & Engineering* 2, H. 1, S. 45–56. https://doi.org/10.1007/s40940-016-0036-z

[9] Pour-Moghaddam, N. (2019) *On the Fracture Behaviour and the Fracture Pattern Morphology of Tempered Soda-Lime Glass*. Springer Fachmedien, Wiesbaden.

[10] *SCALP-04 – GlasStress* [online]. https://www.glasstress.com/web/scalp-04/ [Zugriff am: 19. Jul. 2021]

[11] Bleicken, M. (2019) *Bestimmung von Vorspannprofilen in thermisch vorgespanntem Glas und statistische Auswertung* [Bachelorarbeit]. Universität der Bundeswehr München

Spannungsoptische Untersuchungen an polymeren Zwischenschichten in Verbundgläsern

Steffen Dix[1], Lena Efferz[1], Stefan Hiss[2], Christian Schuler[1], Stefan Kolling[3]

[1] *Hochschule München, Institut für Material- und Bauforschung, Karlstraße 6, 80333 München, Deutschland; sdix@hm.edu; lefferz@hm.edu; christian.schuler@hm.edu*
[2] *Kuraray Europe GmbH, Mülheimer Straße 26, 53840 Troisdorf, Deutschland; stefan.hiss@kuraray.com*
[3] *Technische Hochschule Mittelhessen, Institut für Mechanik und Materialforschung, Wiesenstraße 14, 35390 Gießen, Deutschland; stefan.kolling@me.thm.de*

Abstract

Die im thermischen Vorspannprozess induzierten Eigenspannungen verursachen unter polarisiertem Licht Anisotropie-Effekte im Glas. Derzeit beschränkt sich die Kontrolle dieser Anisotropien, welche als optische Gangunterschiede quantifiziert werden, auf Einzelgläser. In dieser Studie werden erstmals spannungsoptische Untersuchungen an Verbundgläsern durchgeführt. Im Zugversuch wird die spannungsoptische Konstante von PVB und SG ermittelt und in Gangunterschiedsmessungen die Auswirkung des Verbundprozesses analysiert. Die Ergebnisse zeigen, dass ein Unterschied zwischen den Polymeren hinsichtlich ihrer spannungsoptischen Eigenschaften besteht und dass durch die Folie eine Erhöhung der Gangunterschiedswerte im Verbundglas feststellbar ist.

Investigation of polymeric interlayers in laminated glass using photoelasticity. The residual stresses induced in the thermal toughening process cause so-called anisotropy effects in the glass under polarized light. Currently, the control of anisotropies, which are quantified as optical retardation, is limited to monolithic glass. In this study, for the first time, photoelastic studies are performed on laminated glass panes. The photoelastic constant of PVB and SGP interlayers is determined in tensile tests, and the effect of the lamination process is analyzed in retardation measurements. The results show that there is a difference between the interlayers with respect to their photoelastic properties and that an increase in the retardation values in the laminated glass was detectable due to the insertion of the polymer film.

Schlagwörter: *Anisotropie, Verbundglas, Spannungsoptik, polymere Zwischenschicht, thermisch vorgespanntes Glas*

Keywords: *anisotropy, laminated glass, photoelasticity, polymer interlayer, tempered glass*

Glasbau 2022. Herausgegeben von Bernhard Weller, Silke Tasche.

1 Einleitung

Das Produkt Verbundglas (VG) ist in vielen Industriebranchen weit verbreitet und wird vielfach eingesetzt. Es besteht in der Regel aus mindestens zwei mittels polymerer Zwischenschicht verbundenen Glasscheiben, welche im Laminationsprozess unter Temperatur und Druck gefügt verwenden. Typische polymere Interlayer in VG bestehen aus Poly-Vinyl-Butyral (PVB), Ethylen-Vinyl-Acetat (EVA) oder Ionomere wie z. B. SentryGlas® (SG). Für hochbeanspruchte Verglasungen werden als Glasart häufig thermisch vorgespannte Gläser eingesetzt, da sie gegenüber entspanntem Floatglas eine höhere Festigkeit und Temperaturwechselbeständigkeit aufweisen. Kleinste Unregelmäßigkeiten im Aufheiz- oder Abkühlprozess des Glases können hierbei zu optischen Anisotropie-Effekten im Glas führen, die in Abhängigkeit des Prozesses, des Glasaufbaus sowie der örtlichen Begebenheiten und der Betrachtungsbedingungen stehen [1, 2]. Aktuelle Forschungsergebnisse existieren derzeit nur für monolithisches Glas ohne Beschichtungen, vgl. [3–5]. Durch den vermehrten Einsatz von tragenden Glaskonstruktionen mit polymeren Zwischenschichten stellt sich jedoch die Frage, inwiefern diese einen Einfluss auf optische Anisotropie-Effekte ausüben und ob dieser quantifizierbar ist. Methoden der Spannungsoptik eignen sich dazu, den Effekt im Labor nachzustellen.

Ziel dieser Arbeit ist es, systematisch den Einfluss von polymeren Zwischenschichten auf messbare optische Gangunterschiede im Verbundglas zu untersuchen. Zu diesem Zweck werden ausgehend von den theoretischen Grundlagen, spannungsoptische Untersuchungen an der Verbundfolie, am Laminat unter Zwang und am Laminat ohne Zwang durchgeführt.

2 Grundlagen

2.1 Optische Anisotropie-Effekte

Optische Anisotropie-Effekte sind Farberscheinungen (Irisationen), die hauptsächlich in thermisch vorgespannten Gläsern auftreten und die als graue bis farbige Muster unter polarisiertem Lichteinfall sowie bestimmten Betrachtungswinkeln in der Fassade wahrgenommen werden können [1, 4].

Transparente Werkstoffe, wie z. B. Glas oder Kunststoffe, verändern unter mechanischer Beanspruchung ihre optischen Eigenschaften. Sie werden richtungsabhängig (anisotrop) und sind dadurch doppelbrechend. Das optische Phänomen der Doppelbrechung kann mithilfe der Spannungsoptik erklärt werden. Trifft ein polarisierter Lichtstrahl auf ein doppelbrechendes Medium teilt sich dieser in der Ebene in zwei Vektoren nach den beiden Hauptspannungsrichtungen σ_1 und σ_2 auf. Nach Passieren des doppelbrechenden Mediums erfahren die Komponenten aufgrund des Spannungszustandes einen optischen Gangunterschied δ, welcher im direkten Zusammenhang mit den Interferenzfarben der Anisotropie-Effekte steht, siehe Bild 1. Detaillierte theoretische Grundlagen hierzu finden sich in [6–8].

Thermisch vorgespanntes Glas, welches einen Eigenspannungszustand durch die Wärmebehandlung erfährt, kann je nach Homogenität des Vorspannprozesses mehr oder weniger sichtbare Anisotropie-Effekte enthalten. Neben der Gleichmäßigkeit der eingeprägten Eigenspannung, also der Differenz der beiden Hauptspannungen σ_1 und σ_2 sind die Materialkonstante C und die Dicke d entscheidende Faktoren bei der Entstehung von Gangunterschieden. Dieser Zusammenhang lässt sich nach [7] mathematisch durch die über die Glasdicke integrierte Spannungsdifferenzen beschreiben:

$$\delta = C\int_{z=0}^{z=d} \left(\sigma_1(z) - \sigma_2(z)\right)dz \qquad (1)$$

Dies bedeutet: Je dicker der Glasaufbau einer Verglasung wird, desto wahrscheinlicher kumulieren sich Gangunterschiede über die Dicke und desto buntere Interferenzfarben können als Anisotropie-Effekte unter teilpolarisiertem Tageslicht auftreten, siehe Bild 1.

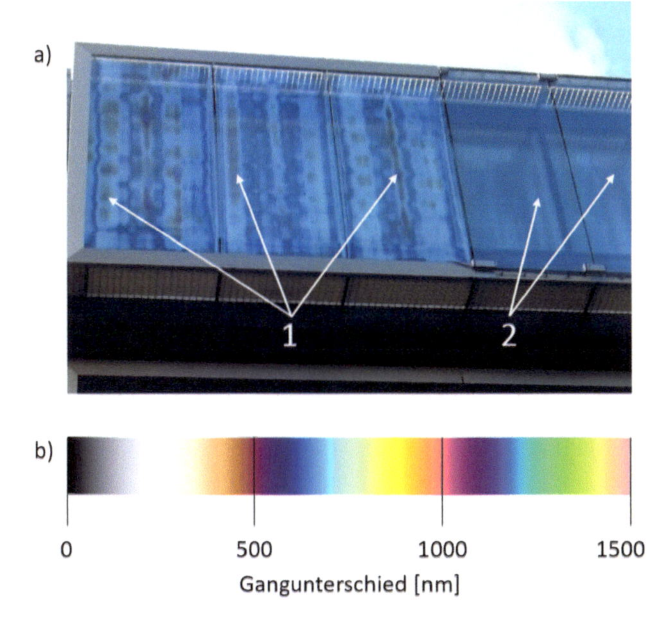

Bild 1 a) Fassade mit thermisch vorgespannten Glasscheiben, starke (Pfeile 1) und geringe (Pfeile 2) optische Anisotropie-Effekte, Aufnahme ohne Polfilter in Luxemburg (© Ruth Kasper, aus [8]); b) Interferenz-Farbskala nach Michel-Lévy analytisch berechnet in [1] (© Marcus Illguth)

2.2 Spannungsoptische Methoden

Die Spannungsoptik umfasst eine Reihe von Techniken, mit denen Spannungen in transparenten Medien qualitativ sichtbar und quantitativ messbar gemacht werden können. Klassische spannungsoptische Techniken, wie sie in [9] und [10] erläutert werden, wurden in den letzten sechs Jahren erweitert und an großflächigen, thermisch vorgespannten Gläsern erprobt [1, 2, 5, 11–13]. In dieser Arbeit werden zwei verschiedene quantitative Methoden angewendet, die sich zwar im Ansatz unterscheiden, jedoch beide richtungsunabhängige Gangunterschiedsbilder erzeugen und die Kriterien nach ASTM C1901 [14] erfüllen.

2.2.1 RGB – Spannungsoptik im Zirkularpolariskop

Die RGB – Spannungsoptik wurde erstmals von Ajovalasit et al. in [15] vorgestellt und von Illguth et al. [1] auf thermisch vorgespannte Gläser angewendet. Durch die Aufnahme eines digitalen, vollflächigen Isochromatenbilds der zu untersuchenden Glasscheibe im Zirkularpolariskop können die durch weißes Licht entstehenden Interferenzfarben anhand einer Kalibriertabelle und eines Auswertealgorithmus in Gangunterschiedsbilder transferiert werden. Die hier verwendete Technik, Kalibrierung und Laborausstattung zur Untersuchung von Kleinproben bis 1,10 m × 1,0 m wird ausführlich in Dix et al. [5] erläutert. Für alle in der Arbeit vorkommenden Materialien wurden separate Kalibriertabellen erzeugt. Der Messbereich liegt für die Versuche in Abschnitt 3 von 0 bis 1500 nm und in Abschnitt 5 von 0 bis 500 nm bei einer hohen Auflösung von 0,5 mm pro Pixel.

2.2.2 Phase-Shifting-Technik – Polarimeter

Die Phase-Shifting-Technik hat den Vorteil, dass sie ohne die Erzeugung einer Kalibriertabelle direkt genutzt werden kann, um sowohl Gangunterschiede als auch die Orientierung der Spannung (Azimut) in transparenten Medien zu erfassen. Der spannungsoptische Aufbau ist auch unter dem Begriff des Polarimeters bekannt, welches das Kompensationsprinzip nach Sénarmont oder Tardy nutzt [16]. Mit der Weiterentwicklung von Polarimetern mit rotierenden optischen Elementen [2, 17] zu Geräten, deren Analysatoren mehrere Polarisationsebenen (0°, 45°, 90° und 135°) simultan analysieren können [13, 18] und dadurch in Echtzeit Gangunterschiedsbilder generieren, findet die Technik auch Anwendung zur Messung von Anisotropie-Effekten in thermisch vorgespanntem Glas.

Grundsätzlich gilt bei dieser Messtechnik: Mit dem Wissen über die Ausrichtung der optischen Elemente (Polarisator, Viertelwellenplatten und Analysator) kann mithilfe der Müller-Matrix aus der Intensität des Lichts der Gangunterschied und der Azimutwinkel berechnet werden, siehe [13, 19]. Für die experimentellen Untersuchungen in Abschnitt 4 wurde das Messsystem Strainscanner der Firma ilis GmbH aus Erlangen angewendet, welches einen Messbereich von 0 bis 120 nm besitzt und auch sehr geringe Gangunterschiede bei einer Auflösung von 2 mm pro Pixel erfassen kann.

2.3 Polymere Zwischenschichten in Verbundgläsern

Für die ingenieurtechnische Verwendung von Polymeren als Zwischenschicht in VG ist häufig das thermomechanische Verhalten von Interesse, vgl. [20, 21]. Polymere werden daher aufgrund ihres Steifigkeit-Temperaturverhaltens in Thermoplaste, Elastomere und Duroplaste unterteilt. PVB wird den amorphen Thermoplasten zugeordnet und besteht nach [20] aus PVB – Harz, Weichmachern und Additiven. SG ist ein transparentes, thermoplastisches Ionomer [22] und besitzt im Vergleich zu PVB eine höhere Steifigkeit. Bei Beanspruchung können die angreifenden Spannungen über den höheren Schubverbund auf die einzelnen Gläser im Laminat verteilt werden. Dies hat Vorteile bei der Bemessung oder der Herstellung von laminationsgebogenen Scheiben. Die Spannungsoptik zeigt, dort wo Spannungen auftreten, können Gangunterschiede entstehen und in der Fassade als Anisotropie-Effekte sichtbar werden.

Untersuchungen zu spannungsoptischen Eigenschaften, die im Zusammenhang mit Anisotropie-Effekten in laminierten Gläsern stehen, sind den Autoren nicht bekannt. Die nachfolgenden Untersuchungen beschäftigen sich daher mit den Fragen, inwiefern sich die zwei Polymere in ihren spannungsoptischen Eigenschaften unterscheiden und ob ein Einfluss aus dem Laminationsprozess mittels Gangunterschiedsmessung festgestellt werden kann.

3 Spannungsoptische Konstante von PVB und SGP

3.1 Allgemeines

Die spannungsoptische Konstante oder auch Isochromatenwert dient als ein Maß für die spannungsoptische Empfindlichkeit des Materials [16]. Werden in der Hauptgleichung der Spannungsoptik die Materialkonstante C und die Wellenlänge λ zusammengefasst, ergibt sich daraus die spannungsoptische Konstante S. Die Hauptgleichung der Spannungsoptik bezogen auf S lautet umgeformt:

$$\Delta = \frac{C}{\lambda}(\sigma_1 - \sigma_2)\,d = \frac{(\sigma_1 - \sigma_2)}{S}\,d \tag{2}$$

mit

Δ relative Phasenverschiebung [–]
C Materialkonstante [TPa^{-1}]
λ Wellenlänge [nm]
$(\sigma_1 - \sigma_2)$ Hauptspannungsdifferenz [N/mm^2]
d Dicke der Modellplatte [mm]
S Spannungsoptische Konstante [N/(mm·Ordnung)]

Die spannungsoptische Konstante ist nicht nur vom Material und der Wellenlänge, sondern auch von der Temperatur abhängig, vgl. [16]. Deshalb wurde die Oberflächentemperatur des Materials bei der Herstellung der Proben, der Lagerung und der Durchführung der Versuche erfasst. C und S können durch verschiedene Verfahren ermittelt werden. Eine Übersicht findet sich hierzu in [9].

3.2 Probekörper und Versuchsaufbau

Für die Ermittlung der Materialkonstante C beziehungsweise der spannungsoptischen Konstante S von PVB und SG wurden Zugversuche mit konstanter Last und definierter Lastdauer in dem kalibrierten Zirkularpolariskop aus Abschnitt 2.2.1 durchgeführt, siehe Bild 2 (a) und (b). In Vorversuchen wurde zusätzlich mithilfe von begleitenden Verformungs- und Temperaturmessungen die optimale Prüflast für beide Folientypen separat festgelegt. Es wurde ein Lastbereich definiert, der geringe Verzerrungen in der Zugprobe generiert und zu welchem Gangunterschiede zweifelsfrei ermittelt werden können. Der Zeitpunkt der Aufnahme wurde mit 10 Sekunden einheitlich definiert, um die Temperatur des Probekörpers konstant zu halten und möglichst nah am Zeitpunkt der Belastung zu sein. Die Probekörper des Typs A nach ISO 527-3 [23] wurden aus Folien der Dicke 1,52 mm mit den Abmessungen 300 mm × 300 mm ausgestanzt. Aus jeweils fünf Folien, welche bereits vollständig den Autoklavprozess durchlaufen hatten, wurden zwei Proben entnommen. Davon wurde eine bei 16 °C (±1 °C) und eine bei Raumtemperatur (RT) 20 °C (±1 °C) geprüft. Eine Übersicht der Prüfparameter und Probekörper sind in Tabelle 1 dargestellt.

Tabelle 1 Übersicht der Probekörper zur Ermittlung der spannungsoptischen Materialparameter

Folienart	Foliennummer	Prüftemperatur [°C]		Prüflast [N]	Anzahl [Stk.]
PVB	I bis V	16	20	2,75	5 je Temperatur
SG	VI bis X	16	20	16,58	5 je Temperatur

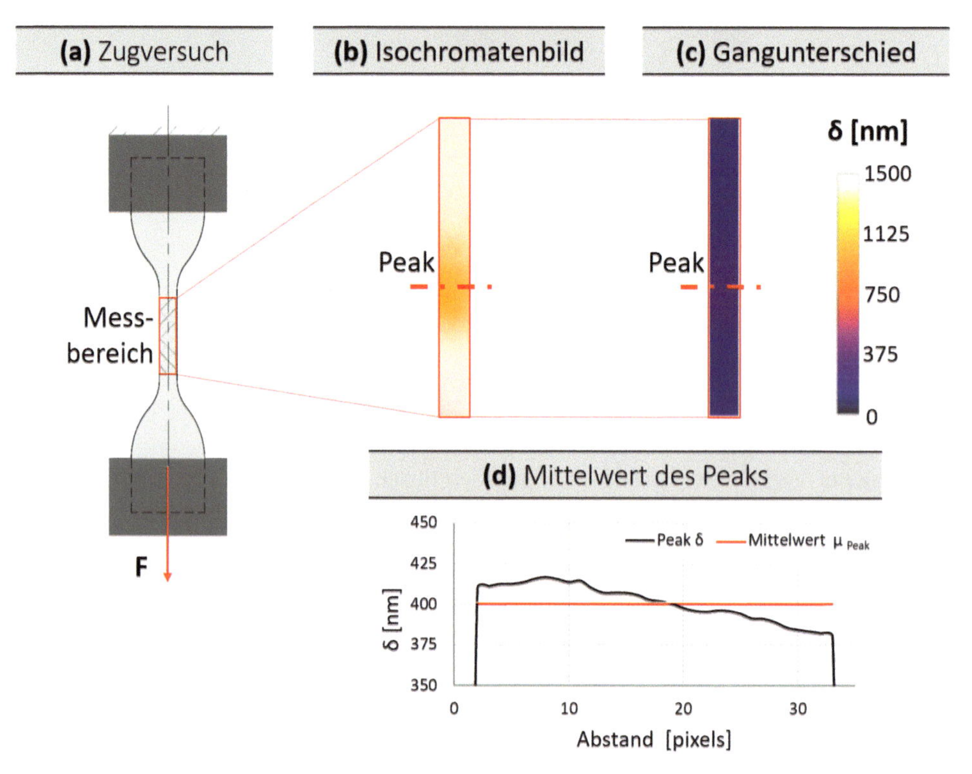

Bild 2 a) Versuchsaufbau mit Messbereich des Zugstabes; b) Isochromatenbild im Messbereich; c) der ermittelte Gangunterschied; d) Berechnung des Mittelwertes μ_{Peak} (© Steffen Dix, Hochschule München)

3.3 Versuchsauswertung

Die Auswertung der Versuche erfolgte, wie in Bild 2 (c) und (d) dargestellt, im Messbereich des Zugprobekörpers. Zur Ermittlung der spannungsoptischen Kennwerte C und S je Probe, wurde im Maximum des Gangunterschieds δ ein Schnitt gelegt (Peak) und ein Mittelwert entlang diesem bestimmt. In einer FE-Analyse wurden die axial auftretenden Spannungen $\sigma_{x,\,PVB} = 0{,}3$ MPa und $\sigma_{x,\,SG} = 2$ MPa unter der konstanten Kurzzeitbelastung für die jeweilige Zwischenschicht berechnet. Ferner sind nun alle Parameter bekannt, um aus Gleichung (3) C und aus Gleichung (4) S nach [16] zu berechnen:

$$C = \frac{\lambda\Delta}{(\sigma_1 - \sigma_2)d} = \frac{\lambda\Delta}{\sigma_x d} = \frac{\delta}{\sigma_x d} \tag{3}$$

$$S = \frac{\lambda d}{\delta}(\sigma_1 - \sigma_2) = \frac{\lambda d}{\delta}\,\sigma_x = \frac{\lambda}{C} \tag{4}$$

mit
$\delta = \lambda\Delta$ gemessener Gangunterschied [nm]

In Bild 3 sind die Isochromatenbilder aller Probekörper dargestellt. Für die vier Versuchsreihen wurde aus den Einzelwerten der arithmetische Mittelwert μ_{Peak} und die Standardabweichung σ_{Peak} unter Annahme einer Normalverteilung für die spannungsoptische Konstante S und die Materialkonstante C ermittelt.

Bild 3 und die Auswertungen in Tabelle 2 zeigen, dass die Versuche stark von der Temperatur abhängen und sich daher deutlich in ihren spannungsoptischen Kennwerten unterscheiden. Insbesondere ist dies bei PVB erkennbar, was ein Indiz der Annäherung an die Glasübergangstemperatur T_g sein kann. Diese liegt bei Standard PVB bei circa 32 °C [24]. Ferner ist eine Zunahme der Streuung der Messergebnisse bei 20 °C sowohl bei PVB als auch bei SG ersichtlich. Zudem sind bei SG Randeffekte zu beobachten, die diese Streuung verstärken und weiterhergehend untersucht werden müssen.

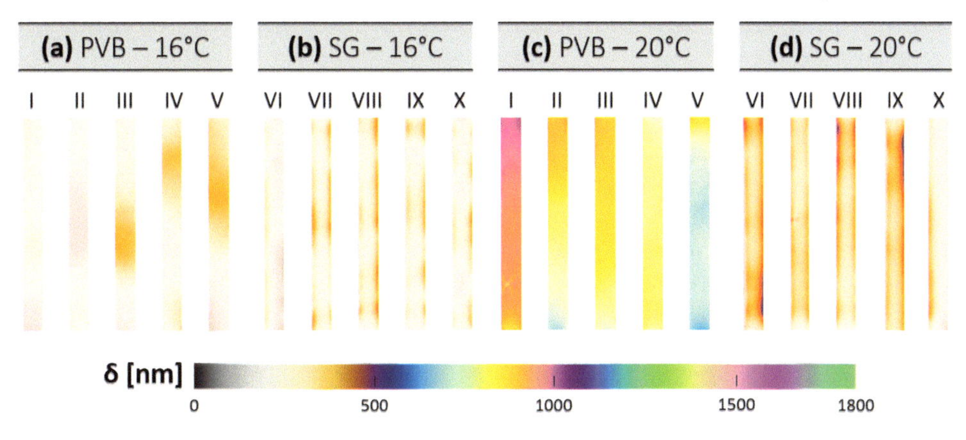

Bild 3 Isochromatenbilder der einzelnen Prüfkörper unter konstanter Zugbeanspruchung (© Lena Efferz, Hochschule München)

Tabelle 2 Ergebnisse der spannungsoptischen Kennwerte *C* und *S*

	C [TPa⁻¹]				*S* [N/(mm · Ordnung)]			
	PVB		SG		PVB		SG	
	16 °C	20 °C	16 °C	20 °C	16 °C	20 °C	16 °C	20 °C
μ_{Peak}	690,7	1911,8	95,5	138,3	0,87	0,31	5,29	4,09
σ_{Peak}	148,6	439,0	19,6	30,3	0,20	0,06	1,03	0,82

Die Empfindlichkeit der spannungsoptischen Konstanten zwischen den polymeren Zwischenschichten PVB und Ionomer unterscheidet sich im Faktor 7 für 16 °C und im Faktor 13 für für 20 °C. PVB ist daher empfindlicher als SG und würde unter gleicher Spannung höhere Gangunterschiede aufweisen. Im Vergleich zu Floatglas mit $C = 2{,}71\ \text{TPa}^{-1}$ zeigen beide Polymere eine deutlich höhere spannungsoptische Empfindlichkeit. Ob sich der Unterschied zwischen den Polymeren auch auf das VG-Laminat auswirkt, sollen die Untersuchungen in Abschnitt 4 und 5 zeigen.

4 Zwangsspannungen aus dem Laminationsprozess

4.1 Allgemeines

Im Herstellprozess von VG können durch mechanische Zwangskräfte ungewollt Spannungen in die Folie eingebracht werden. In der Praxis können diese z. B. punktuell am Rand durch Klammern oder linienförmig, flächig durch unsachgemäßes Anbringen von Transportsicherungen initiiert werden. Im Versuch wird dieser Zwang mithilfe von Gewichten (Gw) mit einer Masse von 28 kg sowie mit üblichen Randklemmen (Rk) nachgestellt. Ziel dieser Untersuchung ist es, den Einfluss dieser Imperfektionen auf verbleibende optische Gangunterschiede zu quantifizieren. Durch die Verwendung von nicht vorgespannten Glasscheiben wird sichergestellt, dass gemessene Gangunterschiede nur aus dem Prozess oder dem induzierten mechanischen Zwang entstehen.

4.2 Probekörper und Versuchsdurchführung

Hierzu wurden Probekörper mit und ohne Zwang für die Untersuchungen ausgewählt und die Gangunterschiede im Strainscanner, siehe Abschnitt 2.2.2, gemessen. Die Probekörper wurden als VG mit 2 × 6 mm Floatglas und den Abmessungen 300 mm × 300 mm bei der Firma Kuraray hergestellt. Die Gewichte und Klammern wurden nach dem Walzenvorverbund und vor dem Autoklavenprozess aufgebracht, siehe Bild 4. Als

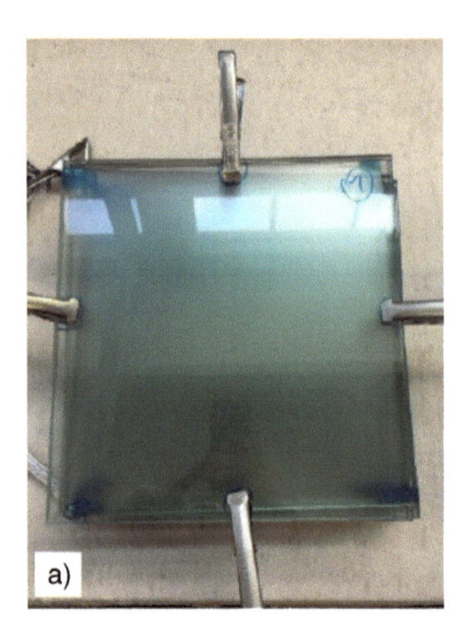

Bild 4 Probekörper unter Zwang a) mit Randklemmen und b) mit Gewichten (© Stefan Hiss, Kuraray Europe GmbH)

polymere Zwischenschichten wurden analog zu den Untersuchungen aus Abschnitt 3, PVB und SG in der Dicke 1,52 mm verwendet. Pro Versuchsserie wurden drei Probekörper zur Verfügung gestellt. Die Gangunterschiedsmessungen wurden unter konstanter Raumtemperatur (22 °C ± 1 °C) durchgeführt.

4.3 Versuchsauswertung

Die Auswertung der Versuche unterteilt sich nach Art der Herstellung in ohne und mit absichtlich induziertem Zwang, sowie nach der verwendeten polymeren Zwischenschicht im VG, siehe Tabelle 3. Da sich die Gangunterschiedsbilder einer Versuchsserie sehr ähneln, ist in Bild 5 jeweils eines pro Serie als Falschfarbenplot dargestellt. Anhand der Skala ist für den Betrachter erkennbar, dass sich für diese Proben der messbare Einfluss im Bereich von 0 bis 25 nm befindet.

Die Probekörper mit PVB-Zwischenschicht ohne äußeren Zwang (a) und durch Randklemmen induzierten Zwang (b) zeigen keine erkennbare Zunahme von Gangunterschieden. Im Gegensatz dazu bildet sich bei den SG Probekörpern ohne Zwang bereits ein kantennah umlaufender Streifen mit Gangunterschieden um die 10 bis 13 nm. Dieser wird durch die Anwendung der Randklemmen im vorliegenden Fall minimiert. Der Einfluss aus im Laminationsvorgang aufgebrachten Gewichten (c) ist bei beiden Zwischenschichten erkennbar.

Die Ergebnisse zeigen beispielhaft, dass die im SG unter Zwang induzierten Spannungen geringe optische Gangunterschiede hervorrufen können, während sich eingebrachte Spannungen im PVB größtenteils durch Relaxationsprozesse reduzieren und somit weniger Gangunterschiede aufzeigen.

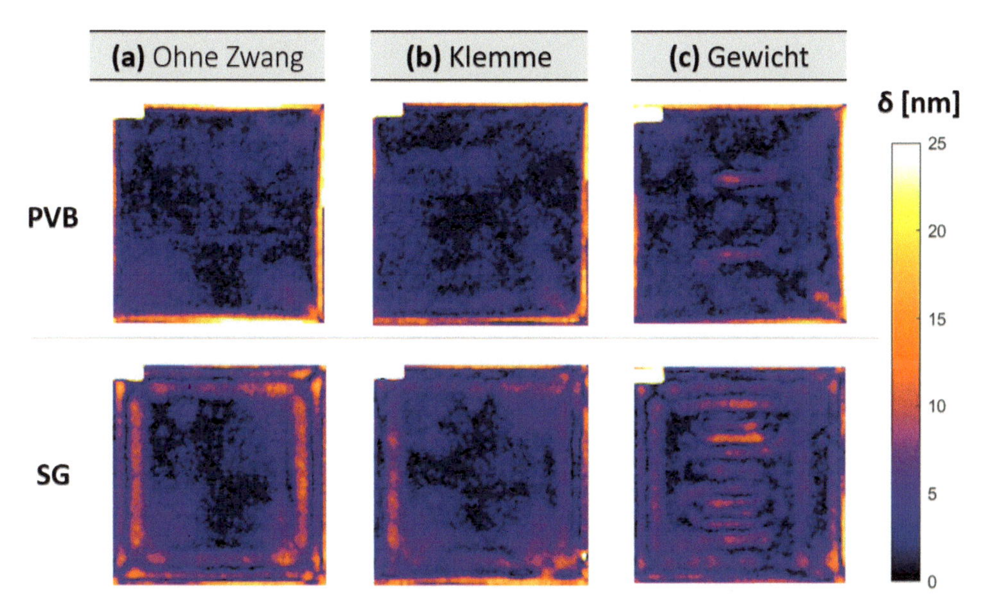

Bild 5 Falschfarbenplot der Gangunterschiedsmessungen an VG-Probekörper; Typische Messergebnisse horizontal unterteilt nach Folienart (Dicke 1,52 mm) und vertikal gegliedert in mit und ohne mechanischen Zwang (© Steffen Dix, Hochschule München)

Tabelle 3 Übersicht der Ergebnisse der Gangunterschiedsmessungen

Folienart	Zwang	Anzahl [Stk.]	Messbarer Einfluss
PVB	ohne	3	nein
	Rk	3	nein
	Gw	3	gering, streifenförmig, max. 10 nm
SG	ohne	3	gering, umlaufend, max. 13 nm
	Rk	3	gering, streifenförmig, max. 10 nm
	Gw	3	gering, streifenförmig, ca. 15 nm

5 Auswirkung aus herkömmlichem Laminationsprozess

5.1 Allgemeines

Ziel dieser Untersuchung ist es, exemplarisch den Einfluss der polymeren Zwischenschicht, welcher aus dem herkömmlichen Laminationsprozess ohne absichtlich induzierten Zwang resultiert, auf messbare Gangunterschiede zu erfassen. Zu den vorangegangenen Untersuchungen unterscheiden sich diese durch die Verwendung von vorgespannten Gläsern als Glassubstrat und die Erweiterung der Abmessungen von 300 mm × 300 mm auf 1000 mm × 1000 mm. Die Überlagerung der Gangunterschiede der Einzelscheiben wurden erfasst, sind jedoch nicht Teil dieser Veröffentlichung.

5.2 Probekörper und Versuchsdurchführung

Es wurden insgesamt vier VG-Probekörper mit den Glasdicken 2 × 6 mm und 2 × 12 mm sowie den polymeren Zwischenschichten PVB und SG mit der Dicke von 1,52 mm von Kuraray hergestellt. Die Probekörper wurden vor und nach dem Laminationsprozess (ohne und mit Folie) im Zirkularpolariskop aus Abschnitt 2.2.1 spannungsoptisch vermessen. Die Versuche wurden bei Raumtemperatur durchgeführt, die Gläser wurden vertikal spannungsfrei gelagert.

5.3 Versuchsauswertung

Bild 6 zeigt die erfassten Gangunterschiedsbilder, dargestellt als Falschfarbenplots, vor (a, c, e, g) und nach (b, d, f, h) der Lamination. Auf diesen lässt sich bereits eine geringe Verstärkung der Gangunterschiede erkennen.

Dix et al. [5] beschreibt verschiedene aktuelle Methoden, mit denen Gangunterschiedsbilder vollflächig ausgewertet werden können. Vor der Anwendung dieser empfiehlt sich aufgrund höherer Gangunterschiede im Randbereich der Scheibe eine Aufteilung in die in [5] vorgestellten Bewertungszonen Falz (R), Rand (E) und Haupt (M). Danach wurde im vorliegenden Fall der 95 %-Quantilwert $x_{0,95}$ der jeweiligen Zone ermittelt. Dieser besagt, dass 95 % der im Bild auftretenden Gangunterschiede unterhalb dieses Wertes liegen. Die Ergebnisse für die Zonen E+M und M sind in Tabelle 4 zusammengefasst. Der Index k steht für ohne Folie und l für mit Folie nach der Lamination. Die prozentuale Erhöhung f ergibt sich aus $(x_{0,95,k}-x_{0,95,l})\ /x_{0,95,k}$.

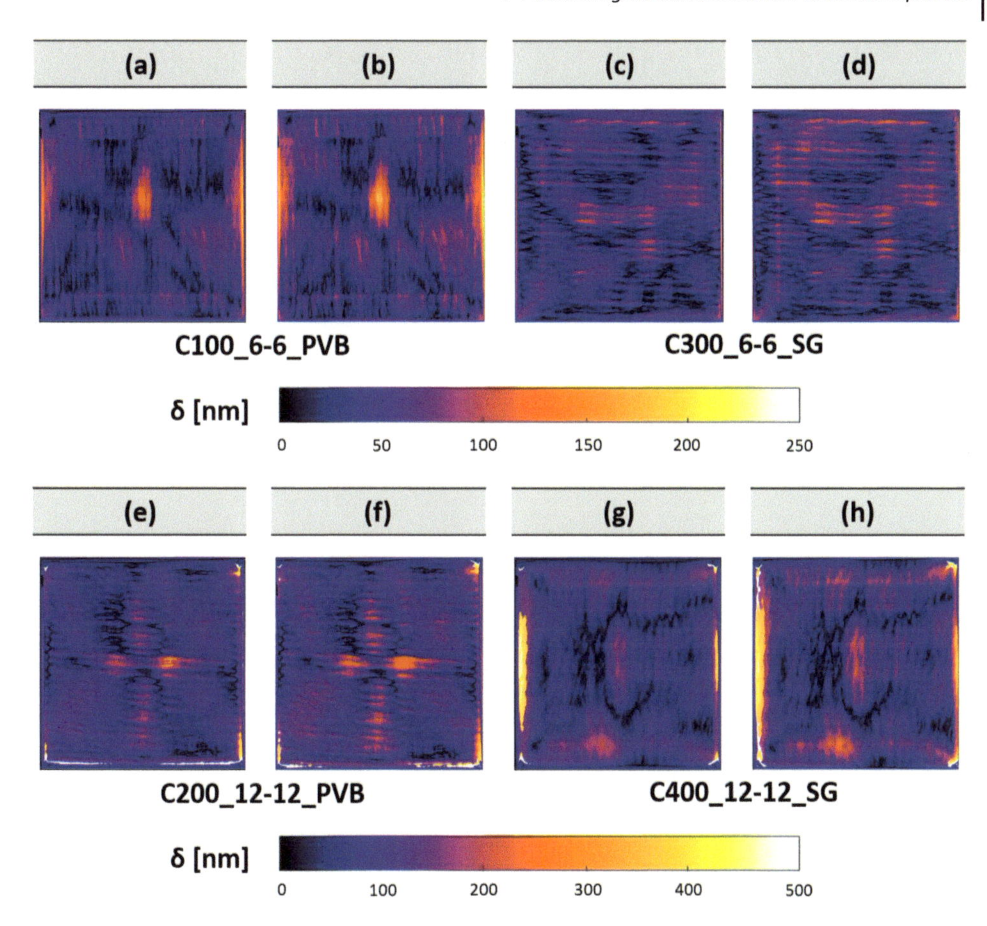

Bild 6 2D-Falschfarbenplots der Gangunterschiedsbilder mit verschiedenen Skalen.
VG 2 × 6 mm | PVB a) vor und b) nach der Lamination; VG 2 × 6 mm | SG c) vorher und d) nachher; VG 2 × 12 mm | PVB e) vor und f) nachher; VG 2 × 12 mm | SG g) vor und h) nachher
(© Steffen Dix, Hochschule München)

Tabelle 4 Vergleich der Gangunterschiedsmessung mithilfe des $x_{0,95}$

Probekörper	**E+M**			**M**		
	$x_{0,95,k}$ [nm]	$x_{0,95,l}$ [nm]	f [%]	$x_{0,95,k}$ [nm]	$x_{0,95,l}$ [nm]	f [%]
C100_6-6_PVB	77	88	14	71	80	13
C200_12-12_PVB	142	162	14	141	167	18
C300_6-6_SG	70	81	16	73	83	14
C400_12-12_SG	157	185	18	131	151	15

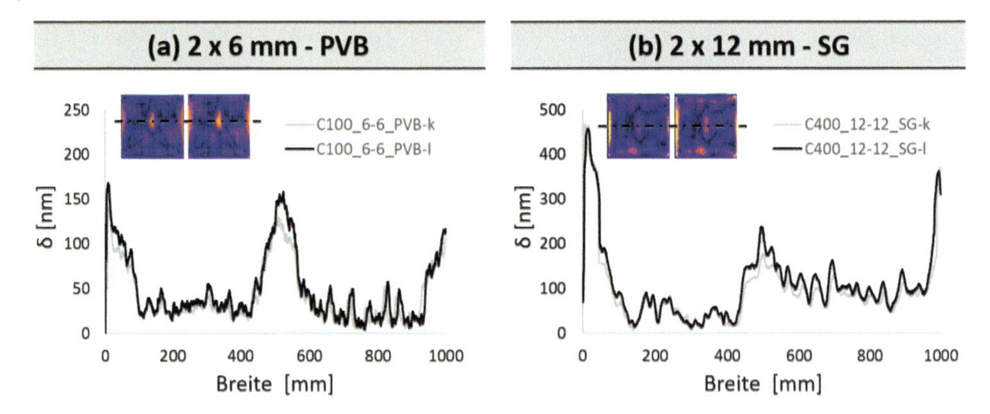

Bild 7 Gangunterschiede entlang eines horizontalen Schnittes vor (*k*) und nach (*l*) der Lamination exemplarisch für zwei Proben (© Steffen Dix, Hochschule München)

Da sich die prozentuale Zunahme *f* zwischen den verschiedenen Bewertungszonen nur marginal unterscheidet, wird in der weiteren Betrachtung nur Zone M verwendet. Bild 7 zeigt beispielhaft für die Probekörper C100_6-6_PVB (a) und C400_12-12_SG (b), wie sich lokal entlang eines Schnittes Gangunterschiede vor (*k*) und nach der Lamination (*l*) ausprägen. Sowohl in der flächigen Auswertung aus Tabelle 4 als auch in der lokalen Auswertung in Bild 7 ist eine gleichmäßige Zunahme der Gangunterschiede nach der Lamination messbar. Diese Erhöhung liegt, wie in Tabelle 4 ersichtlich, für die empfohlene Bewertungszone M zwischen 13 bis 18 %. Verglichen zu den im thermischen Vorspannprozess induzierten Gangunterschieden sind die aus der polymer Zwischenschicht als gering zu betrachten.

Anhand dieser Untersuchung lassen sich im Gegensatz zu Abschnitt 4 keine markanten Unterschiede zwischen den verschiedenen polymeren Zwischenschichten erkennen. Dies lässt die Vermutung zu, dass kein Zwang aus dem Vorspannprozess entstanden ist und die Zunahme der Gangunterschiede aus dem Einfügen der Folie entstanden ist. Weitere geplante Untersuchungen an bauteilgroßen Glasscheiben sollen die in dieser Arbeit entstandenen Erkenntnisse bestätigen und vervollständigen.

6 Zusammenfassung und Ausblick

In der vorliegenden Studie wurde gezeigt, dass mithilfe von spannungsoptischen Untersuchungen der Einfluss von polymeren Zwischenschichten auf messbare Gangunterschiede im Verbundglas systematisch bewertet werden kann. Im ersten Schritt wurden die spannungsoptischen Konstanten *C* und *S* für PVB und SG experimentell im Zugversuch unter konstanter Last ermittelt. Die Kennwerte belegen für PVB eine deutlich höhere spannungsoptische Empfindlichkeit gegenüber SG. Die Auswirkung war jedoch weder in den Untersuchungen unter Zwang im Laminat an Kleinproben noch an Großproben ohne Zwang erkennbar.

Hingegen konnte an den Kleinproben festgestellt werden, dass nach dem Laminationsprozess von SG zum Verbundglas höhere Gangunterschiede verbleiben als in den

Verbundgläsern mit PVB. Die Höhe der eingebrachten Gangunterschiede variierte von 0 bis 15 nm und war abhängig von der Art der verwendeten Polymerfolie sowie des mechanischen Zwangs.

Die Gangunterschiedsmessungen an laminierten Großproben ohne Zwang zeigten, dass sich durch das Einfügen der Polymerfolie eine Erhöhung der Gangunterschiedswerte $x_{0,95,M}$ um 13 bis 18 % einstellte. Ein Unterschied zwischen den polymeren Zwischenschichten im Laminat war für diese Proben nicht feststellbar.

Die Einflüsse der polymeren Zwischenschichten sind verglichen mit den Gangunterschieden, die aus dem Vorspannprozess entstehen, geringer ausgeprägt. Zukünftige Untersuchungen an bauteilgroßen Verbundgläser sollen diese Erkenntnisse bestätigen und vervollständigen.

7 Literatur

[1] Illguth, M.; Schuler, C.; Bucak, Ö. (2015) The effect of optical anisotropies on building glass façades and its measurement methods, *Frontiers of Architectural Research*, Jg. 4, Nr. 2, S. 119–126. doi: 10.1016/j.foar.2015.01.004

[2] Dehner H.; Schweitzer, A. (2015) Thermisch vorgespannte Gläser für den Architekturbereich ohne optisch wahrnehmbare Anisotropien in: Weller, B.; Tasche, S. [Hrsg.] *Glasbau 2015*, Berlin: Ernst & Sohn, S. 397–406.

[3] Dix, S.; Schuler, C. (2018) Untersuchungen an thermisch vorgespannten Gläsern mittels spannungsoptischer Methoden in: *Glas im konstruktiven Ingenieurbau: 2018*, Munich, S. 165–176.

[4] FKG, „Merkblatt FKG (2019) *Die visuelle Qualität von Glas im Bauwesen – Anisotropien bei thermisch vorgespanntem Glas.*

[5] Dix, S.; Müller, P.; Schuler, C.; Kolling S.; Schneider, J. (2021) Digital image processing methods for the evaluation of optical anisotropy effects in tempered architectural glass using photoelastic measurements, *Glass Structures and Engineering*, Jg. 11, Nr. 6, S. 10.

[6] Aben, H.; Guillemet, C. (1993) *Photoelasticity of glass.* Berlin: Springer.

[7] Feldmann M. et al. (2017) Methoden zur Erfassung und Analyse von Anisotropien bei thermisch vorgespannten Glasprodukten, *Konstruktiver Ingenieurbau - KI*, Jg. 2017, Nr. 2, S. 7–15.

[8] Feldmann M. et al. (2017) Flächige und zerstörungsfreie Qualitätskontrolle mittels spannungsoptischer Methoden in: Weller, B.; Tasche, S. [Hrsg.] *Glasbau 2017*, Berlin: Ernst & Sohn, S. 327–338. doi: 10.1002/cepa.27

[9] Ramesh, K.; Vivek, R. (2016) Digital photoelasticity of glass: A comprehensive review, *Optics and Lasers in Engineering*, Jg. 87, S. 59–74. doi: 10.1016/j.optlaseng.2016.03.017

[10] Ajovalasit, A.; Petrucci G.; Scafidi, M. (2015) Review of RGB photoelasticity, *Optics and Lasers in Engineering*, Jg. 68, S. 58–73. doi: 10.1016/j.optlaseng.2014.12.008

[11] Decourcelle, R.; Kaminski, G.; Serruys F. (2017) Controlling Anisotropy in: *Glass Performing Days*, Glaston Finland Oy, Hg., Tampere, S. 157–160.

[12] Vogel, K. (2017) Anisotropy and white haze on-line inspection system in: *Glass Performing Days*, Glaston Finland Oy, Hg., Tampere, S. 16–17.

[13] Katte H.; Saur, G. (2018) Inline measurement of residual stresses in large format objects in: *Glass Worldwide*, Nr. 77, 84, 86.

[14] *Standard Test Method for Measuring Optical Retardation in Flat Architectural Glass* (2021) C 1901, C 1901, PA, USA.

[15] Ajovalasit, A.; Barone, S.; Petrucci, G. (1995) Towards RGB photoelasticity: Full-field automated photoelasticity in white light, *Experimental Mechanics*, Jg. 35, Nr. 3, S. 193–200.

[16] Wolf, H. (1961) *Spannungsoptik: Ein Lehr- und Nachschlagebuch für Forschung, Technik und Unterricht*, Berlin/Göttingen/Heidelberg: Springer-Verlag.

[17] Lesniak, J.R.; Zickel, M.J. (1998) Applications of automated grey-field polariscope in: *Proceedings of the SEM spring conference on experimental and applied mechanics*, S. 298–301.

[18] Honlet, M.; Lesniak, J.R.; Boyce B.R.; Calvert, G.C. (2004) *Real-time photoelastic stress analysis – a new dynamic photoelastic method for non-destructive testing*, insight, Jg. 46, Nr. 4, S. 193–195. doi: 10.1784/insi.46.4.193.55650

[19] Onuma, T.; Otani, Y. (2014) A development of two-dimensional birefringence distribution measurement system with a sampling rate of 1.3MHz, *Optics Communications*, Jg. 315, S. 69–73. doi: 10.1016/j.optcom.2013.10.086

[20] Kraus, M.A.; Schuster, M.; Botz, M.; Schneider J.; Siebert, G. (2018) Thermorheologische Untersuchungen der Verbundglaszwischenschichten PVB und EVA, *ce/papers*, Jg. 2, Nr. 1, S. 159–172. doi: 10.1002/cepa.639

[21] Brokmann, C.; Berlinger, M.; Schrader, P.; Kolling, S. (2019) Fraktographische Bruchspannungs-Analyse von Acrylglas, *ce/papers*, Jg. 3, Nr. 1, S. 225–237. doi: 10.1002/cepa.1013

[22] Santarsiero, M.; Louter, C.; Nussbaumer, A. (2016) The mechanical behaviour of SentryGlas® ionomer and TSSA silicon bulk materials at different temperatures and strain rates under uniaxial tensile stress state in: *Glass Structures and Engineering*, Jg. 1, Nr. 2, S. 395–415. doi: 10.1007/s40940-016-0018-1

[23] DIN EN ISO 527-3 (2019) *Kunststoffe – Bestimmung der Zugeigenschaften – Teil 3: Prüfbedingungen für Folien und Tafeln.*

[24] Härth, M.; Bennison, S.; Sauerbrunn, S. (2019) Determination of Interlayer Mechanical Properties for Use in Laminated Glass Design in: *Glass Performing Days*, Glaston Finland Oy, Hg., S. 20–22.

Punktgehaltene Gläser mit geringem Bohrungsrandabstand

Lena Efferz[1], Steffen Dix[1], Christian Schuler[1]

[1] *Hochschule München, Institut für Material- und Bauforschung, Karlstraße 6, 80333 München, Deutschland; lefferz@hm.edu; sdix@hm.edu; christian.schuler@hm.edu*

Abstract

In der Praxis wird der Abstand vom Bohrungsrand zur Glaskante nach DIN 18008-3 bei punktgehaltenen Verglasungen häufig unterschritten, sodass nach Norm nur die Festigkeit des Basisglases angesetzt werden darf. Gemäß aktuellen Untersuchungen werden die Verteilung der Eigenspannungen und die charakteristische Biegefestigkeit bei Verringerung des Randabstandes zur Bohrung nicht relevant beeinträchtigt. Dies kann auch anhand eines Praxisbeispiels einer Aufzugverglasung aus ESG mit randnahen Bohrungen verifiziert werden. Hier wird mit spannungsoptischen Messungen die Vorspannqualität des Glases untersucht. Abschließend werden Bruchspannungen aus verschiedenen zerstörenden Versuchen an randnahen Bohrungen miteinander verglichen.

Point-supported glasses with small distance from hole to edge from the point of view of science and application. In point-fixed glazing, the distance from the hole to the edge according to the German standard DIN 18008 is often undercut. So that according to the standard, only the strength of the base glass can be applied. Current investigations show that the distribution of residual stresses and the characteristic bending strength are not significantly affected by reducing the distance from edge to hole. This is verified by means of a field example of a lift glazing with holes close to the edge in toughened safety glass. Here, the pre-stressing quality of the glass is examined with photoelastic measurements. Finally, fracture stresses from various destructive tests on holes near the edges are discussed.

Schlagwörter: *Eigenspannungen, thermisch vorgespanntes Glas, Bohrungsrandabstände, DIN 18008, Spannungsoptik*

Keywords: *residual stresses, tempered glass, edge and hole distance, DIN 18008, photo-elasticity*

Glasbau 2022. Herausgegeben von Bernhard Weller, Silke Tasche.

1 Punktförmig gelagerte Verglasungen

Neben den üblich eingesetzten linienförmig gelagerten Verglasungen sind auch punktförmig gelagerte Gläser eine beliebte Konstruktionsmethode in der Glas- und Fassadenindustrie. Die punktuelle Lagerung, welche in Deutschland nach DIN 18008-3 [1] geregelt ist, kann entweder mit Klemmhaltern oder Punkthaltern umgesetzt werden. Während Klemmhalter die Glasscheibe lokal an den Rändern klemmen und dafür keine mechanische Bearbeitung benötigen, wird die Glasscheibe für den Einsatz von Tellerhaltern gebohrt, sodass die Kräfte über Kontakt in die Unterkonstruktion abgeleitet werden können. Für die Bohrung im Glas, welche meist mittels Wasserstrahl- oder Diamantbohrverfahren hergestellt wird, gelten einige konstruktive Restriktionen wie der Mindestabstand von Bohrungskante zu Glasrand von mindestens 80 mm nach DIN 18008-3 [1]. Die gebohrten Gläser sind anschließend nach dem Bohrungsprozess thermisch vorzuspannen [2], sodass die Festigkeit je nach Vorspanngrad erhöht und die lokale Querschnittsminderung kompensiert wird. Ist der Mindestrandabstand der Bohrung jedoch unterschritten, muss gemäß DIN 18008-1 [2] die Festigkeit bei der Glasbemessung reduziert werden. Anstatt der Festigkeit des thermisch vorgespannten Glases darf lediglich die Festigkeit des Basisglases angesetzt werden. Dies wird unter anderem so begründet, dass sich die Eigenspannungen bei randnahen Bohrungen nicht vollständig ausbilden können. Die europäischen Produktnormen des voll vorgespannten Einscheibensicherheitsglases (ESG) [3] und des teilvorgespannten Glases (TVG) [4] erlauben hingegen geringere Abstände als in der deutschen Konstruktionsnorm. Der Randabstand wird dort mit der doppelten Glasdicke festgelegt, bei vollem Ansatz der Festigkeit.

Punktgehaltene Gläser mit Tellerhaltern, welche beispielsweise in Fassadenkonstruktionen, Überkopfverglasungen und im Innenbereich als Brüstungsverglasungen eingesetzt werden, unterschreiten häufig den Mindestrandabstand von 80 mm. Dies trifft auch auf das hier beschriebene Praxisbeispiel zu. Die Aufzugverglasung wird mit Glasscheiben ausgeführt, welche mit Bohrungen in Abständen von 60 mm und 30 mm zur Kante gehalten werden. Zur Überprüfung der Homogenität der Vorspannung und Festigkeit der Glasscheibe eignen sich bei thermisch vorgespannten Gläsern mit Bohrungen spannungsoptische Messmethoden [5]. Deswegen wurden spannungsoptische Untersuchungen an den punktgehaltenen Gläsern mit den randnahen Bohrungen vor Ort am bereits fertig gestellten Aufzugschacht durchgeführt [6]. Die qualitativen und quantitativen Messungen konnten Aufschluss über die Qualität des thermischen Vorspannprozesses und über mögliche negative Auswirkungen der randnahen Bohrung bezüglich des Vorspanngrads geben. Die daraus gewonnenen Erkenntnisse werden mit spannungsoptischen Untersuchungen aus der Forschung [7] verglichen und verifiziert.

Weiterhin werden Versuche mittels dem zerstörenden Vierschneiden-Verfahren an Einscheibensicherheitsgläsern mit unterschiedlichen randnahen Bohrungen aus [7] und [8] gegenübergestellt und die Bruchspannungen ermittelt, sodass Aussagen über die Festigkeit der Gläser möglich sind.

2 Praxisbeispiel Aufzugverglasung

Bei dem Praxisbeispiel handelt sich um einen Aufzugschacht (siehe Bild 1), welcher mit einer punktgehaltenen Verglasung als Verbundsicherheitsglas aus 2 × 8 mm ESG mit der polymeren Zwischenschicht 0,76 mm PVB in Deutschland ausgeführt wurde. Zusätzlich besitzen die Glasscheiben eine absturzsichernde Funktion (DIN 18008-4 Kategorie A). Die Glasscheibe weist Bohrungen mit dem Durchmesser von 25 mm im Randbereich auf, welche aufgrund des Abstands von 30 mm und 60 mm zur Kante von den Vorgaben nach DIN 18008-3 [1] abweichen. Die hierfür verwendeten Punkthalter mit einem Durchmesser von 52 mm der Fa. Beursken besitzen einen Nachweis der Verwendbarkeit zur Lagerung von Brüstungsverglasungen im Innenbereich.

Aufgrund der Abweichung von der DIN 18008-3 [1] wurde eine Zustimmung im Einzelfall bei der Landesstelle für Bautechnik (Regierungspräsidium Tübingen) eingereicht und genehmigt. Da während der spannungsoptischen Untersuchungen [6] Oberflächenspannungswerte gemessen wurden, welche denen von ESG entsprechen, konnte im statischen Nachweis mit der Festigkeit von ESG gerechnet werden. Daneben wurde ein statischer und dynamischer Nachweis unter stoßartigen Lasten mittels Ersatzbelastung gemäß DIN 18008-4 [9] mit dem Finite-Elemente-Programm SJ Mepla geführt [10].

Bild 1 Aufzugverglasung der AOK Rastatt mit randnahen Bohrungen (© Labor für Stahl- und Leichtmetallbau GmbH [6])

3 Spannungsoptische Messmethoden

3.1 Spannungsoptische Grundlagen

Spannungsoptische Messmethoden ermöglichen bei thermisch vorgespannten Gläsern eine zerstörungsfreie Kontrolle der thermischen Vorspannung im Glas. Im spannungsoptischen Modell des Polariskops, bestehend aus Polfiltern und einer Lichtquelle, können Belastungszustände in Materialien wie die thermische Vorspannung im Glas sichtbar gemacht werden. Durch die im thermischen Vorspannprozess eingebrachten Eigenspannungen werden die polarisierten Lichtwellen nach den Hauptspannungsvektoren σ_1 und σ_2 geteilt und erfahren nach Austritt aus dem Glas einen Gangunterschied. Diese Gangunterschiede lassen sich mit einem zweiten Polfilter als Analysator sowohl mit einer Kamera festhalten als auch mit dem Auge beobachten. Aus den Gangunterschieden, welche direkten Aufschluss auf das Vorhandensein von Eigenspannungen geben, entstehen Interferenzerscheinungen in bestimmten Farben. Diese Erscheinungen sind in der Fassadenbranche auch als Anisotropien bekannt. Spannungsoptische Messmethoden eignen sich daher zum Erkennen und quantitativen Messen von Anisotropien, aber auch zur qualitativen Untersuchung der Homogenität und Qualität der thermischen Vorspannung. Weitere Grundlagen sind in [5] und [11–14] zu finden.

3.2 Vorspannzonen innerhalb der Glasscheibe

Während des raschen Abkühlens im thermischen Vorspannprozess kühlt die Plattenfläche des Glases nur über die Oberfläche ab, während bei Ecke, Kante und Bohrung aufgrund der dreidimensionalen Abkühlung ein Temperaturgradient zu den freiliegenden Kanten entsteht. Aufgrund dieser Geometrie bilden sich unterschiedliche Vorspannzonen aus, welche sich spannungsoptisch abbilden lassen (siehe Bild 2). In der Plattenfläche (Zone 1) erstreckt sich der Wärmestrom senkrecht über die planen Oberflächen, während die Isochromaten parallel zu den Oberflächen verlaufen und für die Hauptspannungen $\sigma_1 = \sigma_2$ gilt. An der Kante (Zone 2) wird der Wärmestrom abgelenkt und es entstehen zum Glasrand parallele Membrandruckspannungen. Bei der Ecke (Zone 3) werden die Membranspannungen um die Ecke gelenkt und auch um die Bohrung (Zone 4) treten tangential umlaufende Membrandruckspannungen auf [15, 16]. Damit keine Festigkeitsreduktion eintritt, sollten Überschneidungen der Zone 4 mit Zone 2 und 3 vermieden werden.

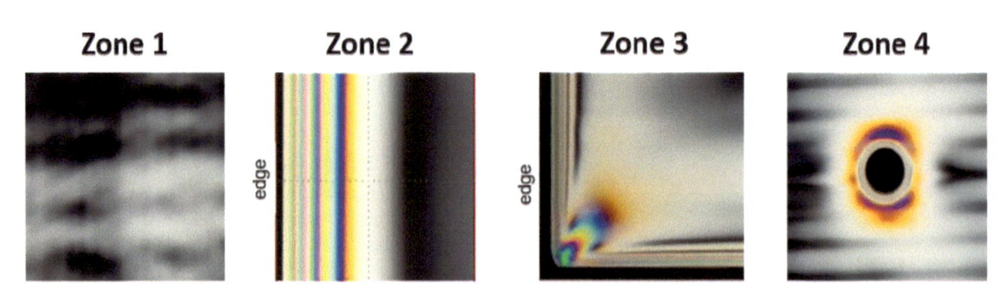

Bild 2 Vorspannzonen aufgenommen als Isochromatenbild im Zirkularpolariskop (© Steffen Dix, Hochschule München [17])

3.3 Qualitative Untersuchungen mittels Polfilter

In den spannungsoptischen Untersuchungen der Aufzugverglasung wurden die qualitativen Untersuchungen vor Ort mit zirkularen Polfiltern durchgeführt, um die eingeprägten Vorspannzonen lokal an den maßgebenden Stellen der Bohrung zu betrachten. Durch die Polfilter lassen sich die Isochromaten der Kantenmembrandruckspannung gut erkennen. Da die vorhandene Raumbeleuchtung bzw. das Tageslicht für die Untersuchungen verwendet wurde, sind die Lichtwellen natürlicherweise polychromatisch, d. h. es überlagern sich verschiedene Wellenlängen. Die parallel zur Kante bzw. tangential zur Bohrung verlaufenden Isochromaten können also in Farbe nach der Michél-Levy-Skala (Bild 4c) beobachtet werden. Durch die Farben kann auf die optischen Gangunterschiede geschlossen werden. So erscheinen beispielsweise die Isochromaten bei einer Hauptspannungsdifferenz von 0 schwarz [11, 14, 18].

Neben der händischen Methode an ausgewählten Stellen der Scheibe, ist die qualitative Untersuchung der Vorspannzonen auch automatisiert möglich. Mit Anisotropie-Scannern können vollflächige Gangunterschiedsaufnahmen der Glasscheibe akquiriert werden, unter der Voraussetzung, dass die Scanner eine ausreichende Auflösung besitzen, um die Vorspannzonen und Isochromaten der Kanten abzubilden. Meist befinden sich die Scanner als Inline-Messgeräte am Ende der Vorspannöfen. Für das Praxisbeispiel konnte die Messung mit einem Anisotropie-Scanner aufgrund der bereits eingebauten Scheiben nicht stattfinden.

3.4 Quantitative Untersuchungen mittels Streulichtmethode

Die Spannungsverteilung über die Glasdicke kann quantitativ erfasst werden. Dafür eignet sich die Messung mittels der Streulichtmethode, um den theoretischen Spannungsverlauf über die Dicke und die Oberflächendruckspannungen an spezifischen Punkten zu messen. In den Untersuchungen an der Aufzugverglasung wurde das Messgerät SCALP Scattered Light Polariscope 05 der Fa. GlasStress Ltd. verwendet. Mit der Streulichtmethode wird der Gangunterschied eines Laserstrahls lokal für einen ausgewählten Punkt über die Dicke der Glasscheibe gemessen. Mit der Ableitung des Gangunterschieds kann die Oberflächenspannung ermittelt werden. Das Messgerät benötigt für einen frei gewählten Messpunkt in der Plattenmitte vier Einzelmessungen in den Richtungen 0°, 45°, 90° und 135°, um aus den Normalspannungen die beiden Hauptspannungen berechnen zu können [19]. Sind die gemessenen Hauptspannungen σ_1 und σ_2 annähernd gleich, kann eine homogene Spannungsverteilung angenommen werden. Zudem ist die Oberflächendruckspannung σ_1 ein Maß für den Vorspanngrad des Glases. In der ASTM C 1048 [20] wird die Druckspannung von ESG mit mindestens 69 MPa angeben. [21] hat jedoch eine höhere erforderliche Druckspannung ermittelt, um die gewünschte Festigkeit und das typische Bruchbild der Glasart zu erzielen.

4 Spannungsoptische Untersuchungen an der Aufzugverglasung

4.1 Qualitative Untersuchungen

Für die spannungsoptischen Untersuchungen [6] vor Ort wurden zwei bereits montierte Scheiben mit den Abmessungen 1185 × 495 mm^2 ausgebaut, welche den Mindest-

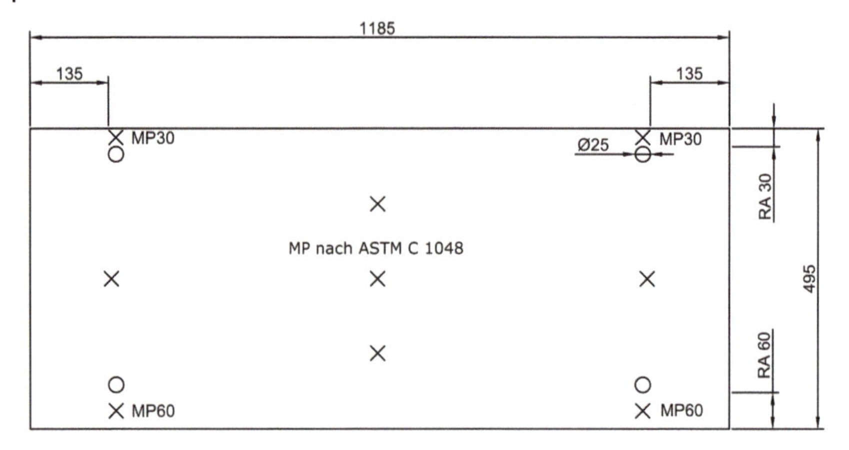

Bild 3 Skizze mit Abmessungen der untersuchten Scheiben des Praxisbeispiels mit Messpunkten der quantitativen, spannungsoptischen Untersuchungen (© Lena Efferz, Hochschule München)

abstand von Bohrung zu Kante mit 30 mm und 60 mm abweichend der DIN 18008-3 [1] unterschreiten (siehe Bild 3).

Für die qualitativen Untersuchungen wurden die zirkularen Polfilter an den Bereich zwischen Bohrung und Kante gehalten, sodass die Vorspannzone um die Bohrung und die Isochromaten am Rand sichtbar werden. Das dabei entstehende Isochromatenbild wurde mit der Kamera aufgenommen. Wie in Bild 4a zu erkennen, kann sich die Vorspannzone der Bohrung mit dem Randabstand von 60 mm ungestört ausbilden (Pfeil 1). Dies ist an dem schwarzen Bereich zwischen Bohrung und Kante erkennbar (Pfeil 2), da er keine Gangunterschiede aufweist und somit von einer homogenen Vorspannung ausgegangen werden kann. Zum Vergleich zeigt Bild 4b, dass im Bereich des 30 mm

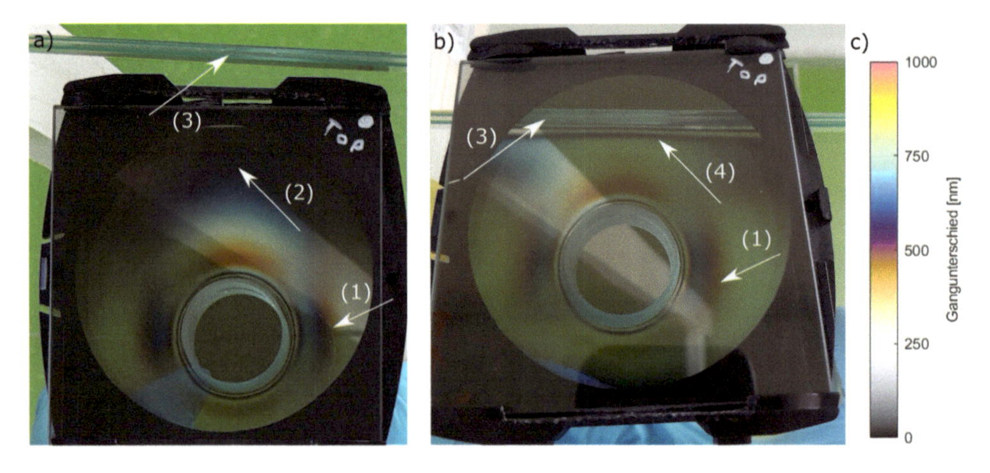

Bild 4 Polfilterfilteraufnahmen mit zirkularem Polfilter von der Bohrung a) mit Randabstand von 60 mm mit Vorspannzone Bohrung (1), ungestörter Vorspannzone Plattenfläche (2), Glasrand (3) und b) mit Randabstand von 30 mm, leicht gebeugten Isochromaten der Glaskante (4);
c) Interferenz-Farbskala nach Michél-Levy zur Abschätzung der auftretenden Gangunterschiede (© Labor für Stahl- und Leichtmetallbau GmbH)

Randabstands die Zone 1 zwischen Bohrung und Kante nicht mehr vorhanden ist. Zusätzlich lässt sich beim Bohrungsabstand von 30 mm ein geringes Ablenken der Isochromaten am Glasrand erkennen (Pfeil 4).

4.2 Quantitative Messungen mittels Streulichtmethode

Die quantitativen Messungen zur Ermittlung der Oberflächendruckspannungen mit dem SCALP erfolgten an neun Messpunkten (MP), davon fünf an den Positionen gemäß ASTM C 1048 [20]. Die anderen vier Messpunkte sind jeweils mittig zwischen Bohrungskante und Glasrand angesetzt, siehe Bild 3. Die Messpunkte nach ASTM C 1048 [20] dienen als Überprüfung der Oberflächendruckspannung in der Plattenfläche und als Vergleich zu den Messwerten in den Bereichen, an welchen der Mindestabstand der Bohrung unterschritten wird.

In Bild 5 sind die Mittelwerte der Hauptspannung σ_1 beider Scheiben pro Messpunkt dargestellt. Wie bereits erwähnt, kann die Differenz beider Hauptspannungen $\Delta_{\sigma1\text{-}\sigma2}$ Aufschluss über die Homogenität der Vorspannung geben. Die Hauptspannungsdifferenzen, berechnet aus den Minimal- und Maximalwerten der Messpunkte in der Glasfläche nach ASTM C 1048 [20] liegen im Bereich von 0,7 bis 6,5 MPa, sodass von einer homogenen Vorspannung ausgegangen werden kann. Die Hauptspannungen, welche im Bereich der Bohrung mit Randabstand von 60 mm gemessen wurden, weisen mit 1,6 bis 7,7 MPa eine nur marginal höhere Differenz auf. Verglichen dazu, entsteht die ersichtlich größte Differenz der Hauptspannungen beim Randabstand von 30 mm mit 11,4 bis 14,8 MPa.

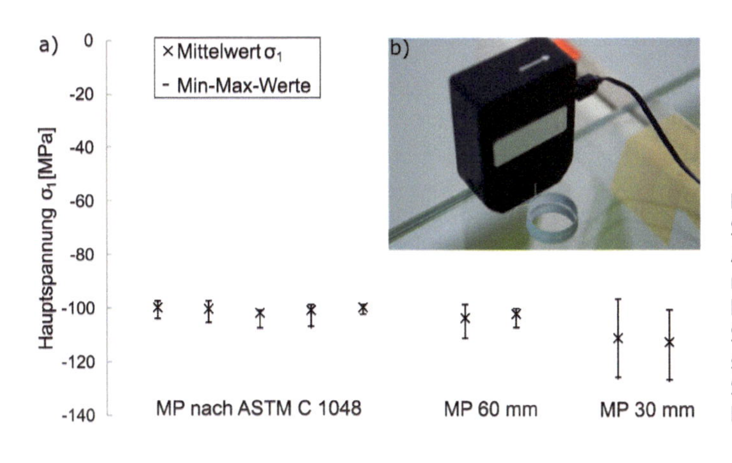

Bild 5 a) Auswertung der SCALP-Messungen mit Angabe der Mittel-, Minimal- und Maximalwerte; b) Messung mit SCALP Scattered Light Polariscope 05 der Fa. GlasStress Ltd. (© Lena Efferz, Hochschule München)

5 Vergleich der spannungsoptischen Untersuchungen

Um eine Überlappung der Vorspannzone um die Bohrung mit den Rand- und Eckzonen zu vermeiden, wurden in [16] Einflussbreiten für die Vorspannzonen festgelegt. Dabei wird die Einflussbreite abhängig von der Glasdicke t bestimmt. Sowohl die Einflussbreite der Glaskante (Zone 2) als auch die der Bohrung (Zone 4) beträgt für ESG $1{,}0 \cdot t$ bzw. für TVG $1{,}5 \cdot t$. Demnach sollte die Bohrung in ESG im Abstand der zweifachen

Plattendicke zur Kante positioniert werden, was mit den Angaben in der europäischen Produktnorm für ESG [3] übereinstimmt.

In [7] wurde aus Isochromatenaufnahmen ein breiterer Einfluss um die Bohrung festgestellt. Hierbei zeigte sich, dass der Einfluss der Bohrung im großen Maße vom Bohrungsdurchmesser d abhängt. Für den Vorspanngrad des Glases konnte hingegen kein Unterschied erkannt werden. Für 4 mm Scheiben wurde die Einflussbreite der Vorspannzone der Bohrung mit $1{,}7 \cdot t$ und für 10 mm Scheiben mit $2{,}5 \cdot t$ ermittelt. Da sich die Einflussbreiten nicht einheitlich auf die Glasdicken beziehen ließen, wurden diese auf die Bohrungsdurchmesser von 10 und 30 mm referenziert. Dabei ergab sich eine einheitliche Einflussbreite mit $0{,}76 \cdot d$ für beide Glasdicken und Vorspanngrade. Die Einflusszone der Glaskante wurde nicht untersucht und wird deswegen wie bei [16] mit der einfachen Dicke für ESG angesetzt.

Für das Praxisbeispiel der Aufzugverglasung bestehend aus einer 8 mm dicken ESG-Scheibe mit Bohrungen d = 25 mm sind die verschiedenen Mindestabstände von Bohrung zur Kante abhängig der unterschiedlichen Faktoren in Tabelle 1 gegenübergestellt. Auch wenn sich die Mindestabstände unterscheiden, wird der vorhandene Bohrungsabstand von 30 mm in allen Quellen eingehalten.

Dass der Bohrungsabstand von 30 mm im Praxisbeispiel die Festigkeit nicht reduziert, zeigen auch die durchgeführten spannungsoptischen Untersuchungen. Aufgrund der Polfilteraufnahmen an den untersuchten Stellen kann davon ausgegangen werden, dass die Oberflächendruckspannung in allen Vorspannzonen vollständig ausgebildet ist. Auch wenn sich die Isochromaten im Bereich der Bohrung mit dem Randabstand von 30 mm leicht verbiegen, ist dennoch ersichtlich, dass sich die Zonen nicht überschneiden und keine Festigkeitsreduktion stattfindet. Mit der Folge, dass es keiner Herabsetzung auf die Basisfestigkeit bedarf.

Bei den quantitativen SCALP-Messungen konnte wie erwartet beobachtet werden, dass mit Verringerung des Bohrungsabstandes die Inhomogenität der thermischen Vorspannung zunimmt. Dennoch konnte bei allen Messpunkten die für ESG spezifische Oberflächendruckspannung von 69 MPa nach [20] mit den bei 30 mm gemessenen 92,1 MPa mehr als erfüllt werden. Auch die größte Hauptspannungsdifferenz von 14,8 MPa, welche beim Randabstand von 30 mm auftritt, ist sehr gering, sodass von einer homogenen Vorspannung und somit keiner Festigkeitsreduzierung ausgegangen werden kann. Die Hauptspannungen aus den spannungsoptischen Versuchen von [7], welche auch mit dem SCALP-Messgerät durchgeführt wurden, streuen stärker als bei den untersuchten Scheiben des Praxisbeispiels. Bei diesen Untersuchungen bedeutet ein Abstand von 40 mm einer 30 mm Bohrung im 10 mm Glas ein zuverlässiges Mess-

Tabelle 1 Gegenüberstellung des Mindestabstands der Bohrungen für die Aufzugverglasung

	Zone Glaskante, für ESG	**Zone Bohrung, für ESG**	**Mindestabstand Bohrung zu Kante**	**Praxisbeispiel: ESG, t = 8 mm, d = 25 mm, vorhanden 30 mm**
EN 12150 [3]	–	–	$2 \cdot t$	**16 mm**
Laufs [8]	t	t	$2 \cdot t$	**16 mm**
Dix et al. [7]	t	$0{,}76 \cdot d$	$t + 0{,}76 \cdot d$	**27 mm**

ergebnis. Für alle Prüfkörper aus beiden Untersuchungen wurde die Oberflächendruckspannung für ESG erreicht. Zerstörende Versuche konnten für das Projekt nicht durchgeführt werden, da von der Originalproduktion keine Rückstellproben vorhanden waren. In dem nachfolgenden Kapitel wird daher der Vergleich mit aktuellen Forschungserkenntnissen gezogen.

6 Vergleich der zerstörenden Untersuchungen aus der Forschung

Zerstörungsfreie Untersuchungen bieten eine gute Alternative, wenn wie im oben genannten Praxisbeispiel die Biegezugfestigkeit der Originalproduktion nicht mehr zerstörend nachgewiesen werden kann. In diesem Kapitel liegt der Fokus auf Versuchen mittels des Vierschneiden-Verfahrens nach DIN EN 1288-3 [22] verschiedener Autoren, deren Vergleich und den Übertrag auf das hier vorgestellte Praxisbeispiel. Für die Gegenüberstellung der zerstörenden Untersuchungen aus [7] und [8] werden die Probekörper der Glasart ESG mit den Abmessungen $360 \times 1100\ mm^2$ und der Glasdicke von 10 mm verglichen. Mittig der Längsseite besitzen die Gläser zwei randnahe Bohrungen mit unterschiedlichen Randabständen. Je Versuchsreihe sind zehn Prüfkörper mit Randabständen von 10 mm, 12,5 mm, 15 mm, 17,5 mm, 20 mm, 30 mm, 40 mm, 60 mm und 80 mm in [8] und fünf Prüfkörper mit Randabständen von 20 mm, 40 mm, 60 mm in [7] vorhanden.

Die Biegezugfestigkeit der querschnittsgeminderten Glasscheiben wurde mittels einer Biegeprüfmaschine im Vierschneiden-Verfahren ermittelt. Der Bruchausgang wurde bei allen Prüfkörpern für beide Untersuchungen am Bohrungsrand detektiert. Bild 6b) zeigt die Bruchbilder der Scheibe mit $d = 30$ mm Bohrung im Randabstand von 20 mm, 40 mm, 60 mm. Da die Glasscheiben aufgrund der Bohrungen von der Prüfnorm abweichen, wurde die Bruchspannung mithilfe eines Flächenmodells im FE-Programm RFEM von Dlubal ermittelt. Zur Berücksichtigung der Spannungskonzentration an den

Tabelle 2 Formeln für 5 %-Fraktilwerte X_d aufgeteilt nach Normal- und Lognormalverteilung [23]

Normalverteilung		**Lognormalverteilung**	
$X_d = m_x(1 - k_n \cdot V_x)$	(1)	$X_d = \exp(m_y - k_n \cdot s_y)$	(4)
$V_x = \frac{s_x}{m_x}$	(2)	$m_y = \frac{1}{n}\sum \ln(x_i)$	(5)
$s_x^2 = \frac{1}{n-1}\sum (x_i - m_x)^2$	(3)	$s_y^2 = \sqrt{\ln(V_x^2 + 1)}$	(6)

mit
X_d 5 %-Fraktilwert
m_x, m_y Arithmetischer/lognormalverteilter Mittelwert
k_n Fraktilenfaktor abhängig n ($n = 5$: $k_n = 2{,}33$; $n = 10$: $k_n = 1{,}92$)
V_x Variationskoeffizient
s_x, s_y normal-/lognormalverteilte Standardabweichung
n Prüfkörperanzahl

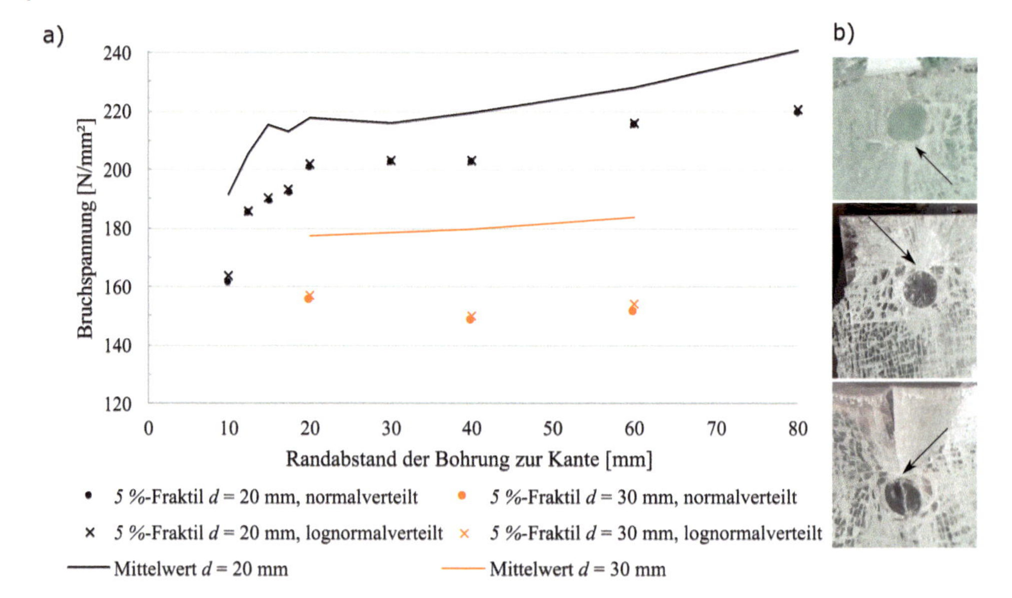

Bild 6 a) Vergleich der Mittelwerte und 5 %-Fraktilwerte (normal- und lognormalverteilt) der Bruchspannungen aus den Versuchsreihen mit ESG 10 mm von [8] mit d = 20 mm und n = 10 und von [7] mit d = 30 mm und n = 5; b) Bruchbilder der d = 30 mm Bohrung mit Bruchausgang an der Bohrung (© Lena Efferz, Hochschule München)

Bohrungen wurde das FE-Netz in diesem Bereich auf Grundlage von [1] von 5 mm auf 1 mm verfeinert. Aus den Bruchspannungen an der Kerbe wurde für jede Prüfreihe der Mittelwert und das 5 %-Fraktil X_d abhängig von der Prüfkörperanzahl unter Ansatz einer Normalverteilung (Formeln 1 bis 3) sowie Lognormalverteilung (Formeln 4 bis 6) nach DIN EN 1990 [23] ermittelt und im Diagramm in Bild 6a dargestellt.

Die Prüfreihen aus [8] mit d = 20 mm erzielen höhere Bruchspannungen als d = 30 mm. So kann von einem höheren Einfluss des größeren Bohrungsdurchmessers auf die Festigkeit ausgegangen werden. Die Auswertung beider Prüfreihen mittels der lognormalen Verteilung ergibt leicht höhere 5 %-Fraktilwerte als die der Normalverteilung. Aufgrund der geringeren Prüfkörperanzahl und somit höheren Fraktilenfaktor (n = 5: k_n = 2,33) bei d = 30 mm [7] lässt sich der größere Unterschied von 5 %-Fraktilwert zum Mittelwert erklären. Alle Werte der Prüfreihen liegen dennoch über der für ESG erforderlichen charakteristischen Festigkeit von 120 N/mm^2.

7 Zusammenfassung und Ausblick

Die spannungsoptischen Untersuchungen des Praxisbeispiels an Gläsern mit randnahen Bohrungen fanden vor Ort an zwei ausgebauten 8 mm ESG-Scheiben statt. Die qualitativen Isochromatenaufnahmen wurden zum Beobachten des Einflusses der Vorspannzonen mit zirkularen Polfiltern durchgeführt. Bei der Bohrung mit Randabstand von 60 mm lassen sich ungestörte Vorspannzonen erkennen. Da die Isochromaten an der Kante beim Randabstand von 30 mm leicht ausweichen, kann lediglich von einem

Tangieren der Zonen 2 und 4 ausgegangen werden. Es wurden verschiedene Einflussbreiten und Mindestrandabstände von Bohrung zur Kante aus der Literatur verglichen. Das Praxisbeispiel mit der Bohrung d = 25 mm erreicht mit dem Randabstand von 30 mm die geforderten Mindestrandabstände aller Quellen, sodass eine vollständige Ausbildung der Vorspannung und somit volle Festigkeit des thermisch vorgespannten Glases angenommen werden kann. Dies wird von den quantitativen Untersuchungen mit SCALP-Messungen bestätigt, welche die erforderliche Oberflächendruckspannung von ESG erreichten.

Zusammenfassend lässt sich feststellen, dass die Vorspannung auch bei Unterschreiten des von der DIN 18008-3 [1] geforderten Mindestabstands von 80 mm bei bestimmten Randabständen ausreichend ausgebildet werden kann, wie die experimentellen Untersuchungen aus [7] und [8] sowie die spannungsoptischen Untersuchungen an der Aufzugverglasung [6] zeigen. Die mit dem FE-Programm ermittelten Bruchspannungen an der Kerbe lassen den Schluss zu, dass bei 10 mm ESG und d = 20 mm Bohrungen bis zu 20 mm an die Kante positioniert werden können [8]. Aus den unterschiedlichen Ergebnissen der verschiedenen Untersuchungen geht deutlich hervor, dass der Bohrungsdurchmesser einen erheblichen Einfluss auf das Festigkeitsverhalten hat.

Die Daten aus [8] zeigen ab einem Randabstand von weniger als 20 mm, also ab einer Unterschreitung von ca. $2 \cdot t$ eine starke Tendenz zur Reduzierung der Festigkeit. Bei Betrachtung der 5 %-Fraktilwerte der d = 30 mm Probekörper [7] scheint die Bruchspannung mit abnehmendem Randabstand wieder anzusteigen. Dies lässt sich derzeit noch nicht erklären und soll durch weitere Versuche mit einer höheren Prüfkörperanzahl verifiziert werden. Der Mittelwert dieser Prüfreihen gibt eher die Tendenz der leicht absteigenden Bruchspannung mit Reduzierung des Randabstands wieder.

Mit weitergehenden Untersuchungen sollen verschiedene Abmessungen und Beanspruchungssituationen getestet werden, um eine Sicherstellung der Festigkeit des thermisch vorgespannten Glases zu gewährleisten. Auch zum Thema Resttragfähigkeit und Scherlochleibungstragfähigkeit der Bohrung sollten weitere Untersuchungen durchgeführt werden, sodass eine Änderung in den Normen DIN 18008-1 [2] und DIN 18008-3 [1] angestrebt werden kann.

8 Danksagung

An dieser Stelle möchten wir uns bei der Friedmann & Kirchner Gesellschaft für Material- und Bauteilprüfung mbH für die Zurverfügungstellung des Prüfberichts mit den Versuchsergebnissen sowie bei der Fa. Interpane für die Produktion und Bereitstellung der Probekörper mit den Glasbohrungen bedanken.

9 Literatur

[1] DIN 18008-3:2013-07 (2013) *Glas im Bauwesen – Bemessungs- und Konstruktionsregeln –* Teil 3: Punktförmig gelagerte Verglasungen, Berlin: Beuth.

[2] DIN 18008-1:2020-05 (2020) *Glas im Bauwesen – Bemessungs- und Konstruktionsregeln –* Teil 1: Begriffe und allgemeine Grundlagen, Berlin: Beuth.

[3] DIN EN 12150-1:2020-07 (2020) *Glas im Bauwesen – Thermisch vorgespanntes Kalknatron-Einscheiben-Sicherheitsglas* – Teil 1: Definition und Beschreibung, Berlin: Beuth.

[4] DIN EN 1863-1:2012-02 (2012) *Glas im Bauwesen – Teilvorgespanntes Kalknatronglas* – Teil 1: Definition und Beschreibung, Berlin: Beuth.

[5] Dix, S.; Müller, P.; Schuler, C.; Kolling, S.; Schneider, J. (2021) Digital image processing methods for the evaluation of optical anisotropy effects in tempered architectural glass using photoelastic measurements in: *Glass Structures & Engineering* 6, pp. 3–19. https://doi.org/10.1007/s40940-020-00145-3

[6] Labor für Stahl- und Leichtmetallbau GmbH (2018) *Prüfbericht Nr. 2018-3041: Durchführung von spannungsoptischen Untersuchungen.* Bauvorhaben: AOK Rastatt, München.

[7] Dix, S.; Efferz, L.; Sperger, L.; Schuler, C.; Feirabend, S. (2021) Analysis of residual stresses at holes near edges in tempered glass in: *Engineered Transparency Conference 2021,* Berlin: Ernst & Sohn.

[8] Friedmann & Kirchner Gesellschaft für Material- und Bauteilprüfung mbH (2010) *Prüfbericht 2010-04-3858-01: Lochbohrungen in vorgespannten Gläsern – Einfluss der verbleibenden Randstreifenbreite auf die Festigkeit,* Rohrbach.

[9] DIN 18008-4:2013-07 (2013) *Glas im Bauwesen – Bemessungs- und Konstruktionsregeln* – Teil 4: Zusatzanforderungen an absturzsichernde Verglasungen, Berlin: Beuth.

[10] Schuler Ingenieurbüro für Bautechnik Karlsruhe (2018) *Statische Berechnung absturzsichernde Verglasung: AOK Rastatt – Aufzugverglasung,* Karlsruhe.

[11] Illguth, M.; Schuler, C.; Bucak, Ö. (2015) The effect of optical anisotropies on building glass façades and its measurement methods in: *Frontiers of Architectural Research,* vol. 4, no. 2, pp. 119–126. doi: 10.1016/j.foar.2015.01.004

[12] Frocht, M.M. (1948) *Photoelasticity.* New York: J. Wiley.

[13] Föppl, L.; Mönch, E. (1972) *Praktische Spannungsoptik.* Berlin, Heidelberg: Springer.

[14] Feldmann, M. et al. (2017) Flächige und zerstörungsfreie Qualitätskontrolle mittels spannungsoptischer Methoden in: Weller, B.; Tasche, S. [Hrsg.] *Glasbau 2017,* pp. 327–338.

[15] Schneider, J.; Kuntsche, J.; Schula, S.; Schneider, F.; Wörner, J.-D. (2016) *Glasbau,* Berlin, Heidelberg: Springer.

[16] Laufs, W. (2000) *Ein Bemessungskonzept zur Festigkeit thermisch vorgespannter Gläser* [Dissertation]. RWTH Aachen.

[17] Dix, S.; Schuler, C.; Kolling, S. (2022) Digital full-field photoelasticity of tempered architectural glass: a review in: *Optics and Lasers in Engineering,* [Manuskript eingereicht].

[18] Ajovalasit, A.; Petrucci, G.; Scafidi, M. (2012) *Photoelastic Analysis of Edge Residual Stresses in Glass by Automated "Test Fringes" Methods.* exp mech, vol. 52, no. 8, pp. 1057–1066. doi: 10.1007/s11340-011-9558-0

[19] Glass Stress Limited (2013) *Handbuch für „Scatterd Light Polariscope"* (SCALP-05).

[20] ASTM C 1048-18 (2018) *Standard Specification for Heat-Strengthened and Fully Tempered Flat Glass. ASTM International,* West Conshohocken, PA.

[21] Mognato, E.; Brocca, S.; Comiati F. (2018) Which is the Right Reference Surface Compression Value for Heat Treated Glass? *Challenging glass* 6, pp. 703–712.

[22] DIN EN 1288-3:2000 (2000) *Glas im Bauwesen – Bestimmung der Biegefestigkeit von Glas* – Teil 3: Prüfung von Proben bei zweiseitiger Auflagerung (Vierschneiden-Verfahren), Berlin: Beuth.

[23] DIN EN 1990:2010-12 (2010) *Eurocode: Grundlagen der Tragwerksplanung,* Berlin: Beuth.

Linear viskoelastisches Materialverhalten teilkristalliner Zwischenschichten

Miriam Schuster[1], Jens Schneider[1]

[1] *Technische Universität Darmstadt, Institut für Statik und Konstruktion, Franzsika-Braun-Straße 3, 64287 Darmstadt, Deutschland; schuster@ismd.tu-darmstadt.de, schneider@ismd.tu-darmstadt.de*

Abstract

Ethylenvinylacetat (EVA)- und Ionoplastfolien finden immer mehr Anwendung in Verbundgläsern. Im Gegensatz zur Polyvinylbutyral-Folie, besitzen EVA und Ionoplaste jedoch teilkristalline Bereiche, welche beim Erreichen der Schmelztemperatur schmelzen. Wird die Schmelze abgekühlt, so werden die Kristallite wieder gebildet. Der Schmelz- und der Kristallisationsprozess unterscheiden sich erheblich voneinander. Der vorliegende Artikel untersucht die teilkristalline Struktur am Beispiel einer Ionoplastfolie mithilfe von Differenzkalorimetrie-Messungen bei verschiedenen Heiz- und Kühlraten. Mithilfe von Dynamisch-Mechanisch-Thermischen Analysen wird gezeigt, dass das viskoelastische Materialverhalten durch den Kristallisationsgrad beeinflusst wird.

Linear viscoelastic material behaviour of semicrystalline interlayers. Ethylene vinyl acetate (EVA) and ionoplastic interlayers are increasingly used in laminated glass. Unlike polyvinyl butyral based interlayers, however, EVA and ionoplastic interlayers have partially crystalline regions that melt when the melt temperature is reached. When the melt is cooled, the crystallites are formed again. The melting and crystallization processes differ considerably from each other. This article investigates the semi-crystalline structure of an ionoplastic interlayer using differential calorimetry measurements at different heating and cooling rates. Using dynamic mechanical thermal analysis, it is shown that the viscoelastic material behavior is influenced by the degree of crystallization.

Schlagwörter: *Kristallinität, Viskoelastizität, Verbundglaszwischenschicht*

Keywords: *crystallinity, viscoelasticity, laminated glass interlayers*

Glasbau 2022. Herausgegeben von Bernhard Weller, Silke Tasche.

1 Einleitung und Motivation

Aufgrund des anhaltenden Trends zu transparenten Strukturen und der Erfüllung sicherheitsrelevanter Anforderungen an das Bruch- und Nachbruchverhalten steigt der Einsatz von Verbundglas im Bauwesen. Für unterschiedliche Anwendungen stehen verschiedene Zwischenschichtmaterialien zur Verfügung. Die gebräuchlichsten Zwischenschichten sind auf Polyvinylbutyralbasis (PVB). Strukturelles PVB zeigt im Vergleich zu Standard-PVB verbesserte mechanische Eigenschaften und akustisches PVB kann besonders gut Umgebungsgeräusche absorbieren. In den letzten Jahren wurden jedoch vermehrt auch andere Zwischenschichtmaterialien verwendet. Dazu gehören zum Beispiel Ethylen Vinylacetat-basierte Zwischenschichten (EVA), die häufig als Verkapselungsmaterial für PV-Module verwendet werden. Eine weitere Zwischenschicht ist SentryGlas (SG), das für eine hohe strukturelle Leistung entwickelt wurde.

Alle genannten Zwischenschichttypen weisen ein zeit- und temperaturabhängiges mechanisches Verhalten auf. Wird eine konstante Dehnung oder Verzerrung aufgebracht, so kann man eine mit der Zeit abnehmende Spannung beobachten (Relaxation). Da im intakten Glas von kleinen Verzerrungen in der Zwischenschicht ausgegangen werden kann, können linear viskoleastische Modelle genutzt werden um dieses Phänomen abzubilden. Ein weit verbreitetes Modell ist das verallgemeinerte Maxwell-Modell, welches mathematisch durch eine Prony-Reihe beschrieben wird. Eine ausführliche Beschreibung zu diesem Modell kann z. B. [1] entnommen werden. Die Relaxationsprozesse sind thermisch aktivierbar, sodass ein Zusammenhang zwischen den beiden Einflussgrößen besteht. Bei thermorheologisch einfachen Materialien wird dieser Zusammenhang durch das Zeit-Temperatur-Verschiebungsprinzip (ZTV) beschrieben. Dieses besagt, dass eine Temperaturerhöhung die Relaxationskurve zu kürzeren Zeiten hin verschiebt, ohne dass sich dabei die Form der Kurve verändert (Bei niedrigeren Temperaturen wird die Kurve analog zu höheren Zeiten verschoben). Alle Relaxationszeiten der Prony-Reihe weisen somit die gleiche Temperaturabhängigkeit auf. Bekannte ZTV-Modelle sind das nach William, Landel und Ferry [2], das nach Arrhenius [3] und Polynomfunktionen [4].

PVB verhält sich im üblichen Anwendungsbereich thermorheologisch einfach, sodass das temperaturabhängige linear viskoelastische Materialverhalten mit einer Prony-Reihe und einem ZTV vollständig beschrieben ist. EVA und SG (Bild 1) besitzen im

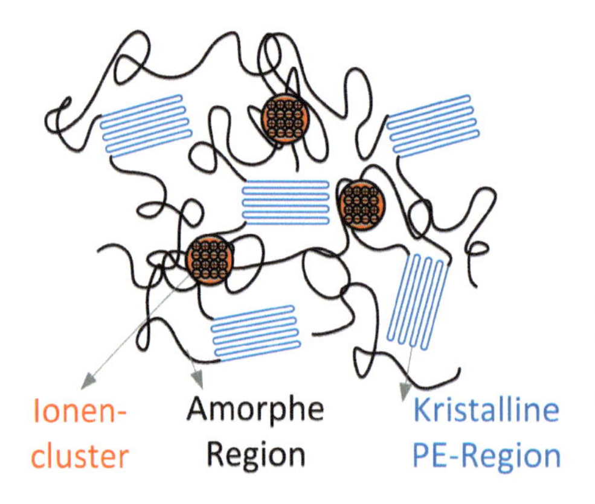

Bild 1 Schematische Darstellung der molekularen Struktur von SG. Ionencluster bilden thermoreversible Vernetzungen; zwischen den Ionenclustern und amorphen Bereichen bilden sich Polyethylen (PE)-Kristallite (© M. Schuster, ISM+D, basierend auf [7] und [8])

Gegensatz zu PVB teilkristalline Bereiche, was zu einem thermorheologisch komplexeren Materialverhalten führt, [5] [6]. Bei Erreichen der Schmelztemperatur schmelzen die kristallinen Bereiche. Wird die Schmelze abgekühlt, so werden die Kristallite wieder gebildet. Der Schmelz- und der Kristallisationsprozess unterscheiden sich erheblich voneinander.

Die teilkristalline Struktur wird nachfolgend am Beispiel von SG mithilfe von Differenzkalorimetrie-Messungen bei verschiedenen Heiz- und Kühlraten und unterschiedlichen physikalischen Altern untersucht. Mittels Dynamisch-Mechanisch-Thermischen-Analysen wird gezeigt, dass das viskoelastische Materialverhalten durch den Kristallisationsgrad beeinflusst wird. Informationen zur chemischen Zusammensetzung von Ionoplasten, wie SG, können z. B. [9] entnommen werden.

2 Theoretische Grundlagen zu teilkristallinen Strukturen

Die Ermittlung des Kristallisationsgrades χ (gleichbedeutend mit Kristallinität) von teilkristallinen Kunststoffen basiert meist auf dem Zweiphasenmodell, in dem es „perfekte" Kristallite und ausgeprägte amorphe Bereiche gibt. Abweichungen aufgrund von Defekten, Übergangsbereichen zwischen amorph und kristallin (starre amorphe Phase) werden vernachlässigt.

Im Rahmen dieses Artikels wird der Kristallisationsgrad χ aus dem Verhältnis der Schmelzenthalpien aus DSC-Messungen (siehe Formel 1 [10]) berechnet. ΔH_m ist die gemessene Schmelzenthalpie der Probe und $\Delta H_{\mathrm{m,100\,\%}}$ die Schmelzenthalpie der reinen Kristallite (hier PE-Kristallite $\Delta H_{\mathrm{m,100\,\%\,PE}} = 293$ J/mol [10]).

$$\chi = \frac{\Delta H_\mathrm{m}}{\Delta H_{\mathrm{m,100\,\%}}} \tag{1}$$

Die Schmelzenthalpie ΔH_m errechnet sich mit Formel (2) [11] [12], wobei C der Temperaturrate in [K/s], T_0 [K] der Temperatur bei Schmelzanfang, T_ende [K] der Temperatur am Ende des Schmelzprozesses und Φ dem zur Probenmasse normalisierten spezifischen Wärmestrom [W/g] entspricht. Graphisch gesehen, entspricht das Integral aus Formel (2) der Peakfläche zwischen dem Thermogramm und der Basislinie.

$$\Delta H_\mathrm{m} = \frac{1}{C}\int_{T_0}^{T_\mathrm{ende}} \Phi \cdot dT \tag{2}$$

Wird ein Kristallit erwärmt, so schmilzt dieser bei Erreichen seiner Schmelztemperatur. Das Schmelzen bezeichnet dabei das Überwinden der starken zwischenmolekularen Kräfte, sodass aus der geordneten eine amorphe Struktur entsteht. Es handelt sich dabei um einen thermodynamisch kontrollierten Prozess. Da die Kristallite unterschiedliche Größen aufweisen erstreckt sich der Schmelzvorgang bei teilkristallinen Kunststoffen üblicherweise über einen Temperaturbereich.

Wird die Schmelze abgekühlt, kommt es zunächst zur Kristallkeimbildung (Nukleation) und anschließend zum Kristallwachstum. Bei der Nukleation ballen sich einzelne Ketten und Kettensegmente zusammen und bilden Embryonen. Bei Temperaturen oberhalb von T_m sind diese instabil und zerfallen. Unterhalb von T_m können sich jedoch Embryonen bilden, die die kritische Größe überschreiten. Das Kristallwachstum beschreibt die Faltung der Molekülketten (Bild 2a) zu Lamellen (Bild 2b) oder Sphäro-

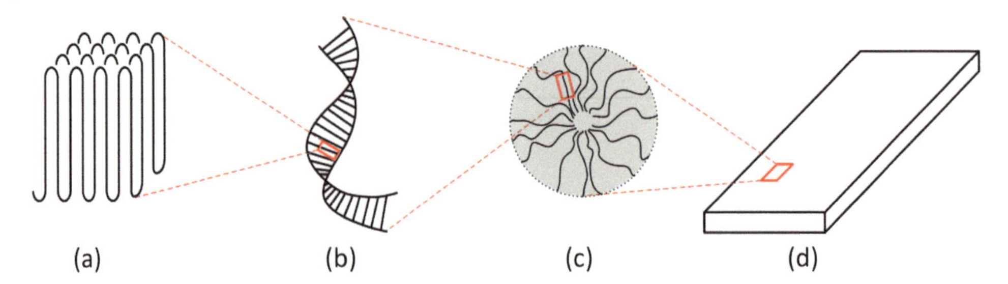

Bild 2 Wachstum: a) Faltenmizelle; b) Lamelle; c) Sphärolit und d) Bauteil (© M. Schuster, ISM+D)

lithen (Bild 2c). Dazu müssen die Molekülketten durch die Schmelze transportiert werden. Dies geschieht nur bei Temperaturen über T_g (Beweglichkeit der Moleküle) und unterhalb von T_m (gefalteter Bereich entfaltet sich wieder oberhalb von T_m).

Beide Vorgänge sind kinetischer Natur und nehmen daher Zeit in Anspruch. Dadurch ist die Kristallisationstemperatur T_c stets unterhalb der Schmelztemperatur T_m und man spricht von Unterkühlung.

Bei sehr schneller Abkühlung kann der Kristallisationsprozess vollständig unterdrückt werden. Allerdings kann es dann zur Nachkristallisation (auch als Sekundärkristallisation oder Kaltkristallisation bezeichnet) kommen. Der teilkristalline Zustand ist ein Nicht-Gleichgewichtszustand. Je schneller die Abkühlung, desto stärker die Unterkühlung und desto weiter entfernt sich der Zustand vom Gleichgewichtszustand, wodurch die treibende Kraft für die Nachkristallisation wächst. Langsame Reorganisationseffekte erhöhen den Kristallisationsgrad weiter. Zum Beispiel werden zwischen den Sphärolithen noch Lamellen gebildet.

Beim Tempern (lange Zeit bei isothermer Temperatur) unterhalb der Schmelztemperatur überwinden die metastabilen Kristallite durch die Energiezufuhr die Energiebarriere und gehen in einen stabileren Zustand. Kleine Kristallite schmelzen und große wachsen. Dieser Vorgang wird als Kristallisationsperfektion bezeichnet. Hier ändert sich der Kristallisationsgrad nicht zwingend, aber die Schmelztemperatur verschiebt sich zu höheren Temperaturen. Weitere Informationen können z. B. [13] und [14] entnommen werden.

3 Experimentelle Methoden

Alle Versuche wurden an einer Ionoplast-Folie der Firma Kuraray durchgeführt. Es handelt sich dabei um *SG6000*, welches auch als *SentryGlas® XTRA™* bekannt ist. Die Proben wurden dem Laminationsprozess unterzogen und anschließend luftdicht und vor UV geschützt verpackt vom Hersteller übergeben. Nach Öffnen der Verpackung wurden die Proben in luftdichten und mit Trocknungsperlen befüllten Gläsern gelagert.

3.1 Differenzkalorimetrie

Mit der Differenzkalorimetrie (engl. Differential Scanning Calorimetry, DSC) können sowohl thermische Umwandlungen (thermodynamische Prozesse) als auch thermische Relaxation oder andere kinetische Effekte untersucht werden. Dazu gehört z. B. die

Bestimmung von Reaktionsenthalpien (Schmelzenthalpie, Kristallisationsenthalpie, Vernetzungsenthalpie) oder von charakteristischen Temperaturen (Schmelz- und Kristallisationstemperatur, Glasübergangstemperatur).

Bei DSC-Messungen wird die Probe zusammen mit einer Referenz einem kontrollierten Temperatur-Zeit-Programm unterzogen. Aufgrund der ungleichen Wärmekapazitäten der beiden Materialien entsteht eine Temperaturdifferenz (Bild 3a), aus der sich die Differenz zwischen dem Wärmestrom $\Phi = dQ/dt$ des Tiegels mit Probe und des Referenztiegels bezogen auf die Probenmasse [W/g] in Abhängigkeit von der Temperatur bzw. Zeit ergibt. Für isobare Bedingungen entspricht dies der Enthalpierate dh/dt. Glasübergänge werden durch Stufen im Thermogramm erkannt. Das Aufschmelzen von Kristalliten zeigt sich durch einen endothermen Peak und der Kristallisationsprozess durch einen exothermen Peak. Weitere Informationen zur DSC sind z. B. [15], [16], [17] und [18] zu entnehmen.

Insgesamt werden in diesem Artikel die Ergebnisse aus zwei DSC-Versuchen vorgestellt. Die Versuche wurden an einer *DWDK Netzsch Type 214 Polyma* durchgeführt. Der erste Aufheizvorgang im ersten Versuch diente der Ermittlung der initialen Kristallinität und der Eliminierung der thermischen Vorgeschichte. Die weiteren Heiz-Kühl-Zyklen wurden zur Ermittlung der charakteristischen Temperaturen genutzt. Der letzte Heizvorgang des ersten DSC-Versuches und die zweite DSC-Messung dienten der Untersuchung des Einflusses des physikalischen Alters.

Die Probenmasse im ersten Versuch betrug 4,1 mg. Nach dem Probeneinbau, wurde die Temperatur mit –20 K/min auf –60 °C gesenkt. Der erste Heiz- und Kühlzyklus erfolgte dann mit ±20 K/min in einem Temperaturbereich von [–60 : 140] °C. Im Anschluss wurde der gleiche Temperaturbereich in jeweils zwei Zyklen mit 20 K/min, 10 K/min und 3 K/min untersucht. Der letzte Kühllauf endete bei einer Temperatur von 23 °C, bei der die Probe für insgesamt 24 h verweilte, bevor sie ein letztes Mal bis zu einer Temperatur von 50 °C erhitzt wurde. In der zweiten DSC-Messung erfolgte der erste Heizvorgang in einem Temperaturbereich von [–60 : 100] °C mit einer Temperaturrate von 3 K/min. Die Probenmasse betrug 6,1 mg.

Um den Kristallisationsgrad in DSC-Messungen ermitteln zu können, wird eine Basislinie ermittelt. Entsprechend den Empfehlungen in [19], [20] und [21] wurden diese in diesem Artikel durch eine Extrapolation der DSC-Kurve im Bereich der Schmelze erstellt (gestrichelte Linie in Bild 4).

3.2 Dynamisch-Mechanisch-Thermische-Analysen

Dynamisch-Mechanisch-Thermische-Analysen (DMTA) können vielseitig eingesetzt werden. Mithilfe von Temperatur-Sweeps (TS) können beispielsweise die charakteristischen Temperaturen (z. B. T_g) ermittelt werden. Temperatur-Frequenz-Sweeps (TFS) ermöglichen die Ermittlung der Prony-Parameter und des Zeit-Temperatur-Verschiebungsprinzipes zur Beschreibung des thermo-linear-viskoelastischen Materialverhaltens. Da diese Messmethode zumindest für die Charakterisierung von PVB-Folien sehr bekannt ist, wird hier für nähere Informationen auf Literatur verwiesen, [1], [3] und [22].

In diesem Artikel werden die Ergebnisse aus vier Temperatur-Sweeps und drei Temperatur-Frequenz-Sweeps mit unterschiedlichen Temperaturhistorien gezeigt. Die Versuche erfolgten an einem *MCR 302 Rheometer von Anton Paar*. Die Temperierung

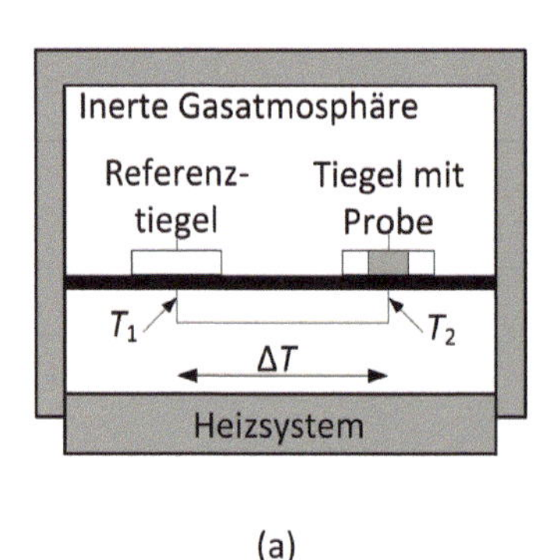

Bild 3 a) DSC-Funktionsprinzip (© M. Schuster, ISM+D); b) Rheometer: Patte-Platte-Konfiguration (© M. Schuster, ISM+D)

erfolgte über den Konvektionsofen in Kombination mit Stickstoff. Es wurde bei fast allen Versuchen ein Platte-Platte-Messsystem mit 8 mm Durchmesser verwendet (Bild 3b). Lediglich bei einem Temperatur-Sweep musste auf den Torsionsstreifen zurückgegriffen werden (Abmessungen ca. 50 mm × 10 mm).

Damit während der Messung kein Schlupf auftritt, wurde die Probe nach dem Einbau bei Raumtemperatur auf 50 °C aufgeheizt, kurz (~ ca. 2 min) mit einer Druckkraft von $F = 20$ N belastet und sofort im Anschluss wieder entlastet ($F = 0$–$0{,}1$ N). Um die dadurch entstehenden Spannungen zu relaxieren und eine definierte thermische Vorgeschichte zu gewährleisten wurden die Proben im Anschluss kontrolliert auf $T = 100$–120 °C erhitzt und für eine Haltezeit von 10 min dort belassen. Diese Temperatur liegt über dem Schmelzpunkt der Kristallite sodass die thermische Vorgeschichte eliminiert wird.

Die Temperatur-Sweeps erfolgten an unterschiedlich alten (definierte Lagerungsdauer bei Raumtemperatur RT) Proben. Beim ersten TS wurde die Probe nach dem Einbau, Festpressen und Erhitzen auf 120 °C kontrolliert mit 3 K/min auf –40 °C abgekühlt und wieder auf 120 °C geheizt (Alter = 0). Beim zweiten TS alterte die Probe ca. 24 h bei RT bevor sie wieder mit 3 K/min auf 100 °C erhitzt wurde. Im dritten TS betrug die Ruhezeit bei RT 4 Tage. Der letzte TS wurde an der Probe im Initialzustand durchgeführt. Da beim Einbau in das Platte-Platte-System ein Erwärmen der Probe notwendig ist um Schlupf zu vermeiden, was den Kristallisationsgrad beeinflussen kann, musste für diesen Versuch auf den Torsionsstreifen zurückgegriffen werden. Die Probe wurde bei –40 °C eingebaut und dann wieder mit 3 K/min auf 100 °C erwärmt. Die Frequenz betrug bei allen Temperatur-Sweeps 1 Hz und die Verzerrungsamplitude 0,025 % in den Platte-Platte-Versuchen und 0,1 % beim Torsionsstreifen.

Die Temperatur-Frequenz-Sweeps fanden in einem Temperaturbereich von ca. [–40 : 100] °C statt, wobei die Temperatur in jedem Schritt um jeweils $\Delta T = 5$ °C erhöht oder gesenkt wurde. Linearisiert man den stufenförmigen Temperaturverlauf, so ergibt sich eine Temperaturrate von ca. 0,3 K/min. Auf jeder Temperaturstufe wurde ein Frequenzbereich von [0.1 : 10] Hz untersucht. Die Verzerrungsamplitude betrug bei niedrigen Temperaturen ([–40 : 65] °C) 0,025 % und bei den höheren Temperaturen 0,04 %. Mit Amplitudensweeps wurde geprüft, dass diese Verzerrungsamplituden im linear viskoelastischen Bereich liegen.

Der erste TFS erfolgte zwischen [–40 : 100] °C von kalt nach warm. Dazu wurde die Probe nach dem Probeneinbau, Festpressen und dem anschließenden Erwärmen kontrolliert mit 10 K/min auf die Starttemperatur (–40 °C) heruntergekühlt. Der zweite TFS erfolgt analog zum Ersten. Der einzige Unterschied ist, dass die Probe nach Einbau, Festpressen und anschließendem Erwärmen mit 5 K/min auf RT abgekühlt wurde und dort 5 Tage ruhte, bevor die Starttemperatur von –40 °C kontrolliert mit 10 K/min angefahren wurde. Die Ruhezeit von 5 Tagen bei RT ermöglichte die Ausbildung primärer und sekundärer Kristallite. Der dritte TFS erfolgte direkt im Anschluss an den Zweiten von warm nach kalt. Aufgrund des begrenzten Stickstoffs, wurde lediglich ein Temperaturbereich von [100 : 20] °C untersucht.

4 Ergebnisse

4.1 Initialer Kristallisationsgrad

Um ein Gefühl für das Maß an Kristallinität der Proben zu bekommen, wurde der initiale Kristallisationsgrad mittels DSC-Messung ermittelt. Als initial wird hier der (unbekannte) Probenzustand nach Anlieferung beschrieben, weshalb der erste Heizlauf der DSC verwendet wurde. Der Kristallisationsgrad wurde mit Formel (1) berechnet. Es ergibt sich eine Schmelzenthalpie von ΔH_m = 27,9 J/g und ein Kristallisationsgrad von χ = 9,5 %.

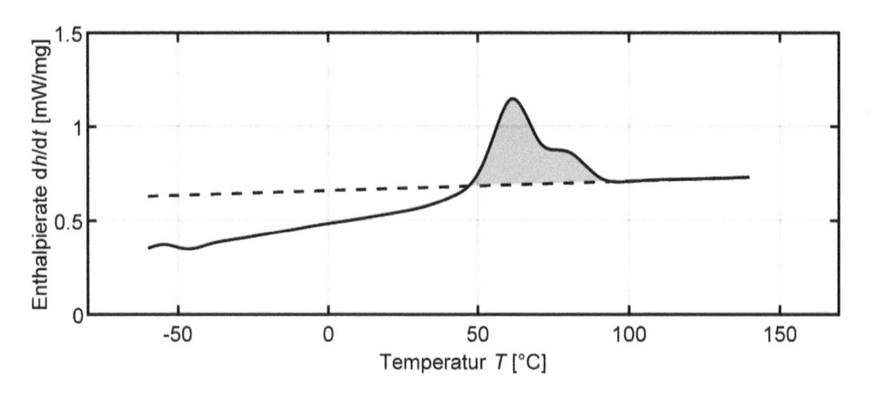

Bild 4 Initialer Kristallisationsgrad aus dem ersten Heizen mit 20 K/min; Exotherm nach unten (© M. Schuster, ISM+D)

4.2 Einfluss aus unterschiedlichen Heiz- und Kühlraten

Bild 5 zeigt die Ergebnisse aus der ersten DSC-Messung. Es ist ersichtlich, dass sich der erste und letzte Aufheizprozess (schwarze Kurven) deutlich von den restlichen unterscheiden. Dies liegt daran, dass der erste Aufheizvorgang von der thermischen Vorgeschichte abhängig ist. Auch vor dem letzten Aufheizvorgang wurde die Probe physikalisch gealtert. Eine detailliertere Auswertung dieser Kurven erfolgt im Abschnitt 4.4. Bei allen anderen Heizläufen wurde die thermische Vorgeschichte und somit das physikalische Alter durch Überschreiten der Schmelztemperatur genullt. Dadurch können die Schmelz- und Kristallisationsvorgänge reproduzierbar untersucht werden. Die Ergebnisse sind in Tabelle 1 zusammengefasst. Die Schmelztemperatur in der Heizkurve

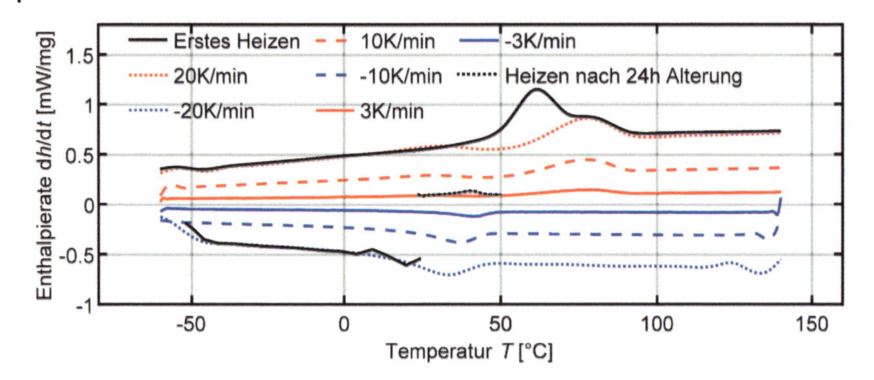

Bild 5 Messergebnisse aus der ersten DSC-Messung; exotherme Richtung nach unten (© M. Schuster, ISM+D)

bei einer bestimmten Heizrate ist stets höher als die Kristallisationstemperatur in der Abkühlkurve mit der gleichen Abkühlrate. Darüber hinaus ist ersichtlich, dass die Kristallisationspeaktemperaturen (T_c ~ 34 °C bei –20 K/min, T_c ~ 37 °C bei –10 K/min und T_c ~ 42 °C bei –3 K/min) deutlich stärker von der Abkühlrate abhängen als die Schmelztemperaturen (T_m ~ 75–77 °C für alle drei Heizraten).

Nachdem der Einfluss der Heiz- und Kühlrate auf die Lage des Schmelz- und Kristallisationspeaks gezeigt wurde, wird nachfolgend die Auswirkung auf die Steifigkeit untersucht. Dazu werden zunächst die Ergebnisse aus einem Temperatur-Sweep mit 3 K/min betrachtet und mit denen aus der DSC-Messung verglichen.

In den DMTA-Temperatur-Sweeps entstehen sowohl im Speichermodul G' (Bild 6), als auch im Verlustmodul G'' (nicht dargestellt) und Verlustfaktor tan δ (Bild 7a) Hysteresen.

Tabelle 1 Schmelz- und Kristallisationstemperaturen aus der DSC-Messung

Temperaturrate [K/min]	20	10	3
Schmelzpeaktemperatur T_m [°C]	77,2	77,0	74,8
Kristallisationspeaktemperatur T_c [°C]	33,5	37,1	41,5

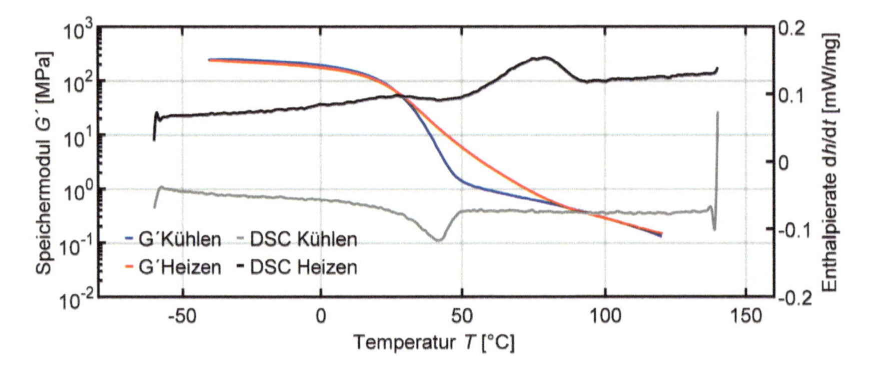

Bild 6 Vergleich DSC und DMTA-TS-Speichermodul bei 3 K/min (© M. Schuster, ISM+D)

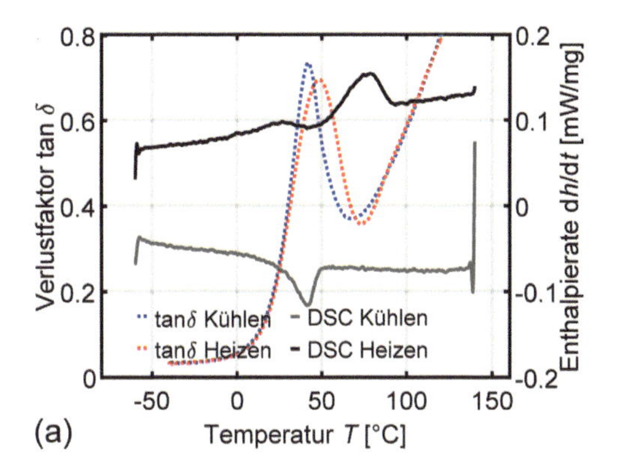

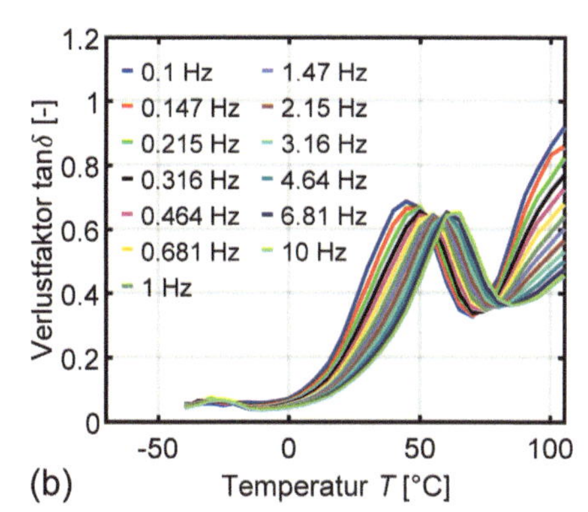

Bild 7 a) Vergleich DSC und DMTA-TS-Verlustfaktor bei 3 K/min; b) Verlustfaktorverläufe über die Temperatur bei unterschiedlichen Frequenzen aus dem TFS von kalt nach warm (© M. Schuster, ISM+D)

Die Kühlkurve liefert niedrigere Speicher- und Verlustmodulwerte als die Heizkurve. Die Peaks der Verlustfaktoren sind versetzt, wobei die Peaktemperatur der Heizkurve höher ist als die der Kühlkurve.

Bild 6 vergleicht die DSC-Thermogramme bei ±3 K/min mit dem Speichermodul aus dem DMTA-Temperatur-Sweep. Das Ende der DMTA-TS-Speichermodul Hysterese stimmt mit dem Ende des Schmelzpeaks in der DSC überein. Zudem passt der abrupte Zuwachs im Speichermodul der Kühlkurve zu dem Beginn des Kristallisationspeaks. Der Beginn der Hysterese trifft das Ende des Kristallisationspeaks. Bei Temperaturen vor dem Beginn der Hysterese ist der Kristallisationsgrad konstant, was zum identischen Materialverhalten führt. Bei Temperaturen oberhalb des Endes der Hysterese, ist der Kristallisationsgrad in beiden Kurven null, was wieder in gleichem Materialverhalten resultiert.

Bild 7a vergleicht den Verlustfaktor mit den DSC-Thermogrammen bei ±3 K/min. Hier wird ersichtlich, dass die Glasübergangstemperaturen in den DSC-Messungen durch Kristallisationseffekte überlagert und daher nur schwierig bestimmbar sind. Stattdessen werden die Glasübergangstemperaturen mit dem Peak im tan δ ermittelt. Um sicherzustellen, dass es sich bei dem Peak tatsächlich um den Glasübergang und nicht um ein Schmelzen handelt, wurden die Daten aus dem ersten Temperatur-Frequenz-Sweep so umsortiert, dass für die unterschiedlichen Frequenzen Temperatur-Sweep-Kurven entstehen (Bild 7b). Da der Peak in Abhängigkeit der Frequenz bei unterschiedlichen Temperaturen liegt, ist bestätigt, dass dieser durch einen Relaxationsvorgang erzeugt wird [23].

4.3 Einfluss des physikalischen Alters

Es wurde bereits anfangs erwähnt, dass sich die erste DSC-Heizkurve auf Grund von Effekten aus physikalischer Alterung von den nachfolgenden Heizkurven unterscheidet. Um dies weiter bei 3 K/min zu untersuchen, wurde die zweite DSC-Messung herangezogen, bei der der erste Heizvorgang mit 3 K/min erfolgte. Bild 8a zeigt DSC-Heizkurven mit unterschiedlich alten Proben. Die rote Linie stellt das Ergebnis des

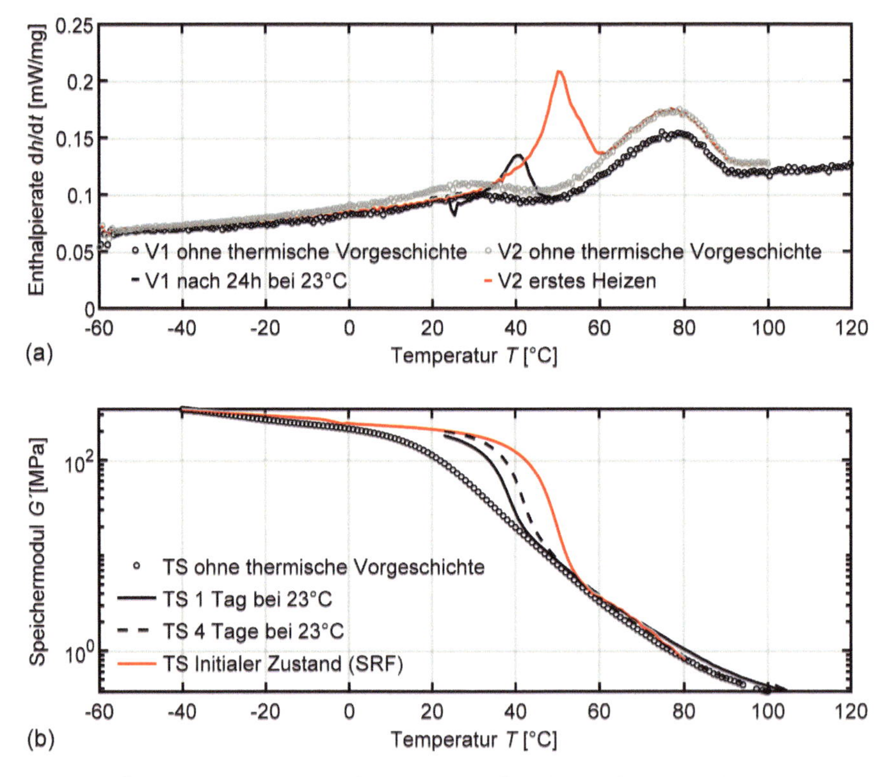

Bild 8 Einfluss des physikalischen Alters; a) DSC-Aufheizkurven; b) DMTA-TS (Heizen) (© M. Schuster, ISM+D)

ersten Aufheizvorganges (Probenzustand wie bei Anlieferung) mit 3 K/min dar. Neben dem Hauptschmelzpeak bei $T_{\mathrm{m}} \sim 77\,°\mathrm{C}$, ist ein zweiter großer endothermer Peak bei ca. 50 °C erkennbar. Dieser Peak stellt das Schmelzen der sekundären Kristallite dar [23]. In den nachfolgenden Heizkurven ist die thermische Vorgeschichte eliminiert und der zweite Peak nicht mehr in den DSC-Kurven vorhanden. Die schwarz durchgezogene Kurve zeigt die Heizkurve einer Probe, die nach Eliminierung der thermischen Vorgeschichte für 24 h bei $T = 23\,°\mathrm{C}$ gelagert wurde. Es ist wieder ein zweiter Peak zu erkennen. Dieser ist jedoch kleiner und befindet sich bei einer niedrigeren Temperatur (ca. 40 °C) als bei der roten Kurve.

Bild 8b zeigt die Speichermodul-Temperaturkurven von unterschiedlich alten Proben. Es wird ersichtlich, dass die sekundären Peaks der DSC-Kurven mit den starken Steifigkeitsabfällen in den Speichermodulkurven zusammenfallen. Zusätzlich erkennt man, dass sich mit zunehmendem physikalischen Alter der anfänglich hohe Speichermodul über einen weiteren Temperaturbereich erstreckt und der anschließende Steifigkeitsabfall steiler wird. Ab einer Temperatur von ca. 55 °C sind alle sekundären Kristallite wieder aufgeschmolzen und die einzelnen Temperatur-Sweeps treffen sich wieder.

4.4 Einfluss auf das linear viskoelastische Materialverhalten

Bislang wurde gezeigt, dass unterschiedliche Temperaturraten zu unterschiedlichen Kristallisationstemperaturen führen. Der relative Kristallisationsgrad ist also von der Temperaturrate abhängig. Zudem wurde gezeigt, dass im Laufe der Zeit sekundäre Kristallisationseffekte auftreten, die ebenfalls den relativen Kristallisationsgrad beeinflussen. Schließlich wurde gezeigt, dass der Kristallisationsgrad einen direkten Einfluss auf das Steifigkeitsverhalten der Probe hat. Nachfolgend sollen diese Erkenntnisse genutzt werden, um Temperatur-Frequenz-Sweeps mit drei unterschiedlichen Temperaturhistorien miteinander zu vergleichen.

In allen drei Fällen war die Erstellung einer Masterkurve durch rein horizontales Verschieben möglich. Die Referenztemperatur wurde zu T_{ref} = 95 °C gewählt. Diese Temperatur liegt über der Schmelztemperatur der Kristallite, sodass sich die Proben bei dieser Temperatur im amorphen Zustand befinden.

Bild 9 vergleicht die Masterkurven des komplexen Moduls $|G^*|$ aus dem Heizmodus (erster TFS, von kalt nach warm nach Eliminierung der thermischen Vorgeschichte) und Kühlmodus (dritter TFS, von warm nach kalt). Im Bereich zwischen 10^3–10^8 Hz (entspricht den Abkühlkurven im Temperaturbereich [35:50]°C) liegt die Masterkurve aus den Kühlkurven leicht über der aus den Heizkurven. Bild 10 vergleicht die Masterkurven des komplexen Moduls $|G^*|$ aus beiden Aufheizvorgängen mit unterschiedlich alten Proben (erster und zweiter TFS). Die Masterkurven sind deckungsgleich. Insgesamt sind die drei Masterkurven bei T_{ref} = 95 °C sehr ähnlich, sodass angenommen wird, dass, unabhängig von der Temperaturhistorie, ein und dieselbe Masterkurve entsteht, wenn die Referenztemperatur oberhalb des Schmelzbereiches liegt.

Betrachtet man jedoch die Verschiebungsfaktoren, so sind in Abhängigkeit des Temperaturprogrammes erhebliche Unterschiede ersichtlich. Dies ist dadurch zu erklären, dass die unterschiedlichen Temperaturprogramme, bei gleichen Temperaturstufen zu unterschiedlichen Kristallinitäten führen. Für die Heizdaten nach Eliminierung der Temperaturhistorie beträgt der Verschiebungsfaktor z. B. für T = 20 °C log a = 9,63 und nach 5 Tagen Lagerung log a = 13,38. Es wird daher angenommen, dass der Horizontal-

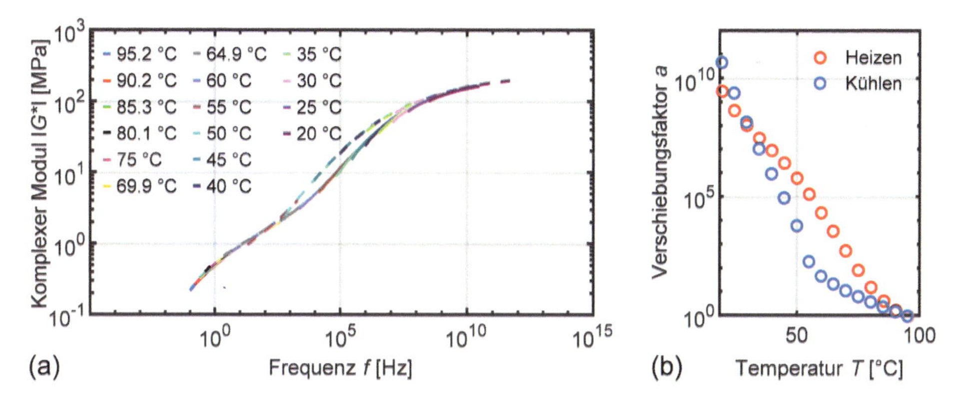

Bild 9 a) Vergleich der Masterkurven aus dem ersten (von kalt nach warm) und dritten TFS (von warm nach kalt) bei T_{ref} = 95 °C; durchgezogene Linie: Heizen, gestrichelte Linie: Kühlen; b) Verschiebungsfaktoren (© M. Schuster, ISM+D)

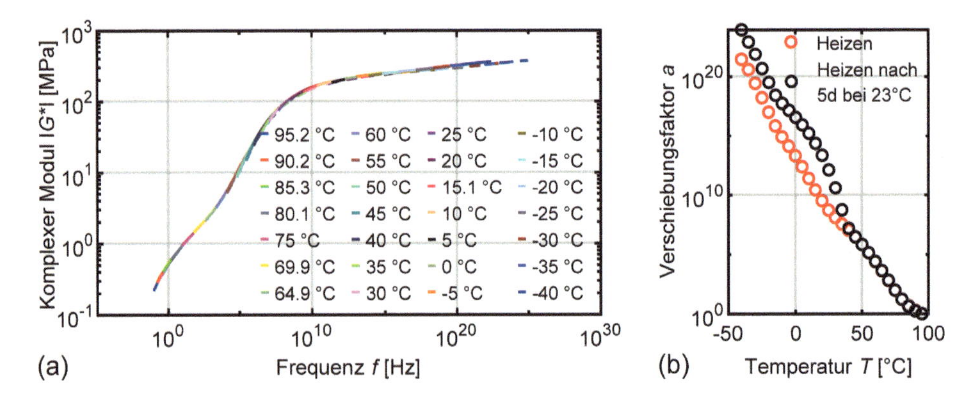

Bild 10 a) Vergleich der Masterkurven aus dem ersten (von kalt nach warm) und zweiten TFS (von kalt nach warm nach 5 d bei $T = 23\,°C$) bei $T_{ref} = 95\,°C$; durchgezogene Linie: Heizen, gestrichelte Linie: Heizen nach 5 d bei $T = 23\,°C$; b) Verschiebungsfaktoren (© M. Schuster, ISM+D)

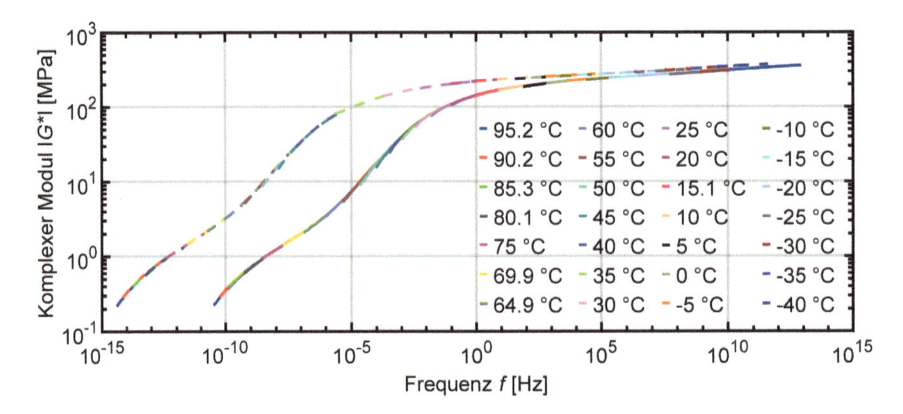

Bild 11 Vergleich der Masterkurven aus dem ersten (von kalt nach warm) und zweiten TFS (von kalt nach warm nach 5 d bei T = 23 °C) bei $T_{ref} = 20\,°C$ (© M. Schuster, ISM+D)

verschiebungsfaktor nicht nur von der Temperatur, sondern auch vom vorherrschenden Kristallisationsgrad (bzw. der Temperaturhistorie) abhängig ist.

Dies hat zur Folge, dass sich die Masterkurven bei Temperaturen unterhalb der Schmelztemperatur voneinander unterscheiden. Wäre z. B. $T_{ref} = 20\,°C$ als Referenztemperatur gewählt worden, würden auch unterschiedliche (horizontal verschobene) Masterkurven entstehen, siehe Bild 11 am Beispiel der Heizkurven nach Eliminierung der thermischen Vorgeschichte und nach einer 5-tägigen Lagerung bei $T = 23\,°C$.

5 Schlussfolgerung und Ausblick

Im vorliegenden Artikel wurde experimentell bestätigt, dass SG teilkristalline Bereiche enthält. Der initiale Kristallisationsgrad wurde in der DSC zu 9,5 % bestimmt. Die Schmelz- und Kristallisationsvorgänge wurden anschließend mittels DSC und DMTA-

TS genauer untersucht. Dabei wurde gezeigt, dass unterschiedliche Temperaturraten zu unterschiedlichen Kristallisationstemperaturen führen. Zudem wurde gezeigt, dass im Laufe der Zeit sekundäre Kristallisationseffekte auftreten. Der bei einer bestimmten Temperatur vorhandene Kristallisationsgrad ist also sowohl von der Temperaturrate als auch vom physikalischen Alter der Probe abhängig.

Nachdem die Schmelz- und Kristallisationsprozesse experimentell untersucht wurden, wurden DMTA-TFS mit drei verschiedenen Temperaturprogrammen durchgeführt: von warm nach kalt nach Eliminierung der thermischen Vorgeschichte, von kalt nach warm nach 5 Tagen Alterung bei $T = 23\,°C$ und von warm nach kalt. Die Erstellung von Masterkurven bei einer Temperatur oberhalb des Schmelzpunktes durch rein horizontale Verschiebung der einzelnen isothermen Kurven führte zu kongruenten Masterkurven, aber unterschiedlichen Verschiebungsfaktoren bei gleichen Temperaturen. Dies bedeutet, dass die Masterkurve und somit das linear viskoelastische Materialverhalten bei Temperaturen unterhalb des Schmelzpunktes von der Temperaturhistorie bzw. dem vorherrschenden Kristallisationsgrad abhängen.

Soll die Charakterisierung von teilkristallinen Zwischenschichten analog zum PVB mittels DMTA-TFS erfolgen, so ist das Versuchsprogramm sorgsam festzulegen. Das ZTV, sowie aus der Masterkurve und dem ZTV abgeleitete Schubmodulwerte sind immer an eine Temperaturhistorie bzw. einen Kristallisationsgrad gebunden. Auf der sicheren Seite liegend (für lastinduzierte Belastungen) könnte die Kristallisation während der DMTA unterbunden werden, indem man die Messung schnellst möglich von warm nach kalt fährt. Dies würde jedoch eine erhebliche Unterschätzung der Steifigkeit führen. Überlegungen zu realistischen Kristallisationsgraden bzw. Temperaturhistorien im Laminat sind demnach erforderlich, um möglichst realitätsnahe Bemessungswerte aus DMTA-Messungen abzuleiten.

6 Literatur

[1] Kraus, M. A.; Schuster, M.; Kuntsche J.; Schneider, J. (2017) Parameter identification methods for visco-and hyperelastic material models 2(2) in: *Glass Structures & Engineering*, p. 147–167.

[2] Williams, M. L.; Landel, R. F.; Ferry, J. D. (1955) The temperature dependence of relaxation in: *Journal of the American Chemical society* 77(14), pp. 3701–3707.

[3] Schwarzl, F. R. (2013) *Polymermechanik: Struktur und mechanisches Verhalten von Polymeren*, Springer-Verlag, Berlin/Heidelberg.

[4] DIBt (2016) *Allgemeine bauaufsichtliche Zulassung Z-70.3-236 Verbund-Sicherheitsglas mit der PVB-Folie Trosifol ES mit Schubverbund.*

[5] Schuster, M.; Kraus, M. A.; Schneider, J.; Siebert, G. (2018) Investigations on the thermorheologically complex material behaviour of the laminated safety glass interlayer ethylene-vinyl-acetate in: *Glass Structures Engineering* 3(2), pp. 373–388.

[6] Kraus, M. A.; Schuster, M.; Botz, M.; Schneider J.; Siebert, G. (2018) Thermorheologische Untersuchungen der Verbundglaszwischenschichten PVB und EVA in: Weller, B.; Tasche, S. [Hrsg.] *Glasbau 2018*, pp. 159–172, Ernst & Sohn, Berlin.

[7] Trösch, E. (2015) *Tragverhalten von überlappend laminierten Verbundglasträgern für grosse Spannweiten*, ETH Zürich.

[8] Zadrapa, P. (2011) *The Morphology and Properties of Selected Filler/Poly (Ethylene-Co-Methacrylic Acid) Copolymer Systems*, Tomas Bata University, Czech Republic.

[9] Domininghaus, H.; Elsner, P.; Hirth, T.; Eyerer, P. (2013) *Kunststoffe Eigenschaften und Anwendungen*, Springer-Verlag, Berlin/Heidelberg.

[10] Schubnell, M. (2001) *Bestimmung der Kristallinität bei Polymeren aus DSC-Messungen*, User Com (Mettler Toledo) 1, pp. 12–13.

[11] Málek, J. (1992) The kinetic analysis of non-isothermal data, *Thermochimica acta 200*, pp. 257–269.

[12] Málek, J. (2000) Kinetic analysis of crystallization processes in amorphous materials, *Thermochimica Acta 355*(1–2), pp. 239–253.

[13] Lechner, M.D.; Gehrke, K.; Nordmeier, E.H. (2014) *Makromolekulare Chemie*, Springer-Verlag, Berlin/Heidelberg.

[14] Elias, H.-G. (2009) *Makromoleküle: Physikalische Struktur und Eigenschaften*, Wiley-VCH Verlag GmbH, Weinheim.

[15] EN ISO 11357-1 (2016) *Kunststoffe – Dynamische Differenz-Thermoanalyse (DSC) –* Teil 1: Allgemeine Grundlagen ISO 11357-1, Deutsches Institut für Normung.

[16] EN ISO 11357-2 (2014) *Kunststoffe – Dynamische Differenz-Thermoanalyse (DSC) –* Teil 2: Bestimmung der Glasübergangstemperatur und der Glasübergangsstufenhöhe, Deutsches Institut für Normung.

[17] prEN ISO 11357-3 (2017) *Kunststoffe – Dynamische Differenz-Thermoanalyse (DSC) –* Teil 3: Bestimmung der Schmelz- und Kristallisationstemperatur und der Schmelz- und Kristallisationsenthalpie, Deutsches Institut für Normung,

[18] EN ISO 11357-5 (2014) *Kunststoffe –Dynamische Differenz-Thermoanalyse (DSC)* –Teil 5: Bestimmung von charakteristischen Reaktionstemperaturen und -zeiten, Reaktionsenthalpie und Umsatz, Deutsches Institut für Normung.

[19] Schick, C. (2009) *Differential scanning calorimetry (DSC) of semicrystalline polymers*, Analytical and bioanalytical chemistry 395(6), pp. 1589–1611.

[20] Mathot, V.B.F.; Pijpers, M.F.J. (1983) Heat capacity, enthalpy and crystallinity for a linear polyethylene obtained by DSC in: *Journal of Thermal Analysis and Calorimetry* 28(2), pp. 349–358.

[21] Reading, M.; Price, D.M.; Orliac, H. (2001) *Measurement of crystallinity in polymers using modulated temperature differential scanning calorimetry*, Materials Characterization by Dynamic and Modulated Thermal Analytical Techniques.

[22] ISO 6721-1 (2019) *Kunststoffe –Bestimmung dynamisch-mechanischer Eigenschaften –* Teil 1: Allgemeine Grundlagen, Deutsches Institut für Normung.

[23] Wakabayashi, K.; Register, R.A. (2006) *Morphological origin of the multistep relaxation behavior in semicrystalline ethylene/methacrylic acid ionomers*, Macromolecules, 39(3), pp. 1079–1086.

[24] Kaiser, W. (2011) *Kunststoffchemie für Ingenieure: von der Synthese bis zur Anwendung*, Carl Hanser Verlag, München.

Praxisorientierte Fehleranalyse nichtlinearer Modelle für strukturelle Silikone

Philipp Kießlich[1], Johannes Giese-Hinz[1], Jan Wünsch[1], Christian Louter[1], Bernhard Weller[1]

[1] *Technische Universität Dresden, Institut für Baukonstruktion, August-Bebel-Straße 30, 01219 Dresden, Deutschland; philipp.kiesslich@tu-dresden.de; johannes.giese-hinz@tu-dresden.de; jan.wuensch@tu-dresden.de; christian.louter@tu-dresden.de; bernhard.weller@tu-dresden.de*

Abstract

Für die Bemessung realer Spannungszustände in Klebfugen sind numerische Modelle unabdingbar, welche für zwei Silikone in diesem Artikel vorgestellt werden. Dazu werden deren mechanische Eigenschaften durch eindeutige Belastungszustände in Versuchen unter Nutzung zweier optischer Messmethoden bestimmt. Über eine multi-experimentelle Parameteridentifikation werden anschließend numerische Kennwerte für geläufige lineare und nichtlineare Modelle über diverse Dehnungsbereiche identifiziert. Eine Bewertung erfolgt im Vergleich der numerischen und experimentellen Ergebnisse eines in-Situ-Prüfkörpers. Diese hebt hervor, dass die Wahl der hyperelastischen Modelle, sowie das Identifikationsverfahren die Brauchbarkeit der Modelle bestimmen.

Experimental determination of mechanical properties and numerical modelling of structural silicone. Numerical models are indispensable for the design of realistic stress conditions in adhesive joints, which will be presented for two silicones in this article. For this purpose, their mechanical properties are determined by unique loading conditions in tests using optical measurement methods. Numerical parameters for common linear and nonlinear models over various strain ranges are then identified via multi-experimental parameter identification. Evaluation is performed by comparing the numerical and experimental results of an in-situ test specimen, which highlight that the choice of hyperelastic models and the identification procedure determine the usability of the models.

Schlagwörter: *Hyperelastizität, numerische Modelle, Silikon, SSG, ETAG 002-1*

Keywords: *hyperelasticity, numerical modelling, silicone, SSG, ETAG 002-1*

Glasbau 2022. Herausgegeben von Bernhard Weller, Silke Tasche.

1 Einleitung

1.1 Motivation

Lastabtragende Verklebungen sind im konstruktiven Glasbau essenziell für anspruchsvolle Designs der Gebäudehülle [1]. Zugelassen sind für diese Fügetechnik derzeit nur Silikone. Stand der Technik sind hierbei Structural-Sealant-Glazing-Fassaden (SSG), welche durch die europäische Richtlinie ETAG 002-1 [2] geregelt werden. Die im Material wirkenden Spannungen werden hierbei vereinfacht als homogen angenommen und über linear elastische Ansätze ermittelt. Entgegen der Bemessung ist es für die Entwicklung und Planung geklebter Konstruktionen essenziell die im Material herrschenden Spannungszustände genau zu kennen, um deren Sicherheit gewährleisten zu können und perspektivisch eine höhere Materialeffizienz zu erreichen. Zur Berechnung dieser Zustände hat sich aufgrund des komplexen Materialverhaltens die numerische Finite-Elemente-Methode (FEM) etabliert.

In der Regel werden Materialmodelle über weite Bereiche der Dehnung (> 100 %) bestimmt. Im Rahmen der ETAG 002-1 und der europäischen technischen Zulassung (ETZ) der Silikone, ist die zulässige Bewegungsaufnahme auf 12,5 % begrenzt. Die hier vorgestellten Modelle orientieren sich an diesem Grenzwert mit dem Ziel methodische Aspekte zur Erstellung anwendungsorientierter Modelle zu untersuchen und Problemstellungen zu konkretisieren.

Die vorliegende Arbeit ist ein Teil von laufenden Untersuchungen an silikongeklebten Fugen zur Verwendung in aussteifenden Glaselementen für die außenseitige Ergänzung der Gebäudehülle und enthält Teile von experimentellen Untersuchungen aus [3].

1.2 Grundversuche zur hyperelastischen Materialmodellierung

Silikone zeigen, anders als Glas, ein ausgeprägtes nichtlineares Materialverhalten. Die Berechnung über lineare Ansätze ist deshalb nicht sinnvoll. Für die Modellierung sollten daher hyperelastische Materialgesetze verwendet werden. In deren Zentrum stehen Materialmodelle, welche Funktionen der Formänderungsenergiedichte (strain energy density function – SEDF) darstellen. Diese beschreiben Spannungen, in Form der am Körper verrichteten Arbeit, als Resultat der Ableitung nach den Dehnungen. Im Falle der Isotropie und Inkompressibilität von Stoffen, wie es für Silikone angenommen wird, gelten nur die deviatorischen Anteile, denn die Anteile der Volumenänderung entfallen. Die SEDF wird, je nach Modell, in Abhängigkeit der Hauptverstreckungen λ_i als auch Invarianten I_i mit $i = [1, 2, 3]$ definiert. Invarianten beschreiben Deformationen unabhängig vom Koordinatensystem und sind innerhalb des Konzepts der Hyperelastizität praktikabel. Sie lassen sich für inkompressible Stoffe ($I_3 = 0$) in einer Ebene darstellen, in der die Grenzzustände der uniaxialen und äquibiaxialen Belastung mit der reinen Scherung als Spiegelachse definiert sind. Diese Zustände sind mit analogen Deformationen in Bild 1 schematisch dargestellt. Jede andere beliebige Deformation desselben Stoffes ist zwischen diesen Grenzen einzuordnen. Durch die Kenntnis der mechanischen Eigenschaften unter den Grenzbeanspruchungen, sind beliebige Deformationen und relatierende Spannungszustände numerisch bestimmbar.

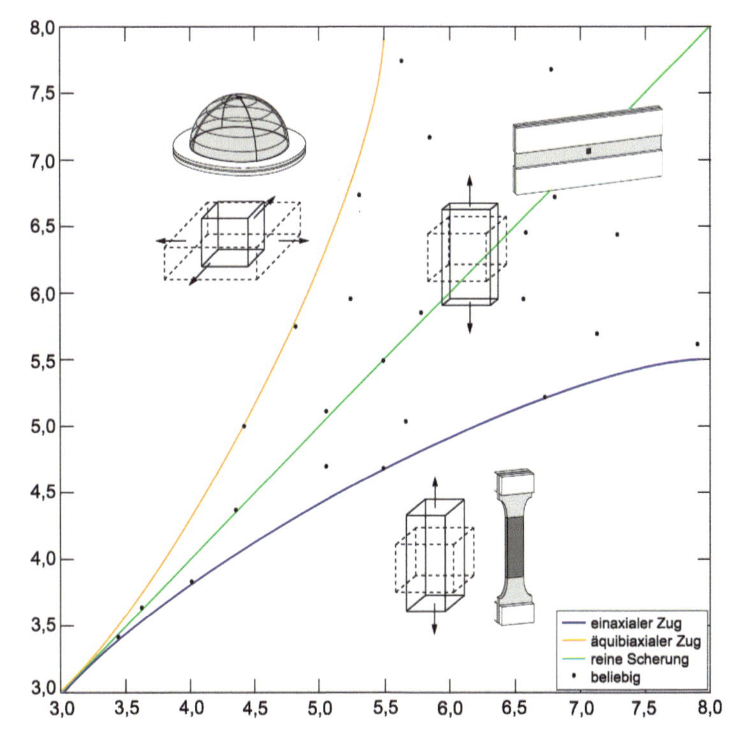

Bild 1 Invariantenebene zur Veranschaulichung der Zusammenhänge der Deformationszustände inkompressibler Stoffe nach [4, 5] (© Philipp Kießlich, TU Dresden)

2 Untersuchungsprogramm und Material

2.1 Methodik

Für die experimentelle Bestimmung, der zuvor beschriebenen Grenzzustände wurden der uniaxiale Zugversuch (UZV), planare Zugversuch (PZV), der äquibiaxiale Zugversuch via Bubble-Inflation-Rheometer-Verfahren (BZV), sowie ein Zugtest am H-Prüfkörper zur Überprüfung der Modelle durchgeführt.

2.2 Material – Prüfkörperherstellung und -vorbereitung

Untersucht wurden zwei 2-Komponenten-RTV-Silikone, welche aufgrund hoher Alterungsbeständigkeit für den Gebrauch in SSG-Fassaden zugelassen sind. Eines dieser Silikone ist das Kömmerling® Ködiglaze S (KG-S), welches mit einem Zugmodul von 2,80 N/mm^2 [ETA 08/0286] ähnliche Festigkeiten wie die Silikone OTTOCOL® S645 und DOWSIL® 3362 hat. Das Andere ist ein höhermoduliges Silikon namens Sikasil® SG 550 (SG550). Es hat ein Zugmodul von 5,60 N/mm^2 bei 12,5 % Dehnung [ETA 11/0392].

Für die Herstellung der Prüfkörper wurden die Klebstoffe aus Kartuschen mittels Statikmischer im Volumenverhältnis 10 : 1 verarbeitet. Die Schulterstäbe wurden mit PTFE-Spritzformen hergestellt. Andere Prüfkörper wurden als Klebstofffelle zwischen PTFE-beschichteten Platten mit massiven 3D-gedruckten Abstandshaltern hergestellt und in die gewünschte Form geschnitten. Vor der Herstellung wurden alle Oberflächen mit Isopropanol gereinigt. Das Ausschalen erfolgte nach 24 Stunden. Die Prüfkörper härteten für 28 Tage bei 23 °C und 50 % relativer Luftfeuchte in einem Klimaraum aus. Die Prüfkörpermaße wurden mittels digitalem Messschieber und einer Messuhr (Genauigkeit: ±0,02 mm) mit flachem Werkzeug erfasst.

2.3 Prüfaufbauten und -prozeduren

2.3.1 Uniaxialer Zugversuch

Der uniaxiale Zugversuch gehört zu den Industriestandards [6, 7] zur Bestimmung mechanischer Zugeigenschaften von Klebstoffen. Geprüft wurden Stäbe des Typs 1A nach DIN 527-2 mit einer Messlänge von 50 mm und einer Dicke von 4 mm, bei einer Geschwindigkeit von v = 1 mm/min (siehe Bild 2). Die Durchführung erfolgte mit der Universalprüfmaschine (UPM) *Instron 8851* mit Videoextensometer zur optischen Messung der axialen und transversalen Dehnungen. Eine Kraftmessdose (500 N) erfasste das Kraftsignal.

2.3.2 Planarer Zugversuch

Der planare Zugversuch ist ein synonymer Versuch zum reinen Schubversuch, bei dem in der Probenmitte ein reiner Scherzustand hervorgerufen wird, insofern die Querdehnung im Messbereich behindert wird. Der Prüfkörper muss dazu ein relatives Höhen-Breiten-Verhältnis von $h/b \geq 1/10$, einhalten, wodurch auch eine homogene Spannungsverteilung gewährleistet wird [8]. Gegenüber Versuchen mit Schubfeldrahmen oder Torsionsversuchen wird der der reine Scherzustand auch bei größeren Scherungen aufrechterhalten [9]. Im Verhältnis zum einfachen Schubversuch ist die Bestimmung der Spannungsrichtungen einfacher [10].

Die Prüfkörper haben eine Dicke von 2 mm (GK-S) und 3 mm (SG550), eine Breite von 180 mm und eine Höhe von 90 mm. Der Abstand der Klemmbacken am Versuchsbeginn wurde mit 16 mm gewählt (siehe Bild 2) und definiert somit den Messbereich. Das Seitenverhältnis beträgt damit weniger als 1/11 und erfüllt die genannten Anfor-

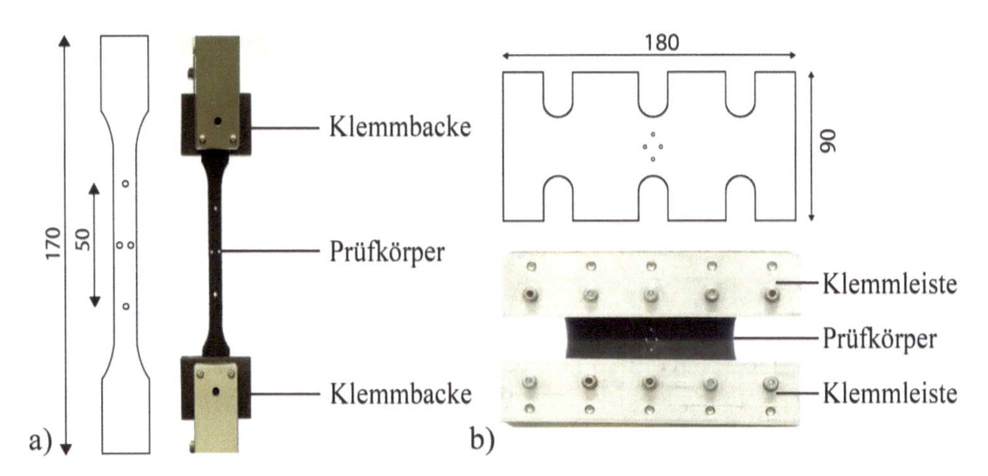

Bild 2 Prüfaufbauten mit Prüfkörpergeometrie; a) UZV und b) PZV (© Philipp Kießlich, TU Dresden)

derungen. Die Messpunkte besitzen zur Mitte vertikale Abstände von 7,5 mm und horizontale Abstände von 5 mm.

Für die Einspannung in die Klemmleisten wurden zudem die Bereiche der Schraubendurchlässe ausgespart. Somit konnte eine optimale Klemmung erzielt und Schlupf während des Versuches weitgehend verhindert werden. Die Belastungsgeschwindigkeit betrug 1 mm/min. Gemessen wurden die Kraft sowie die axiale und die transversale Dehnung.

2.3.3 Äquibiaxialer Zugversuch

Zur Bestimmung der äquibiaxialen Zugeigenschaften wurde das Bubble-Inflation-Rheometer-Verfahren gewählt. Bei dem Versuch wird eine Membran eines Klebstoffs bis zu einer Halbkugel oder darüber hinaus aufgeblasen. Der äquibiaxiale Spannungszustand bildet sich in der Nähe des Pols aus. Dieses Verfahren hat gegenüber Methoden mit kreuzförmigen Probekörper [11], die Vorteile, dass der Spannungsquerschnitt einfacher zu identifizieren ist und gleichmäßigere Spannungsverteilungen sowie geringere Reibungseffekte erzielt werden können [12].

Zur Prüfung wurde ein Versuchsaufbau nach [13, 14] entwickelt (siehe Bild 3). Der Prüfkörper wurde dabei zwischen eine Unterkonstruktion mit einem Außenradius von 70 mm und einen Flansch mit einem Innenradius von 25 mm geklemmt. Die innenseitige Ausrundung des Flansches (r = 5 mm) dient der Minderung von Spannungsspitzen im Randbereich des Prüfkörpers. Schrauben verbanden die beiden Bauteile. Zusätzlich spannten Federn (c = 200 N/mm) die Schrauben, wodurch sich die Vorspannung der Membran genau kontrollieren ließ und die Einwirkung während des Versuches homogen blieb. Zum Aufblasen des Prüfkörpers wurde Druckluft verwendet. Mit der Steuerungseinheit *PG-300* der Firma *Copal Electronics* konnten das Zu- sowie Ablaufventil in einem Bereich von 0 bar bis 1 bar geregelt werden. Ein 22 l großer Tank im Zustrom

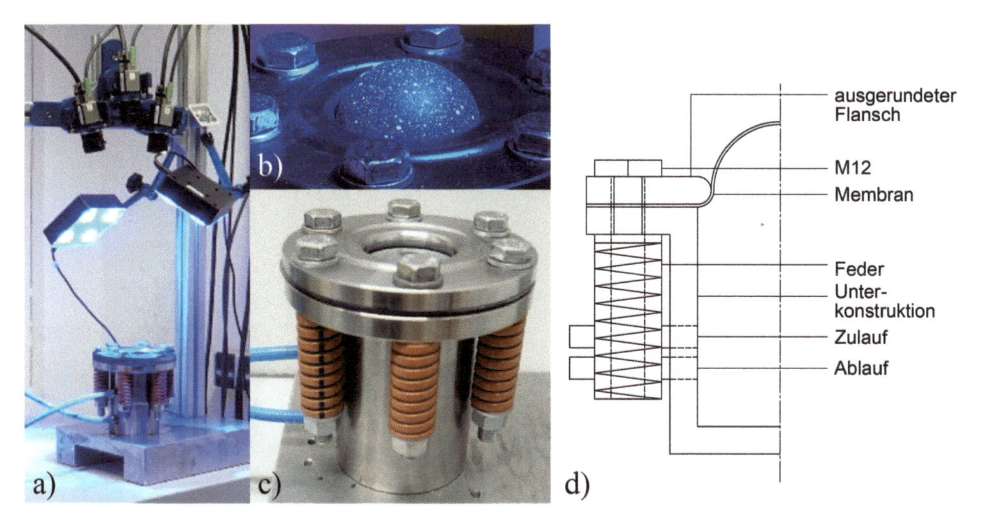

Bild 3 a) Aufbau des Bubble-Inflation-Rheometer-Teststandes mit Kamerasystem und Versuchsbehälter; b) ausgebildete Kontur eines besprühten Prüfkörpers; c) vergrößerter Versuchsbehälter; d) Detailschema des Versuchsbehälters (© Philipp Kießlich, TU Dresden)

reduzierte die Druckfluktuationen und verringerte die Druckrate und damit auch die Dehnungsrate des Prüfkörpers.

Die Verformungsmessung erfolgte mit dem DIC-System *Q400* der Firma *Limess Messtechnik und Software GmbH* mit drei Kameras des Modells *VCXU-124M* von *Baumer*. Diese haben eine Auflösung von 4096 × 3000 Pixeln bei 29 Hz. Zur Messung wurden die Prüfkörper mit einem zufälligen Punktmuster besprüht. Größe und Abstand der Messpunkte sind maßgebend für die Auswertbarkeit mit dem DIC, welches in diesen Versuchen 7000–35 000 Punkte erfassen konnte. Über die Signalausgabe der Drucksteuerung wurden sowohl das Drucksignal als auch die Aufnahmen des digitalen Bildkorrelationssystems synchronisiert. Die Auswertung der Bilder erfolgte im Anschluss softwaregestützt. Anhand der Relativbewegung benachbarter Punkte je Kamerabild konnte das Dehnungsverhalten sowie die Ausprägung der Kugelkontur schrittweise ausgewertet werden.

Die Prüfkörper hatten einen Radius von 70 mm und eine durchschnittliche Dicke von 1,5 mm (KG-S) respektive 2 mm (SG550). Der Messbereich entspricht dem Innendurchmesser des Flansches.

3 Ergebnisse der experimentellen Untersuchungen

Hinsichtlich der Zielstellung wurden die Deformationen während der Versuche auf 50 % begrenzt. Die technischen Spannungen der UZV und PZV ergeben sich aus der Kraft dividiert durch den Ausgangsquerschnitt. In Bild 4 sind die mittleren technischen Spannungen beider Versuche, in Abhängigkeit der Dehnung für beide Stoffe dargestellt.

Beim UZV ist das erwartete hyperelastische Verhalten der Klebstoffe ersichtlich. Zudem sind die Spannungen beim SG550 entsprechend der höheren Festigkeit erwartungsgemäß größer. Der Kurvenanstieg ist dabei relativ zum KG-S anfangs höher. Im weiteren Verlauf ähneln sich die Anstiege hingegen.

Die Spannungen beim PZV des KG-S steigen marginal stärker an als im UZV, aber sind sich im Anschluss ähnlich. Beim SG550 sind ein stärkerer Anstieg und infolge höhere Spannungen zu verzeichnen. Die Querdehnungen wurden im Messbereich mit maximal 0,772 % beim KG-S und 1,467 % beim SG550 annehmbar begrenzt, wobei

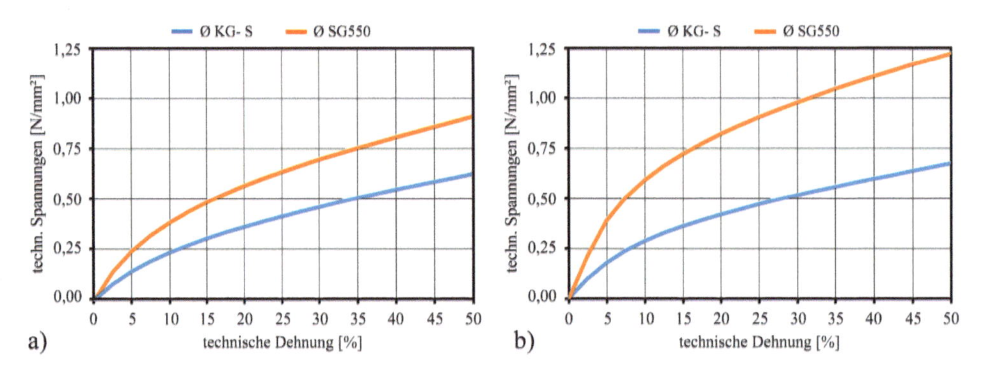

Bild 4 Gemittelte technische Spannungen des a) UZV und b) PZV (© Philipp Kießlich, TU Dresden)

letzteres eine stärkere Querdehnung aufweist. Dies kann rechnerisch über die Schubmodule der ETZ's nachvollzogen werden.

Die experimentellen Größen beim BZV sind der Druck und die Dehnung, deren mittlere Verläufe in Bild 5a nachvollzogen werden können. Das KG-S erreichte bei ca. 0,6 bar, 50 % Dehnung mit nahezu gleichmäßiger Druckzunahme, während das SG550 beim Maximaldruck von 1 bar etwa 30 % Dehnung ausprägte. Dieselbe Kurve weist zudem das, für dieses kraftgetriebene Verfahren, typische Verhalten auf, bei dem die Druckzunahme mit zunehmender Dehnung geringer wird und anfangs am höchsten ist. Das DIC zeichnet hingegen mit konstanter Frequenz auf, weshalb die Datendichte in dieser Anfangsphase des Versuches am geringsten ist und somit statistisch unsicherer. Dies stellt für die Parameteridentifikation nicht zwingend ein Problem dar, weil für diese Punkte in unmittelbarer Umgebung der Wendepunkte relevanter sind.

Die wahren Spannungen im BZV wurden anhand Gleichung (1) nach [9] in Abhängigkeit der Ausgangsdicke t_0, des Druckes p_i und des Kurvenradius r_i berechnet. Die technischen Spannungen ergeben sich, unter Annahme homogener Querschnitte während des Versuches, über den ersten Piola-Kirchhoff-Tensor P nach Gleichung (2).

$$\sigma_1 = \sigma_2 = \frac{p_i \cdot r_i}{2 \cdot t_o} \lambda^2 \qquad (1)$$

$$P_i \equiv \sigma_i \cdot \lambda_i^{-1} \qquad (2)$$

Die Verläufe der technischen Spannungen ähneln dem Druckverhalten, insbesondere hinsichtlich des Anstiegs, wobei im Bereich bis 15 % Dehnung deutliche Abweichungen beobachtbar sind. Diese entstehen durch den Einfluss der Konturbildung. Die zeitlich inkrementelle Änderung des Radius ist in dieser Anfangsphase höher und nimmt im Laufe ab. Sie variiert zudem, aufgrund der Einwirkung der Vorspannung auf den Prüfkörper und der Reibung am Flansch, stärker und beeinflusst die resultierende Spannung. Dabei handelt es sich um zufällige und infolge nicht vermeidbare Fehler.

Hinsichtlich baurelevanter Anwendungen ist anzunehmen, dass die dominanten Belastungen im niedrigen Dehnungsbereich (< 15 %) stattfinden. In diesem sind die experimentellen Messdaten über alle Versuche hinweg jedoch, aufgrund von den Prüfungen inhärenten Ursachen, am unsichersten. Aus diesen Aspekten entsteht ein Zielkonflikt.

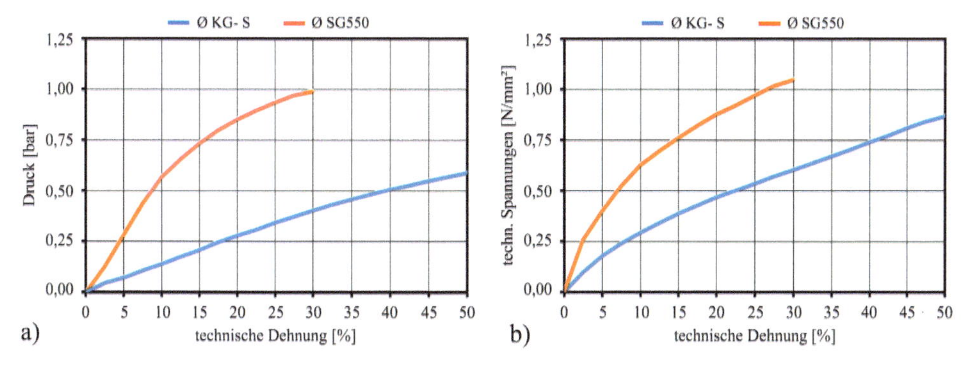

Bild 5 a) Gemittelte Drücke und b) gemittelte Spannungen beim BZV (© Philipp Kießlich, TU Dresden)

4 Numerische Untersuchungen

4.1 Parameteridentifikation und Materialmodelle

Die Kennwerte sind das Ergebnis einer nichtlinearen Regression der wahren experimentellen Spannungen durch die Materialfunktionen. Die hier verwendete Regression wird durch Gleichung (3) beschrieben und erfolgte zunächst bis 12,5 % – entsprechend der maximal zulässigen Dehnung nach DIN EN ISO 11600. Dies führte jedoch zu problematischen Lösungen. Die wahre Dehnung im Material überstieg den gefitteten Bereich nachweislich vor Erreichen der technisch zugelassenen Bewegungsaufnahme. Wie groß der Dehnungsbereich sein muss, um das Kriterium zu erfüllen, ist von der Anwendung abhängig und kann nicht pauschal bestimmt werden. Zur Prävention unplausibler Lösungen wurde die Regression deshalb bis 25 % Dehnung durchgeführt. Die wahren Spannungen aller Experimente ergeben sich durch die Multiplikation der Verstreckung analog zu Gleichung (2). In Bild 6 ist erkennbar, dass mehr Datenpunkte im Bereich der Wendepunkte gewählt worden sind, um eine bessere Modellierung des Materialverhaltens zu ermöglichen.

$$F_{err} = \sum_{i=1}^{N_{UZV}} \frac{(\sigma_{i,UZV} - \sigma_{i,mod})^2}{N_{UZV}} + \sum_{i=1}^{N_{PZV}} \frac{(\sigma_{i,PZV} - \sigma_{i,mod})^2}{N_{PZV}} + \sum_{i=1}^{N_{BZV}} \frac{(\sigma_{i,BZV} - \sigma_{i,mod})^2}{N_{BZV}} \tag{3}$$

$$F_{err} \rightarrow min$$

Für die Parameteridentifikation wurde ein Gradientenverfahren genutzt. Die Kennwerte wurden iterativ anhand zufälliger Startwerte bestimmt. Gängige Modellrestriktionen wurden ignoriert, weshalb die physikalische Plausibilität über den gefitteten Bereich hinaus nicht garantiert ist und durch negative Kennwerte indiziert wird [5].

Gefittet wurden fünf Modelle, die im kommerziellen FEM-Programm ANSYS® zur Verfügung stehen. Diese sind: die Mooney-Rivlin-Modelle mit 2, sowie 3 Parametern (MR-2P/3P [15]), das Ogden-Modell 3. Ordnung (Ogden-6P [16]), das Gent-Modell mit 2 Parametern (Gent-2P [17]), sowie ein 3-parametriges Yeoh-Modell (Yeoh-3P [18]). Die Modellgleichungen sind in Tabelle 1 dargestellt. Verwendet wurden empirische und phänomenologische Modelle, weil sie weniger aufwendig als physikalisch

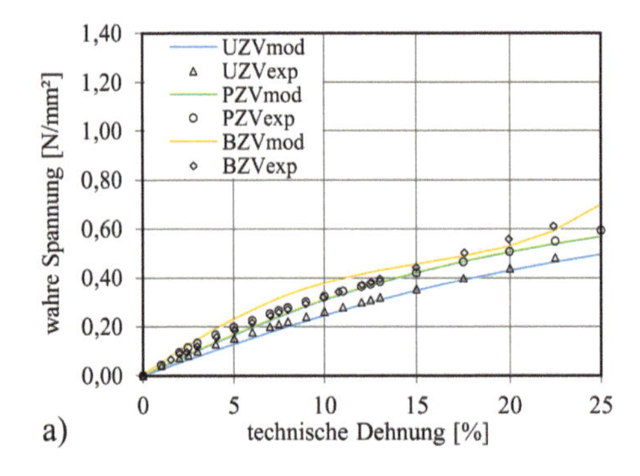

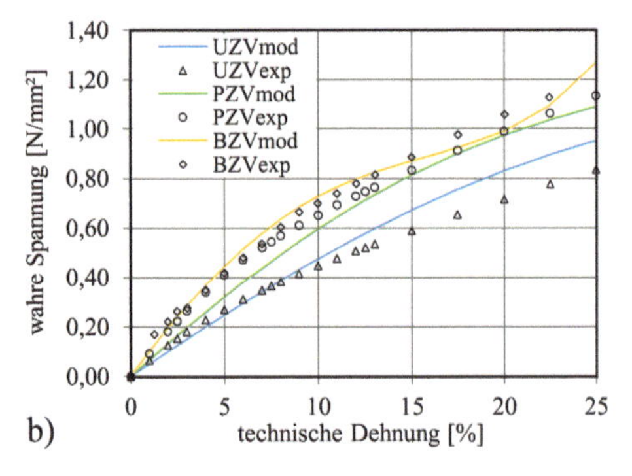

Bild 6 Parameteridentifikation des Modells Yeoh-3P für den a) KG-S und b) SG550, experimentelle Daten sind als Punkte und Materialfunktionen als Linie dargestellt (© Philipp Kießlich, TU Dresden)

Tabelle 1 Kennwerte aller verwendeten Modelle mit absoluter Fehlergröße, alle Angaben in MPa; Kennwerte sind gekürzt und gerundet

Modell	**Numerische Kennwerte**	
	KG-S	**SG550**
MR-2P	$= C_{10} \cdot (I_1 - 3) + C_{01}(I_2 - 3)$	
	C_{10} = 0,50732; C_{01} = −0,14817	C_{10} = 0,91485; C_{01} = −0,23915
F_{err}	0,003601	0,022504
MR-3P	$= C_{10} \cdot (I_1 - 3) + C_{01}(I_2 - 3) + C_{11}(I_1 - 3)(I_2 - 3)$	
	C_{10} = 0,479; C_{01} = −0,11544; C_{11} = −0,01919	C_{10} = 0,62953; C_{01} = 0,07490; C_{11} = −0,13293
F_{err}	0,00354	0,017446
Ogden-6P	$= \sum_{n=1}^{\infty} \frac{\mu_n}{\alpha_n} \cdot (\lambda_1^{\alpha_i} + \lambda_2^{\alpha_i} + \lambda_3^{\alpha_i} - 3)$	
	μ_1 = −0,000765; μ_2 = −25131,29582; μ_3 = 2690,91865;	μ_1 = −0,02724; μ_2 = −7673,723; μ_3 = 300,68606;
	α_1 = 18,84149; α_2 = −0,0049; α_3 = −0,04515	α_1 = 10,55438; α_2 = −0,00712; α_3 = −0,17111
F_{err}	0,00313	0,01279
Yeoh-3P	$= C_{10}(I_1 - 3)^1 + C_{20}(I_1 - 3)^2 + C_{30}(I_1 - 3)^3$	
	C_{10} = 0,42755; C_{20} = −0,4049; C_{30} = 0,35773	C_{10} = 0,83128; C_{20} = −0,80120; C_{30} = 0,67017
F_{err}	0,00219	0,007795
Gent-2P	$= \frac{\mu \cdot J_m}{2} \ln\left(1 - \frac{I_1 - 3}{J_m}\right)$	
	μ = 0,670909; J_m = 7586744959550220	μ = 1,23016; J_m = 7586744959482730
F_{err}	0,00708	0,038689
Linear-elastisch	E = 2,8; μ = 0,495	E = 5,6; μ = 0,498

motivierte Modelle sind (vgl. [19, 20]). Die ermittelten Kennwerte sind in Tabelle 1 mit den entsprechenden Fehlergrößen F_{err} aufgeführt.

Das Yeoh-Modell, in Bild 6 gezeigt, wies bei beiden Stoffen den geringsten Fehler auf. Der Wendepunkt im BZV beider Stoffe, impliziert die physikalische Unplausibilität des Modells über gefitteten Bereich der Dehnung infolge stark ansteigender Spannungen. Dieses und das nächstgenauere Ogden-Modell sind in der Lage bei geringen Dehnungen reales, nichtlineares Verhalten über alle Materialfunktionen bei simultan akzeptablen Fehlern auszuprägen und scheinen für die Zielstellung gut geeignet. Das Ogden-

Modell für das KG-S prägte im UZV und PZV – wider Erwarten – tendenziell lineares Verhalten aus, erkenntlich am Wert F_{err}, welcher denen der MR-Modelle ähnelt. Bei den anderen Modellen trat dieser Fall für beide Stoffe regelmäßig ein, vermutlich bedingt durch die Flexibilität der Materialfunktionen, die im äquibiaxialen Zustand am höchsten ist. Das Gent-Modell wies über alle Materialfunktionen eine geringe Anstiegsänderung auf. Es erscheint für die Zielstellung am wenigsten geeignet.
Die Fehlergröße F_{err} unterscheidet sich im Falle des SG550 zwischen den Modellen relativ zum KG-S stärker, denn nicht jedes Modell ist in der Lage, ähnliche Daten im äquibiaxialen Zustand und reinen Schubzustand zu modellieren. Aufgrund dessen hatte die Wahl des Modelles einen stärkeren Einfluss auf die Präzision bei der Parameteridentifikation des höhermoduligen Silikons. Zudem stieg der Zeitaufwand der Kennwertermittlung.

4.2 Bewertung der Materialmodelle

Die Bewertung erfolgte anhand experimenteller und simulierter Daten eines H-Prüfkörpers nach ETAG 002-1. Die Prüfung erfolgte in der UPM, bei Geschwindigkeiten von $v_{KG\text{-}S}$ = 1 mm/min und v_{SG550} = 5 mm/min. Die Simulation des Prüfkörpers mit den Randbedingungen des Versuches erfolgte mit ANSYS®. Als Eingangsgröße wurde eine Verschiebung von 1,5 mm entsprechend der 12,5 % für die 12 mm dicke Fuge gewählt. Die Fügeteile wurden als Floatglas (E = 70 000 MPa) definiert. Für das Netz wurden kubische Elemente der Länge 1,2 mm genutzt. Bei der Simulation wurde die Symmetrie durch den quadratischen Querschnitt entlang der Zugachse berücksichtigt. Die Auswertung erfolgte anhand der Kraft und des Verformungswegs (siehe Bild 7). Diese Größen sind, konträr zur Spannung und Dehnung, unsensibel gegenüber Einflüssen der Netzkonfiguration.

Bild 8 zeigt die Beträge der relativen Abweichungen der Modelle zum Versuch. In Tabelle 2 ist der dazugehörige mittlere Fehler vermerkt. Zusätzlich wurden isotrop-elastische Modelle mit dem E-Modul des jeweiligen Stoffes sowie der Querdehnzahlen $\mu_{KG\text{-}S}$ = 0,495 und μ_{SG550} = 0,498 berechnet, da dies mit dem Vorgehen der ETAG 002-1

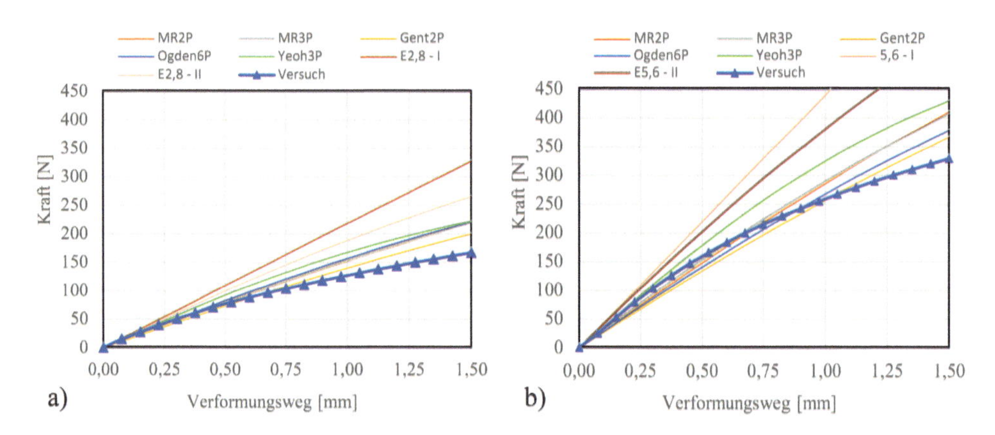

Bild 7 Kraft-Verformungsverläufe der Versuchs- und Simulationsergebnisse des H-Prüfkörpers für den a) KG-S und b) SG550 (© Philipp Kießlich, TU Dresden)

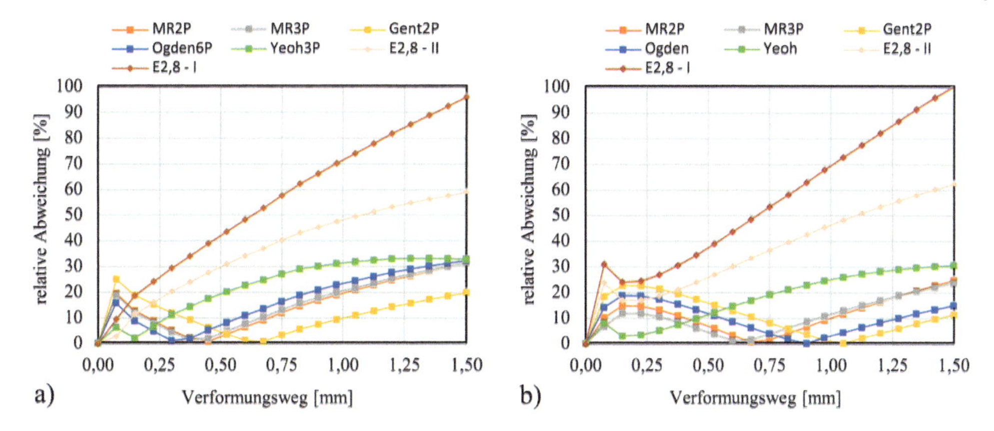

Bild 8 Relative Fehlerdimensionen der linearen und hyperelastischen Modellierungsansätze für a) KG-S und b) SG550 (© Philipp Kießlich, TU Dresden)

Tabelle 2 Mittlere relative Abweichungen der Modelle zum Versuch des H-Prüfkörpers

$F_{rel,mean}$ [%]	MR-2P	MR-3P	Ogden-6P	Yeoh-3P	Gent-2P	Linear I	Linear II
KG-S	15,94	16,13	17,58	23,61	11,58	57,72	38,28
SG550	11,91	10,99	10,21	18,49	11,30	57,71	38,43

vergleichbar ist. Dieser Ansatz wurde in einer weiteren Variante unter Berücksichtigung der inkrementellen geometrischen Deformationen berechnet. Die Modelle heißen Ansätze I. und II. Ordnung.

Die untersuchten linearen Ansätze präsentieren sich erwartungsgemäß mit den höchsten Abweichungen, allgemein erkennbar an $F_{rel,mean}$, welche für beide Klebstoffe nahezu gleich groß sind. Mit ca. 38 % ist der Ansatz II. Ordnung bereits um 20 % genauer als der I. Ordnung, bleibt jedoch ab etwa 0,30 mm hinter hyperelastischen Modellen zurück (siehe Bild 8). Positiv ist, dass die wirkenden Kräfte nie unterschätzt werden, wie aus Bild 7 ersichtlich.

Die Ergebnisse der hyperelastischen Modelle gestalten sich für beide Silikone unterschiedlich. Es ist auffällig, dass im Kontrast zur Parameteridentifikation, die mittleren Modellfehler beim KG-S generell höher sind und stärker divergieren als beim SG550. Allgemein ist die Fehlerentwicklung das Resultat der wegabhängigen Anstiegsänderung der Modellkurven und der relativen Lage zur Versuchskurve.

Hinsichtlich der einzelnen Modelle des KG-S hat sich die Reihenfolge in der Genauigkeit zum Fitting umgekehrt. Das Gent-Modell weist für $F_{rel,mean}$ den geringsten Wert auf. Die Fehlerwerte sind bis 0,075 mm Deformationen am höchsten und die Kraft wird bis 0,60 mm unterschätzt. Die Modelle Ogden, MR-2P und MR-3P verhalten sich ähnlich. Deren Fehler sind größer, da die Kraft bis 0,30 mm und 0,38 mm unterschätzt wird und der Anstieg höher ist. Das Yeoh-Modell hat den größten Fehler, denn die Kraft wird nur bis 0,08 mm unterschätzt. Hingegen imitierte es das hyperelastische Verhalten gut, erkennbar am Plateau der Fehlerkurve ab 0,98 mm.

Im Vergleich ändern sich die Modelle des SG550 in ihrer Reihenfolge nahezu wahllos. Das Ogden-Modell ist das genaueste, bedingt durch den mäßigen Anstieg und dem Schnittpunkt bei 0,90 mm. Die Modelle MR-2P, MR-3P und Gent-2P sind sich im Mittel ähnlich, jedoch unterschätzt das Gent-Modell die Kraft bis 1 mm und einen geringeren Anstieg. Entsprechend weist es bis 0,80 mm höhere Fehler auf. Das Yeoh-Modell imitiert den Versuch bis 0,38 mm fast ideal, unterschätzt die Kraft nie und konvergiert ab 1,25 mm mit der Versuchskurve. Aufgrund der späten Konvergenz ist es im Mittel am ungenauesten.

Zusammenfassend verhalten sich gleiche Modellen bei beiden Klebstoffen qualitativ ähnlich, was aufgrund der Lage zur Versuchskurve nicht aus den mittleren Fehlerwerten erkennbar ist. Die Genauigkeit der Parameteridentifikation lässt sich zudem nicht auf das Simulationsmodell übertragen. Ursachen hierfür sind in den anwendungsspezifischen Randbedingungen (Fugengeometrie, Lagerbedingungen, Inhomogenität der Klebstoffmatrix) und im komplexen Spannungszustand zu vermuten. Dieser setzt sich in Abhängigkeit der Dehnung aus nicht ermittelbaren Anteilen der Materialfunktionen und ihren Modellabweichungen zusammen. Randbedingungen sind in Materialmodellen, die sich per se am Element im Kontinuum orientieren, nicht integrierbar, weshalb eine Bewertung nicht verallgemeinerbar ist.

Die Bewertung der Modelle erfolgt üblicherweise am globalen Fehler wie er in Tabelle 2 aufgeführt ist. Demnach wären die Modelle Gent-2P für das KG-S und Ogden für das SG550 am besten. Für eine Bewertung hinsichtlich bautechnischer Anwendungen ist der angesprochene Zielkonflikt zu beachten. Infolge sind Fehler in Bereichen geringer Dehnungen signifikanter, als solche bei hohen Dehnungen. Bisher ist kein solches Vorgehen bei der Bewertung bekannt. Denkbar wäre eine Wichtung, wie sie in probabilistischen Konzepten für Lastfallkombinationen im Bauwesen verwendet wird. Zudem ist das Unterschätzen von Kräften, je nach relativem und absolutem Ausmaß sicherheitsrelevant. Unter diesen Aspekten wären das Ogden-Modell sowie die Modelle Yeoh und MR-3P beim SG550, aufgrund ihrer Fehlerverteilung besser geeignet.

5 Zusammenfassung und Ausblick

Es wurden diverse, für die Kennwertermittlung benötigte Grundversuche durchgeführt. Aus den experimentellen Daten wurden fünf anwendungsorientierte Modelle erstellt und mit der Simulation und der Untersuchung eines H-Prüfkörpers bewertet. Das Yeoh- und das Ogden-Modell eigneten sich dabei gut zur Modellierung, wobei der Aufwand beim höhermoduligen Silikon größer ausfiel. Zwischen der experimentellen Ermittlung des Materialverhaltens und der Modellierung wurde ein Zielkonflikt festgestellt. Verallgemeinernd ist für die Methodik festzuhalten, dass bei der Parameteridentifikation weiterhin die genaueste Lösung anzustreben ist, da eine Manipulation der Identifikation gegenüber den Ergebnissen der Simulation nicht transitiv ist. Die Komplexität der Zusammenhänge erfordert eine fallspezifische Tauglichkeitsbewertung der Modelle. Dies impliziert, dass die universelle Güte eines Modells für ein Spektrum an bautechnischen Anwendungen schwer bestimmbar ist, da es bei einfachen Anwendungen trotzdem zu suboptimalen Lösungen kommen kann. Denkbar wäre die Beurteilung an nachweisbaren Extremfällen. Vice versa erfordert die Erstellung allgemeingültiger bemessungstauglicher Modelle ein spezifisches Konzept.

Hinsichtlich weiterführender Untersuchungen ist die Steuerung des Bubble-Inflation-Rheometer-Teststandes anzupassen, um normative Dehngeschwindigkeiten erzeugen zu können, da deren Einflüsse mögliche Fehlerquellen bei der Modellerstellung und –bewertung darstellen. Zudem kann eine feinere Steuerung zur Minderung des Zielkonflikts beitragen, indem homogenere Versuchsbedingungen geschaffen werden. Ob kleinere Kontaktflächen und alternative Flanschformen dazu beitragen, bleibt zu untersuchen. Ebenfalls ist zu überprüfen, ob divergierende Prüfkörperdicken innerhalb eines Versuches, einen Einfluss auf die Spannungen haben, auch wenn dies seitens der Theorie nicht impliziert wird. Des Weiteren sind die Modelle zur Bewertung und Verbesserung der Methodik, mehraxial-belasteten Kontrollversuchen zu unterziehen. Perspektivisch sollten auch anwendungsorientierte Kleinteilversuche durchgeführt und zur Bewertung genutzt werden. Weiterführende Bauteilversuche können anschließend für die Qualitätsüberprüfung genutzt werden.

6 Danksagung

Die Studie ist Teil des Forschungsprojektes „GLASSBRACE" finanziert durch das zentrale Innovationsprogramm (ZIM) des Bundesministeriums für Wirtschaft und Energie (BMWi). Die Autoren danken den Klebstoffherstellern für ihre Unterstützung.

7 Literatur

[1] Sitte, S. et al. (2021) Structural silicone joint behaviour study for cold bent glass in: *Glass Structures and Engineering* 6, Springer, S. 39–63.

[2] ETAG 002-1 (2012) *Guideline for European Technical Approval for Structural Sealant Glazing Kits*, European Organisation for Technical Approvals.

[3] Kießlich, P. (2021) *Experimentelle Bestimmung mechanischer Kennwerte elastomerer Dicht- und Klebstoffe* [Diplomarbeit] (unveröffentlicht). Technische Universität Dresden.

[4] Treloar, L. (1975) *The Physics of Rubber Elasticity*, New York: Oxford University Press.

[5] Baaser, H.; Noll, R. (2009) *Simulation von Elastomerbauteilen – Materialmodelle und Versuche zur Parameterbestimmung*, DVM-Tag, Berlin.

[6] ASTM D638-14 (2014) *Standard Test Method for Tensile Properties of Plastics*, West Conshohocken, PA: ASTM International.

[7] DIN EN ISO 527-3:2003 *Kunststoffe – Bestimmung der Zugeigenschaften* –Teil 1: Allgemeine Grundsätze, Deutsches Institut für Normung, Berlin.

[8] Palmieri, G.; Chiappini, G.; Sasso, M.; Papalini, S. (2009) Hyperelastic Materials Characterization by Planar Tension tests and Full-field Strain Measurement, in: *Proceedings of the SEM Annual Conference*, Albuquerque, New Mexico, USA.

[9] Nasdala, L (2012) *FEM – Formelsammlung Statik und Dynamik*. 2. Auflage, Wiesbaden: Springer Verlag.

[10] Moreira, D.C.; Nunes, L.C.S. (2012) Comparison of simple and pure shear for an incompressible isotropic hyperelastic material under large deformation, in: *Polymer Testing 2013*, Bd. 32, Elsevier, S. 240–248.

[11] Amstutz, C.; Bürgi, M.; Jousset, P. (2018) Characterisation and FE simulation of polyurethane elastic bonded joints under multiaxial loading conditions, in: *International Journal of Adhesion & Adhesives 89*, Elsevier, S. 103–115.

[12] Johannknecht, R.; Clauss, G.; Jerrams, S. (2002) Determination of non-linear, large, equal biaxial stresses and strains in thin elastomeric sheets by bubble inflation, in *Proceedings of the Institution of Mechanical Engineers, Part L: Journal of Materials Design and Applications*, Sage Publishing, S. 233–243.

[13] Sasso, M.; Palmieri, G.; Chiappini, G.; Amodio, D. (2008) Characterization of hyperelastic rubber-like materials by biaxial and uniaxial stretching tests based on optical methods, in: *Polymer Testing 27(8)*, Elsevier, S. 995–1004.

[14] Drass, M.; Schwind, G.; Schneider, J.; Kolling, S. (2018) Adhesive connections in glass structures-part, experiments and analytics on thin structural silicone, in: *Glass Structures & Engineering 3*, Springer, S. 39–54.

[15] Rivlin, R. (1947) *Large Elastic Deformations of Isotropic Materials. I. Fundamental Concepts, British Rubber Producers Research Association*, S. 459–490.

[16] Ogden, R. (1972) Large Deformation Isotropic Elasticity – On the Correlation of Theory and Experiment for Incompressible Rubberlike Solids, in: *Proceedings of the Royal Society of London. Series A, Mathematical and Physical Sciences*, S. 565–584.

[17] Gent, A. (1996) A new Constitutive Relation for Rubber, in: *Rubber Chemistry Technology*, S. 59–61.

[18] Yeoh, O. (1990) Characterization of elastic properties of carbon-black filled rubber vulcanizates, in: *Rubber Chemistry & Technology 66*, American Chemical Society, S. 754–771.

[19] Arruda, E.; Boyce, M. (1993) A three-dimensional constitutive model for the large stretch behavior of rubber elastic materials, in: *Journal of the Mechanics and Physics of Solids*, Elsevier, S. 389–412.

[20] Kuhn, W.; Grün, F. (1946) Statistical behavior of the single chain molecule and its relation to the statistical behavior of assemblies consisting of many chain molecules, in: *Journal of Polymer Science*, Wiley, S. 183–199.

Das mechanische Verhalten von Vakuumisoliergläsern unter Windbelastung

Isabell Schulz[1], Franz Paschke[1], Cenk Kocer[2], Jens Schneider[1]

[1] *TU Darmstadt, Institut für Statik und Konstruktion, Franziska-Braun-Straße 3, 64287 Darmstadt, Deutschland; schulz@ismd.tu-darmstadt.de; paschke@ismd.tu-darmstadt.de; schneider@ismd.tu-darmstadt.de*
[2] *University of Sydney, School of Physics, Sydney NSW Australia 2006; cenk.kocer@sydney.edu.au*

Abstract

Das Interesse an Vakuumisolierglas (VIG), einer thermisch optimierten und dünneren Alternative zu herkömmlichen Mehrscheibenisoliergläsern, wächst. Während die jahrelange Optimierung der bauphysikalischen Eigenschaften bereits dazu führt, dass heute U_g-Werte von unter 0,4 W/(m^{2}K) erreicht werden können, fehlen für das mechanische Verhalten dieser Glaskomponenten hinreichende Bemessungsansätze, die den sicheren Einsatz von VIGs in Fenster- und Fassadensystemen gewährleisten. Insbesondere Windlasten werden in der Literatur in diesem Kontext nur selten behandelt. In Form einer FE-Analyse sollen Einflüsse verschiedener Design-Parameter auf das mechanische Verhalten von VIGs unter Windbelastung aufgezeigt werden. Anschließend werden diese in den Kontext der deutschen Glasbaunorm DIN 18008 und der Windlastnorm nach DIN EN 1991-1-4:2010 gestellt und bewertet.

Numerical investigation of the mechanical behavior of vacuum insulated glazing under wind load. Interest in vacuum insulated glazing (VIG), a thermally optimized and slim alternative to conventional multi-pane insulating glass units, is growing. While years of research into thermal performance have already resulted in U_g values of less than 0.4 W/(m^{2}K), there is a lack of sufficient design approaches for the mechanical behavior of these glass components to ensure the safe use of VIGs in window and facade systems. Especially wind loads are only rarely considered in this context. In the form of an FE analysis, influences of different design parameters on the mechanical behavior of VIGs under wind loading will be shown. The results will then be put into the context of the German standard for glass in buildings DIN 18008 and the wind load chapter of Eurocode 1.

Schlagwörter: *Vakuumisolierglas, Windbeanspruchung, Parameterstudien, FEM*

Keywords: *vacuum insulated glazing, wind load, parametric studies, FEM*

Glasbau 2022. Herausgegeben von Bernhard Weller, Silke Tasche.

1 Einleitung

Die Technologie der Vakuumisolierverglasung (VIG) weckt zunehmend das Interesse von Architekten und Ingenieuren, die sich der Herausforderung stellen, den wachsenden Anforderungen an energieeffiziente Fenster- und Fassadensysteme gerecht zu werden. In Deutschland sind diese seit Ende 2020 im Gebäudeenergiegesetz verankert [4]. Um dessen Anforderungen (U_w-Werte von 0,9 W/(m^{2}K) für Wärmeschutzvariante A [4]) zu genügen, sind zukünftig U_g-Werte von 0,4 W/m^{2}K oder geringer zu erreichen [17]. Da übliche 3-fach Isolierverglasungen in der Regel Werte von bestenfalls 0,6 W/m^{2}K erreichen, kann der Richtwert nur durch Verwendung von 4-fach-Verglasung oder aber durch Verwendung von Vakuumisolierglas als Hybrid (eine Kombination aus einer VIG-Einheit und einem gasgefüllten Mehrscheibenisolierglas) erreicht werden. Letzteres kann bereits U_g-Werte von bis zu 0,3 W/m^{2}K erreichen und ist aufgrund seines Aufbaus eine leichte und schlanke Alternative zur 4-fach-Verglasung [17]. Das Wirkungsprinzip der Vakuum-Isolierverglasungen ähnelt dabei dem einer Thermosflasche, da durch die Erzeugung eines Vakuums der Wärmetransport aus dem Gebäudeinneren an die Außenluft und der damit verbundene Energieverlust des Gebäudes minimiert wird. Der daraus resultierende Vorteil eines VIGs gegenüber anderen Mehrfachverglasungen ist die geringere Dicke des Aufbaus. Während bei einem VIG durch einen Scheibenzwischenraum (SZR) im Submillimeterbereich schon eine hochwärmedämmende Verglasungseinheit erzielbar ist, muss bei herkömmlichen Mehrscheibenisoliergläsern (MIGs) der SZR im zweistelligen Millimeterbereich liegen, um ein vergleichbares Niveau an Wärmedämmwirkung zu erreichen. Dies macht VIGs nicht nur für Neubauten, sondern auch für die Sanierung bestehender Gebäudehüllen interessant, da die in der Vergangenheit – vor allem in Wohngebäuden – verwendeten 2-fach-Isolierverglasungen durch VIG-Hybride ersetzt werden können. Dadurch wird der thermische Widerstand in hohem Maße verbessert, ohne die Vorzüge einer schlanken und leichten Bauweise einzubüßen.

Um dem planenden Ingenieur zu ermöglichen, das vielversprechende energetische Hochleistungsglas in Fenster- und Fassadensysteme zu integrieren, bedarf es einem tiefgehenden Verständnis der auftretenden mechanischen Beanspruchungen, welche festgelegte Grenzen nicht überschreiten dürfen. Während das Verhalten der VIGs unter Einwirkung von atmosphärischem Druck (der aufgrund des erzeugten Vakuums dauerhaft auf die Gläser wirkt) sowie thermischer Belastung bereits ausgiebig in der Literatur beleuchtet wurde [z.B. 2, 6, 8, 9, 14, 16, 22] und sogar erste Normentwürfe von der ISO verabschiedet wurden [18], fehlt es derzeit noch an einer tiefergehenden Betrachtung des mechanischen Verhaltens des VIGs unter Windbelastung, die jedoch eine der grundlegenden Einwirkungen darstellt, der Fenster und Fassaden ausgesetzt sind.

Nach bestem Wissen der Autoren hat nur Liu et al. (2013) [19] das mechanische Verhalten von VIGs unter einer gleichmäßig aufgebrachten Flächenlast untersucht. Dazu wurden Experimente durchgeführt und die Ergebnisse mit einer analytischen Lösung für dünne Platten verglichen. Darüber hinaus liefert Chiu (2015) [5] experimentelle und numerische Ergebnisse für ein VIG unter Punktlast.

Beide Studien legen nahe, dass das VIG als gekoppeltes Glasscheibenpaar durch eine monolithische Scheibe mit äquivalenter Dicke ersetzt werden kann, die etwa

85–95 % der Gesamtdicke der einzelnen VIG-Gläser entspricht. Leider sind die Studien begrenzt und berücksichtigen nur einen kleinen Satz von Parametern; so betrachten Liu et al. zum Beispiel nur zwei Scheibengrößen (300 × 300 mm und 1000 × 1000 mm), eine mechanische Randbedingung und messen lediglich Dehnungen in der Mitte des Glases. Es sind außerdem nur die nominalen und nicht die tatsächlichen Dicken der verwendeten Testscheiben angegeben, was einen Vergleich mit Modelldaten erschwert.

Der vorliegende Artikel behandelt Grundlagen für eine systematische Untersuchung des mechanischen Verhaltens eines Vakuumisolierglases unter Windbelastung. Dazu werden zunächst allgemein der Aufbau, mögliche Ausführungsvarianten und mögliche mechanische Oberflächenspannungen des Glases in einem VIG beleuchtet. Außerdem wird auf die normativen Anforderungen eingegangen, welchen das VIG unter Windbelastung grundsätzlich bei Anwendung der derzeit in Deutschland geltenden Vorschriften genügen muss. Darauf aufbauend soll mithilfe der Finite-Elemente-Methode erörtert werden, welche Einflüsse die Scheibendimensionen, die Glasdicke, der aufgebrachte Winddruck und zwei verschiedene Randbedingungen auf die Verformungen und Spannungsverteilungen im VIG haben. Diese werden im Anschluss mit einer analytischen Lösung zur Abbildung dünner Platten verglichen und den Ergebnissen der Experimente von Liu et al. (2013) gegenübergestellt. Die Ergebnisse der Studie werden wiederum auf die Bemessung der VIG-Konstruktion im Hinblick auf die nach DIN EN 1991-1-4 typischen bemessungsrelevanten Einwirkungen aus Wind auf Fenster- und Fassadenkomponenten zurückgeführt und sollen einen Vergleich für handelsübliche VIG-Konfigurationen mit den in DIN 18008 angegebenen Grenzwerten der Spannungen und Verformungen für Glas ermöglichen. Unsere Studie beschränkt sich auf vertikale Fenster- und Fassadeninstallationen von Gebäuden mit geringer Höhe (Gebäude < 25 m), die den Großteil der Fensteranwendungen in Deutschland ausmachen [10].

2 Typischer Aufbau einer Vakuumisolierverglasung

Es sind heute viele Varianten von VIGs am Markt erhältlich, die an die gegebenen Randbedingungen und die daraus resultierenden Anforderungen eines Projektes gezielt angepasst werden können. Jedoch sind die Bestandteile eines VIGs im Grunde immer ähnlich. Ein VIG besteht aus zwei (oder mehr) Einzelgläsern, einem Randverbund und einem Stützenraster im SZR (engl. pillars). Zusätzlich ist bei den meisten VIGs ein Evakuierungsstutzen vorhanden. Durch diesen Evakuierungsstutzen wird das Vakuum während des Herstellprozesses erzeugt, wodurch im SZR eines VIGs ein Unterdruck von etwa 10^{-3} Torr (~0,13 Pa) entsteht [8]. Die beiden Gläser werden in einem Abstand von 100 bis 300 µm separiert durch die Stützen aufeinandergesetzt und am Rand hermetisch miteinander verbunden. Dabei kann je nach Herstellprozess und Wahl des Randverbundes Float- bzw. thermisch vorgespanntes Glas eingesetzt werden. Der Randverbund wird flexibel als metallischer Randverbund [15] oder steif mithilfe eines Glaslotes ausgeführt [7]. In dieser Arbeit wird ausschließlich die VIG-Konstruktion mit einem steifen Randverbund betrachtet. Das Stützenraster wird benötigt, um dem auf die äußeren Glasoberflächen eines VIGs wirkenden atmosphärischen Druck standzuhalten [8]. Das Material muss dauerhaft hohen Druckbeanspruchungen widerstehen

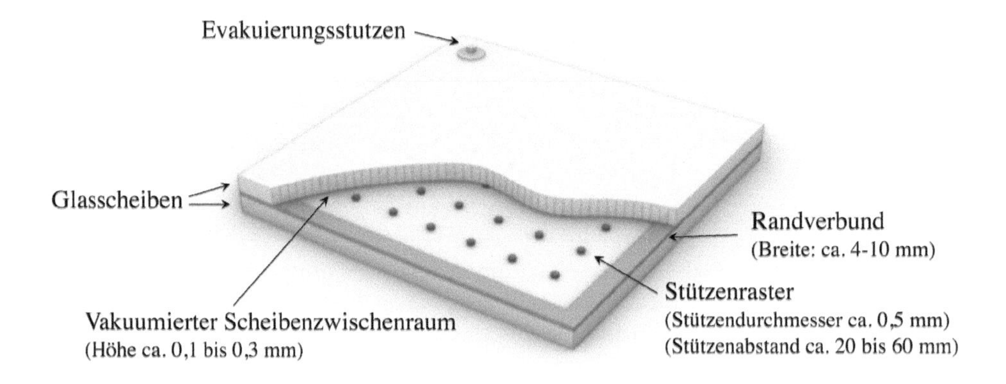

Bild 1 Schematischer Aufbau einer Vakuumisolierglas-Einheit (© Schulz, ISM+D)

können. Dafür werden Stützen aus hochfestem Stahl oder Keramiken verwendet. Die gängigste Geometrie dieser Stützen ist zylinderförmig. Ein typischer Aufbau eines VIGs ist in Bild 1 schematisch zu sehen.

3 Mechanische Beanspruchung und relevante Einwirkungen auf VIGs

Ein VIG muss wie jede Fensterkonstruktion je nach Einsatzort Einwirkungen aus Eigengewicht, Temperaturdifferenzen, Stoßlasten und Wind widerstehen. In der Hybrid-Variante treten wie bei Standard-Isolierverglasungen zusätzlich Klimalasten aufgrund der Ausdehnung des gasgefüllten SZRs auf. Außerdem muss ein VIG im Vergleich zum Standard-Isolierglas dem ständigen Druck der Atmosphäre widerstehen. Er wirkt dauerhaft auf die äußeren Oberflächen eines VIGs. Die Druckdifferenz zwischen der Atmosphäre und dem SZR des VIGs führt zu einer Flächenlast von ca. 10 t/m^2 die auf beide Seiten des VIGs einwirkt. Infolgedessen werden die beiden Gläser auf das Stützenraster gedrückt und es entstehen Biegezugspannungen auf der äußeren Glasoberfläche über jeder Stütze, auf der inneren Glasoberfläche zwischen den Stützen und direkt im Kontaktbereich zwischen Glas und Stützen sowie senkrecht zum Rand gerichtete Biegezugspannungen im Bereich des Randverbundes. Die Größe dieser Spannungen ist von dem Abstand der Stützen zueinander abhängig. Für die Bemessung von VIGs sind diese Spannungen zu berücksichtigen. Dabei sind die Spannungsverteilungen direkt im Kontaktbereich zwischen Glas und Stützen auf der inneren, im Vakuum befindlichen Seite und den den Umwelteinflüssen ausgesetzten Außenoberflächen des VIGs getrennt voneinander zu betrachten.

Es ist bekannt, dass die Biegefestigkeit von Glas neben Mikrodefekten an den Oberflächen auch wesentlich vom Feuchtigkeitsgehalt der Umgebung abhängen kann [3, 20, 21]. Deshalb kann man davon ausgehen, dass die Versagenswahrscheinlichkeit an den äußeren Oberflächen im direkten Vergleich zur Glasbruchwahrscheinlichkeit im vakuumierten Scheibenzwischenraum sehr viel höher liegt. Dies erörtern Collins und Fisher-Cripps [8] in ihrem Paper zum Design des Stützenrasters in VIGs und geben für typische Stützenradien Grenzen für die Stützenabstände an, unterhalb welcher das Versagen aufgrund einer Indentation der Stützen infolge des dauerhaft wirkenden atmosphärischen Drucks unwahrscheinlich ist. Für einen typischen Stützendurchmesser von 0,5 mm liegt die Grenze der Stützenabstände bei etwa 55 mm, wobei die dafür herangezogenen Versuchsergebnisse nicht unter inerten Bedingungen stattfanden und somit weit höhere Grenzen denkbar sind [16]. Dies berücksichtigend werden in dieser Arbeit bei der Erarbeitung eines Bemessungsansatzes für VIGs zunächst ausschließlich auf den äußeren Glasoberflächen auftretende Spannungen betrachtet. Für die Bemessung von VIGs unter dem Lastfall atmosphärischer Druck gibt es vereinfachte Ansätze, um die auftretenden Spannungen auf der der Umwelt ausgesetzten Außenoberfläche abzuschätzen. 1991 wurde an der Universität Sydney gezeigt, dass die analytische Lösung von *Timoshenko* und *Woinowsky-Krieger* für Biegezugspannungen einer einfach unterstützten dicken Platte mit einer lokalen im Zentrum befindlichen Last gut mit ihrer FE-Simulation übereinstimmt [8]. Dieser Vergleich wurde für verschiedene Nenndicken des Glases und Stützenabstände durchgeführt und ist in Bild 2 dargestellt.

Die resultierenden Biegezugspannungen infolge des atmosphärischen Drucks sind dauerhaft bei einem VIG vorhanden und müssen deshalb immer mit resultierenden Spannungen aus anderen Einwirkungen überlagert werden. Insbesondere Wind verursacht zusätzliche Biegezugspannungen auf den äußeren Glasoberflächen, welche mit denen aus atmosphärischem Druck kombiniert werden müssen.

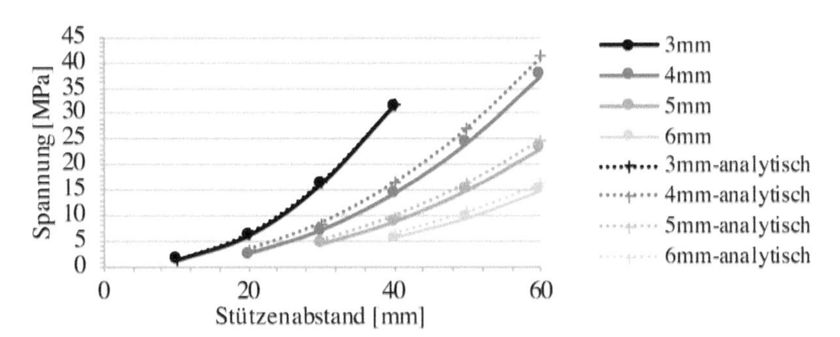

Bild 2 Vergleich der maximalen Hauptspannung auf der äußeren Glasoberfläche über den Stützen für typische Stützenabstände; numerisch berechnet (Stützen abgebildet als starre Vertikallagerung) und analytisch nach [8] angenähert (© Schulz, ISM+D)

4 Normative Anforderungen für VIGs unter Windbelastung

Bei der Planung von Fenster- und Fassadensystemen müssen Ingenieure sicherstellen, dass definierte Grenzwerte für mechanische Verformungen und Spannungen von der eingebauten Fenster- oder Verglasungseinheit selbst oder ihrer Tragkonstruktion nicht überschritten werden. Da es derzeit noch keine normativen Vorgaben für das Vakuumisolierglas gibt, die eine Bemessung unter Windlasten ermöglichen, wird in diesem Artikel überprüft, in welcher Weise die in DIN 18008 und DIN EN 1991-1-4 gegebenen Widerstands- und Einwirkungsgrenzen von auf dem Markt verfügbaren VIGs eingehalten werden können. Dieser Abschnitt liefert dafür eine Übersicht der Anforderungen auf der Einwirkungs- und Widerstandsseite.

4.1 Grenzwerte für Glasspannungen nach DIN 18008

Gemäß der deutschen Norm DIN 18008: *Glas im Bauwesen – Bemessungs- und Konstruktionsregeln – Teil 1* [12] erfolgt der Nachweis der ausreichenden Tragfähigkeit von Verglasungen auf der Grundlage des Nachweises der maximalen Hauptspannungen an der Glasoberfläche, wobei Eigenspannungszustände aus thermischer Vorspannung der Gläser auf der Widerstandsseite berücksichtigt werden (DIN 18008-1:2020 8.3.2).

Für den Nachweis einer Konstruktion ist generell nachzuweisen, dass die Bedingung $E_d \leq R_d$, mit E_d als Bemessungswert der Auswirkung und R_d als Bemessungswert des Tragwiderstands erfüllt ist (DIN 18008-1:2020 8.3.3). Folgende Gleichung ist dabei für die Ermittlung des Bemessungswertes des Tragwiderstandes gegen Spannungsversagen für vierseitig gelagerte Scheiben heranzuziehen (DIN 18008-1:2020 8.3.6/7):

$$R_d = \frac{k_{mod} \cdot k_c \cdot f_k}{\gamma_M} \tag{1}$$

wobei k_{mod} den Modifikationsbeiwert zur Berücksichtigung der Belastungsdauer darstellt und nur für nicht vorgespannte Gläser zu berücksichtigen ist. Für die Bemessung unter Windlast ist für k_{mod} 0,7 anzusetzen. Die Art der Konstruktion wird über k_c berücksichtigt und ist außer bei vierseitig gelagerten Floatglasscheiben (dann 1,8) mit 1,0 anzunehmen. Der charakteristische Wert der Biegezugfestigkeit wird durch f_k repräsentiert. Die üblich verwendeten Basisgläser von VIGs bestehen aus Floatglas oder thermisch vorgespanntem Glas, für welche eine Biegezugfestigkeit von 45 MPa bzw. 120 MPa anzusetzen ist. γ_M ist der Teilsicherheitsbeiwert für Materialeigenschaften und kann bei Floatglas im Allgemeinen mit 1,8 und bei vorgespanntem Glas mit 1,5 angenommen werden. Daraus ergeben sich die folgenden Grenzspannungen, welche beim Nachweis von vierseitig gelagerten Verglasungen für den Lastfall Wind nicht zu überschreiten sind: 31,5 MPa für Floatglas bzw. 80 MPa für vorgespanntes Glas. Es sei hier darauf hingewiesen, dass das VIG auch der dauerhaften Belastung aus atmosphärischem Druck alleine (bei Floatglas mit k_{mod} = 0,25) standhalten muss.

Auch die Durchbiegungen der Glasscheiben sind zu begrenzen. Gemäß DIN 18008-2:2020 [13] beträgt der Bemessungswert des Gebrauchstauglichkeitskriteriums im Allgemeinen 1/100 der Stützweite.

4.2 Einwirkungen aus Wind nach DIN EN 1991-1-4

Um die Leistung von VIG-Einheiten, die dem Wind ausgesetzt sind, aus der Sicht der Bauvorschriften und Normen zu bewerten, verwenden wir die Winddruck-/-soggrenzwerte für Bauwerke bis 25 m Höhe. Die Grenzwerte der Einwirkungen aus Druckdifferenzen werden anhand der Daten und Verfahren berechnet, die in DIN EN 1991-1-4 [11] und dem deutschen nationalen Anhang beschrieben sind. Die ermittelten Werte sind in Bild 3 gegeben. Die angenommenen Randbedingungen und relevanten Faktoren sind ebenfalls angegeben. Für die Windlastzonen 1 bis 3, die in den meisten Regionen in Deutschland gelten, ergeben sich Bemessungswinddrücke zwischen 0,8 und 2 kN/m^2. Dieser Bereich wird deshalb in der numerischen Parameterstudie betrachtet.

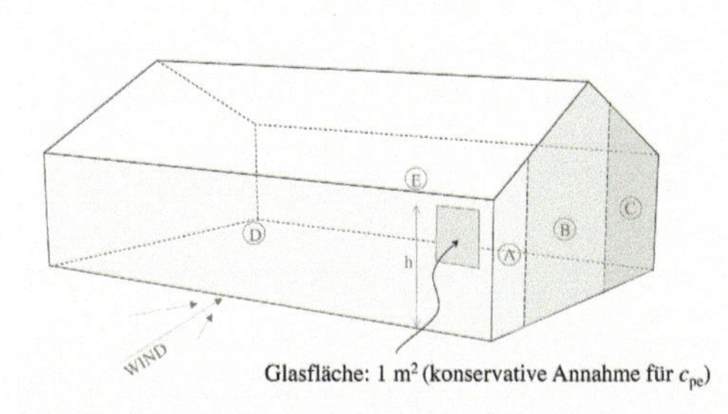

Außendruckbeiwert $c_{pe,1}$:

A	B	C	D	E
-1.4	-1.1	-0.5	+1.0	-0.5

h [m]	≤10m		10m-18m		18m-25m	
Windzone	A Sog(max)	D Druck	A Sog(max)	D Druck	A Sog(max)	D Druck
1	-1.05	0.75	-1.37	0.98	-1.58	1.13
2	-1.37	0.98	-1.68	1.20	-1.89	1.35
3	-1.68	1.20	-2.00	1.43	-2.31	1.65
4	-2.00	1.43	-2.42	1.73	-2.73	1.95

Designbemessungswerte: $w_d = w_e * \gamma_Q = q_p * c_{pe} * \gamma_Q, \gamma_Q = 1.5$

- Annahme der Schwingungsunanfälligkeit des Bauteils, d.h. dynamische Effekte werden vernachlässigt
- Beschränkung auf Binnenland, keine Küstenregionen und Inseln in Nord- und Ostsee
- Außendruckbeiwert c_{pe} nach DIN EN 1991-1-4/NA:2010-12 Tab. NA.1 (konservative Annahme: Glasfläche = 1m² für max. Werte)
- Windlastzone nach DIN EN 1991-1-4/NA:2010-12 Bild NA.A.1
- Geschwindigkeitsdruck q_p nach DIN EN 1991-1-4/NA:2010-12 Tab. NA.B.3 *Vereinfachte Geschwindigkeitsdrücke für Bauwerke bis 25m Höhe*

Bild 3 Design-Winddrücke nach DIN EN 1991-1-4:2010 für Gebäude bis 25 m Höhe (© Schulz, ISM+D)

5 Numerische Simulation

In vorangegangenen Untersuchungen des thermomechanischen Verhaltens von Vakuumisoliergläsern konnte bereits gezeigt werden, dass die Finite-Elemente-Methode (FEM) Ergebnisse liefert, die eine gute Übereinstimmung mit direkten Messungen der Oberflächendehnung in Experimenten zeigen [2]. Deshalb wird auch hier die FEM zur Untersuchung der Spannungsverteilung von VIG-Einheiten unter Windbelastung herangezogen.

Es wurde die FEM-Software ANSYS 18.0 verwendet, um mechanische Simulationen durchzuführen. Die Elementtypen SOLID185/SOLID186 wurden zusammen mit den Elementen CONTA174 und TARGE170 verwendet, um die gesamte Geometrie, die Lastkonfigurationen, die Randbedingungen, geometrische Nichtlinearität sowie das Kontaktproblem abzubilden. Die Ansys Parametric Design Language (APDL) wurde eingesetzt, um eine vollständige 3D-Lösung mit effizienten parametrischen Modellen zu ermöglichen, die Daten über einen großen Parameterraum liefern. Für die Modellierung wurden die symmetrischen Eigenschaften der quadratischen VIG-Einheiten ausgenutzt, sodass nur ein Viertel der Platte simuliert wurde, um die Rechenzeit zu reduzieren. Eine Skizze des Viertelmodells ist in Bild 4a dargestellt. Die Abbildung zeigt auch die Lage der später angesprochenen Spannungs- und Verformungsprofile und -flächen in Bezug auf die Windlastorientierung.

Es wurde hier der traditionelle Aufbau des VIGs (vgl. Bild 1) modelliert, d.h. zwei Gläser, welche am Rand mit einem umlaufenden starren Randverbund aus Glaslot sowie zylindrischen Stützen aus einem hochfesten Metall gekoppelt sind, die den entsprechend hohen Druckspannungen aus atmosphärischem Druck standhalten können (Druckfestigkeit > 1 GPa, s. [8]). Die Kopplung der Glas-Metallfläche erfolgt über CONTA174 Elemente. Der hier angesetzte Reibungskoeffizient liegt bei 0,9 (Der gewählte Reibungskoeffizient wurde für den Grenzfall voller Verbund gewählt. Der absolute Grenzwert von 1,0 wurde dabei entsprechend abgemindert, da dieser zu nume-

Tabelle 1 Eigenschaften der verwendeten Materialien in der FE-Simulation

	Dichte ρ [kg/m³]	**E-Modul E [MPa]**	**Querdehnzahl ν [–]**
Glas/Glaslot	2500	70000	0,21/0,22
Stützen	7850	210000	0,3

rischen Problemen führte.). Die spezifischen Materialeigenschaften sind in Tabelle 1 angegeben. Der Stützenradius beträgt 0,5 mm, die Höhe der Stützen 0,2 mm. Die Netzfeinheit des Modells wurde so optimiert, dass die hier betrachteten Spannungen auf der Außenoberfläche des Glases konvergieren. Dies war insbesondere in Bereichen mit hohen Spannungsgradienten, d.h. im Bereich der Stützen und im Randbereich erforderlich. Eine typische Netzfeinheit von 0,01 bis 2 mm führte zur Konvergenz und Stabilität bei gleichzeitiger Minimierung des erforderlichen Rechenaufwands. Ein Beispiel des Netzes ist in Bild 4b zu sehen. Alle Lösungen wurden auf einem HPC-Cluster (High Performance Computing) mit 7636 Kernen (CPUs), 45 TB RAM, 378 TB Speicherplatz und einem 56-Gbit/s-FDR-InfiniBand-Netzwerk erzielt.

Werden ausschließlich die äußeren Oberflächenspannungen in der Betrachtung herangezogen, konnte festgestellt werden, dass die Eigenschaften der Stützen (Form und Größe) und die Breite des Randverbundes innerhalb der für die Praxis relevanten Designoptionen einen vernachlässigbaren Einfluss auf das Spannungsfeld haben. Die Parameter, die die Spannungen beeinflussen, sind im Wesentlichen die Glasdicke, die Größe der Glasplatte, der aufgebrachte Flächendruck und die Randbedingungen an den Auflagern der VIG-Einheit. In allen Fällen waren die Gläser quadratisch, beide Einzelgläser gleich dick und gleich groß, wobei der Randverbund eine eigene Schicht zwischen den Scheiben darstellt. In den folgenden Abschnitten steht die Dickenangabe d = 4 mm für ein VIG, das aus zwei 4 mm dicken Einzelgläsern und einem 0,2 mm Vakuumspalt besteht. In den Simulationen wurden für die Lagerung des Glases zwei mechanische Randbedingungen (RB) betrachtet:

- RB 1 ‚gelenkig gelagert': Verschiebungen in z-Richtung $u_z\,(x = 0, y) = u_z\,(x, y = 0) = 0$
- RB 2 ‚fixiert': $u_z\,(x = 0\ldots10\text{ mm}, y) = u_z\,(x, y = 0\ldots10\text{ mm}) = 0$).

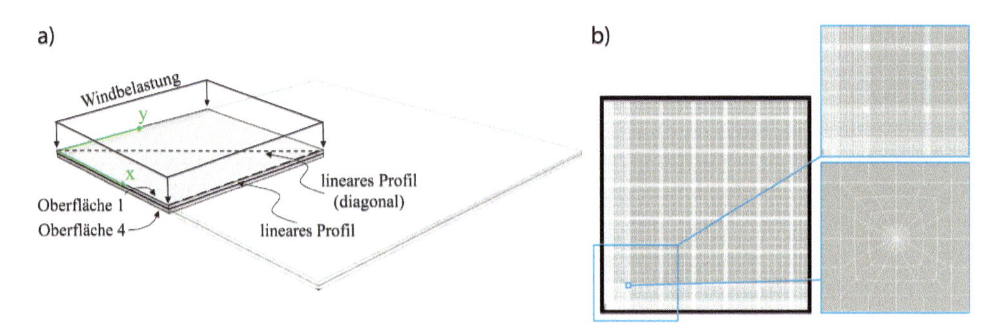

Bild 4 Viertelmodell und Netzverfeinerung in Bereich der Stützen und am Rand (© Schulz, ISM+D)

Bei anderen Belastungskonfigurationen, insbesondere bei punktueller Belastung [5] und bei thermischer Belastung [2], wird die VIG-Einheit bei vierseitiger Lagerung sphärisch gekrümmt. Gleiches ist für den Lastfall Wind zu erwarten.

6 Diskussion der Ergebnisse und Einordnung in den normativen Kontext

Im Folgenden werden die wichtigsten Erkenntnisse der Parameterstudie aufgezeigt und diskutiert. Obwohl sowohl der atmosphärische Druck als auch die Druckdifferenz aus Wind auf das numerische Modell einwirkten, zeigen die nachstehenden Diagramme, wenn nicht anders angegeben, nur die Verformungen und Spannungen aufgrund der Windlast, d.h. die Wirkung des atmosphärischen Drucks wurde unter der Annahme einer linearen Überlagerung von den Ergebnissen abgezogen.

In Bild 5 sind exemplarisch das numerisch und analytisch berechnete Verformungs- und Spannungsprofil einer 1 × 1 m großen, 4 mm dicken VIG-Einheit unter einer Druckbelastung von 1 kPa dargestellt. Für die analytische Vergleichslösung wurde eine Schubverformungsgleichung nach [1] herangezogen.

Das Verformungsprofil bestätigt die Annahme der sphärischen Krümmung der Gläser, die sowohl durch die numerische Simulation als auch die gewählte analytische Lösung abgebildet werden kann. Beim Vergleich der auftretenden Randspannung ist jedoch festzustellen, dass die analytische Gleichung für eine monolithische Platte nicht dazu geeignet ist, die Randspannungen im VIG abzubilden. Die analytische Gleichung wird deshalb ausschließlich für eine Annäherung der Verformungen und Spannungen in Scheibenmitte empfohlen. Aus diesem Grund werden in Bild 6 die Durchbiegung und Oberflächenspannung in der Mitte der VIG-Einheit für verschieden große VIGs gezeigt und die numerischen Ergebnisse mit der analytischen Lösung und den vorhandenen Daten aus Liu et al. verglichen. Zwei Beobachtungen sind besonders relevant:

1. Bei kleinen Dimensionen werden die numerisch ermittelten Spannungen und Verformungen durch die analytische Lösung bei Ansatz der Gesamtdicke des VIGs

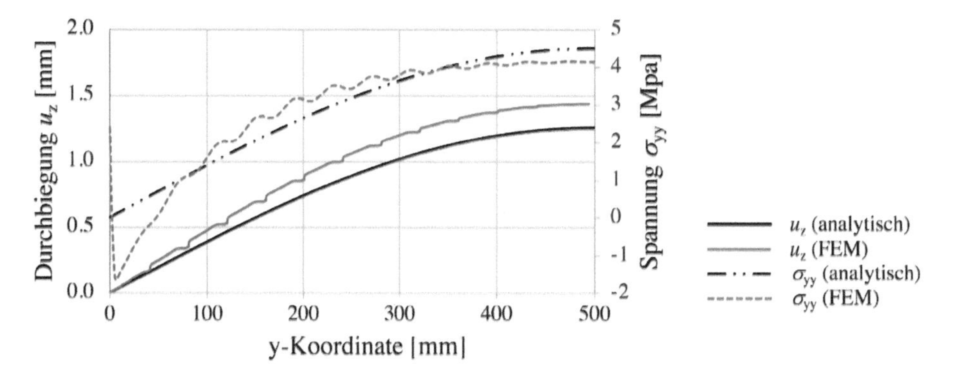

Bild 5 Profil der Durchbiegung u_z und der Spannung σ_{yy} (hier gleich der Hauptzugspannung) entlang der y-Achse in Scheibenmitte; Gegenüberstellung numerischer und analytisch errechneter Ergebnisse beispielhaft für eine quadratische Scheibe mit der Abmessung 1000 × 1000 mm, Scheibendicke d = 4 mm mit konstanter Flächenlast von 1 kPa (© Schulz, ISM+D)

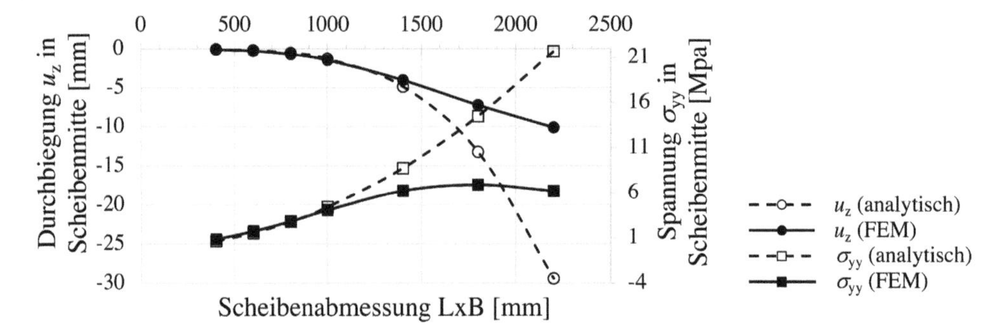

Bild 6 Verformung u_z und Spannungskomponente σ_{yy} in Scheibenmitte – numerische und analytisch errechnete Ergebnisse für eine konstante Flächenlast von 1 kPa, eine Scheibendicke *d* von 4 mm und verschiedenen Scheibenabmessungen (© Schulz, ISM+D)

unterschätzt. Dies lässt vermuten, dass das VIG, wie Liu in seinen experimentellen Untersuchungen auch zeigt, nicht näherungsweise als unendlich schubsteif angenommen werden kann und nicht durch eine der Gesamtglasdicke des VIGs entsprechenden einzelnen Glasscheibe (also 8 mm bei 2 × 4 mm VIG) bei der Druckbelastung senkrecht zur Oberfläche der Gläser ersetzt werden kann. Ein direkter Vergleich der Daten aus Liu et al. [19] und der geführten numerischen Simulation ist jedoch nicht möglich, da Liu ausschließlich nominale Dicken angegeben hat und so die wirklich vorhandene Scheibendicke für einen Vergleich unbekannt ist.

2. Mit wachsender Größe der Einheiten dominiert ein geometrisch nichtlineares Verhalten der Glasplatten bei Biegung, welches die Durchbiegung und die daraus resultierenden Oberflächenspannungen, die mit der FEM ermittelt wurden, begrenzt. Dies ist zu erwarten und wurde bereits beim thermomechanischen Belastungsverhalten beobachtet [2].

Bild 7 zeigt die kritischen Spannungsprofile der beiden äußeren Oberflächen. Es ist zu erkennen, dass die maximale Hauptzugspannung in Scheibenmitte auf der dem Druck abgewandten Oberfläche 4 auftritt, wohingegen die größten Randspannungen auf Oberfläche 1 auftreten. Die kritische Zugspannung entspricht dabei der Komponente σ_{yy}. Es sind außerdem die Spannungen für die beiden betrachteten Randbedingungen (RB) gegenübergestellt. Ein Vergleich zeigt, dass bei RB 2, welche eine Rotationseinschränkung am Rand widerspiegelt, geringere Spannungen in Scheibenmitte auftreten als bei RB 1. Gleiches konnte für die Verformungen festgestellt werden. Jedoch führt die Einschränkung der Rotation am Rand zu einer Erhöhung der auftretenden Randspannungen. Die kritische Komponente am Rand ist deshalb im betrachteten Fall σ_{yy} bei RB 2. Bei den in Bild 7 gezeigten Spannungsverläufen ist zu beachten, dass der punktuell sehr hohe Wert der Spannung, welcher aus dem Diagrammbereich hinausragt, auf eine unzureichende Netzanpassung im Übergangsbereiches zwischen Glas und Randverbund (sehr feines Netz im Randbereich neben grobem Netz zwischen Randbereich und erster Stützenreihe) zurückgeführt werden kann, welche in dieser Studie jedoch ausreichend war, um die relevanten Spannungsverläufe auf der Oberfläche des Glases hinreichend genau abzubilden.

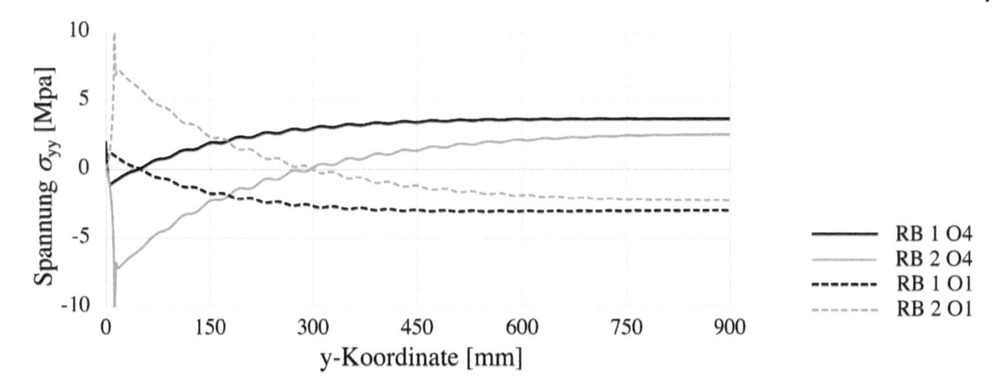

Bild 7 Spannungsprofile σ_{yy} einer 1800 mm großen quadratischen, 4 mm dicken VIG-Einheit unter 0,5 kPa konstantem Flächendruck für die Oberflächen 1 und 4 und Randbedingungen 1 und 2 (Ergebnisse für das Viertelmodell) (© Schulz, ISM+D)

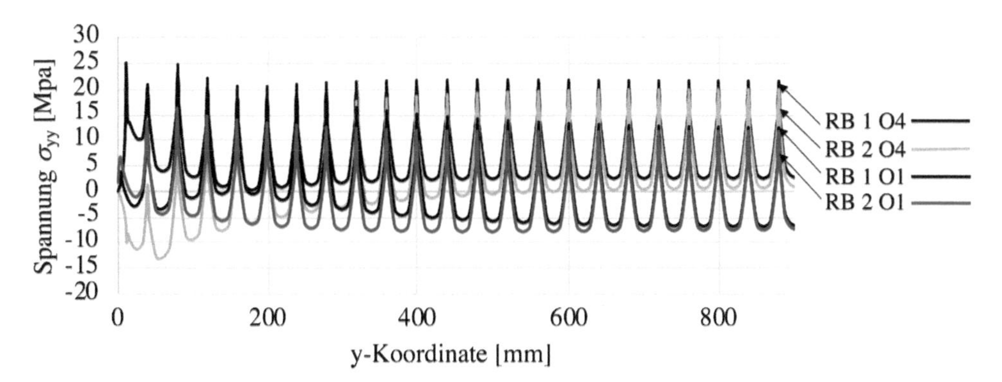

Bild 8 Spannungskomponente σ_{yy} entlang des linearen Profils in Scheibenmitte bei Überlagerung von Windlast und atmosphärischem Druck bei konstanter Dimension, Scheibendicke und Belastung für verschiedene Randbedingungen und betrachtete Oberflächen; Profil direkt über Stützenraster, wobei $L \times W$ = 1800 mm, d = 4 mm und P = 0,8 kPa Wind + 0,1 MPa Atm. Druck (© Schulz, ISM+D)

Wie in Abschnitt 3 bereits erläutert, ist bei der Bemessung von VIGs in allen Fällen die Beanspruchung aus Wirkung des atmosphärischen Druckes zusätzlich zu berücksichtigen. In Bild 8 ist deshalb für die beiden äußeren Oberflächen und die beiden Randbedingungen die Spannungskomponente σ_{yy} für den überlagerten Lastfall atmosphärischer Druck und Wind beispielhaft für eine 1,8 × 1,8 m große VIG-Einheit dargestellt. Es ist zu erkennen, dass die maximalen Zugspannungen nach Überlagerung der Einwirkungen weiterhin für RB 2 am Rand von Oberfläche 1 auftreten. Unter der Annahme, dass die reale Einbausituation des VIGs in einen Rahmen jedoch zwischen den beiden betrachteten Randbedingungen liegen wird, wird erkenntlich, dass die maximalen Zugspannungen über den Stützen nahe der Scheibenmitte angenommen werden können.

Dies berücksichtigend zeigt Bild 9 die maximalen Zugspannungen, welche sich unter einer Druckbeanspruchung für verschiedene Dimensionen, Lastfälle und Scheibendicken in Scheibenmitte ergeben. Es zeigt sich, dass erwartungsgemäß insbeson-

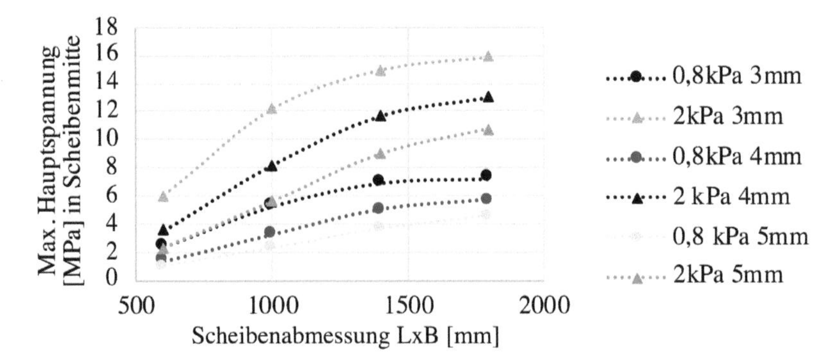

Bild 9 Maximale Hauptzugspannung in Scheibenmitte einer quadratischen VIG-Einheit für verschiedene Scheibendimensionen, Scheibendicken und aufgebrachte Flächendrücke (© Schulz, ISM+D)

dere die Wahl der Scheibendicke einen wesentlichen Einfluss auf die maximalen Zugspannungen hat. Gleiches ist in Bild 2 für den Lastfall atmosphärischer Druck zu erkennen.

Um als Ingenieur nun zu überprüfen, welche Designoptionen von auf dem Markt verfügbaren VIGs einer auftretenden Einwirkung aus Wind standhalten, können für eine erste Abschätzung die in Bild 2 und 9 aufgeführten Spannungen addiert und mit den nach DIN 18008 maximal zulässigen Spannungen (s. Abschnitt 4) verglichen werden. Die in Bild 6 dargestellten maximalen Durchbiegungen in Scheibenmitte zeigen außerdem, dass es unproblematisch ist, die Grenzwerte der Verformungen nach DIN 18008-2 bei passend gewähltem VIG-Aufbau einzuhalten.

7 Zusammenfassung und Ausblick

Mit numerisch durchgeführten Parameterstudien konnten Einflüsse verschiedener Design-Parameter auf das mechanische Verhalten von VIGs unter flächiger Druckbeanspruchung aus Wind aufgezeigt werden. Anschließend wurden diese in den Kontext der deutschen Glasbaunorm DIN 18008 gestellt. Folgende Schlüsse können aus der geführten FE-Studie abgeleitet werden und sind vom Ingenieur zu beachten:

Während das Biegeverhalten einer VIG-Einheit unter konstanter Flächenlast generell auf ein für Platten übliches Verhalten hindeutet, liegt es jedoch nicht auf der sicheren Seite für die Bemessung des VIGs für den Lastfall Wind die Gesamtsumme der Dicken der Einzelgläser anzusetzen. Es zeichnet sich eher ab, dass die äquivalent anzusetzende Dicke bei ca. 80–90 % der Gesamtdicke liegt, wobei jedoch mit zunehmender Scheibengröße ein nichtlineares Verhalten dominiert, was wiederrum die Spannungen und Verformungen nicht unbegrenzt anwachsen lässt. Diese Beobachtungen sind jedoch versuchstechnisch noch zu validieren. Es ist zu berücksichtigen, dass die maximalen Spannungen nicht immer in Scheibenmitte auftreten, sondern abhängig von der Randlagerung auch die Spannungen nahe des Glaslot-Randverbundes kritisch werden können. Dennoch zeigen die Parameterstudien, dass der Einsatz mäßig großer Scheiben von bis zu etwa 2 m Kantenlänge bei der richtigen Designwahl des VIGs (d.h. bei passender Wahl der Scheibendicke, des Stützenrasters und des Randverbundes sowie unter Beachtung der Lagerbedingungen) grundsätzlich möglich ist und die in DIN 18008 angegebenen Spannungs- und Verformungsgrenzen eingehalten werden können.

Weitere Untersuchungen sind jedoch noch notwendig. Um die in der Studie angesetzten Annahmen in der realen Umsetzung zu gewährleisten, ist die Lagerungssituation des VIGs in einem komplex aufgebauten, typischen Rahmensystem aus der Praxis noch näher zu untersuchen. Außerdem sind Einflüsse der Schubbeanspruchung des Randverbunds und randnaher Stützen sowie kumulierende Einflüsse bei zyklischer Belastung, insbesondere auf die hier vernachlässigten Glasinnenflächen, noch zu untersuchen. Daraus sind anschließend qualitative Anforderungen an das verwendete Stützenmaterial abzuleiten, wodurch der Einsatz qualitativ hochwertiger, langlebiger VIGs sichergestellt wird. Schließlich sind weitere Variationen im numerischen Modell (z. B. die Variation des Reibungskoeffizienten) sowie ihr Vergleich mit Ergebnissen aus experimentellen Untersuchungen noch weiter zu betrachten.

8 Literatur

[1] Adim, B; Daouadji, T.; Rabahi, A. (2016) A simple higher order shear deformation theory for mechanical behavior of laminated composite plates in: *International Journal of Advanced Structural Engineering* (IJASE) 8(2):103.

[2] Aronen, A; Kocer, C. (2017) Vacuum insulated glazing under the influence of a thermal load in: *All Eyes On Glass, Glass Processing Days, Finland, Glass Processing Days,* Glaston, Finland, vol GPD 2017, pp. 273–279.

[3] Budd, S. (1961) *The mechanisms of chemical reaction between silicate glass and attacking agents: Part 1.* electrophilic and nucleophilic mechanisms of attack. Physics and chemistry of glasses 2(4): pp. 111–114.

[4] Bundesministerium für Justiz und Verbraucherschutz (2020) *Gesetz zur Einsparung von Energie und zur Nutzung erneuerbarer Energien zur Wärme- und Kälteerzeugung in Gebäuden.*

[5] Chiu, A. (2015) *Mechanical behavior of vacuum insulated glazing.* Masterarbeit (unveröffentlicht), University of Sydney, School of Physics, Betreuer: Dr. Cenk Kocer.

[6] Collins, R.; Davis, C.; Dey, C.; Robinson, S.; Tang, J. Z.; Turner, G. (1993) Measurement of local heat flow in flat evacuated glazing in: *International journal of heat and mass transfer* 36(10): pp. 2553–2563.

[7] Collins, R. E.; Fischer-Cripps, A. C.; Tang, J. Z. (1992) *Transparent evacuated insulation,* Solar Energy, 49(5), pp. 333–350.

[8] Collins, R. E.; Fischer-Cripps, A. C. (1991) Design of support pillar arrays in flat evacuated windows in: *Australian Journal of Physics,* 44(5), pp. 545–564.

[9] Collins, R.; Asano, O.; Misonou, M.; Katoh, H.; Nagasaka, S. (1999) Vacuum glazing: Design options and performance capability in: *Glass in Buildings Conference,* Bath UK, vol 2.

[10] Deutsche Energie-Agentur (2019) *Gebäudereport Kompakt: Statistiken und Analysen zur Energieeffizienz im Gebäudebestand.*

[11] DIN EN 1991-1-4 (2010-12) *Einwirkungen auf Tragwerke* – Teil 1-4: Allgemeine Einwirkungen – Windlasten; Deutsche Fassung EN 1991-1-4:2005 + A1:2010 + AC:2010, Berlin: Beuth.

[12] DIN 18008-1 (2020-05-00) *Glas im Bauwesen – Bemessungs- und Konstruktionsregeln –* Teil 1: Begriffe und allgemeine Grundlagen, Berlin: Beuth.

[13] DIN 18008-2 (2010-05-00) *Glas im Bauwesen – Bemessungs- und Konstruktionsregeln –* Teil 2: Linienförmig gelagerte Verglasungen, Berlin: Beuth.

[14] Fang, Y.; Eames, P.C.; Norton, B. (2007) *Effect of glass thickness on the thermal performance of evacuated glazing,* Solar Energy81(3): pp. 395–404.

[15] Fang, Y.; Hyde, T.J.; Arya, F.; Hewitt, N.; Eames, P.C.; Norton, B.; Miller, S. (2014) *Indium alloy-sealed vacuum glazing development and context.* Renewable and Sustainable Energy Reviews37: pp. 480–501.

[16] Fischer-Cripps, A.C.; Collins, R.E.; Turner, G.; Bezzel, E. (1995) Stresses and fracture probability in evacuated glazing in: *Building and environment* 30(1): pp. 41–59.

[17] Glaser, S. et al. (2019) *Fenster- und Fassadensysteme mit Vakuumisolierglas, Vorhabenbeschreibung BMWi Projekt,* Projektträger Jülich, Energieforschungsprogramm der Bundesregierung.

[18] ISO 19916-1 (2018) *International Organisation for Standardization, Glass in building* - Vacuum Insulating Glass Part 1: Basic Specification of Products and Evaluation Methods for Thermal and Sound Insulating Performance.

[19] Liu, X.G.; Bao, Y.W. (2013) Theoretical and experimental studies on strength and stiffness of vacuum glazing in: *Key Engineering Materials,* Trans Tech Publ, vol 544, pp. 265–270.

[20] Michalske, T.A.; Freiman, S.W. (1982) *A molecular interpretation of stress corrosion in silica.* Nature 295(5849): pp. 511–512.

[21] Michalske, T.A.; Freiman, S.W. (1983) A molecular mechanism for stress corrosion in vitreous silica in: *Journal of the American Ceramic Society* 66(4): pp. 284–288.

[22] Turner, G.; Collins, R.; Fischer-Cripps, A.; Tang, J. (1994) Limits to performance of evacuated glazing in: *Optical Materials Technology for Energy Efficiency and Solar Energy Conversion XIII,* International Society for Optics and Photonics, vol 2255, pp. 648–659.

Rauheitsuntersuchungen an Glaskanten mittels konfokalem Laserscanning-Mikroskop

Paulina Bukieda[1], *Bernhard Weller*[1]

[1] *Technische Universität Dresden, Institut für Baukonstruktion, August-Bebel-Straße 30, 01219 Dresden, Deutschland; paulina.bukieda@tu-dresden.de; bernhard.weller@tu-dresden.de*

Abstract

Untersuchungen zur Kantenfestigkeit von Gläsern zeigen, dass diese in Abhängigkeit des Herstellers und der Kantenbearbeitungsart nach DIN 1249-11 stark variiert. Insbesondere der Bearbeitungsprozess des Schleifens weist eine Vielzahl von Parametern auf, welche die resultierende Oberflächenbeschaffenheit der Glaskante beeinflussen, allerdings noch unzureichend untersucht sind. Eine objektive Erfassung der Oberflächenbeschaffenheit über Kennwerte der Rauheit könnte helfen, Prozessparameter bewertbar zu machen und eine Korrelation zwischen dem Bearbeitungsprozess und der Kantenfestigkeit zu schaffen. Im Rahmen einer ersten Vorstudie wurden Rauheitskennwerte geschliffener und polierter Kantenoberflächen von drei Herstellern mittels konfokalem Laserscanning-Mikroskop ermittelt und hinsichtlich ihrer Eignung zur Bewertung der Bearbeitungsprozesse geprüft.

Roughness examination of processed glass edges under a confocal laser scanning microscope. Findings on the edge strength show that, it varies depending on the manufacturer and the type of edge finishing. In particular the grinding process has a large number of parameters that influence the surface quality of the glass edge, which have not yet been fully investigated. The determination of objective roughness parameters could help to evaluate the grinding processes and further correlate the surface quality with the edge strength. Within the scope of a preliminary study, roughness parameters were calculated for ground and polished glass edges of three manufacturers using a confocal laser scanning microscope. Finally the method was tested regarding to its suitability for a determination of characteristic roughness parameters that could be used to evaluate the grinding processes.

Schlagwörter: *Oberflächenbeschaffenheit, Kantenfestigkeit, Rauheit, Glaskante, konfokale Laserscanning-Mikroskopie*

Keywords: *edge surface, edge strength, roughness, glass edge, confocal laser scanning microscopy*

Glasbau 2022. Herausgegeben von Bernhard Weller, Silke Tasche.

1 Ausgangssituation

Mit größer werdenden Verglasungen und komplexeren Glasaufbauten nehmen die mechanischen und thermischen Einwirkungen auf die Glaskante zu. Um einen schadensfreien Einsatz zu gewährleisten, werden Angaben über die Glaskantenfestigkeit erforderlich. In der Forschung wird der Frage nach der Glaskantenfestigkeit seit einigen Jahren nachgegangen. Allen voran beschäftigt sich der Arbeitskreis Kantenfestigkeit des Fachverbandes Konstruktiver Glasbau e. V. mit diesem Thema. Seit 2009 wurde hierzu eine marktübergreifende Untersuchung an thermisch entspannten Floatgläsern bei sechs Herstellern durchgeführt. Dabei wurden die Kantenfestigkeiten verschiedener Kantenarten nach der DIN 1249-11 [1] und Dicken ermittelt. Im Ergebnis zeigte sich, dass ein Schleifprozess nach dem Zuschnitt nicht zwangsläufig mit einer Steigerung der Festigkeit einhergeht, sondern stark von den Parametern der einzelnen Herstellprozesse und Maschinen abhängt. Demzufolge kann bei einem Hersteller eine geschnittene Kante (KG) eine höhere Festigkeit aufweisen, als eine gesäumte (KGS) oder geschliffene Kante (KGN), während ein anderer Hersteller ein gegenteiliges Ergebnis erzielt. [2]

Um geschnittene Kanten zu veredeln, kommen Schleifprozesse zum Einsatz. Während des Schleifprozesses tragen harte Schleifkörner das Glas mechanisch, in Form mikroskopisch kleiner, undefinierter Bruchstücke an den Säumen (KGS) und der Kantenoberfläche (KGN), ab und erzeugen dadurch eine plane, maßhaltige Oberfläche. Auch die Herstellung von polierten Kanten (KPO) durch eine Endbearbeitung der Oberfläche mit feinen Schleifscheiben ist im Schleifprozess möglich. Bild 1 zeigt die optische Unterscheidung einer geschliffenen und polierten Kantenoberfläche. Bei gängigen Schleifanlagen unterscheiden sich, in Abhängigkeit des Maschinentyps, die Anzahl und Art der Werkzeuge, welche die Oberfläche bearbeiten. Weiter können die Parameter Abtragungstiefe und Vorschubgeschwindigkeit variieren. Der Materialeingriff schwächt die Glaskante und hat Folgen für die Festigkeit. Allgemeingültige Prozessparameter für reproduzierbare Qualitäten und Kantenfestigkeiten veredelter KGS-, KGN- und KPO-Glaskanten sind noch nicht bekannt. Bisherige Untersuchungen zur Kantenfestigkeit beinhalten eine mikroskopische Erfassung der Kantenoberflächen und die Ermittlung der Bruchspannungen einzelner Träger im Vierpunkt-Biegeversuch um die starke Achse. Um statistisch fundierte Kantenfestigkeitswerte zu bestimmen, werden Bruchversuche mit 30 Trägern pro Prüfserie anvisiert. Diese Untersuchungen sind für Glasveredler kostspielig und sehr zeitaufwendig. Zerstörungsfreie Untersuchungen und Kennwerte, welche die Kantenqualität bewertbar machen und Rück-

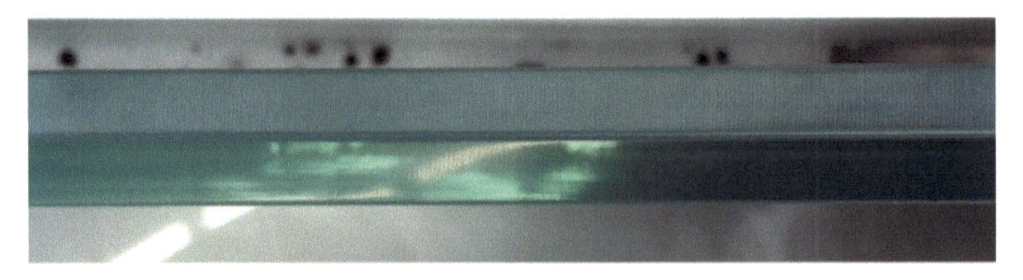

Bild 1 Aufsicht einer geschliffenen, matten Glaskante (oben) und einer polierten, hochglänzenden Glaskante (unten) (© TU Dresden)

schlüsse auf die Bearbeitungsprozesse und die daraus resultierende Kantenfestigkeit zulassen, sind daher wünschenswert.

In Analogie zu anderen Werkstoffen ist für die Qualitätsbewertung und -sicherung von mechanisch bearbeiteten Oberflächen eine Erfassung von Rauheitskennwerten der Oberfläche naheliegend. Die Bestimmung von Rauheitskennwerten und eine darauf aufbauende Korrelation zu Kantenfestigkeiten, würde Glasveredlern eine praxisnahe und schnelle Methode bieten, ihre Prozesse zu bewerten und auftretende zeitabhängige Prozesseinflüsse, wie den Verschleiß von Werkzeugen oder Fehleinstellungen der Prozessparameter zu detektieren und entsprechende Anpassungen vorzunehmen. Im Bauwesen sind geschliffene und polierte Glaskanten hinsichtlich einer Rauheitsuntersuchung noch nicht untersucht worden. Für den Werkstoff Glas gibt es Untersuchungen zu Rauheitswerten im Bereich vom Schleifen und Polieren optischer Gläser [3, 4, 5]. Da hier wenig Informationen zu den Messbedingungen vorliegen und optische Gläser aufgrund ihrer erhöhten optischen Anforderungen anderen Herstellungsprozessen unterliegen, ist eine Übertragung der Rauheitswerte auf das Bauwesen nicht direkt möglich. Allerdings unterstützen die Untersuchungen die Annahme, dass eine Ermittlung von Rauheitskennwerten und deren Anwendungen im Glasbau grundsätzlich denkbar ist.

Im vorliegenden Beitrag wird der Einsatz eines konfokalen Laserscanning-Mikroskops zur zerstörungsfreien Bestimmung von Rauhigkeitswerten geschliffener und polierter Kantenoberflächen untersucht und diskutiert. Hierzu werden zunächst die Grundlagen der Rauheitsmessung vorgestellt und eine Einordung des Werkstoffes Glas hinsichtlich der Rauheit analog zu den Gesetzmäßigkeiten bekannter Werkstoffe vorgenommen. Anschließend werden die durchgeführte Vorgehensweise und die Ergebnisse vorgestellt. Bei den vorliegenden Untersuchungen handelt es sich um eine Vorstudie, welche die Möglichkeiten der Rauheitserfassung mit optischen Messmethoden untersucht, jedoch keine quantitativen Aussagen zu Rauheitswerten vornimmt.

2 Grundlagen der Rauheitsmessung

2.1 Definition der Rauheit und Profilformen

Die Oberfläche eines Werkstücks entsteht durch verschiedene Fertigungsverfahren und hat Auswirkungen auf dessen Ästhetik, Funktion sowie Lebensdauer. Die Eigenschaften von Oberflächen können mithilfe von Kennwerten aus der Rauheitsmessung bestimmt und für eine Qualitätssicherung verwendet werden. Es gibt eine Vielzahl von Kennwerten, welche die unterschiedlichen Eigenschaften der Oberfläche beschreiben. Durch die Bestimmung können beispielsweise Veränderungen im Fertigungsverfahren und der Werkzeugverschleiß erfasst werden. Bild 2 stellt zwei grundsätzliche Oberflächentypen dar, welche in Abhängigkeit des Fertigungsverfahrens auf mikroskopischer Ebene entstehen.

In Bild 2a ist ein periodisches Profil zu sehen, das durch einen Dreh- oder Fräsprozess erzeugt wird. Bild 2b zeigt ein aperiodisches Profil eines Kokillengusses. Auch Oberflächen aus dem Schleifprozess oder dem Kugelstrahlen zählen zu aperiodischen Profilen [6, S. 7]. Somit gelten geschliffene und polierte Glaskanten als aperiodischen Profile.

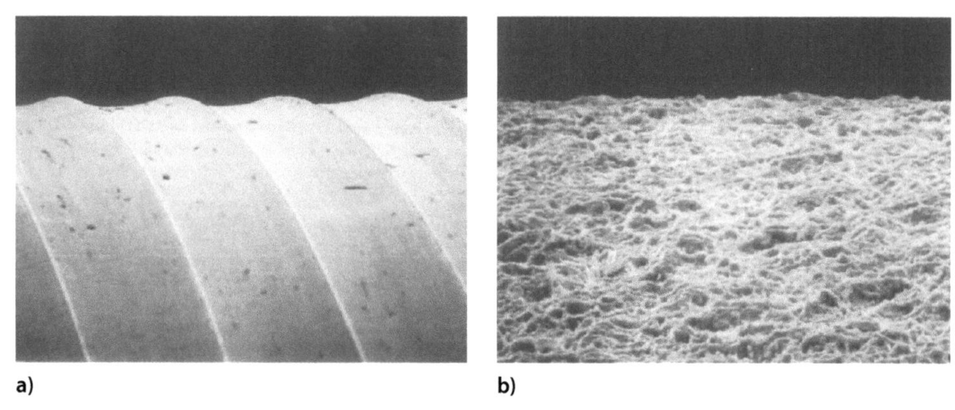

a) b)

Bild 2 Beispiele verschiedener Oberflächentypen; a) regelmäßiges (periodisches) Profil einer Drehfläche; b) unregelmäßiges (aperiodisches) Profil eines Kokillengusses (© R. Volk nach [6, S. 8])

Die tatsächliche Ist-Oberfläche eines Werkstückes weicht natürlicherweise vom idealen Maß der Soll-Oberfläche ab. Die DIN 4760 [7] unterscheidet in sechs verschiedene Ordnungen von Gestaltabweichungen, welche in Bild 3 dargestellt sind. Die erste und zweite Ordnung sind auf Fehler in der Maschinenführung oder falsche Einspannungen des Werkstückes und Schwingungen der Werkzeugmaschinen oder Werkzeuge zurückzuführen. Die Gestaltabweichungen der 1. bis 4. Ordnung überlagern sich zur Ist-Oberfläche. Die Ordnungen drei bis sechs beschreiben unterschiedliche Stufen der Rauheit. Die 5. und 6. Ordnung liegt in der molekularen Größenordnung, sodass sie in Form von Rauheitskennwerten nicht erfasst wird. [8]

Um Kennwerte zu ermitteln, werden entlang einer definierten Messstrecke die Höhenprofile der Werkstückoberflächen senkrecht zur Bearbeitungsrichtung erfasst und ausgewertet. Durch die Höhenerfassung wird zunächst das ungefilterte Primärprofil (P-Profil) aufgezeichnet. Formabweichungen 1. Ordnung werden mathematisch durch eine Ausgleichsgerade ausgerichtet. Für die weitere Betrachtung der Rauheit ab 3. Ordnung wird durch messtechnische Filter in die Profile der Welligkeit (W-Profil) und der Rauheit (R-Profil) unterteilt. Die Unterteilung der Profile erfolgt anhand der sogenann-

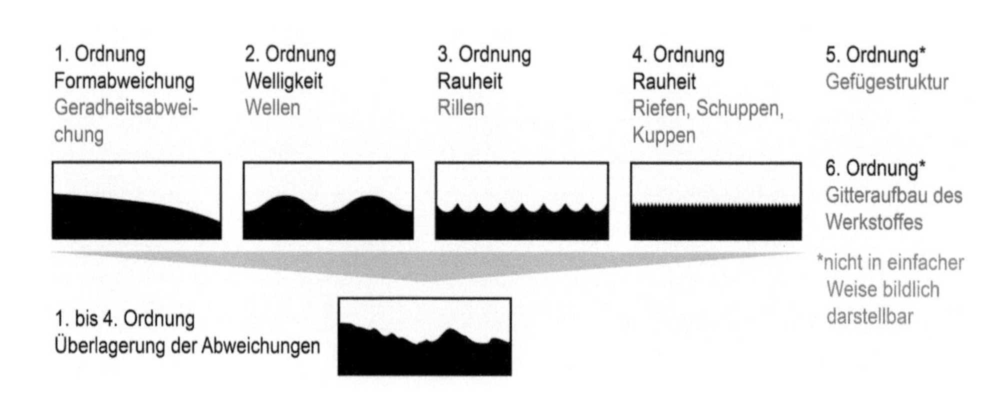

Bild 3 Ordnungen der Gestaltabweichungen nach der DIN 4760 (© TU Dresden/Polytec nach [9])

ten Grenzwellenlänge *lc*, welche das Längen- und Tiefenverhältnis des Profils darstellt. Die Grenzwellenlänge entspricht außerdem einer Einzelmessstrecke. [6, S. 124f.]

2.2 Messverfahren

Für die Erfassung der Höhenprofile wird grundsätzlich in taktile, berührende oder optische, berührungslose Messungen unterschieden. Bei der taktilen Messung werden eindimensionale Kennwerte nach der DIN EN ISO 4287 [10] bestimmt. Bei taktilen Kontaktmessungen werden Oberflächen mit einer diamantbesetzten Tastspitze vermessen. Gängige Durchmesser einer Tastspitze liegen zwischen 2–10 µm. Um Beschädigungen der Oberfläche während der Messung zu verhindern oder die Messungen bei weichen Materialien nicht zu verfälschen, werden berührungslose Messungen eingesetzt. Optische, flächige Messungen und Kennwerte sind in der Normreihe DIN EN ISO 25178 [11] geregelt. Als optische Messprinzipen können verschiedene Arten der Mikroskopie (Laser, Konfokal, Interferenz, Rasterelektronen) eingesetzt werden. Mit einer optischen Flächenmessung lassen sich Höhendaten effizient und zerstörungsfrei generieren [6, S. 60]. Bei der optischen Erfassung von Höhenprofilen können glänzende und halbtransparente Oberflächenschichten, Verunreinigungen auf der Oberfläche problematisch werden, da sie die Messungen durch Transmissionen oder Reflektionen verfälschen können. Eine optische Aufnahme ermöglicht durch die Feststellung von außerordentlichen Fehlstellen des betrachteten Messbereiches eine genauere Einordnung der Kennwerte [6, S. 92f.].

2.3 Kennwerte und Messtrecken

Es gibt eine Vielzahl von Kennwerten, die sich für die Bestimmung spezifischer Eigenschaften von Oberflächen etabliert haben. Als Standardwert für die Rauheit gilt der arithmetische Mittelwert *Ra*. Er reagiert schwach auf Störungen und ist robust gegenüber ungünstigen Umgebungsbedingungen bei Messungen. Nachteilig ist, dass die Werte keine Unterscheidung zwischen Spitzen und Riefen beinhalten. [6, S. 22f.]

Daher sollten mehrere Kennwerte erfasst werden, um einen Gesamteindruck zu erlangen. Als weitere wichtige Kennwerte gelten die Profilhöhen. Die Höhe des größten Profiltales *Rv* entspricht dem tiefsten Punkt. Die Höhe der größten Profilspitze *Rp* ist die Höhe des Punkts der Einzelmessstrecke, an dem die Kurve am höchsten ist. Die maximale Rautiefe *Rz* gibt den absoluten vertikalen Abstand zwischen der maximalen Profilspitzenhöhe *Rp* und der maximalen Profiltaltiefe *Rv* entlang der Einzelmessstrecke an [6, S. 28f.]. Bild 4 stellt die Ermittlung der eindimensionalen, linienförmigen Kennwerte *Ra* und *Rz* anhand eines Beispielprofils dar.

Neben den linienförmigen Kennwerten sind zweidimensionale, flächige Rauheitskennwerte zur Beschreibung von Oberflächen möglich. Während die Linienrauheitskennwerte mit den Formelbezeichnungen *R* angegeben werden, sind die Flächenrauheitskennwerte mit der Formelbezeichnung *S* versehen. Die mittlere arithmetische Höhe *Sa* ist die Erweiterung von *Ra* in die Fläche. Die Kennwerte *Sz*, *Sv* und *Sp* entsprechen den Profilhöhen. Weiter können Kennwerte zur Beschreibung der Oberflächentextur *Str* oder der Spitzenkrümmung *Spc* bestimmt werden. Die Plausibilität und Eignung der Kennwerte ist für jeden Werkstoff und deren Anwendung zu prüfen. [6, S. 60]

Kennwert | **Beschreibung**

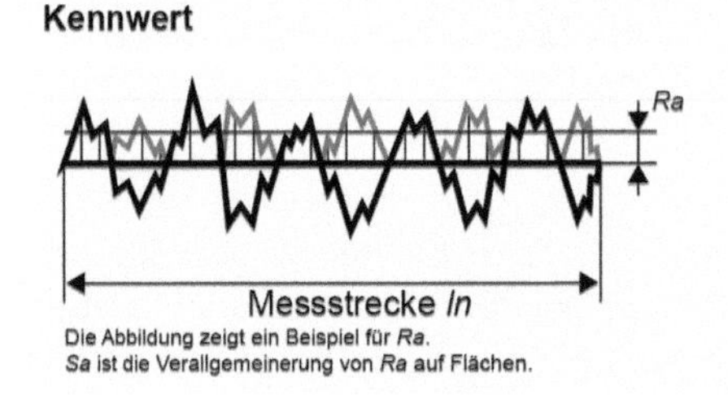

Ra
Messstrecke ln
Die Abbildung zeigt ein Beispiel für Ra.
Sa ist die Verallgemeinerung von Ra auf Flächen.

***Ra* (arithmetischer Mittelwert)**

Bei diesem Parameter handelt es sich um den Betrag des Höhenunterschieds eines jeden Punkts im Vergleich zum arithmetischen Mittel der Oberfläche.

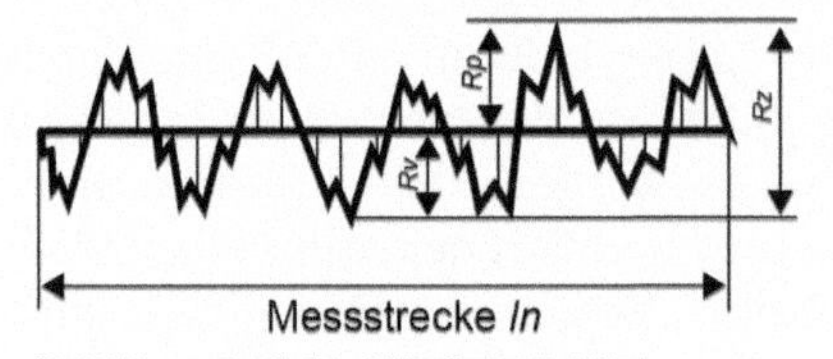

***Rz* (größte Höhe)**

Die maximale Höhe entspricht der Summe aus dem Höhenwert der höchsten Spitze und dem Höhenwert der größten Vertiefung innerhalb einer Einzelmessstrecke.

$Rz = Rp + Rv$

Bild 4 Beschreibung der Rauheitskennwerte *Ra* und *Rz* anhand eines beispielhaften Höhenprofils (© Keyence Deutschland GmbH/TU Dresden)

Bevor die Kennwerte bestimmt werden, ist die Wahl der Grenzwellenlänge zu treffen. Das Fünffache der Grenzwellenlänge (Einzelmessstrecke) bestimmt die Länge der Messstrecke ($5 \cdot lc$). Damit wird das repräsentative Oberflächenprofil festgelegt. Bei aperiodischen Profilen hängt die Grenzwellenlänge von den zu erwartenden Rauheitskennwerten ab. Für gewöhnlich ist bekannt, und normativ hinterlegt, welchen Rauheitskennwert ein Werkstück vorweisen soll. Abhängig von der zu erwarteten Rauigkeit wird dann die Grenzwellenlänge definiert und die Messstrecke bestimmt. Für Bestimmungen von unbekannten Oberflächen ist dies ein logischer Widerspruch. [6, S. 103]

Tabelle 1 stellt die genormten Messstrecken für aperiodische Profile nach ISO 4288 [11] dar. Da für Glaskanten keine Rauheitswerte bekannt sind, ist hier nur nachträglich eine Einordung möglich.

Tabelle 1 Grenzwellenlänge und Messstrecke für aperiodische Profile nach ISO 4288 [11]

Ra [µm]	*Rz* [µm]	Grenzwellenlänge *lc* [mm]	Messstrecke *ln* [mm]
> 0,02	> 0,1	0,08	0,4
> 0,1	> 0,5	0,25	1,25
> 2,0	> 10	0,8	4,0
> 10,0	> 50	2,5	12,5
> 0,02	> 0,1	0,08	0,4

3 Mikroskopische Untersuchung veredelter Glaskanten

3.1 Konfokales Laserscanning-Mikroskop

Für die Untersuchungen wurde das konfokale Laserscanning-Mikroskop VK-X 1000 der Firma Keyence verwendet (Bild 5). Das Mikroskop nutzt für die Messung zwei Strahlengänge: Laserlicht und weißes Licht. Der Laserstrahl mit einer Wellenlänge von 404 nm wird für eine präzise Höhenmessung verwendet, während das weiße Licht die Farbe der Oberflächen durch eine CMOS-Farbkamera erfasst.

Bei dem konfokalen Laserscanning-Mikroskop erfolgt die Aufnahme des Messobjektes punktuell in zweidimensionaler xy-Ebene. Während der punktuellen Messungen fokussiert der Laser verschiedene Ebenen. Im Strahlengang des reflektierten Laserlichtes ist eine Lochblende angebracht, die nur das Licht aus dem scharf abgebildeten Bereich durchlässt und die anderen Ebenen blockiert. Damit lassen sich alle Einflüsse eliminieren, die durch Umgebungslicht oder durch nicht vom Fokuspunkt reflektiertem Licht entstehen. Die Intensität des reflektierten Laserstrahls wird über einen Photomultiplier gemessen. Es wird davon ausgegangen, dass an der Oberfläche der Laserstrahl mit der höchsten Intensität reflektiert wird. Die Ebene mit der höchsten Laserintensität wird als Höhe z festgehalten. Bei der Messmethode wird jedem Pixel eine Höhenkoordinate zugeordnet. Da die aufgezeichneten Bilder einer festen Pixelanzahl von 1024×768 entsprechen, hat ein kleinerer Messbereich eine engmaschigere Vermessung mit mehr Höhendaten als ein größerer Messbereich. Anhand der Positionsinformationen in xy-Ebene wird ein tiefenscharfes Gesamtbild zusammengesetzt, welches die Höheninformationen in z-Richtung enthält. [14]

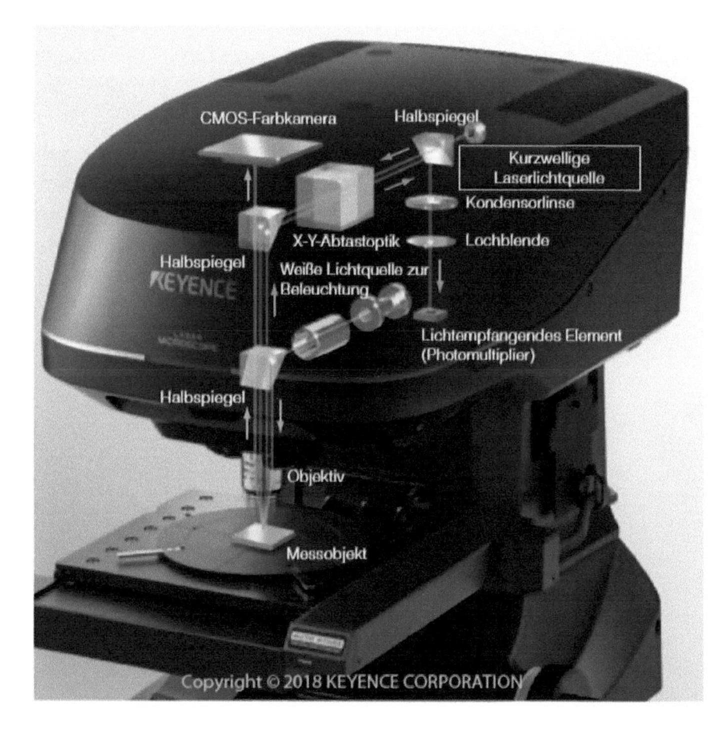

Bild 5 Konfokales Laserscanning-Mikroskop VK-X der Firma Keyence mit Darstellung der Strahlengänge des kurzwelligen Laserstrahls (lila) und des weißen Lichtes (grün) (© Keyence Deutschland GmbH)

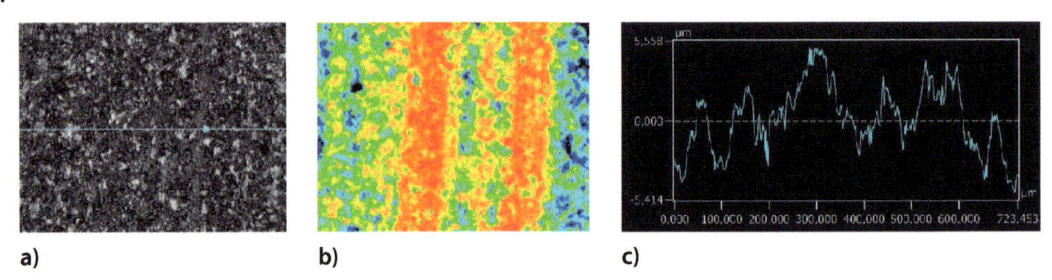

Bild 6 Darstellung einer KGN-Kantenoberfläche bei der Vergrößerungsstufe 20x als a) Laserbild; b) Höhenbild und c) gemessenes Höhenprofil (© TU Dresden)

Bild 6 zeigt am Beispiel einer geschliffenen Glasoberfläche bei der Vergrößerungsstufe 20x das aufgenommene monochrome Laserbild (Bild 6a), ein zugehöriges Höhenbild (Bild 6b) und ein Höhenprofil (Bild 6c), welches entlang der Bildmitte, dargestellt durch die blaue Linie in Bild 6a, erzeugt worden ist. Die Informationen aus dem Höhenprofil werden für die Bestimmung von Rauheitskennwerten über die Software AI Analyser verwendet. Im vorliegenden Beispiel wurde ein *Ra*-Wert von 1,89 µm und ein *Rz*-Wert von 12,65 µm ermittelt.

Über die Software AI Analyser können die Bereiche, Filter, Messrichtungen und Grenzwellenlängen bestimmt werden, die den Rauheitskennwerten zugrunde gelegt werden. Als Kennwerte können alle bekannten, genormten Rauheitskennwerte der DIN EN ISO 4278 [10] und der DIN EN ISO 25178 [11] über die Software berechnet werden.

3.2 Vorgehensweise

Für die Untersuchung der Kantenoberflächen und Ermittlung der Rauheitskennwerte wurde darauf geachtet, dass im betrachtetem Messbereich keine sichtbaren Fehlstellen, wie Risse oder Ausmuschelungen, liegen. Die Position wurde mit drei verschiedenen Objektiven (5x, 20x und 50x) aufgenommen. Das 5x-Objektiv entspricht einer 120-fachen Vergrößerung, das 20x-Objektiv einer 480-fachen Vergrößerung und das 50x-Objektiv einer 1200-fachen Vergrößerung. Die Aufnahme mit den verschiedenen Objektiven erfolgte zentrisch an der gleichen Stelle am Prüfkörper.

Auf den mikroskopischen Aufnahmen in Bild 7 ist ein deutlicher Unterschied der Oberflächentextur zu erkennen. Mit der Aufnahme des 5x-Objektives ist das wiederkehrende Schleifmuster in Form vertikaler Rillen zu erkennen, während die Vergröße-

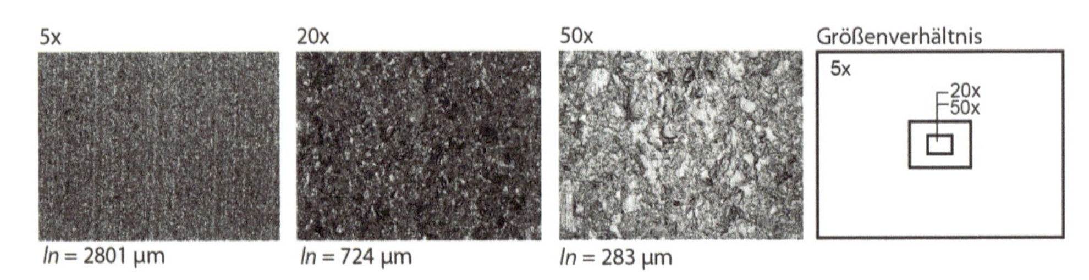

Bild 7 Darstellung verschiedener Vergrößerungsbereiche einer KGN-Kantenoberfläche mit Piktogramm zum Größenverhältnis; die angegebene Messstrecke *ln* entspricht der Bildbreite (© TU Dresden)

rungsstufen 20x und 50x den Abtrag von undefinierten kleinen Bruchsplittern während des Kontaktes mit rotierenden Diamanten der Schleifscheibe erkennen lassen. Durch die Wahl des Vergrößerungsbereiches wird das charakteristische Profil gewählt, welches für die Bestimmung der Rauheitskennwerte zugrunde gelegt wird. Die Wahl der Vergrößerung bestimmt die Bildbreite und somit auch die Messstrecke *ln*. Der betrachtete Bereich mit 5x-Objektiv entspricht einer Messstrecke von 2801 µm. Die Aufnahme mit einem 20x-Objektiv hat eine Messstrecke von 724 µm und mit einem 50x-Objektiv eine Messstrecke von 283 µm. Da während der Auswertung keine Grenzwellenlängen festgelegt worden sind, entspricht in diesen Fällen die Messtrecke *ln* der Grenzwellenlänge *lc*.

Die betrachtete Kantenoberfläche wurde senkrecht unter den Objektiven platziert. Eine leichte Neigung in *x*- und *y*-Richtung während der Aufnahme konnte nicht ausgeschlossen werden, deshalb wurde in der Auswertung mit der Software AI Analyser eine Neigungskorrektur durchgeführt. Diese Korrektur wurde für die Visualisierung der Oberflächen sinnvoll. Bei der Ermittlung der Rauheitskennwerte wird die Referenzoberfläche des Profils automatisch ermittelt.

Als Rauheitskennwerte wurden die Flächenkennwerte *Sa*, *Sz*, *Spc* und *Str* gewählt. Als linienförmige Messungen wurden Mehrfachlinien-Messungen für die Kennwerte *Ra*, *Rz* ermittelt. Diese wurden aus 20 separaten Linienmessungen bestimmt und werden als Durchschnittswerte *Ra D* und *Rz D* angegeben. Bild 8 stellt beispielhaft an einer KGN-Oberfläche die Bereiche dar, die der Ermittlung der flächigen (Bild 8b) und linienförmigen (Bild 8c) Rauheitswerte zugrunde liegen.

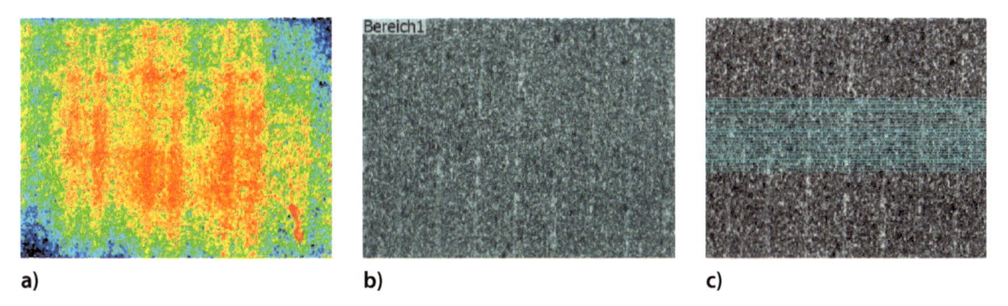

Bild 8 Darstellung der Messbereiche für die Ermittlung der Rauheitskennwerte; a) Höhenprofil nach Neigungskorrektur; b) Bereich für die Flächenkennwerte; c) Mehrfach-Linienmessungen (© TU Dresden)

3.3 Betrachtete Parameter

In der ersten Untersuchungsstufe wurden drei KGN-Prüfserien eines Herstellers (A KGN-1, A KGN-2, A KGN-3) separat betrachtet, um die Messmethode und die ausgewählten Kennwerte auf Plausibilität zu prüfen. Die KGN-Prüfserien des Herstellers A wurden mit gleichbleibender Werkzeugbestückung und einer Abtragungstiefe von 2 mm zu unterschiedlichen Zeitpunkten hergestellt. Die Prüfserien A KGN-2 wurde mit einer Vorschubgeschwindigkeit von 1 m/min hergestellt, die Prüfserien A-KGN-1 und A KGN-3 mit einer Vorschubgeschwindigkeit von 2 m/min. Für jede Prüfserie in der ersten Untersuchungsstufe wurden 10–13 Prüfkörper pro Serie betrachtet. Zunächst wurden für jeden Prüfkörper an zwei frei gewählten Stellen auf der

Kantenoberfläche Rauheitskennwerte bestimmt. Mithilfe von dabei ermittelten Abweichungen zwischen den Kennwerten wurde die Aussagefähigkeit der einzelnen Rauheitskennwerte und der Vergrößerungen bewertet. Nachfolgend wurden die Prüfserien betrachtet und deren Mittelwerte und Standardabweichungen ermittelt, um eine Reproduzierbarkeit innerhalb eines Herstellers zu überprüfen.

Anschließend wurden in einer zweiten Untersuchungsstufe Prüfkörper von zwei weiteren Herstellern (B und C) sowie der Veredlungsstufe KPO hinzugezogen. Insgesamt wurden fünf weitere Prüfserien betrachtet: B KGN, A KPO, B KPO-1, B KPO-2, C KPO. Bei jedem Hersteller erfolgte die Herstellung unter den gewohnten Parametereinstellungen. Somit kamen in der Herstellung drei verschiedene Schleifanlagen und Werkzeugbestückungen zur Anwendung. Zwischen den Prüfserien B KPO-1, B KPO-2 wurde ein Werkzeugwechsel angeordnet. Eine Betrachtung der Ergebnisse in Bezug auf einzelne Schleifprozessparameter war an dieser Stelle noch nicht möglich. In der zweiten Untersuchungsstufe konnte pro Prüfserie nur eine geringe Anzahl von Prüfkörpern aufgezeichnet werden. Ziel war eine qualitative Aufnahme von Rauheitsparametern, die einen Vergleich zwischen verschiedenen Herstellern und Kantenbearbeitungsarten ermöglicht.

4 Ergebnisbetrachtung

4.1 Innerhalb eines Prüfkörpers

Für die Bewertung von Kennwerten wurden die Abweichungen zwischen den zwei betrachteten Bereichen jedes Prüfkörpers und jeder Vergrößerungsstufe einzeln gegenübergestellt. Insgesamt wurden dazu 36 Prüfkörper in drei Vergrößerungen betrachtet. Die ermittelten Werte *Ra D*, *Rz D*, *Sa* und *Sz* der Vergrößerungsstufe 5x zeigen die stabilsten Werte an. Für die Linienkennwerte *Ra D* und *Rz D* lagen die ermittelten Abweichungen unter 16 %. Die absolute Abweichung der *Ra D*-Werte lag maximal bei 0,4 µm und für die *Rz D*-Werte bei 5,5 µm. Bei den flächigen Kennwerten *Sa* und *Sz* wurde bei einem Vergleich der Höhenbilder festgestellt, dass die Ecken der aufgezeichneten Bereiche oftmals tiefer (dunkelbau) dargestellt sind, als die Bereiche in Bildmitte (rot). Im Höhenbild (Bild 8a) ist dieser Effekt erkennbar. Im Vergleich der Kennwerte mit den maximalen Tiefen zeigte sich dieser Einfluss. Während die flächigen *Sz*-Werte bei der Vergrößerungsstufe 5x in einem Bereich von etwa 120 µm lagen, waren es bei *Rz D* etwa 35 µm. Während der Messung wurde aufgrund der Linsengeometrie bei makroskopischen Linsen eine nicht vorhandene Wölbung der Oberfläche aufgezeichnet. Da die flächigen Kennwerte aus allen Höhenwerten des Bildbereiches berechnet wurden, hat die Wölbung einen Einfluss auf die Kennwerte (Bild 8b). Bei den linienförmigen Kennwerten wurde nur der mittlere Bildbereich ohne die tieferen Eckbereiche ausgewertet (Bild 8c), womit diese Werte als repräsentativer erachtet werden.

Mit einer Zunahme der Vergrößerungsstufen stiegen die prozentualen Abweichungen innerhalb eines Prüfkörpers auf bis zu 33 %, wobei die absoluten Werte der Abweichungen in einer ähnlichen Größenordnung blieben. Zwischen der Vergrößerungsstufe 20x und 50x lagen die Kennwerte in ähnlichen Wertebereichen. Für die weiteren Betrachtungen innerhalb dieser Untersuchungen wurden die linienförmigen Kennwerte *Ra D* und *Rz D* bei den Vergrößerungsstufen 5x und 20x vorgezogen und weiter ausgewertet.

Für den betrachteten Kennwert *Spc* wurden Abweichungen von bis zu 37 % ermittelt. Trotz der größeren Abweichungen wird der Kennwert in Abschnitt 4.3 im Vergleich zur KPO Kanten nochmals betrachtet. Für den Kennwert *Str*, welcher die Eigenschaften der Oberflächentextur in einem Wertebereich von 0 (gleichförmig) bis 1 (unregelmäßig) angibt, wurden Abweichungen bis zu 60 % ermittelt. Daher wurde dieser Kennwert innerhalb dieser Untersuchung nicht weiter betrachtet.

4.2 Geschliffene Kante eines Herstellers

Die Verteilung der ermittelten Kennwerte *Ra D* und *Rz D* innerhalb der A KGN Prüfserien sind in Bild 9 in Form von Boxplots mit den zugehörigen Mittelwerten und Standardabweichungen dargestellt. Die *Ra D*-Mittelwerte der Vergrößerungsstufe 5x liegen bei 3,5 µm, die der Vergrößerungsstufe 20x bei 1,7 µm (Bild 9a). Auch die Mittelwerte der *Rz D*-Werte liegen für die jeweilige Vergrößerung in einem ähnlichen Bereich, wobei die Werte größeren Streuungen ausgesetzt sind (Bild 9b).

Im Rahmen dieser Untersuchungsstufe konnten für die Vergrößerungsstufen 5x und 20x mithilfe von *Ra D*- und *Rz D*-Werten reproduzierbare und plausible Werte ermittelt werden. Mit der Zunahme der Vergrößerungsstufen von 5x zu 20x wurde festgestellt, dass die gemessenen Höhenprofile und die damit verbundenen Kennwerte um das 2- bis 3-fache geringer werden. Die Größenordnungen der Werte entsprechen den zu erwarteten Rauheitskennwerten nach Tabelle 1. Weitere Untersuchungen müssen zeigen, welche Vergrößerungen ein ausreichend charakteristisches Oberflächenprofil abbilden.

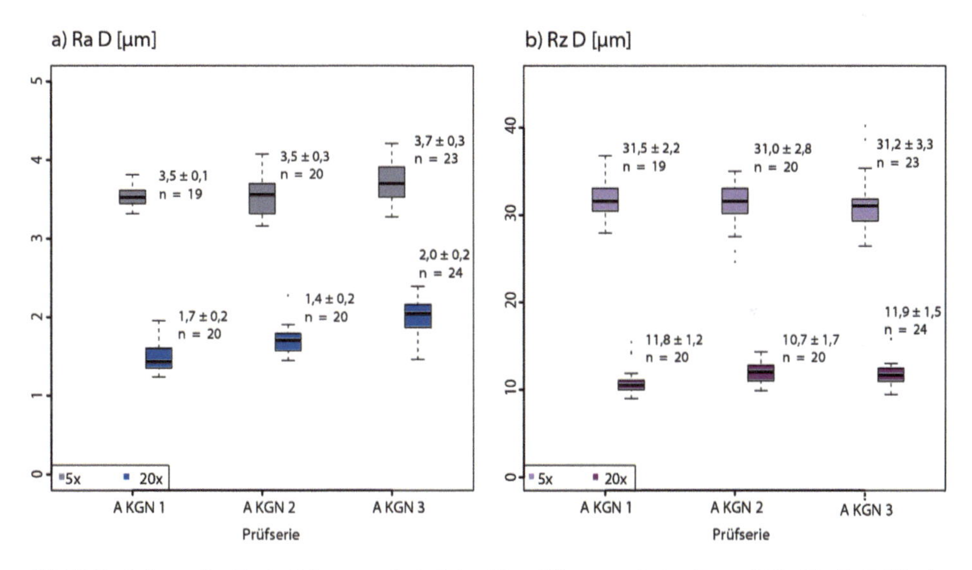

Bild 9 Verteilung der Rauheitskennwerte bei den Vergrößerungsstufen 5x und 20x für die Prüfserien A KGN mit Angabe der Mittelwerte, der Standardabweichungen und der Anzahl *n* der Messwerte für a) den arithmetischen Mittelwert *Ra D* und b) die maximale Höhe *Rz D* (© TU Dresden)

4.3 Weitere Hersteller und Kantenarten

In der zweiten Untersuchungsstufe wurden weitere Kantenoberflächen gegenübergestellt. Bild 10 zeigt eine Übersicht der fünf zusätzlichen Prüfreihen in gleicher Darstellungsform wie zuvor. Tabelle 2 gibt die zugehörigen Mittelwerte, Standardabweichungen und die Anzahl der durchgeführten Messungen an. Die Ergebnisse der drei geschliffenen Prüfserien des Herstellers A wurden an dieser Stelle zur Prüfserie A KGN zusammengefasst. Im hellorange schattierten Bereich ist der Vergleich der Prüfserie A KGN mit einer KGN-Kantenoberfläche des Herstellers B dargestellt. Für die Prüfserie B KGN lag nur ein Prüfkörper vor, der an drei Stellen vermessen worden ist.

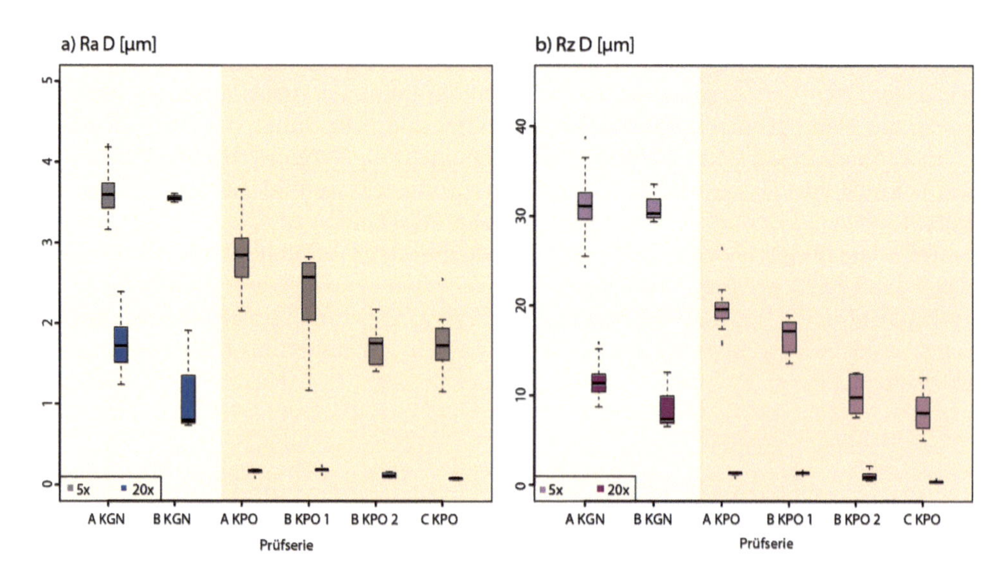

Bild 10 Verteilung der Rauheitskennwerte bei den Vergrößerungsstufen 5x und 20x für verschiedene Hersteller und Kantenarten für a) den arithmetischen Mittelwert *Ra D* und b) die maximale Höhe *Rz D* (© TU Dresden)

Tabelle 2 Übersicht der Mittelwerte und Standardabweichungen mit Angabe der Messwertanzahl für die Kennwerte *Ra D* und *Rz D* bei Vergrößerungsstufe 5x und 20x

	5x			20x		
	Ra D **[µm]**	***Rz D*** **[µm]**	***n***	***Ra D*** **[µm]**	***Rz D*** **[µm]**	***n***
A KGN	3,6 ± 0,3	31,2 ± 2,8	63	1,7 ± 0,3	11,4 ± 1,5	63
B KGN	3,6 ± 0,1	31,1 ± 2,1	3	1,1 ± 0,7	8,8 ± 3,2	3
A KPO	2,8 ± 0,4	19,5 ± 2,5	17	0,2 ±0,01	1,3 ± 0,1	16
B KPO 1	2,3 ± 0,7	16,5 ± 2,3	5	0,2 ± 0,0	1,3 ±0,2	5
B KPO 2	1,7 ± 0,3	10,0 ± 2,2	6	0,1 ± 0,0	1,0 ± 0,6	6
C KPO	1,8 ± 0,4	8,4 ± 2,5	11	0,1 ± 0,0	0,4 ± 0,1	11

Die Werte *Ra D* und *Rz D* der beiden Hersteller sind bei der Vergrößerungsstufe 5x fast identisch. Erst bei der Vergrößerungsstufe 20x sind Unterschiede erkennbar, wobei der Wertebereich auf einem Niveau bleibt. Im rechten, etwas dunkler schattierten, Teil der Diagramme sind die Verteilungen der KPO-Prüfserien dargestellt. Die Anzahl der Messwerte bei den KPO-Prüfserien ist teilweise sehr gering (Tabelle 2). Daher werden die Ergebnisse lediglich als Tendenzen gewertet und es bedarf weiterer Untersuchungen. Es lässt sich allerdings deutlich erkennen, dass bei KPO-Oberflächen die Kennwerte *Ra D* und *Rz D* für beide Vergrößerungen geringer sind als die ermittelten Kennwerte der KGN-Oberflächen. Dies spricht für eine Unterscheidungsmöglichkeit bei verschiedenen Kantenbearbeitungsarten.

Da bei KPO-Kanten auch die Oberflächentextur abnimmt, ist eine Abnahme der Werte plausibel. Bild 11 verdeutlicht die Abnahme der Oberflächentextur anhand beispielhafter Oberflächenaufnahmen der untersuchten Prüfserien bei der Vergrößerungsstufe 5x. Die Aufnahmen der KGN-Oberflächen sind stark kontrastreich und gehen mit einer hohen Oberflächentextur einher. Die Aufnahmen der KPO-Oberflächen verdeutlichen, dass die Oberflächen deutlich ausgeglichener sind. Zusätzlich werden in Abhängigkeit des Herstellers starke Unterschiede in der Optik und Textur sichtbar.

In der Vergrößerungsstufe 20x sind die Oberflächen sehr glatt. Teilweise ist keine Textur zu erkennen. Somit sind auch die ermittelten Kennwerte und Streuungen in geringen Größenordnungen. Die fehlende Textur ist positiv für die Kantenausführungsart, da sie auf eine fehlstellenfreie Oberfläche hindeutet. Gleichzeitig wird die Fokussierung des Laserstrahls erschwert, da bei glatten Oberflächen hohe Reflexionen verursacht werden. Bei großen Vergrößerungen kann dadurch eine Aufnahme von tiefenscharfen Bildern erschwert werden.

Der Kennwert der Spitzenkrümmung *Spc* hat bei einem Vergleich von KGN- mit KPO-Kanten gezeigt, dass die Wertebereiche mit glatteren Oberflächen abnehmen. Bei der Vergrößerungsstufe 5x liegen die *Spc*-Werte für KGN zwischen 400–1000 mm^{-1}, für KPO in einem Bereich von 10–250 mm^{-1}. Dabei wurden für die Prüfserie C KPO, welche eine glatte Oberfläche aufweist, die geringsten Werte ermittelt. Damit könnte der Kennwert *Spc* für die Beurteilung des Feinschliffs und der damit einhergehenden Glättung geschliffener Oberflächen herangezogen werden.

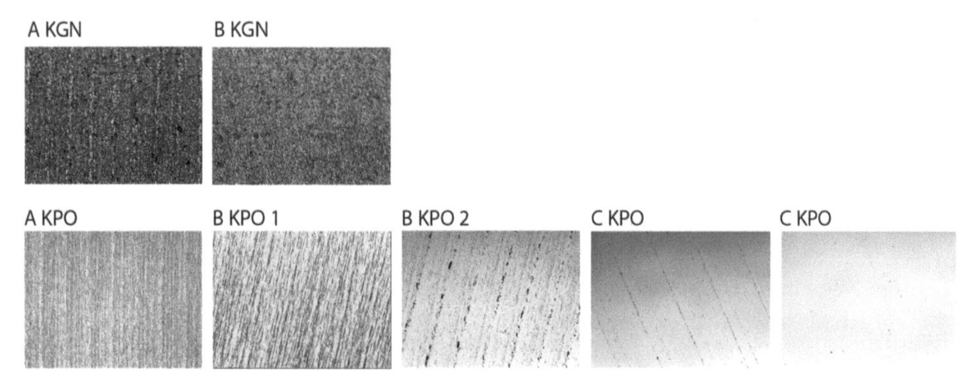

Bild 11 Beispielhafte mikroskopische Oberflächenaufnahmen der untersuchten Prüfserien bei der Vergrößerungsstufe 5x (© TU Dresden)

5 Zusammenfassung und Empfehlungen

Die Untersuchungen haben gezeigt, dass mit den ermittelten Rauheitskennwerten *Ra D*, *Rz D* und *Spc* Unterschiede zwischen Kantenoberflächen verschiedener Hersteller und Kantenbearbeitungsarten erfasst werden können. Um die Plausibilität zu bewerten, wurden die Abweichungen der Kennwerte an zwei Stellen innerhalb eines Prüfkörpers ermittelt und mit den optischen Aufnahmen korreliert. Die Abweichung der Kennwerte lagen für die gewählten Vergrößerungsstufen bei 0,4 µm für die *Ra D*-Werte und bei 5,5 µm für die *Rz D*-Werte und wurden als stabil gewertet. Die Reproduzierbarkeit der Kennwerte *Ra D* und *Rz D* wurde durch Kennwertermittlungen an 36 geschliffenen Prüfkörpern aus drei Prüfreihen des Herstellers A aufgezeigt. Die Mittelwerte und Standardabweichungen der Prüfreihen in der Vergrößerungsstufe 5x waren nahezu identisch. Die Bearbeitungsstufen KGN und KPO des Herstellers A zeigten in den mikroskopischen Aufnahmen und in den ermittelten Kennwerten geringe Unterschiede bei den *Ra D*-Werten, aber deutliche Unterschiede in den *Rz D*-Werten, welche eine Aussage über die Profilhöhe treffen. Da die Messstellen frei gewählt worden sind, erscheint es plausibel, dass in den erfassten Messbereichen unterschiedliche Höhen und Tiefen vorhanden sind und diese durch die Streuung der maximalen Profilhöhen wiedergegeben worden sind.

Ein Vergleich weiterer KPO-Kantenoberflächen zeigte anhand der mikroskopischen Aufnahmen deutlich optische Unterschiede, die sich auch in den Rauheitskennwerten widerspiegelten. Die Oberflächen mit den schwach sichtbaren Texturen, wiesen die niedrigsten Kennwerte auf. Die Unterscheidung zu den KGN-Kantenoberflächen war deutlich ersichtlich und zeigte sich auch in den Wertebereichen des Kennwertes *Spc*. Die Ergebnisse der KPO-Kanten beruhen auf einer teilweise geringen Anzahl an Prüfkörpern, daher sind die hier getroffenen Erkenntnisse durch weitere Studien zu reproduzieren und weitreichender zu untersuchen.

In Rahmen der Studie wiesen auch die flächigen Kennwerte *Sa* und *Sz* nur geringe Abweichungen zwischen einzelnen Messstellen eines Prüfkörpers auf. Streuungen innerhalb der Prüfserien wurden auf die verwölbten Eckbereiche der Bildaufnahmen zurückgeführt, die bei makroskopischen Objektiven auftreten. Daher wurden die flächigen Kennwerte zunächst nicht weiter betrachtet. Die Spezifizierung der Messbedingungen der Aufnahme und die Wahl der Messbereiche und Grenzwellenlängen in der Auswertung könnten zu geeigneten flächigen Rauheitskennwerten führen, welchen im Vergleich zu den linienförmigen Kennwerten deutlich mehr Messdaten zugrunde liegen. Somit bleiben auch die flächigen Kennwerte weiter untersuchungswürdig.

Die untersuchten Vergrößerungsstufen 5x und 20x zeigen deutliche Unterschiede in den Größenordnungen der Rauheitskennwerte. Da im Bereich der Rauheitsmessung von Glaskanten bisher keine Daten vorliegen, bleibt zu klären, welche Vergrößerungsstufe für ein repräsentatives Profil der Kantenoberfläche ausreicht und wie die Kennwertermittlung erfolgen soll. Hierzu müssen die gewählten Messtrecken und Vergrößerungen an einer größeren Anzahl von Parametern untersucht, weiter hinterfragt und die Vorgehensweisen abgeleitet werden.

6 Ausblick

Da bisher keine Rauheitskennwerte zu geschliffenen und polierten Glaskanten im Bauwesen vorliegen, galt diese Untersuchung und Bewertung vorrangig der Ermittlung qualitativer Werte. Die Ergebnisse der Studie zeigen, dass mittels konfokalem Laserscanning-Mikroskop reproduzierbare und plausible Rauheitskennwerte ermittelbar sind. Um eine Bestimmung von quantitativen Rauheitskennwerten und deren Anwendungsgrenzen für den Werkstoff Glas zu ermöglichen, sind die Verfahrensweisen zu spezifizieren. Weiter ist eine fundierte Datengrundlage zu schaffen, welche die Größenordnungen der repräsentativen Kennwerte definiert. In einem weiteren Schritt ist es denkbar, dass Rauheitskennwerte mit Festigkeiten korrelieren und so ein wichtiger Bestandteil in der Qualitätssicherung werden. Insbesondere bei der Herstellung geschliffener Kanten könnte eine regelmäßige Erfassung sensitiver Rauheitskennwerte frühzeitig auf einen Werkzeugverschleiß oder Fehleinstellungen im Schleifprozess hinweisen.

Für eine Anwendung bei sehr glatten polierten Kanten ist zu klären, ob eine Rauheitsmessung Sinn macht oder ob andere Verfahren, wie die bereits gängigen Verfahren der Digitalmikroskopie, für eine Bewertung der Kantenqualität und Festigkeitskorrelationen ausreichend sind.

7 Dank

Ein herzlicher Dank gilt Herrn Christian Dick von der Firma Keyence Deutschland GmbH, der uns für die genannten Untersuchungen ein Laserscanning-Mikroskop VKX 1000 zeitweise zur Verfügung gestellt und uns bei technischen Fragen tatkräftig unterstützt hat.

8 Literatur

[1] DIN 1249-11:2011 (2017) *Flachglas im Bauwesen* – Teil 11: Glaskanten – Begriffe, Kantenformen und Ausführung, Berlin: Beuth.

[2] Kleuderlein, F. (2016) Untersuchung zur Kantenfestigkeit von Floatglas in Abhängigkeit der Kantenbearbeitung in: Weller, B.; Tasche, S. [Hrsg.] *Glasbau 2016*, Berlin: Ernst & Sohn.

[3] Kobayashi, A.; Namba, Y.; Abe, M. (1993) Ultraprecision Grinding of Optical Glasses to Produce Super-Smooth Surfaces in: *Annals of the CIRP*, Vol. 42.

[4] Hed, P.; Edwards, D. (1987) Optical glass fabrication technology. 1: Fine grinding mechanism using bound diamond abrasives in: *Applied Optics*, Vol. 26, No. 21.

[5] Hed, P.; Edwards, D. (1987) Optical glass fabrication technology. 2: Relationship between surface roughness and subsurface damage in: *Applied Optics*, Vol. 26, No.21.

[6] Volk, R. (2018) *Rauheitsmessung: Theorie und Praxis*, 3., überarbeitete Auflage, Berlin, Wien, Zürich: Beuth.

[7] DIN 4760: 1982-06 (1982) *Gestaltabweichungen.* Begriffe Ordnungssystem, Berlin: Beuth.

[8] Sorg, H. (1995) *Praxis der Rauheitsmessung und Oberflächenbeurteilung,* Wien, München: Carl Hanser Verlag.

[9] KEM Konstruktion (2021) [online] https://kem.industrie.de/sensoren/beruehrungsloses-tasten-bringt-vorteile/#slider-intro-1

[10] DIN 4287 (2010) *Geometrische Produktspezifikation (GPS) – Oberflächenbeschaffenheit – Tastschnittverfahren: Benennungen, Definitionen und Kenngrößen der Oberflächenbeschaffenheit,* Berlin: Beuth.

[11] DIN EN ISO 25178 (2021) Normreihe, *Geometrische Produktspezifikation (GPS) – Oberflächenbeschaffenheit – Flächenhaft,* Berlin: Beuth.

[12] ISO 4288 (1998) *Geometrische Produktspezifikation (GPS) – Oberflächenbeschaffenheit – Tastschnittverfahren: Regeln und Verfahren für die Beurteilung der Oberflächenbeschaffenheit,* Berlin: Beuth.

[13] ISO 13565-2 (1997) *Geometrische Produktspezifikation (GPS) – Oberflächenbeschaffenheit – Tastschnittverfahren: Oberfläche mit plateuartigen funktionsrelevanten Eigenschaften* – Teil 2: Beschreibung der Höhe mittels linearer Darstellung der Materialanteilkurve, Berlin: Beuth.

[14] Keyence Deutschland GmbH (2018) *Konfokales 3D Laserscanning-Mikroskop. Modellreihe VK-X, Präzise und großflächige Oberflächenanalyse,* Produktbroschüre.

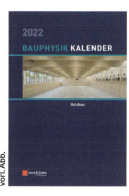

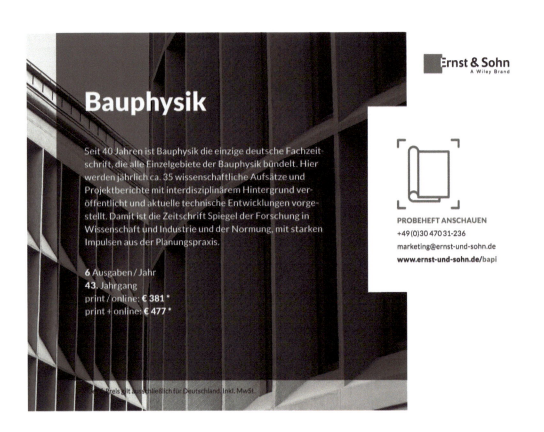

Nachhaltige Glasarchitektur durch intelligente Kleb- und Dichtstofflösungen

Christian Scherer[1], *Danny Suh*[1]

[1] *Kömmerling Chemische Fabrik GmbH, Zweibrücker Straße 200, 66954 Pirmasens, Deutschland; christian.scherer@hbfuller.com; danny.suh@hbfuller.com*

Abstract

Nachhaltigkeit und Energieeffizienz sind weltweit Leitbilder für die Zukunft. Auch im Bauwesen werden diese Themen angesichts des Klimawandels, steigender Energiepreise, knapper werdender Ressourcen und gesetzlicher Vorgaben immer wichtiger. Nachhaltiges Bauen erfordert neben energieeffizienten Gebäudekonzepten den Einsatz von modernen Werkstoffen in Verbindung mit einer ansprechenden architektonischen Umsetzung. Der vorliegende Beitrag demonstriert am Beispiel des in der koreanischen Metropole Seoul errichteten Parnas Towers, wie Kleb- und Dichtstofflösungen von H. B. Fuller | Kömmerling zur Zertifizierung nach dem Nachhaltigkeitsstandard LEED beitragen können. Die hohe Effizienz des Gebäudes wird dabei durch ein ausgeklügeltes Energiekonzept und ein abgestimmtes Gebäudemanagementsystem sichergestellt. Einen großen Anteil an diesem Erfolg haben neben den in die Fassade integrierten Photovoltaik-Anlagen die hochwärmegedämmten, rundum laufenden Isolierglaselemente.

Sustainable glass architecture through intelligent adhesive and sealant solutions. Sustainability and energy efficiency are models for the future worldwide. In the construction industry, too, these issues are becoming more and more important in view of climate change, rising energy prices, increasingly scarce resources and legal requirements. In addition to energy-efficient building concepts, sustainable building requires the use of modern materials in conjunction with an attractive architectural implementation. Using the example of the Parnas Tower built in the Korean metropolis of Seoul, this article demonstrates how adhesive and sealant solutions from H. B. Fuller | Kömmerling can contribute to certification according to the LEED sustainability standard. The high efficiency of the building is ensured by a sophisticated energy concept and a coordinated building management system. In addition to the photovoltaic systems integrated into the facade, the highly thermally insulated, all-round insulating glass elements play a major role in this success.

Schlagwörter: *Nachhaltigkeit, Energieeffizienz, BIPV, thermoplastischer Abstandhalter*

Keywords: *sustainability, energy efficiency, BIPV, thermoplastic spacer*

Glasbau 2022. Herausgegeben von Bernhard Weller, Silke Tasche.

1 Einleitung

Das steigende Umweltbewusstsein der Verbraucher, strengere Gesetze und der zunehmend forcierte Übergang zu einer Kreislaufwirtschaft in nahezu allen Branchen haben erhebliche Auswirkungen auf die Art und Weise, wie wir leben und bauen. Speziell im Gebäudesektor setzt man sich immer mehr für langfristige Nachhaltigkeit ein mit dem Ziel die Bedürfnisse der Gegenwart zu erfüllen, ohne die zukünftigen Generationen zu gefährden. Klimawandel und Ressourcenknappheit haben zu einem Umdenken in der Bauwirtschaft geführt. Daher setzt diese vermehrt auf „Green Buildings", die unter dem Leitgedanken der Nachhaltigkeit entwickelt werden. Gebäude verbrauchen global ca. 40 Prozent der Primärenergie und verursachen dabei 33 Prozent sämtlicher CO_2-Emissionen [1]. Vor allem Hochhäuser galten dabei lange als besonders schlimme „Energiefresser". Daher gewinnen gerade in Metropolen, wie New York, London, Frankfurt oder Seoul „grüne" Wolkenkratzer an Bedeutung.

Energieeffizienz wird zum wichtigen Argument bei Investoren und hohe Stromkosten sowie ein neues Umweltbewusstsein bereiten den Öko-Bauten den Weg. Diese modernen Marktanforderungen haben zu innovativen Lösungen geführt, die technisch überlegen und kostengünstiger sind und „grünere" Gebäude mit einem niedrigen CO_2-Fußabdruck ermöglichen. Im modernen Objektbau sind Glasfassaden längst nicht mehr nur charakteristisches Gestaltungselement. Neben innovativen Designkonzepten stehen vielmehr auch die stetig wachsende Nachfrage nach dauerhaft energieeffizienten Lösungen, als auch die Steigerung des Wohnkomforts und damit auch des Wohlbefindens durch maximale Transparenz der Gebäudehülle, wie auch durch die Integration zusätzlicher Funktionen in die gläserne Fassade von Gebäuden im Fokus. Der vorliegende Beitrag demonstriert am Beispiel des in der koreanischen Metropole Seoul errichteten Parnas Towers (siehe Bild 1), wie Kleb- und Dichtstofflösungen von H. B. Fuller | Kömmerling zur Zertifizierung nach dem Nachhaltigkeitsstandard LEED beitragen können.

2 Der Parnas Tower

Mitten in der koreanischen Millionenmetropole Seoul ragt das World Trade Center (WTC) als weithin sichtbares Wahrzeichen der Stadt auf. Direkt neben dem charakteristisch stufigen Trade Tower wurde die Silhouette des Gebäudekomplexes um den markanten Parnas Tower erweitert (siehe Bild 2).

Teil des nachhaltig konzipierten und LEED-zertifizierten Skyscrapers sind die hochwertigen Glasfassaden mit dem Warme-Kante-System Ködispace 4SG. Das World Trade Center Seoul befindet sich im bekannten Stadtteil Gangnam und ist als größtes Handels- und Geschäftszentrum Koreas eine der Hauptattraktionen für Touristen. Neben dem Trade Tower bieten der ASEM Tower, Bürogebäude, das COEX (Convention & Exhibition) Handels- und Kongresszentrum, angesehene Fünf-Sterne-Hotels und die COEX Mall ideale Räumlichkeiten und Serviceleistungen für Konferenzen, Shopping, Restaurants und Unterhaltung. Internationale Treffen hochrangiger Politiker finden dort ebenso statt wie Wirtschaftsgipfel oder große kulturelle Veranstaltungen. Mit dem Parnas Tower haben die internationalen Architekturbüros KMD Architects

Bild 1 Parnas Tower (Westansicht) in der Millionenmetropole Seoul (© Namgoong Sun)

Bild 2 Parnas Tower (Ostansicht) mit benachbartem WTC-Turm (© Namgoong Sun)

Bild 3 26 m hohe Lobby im ersten Stock des Parnas Tower (© Namgoong Sun)

(USA) und Chang-jo Architects (Korea) dem WTC-Turm ein hochmodernes, energieeffizientes und umweltfreundliches Gebäude an die Seite gestellt. Der 183 Meter hohe Parnas Tower mit 38 oberirdischen und acht unterirdischen Stockwerken ist ein luxuriöser Büroturm mit modernster Technologie.

Die Architekten legten bei der Gestaltung den Schwerpunkt auf eine harmonische Integration in den bestehenden Gebäudekomplex. In Anlehnung an das Designkonzept des benachbarten Trade Towers wurden der südliche untere Teil und der östliche obere Teil des Gebäudes mit transparenten Glaselementen sowie mit diagonalen Vor- und Rücksprüngen gestaltet [2]. Das von KMD entworfene Atrium schafft eine direkte Verbindung zu dem Hotel Grand Intercontinental Seoul Parnas, einer Metro-Station und dem Einkaufszentrum Parnas Retail Mall. Die Lobby im ersten Stock wird durch ein 26 Meter hohes Panorama-Dachfenster erhellt (siehe Bild 3). In jeder Büroetage geben die umlaufenden Verglasungen den Besuchern eine 360-Grad-Aussicht frei und sorgen für lichtdurchflutete Räume.

3 Nachhaltigkeits- und Energiekonzept

3.1 Einleitung

Damit Isolierglaseinheiten und somit auch die gläserne Gebäudehülle dauerhaft energieeffizient sind, ist ein dauerhaft dichter Randverbund essentiell. Zur Realisierung eines solchen werden verträgliche und hervorragend aufeinander abgestimmte Dicht- und Klebstofflösungen benötigt. Dicht- und Klebstoffe sind heutzutage zur Konstruktion von Gebäuden unerlässlich, unabhängig davon, ob es sich um private Einfamilienhäuser oder gewerbliche Wolkenkratzer handelt. Durch die Verwendung spezieller Dichtstoffe zur Primärversiegelung, wie bspw. reaktive thermoplastische Abstandhalter auf Butylbasis, wird der Verlust von Isoliergas (i.d.R. Argon oder Krypton) aus den Isolierglaseinheiten während der Lebensdauer auf ein Minimum reduziert und die energetische Gesamteffizienz der Fenster bzw. Fassadenelemente signifikant erhöht. Darüber hinaus wird es zukünftig unerlässlich sein die Fassade auch aktiv zur Energiegewinnung zu nutzen. In die Fassade integrierte Solarthermie- (BIST) oder Photovoltaikmodule (BIPV) rücken daher immer mehr in den Fokus und werden zunehmend häufiger eingesetzt um die gesetzlichen Vorgaben bzgl. der Energiestandards zu erfüllen. Egal ob bei der Herstellung der eigentlichen Module, oder zur Integration in die Fassade werden hochwertige Kleb- und Dichtstoffe immer beliebter. Gegenüber konventionellen metallischen Fixierungssystemen bieten sie nicht nur enormes Gewichtseinsparungspotential, sondern verhindern auch die Entstehung von Wärmebrücken durch die Reduzierung stark wärmeleitender Materialien. Dadurch verbessern Kleb- und Dichtstoffe die Energieeffizienz der Gebäude und tragen damit signifikant zu einer nachhaltigen Architektur bei.

3.2 Nachhaltigkeitsstandard

Für die Bewertung der Nachhaltigkeit von Bauprodukten und Gebäuden gibt es aussagefähige Zertifizierungen. Mit der Auszeichnung in Gold erhielt der Parnas Tower die zweithöchste Zertifizierung nach dem Nachhaltigkeitsstandard LEED des U.S. Green Building Councils [3]. LEED ist eines der bekanntesten Zertifizierungssysteme, um die ökologische, soziale und ökonomische Qualität von Gebäuden zu bewerten. Betrachtet werden in dem Kriterienkatalog der Standort, effiziente Wassernutzung, Energie und Atmosphäre, Materialien und Ressourcen, Innenraumqualität sowie Innovation, Design und Regionalität. Die zertifizierten Gebäude gelten als ökologisch extrem leistungsstark.

3.3 Energiekonzept des Parnas Towers

Die hohe Effizienz des Gebäudes wird durch ein ausgeklügeltes Energiekonzept und ein abgestimmtes Gebäudemanagementsystem sichergestellt [4]. Zur Steigerung der Nachhaltigkeit wurde bei der Konstruktion des Parnas Towers eine Reihe von energiesparenden und -gewinnenden Schlüsseltechnologien eingesetzt. Durch die Installation eines oberflächennahen geothermischen Systems werden erhebliche Heiz- und Kühlkosten eingespart. Erdwärmepumpen erzeugen dabei hocheffiziente und saubere Wärmeenergie aus der konstanten Wärme des Erdinneren. Die tagsüber daraus gespeicherte überschüssige Wärme dient der Energieversorgung des Gebäudes in Spitzenzeiten des Stromverbrauchs. Durch die Kombination mit einem Eisspeicher kann die Effizienz noch weiter verbessert werden. Speziell in den sehr heißen Sommermonaten kann die vorhandene Wärme dem Eisspeicher zugeführt und dadurch das Gebäude aktiv gekühlt werden. Dadurch kann der enorme Energiebedarf, der typischerweise in einem Hochhaus in einer stickigen Metropole wie Seoul während der Sommersaison zum Kühlen verbraucht wird, signifikant gesenkt werden. Zur direkten Energiegewinnung wurden Photovaltik Module (siehe Bild 4) sowohl auf dem Haupt-

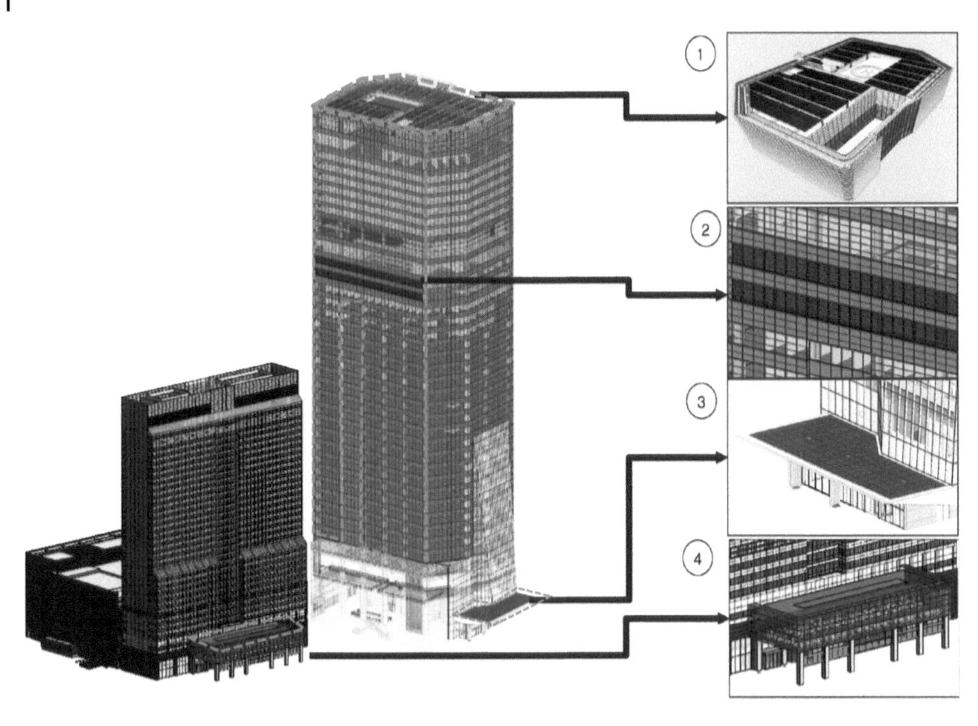

Bild 4 Schematische Darstellung der PV-Installationen auf Hauptdach (1), Westfassade (2), Vordach des Hauptgebäudes (3) und Vordach des verbundenen Hotelgebäudes (4) (© GS- E&C)

dach, wie auch auf den Vordächern des Hauptgebäudes und des verbundenen Hotels installiert.

Bei einer Höhe von 183 m bietet die Fassade zusätzlich reichlich Platz um die Sonnenenergie zu nutzen. Neben der aktiven Nutzung der Fassade durch bauwerkintegrierte Photovoltaik (BIPV) ist es vor allem auch die Energieeffizienz der Isoliergläser, die maßgeblich zur hochwertigen und nachhaltigen Architektur des Parnas Towers beitragen und neben der LEED-Zertifizierung zu weiteren lokalen Green Building Auszeichnungen, wie bspw. dem G-SEED 2016, dem „Award of Seoul Metropolitan's Green Building 2017" und dem „Korea Green Building Award 2017" geführt haben. In beiden Fällen sind leistungsstarke Randverbundkonzepte mit aufeinander abgestimmten, hochwertigen Dichtstofftechnologien unerlässlich und werden in den folgenden beiden Kapiteln näher beleuchtet.

4 Gebäudehülle des Parnas Towers

4.1 Einleitung

Die Fassade des Parnas Towers wird überwiegend von der horizontalen Lamelleninstallation dominiert, die im oberen Bereich der Ostfassade und dem unteren Bereich der Südfassade unterbrochen wird (siehe Bild 5) und dadurch dem Gebäude eine räumliche Struktur verleiht [5].

Bild 5 Unterbrochene Lamellenstruktur a) im oberen Bereich der Ostfassade und b) im unteren Bereich der Südfassade (© Namgoong Sun)

Während die Installation der waagerechten Aluminiumblenden im Abstand von ca. 90 cm die Außenoptik massiv beeinflusst, wird die Sicht aus dem Inneren heraus kaum eingeschränkt. Bild 6a verdeutlicht noch einmal schematisch den Aufbau der Vorhangfassade und zeigt die – trotz Lamelleninstallation – sehr hohe Transparenz der Gebäudehülle mit geschosshohen Isolierglaseinheiten (Bild 6b).

Die Befestigung der 4800 × 1500 bzw. 3000 × 1500 mm großen IG-Elemente mit einem Randverbund aus 4SG und Silikon mit der Unterkonstruktion erfolgt mittels eines geeigneten 2-komponentigen Structural-Glazing-Silikons (siehe Bild 7).

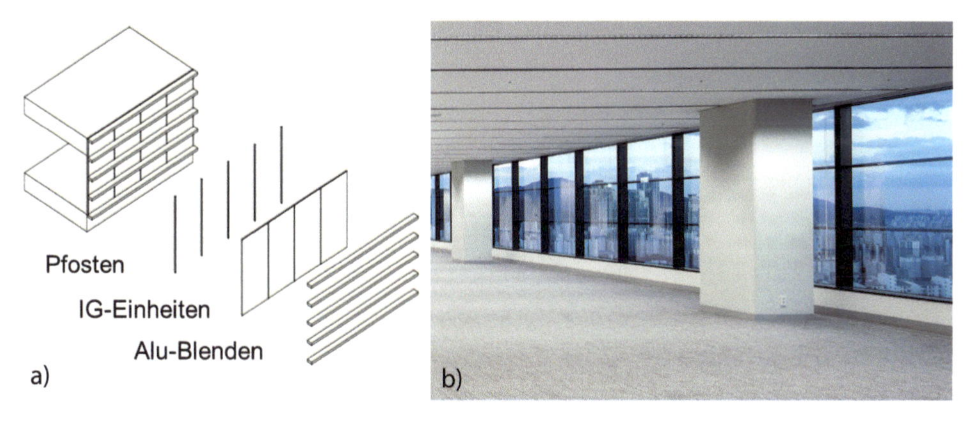

Bild 6 a) Schematische Darstellung und b) Innenansicht des Fassadenaufbaus einer Etage (© Namgoong Sun)

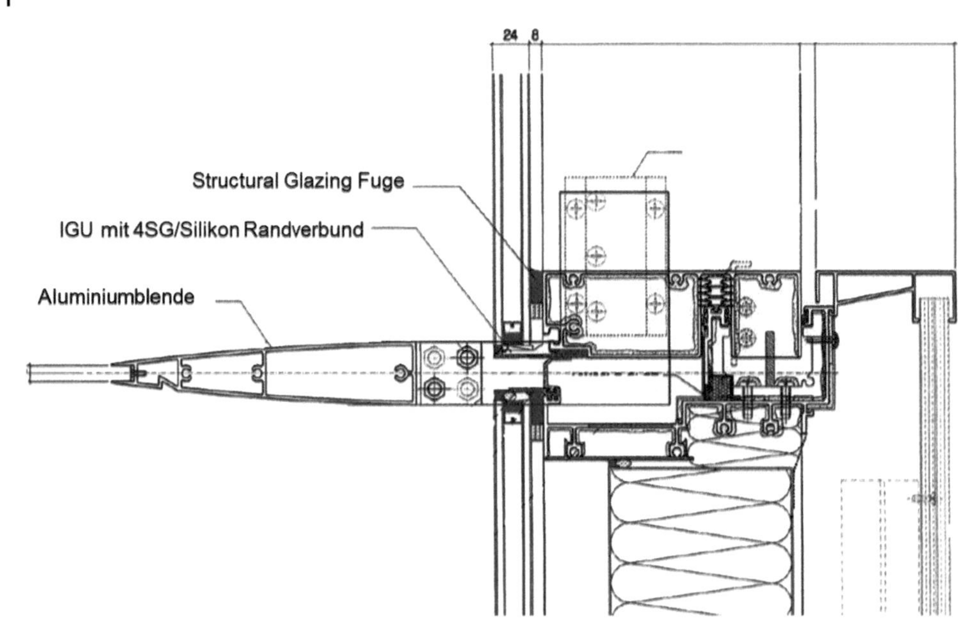

Bild 7 Installation der Isolierglaseinheiten mittels Structural Glazing (© GS- E&C)

Zur aktiven Energiegewinnung werden in der Gebäudehülle des Parnas Towers PV-Module nicht nur auf den Dachflächen sondern auch in die Westfassade genutzt. Die BIPV-Elemente fügen sich dabei nahtlos in Design und Architektur der Fassade ein, ohne die Optik zu beeinträchtigen (siehe Bild 2 und Bild 4).

4.2 BIPV

In die Fassade integrierte BIPV-Module rücken immer mehr in den Fokus und werden zunehmend häufiger eingesetzt um die gesetzlichen Vorgaben bzgl. der Energiestandards zu erfüllen. Die Integration der Module in die Gebäudehülle ist eine energieeffiziente Alternative zu herkömmlichen Füllungselementen und liefert einen nachhaltigen Beitrag zur Ressourcenschonung. Wie der Parnas Tower zeigt, eignen sich BIPV-Module für die Integration sowohl in Dächer als auch in Fassaden. Mit einer produzierten

Tabelle 1 Übersicht über den Ertrag der BIPV-Installationen im Parnas Tower [4]

		Ort	Kapazität [kWp]	Ertrag [kWh/a]
BIPV	1. Parnas Tower	(1) Hauptdach	161	2 016 624
		(2) Westfassade	369	3 406 339
		(3) Vordach	48	559 566
	2. Angrenzendes Hotel	(4) Vordach	62	673 324
Summe			640	6 655 852

Jahresenergiemenge von ca. 6,7 Millionen Kilowattstunden decken die BIPV-Installationen ca. 9 % des Gesamtenergiebedarfs des Gebäudes. Tabelle 1 gibt einen Überblick über Kapazität und Ertrag der installierten Module.

Photovoltaikmodule sind, ähnlich wie Isoliergläser, permanent extremen Bedingungen wie beispielsweise Wärme, Kälte, Feuchte, UV-Strahlung und Wind ausgesetzt. Zum Schutz der Modulkomponenten gegen Alterung und Funktionsbeeinträchtigung bedarf es daher auch hier einer hervorragenden Abdichtung. Im Zentrum stehen deshalb wasserdampfdichte Randversiegelungen für kristalline und Dünnschichtmodule, die mit feuchtigkeitsempfindlichen Beschichtungen leistungsoptimiert sind. Neben der regenerativen Strom- und Wärmeerzeugung können BIPV-Elemente zusätzliche Funktionen wie bspw. Wärme- und Schallschutz in der Fassade übernehmen und bieten eine Vielzahl an architektonischen Gestaltungsmöglichkeiten. Vergleichbar zum Randverbundaufbau von Isoliergläsern eignet sich auch hier zur Versiegelung ein modifiziertes reaktives Hotmelt. Das auf Polyisobutylen basierte Material beinhaltet ein eingearbeitetes Trockenmittel zur Entfeuchtung des Modulzwischenraums und zeichnet sich durch einen extrem hohen spezifischen Volumenwiderstand von größer 1×10^{10} Ωcm aus und kann sowohl einstufig als auch zweistufig eingesetzt werden, d. h. bei erhöhter mechanischer Beanspruchung kann als zusätzliche strukturelle Versiegelung ein geeignetes Silikon verwendet werden. Beide Materialien sind beständig gegen wechselnde Wetterbedingungen wie Regen, Schnee, Wind, Temperatur sowie UV-Strahlung und bieten eine hervorragende Langzeitstabilität.

4.3 Isolierglas mit reaktiver TPS-Technologie

Rund 25 000 Quadratmeter hochwärmegedämmte, rundum laufenden Isolierglaselemente mit reaktiver TPS-Technologie des Herstellers LX Hausys wurden in der Fassade verbaut. Das thermoplastische Abstandhaltersystem Ködispace 4SG auf Polyisobutylenbasis, das speziell für silikonversiegelte Isolierglaseinheiten entwickelt wurde, ersetzt gleichzeitig Primärdichtstoff, Abstandhalter und Trockenmittel. Aufgrund seiner speziellen Zusammensetzung geht Ködispace 4SG sowohl mit dem Glas als auch mit dem Sekundärdichtstoff Silikon eine chemische Bindung ein (siehe Bild 8). Das Isolierglas wird so zu einer fest verbundenen und dennoch flexiblen Einheit.

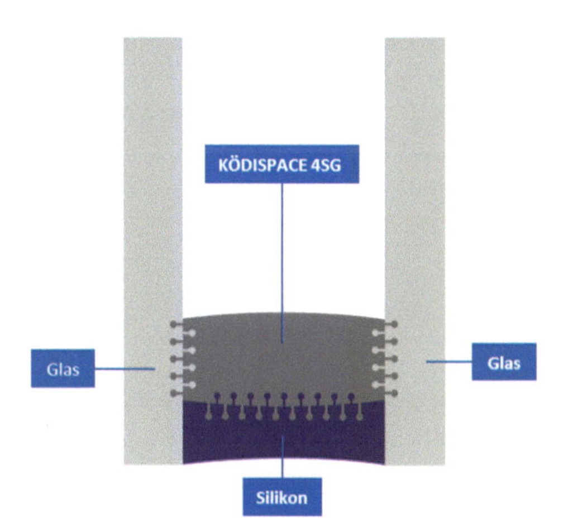

Bild 8 Schematische Darstellung der chemischen Bindung von 4SG zu Glas und Silikon

Aufgrund der Flexibilität des Materials kann ein Randverbund mit TPS-Technologie den kompletten Scheibenzwischenraum nutzen, um auftretende Lasten durch Temperatur- und daraus resultierenden Druckunterschieden zu kompensieren. Speziell in Regionen wie Seoul mit extremen Jahreszeiten und dadurch bedingten großen Temperaturunterschieden ist die Belastung auf den Randverbund besonders groß. Isoliergläser mit dem elastischen Abstandhalter Ködispace 4SG haben sich als außerordentlich robust, belastbar und langlebig erwiesen und gewährleisten dadurch einen dauerhaft funktionierenden und dichten Randverbund, unabdingbare Voraussetzung dafür, dass die Energieeffizienz erhalten bleibt [6]. Die Warme-Kante-Lösung ist zudem auch unter gestalterischen Aspekten hochinteressant. Durch die vollautomatische Applikation des reaktiven thermoplastischen Abstandhaltersystems können Isoliergläser mit Ködispace 4SG absolut präzise und optisch perfekt produziert werden. Das verhilft diesen Gläsern zu einer einzigartigen Ästhetik: kein unschöner Versatz der Abstandhalterprofile und vor allem keine störenden Lichtreflektionen wie bei klassischen Abstandhaltersystemen – das schwarze Ködispace 4SG macht den Scheibenzwischenraum praktisch unsichtbar.

5 Zusammenfassung

Der Parnas Tower in der Millionenmetropole Seoul nutzt moderne Technologien zur Energiegewinnung und ermöglicht dadurch eine nachhaltige Nutzung des Gebäudes. Zur Nachhaltigkeit trägt vor allem auch die hohe Energieeffizienz der Gebäudehülle bei. Die Rolle der Gebäudehülle hat sich dabei aufgrund von weltweit immer strengeren gesetzlichen Vorgaben zur Effizienzsteigerung von Gebäuden grundlegend von einer passiven Schutzhülle zu einem aktiven Regulator der Energiebilanz eines Gebäudes gewandelt. Neuen Konzepten werden nicht nur bauphysikalisch hochwertige Eigenschaften abverlangt, sondern auch regulierende Fähigkeiten zur Klimakonditionierung im Gebäudeinneren bis hin zur Gewinnung von solarer Energie in der Fassade. Die Fassade macht dabei den größten Anteil der Gebäudehülle aus und steht aufgrund der komplexen Herausforderung, sowohl ästhetische Gestaltung, formale Bedingungen als auch funktionale Aufgaben zu vereinen, im Zentrum der Entwicklungen. Geeignete Dicht- und Klebstoffsysteme werden sowohl zur Herstellung, als auch zur Installation der energieeffizienten Fassadenbestandteile in die Fassade benötigt und sind somit einer der maßgeblichen Komponenten zur Realisierung moderner und nachhaltiger Baukonstruktionen. Die Verwendung vollautomatisch applizierbarer, reaktiver Butyl-Hotmelts zur Fertigung des Randverbunds der BIPV- und Isolierglaselemente verbindet nicht nur ökologische Verantwortung mit innovativen Technologien, sondern erlaubt zusätzlich einen optisch attraktiven Klimaschutz.

6 Literatur

[1] Handelsblatt (2021) *Energieverbrauch: Wolkenkratzer glänzen bei der Umweltbilanz* [online]. https://www.handelsblatt.com/technik/energie-umwelt/

[2] KMD+ (2021) *Parnas Tower* [online]. https://www.kmdarchitects.com/parnas-tower

[3] LEED U. S. Green Building Council (2021) *Parnas Tower* [online]. https://www.usgbc.org/projects/parnas-tower

[4] GS- E&C (2016) *Made the Origin of Power,* Parnas Tower Construction Book, Seoul, S. 443–453.

[5] GS- E&C (2016) *Construction wear warm clothes,* Parnas Tower Construction Book, Seoul, S. 351–382.

[6] Scherer, C.; Scherer, T.; Semar, E.; Wittwer, W. (2019) Ködispace 4SG, der Schlüssel für energieeffiziente kaltgebogene Structural-Glazing-Fassaden in: Weller, B.; Tasche, S. [Hrsg.] *Glasbau 2019,* S. 439–449, Ernst & Sohn, Berlin.

Innovative Fassaden – Bedeutung von Kompatibilität und Interoperabilität

Winfried Heusler[1, 2], *Ksenija Kadija*[1]

[1] *Schüco International KG, Karolinenstraße 1–15, 33609 Bielefeld, Deutschland; wheusler@schueco.com; kkadija@schueco.com*
[2] *TH OWL, Detmolder Schule für Architektur und Innenarchitektur, Emilienstraße 45, 32756 Detmold, Deutschland*

Abstract

Der Green-Deal setzt die europäische Bau- und Immobilienwirtschaft unter Handlungsdruck. Zusätzliche Komplexität werden plötzliche Störungen wie die Corona-Pandemie erzeugen. Nicht zuletzt die digitale Transformation zwingt uns zu deutlich kürzeren Innovationszyklen. Letztendlich müssen unsere Gebäude resilient und kreislauffähig werden. Dabei sind die gebaute Umwelt, das einzelne Gebäude sowie die Fassade jeweils als komplexes System – mit Komponenten völlig unterschiedlicher Alterung und Lebensdauer – zu betrachten. Vor diesem Hintergrund spielen Beziehungen zwischen Komponenten, insbesondere die Kompatibilität und Interoperabilität, eine erfolgsentscheidende Rolle. Welche Anforderungen resultieren daraus für innovative Fassaden?

Innovative facades – importance of compatibility and interoperability. The Green Deal puts pressure on the European construction and real estate industry to act. Additional complexity will be created by sudden disruptions such as the Corona pandemic. Last but not least, the digital transformation will force us to significantly shorter innovation cycles. Ultimately, our buildings must become resilient and circular. In this context, the built environment, the individual building and the facade must each be considered as a complex system – with components of completely different ageing and lifetimes. Against this background, relationships between components, especially compatibility and interoperability, play a decisive role in success. What are the requirements for innovative facades?

Schlagwörter: *Innovative Fassaden, Kompatibilität, Interoperabilität, Resilienz, Kreislauffähigkeit*

Keywords: *innovative facades, compatibility, interoperability, resilience, circularity*

Glasbau 2022. Herausgegeben von Bernhard Weller, Silke Tasche.

1 Einleitung

Die Bau- und Immobilienwirtschaft unterliegt aufgrund ständig neuer gesellschaftlicher, ökologischer und ökonomischer sowie technischer und rechtlicher Rahmenbedingungen einem kontinuierlichen Veränderungsprozess. Das Klimaprotokoll von Paris und die UN-Agenda 2030 setzen das Ziel während der EU-Green Deal [1] den Handlungsrahmen definiert. Vor dem Hintergrund ihrer enormen Treibhausgasemissionen sowie ihres hohen Materialeinsatzes und Abfallaufkommens stehen bei der gebauten Umwelt zwei Aspekte im Fokus: die Klimaneutralität und eine funktionierende Kreislaufwirtschaft. Währenddessen beeinträchtigen uns kurzfristige, nicht planbare Störungen, welche aus Natur- und Umweltgefahren sowie Systemgefahren resultieren [2]. Dabei handelt es sich oft um temporäre Schwankungen. Gelegentlich resultieren aus abrupten Störungen aber auch dauerhafte Veränderungen. Die Komplexität wird zudem durch steigende Kundenerwartungen bezüglich Qualität und Funktionalität sowie Design erhöht. Darüber hinaus müssen bei Herstellung, Nutzung, Rückbau und Entsorgung wirtschaftliche, ökologische und soziale Aspekte berücksichtigt werden. Dies gilt nicht nur für den Neubau, sondern ebenso für das Bauen im Bestand. Um langfristig Erfolg zu haben sind auch Unternehmen der Bau- und Immobilienbranche gezwungen, ihr Angebot und ihre Arbeitsweise kontinuierlich anzupassen.

2 Begriffe/Definitionen

Um Missverständnissen vorzubeugen, werden zunächst einige Begriffe definiert.

2.1 Systeme und Subsysteme

In der allgemeinen Systemtheorie unterscheidet man hierarchische, strukturale und funktionale Systeme [3]. Das hierarchische Konzept beschreibt die hierarchische Beziehung zwischen Elementen, Subsystemen, Systemen, dem Suprasystem und der Umwelt. Das strukturale Konzept fokussiert auf die Elemente im System sowie deren Relationen und Abhängigkeiten. Das funktionale Konzept beschreibt die Interaktion zwischen dem System und seinen Zuständen sowie der Umgebung [3].

2.2 Alterung

Die Alterung eines Gebäudes und seiner Bauteile wird durch verschiedene Parameter beeinflusst, die während des Lebenszyklus auf das Gebäude einwirken [4]. Hinter der materiellen Alterung steckt meist ein nutzungsbedingter Verschleiß, eine Eigenschaftsverschlechterung durch Bewitterung oder eine Zustandsverschlechterung durch plötzliche Natur- und Umweltgefahren. Bei der immateriellen Alterung handelt es sich um einen Wertverlust, der seine Ursache in wachsenden (Markt-)Anforderungen und (Kunden-)Ansprüchen, im technisch-wirtschaftlichen Fortschritt (Innovationen), in architektonischen und gesellschaftlichen Trends oder in Veränderungen im Zeitgeist hat. Die immaterielle Alterung kann dazu führen, dass voll funktionsfähige Komponenten vorzeitig ersetzt werden.

2.3 Lebens- und Nutzungsdauer

Grundsätzlich wird zwischen technischer Lebensdauer sowie wirtschaftlich und ökologisch optimaler Nutzungsdauer unterschieden. Die technische Lebensdauer ist die Zeitspanne zwischen Errichtung und Ausfall. Sie stellt eine Obergrenze für die Haltbarkeit von Komponenten dar und ist erreicht wenn eine Komponente die ihr zugedachte Funktion nicht mehr erfüllen kann, Instandhaltungsmaßnahmen technisch nicht mehr möglich sind und die Komponente ausgetauscht werden muss [4]. Sie wird demnach durch materielle Alterung bestimmt. Die wirtschaftliche Nutzungsdauer bezeichnet den Zeitraum, in dem es unter den gegebenen Bedingungen ökonomisch sinnvoll ist, das Bauteil zu nutzen [4]. Sie wird häufig durch immaterielle Alterung begrenzt. Je besser sich ein Bauteil an wechselnde Anforderungen anpassen lässt, desto positiver wirkt sich dies auf seine wirtschaftliche Nutzungsdauer aus [4]. In Analogie dazu ist die ökologische Nutzungsdauer der Zeitraum, in dem es unter den gegebenen Bedingungen ökologisch sinnvoll ist, die Komponente zu nutzen. Sie hängt von der Ressourcenintensität für die Herstellung im Verhältnis zur Gebrauchsphase ab. Wünschenswert sind grundsätzlich qualitativ hochwertige und langlebige Komponenten. Hilfreich sind häufig wartungs- und reparaturfreundliche Konstruktionen.

2.4 Flexibilität und Wandlungsfähigkeit

Bezüglich der Veränderungsfähigkeit von Systemen unterscheiden die Autoren Flexibilität und Wandlungsfähigkeit. Flexibilität ist die Eigenschaft bzw. Fähigkeit eines Objektes, auf Veränderungen in zielgerichteter Weise proaktiv und reaktiv zu (re) agieren [5]. Die Systemelemente bleiben dabei unverändert. Wandlungsfähigkeit beschreibt die Eigenschaft bzw. Fähigkeit eines Objektes, vordefinierte Flexibilitätskorridore zu verlassen und sich an neue, unbekannte Rahmenbedingungen anzupassen [6]. Dabei werden Systemelemente verändert.

2.5 Reparieren, ersetzen, updaten und upgraden

Um den Lebenszyklus zu verlängern, bedient man sich der Prinzipien Wiederverwendung (Reuse), Reparatur (Repair) und/oder Aufbereitung (Remanufacturing). Dabei bedeutet reparieren, eine Komponente wieder in den früheren, intakten und gebrauchsfähigen Zustand bringen (ggf. im eingebauten Zustand). Beim Austauschen von Komponenten innerhalb von Systemen unterscheidet man zwischen den folgenden Optionen.

- Ersetzen (durch gleichwertige neue, reparierte bzw. aufbereitete Komponenten)
- Aktualisieren bzw. Updaten (durch neue Komponenten mit kleiner Funktionserweiterung oder technischer Modifikation) [7],
- Aufwerten bzw. Upgraden (durch neue Komponenten mit wesentlicher Funktionserweiterung, neuen Funktionsbereichen oder besseren Leistungsmerkmalen) [7].

3 Fassadentypologie

Bei Fassaden lassen sich derzeit zwei gegensätzliche Trends beobachten: Statische und dynamische Konzepte [8]. Statische Fassaden schirmen den Innenraum gegenüber widrigen Umwelteinflüssen ab, indem sie zur Umgebung eine möglichst undurchlässige Barriere bilden. Dagegen sind die Schutz-, Nutz- und Sicherheitsfunktionen dynamischer Fassaden veränderbar. Durch Einbettung digitaler Komponenten in statische oder dynamische Fassaden werden diese zu Smarten Fassaden [8]. Es geht dabei immer häufiger um hochintegrierte Chips, welche Identifikatoren, Sensoren und Aktoren, den Prozessor und die Kommunikationsschnittstelle enthalten. Diese werden zunehmend über das Internet of Things (IoT) vernetzt.

Besonderes Innovationspotenzial steckt derzeit in resilienten Fassaden [2]. Diese sind in der Lage, sich von den negativen Folgen abrupter Störungen zu erholen und/oder sich an dauerhafte Veränderungen anzupassen. Um dies zu bewirken, können sie über unterschiedliche Strukturmerkmale verfügen (Tabelle 1). Resiliente Fassaden beinhalten flexible und/oder wandlungsfähige Komponenten. Die Merkmale Robustheit, Redundanz und Austauschfähigkeit dienen der Flexibilität und fokussieren auf die Stabilisierung bestehender Strukturen. Dagegen setzen die Adaptions- und Transformationsfähigkeit bei dauerhaften Veränderungen auf einen neuen Gleichgewichtszustand mit veränderten Strukturen.

Tabelle 1 Strukturmerkmale resilienter Fassaden, in Anlehnung an [2]

Merkmal	Fähigkeit
Antizipationsfähigkeit	Störungen/dauerhafte Veränderungen vorwegzunehmen
Reaktionsfähigkeit	auf Störungen/dauerhafte Veränderungen schnell und zielgerichtet zu reagieren
Robustheit	absehbaren Störungen eigenständig standzuhalten
Redundanz	zentrale Aufgaben auf alternative Weise zu bewältigen
Austauschfähigkeit	auch starke Störungen bewältigen zu können
Adaptionsfähigkeit	sich an dauerhafte Veränderungen anpassen zu können
Transformationsfähigkeit	sich auf Disruptionen einstellen zu können

4 Alterung und Nutzungsdauer von Fassaden

Nicht nur Gebäude, sondern auch Fassaden bestehen aus einer großen Anzahl von Komponenten mit unterschiedlicher Alterung und Nutzungsdauer. Bei konventionellen Fassaden stehen die materielle Alterung und die technische Lebensdauer im Vordergrund, während bei smarten Fassaden – nicht zuletzt wegen der kürzeren Innovationszyklen ihrer Komponenten – vorwiegend die immaterielle Alterung und die wirtschaftliche Nutzungsdauer entscheidend sind. Zur Reduzierung der materiellen Alterung gilt es, die kontext-typische Ausführungsqualität und Pflege (Reinigung und Wartung) zu beachten. In unbeständigen, unsicheren, komplexen und mehrdeutigen

Tabelle 2 Veränderungs-/Innovationszyklus unterschiedlicher Komponenten

	Veränderungs-/Innovationszyklus [Jahre]			
	< 5	5–20	20–50	> 50
konv. Komponenten Typ 1				xxx
konv. Komponenten Typ 2			xxx	
konv. Komponenten Typ 3		xxx		
smarte Komponenten Typ 1			xxx	
smarte Komponenten Typ 2		xxx		
smarte Komponenten Typ 3	xxx			
				Robuste Komponenten

Zeiten hat die immaterielle Alterung eine noch größere Bedeutung. Deshalb spielt hier die Wandlungsfähigkeit der Fassade und ihrer Komponenten eine entscheidende Rolle. Nur wenige Fassadenkomponenten weisen, trotz anforderungsgerechter Materialqualität und fach- und normgerechter Bauausführung, Lebensdauern auf, die der geplanten Nutzungsdauer eines Gebäudes entsprechen. Diese werden als robuste Komponenten bezeichnet (Tabelle 2). Bei ihnen sind während der Nutzungsdauer hinsichtlich Eigenschaften und Funktionen keine Veränderungen zu erwarten. Alle anderen Komponenten müssen aufgrund ihrer spezifischen technischen Lebensdauer oder wirtschaftlichen bzw. ökologischen Nutzungsdauer während des Lebenszyklus des Gebäudes mindestens einmal ersetzt werden. Es handelt sich dann um Bauen im Bestand.

5 Komponenten, Systeme und Schnittstellen

Das Suprasystem „Gebäude" ist eingebettet in die Umwelt mit ihren gesellschaftlichen, ökologischen und ökonomischen sowie technischen und rechtlichen Rahmenbedingungen. In der nächsten hierarchischen Ebene liegt das System „Fassade" (Bild 1). Darunter können weitere Subsysteme, beispielsweise das Subsystem „BIPV" bzw. deren Komponenten angeordnet sein. Als Komponenten werden im vorliegenden Beitrag vereinfachend einzelne bzw. mehrere Bauteile oder komplette Baugruppen bezeichnet. Die Komponentenperspektive entspricht tendenziell dem Blickwinkel von Produktentwicklern und Herstellern (Bild 1, rechte Hälfte von unten nach oben). Hier steht die Funktion der einzelnen Komponente im Fokus. Die Ökodesign-Richtlinie [9] definiert Anforderungen an die umweltgerechte Gestaltung energieverbrauchsrelevanter Produkte. Relevant ist auch die EU-Bauprodukteverordnung [10]. Sie legt Bedingungen für das Vermarkten und Inverkehrbringen von Bauprodukten fest. Im Sinne des Holismus gilt es jedoch, den Satz des Aristoteles zu beachten: „Das Ganze ist mehr als die Summe seiner Teile". So nehmen Architekten und Planer meist die Systemperspektive ein

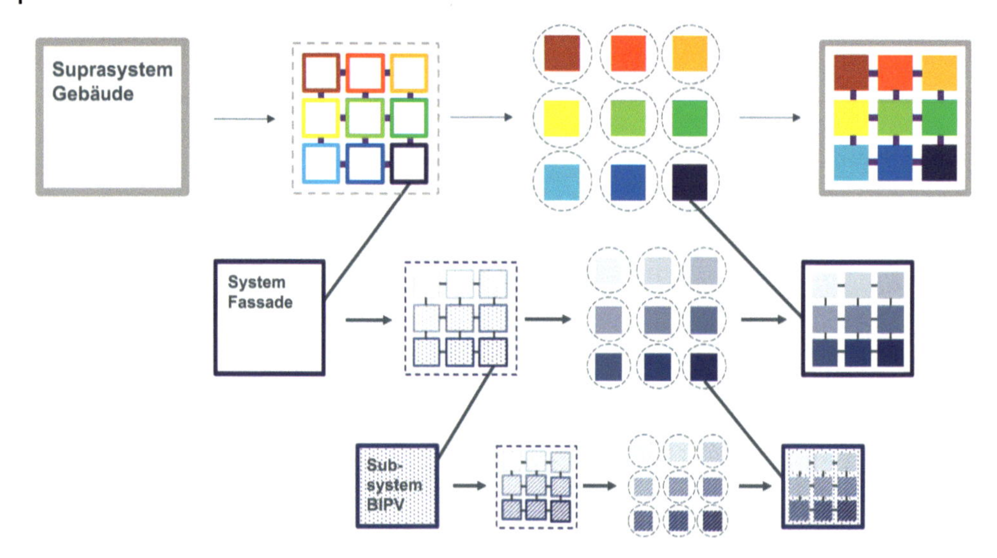

Bild 1 Systemhierarchie bei Gebäuden (© Schüco International KG)

(Bild 1, linke Hälfte von oben nach unten). Aus deren Blickwinkel wird die Funktionalität eines Gebäudes durch das Zusammenspiel seiner Subsysteme und Komponenten bestimmt, wobei letztere eigenständig für spezifische Aufgaben verantwortlich sind. Insbesondere bei smarten Fassaden, die möglicherweise mit Komponenten anderer Gewerke zielgerichtet zusammenarbeiten sollen, handelt es sich um ein komplexes kybernetisches System [11], welches aus vernetzten Komponenten besteht, die unterschiedliche Alterung und Nutzungsdauer aufweisen. Man unterscheidet offene, halboffene und geschlossene Systeme [12]. Bei offenen Systemen handelt es sich um (überbetrieblich) genormte Konstruktionen, bei geschlossenen Systemen hingegen um (herstellerspezifisch) geprüfte Konstruktionen. Halboffene Systeme bestehen aus einer Mischung der beiden Prinzipien.

Die Verbindung der Systeme und einzelner Komponenten erfolgt über Schnittstellen. Deren Ausgestaltung entscheidet über Flexibilität und Wandlungsfähigkeit des Systems, sowohl beim Ersetzen, als auch beim Updaten und Upgraden von Komponenten. Mechanische Schnittstellen verfügen bevorzugt über lösbare Verbindungen, meist realisiert über Form- oder Kraftschluss [6]. Elektrische Schnittstellen versorgen die Komponenten mit elektrischer Energie (Stecker oder Klemmleisten). Sie werden in Dokumenten der Elektroinstallation bzw. in komponenten-spezifischen Anschlussplänen definiert [6]. Informationstechnische Schnittstellen dienen dem Datenaustausch (früher direkte Verdrahtung, heute häufig Bussysteme). Bedingt durch die schnelle Weiterentwicklung der Kommunikations- und Rechnertechnik herrschen große Diversifizierung und Varianz vor [6]. Schnellverbinder-Systeme [13] steigern die Produktivität bei Herstellung, Montage, Wartung und Demontage. Damit lassen sich Komponenten nicht nur mechanisch fügen, sondern auch Medien (Strom, Trink-, Heiz- und Abwasser sowie Lüftung) durch einfaches Zusammenstecken verbinden.

6 Bedeutung der Kompatibilität, Interoperabilität und Substituierbarkeit bei innovativen Fassaden

Bei innovativen Fassaden spielen Beziehungen zwischen Systemkomponenten eine besondere Rolle. Es geht um Kompatibilität, Interoperabilität und Substituierbarkeit. Bei Kompatibilität unterscheiden die Autoren maßliche (Abmessung und Form) sowie funktionale Austauschbarkeit (Funktion). Als Abwärtskompatibilität wird die Verwendbarkeit neuerer oder erweiterter Versionen einer Komponente zu den Anwendungsbedingungen einer früheren Version bezeichnet. Als aufwärtskompatibel gilt die Verwendbarkeit älterer oder veralteter Versionen einer Komponente zu den Anwendungsbedingungen einer neueren Version. Interoperabilität ist „die Fähigkeit, zwischen verschiedenen Funktionseinheiten in einer Weise zu kommunizieren, Programme auszuführen oder Daten zu übertragen, die vom Benutzer wenig oder keine Kenntnis der spezifischen Eigenschaften dieser Einheiten erfordert" [14]. Bei Smarten Fassaden geht es konkret um die Fähigkeit von Komponenten sich im Rahmen eines Gesamtsystems zu vernetzen und Information, Medien oder Energie über Schnittstellen effizient auszutauschen. Je interoperabler die Komponenten sind, desto geringer ist der Aufwand zur Integration. Substituierbarkeit beschreibt die Möglichkeit, Komponenten innerhalb eines Systems auszutauschen, ohne dass sich Funktionalität und Systemverhalten ändern. Auch die neuen Komponenten müssen den Anforderungen der gültigen Verwendbarkeits- und Anwendbarkeitsnachweise sowie den sonstigen Technischen Baubestimmungen, Regeln und Richtlinien genügen. Hierfür müssen sowohl konventionelle als auch smarte Komponenten kompatibel sein. Letztere müssen zudem interoperabel sein. Für den Nachweis der Substituierbarkeit sind auch zweifelsfrei definierte Leistungs- und Haftungsgrenzen erforderlich [15].

7 Handlungsleitfaden für die Entwicklung innovativer Fassaden

Gebäude unterliegen aus den oben genannten Gründen einem permanenten Veränderungsprozess. Innovative Fassaden müssen deshalb nicht nur die heutigen Anforderungen erfüllen, sondern zudem so wandlungsfähig sein, dass ein weitgehend kontinuierlicher Abgleich zwischen den künftigen Anforderungen und Möglichkeiten mit geringem Aufwand machbar ist. Die Komponenten innovativer Fassaden zeichnen sich durch lange Haltbarkeit, einfaches Warten, Instandhalten, Upgraden und Updaten sowie möglichst vollständige stoffliche Verwertbarkeit aus.

7.1 Struktureller Aufbau

Umfassende Veränderungen an Gebäuden werden in der Regel gebündelt. So sollte bereits in der frühen Planungsphase abgeschätzt werden, welche Komponenten in zeitlicher Hinsicht ein ähnliches Alterungsverhalten aufweisen. Dann sind langlebige Komponenten konstruktiv systematisch von auszutauschenden Komponenten zu trennen (Bild 2). Zukunftsfähige Gebäude werden dann aus einem robusten Kern und daran angekoppelten, einfach austauschbaren Komponenten aufgebaut. Der Kern (z. B. Rohbau mit Ankerschienen für die Fassadenbefestigung) bleibt über die Nutzungsdauer des

Gebäudes unverändert, während die Komponenten (z. B. Fassade mit Konsolen zur Befestigung an den o. g. Ankerschienen) ein- oder mehrmalig ausgetauscht werden. Analog dazu sollten auch innovative Fassaden aus einem qualitativ hochwertigen, langlebigen Kern (z. B. Pfosten- und Riegelprofile) bestehen. Um diesen Kern gruppieren sich – leicht austauschbar – die Komponenten (z. B. Füllelemente wie Gläser oder Paneele) mit wirtschaftlich oder ökologisch kürzerer Nutzungsdauer (Bild 3).

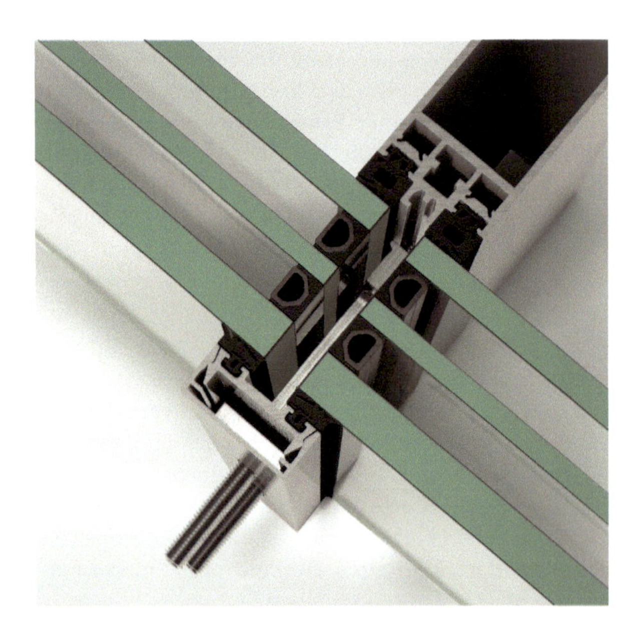

Bild 2 Bezüglich des strukturellen Aufbaus optimierte Pfosten-Riegel-Fassade (u. a. außen Bolzen für einfachen Austausch des Sonnenschutzbehangs) (© Schüco International KG)

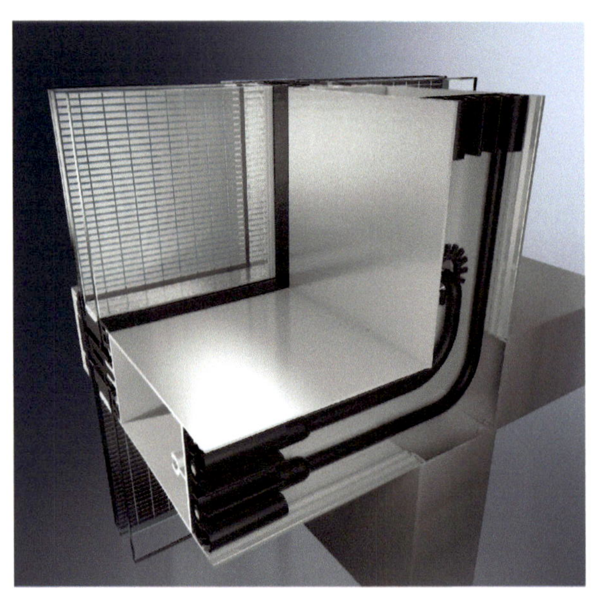

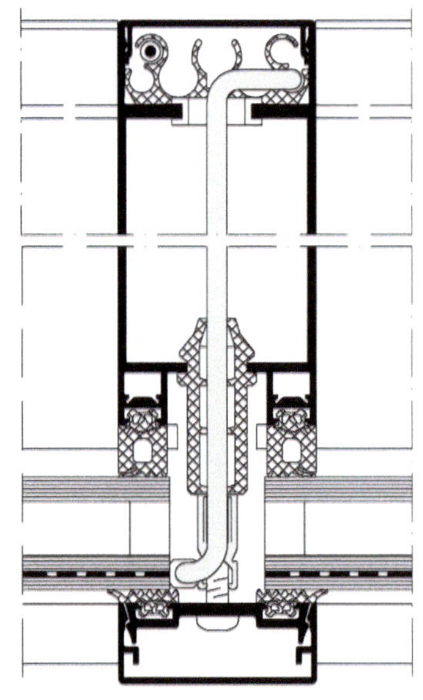

Bild 3 Bezüglich des strukturellen Aufbaus optimierte Photovoltaik-Fassade (© Schüco International KG)

7.2 Resilienz

Über viele Jahre konzentrierten sich Innovationen bei Fassaden im Wesentlichen auf die Energieeffizienz. Dabei beschränkten sich die Entwickler fast ausschließlich auf ihre spezifische Komponentenperspektive. In Zeiten unbeständiger, unsicherer, komplexer und mehrdeutiger äußerer Randbedingungen lohnt es sich auf der Suche nach Innovationsansätzen in die Systemperspektive zu wechseln und dabei insbesondere über Resilienz nachzudenken.

So sollten innovative Fassaden – egal ob sie dem statischen oder dynamischen Prinzip folgen – über eine angemessene Flexibilität und Wandlungsfähigkeit verfügen. Antizipierbare, kleinere Veränderungen sind in Form von Flexibilität zu berücksichtigen. Hierfür reicht meist schon ein überschaubares Maß an Robustheit und Redundanz (z. B. durch innovative Materialien, Oberflächen und Schichtaufbauten) aus. Nicht antizipierbaren und großen Veränderungen ist dagegen – nicht zuletzt im Sinne der Ressourceneffizienz – mit entsprechender Wandlungsfähigkeit zu begegnen. Hierbei spielt die Substituierbarkeit der Komponenten eine erfolgsentscheidende Rolle. Bei Smarten Fassaden geht es zudem um die Antizipations- und Reaktionsfähigkeit im Wechselspiel mit Komponenten anderer Gewerke. Besondere Vorteile bieten vernetzte Systeme mit verteilter Intelligenz [8]. Die parallele Vorverarbeitung externer Signale ermöglicht hochqualifizierte und vor allem „echtzeitfähige" Reaktionen. Hierbei bietet herstellerübergreifende Interoperabilität – mittels offener, firmenneutraler Standards – spürbare Vorteile.

7.3 Schnittstellen

Um als einbaufertige Einheiten aufwandsarm in die nächsthöhere Struktureinheit integriert zu werden (Ersetzen, Updaten und Upgraden), müssen Komponenten über harmonisierte Schnittstellen verfügen (Bild 4).

Diese Verbindungen sind rein mechanisch oder auch elektrisch und informationstechnisch, je nachdem ob es sich um traditionelle oder smarte Fassaden handelt. Innovative Fassaden sollten darüber hinaus bezüglich Kreislauffähigkeit optimiert wer-

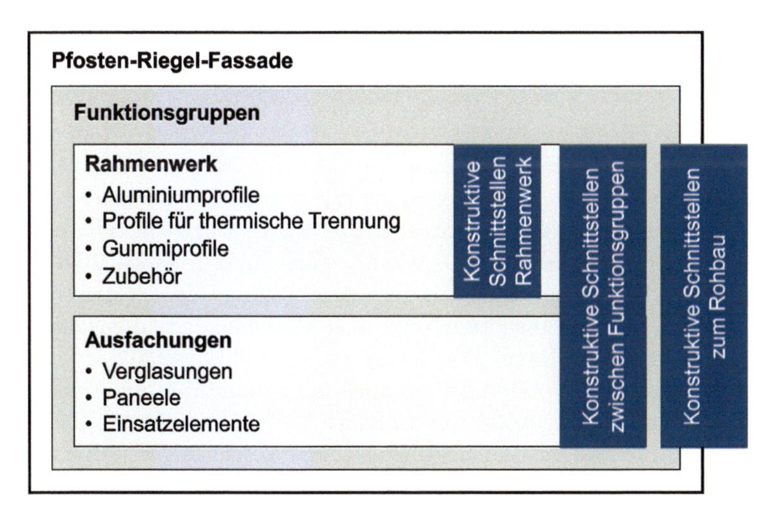

Bild 4 Konstruktive Schnittstellen bei Pfosten-Riegel-Fassaden (© Schüco International KG)

Tabelle 3 Regeln für recyclinggerechte Konstruktionen, in Anlehnung an [16]

Regeln für produktrecycling-gerechte Konstruktionen	Regeln für materialrecycling-gerechte Konstruktionen
– Verwendung lösbarer Verbindungselemente (vgl. Bild 2)	– Einheitliche und geradlinige Füge- und Trennrichtung
– Reduzierung der Anzahl von Verbindungselementen	– Abwägung zwischen Integral- und Differentialbauweise
– erleichterte Zugänglichkeit von Verbindungselementen (vgl. Bild 3)	– Erleichterte zerstörende Demontage (Sollbruchstellen)
– Verwendung alterungs- und korrosionsbeständiger Verbindungselemente	– Verwendung stofflich verwertbarer und nachwachsender Materialien
– leichte Separierbarkeit wiederverwendbarer Baugruppen (vgl. Bild 2)	– Vermeidung unverträglicher Werkstoffkombinationen
– leichte Separierbarkeit unvermeidbarer Gift- und Gefahrstoffe	– Verringerung der Werkstoffvielfalt
– Ermöglichung der Bauteilaufarbeitung	– Verwendung von Rezyklaten
– ...	– Bereitstellung von Werkstoffinformationen
	– ...

den. Deshalb sind in ihrer Entwicklung auch die Regeln für recyclinggerechte Konstruktionen (vgl. Tabelle 3) zu beachten. Zu jeder kreislauffähigen Konstruktion gehört die (möglichst zerstörungsfreie) sortenreine und rückstandsfreie Trennbarkeit der Bauteilschichten.

7.4 Normen und Vorschriften

Mit den Vorgaben der EU-Bauprodukte-Verordnung [10] und der Ökodesign-Richtlinie [9] stehen dem Entwickler schon heute Leitlinien für die Gestaltung von Bauprodukten zur Verfügung. Letztere sind gemäß Kreislaufwirtschaftsgesetz [17] rohstoffschonend, abfallarm, langlebig und mehrfach verwendbar sowie reparier- und recyclingfähig zu gestalten. Bei ihrer Herstellung sollen – unter Berücksichtigung der Verhältnismäßigkeit – vorrangig sekundäre Rohstoffe, insbesondere Rezyklate, eingesetzt sowie kritische, gefährliche und schadstoffhaltige Rohstoffe vermieden werden [17]. Zudem sind für viele Komponenten und Subsysteme Verwendbarkeitsnachweise für Bauprodukte (z. B. Allgemeine Bauaufsichtliche Zulassung) und Anwendbarkeitsnachweise für Bauarten (z. B. Allgemeine Bauartgenehmigung) zu erbringen. Diese Zertifikate gelten nur für den hinsichtlich Aufbau, maximalen Abmessungen und verwendeten Materialien eindeutig beschriebenen Zulassungs- bzw. Genehmigungsgegenstand und nicht für baugleiche Kopien eines anderen Herstellers. Wenn in Fassaden Subsysteme oder einzelne Komponenten anderer Gewerke integriert werden, sind weitere Vorschriften zu beachten. So gilt für Komponenten mit elektrischer Verdrahtung oder elektrischen Anschlüssen (z. B. Gläser mit Alarm- oder Heizfunktionen) beispielsweise die Niederspannungsrichtlinie [18]. Noch komplexer ist die Situation, wenn Photovoltaik-Module in Fassaden integriert werden (BIPV). Dann geht es auch um deren umfassende Zertifizierung [19]. Marktübliche Modulrahmen von Standard PV-Modulen halten die in DIN 18008-2 beschriebenen Regeln für linienförmig gelagerte Verglasungen [20] nicht ein. Bei Modulen mit Glasdeckschicht sind im Zusammenhang mit der Bauart außerdem die Technischen Baubestimmungen für Glaskonstruktionen einzuhalten. Aufgrund der Einbausituation können auch Nachweise hinsichtlich des Brandverhaltens der PV-Module erforderlich werden.

7.5 Ganzheitliche Optimierung

Darüber hinaus muss das wirtschaftliche Gleichgewicht der Preis-/Leistungserwartung des Kunden genauso berücksichtigt werden wie ökologische und soziale Aspekte bei Herstellung, Nutzung, Rückbau, Wiederverwendung, Recycling und Entsorgung. Die Komplexität dieser vielfältigen Anforderungen ist nur zu bewältigen, wenn Entwickler in einem iterativen Prozess abwechselnd die System- und Komponentenperspektive einnehmen. Dabei gilt es, im Sinne der Effektivität – abhängig von der jeweiligen Situation – „die richtigen Dinge zu tun"! Falsche Dinge effizient zu erledigen, führt nicht zum gewünschten Ziel. Entscheidend ist deshalb letztendlich der ökonomisch, ökologisch und sozial zielführende Einsatz von Ressourcen. Dabei spielt das Lean-Tech-Prinzip [8] eine wesentliche Rolle. Innovative Fassaden sollten demnach so viel Material und Technik wie nötig, aber so wenig wie möglich enthalten.

8 Zusammenfassung und Ausblick

Ein Großteil des heutigen und künftigen Gebäudebestandes wird sich in den kommenden Jahrzehnten auf Grund neuer Anforderungen und Möglichkeiten evolutionär verändern. Erfolg versprechende innovative Fassaden sollten deshalb nicht nur die heutigen Anforderungen optimal erfüllen, sondern – im Sinne von Resilienz – so wandlungsfähig konzipiert werden, dass ein weitgehend kontinuierlicher Abgleich zwischen künftigen Anforderungen und Möglichkeiten einfach machbar ist. Dabei spielen Kompatibilität, Interoperabilität und Substituierbarkeit der Komponenten eine wesentliche Rolle. Besondere Beachtung sollte – nicht zuletzt mit Blick auf die Kreislauffähigkeit – dem strukturellen Aufbau der Fassade und den Schnittstellen zwischen den Komponenten gewidmet werden. Je nachdem ob es sich um ein smartes oder ein traditionelles Fassadenkonzept handelt, sind mehr oder weniger viele Normen und Vorschriften zu beachten. Die Komplexität dieser vielfältigen Anforderungen ist nur in einem ganzheitlichen Optimierungsprozess – bei dem man iterativ zwischen System- und Komponentenperspektive wechselt – zu bewältigen.

Ausgangspunkt vieler Innovationen ist künftig auch im Bauwesen die Erkenntnis, dass Kunden kein Interesse an Produkten oder Dienstleistungen per se haben, sondern vielmehr die Lösung eines Problems oder die dauerhafte Befriedigung ihrer heutigen und künftigen Bedarfe erwarten. Charakteristisch hierfür ist die Verzahnung materieller und immaterieller Leistungsbestandteile. Es geht um abgestimmte, modularisierte Produkte und Dienstleistungen sowie häufig um langfristige Garantievereinbarungen bezüglich Output, Qualität oder Kosten. Erfolg versprechend erscheinen kundenindividuelle Komplettlösungen, bestehend aus dem materiellen Produkt „Fassade" und der Dienstleistung „lebenszyklusorientiertes Facility Management". Bei der Beschreibung des aktuellen und künftigen Zustands und Verhaltens der konkreten Fassade sowie bei Entscheidungen bezüglich konsekutiver Maßnahmen werden ihr digitaler Zwilling und künstliche Intelligenz eine wichtige Rolle spielen. Die erfolgreiche Bearbeitung derartiger Aufgaben und die Realisierung komplett digitalisierter Wertschöpfungsketten erfordern breite Kompetenzen, hohe Qualifikationen und sehr flexible Strukturen. Dabei kommt strategischen Netzwerken eine besondere Bedeutung zu.

9 Literatur

[1] *Ein europäischer Grüner Deal – Erster klimaneutraler Kontinent werden* [online]. https://ec.europa.eu/info/strategy/priorities-2019-2024/european-green-deal_de [Zugriff am 8.7.2021]

[2] Heusler, W.; Arztmann, D.; Kadija, K. (2021) Resilient bauen – Fassaden, Strukturen und Prozesse in: Weller, B.; Tasche, S. [Hrsg.] *Glasbau 2021*, Berlin: Ernst & Sohn.

[3] Rinas, T. (2012) *Kooperationen und innovative Vertriebskonzepte im individuellen Fertigteilbau – Entwicklung eines Geschäftsmodells* [Dissertation]. ETH Zürich.

[4] Bahr, C.; Lennerts, K. (2010) *Lebens- und Nutzungsdauer von Bauteilen. Endbericht, Forschungsprogramm Zukunft Bau.* Aktenzeichen 10.08.17.7-08.20, Karlsruhe.

[5] Horstmann, J. C. (2005) *Operationalisierung der Unternehmensflexibilität – ganzheitliche Konzeption zur umwelt- und unternehmensbezogenen Flexibilitätsanalyse* [Dissertation]. Universität Gießen.

[6] Meling, F. J. (2012) *Methodik für die Rekombination von Anlagentechnik* [Dissertation]. TU München.

[7] Bauer, W.; Elezi, F.; Maurer, M. (2013) An Approach for Cycle-Robust Platform Design in: Lindemann, U. [Hrsg.] *Proceedings of the 19th International Conference on Engineering Design* (ICED 13), Seoul, Korea.

[8] Heusler, W.; Kadija, K. (2020) Smarte Fassaden – im Fokus steht der Mensch in: Weller B., Tasche S. [Hrsg.] *Glasbau 2020*, Berlin: Ernst & Sohn.

[9] RL 2009/125/EG (2009) *Richtlinie 2009/125/EG des Europäischen Parlaments und des Rates vom 21. Oktober 2009 zur Schaffung eines Rahmens für die Festlegung von Anforderungen an die umweltgerechte Gestaltung energieverbrauchsgerechter Produkte*, ABL EU Nr. L285.

[10] EU-BauPVO (2011) *Verordnung (EU) Nr. 305/2011 des Europäischen Parlaments und des Rates vom 9. März 2011 zur Festlegung harmonisierter Bedingungen für die Vermarktung von Bauprodukten und zur Aufhebung der Richtlinie 89/106/EWG des Rates.*

[11] Wiener, N. (1948) *Cybernetics: Or Control and Communication in the Animal and the Machine*. 2. Auflage. Cambridge, Mass.: MIT-Press, 1961.

[12] RAL-Gütegemeinschaft Trockenbau e. V. [Hrsg.] (2014) *„Genormte Konstruktionen" und „geprüfte Systeme" im Trockenbau*, Merkblatt 02/2014, 2. Auflage. Darmstadt.

[13] h-bau technik [Hrsg.] (2012) *UNICON® Universelles Schnellverbinder-System für das Bauen mit Fertigteilen.* Firmenprospekt [online]. https://pdf.archiexpo.de/pdf/h-bau-technik/unicon-schnellverbinder-system/90960-285930.html [Zugriff am 8.7.2021]

[14] ISO 2382:2015 *Information Technology – Vocabulary* [online]. https://www.iso.org/standard/63598.html [Zugriff am 8.7.2021]

[15] Heusler, W.; Kadija, K. (2017) Gebäudehüllen gestern, heute und morgen in: Fouad, N. A. [Hrsg.] *Bauphysik-Kalender 2017*, Schwerpunkt: Gebäudehülle und Fassaden, Berlin: Ernst & Sohn.

[16] Kirchner, J.-S.; Prumbohm, M. (2015) *Bewertung der recyclinggerechten Gestaltung von Konstruktionen und Produkten.* Mitteilungen aus dem Institut für Maschinenwesen der TU Clausthal, Bd. 40.

[17] KrWG (2021) *Kreislaufwirtschaftsgesetz – Gesetz zur Förderung der Kreislaufwirtschaft und Sicherung der umweltverträglichen Bewirtschaftung von Abfällen*; vom 24. Februar 2012 (BGBl. I S. 212), zuletzt geändert durch Artikel 2 des Gesetzes vom 9. Juni 2021 (BGBl. I S. 1699).

[18] RL 2014/35/EU (2014) *Richtlinie 2014/35/EU des Europäischen Parlaments und des Rates vom 26. Februar 2014 zur Harmonisierung der Rechtsvorschriften der Mitgliedstaaten über die Bereitstellung elektrischer Betriebsmittel* (Niederspannungsrichtlinie).

[19] Allianz BIPV e. V. [Hrsg.] (2020) *Technische Baubestimmungen für PV-Module als Bauprodukte und zur Verwendung in Bauarten – Bauordnungsrechtliche Vorgaben zu Produkt- und Anwendungsregeln,* [online]. Berlin. https://allianz-bipv.org/wp-content/uploads/2020/12/Allianz-BIPV_Techn-Baubestimmungen_151220.pdf [Zugriff am 9.7.2021]

[20] DIN 18008-2:2013-07 (2020) *Glas im Bauwesen – Bemessungs- und Konstruktionsregeln –* Teil 2: Linienförmig gelagerte Verglasungen, Berlin: Beuth.

Holz-Lamellen-Fenster (EAL) mit lastabtragender, adhäsiver Verbindung

Henning Röper[1], *Felix Nicklisch*[2]

[1] *EuroLam GmbH, Kupferstraße 1, 99510 Wiegendorf, Deutschland; henning.roeper@eurolam.de*
[2] *Technische Universität Dresden, Institut für Baukonstruktion, August-Bebel-Straße 30, 01219 Dresden, Deutschland; felix.nicklisch@tu-dresden.de*

Abstract

Für die ökologische Bewertung eines Bauwerks spielen energieeffiziente und nachhaltige Bauelemente eine entscheidende Rolle. Im Hinblick auf die Nachhaltigkeit stehen Kriterien wie Wärmeschutz, Lebensdauer sowie Wartungs- und Pflegeaufwand im Vordergrund. Aus diesem Grund entwickelte die EuroLam GmbH gemeinsam mit dem Institut für Baukonstruktion der TU Dresden ein innovatives Holz-Lamellenfenster, welches durch eine lastabtragende, adhäsive Holz-Glas-Verbindung eine deutlich nachhaltigere Verbesserung der ökologischen Bilanzwerte aufweist und die energetischen Eigenschaften gegenüber herkömmlicher Bauweise verbessert. Das entwickelte Lamellenfenster in Ganzglasoptik ist nicht nur nachhaltig, aufgrund der Nutzung des nachwachsenden Rohstoffes Holz, es überzeugt auch bei der Klebung Glas mit Holz sowie bei der neuartigen Verbindung zwischen Aluminium und Holz.

Wooden louvre windows (EAL) with load-bearing, adhesive connection. Energy-efficient and sustainable construction elements play a decisive role in the ecological assessment of a building. With regard to sustainability, the focus is on criteria such as thermal insulation, service life as well as maintenance and care costs. For this reason, EuroLam GmbH, together with the Institute for Building Construction of the TU Dresden, developed an innovative wooden louvre window, which has a significantly more sustainable improvement in the ecological balance values thanks to a load-bearing, adhesive wood-glass connection and improves the energetic properties compared to conventional construction methods. The louvre window developed with an all-glass look is not only sustainable due to the use of the renewable raw material wood, it is also impressive when it comes to bonding glass to wood and the innovative connection between aluminum and wood.

Schlagwörter: *Lamellenfenster, Klebung, Holz*

Keywords: *louvre windows, bonding, wood*

Glasbau 2022. Herausgegeben von Bernhard Weller, Silke Tasche.

1 Einleitung

1.1 EuroLam GmbH

Die EuroLam GmbH zählt zu einem der führenden Anbieter für Lamellenfenster. Gegründet wurde das Unternehmen 1997 und liefert seine Produkte wie natürliche Rauch-Wärme-Abzugsgeräte, Lamellenfenster, Wetter- und Schallschutzlamellen sowie verschiedenes Zubehör in die ganze Welt.

1.2 Stand der Technik – Lamellenfenster EAL

Lamellenfenster bestehen aus einer oder mehreren übereinander angeordneten, horizontal gelagerten und drehbaren Lamellen in einem Rahmen, wobei die Lamellen verglast ausgeführt werden. Die Gläser sind in einem umlaufenden Flügelprofil befestigt. Bei einer Sicherheitsglas-Verglasung erfolgt die Befestigung durch eine Verklebung im Flügelprofil. Die Profile bestehen aus Aluminium und/oder einem Kunststoff zur thermischen Trennung.

Für die Konstruktion des Lamellenfenstersystems EuroLam-Ausstell-Lamelle (EAL) finden thermisch getrennte Profile, bestehend aus stranggepressten Aluminium- und Polyamid-Profilen, Anwendung. Die Flügel sind innen umlaufend gerahmt. Von außen sind die Profile nicht sichtbar, dies entspricht der Ganzglasoptik (Structural Glazing). Das EAL besteht aus einer oder mehreren übereinanderliegenden Lamellen, die oben gelagert sind und sich komplett nach außen öffnen lassen. Die Verklebung bietet dabei nicht nur ästhetische, sondern auch statische Vorteile. Wenn die Verglasung und der Rahmen miteinander verklebt werden, lassen sich aufgrund der gemeinsamen Tragwirkung große Fensterflügel deutlich effizienter gestalten. Wird ein Verbund zwischen Glas und dem Rahmen hergestellt und die Tragwirkung des Glases genutzt, können auch große und schwere Fensterverglasungen mit sehr schlanken Rahmenprofilen realisiert werden. [1]

1.3 Vorteile von Lamellenfenstersystemen

Mit einem Lamellenfenster kann energiesparend und effizient gelüftet werden. Dieses bringt bei gleicher Größe gegenüber einem gekippten DK-Fenster ca. 70 % mehr Öffnungsfläche und ermöglicht dadurch einen enorm schnellen Luftaustausch. Die Bauweise der Lamellenfenster erlaubt, dass Zu- und Abluft gleichzeitig ermöglicht werden. Wenn also ein Lamellenfenster geöffnet wird, strömt unten sofort frische Luft in den Innenraum und oben die verbrauchte Luft hinaus. Dadurch kann in kürzester Zeit die komplette Luft im Raum ausgetauscht werden, ohne den Raum, besonders in kühleren oder kalten Monaten, stark auszukühlen. Bei herkömmlichen Kippfenstern dauert der Lüftungsvorgang viel länger, da eine optimale Zu- und Abluft nicht vorhanden ist. Des Weiteren kühlt bei Kippfenstern der Raum, durch die längeren Öffnungszeiten, aus.

Im einem weiteren Forschungsprojekt mit der TU Dresden wurde für eine Standard-Bürogröße von 30 m^2 und einer Besetzung von vier Personen eine Lüftung von fünf Minuten pro Stunde ermittelt. Dieser Wert gilt bei einem Lamellenfenster von 2500 mm × 1500 mm. Bei dieser Lüftungsrate wird die CO_2-Konzentration zwischen

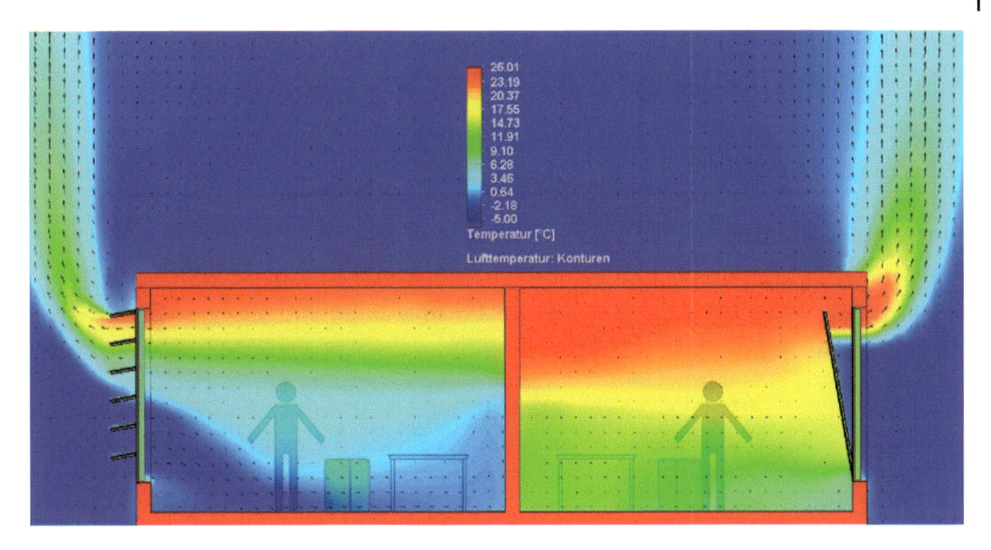

Bild 1 Strömungssimulation Lamellenfenster (links) und Kippfenster (rechts) (© EuroLam GmbH)

750 ppm und 900 ppm gehalten, ohne die Raumtemperatur um mehr als 5 °C abzusenken. Somit bleibt der Wärmeverlust durch Lamellenfenster vergleichsweise gering und die Zeit zum Lüften kann reduziert werden (Bild 1).

Lamellenfenster vereinen aber nicht nur hinsichtlich des Raumklimas herausragende Eigenschaften in sich, auch in Sachen Ästhetik und optimaler Raumnutzung überzeugen sie, da die Lamellen beim Öffnen nicht in den Raum hineinragen. Vor allem Architekten schätzen die attraktive Optik der Lamellenfenster in Verbindung mit dem geringen Installations- und Wartungsaufwand. Die besondere Form der Lamellenfenster sorgt außerdem für innovative und vielseitige Gestaltungsmöglichkeiten bei Gebäuden und setzt Akzente an der Fassade. Dank der elektrischen, pneumatischen und manuellen Antriebe sind Lamellenfenster präzise regulierbar und unkompliziert zu bedienen.

2 Hintergrund der Entwicklung

Die begrenzte Verfügbarkeit von Polyamid bei kontinuierlich steigenden Preisen erfordert, langfristig Alternativen zu dem Werkstoff zu finden. Vor diesem Hintergrund der kritischen Marktsituation benötigen Lamellenfensterhersteller nachhaltige Produktlösungen, um das Bauen zukünftig neu zu gestalten. Gerade der Punkt Nachhaltigkeit ist in der Baubranche ein immer wichtiger werdender Punkt. Ein Lamellenfenster in Kombination von Holz und Aluminium mit lastabtragender adhäsiver Verbindung entspricht dem ökologischen Gedanken. Zum einen wird das aus dem nicht erneuerbaren Rohstoff Erdöl bestehende Polyamid durch den nachwachsenden Rohstoff Holz substituiert. Zum anderen wird für das Lamellenfenster bewusst auf ein einheimisches Holzprodukt zurückgegriffen, mit einer nachhaltigen Gewinnung und Verarbeitung. Aufgrund von kurzen Transportwegen sowie nachhaltiger Bewirtschaftung von einheimischem Holz trägt dies zum Schutz des Klimas bei. Das neu entwickelte Holz-Lamellenfenster erreicht zudem die gleichen energetischen Eigenschaften wie das herkömmliche Kunststoff-Aluminium-Lamellenfenster.

3 Entwicklung des EAL-Holz-Lamellenfensters

3.1 Materialauswahl und Profilgeometrie

3.1.1 Holzauswahl

Aufgrund der angestrebten Nachhaltigkeit des Holz-Lamellenfensters werden einheimische Rohstoffe bevorzugt. Bei dem Forschungsprojekt wurden eine Vielzahl an Holzarten, Holzwerkstoffen und modifizierten Hölzern vom Institut für Baukonstruktion der TU Dresden recherchiert und technisch bewertet. Auf Basis der vordefinierten Anforderungen an das Lamellenfenster wurden sieben Materialien als potentiell geeignet ausgewählt und weiteren Untersuchungen zu mechanischen Eigenschaften und zur Haftfestigkeit unterzogen. Zur Materialauswahl gehören Vollhölzer aus Kiefer, Lärche, Buche und Eiche, sowie modifiziertes Kiefernholz (Kebony), Furnierschichtholz (BauBuche) und Kunstharzpressholz (Dehonit).

Die Materialien mussten für das Holz-Lamellenfenster eine hohe mechanische Festigkeit sowie eine gute Bearbeitungsmöglichkeit aufweisen. Einige Tropen- sowie verklebte Hölzer haben einen schlechten ökologischen Fußabdruck bzw. eine schwierige Beschaffbarkeit. Die Auswertung verschiedener Literaturquellen zu geklebten Holz-Glas-Anwendungen [2], [3], [4] zeigte, dass die verwendete Holzart einen deutlichen Einfluss auf die Festigkeit der Verbindung hat. Einige der Holzarten sind von der Beschaffenheit der Fügeteiloberfläche für die Haftung eines Klebstoffes ungeeignet. Im Rahmen des Forschungsprojekts wurde daher die Oberflächenenergie der verschiedenen Hölzer ermittelt und eine Aussage zur Benetzbarkeit der Oberfläche getroffen. Zusätzlich wurden mikroskopische Untersuchungen der Oberfläche, der verschiedenen Holzsubstrate durchgeführt. Bei geringer Oberflächenenergie wird die Benetzbarkeit beeinträchtigt. Der Klebstoff breitet sich dann nur unzureichend auf der Oberfläche aus und dringt nicht ausreichend in Vertiefungen vor. Die Folge kann eine geringe Haftung des Klebstoffs sein. Eiche, Lärche sowie Buche zeichnen sich durch die hohe Oberflächenqualität als Vorzugsmaterial aus und eignen sich besonders für Anwendungen im Fenster- und Fassadenbau. Verbesserungen lassen sich durch den Einsatz von Primern oder Nachhobeln der Oberfläche erreichen. [5]

3.1.2 Klebstoffauswahl

Für die Untersuchungen zur adhäsiven Verbindung wurden adäquate Klebstoffsysteme eruiert. Dabei weisen die untersuchten Klebstoffe vergleichbare mechanische Eigenschaften auf und sind aufgrund ihrer Kompatibilität mit typischen Randverbundmaterialien von Mehrscheibenisoliergläsern, wie Butyl, Polyurethan, Polysulfid oder Silikon, adäquat. Neben dem Deformationsverhalten wurden die Streck- und Bruchspannung sowie die zugehörigen Dehnungswerte der Klebstoffe zusammengetragen. Der Vorzugsklebstoff für das neuartige Holz-Lamellenfenster ist ein Zweikomponentenklebstoff (2K-Klebstoff). Dieser neutral vernetzende 2K-Silikonklebstoff ist hervorragend witterungsbeständig, dauerhaft und eignet sich deshalb für die üblichen Beanspruchungen einer Fassade. Die Kompatibilität mit marktüblichen Randverbundmaterialien von Mehrscheibenisoliergläsern wie Butyl, Polyurethan, Polysulfid oder Silikon ist für die Fertigung eines Holz-Lamellenfensters gegeben. Dieser Klebstoff ermöglicht zudem das Beibehalten der bisherigen Fertigungstechnologie im Unternehmen EuroLam.

3.1.3 Profilgeometrie

Bei der Entwicklung des Lamellenfensters wurden die vorhandenen Dichtungs- und Antriebssysteme übernommen und die Geometrie der Holzprofile entsprechend angepasst. Die Aluminiumschale konnte im Rahmen sowie Flügel in ihrer äußeren Form unverändert von der bisherigen Bauform der Lamellenfenster übernommen werden. Bild 2 zeigt die zuverlässigste Variante des Profils in Bezug auf die Fertigungsgenauigkeit und Festigkeit.

Bei der *U*-Wert-Untersuchung zeigen sich deutlich vergleichbare Eigenschaften zwischen dem neuen Holz-Aluminium-Profil und dem bisherigen Polyamid (PA) 6.6-Aluminium-Profil (Bild 3).

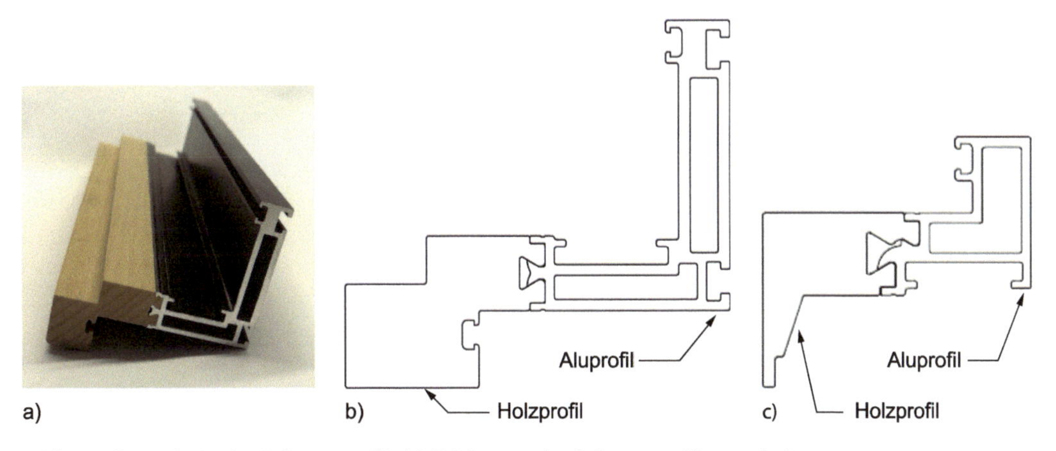

Bild 2 a) Querschnitt des Rahmenprofils; b) Zeichnung des Rahmenprofilquerschnitts; c) Zeichnung des Flügelprofilquerschnitts

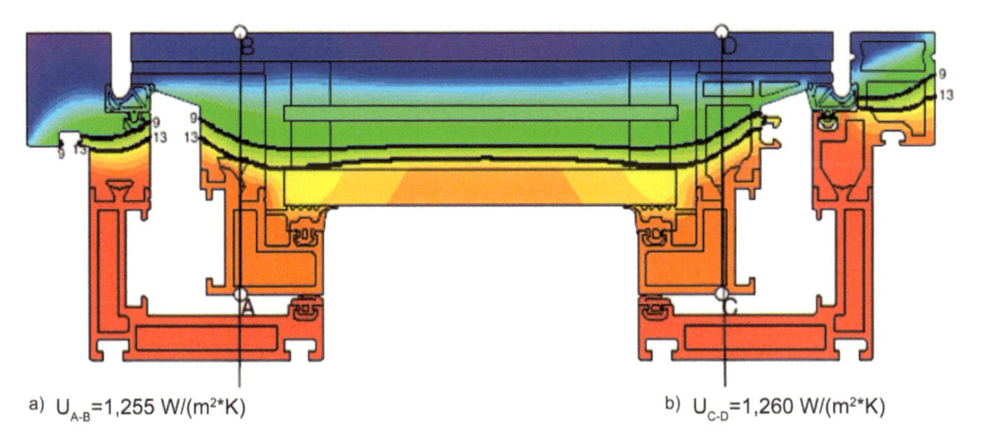

Bild 3 Simulation des Wärmedurchgangs; a) Lamellenfenster mit Holz-Aluminium-Rahmen; b) Lamellenfenster mit Kunststoff-Aluminium-Rahmen (© EuroLam GmbH)

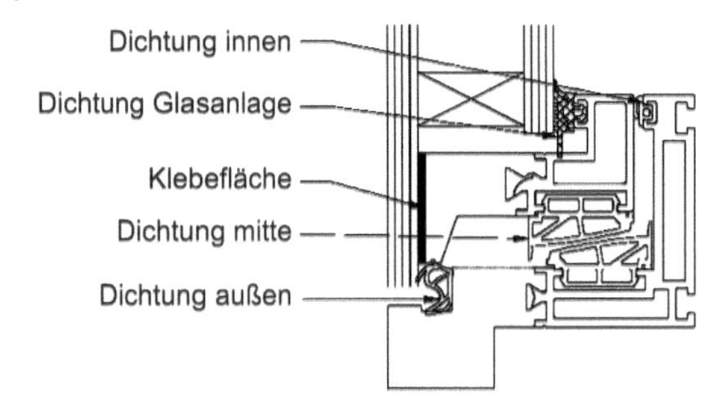

Bild 4 Überarbeitetes Dichtungssystem (© EuroLam GmbH)

Um die Funktionalität mit der technischen Umsetzbarkeit zu vereinen, wurden einige Dichtungen neu entwickelt. Die Dichtungen sind einseitig mit einer Selbstklebeschicht versehen, um eine leichtere Montage zu ermöglichen. Zusätzlich wird die Dichtung mit dem Holzprofil mithilfe eines Silikonwerkstoffs verklebt (Bild 4).

3.2 Adhäsive Verbindung

Bei einem geklebten Fenster hat die adhäsive Verbindung zwischen Glas und Fensterprofil einen signifikanten Einfluss auf die Qualität, Festigkeit und Sicherheit. Aus der bisherigen Fensterproduktion des Unternehmens sind die mechanischen und thermischen Belastungen für die Klebefuge bekannt. Die Herausforderung stellt die neuartige Klebung von Glas mit Holz dar. Als Teil der Gebäudehülle ist das Fenster verschiedenen Umwelteinflüssen wie Temperatur, Feuchtigkeit, Sonneneinstrahlung und Schadmedien in der Atmosphäre ausgesetzt. All diese Einflüsse können sich auf den Klebstoff, die Grenzschicht zwischen Klebstoff und der verklebten Oberfläche sowie auf die Substratmaterialien auswirken. Neben der Wahl des einheimischen Holzes mussten daher die Beständigkeit und Aushärtung der Klebeschicht sowie die Klebeverarbeitung untersucht werden. Das Haftverhalten und die Tragfähigkeit von Silikonklebverbindung zwischen Glas und den sieben vorausgewählten Holzarten und Holzwerkstoffen wurden in einer umfassenden Studie [5] bewertet.

3.2.1 Fertigungstechnologie

Die Fertigungstechnologie bleibt im Vergleich zum Polyamid-Aluminium-Lamellenfenster unverändert. Der Rahmen wird vorgefertigt. Auf die Klebefläche des Rahmens wird der Klebstoff aufgetragen und die Scheibe verklebt (Bild 5).

In das Flügelprofil werden Mehrscheiben-Isolierverglasungen in Form einer Stufenverglasung eingesetzt, wobei die Außenscheibe aus heißgelagerten Einscheibensicherheitsglas (ESG-H) besteht. Die überstehende Stufe der Außenscheibe ist bis zum Randverbund geschwärzt und verdeckt dadurch die Klebefläche. Der Glasaufbau entspricht den Anforderungen der DIN 18008-2 [6] – Horizontalverglasungen und kann als 2-fach oder 3-fach Isolierglas ausgeführt werden. Für die innere Glasscheibe des Holz-Lamellenfensters findet eine Scheibe aus Verbund-Sicherheitsglas (VSG) Anwendung.

3.2.2 Dauerhaftigkeitsprüfung

In Dauerhaftigkeitsprüfungen an mit einem 2K-Silikonklebstoff gefügten Holz-Glas-Klebungen [5] erzielten H-Prüfkörper mit den Holzarten Kiefer und Buche hohe

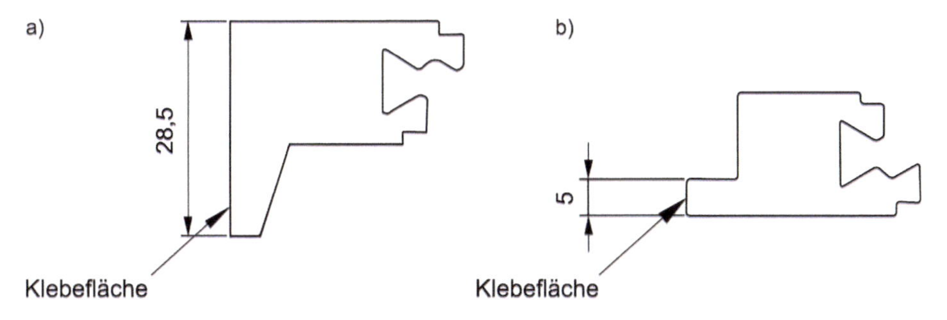

Bild 5 Klebeflächen a) Flügelprofil; b) Stulpprofil (© EuroLam GmbH)

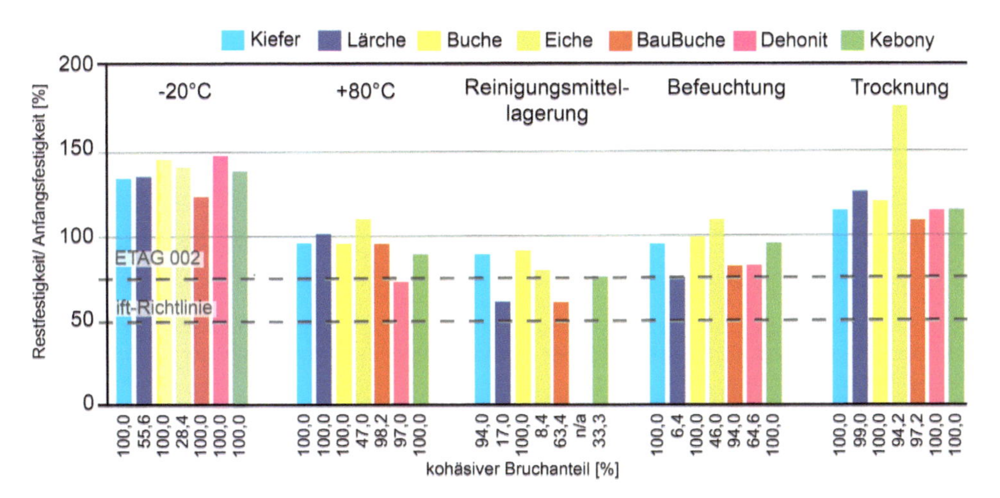

Bild 6 Ergebnisse der Zugversuche an H-Prüfkörpern aus Holz und Glas. Angegeben ist die Restfestigkeit nach Alterung in Bezug zur Anfangsfestigkeit von ungealterten Referenzproben und der Anteil kohäsiver Brüche über das jeweilige Prüflos. Die gestrichelten horizontalen Linien zeigen den maximal zulässigen Festigkeitsverlust nach ETAG [7] (25 %) und nach der ift-Richtlinie [8] (50 %). (© TU Dresden)

Bruchspannungen bei gleichzeitig vollständigem kohäsivem Versagen der Klebefuge, selbst nach den Alterungsversuchen (Bild 6). Adhäsionsverluste oder oberflächennahes kohäsives Versagen steht häufig im Zusammenhang mit geringer Klebkraft an der betroffenen Oberfläche. Daher begrenzen die Richtlinien [7], [8] den zulässigen Prozentsatz des Klebstoffversagens auf 10 % im Durchschnitt über alle Proben eines Prüfloses. Die Holzarten Kiefer und Buche stellen somit die Vorzugsvariante dar. Defizite in der Haftung der Vorzugsklebstoffe sind bei Eiche und Lärche zu beobachten. Unter Zuglast treten vermehrt adhäsive bzw. oberflächennahe kohäsive Brüche auf. Weiterhin versagen die Klebungen auf den zwei untersuchten Holzwerkstoffen (BauBuche, Dehonit) bzw. dem modifizierten Holz (Kebony) nach Alterung verstärkt adhäsiv.

3.2.3 Oberflächenvorbehandlung

Zur Verbesserung der kritischen Ergebnisse aus den Alterungstests für die Holz-Glas-Verbindungen für Lärchen- und Eichenholz wurde der Einfluss zusätzlicher Oberflächenvorbereitungen untersucht. Holz neigt grundsätzlich dazu, Öl, Fett und andere Verunreinigungen auf seiner Oberfläche anzusammeln. Dies könnte die Qualität der Verklebung beeinträchtigt haben. Durch die Vorbehandlung der Oberfläche mithilfe von mechanischen oder chemischen Verfahren werden zusätzlich reaktive Zentren auf der Oberfläche des Holzes geschaffen. Reaktive Zentren sind die Oberflächenbereiche in denen die Fähigkeit einer chemischen Bindung gegeben ist oder erzeugt wurde, um die Klebung leistungsfähiger zu machen.

Die ausgewählte Vorbehandlung mit einem elektrischen Hobel und dem Auftragen von Primer zeigt in den Zugversuchen, dass die Haftung sowie die Belastbarkeit der Klebung auf Lärchen- und Eichenholz gesteigert wurden. Die Beanspruchbarkeit dieser Holzarten liegt danach auf einem ähnlichen Niveau wie die bevorzugte Klebung auf Kiefern- und Buchenholz.

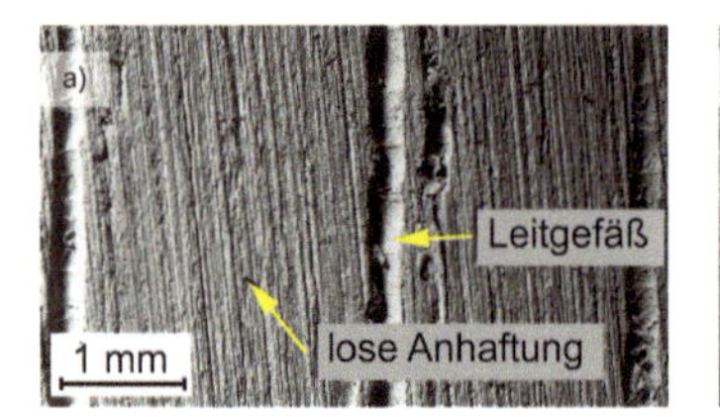

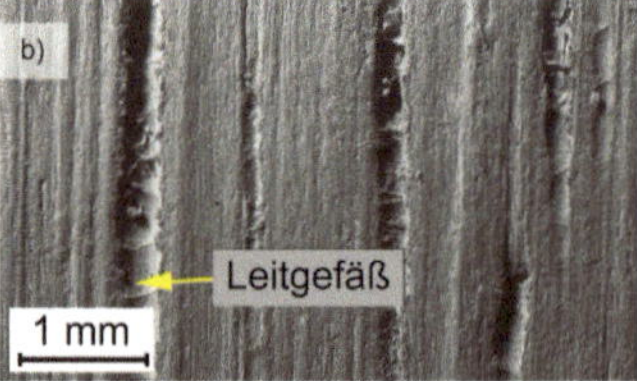

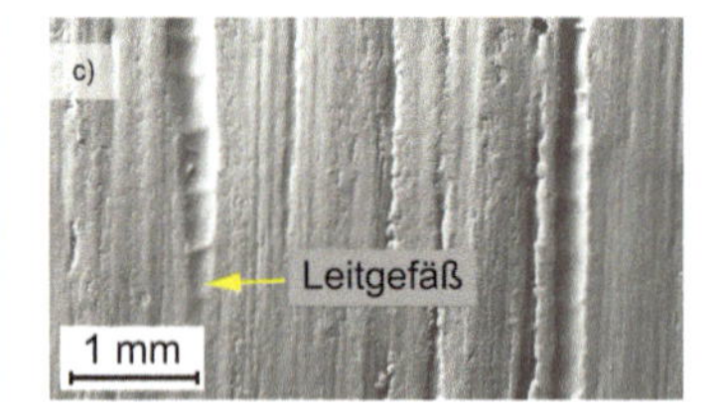

Bild 7 Rasterelektronenmikroskopische Aufnahmen der Holzoberfläche des Prüfkörpers Eiche; a) ursprünglicher Zustand; b) nachgehobelter Zustand; c) mit Primer Vorbehandlung (© TU Dresden)

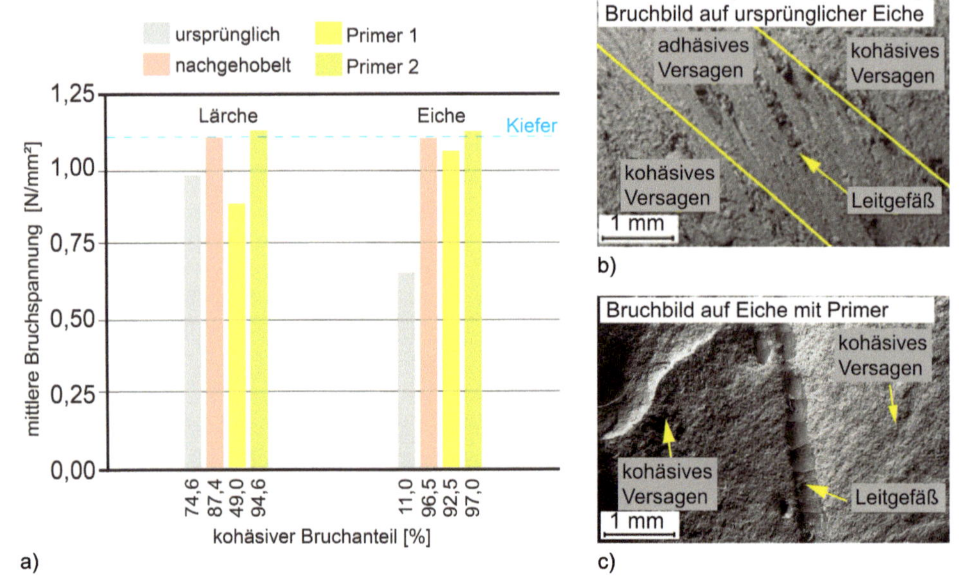

Bild 8 a) Mittelwerte der Bruchspannungen von Klebungen auf Lärche und Eiche ohne und mit einer Oberflächenvorbehandlung; b) Bruchbild auf ursprünglicher Eiche; c) Bruchbild auf Eiche mit Primer (© TU Dresden)

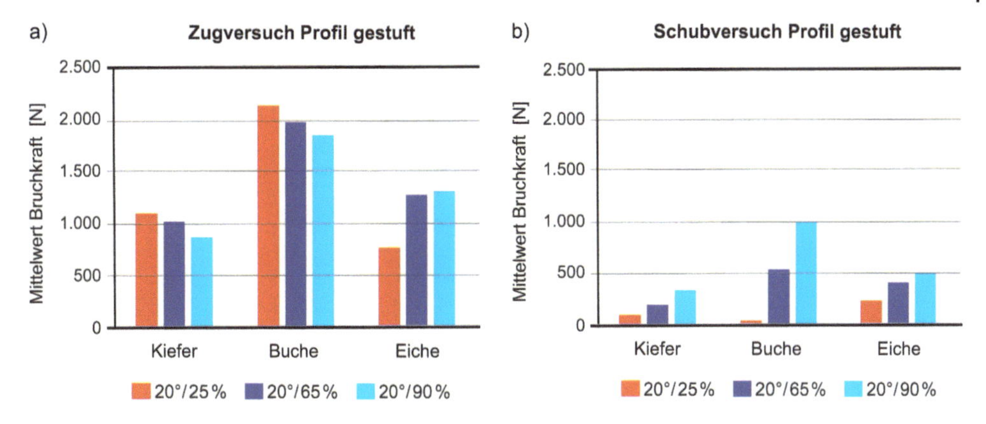

Bild 9 Mittelwerte der Bruchfestigkeit; a) Zugversuch; b) Schubversuch (© TU Dresden)

Die Klebung von Glas auf geprimerter Eichenholzoberfläche bringt die besten Voraussetzungen mit. Das Haftungsverhalten des Klebstoffes auf Eiche ist durchweg positiv. Zum einen verbessert sich der kohäsive Bruchanteil durch die Vorbehandlung von 11 % auf mehr als 90 %. Andererseits wurde der mittlere Bruchanteil der Klebung von 0,66 N/mm^2 auf rund 1,1 N/mm^2 gesteigert (Bilder 7 und 8).

3.2.4 Tragfähigkeit

Die Tragfähigkeit der Verbindung zwischen Aluminium- und Holzprofil wurde an Kleinteilproben untersucht. [9] Das Verrollen der Holz-Aluminium-Profile erfolgt analog zu den PA 6.6-Aluminiumprofilen. Im Vergleich zu Kiefern- und Eichenholz erzielte Buche in Zug- und Schubversuchen (Bild 9) das beste Ergebnis. Durch zusätzliche Holzschutzmaßnahmen wird der geringen Widerstandsfähigkeit des Materials gegen Angriff durch holzzerstörende Organismen, wie beispielsweise Pilzen und Insekten, entgegengewirkt.

3.2.5 Bauteilversuche – Gebrauchstauglichkeit

Das Musterbauelement mit einer Lamellenhöhe von 400 mm besteht aus Vollholz-Profilen der einheimischen Buche (Bild 10). Die gereinigten Holzprofile sind ohne zusätzliche Vorbehandlung mit einem 2K-Silikonklebstoff mit den Scheiben verklebt. Für die Gewährleistung der Structural-Glazing-Optik hat die Außenscheibe aus 8 mm heißgelagertem Einscheibensicherheitsglas (ESG-H) umlaufend eine schwarze Randbeschichtung auf der Scheibeninnenseite. Die innere Scheibe ist aufgrund der Anforderungen der DIN 18008-2 aus Verbund-Sicherheitsglas ausgeführt. Die Lamellenverglasungen sind Horizontalverglasungen, da diese im geöffneten Zustand eine Neigung von mehr als 10° gegen die Vertikale aufweisen. Die Scheibe bleibt durch die laminierte Folie auch im gebrochenen Zustand im Flügel und bietet dadurch einen hervorragenden Schutz. Das Glas haftet an der zähelastischen Folie und die Form der Scheibe bleibt weitgehend intakt.

Die Außenscheibe der Holz-Glas-Verbindung zeigt bei maximaler Windbelastung das für verklebte Isolierglasscheiben typische Verformungsbild (Bild 11).

Bild 10 Ansicht Holz-Glas-Lamellenfenster (© EuroLam GmbH und TU Dresden)

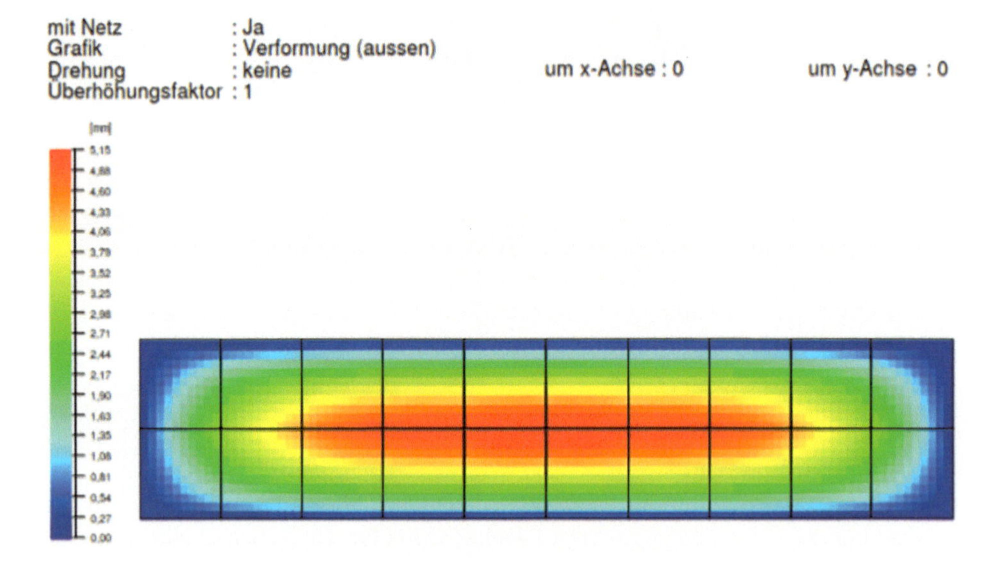

Bild 11 Grafische Darstellung der Verformung der Außenscheibe bei Maximalbelastung (© TU Dresden)

In weiteren Bauteilversuchen wurden die Anforderungen der DIN EN 14351 [10] untersucht und eine Klassifizierung des Holz-Aluminium-Lamellenfensters vorgenommen.

Ergebnis Gebrauchstauglichkeit:

- Schlagregendichtheit (DIN EN 12208) Klasse 9A [11]
- Luftdurchlässigkeit (Norm EN 12207) Klasse 4 [12]
- Windwiderstand (DIN EN 14351) Klasse C5 [10]

Die einzelnen Untersuchungen zeigen deutlich, dass das einzigartige Holz-Lamellenfenster sämtliche Funktionen und Eigenschaften eines herkömmlichen Lamellenfensters aufweist.

3.2.6 Nothaltesysteme

Die aktuelle Normreihe DIN 18008 spart die Ausführung geklebter Verglasungen bei Lamellenfenstern aus. Bei der adhäsiven Verbindung zwischen Holz und Glas handelt es sich um eine nicht geregelte Bauart. Für die baurechtliche Genehmigungsfähigkeit wird ein zweistufiges Nothaltesystem (Bild 12) implementiert. In der ersten Stufe werden im Randverbund der Isolierglasscheibe umlaufende Distanz- und Halteklötzchen verklebt. Damit wird eine mechanisch formschlüssige Verbindung zum Flügelprofil ermöglicht und die inneren Scheiben des Isolierglasverbunds im Versagensfall der Klebung am Herausfallen gehindert. Die äußere auf das Flügelprofil geklebte Stufenscheibe wird mit umlaufend angeordneten Nothaltewinkeln mechanisch gesichert.

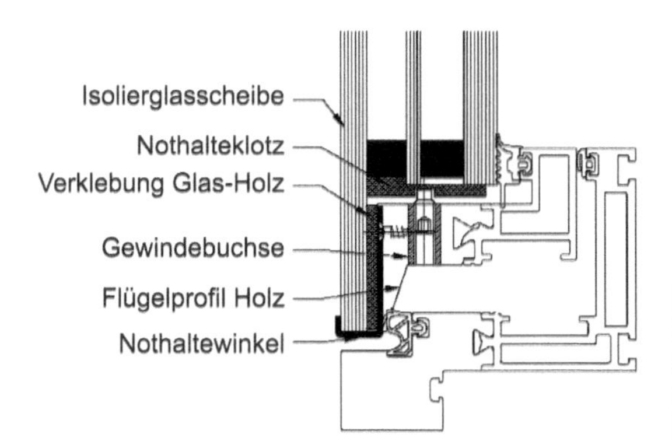

Bild 12 Zweistufiges Nothaltesystem in Randverbund integriert (von außen nicht sichtbar) und Haltewinkel für Außenscheibe (von außen teilweise sichtbar) (© EuroLam GmbH)

3.3 Bewertung

Für das neuartige Holz-Lamellenfenster mit lastabtragender, adhäsiver Verbindung finden, je nach Anwendung, unterschiedliche Holzwerkstoffe (Buche, Eiche oder Lärche) mit oder ohne Primer Anwendung. Die Oberflächenqualität und die hohe mechanische Beanspruchbarkeit von Buche eignen sich besonders für die Anwendung im Fenster- und Fassadenbau, welches sich in den Untersuchungen zur Tragfähigkeit und der Kleb- und der Klemmverbindungen widerspiegelt. Durch zusätzliche Holzschutzmaßnahmen wird die geringe Widerstandsfähigkeit von Buche gegen Angriffe von holzzerstörenden Organismen entgegengewirkt. Die Werkstoffe Eiche und Lärche werden durch die Behandlung der Oberfläche mit Primer in der Haftung sowie der Belastbarkeit der Klebung gesteigert und liegen bei der Beanspruchbarkeit auf einem ähnlichen Niveau wie Buchenholz.

Der Zweikomponentenklebstoff zeichnet sich durch seine hervorragende Witterungsbeständigkeit und Dauerhaftigkeit aus. Bei der Klassifizierung gemäß DIN EN 14351 hat das EAL-Holz-Lamellenfenster alle Prüfverfahren zur Schlagregendichtigkeit (DIN EN 12208), Luftdurchlässigkeit (DIN EN 12207) und Windwiderstand (DIN EN 14351) bestanden. Die Berechnung des Wärmedurchgangskoeffizienten zeigt, dass das neu entwickelte Profil aus Holz-Aluminium vergleichbare Eigenschaften wie das bisherige Profil aus PA 6.6-Aluminium aufweist.

Um die Sicherheit im Hinblick auf das eventuelle Versagen der Klebeverbindung zwischen Glas und Holz zu vermeiden, findet das zweistufige Nothaltesystem Anwendung.

4 Zusammenfassung

Für die Herstellung der Holz-Lamellenfensters finden die nachwachsenden Werkstoffe Lärche, Buche oder Eiche Anwendung. Die Holzprofile bestehen aus Vollholz. Bei dem Material Buche müssen die Profile zusätzlich eine Grundierung zum Schutz gegen Angriffe von holzzerstörenden Organismen erhalten.

In der ökologischen Langzeitbilanz schneiden Holz-Aluminiumfenster gegenüber herkömmlichen Polyamid-Aluminium-Lamellenfenstern besser ab. Da sich Holz-Aluminiumrahmenprofile mit einem geringeren Energieaufwand im Vergleich zu PA 6.6-Aluminium herstellen lassen. Beim Recycling wird Aluminium ohne Qualitätsverlust umgeschmolzen und in eine neue Form gebracht. Es fällt der geringe Einsatz von nicht erneuerbaren Werkstoffen bei dem neuartigen EAL-Holz-Lamellenfenster bei der Ökobilanz positiv ins Gewicht.

Durch den hervorragenden Wärmeschutz des Holz-Lamellenfensters in Kombination mit den geklebten Isolierglasscheiben wird eine gute Gesamtenergiebilanz erreicht. Die Lamellenfenster weisen eine hohe Lebensdauer und einen geringen Wartungs- und Pflegeaufwand auf. Hinsichtlich aller positiven Aspekte stellt das EAL-Holz-Lamellenfenster eine verbesserte Ökobilanz im Vergleich zu den branchenüblichen Lösungen dar.

Das innovative Holz-Lamellenfenster ermöglicht eine lastabtragende, adhäsive Verbindung zwischen Holz und Glas. Ebenso in Punkto Nachhaltigkeit, welcher in der Bauwirtschaft zunehmend an Bedeutung gewinnt, kann das EAL-Holz-Lamellenfenster aufgrund der Nutzung des nachwachsenden Rohstoffes, einem einheimischen Vollholz, glänzen. Die Bauart und der Einsatz des Nothaltesystems erfüllen alle sicherheitsrelevanten Anforderungen, was mit einer CE-Kennzeichnung bestätigt wird.

5 Danksagung

Das Projekt „Holz-Lamellen-Fenster mit lastabtragender, adhäsiver Verbindung“ ist ein gemeinsames Forschungsprojekt der EuroLam GmbH und des Instituts für Baukonstruktion der Technischen Universität Dresden und wurde im Rahmen des Zentralen Innovationsprogramm Mittelstand (ZIM) des Bundeswirtschaftsministeriums gefördert.

6 Literatur

[1] Lieb, K.; Schober, K. P.; Uehlinger, U. (2009) Klebetechnik für Holzfenster in: *Glaswelt, Sonderheft Glaskleben im Fensterbau*, 61. Jahrgang, S. 10–13.

[2] Schober, K. P. et al. (2006) *Grundlagen zur Entwicklung einer neuen Holzfenstergeneration*, Endbericht 1. Projektjahr. Wien: Holzforschung Austria.

[3] Schober, K. P. et al. (2007) *Grundlagen zur Entwicklung einer neuen Holzfenstergeneration,* Endbericht 2. Projektjahr. Wien: Holzforschung Austria.

[4] Pantaleo, A.; Roma, D.; Pellerano, A. (2012) Influence of wood substrate on bonding joint with structural silicone sealants for wood frames applications in: *International Journal of Adhesion and Adhesives,* 37, pp. 121–128.

[5] Nicklisch, F.; Giese-Hinz, J.; Weller, B. (2016) Glued windows and timber-glass façades – performance of a silicone joint between glass and different types of wood in: *engineered transparency proceedings,* Berlin: Ernst & Sohn. S. 589–602.

[6] DIN 18008-2:2020-05 *Glas im Bauwesen* – Bemessungs- und Konstruktionsregeln – Teil 2: Linienförmig gelagerte Verglasungen, Berlin: Beuth.

[7] ETAG 002-1 (2012) *Guideline for European technical approval for structural sealant glazing kits (ETAG)* – Part 1: Supported and unsupported systems. European Organisation for Technical Approvals (EOTA), Brussels.

[8] ift-Richtlinie VE-08/3 (2014*) Beurteilungsgrundlage für geklebte Verglasungssystem,* ift Rosenheim.

[9] Nicklisch, F.; Weller, B.; Hommer, E.; Haberzettl, M. (2018) Evaluation of joining methods for novel timber–aluminum composite profiles for innovative louver windows and façade elements in: *Wood Material Science & Engineering.* https://doi.org/10.1080/17480272.2018.1491622

[10] DIN EN 14351-1:2016-12 (2016) *Fenster und Türen* – Produktnorm, Leistungseigenschaften – Teil 1: Fenster und Außentüren; Deutsche Fassung, Berlin: Beuth.

[11] DIN EN 12208:2000-06 (2000) *Fenster und Türen* – Schlagregendichtheit – Klassifizierung; Deutsche Fassung, Berlin: Beuth.

[12] DIN EN 12207:2017-03 (2017) *Fenster und Türen* – Luftdurchlässigkeit – Klassifizierung; Deutsche Fassung, Berlin: Beuth.

Autoren

Glasbau 2022. Herausgegeben von Bernhard Weller, Silke Tasche.

Schlagwörter

Glasbau 2022. Herausgegeben von Bernhard Weller, Silke Tasche.

Keywords

Glasbau 2022. Herausgegeben von Bernhard Weller, Silke Tasche.